跨视野多角度的工程观察

——论工程认知与思维

卢锡雷　著

观察内容包括：

怎么看工程：反映了人类理解自然、人类和社会的高度

怎么做工程：标志着人类调动资源、应用管理的能力

怎么用工程：昭示着人类具有理性、审美和繁荣的水平

怎么评工程：揭示了人类持续反思、自我改进的智慧

中国建筑工业出版社

图书在版编目（CIP）数据

跨视野多角度的工程观察：论工程认知与思维／卢锡雷著．—北京：中国建筑工业出版社，2023.2（2024.7重印）
ISBN 978-7-112-28397-2

Ⅰ.①跨… Ⅱ.①卢… Ⅲ.①工程—研究 Ⅳ.①T

中国国家版本馆CIP数据核字（2023）第033284号

本书是一部系统介绍如何“看、做、用、评”工程的专著，填补了在不断分化的产业、学科而导致知识与能力均呈现“碎片化”的时景下，阐述整体、综合大工程观思考的空白。

本书由三部分共32章构成，包括：工程论题“类型、作用、地位、内涵、目标、价值、特性、属性、流程、要素、情景、环境、演化、失灵、语言、信息、思维、教育、科技、管理、主体、伦理、智慧、文化”24个；工程链态“产业、生态、知识、价值”四链；工程未来“新需求、新形式、新模式和新生态”四新。

本书全面地揭示了工程的系统性、综合性、交叉性、复杂性、关联性，可供工程建造/制造产业界、管理学界、工程哲学界、政策管理者、广大师生及工程相关人士参考。

责任编辑：朱晓瑜　张智芊
版式设计：锋尚设计
责任校对：姜小莲

跨视野多角度的工程观察——论工程认知与思维
卢锡雷　著
*
中国建筑工业出版社出版、发行（北京海淀三里河路9号）
各地新华书店、建筑书店经销
北京锋尚制版有限公司制版
建工社（河北）印刷有限公司印刷
*
开本：787毫米×1092毫米　1/16　印张：30　字数：709千字
2023年8月第一版　2024年7月第二次印刷
定价：**95.00**元
ISBN 978-7-112-28397-2
（40838）

电话：（010）58337283　QQ：2885381756
（地址：北京海淀三里河路9号中国建筑工业出版社604室　邮政编码：100037）

序一

我和锡雷认识的时间不算长，也不算短。锡雷要我为他的新著《跨视野多角度的工程观察——论工程认知与思维》写序言，我义不容辞地答应了。

我认识的人，从人数看，不算很多，但也不算少。

我国有两个关于人与人关系的成语：一见如故和心有灵犀。我和锡雷虽然不能说是一见如故，但应该说很快就有了“心有灵犀”的感觉。这种感觉很微妙，不是随便什么人之间都能够出现这种感觉的。

锡雷是一位从事工科高等教育的教授。由于多种原因，我国目前从事工科教育的教师中，有不少人都没有工程实践的经历和经验。锡雷与他们不同。锡雷先有了16年工程一线技术员和11年工程企业高层管理的实践经历之后，转到高校从事工科教学和研究工作。锡雷不是在职业高校任教，但他的工作和经历特点显然具有“双师型”教师的特点。所谓“双师”就是既有“教师资格和资历”，又有“工程师（或技师）资格和资历”的教师。我国双师型教师人数较少的主要原因在于这两种“资格和资历”之间沟通和贯通的渠道和方式存在许多缺陷。我认为，不但“高等职业教育”需要大批优秀的双师型教师，而且“一般高等工程教育”也迫切需要大批优秀的双师型教师。如果缺少足够数量卓越的双师型教师，就不可能建成卓越的高等工程教育院校。因为工程教育显然也是锡雷此书的主题之一，这里也就顺便谈到了双师型教师——尤其是双师型教授。

锡雷此书的副标题点明了此书的核心主题和内容——“工程认知和思维”。

工程认知和工程思维是工程实践、工程哲学、工程教育的重要内容和要素之一。可是，目前虽然有工科高校开设了有关课程，也可看到一些有关论文或著作中的有关章节，但尚未见到有聚焦这两个重要主题的学术专著出版。如果确实如此，则锡雷此书就要成为同时关注这两个重要主题的第一本学术专著，意义重大。

出于叙述严谨的需要，在此需要再做若干说明。2017年，国内出版了译著《工程思维》。此书封面注明其英文原名为*Design Concepts for Engineers*（《适用工程师的设计概念》），可知，由于译者特别关注“工程思维”这个概念就为此书起了一个新书名。2019年，又有《工程认知训练》出版。其书名已经提示这是一本关于工程认知“实训”的著作而非有关的学术著作。更早的2002年，徐长福出版了《理论思维与工程思维——两种思维方式的僭越与划界》，这是一本新锐哲学家的理论著作，其所用的“工程思维”一语基本等同于“实践思维”，与工程哲学中的“工程思维”的内容和含义有一定的差别。可以看出：虽然原先很少有人关注“工程认知”和“工程思维”，但近来出现了逐渐密切关注“工程认知”和“工程思维”的新趋势。锡雷此书以“学术新视野”顺应这个新趋势并推进新趋势，锡雷成为此新潮流的弄潮儿乃至急先锋，功莫大焉！

什么是“工程认知”和“工程思维”呢？这里不拟从“理论”“学术”角度回答，而只想给予一个“工程”角度的回答：工程认知和工程思维“本身”是工程从业者（古代的工匠，现代的工程师、技师、工人、工程管理者等）在工程实践中的认知和思维。而工程认知和工程思维的“理论”则是工程实践者或哲学专家对工程认知和工程思维“本身”的理论思考、理论研究、理论升华的结果。对“工程认知”和“工程思维”的研究是工程实践、工程哲学、工程教育最重要的内容之一，具有重大的现实意义与理论意义。

工程的历史与人类历史相伴，哲学也有几千年的历史。可是对“工程认知和工程思维”的哲学研究却姗姗来迟，严格地说，直到进入21世纪，“工程认知和工程思维”才真正成为哲学研究的对象和内容。

从事工程活动者，奴隶社会中是奴隶，封建社会中是农民和工匠，他们处于社会下层，无缘哲学思想和哲学传统。一部古代中国哲学史，可以说只是“士人”的哲学史，而非广大劳动者的哲学史。

如果搜索中国哲学史上“劳动者参与哲学”的史实，则泰州学派似乎是一个孤例。黄宗羲在《明儒学案·泰州学案》中说：“泰州（王艮）之后，其人多能以赤手搏龙蛇，传至颜山农、何心隐一派，遂复非名教之所能羁络矣。”泰州学派的开山王艮出身灶丁（盐工），提倡“百姓日用即道”，这个观点显然可以使劳动者感到亲切和共鸣，有樵夫朱恕、陶工韩乐吾等皆乐与学，成为泰州学派的传人。这种情况，“前不见古人，后不见来者”，成为中国古代哲学史上的一个异数。但泰州学派没有也不可能对“工程认知”“工程思维”有具体阐述。

欧洲第一次工业革命后，出现了现代工程师阶层和现代工人阶层，工程认知和工程思维的具体内容和表现形式也都进入一个空前的新阶段。但由于多种原因，现代工程师和工人长期未能参与和关注“哲学”，而近现代哲学家也长期继续忽视工程实践中的哲学问题。现代工程师和现代工人与哲学疏离，现代哲学家忽视工程，这就使工程哲学成为现代哲学领域“被遗忘的角落”。进入21世纪以来，工程哲学兴起，工程师的哲学自觉和哲学家对工程的关注都进入了新阶段。工程认知和工程思维在工程哲学中也“水落石出”地开始引起越来越多的关注。

研究工程认知和工程思维需要有特定的基础和前提：工程师要提升哲学自觉性和哲学思维水平，哲学家要以多种方式学习和积累工程实践经验，否则就难以叩开工程认知和工程思维的哲学研究之门。锡雷的这本《跨视野多角度的工程观察——论工程认知与思维》，无论从其各章节的主题和内容阐述看，还是从其全书特别重视的“逻辑图”的运用看，读者不但可以看出工程认知和工程思维具有丰富内容，而且可以看出“工程认知和工程思维”是不同于“科学认知和科学思维”的另外一番天地，是另外一个富饶的学术处女地。

总体来看，工程师和哲学专家已经叩开工程认知和工程思维的哲学研究之门，开始在工程认知和工程思维的哲学研究大道上迈步前进了。这是一条广阔而漫长的探索和研究之路，需要工程师和哲学家相互学习、携手跨界创新前进，不断取得研究新成果，成就认知和思维的新境界。

许多“序言”的最后三个字都是“是为序”。我现在要说，我以上所写的实际上只是浏览锡雷此书的一些零散的读后感，现在权且以此读后感作为“序言”塞责了。

李伯聪
中国科学院大学博士生导师
2022年11月

序二

在近年的几次会议上与卢锡雷先生相遇，相互交流中逐渐熟悉。他将“流程牵引实现目标”和“精准管控达成效率”的专著与我写的几本实论等拙作进行了交换。和他在工程建设行业、企业与工程管理方面的讨论，常常十分热烈，每每意犹未尽，互相赞同的观点和看法不在少数。

上个月，卢教授邀我为他的大作《跨视野多角度的工程观察——论工程认知与思维》作序，并把书稿发给我，令我有些意外。因为，这部著作体系庞大、视野开阔、角度多维，既有工程实践体悟，也有哲思据辩，恐难把握。然而，作者经过建筑央企多年历练，又在民营企业生机勃勃的浙江先后担任三家企业的主要负责人，继而转入同济大学复杂工程研究院，参加建设项目的咨询，三十多年建筑行业的丰富经历奠定了他“跨视野多角度的工程观察”的基础，尤其是转型到高校从事专职工程教育工作之后，围绕工程在教、学、研、产的多维度思考和深入研究，使他能够完成这部具有独创性的“鸿篇巨制”，殊为不易，十分难得。有感于斯，便应承了下来。

本书的三个特点给我留下深刻印象。

第一个特点是：系统性思维。全书以“看、建、用、评”的角度，3篇32章的篇幅，构成一个较完整的工程复杂性、系统性的宏大观点，帮助人们能够从“大工程观”的视角，认知工程的全面意涵。能够很好地弥补行业细分、专业分化和工程教育知识体系“碎片化”带来的片面、狭促的工程观导致的工程实践的缺陷。

第二个特点是：实践性思维。把握理论性和实践性的均衡是很不容易的，工程的24个主题的阐述，不仅对认知工程提供了丰富的素材，诸多创新性的论述为实践提供了参考、指导、构想甚至警示。而放入“产业、生态、知识、价值”四链中的工程，显得与鲜活的社会发展鱼水相融了。对未来工程的综合需求、结构形式、管理模式、新型生态的预见，无疑打开了一个新的思考窗口。

第三个特点是：操作性思维。比如工程追求目标，博采众长，归纳为简明扼要的“三和三简三好”，分别在宏观理念层面、中观管理层面、微观操作层面进行了详尽论述，具有非常好的操作指导性，有可能成为很有意义的工程发展指引，这将会有益于人类命运共同体理念的落实。有趣的是，“三好”的思想，借鉴了我的观点，恰到好处。

当然，如此庞大而复杂的工程体系，要阐述清晰，既有高度又有深度和广度，是很困难的，尤其无法在这么一部著作中做到既博大宽广，又精细完善。

本书的出版发行是我国工程领域的一大善事、一大幸事，可喜可贺！称道之余，也非常希望卢先生的这部著作，能够引出更多既有工程实践经验又有深厚理论知识的“跨界者”一同思考探究，分享智慧成果，为促进社会经济的发展作出贡献。

作为一个工程建设领域四十多年的从业者、实践者和思考者，十分希望我国工程领域能够健康发展，非常乐意为卢锡雷先生的著作写序推介。

鲁贵卿

中国建筑总公司原总经济师、平安建设投资有限公司原董事长

2022 年 11 月

自序

1. 大工程的生存观

工程展示过去，却预示未来，而忧烦在现在。工程贯穿着人类历史，以大工程观论工程之大，因其对人类生存、发展发挥了无可替代之作用。

所以看工程要有宏大的视野，即历史演化、地位作用、结构功能、创新伦理以及文化与智慧。“好消息是，我们在进步；坏消息是，我们在飞快地进步”，在这个涡旋中，我们迎来对工程的全面深刻思考，有的甚至是审视式反省。

对工程的思索，包括历史追记、当今追求、未来预见、危害反思，但仍然远远不够。

当下工程世界之“零碎”，是不断分解导致的必然结果，长期持续的分工与分化，大概从1776年学理畅通之后就名正言顺地加快，正如亚当·斯密在《国富论》中所指出：“分工是文明的起点。”全社会在工程上一边越来越精细地分工，一边又越来越需要集成，这个矛盾不仅将一直存在，甚至还会更加激烈。个性化、精细化与系统化、集约化，仿佛有个奇点，往两端飞驰，越来越远，维系却越来越强。工程作为影响世界的重大因素，更是如此。

一直以来，与工程相关的思考不曾停止，关于工程认知和工程思维，也就是怎么看工程和作为工程人怎么思考的问题，萦绕在脑海久久不去。将多年对工程的思考归集起来，试图较全面地呈现“怎么看工程”的方方面面，或许能够弥补现今学术界、产业界在这方面的欠缺。并且能够在一定程度上纠正一些错误的认识，这是十分有意义的。决定编写此书，是想做点功课，弥补长期以来对于工程一鳞半爪的认识。社会上几乎没有一本书能够比较完整地告诉人们，工程相对全面的面貌，所以即使笔者从事工程建设35年，遍历工程行业的诸多风云，但对工程的认知，仍然觉得十分偏狭，不足以全局性地、深入地“理解”工程。比如：工程的地位、作用、类型，甚至对工程内涵的不全面阐述，都将导致对工程的认知存在偏差。对工程目标的清醒认识，则有助于帮助我们更好地处理人类活动与自然、人类、社会的关系。

本书是在大工程的背景设定下组织编写的，同时也对“人类对工程追求目标的模糊性”“人类对工程的认知远远不足”“工程知识碎片化与应用集成化矛盾日趋激烈”“社会对人才的需求加快与培养效率提升缓慢”“为什么我们的高校培养不出杰出人才？”“一个产生系统思维的民族为何失去了系统思考的能力？”等战略性问题进行了思考与论述，针对如此宏大的问题，难免感到自己格局狭促、知识浅陋、表达粗鄙，如有表达不妥之处，还请读者朋友们指出。

本书并非奢望能够提供绝对正确的工程认知，也即对工程正确的看法，其不过是笔者对30余年从事工程及工程相关的研究、设计、施工、教学等工作的思考的集合，偏颇甚至偏激在所难免，敬请读者提出并指正。

作为教师，我对自己的定位是：引导学生以实景实况，陪伴学生以实情实感，见证学生以成熟成长。作为建设工程的参与者，更有责任告诉大家一个工程的“全貌”。这些思考，可能就是以实景实况引导公众的最好素材。

人类文明的演进和发展的复杂性，我们当以大工程观之。

2．大工程的历史观

斯蒂芬·威廉·霍金的《时间简史》开创了简单地看繁复宇宙——世界的先河，这一不易读懂的畅销书刮起了全球“简史”[①]的风暴。后继者尤瓦尔·赫拉利的简史三部曲：《人类简史》《未来简史》《今日简史》，给我们展示了波澜壮阔的场景——过去发展、现在景象、未来展望。

诸多简史，都建立在猜想、假设、考古挖掘、文献记载基础之上，诸多简史也说明人类能够立体地、全面地了解自己来龙去脉的进程。简史的意义并不在于简要地介绍历史上所发生的事件，而是使人们能够快速了解曾经发生的事情，在此基础上审视自己的行为，深思未来。怎样审视历史，就会怎样对待未来。然而在简史大家族中，仍

---

① 包括：赫拉利三简史（人类、未来、今日），宇宙简史，哲学简史，六大国简史（中国、美国、英国、法国、德国、俄罗斯），中国三简史（中国简史、中国文学简史、中国哲学简史），世界经济简史，西方经济简史，四简史（地球、全球、世界、人类），万物简史，西域简史等。

然缺乏具有影响力的“工程简史”。工程不仅仅是人类的生存基础，甚至可以说就是人类的生存及生活方式，借此创造和推动文明，成为承载历史记忆的文化载体，为科学和技术输送疑问和研究条件，更是决策者雄心、管理者精心、设计者细心、建造者匠心的充分体现。工程几乎就是国力象征、征战工具、文明代表。所有简史，都离不开“工程”的记忆。

我们没有能力讨论“人类在公元2600年前可能会灭绝”这样的惊人预言（霍金，2017.11），也无法深入探究“时间有没有开端，空间有没有边界”的话题，但是如果一定要给人类带来的灾难找个原因，也许是“成也萧何败也萧何”“水能载舟亦能覆舟”的工程。霍金富有想象力甚至耸人听闻的预言，暂时无法判断其正确性，而人类的“心性”不曾因为物质文明的进步有所改变，虽然我们不愿意用“物质进步人性退步”下断语，但是从人类无穷尽的欲望和好奇出发，从人类制造出稀奇古怪的工程来看，人类赖以生存的工程，可能就是人类自己的“掘墓”工具。这样的推理不算严谨，但是至少可以成为我们需要建立更为广泛和值得参考的“工程认知和工程思维”的动因。我们肯定不应该糊里糊涂地创造那么多的工程，如果必须这样做，一定要既看清楚带来的好处，又要用更大的力量阻止带来的害处。我们甚至呼吁：伦理的力量需要大大加强，以协助道德和法律，“管好”人类自己！

我们用极端的概括力阐述“人类极简史”并非空穴来风，更不是对人类文明发展的不屑。纵观人类的动物性和社会性发展历史，“战争、繁衍、建工程”是具有对可见世界、可知活动的高度抽象性的。这样概括并非完全回避不可见的抽象活动，忽视思维活动、对一切审美活动视而不见，所有这些，恰恰在工程活动和工程结果中也有深刻反映。在工程的输入九要素中占据重要地位，工程是人类历史与未来的纽带，是物质与精神的交集，是社会与个体的结点，也是经验与教训的会合地。离开工程谈历史，甚至可能产生空洞化，有不踏实的感受，那些刀光剑影、剑拔弩张、纵横交错，那些血流成河，都无以傍靠，无所承载。2020年全球新冠肺炎疫情，演绎了一个完整、全态、悲喜的过程，从工程角度来看，如果没有工程设施、工程科技、工程组织与管理，情况将更加糟糕。

对工程的沉思，具有无比重要、无法跨越的必要性，工程无论带给人类便利和幸福，还是破坏和灾难，都值得更深入地探究，因为工程穿透了人类历史。

3. 大工程的教育观

大工程下的教育观，是一个值得深刻探究的大课题。教育应当传授系统性思考方法、美丑好坏鉴别方法，使受教育者具有思考和鉴别能力。工程不同于科学技术，还需要传授“构建、集成和创新”的工程思维和工程审美方法。科学技术侧重懂得欣赏美，工程则还需要有能力构造美。工程是必须关注复杂的外部环境的，是多元供应链贯穿的社会活动，是直接和现实的生产力，是必须经历充满冒险和未知过程的，是需要协同不同环节建立秩序的，是需要不同主体间保持均衡利益的。工程教育，必须符合工程的上述诸多特征和性质。工程教育势必也是复杂的、综合的、交叉的、实践的、动态的、经权的。大工程教育包含工程科学、工程技术和工程教育。

工程教育是知能智慧的传承，即知识、能力、智能、方法的传递和继承；工程教育是创新的引领和载体，其要求自身随着科技与社会的发展而不断变革；工程教育应当发挥制衡破坏的“正向作用”，无论是以工程伦理的力量还是工程自身的审视或“反向设计”——为解决所产生的问题而进行的工程设计、构建和运行，方式不同效果应一致。

一系列巨大、复杂的课题不仅值得研究，还处处彰显着危机深重时期的重要性。最为关键的是研究之后的行动，也就是践行“知行合一”。

我们判断：人类生存、生活方式将发生深刻变化，国际竞争以工程为载体延伸到文化、宗教、种族等全面形态。即使获得平和的均衡，也将是在满目疮痍之后，这种为了“争斗”导致的工程教育和工程器物构造的经费占比、组织严密、知识窃取、污染杂陈、废旧堆放，与人类寻求美好生活的“乌托邦”愿望不相协调。

我们推论：工程教育将无不受制于知识的“敏捷性、精准性、知能态”，以及应用的“高度交叉、深入融合、深度协同”。知识被高校、精英垄断的局面正在被打破，组织知识的方式正在被改变，知识易获得特性正在凸显，系统论和整合观将大为流行。

深刻的、颠覆性的、无一遗漏的工程教育变革，将如暴风骤雨般席卷全球，扫除慢腾腾的、陈旧的、脱离实践的、深宅大院式的旧式工程教育场景。

“站在未来办教育”，这是大工程教育观的基点。

前言

对于工程、人和社会的关心，并非始于本研究，可以说长期以来一直没有间断，不过是疏密程度有所差异。20世纪80年代末，刚刚踏出大学校门的我通过读书认识到了一群貌似乐观的睿智学者，面对令人沮丧的世界危机，他们愿意积极行动，至少严肃认真地发出警报，并提出解决办法。以罗马俱乐部为著名。在《人类处于转折点：给罗马俱乐部的第二个报告》[①]中，作者呼吁人类应当“有机增长”；罗马俱乐部主席几乎无奈地指出“未来的性质将取决于当代人的抉择和行为”[②]。而现在回顾来看，这些努力其实并没有发挥多少作用，因为20世纪80年代这一关键时期，已经被无休止的冷战争斗无所作为地虚度了；打算走“现实主义”以解决乐观主义及悲观主义者的极端问题的作者们，并不知晓，当年被他们热情盛赞“在控制人口增长方面具有显著成就”的中国，即将被快速老龄化拖累和困扰，世界危机并没有丝毫减少，这尤其要求我们能够正确观察唯一改变世界的方法、工具、手段——工程。

我们愿意以悲观视角和夸大表达来阐述其中的一些看法，尽管著作中并不能这样做，现实既不允许，落笔也有不忍，对于未来的人类继承者，是多么无辜、不公平。

我们愿意重申：“怎么看工程：反映了人类理解自然、人类和社会的高度；怎么建工程：标志着人类调动资源、应用管理的能力；怎么用工程：昭示着人类具有理性、审美和繁荣的水平；怎么评工程：揭示了人类持续反思、自我改进的智慧。”“看建用评”是本书的观察维度，也是整体的内容构成。

---

① 梅萨罗维克，佩斯特尔. 人类处于转折点：给罗马俱乐部的第二个报告［M］. 梅艳，译. 北京：生活·读书·新知三联书店，1987.

② 奥尔利欧·佩奇. 世界的未来——关于未来问题一百页［M］. 王晓萍，蔡荣生，译. 北京：中国对外翻译出版公司，1985.

全书分为三个部分：第一部分为工程论题，共有24个工程主题，甚至可以说是24个关于工程的研究领域；第二部分为工程链态，赋能工程的四个链条分析，放置于鲜活的社会实践中，成链、成网反映真实生态；第三部分为工程未来，预见工程未来，是思考研究当下的重要奇点，更是其意义所在。

参与本书编写的人员包括老师和研究生：第一阶段成稿，张晗辉、陈细辉、陈兆龙；牛凯丽、楼攀、陈志超；李泽靖、王越、吴秀枝。张晗辉负责。赵灿老师、何卫东老师参加了本阶段成稿过程，付出了艰辛的劳动。第二阶段修改，陈志超负责，牛凯丽、楼攀主要参加。第三阶段修改，潘瑞耀负责，朱夏毅、包敏霞、刘艳红主要参加，陈志超、楼攀、牛凯丽进行了协助。定稿阶段，陈炫男参与了诸多工作。这部具有重要意义著作的完成，严密组织、严谨管理，发挥了主要作用。

本书得到中国科学院大学工程哲学先驱李伯聪教授作序推荐，感激之余，更多的是诚惶诚恐，我一直盼望拜师学艺，耽于种种，其中重要的是因为哲学素养不足，在开创“工程哲学”的前辈面前，羞于恳请。鲁贵卿董事长是深刻浸润于建筑行业的资深专家和前辈，也是乐于分享的思想者，从他的著作和谦虚为人中，我学习到很多，他的作序为本著增添了靓丽色彩。

对中国建筑工业出版社朱晓瑜编辑付出的艰辛劳动和卓越协调，深表谢意！

本书出版得到绍兴文理学院“优秀学术著作出版基金”资助。

目录

第1篇

工程论题

第2篇

工程链态

第3篇

工程未来

全书逻辑图

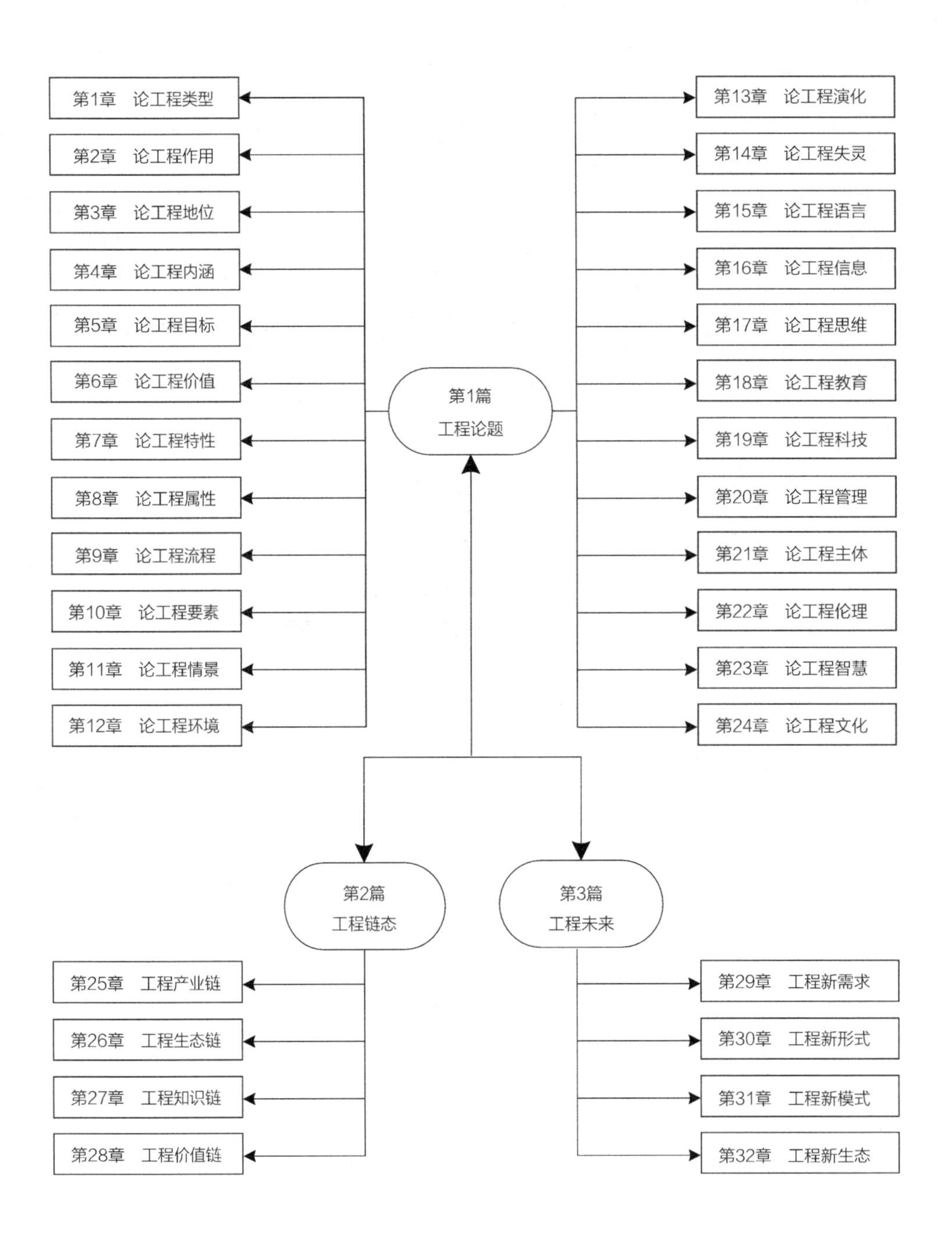

第1篇
工程论题
第1章 论工程类型
第2章 论工程作用
第3章 论工程地位
第4章 论工程内涵
第5章 论工程目标
第6章 论工程价值
第7章 论工程特性
第8章 论工程属性
第9章 论工程流程
第10章 论工程要素
第11章 论工程情景
第12章 论工程环境
第13章 论工程演化
第14章 论工程失灵
第15章 论工程语言
第16章 论工程信息
第17章 论工程思维
第18章 论工程教育
第19章 论工程科技
第20章 论工程管理
第21章 论工程主体
第22章 论工程伦理
第23章 论工程智慧
第24章 论工程文化
第2篇
工程链态
第3篇
工程未来
第25章 工程产业链
第26章 工程生态链
第27章 工程知识链
第28章 工程价值链
第29章 工程新需求
第30章 工程新形式
第31章 工程新模式
第32章 工程新生态

全书以工程论题、工程链态和工程未来构思谋篇。论题分论 24 个，链 4 条，未来则从因新需求而产生新的工程形式与管理模式构成新的工程生态展开论述。工程蕴含内容的丰富性、深刻性藏于主题中，复杂的社会性、关联性、开放性由链式组织方式表述，趋势的可能性预测则在工程未来部分中进行阐述。

第1篇

工程论题

第 1 章
论工程类型

本章逻辑图

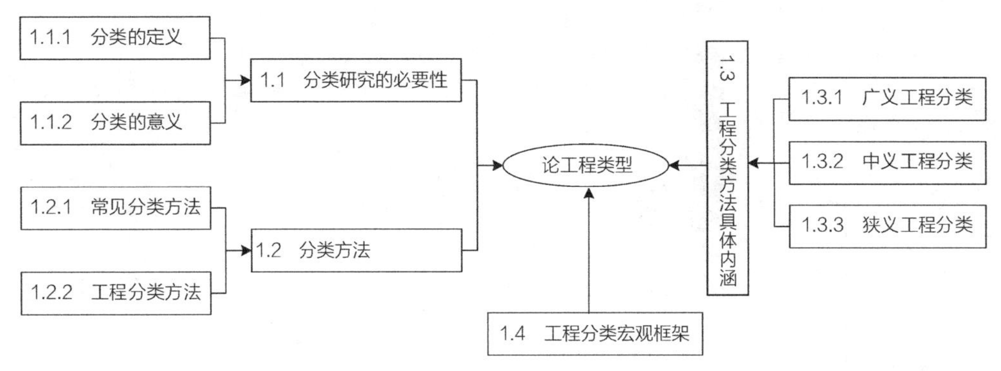

图 1-1 第 1 章逻辑图

“工程”是影响力巨大、应用广泛，而内涵仍不够明确，分类较混乱的一个词语、一类活动、一些行业、一种资产、一类“人造物”。而分类作为基础性工作，对于大工程观的建立，衡量工程之大，突破工程类别界限以实现交叉、融合，都是必须首先开展的。

基于三元论①，独立于科学与技术的工程，对其宏观、大类意义上的分类，仍是空白。具象的工程类型划分，集中在土木工程、材料工程等细分学科上。进行工程分类，是工程相关工作的基础，极其必要。针对工程内涵的详细讨论，将在后文章节中展开，本章先讨论工程分类的必要性、分类方法和一些分类共识。

技术反映的是特殊性、管理探究与实践规律性，哲学揭示普遍性。这反映了各自所取观察对象、尺度的不同，得到的结论也不同。在哲学视野，应当以普遍性为追求目标进行分析观察。

中国楹联学会在为中国工程院所作的对联中提炼了古今工程成就：“溯五千年史迹，四大发明，九章算术振先声，仰天工开物，神农尝草，筑拱桥，拓运河，淘滩修堰，长城共

① 李伯聪．略谈科学技术工程三元论［J］．工程研究-跨学科视野中的工程，2004，1（00）：42-53.

铸。灿灿乎！烁今震古数家珍，展经纶频吐凤”“沐八万里春风，一星遨宇，两弹凌云凭自力，看峡坝截流，雪域通途，输西气，调南水，探月载人，香稻杂交。煌煌矣！求实创新添国誉，兴科技竞腾龙”。楹联虽短，却充分展现了工程类别的复杂多样。

工程是分别发展起来的，尚未形成分类学意义上的、系统的知识体系。及至当下，对工程进行“鉴定、描述和命名，进行归类，按一定秩序排列类群”十分迫切。尽管工程的发生源于“自然需求”，且已到达理性设计、统筹规划的阶段，但是仍然有必要进行严格分类。

1.1 分类研究的必要性

分类是一切研究和工程开展的基础，是认识复杂性的开端。自然科学如此，管理科学和社会科学均如此。合理、精细的分类是快速认识、有效管控和充分利用的出发点和落脚点。天文学、医学、生物学（动物学和植物学）、材料学、力学、工程学、社会学等无不如此。

1.1.1 分类的定义

将被说明的对象，按照一定的标准划分成不同的类别，一类一类地加以说明，这种说明方法，称作分类别。分类别是能条理清楚地说明事物，将复杂的事物说清楚的重要方法。一次分类只能用同一个标准，以免产生重叠交叉的现象。

现代科学的分类是建立在结构分类的框架上的，没有分类，也不会有现代科学探索的不断进展，即使注重系统整体的东方思维，也是在功能分类的地基上构筑方法和工具体系的，尽管两种分类，有支持外求和内求的根本区别。工程独立于科学和技术之外，成为独立的学科体系，不仅具有繁杂和庞大的体系，也具有异常综合和复杂的价值、要素、主体及过程属性，不尽快进行细致、详尽的分类，将不利于其自立门户和快速深入地发展。

1.1.2 分类的意义

认知语言学认为，范畴化是人的认知赋予世界万物以一定结构的心理过程，是人类思维、感知、行为和言语最基本的能力。对范畴化能力的了解，是认识人类思维和语言现象的重要内容。范畴化是人类对世界万物进行分类的一种高级认知活动，在此基础上人类才具有了形成概念的能力，才有了语言符号的意义①。工程作为独立的人类活动，迫切需要从工程类型分类开始，构建大工程观指导下的系统全面的知识体系。工程分类作为一种研究方法，一方面能够展示学科知识发展的途径与演化过程；另一方面是细致化、深入化的工具，能够挖掘工程内涵，指导工程教育，指引工程学的未来发展方向。阐述工程分类不仅是学科知识形成体系的需要，也是接轨交流口径一致的需要，对厘清内涵、外延有十分重要的意义。

工程分类是以人类为对象，以服务于人类生产生活方式不同目的的分类。工程的分类是研究不同工程之间的联系和区别的基础，其任务是将工程根据人们的认识水平，按其在实际应用中的不同作用划分的，以达到“工程以类聚”的目的，工程分类的合理化程度也反映了国家的工程研究发展水平。因此，工程的分类研究是工程创新研究的基本课题，具有重要的理论意义。此外，通过分类将服务于人类生产生活方式性质相似的工程分为同类，便于根据需求方式的不同选择合适的研究内容和研究方法，正确预测不同工程产生的不同生产生活方式问题，具有较大的现实意义。此外，合理的分类，有利于工程知识的积累和传授。

合理的工程分类宏观上具有以下必要性（图1–2）：

①构成完整的工程类型框架，指导建立国民经济统计分析的总基准。

---

① 陈君．认知范畴与范畴化［J］．信阳师范学院学报（哲学社会科学版），2007（1）：99–101.

②对接国际工程类型，参与统一标准的市场活动。

③服务于国内产业门类，减少混淆的概念和因不同类属与体系导致的困扰。

④厘清学科层级，构成清晰的划分，能够较好地对应所选、所学以致所用。

⑤较好地构建全国性的工程知识体系，实现共创、共享、共用，利于交叉融合发展。

合理的工程分类微观上具有以下实际用途：

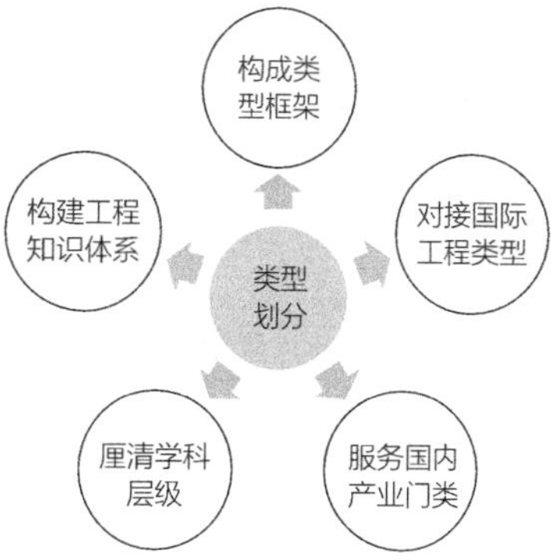

①确定工程名称以及不同工程的服务对象，方便进行经济统计以及规范相关知识体系。

图 1-2　工程类型划分功用图

②明确对各类工程深入开展相关研究的重点内容、试验项目，选择有效的试验方法和手段。

③规范工程市场，避免凌乱现象，有条不紊地进行工程生产生活。

④反映对各类工程改良的必要性和可能性，进而选定适宜的工程改良方法和措施。

1.2　分类方法

1.2.1　常见分类方法

分类方法，就是认识纷繁复杂世界的一种工具。分类，把世界条理化，使表面上杂乱无章的世界变得井然有序起来。常见的分类方法主要有三种：人为分类法、本质分类法和聚类分类法。

（1）人为分类法

人为分类法也称作外部分类法，是按照人们的目的和方法，以事物的一个或几个特征或经济、社会意义作为分类依据的分类方法。例如，将植物分为木本植物和草本植物、粮食作物或经济作物等。此种方法简单易懂，便于掌握，但不能反映植物类群的进化规律和亲缘关系。

（2）本质分类法

本质分类法也称作自然分类法，是按照事物本质、演化过程进行的分类方法。例如，依据植物进化过程中亲缘关系的远近作为分类标准，按照“界门纲目科属种”七个等级对生物进行分类。这种方法科学性较强，在生产实践中也有重要意义，例如用于人工杂交、培育新品种、探索植物资源等。

（3）聚类分类法

聚类分类法是在大数据时代逐渐兴起的一种分类方法，聚类分类是指将物理或抽象对象的集合分组为由类似的对象组成的多个类的分析过程，其目标就是在相似的基础上收集数据以完成分类。传统的统计聚类分析方法包括系统聚类法、分解法、加入法、动态聚类法、有序样品聚类法和模糊聚类法等。聚类分类法更多的是对数据进行发掘，找到事物的共同之处，获得数据分布状况，观察每一簇数据特征，集中对特定聚簇集合做进一步分析。

工程作为人类改造自然的方式，通常采用人为分类法，即依据不同使用情景、目标对工程进行分类。

1.2.2 工程分类方法

从宏观、中观、微观角度研究工程范围，可将其分为广义工程、中义工程和狭义工程，三者关系如图1–3所示。

（1）广义（宏观）工程

广义（宏观）工程指一切工程（社会工程、自然工程、思维工程），包括国际反恐工程、“211”工程、“五个一”工程、希望工程、引智工程、民生工程、退耕还林工程、奥运工程等，同时还包括中义（中观）工程。鉴于社会科学领域已经广泛使用工程一词的实情，应纳入分类。其中，最有代表性的分类方法是钱学森系统工程分类体系，包括宇宙、社会、人类系统，生物系统及物理系统（详见1.3.1节讨论）。

（2）中义（中观）工程

中义（中观）工程指造物工程（其他工程、建设工程）。其他工程包括基因工程、纳米工程、信息识别工程、虚拟仿真工程、航空航天工程、造船工业工程、化学化工工程、纺织工程、原子能工程、汉字输入工程、绿化工程等各种造物工程。建设工程，则指建筑、土木水利等工程。

国内以学科门类、国外以ENR国际工程列表为参照进行分类。除此之外，由于科技进步与学科交叉融合的发展，工程分类也趋于融合与创新，代表性的有新基建工程和大科学工程，新基建工程包括创新基础设施工程、融合基础设施工程和信息基础设施工程；大科学工程包括战略导向型工程、应用支撑型工程、前瞻引领型工程和民生改善型工程。

（3）狭义（微观）工程

狭义（微观）工程指各类建设工程。如：巨石阵、玛雅城、中世纪欧洲大陆水磨、埃及金字塔、古罗马宫殿；三峡水利枢纽、京九铁路、南水北调、青藏铁路工程；某些大型的科

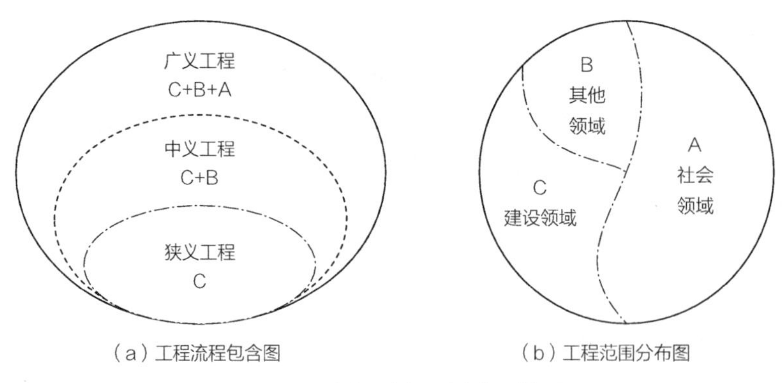

（a）工程流程包含图　　（b）工程范围分布图

图 1–3　工程广义、中义、狭义范围辨析图

研、军事、医学或环保工程，如等离子加速器环形隧道工程、“神舟”系列工程的基础设施。主要包含建筑、公路铁路、水利水电、港口航道、市政、通信、机场、隧道桥梁、采矿冶炼化工等形式的土木工程。

在不同的使用情景下，又有不同的分类方式，如：使用建筑法规分类方法时，包括新建、扩建、改建、迁建以及修缮加固工程；使用工程行业分类方法时，包括特级十分法以及一级承包十三分法；使用工程分级分类方法时，包括建设项目、单位工程、分部工程、分项工程。

鉴于建设工程（如房屋建筑）历史悠久、建制完善、影响深远、业态丰富、人员众多、接近生活和笔者熟悉等，本书所探讨的工程，举证多半以此为例，即以狭义的建设工程为例阐述工程的普适之理。这类工程是指以科学理论为指导，以技术为中介，设计和营造较大规模的人工物或人工世界的项目活动和过程。按照产业分类，制造业和建造业，与此有交叉。建筑业也是离散型制造业，狭义的工程，是造物工程的主力军。

下面将对常见的工程分类方法进行具体介绍。

1.3 工程分类方法具体内涵

1.3.1 广义工程分类

广义工程中较具代表性的是系统工程分类。钱学森强调系统工程是工程技术，是一个包括许多门工程技术在内的门类，是一个专业。系统工程是要实践的，其实践需要具体的专业基础知识，且离不开具体的环境和条件[①]。

系统工程的立论基础是对“系统”的认识，系统是由相互作用和相互依赖的若干组成部分结合而成的具有特定功能的有机整体，而且这个“系统”本身又是其所从属的一个更大的系统的组成部分。这一定义强调了系统的整体性：一是纵向关联性，即局部与整体、要素与系统之间的联系；二是横向关联性，即局部与局部、要素与要素之间的联系。系统科学的目的，就是“从局部与整体、局部与系统这样一个观点去研究客观世界”。整体性原理要求系统要素之间的相互关系及要素与系统之间的关系以整体为主进行协调，局部服从整体，使整体效果最优。实际上就是从整体着眼、部分着手、统筹考虑、各方协调，达到整体的最优化。作为一种科学的认识论和方法论，钱学森对中国航天系统工程的精髓——顶层设计、科学管理、自主创新、全国协作、综合集成进行社会化拓展，建立社会系统工程理论体系。在理论功能上，他将系统工程定义为组织管理的技术（主要指工程的组织管理），而将社会系统工程定义为组织管理社会主义建设的科学技术；在现实依归上，系统工程主要着眼大规模科学技术工程的组织管理，社会系统工程着眼社会和国家规模的协调平衡，将社会和国家作为一个开放的复杂巨系统进行组织管理；在价值定位上，系统工程是组织管理大型工程项目

---

① 郑新华，曲晓东. 钱学森系统工程思想发展历程［J］. 科技导报，2018，36（20）：6-9.

的科学思想与技术手段，而社会系统工程则是治国理政的科学方法论[①]。

依据钱学森的系统工程理论[②]将工程类型划分为物理系统，生物系统，宇宙、社会、人类三大系统九大类别（图1–4），具有强烈的指导意义。

由于工程都是综合，甚至“高度综合”的，并且各种系统工程横跨自然科学、数学、社会科学、技术科学和工程技术，因此，钱学森认为系统工程包含的专业应有以下14个：“工程、科研、企业、信息、军事、经济、环境、教育、社会、计量、标准、农业、行政、法治”[③]。我们也可以从中挖掘工程类型划分的线索。

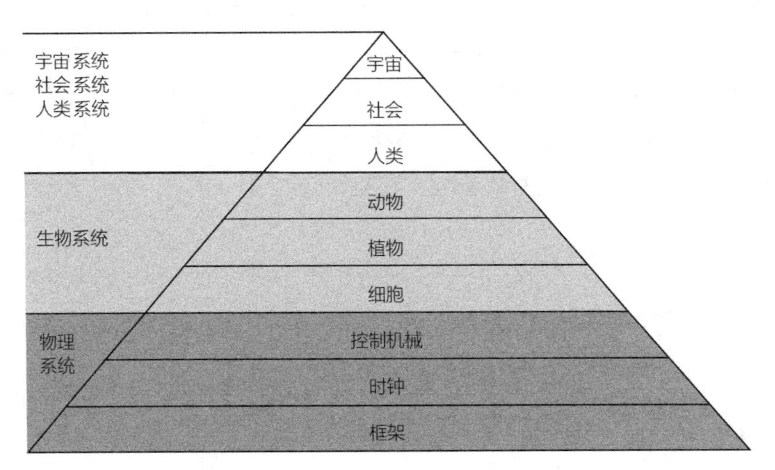

图 1–4 对应钱学森系统工程理论的工程类型划分方案

1.3.2 中义工程分类

国内外中义工程分类方式繁多。国内主要以教育部学科门类为参照，国外仅举以ENR国际工程中的分类为参照。

（1）国内工程学科门类

根据教育部《学位授予和人才培养学科目录》，教育部学科门类的更新经历了10大类（1981年）、12大类（1997年）、13大类（2011年）到14大类的演变过程。主要有哲学、经济学、法学、教育学、文学、历史学、理学、工学、农学、医学、军事学（1997）、管理学（1997）、艺术学（2011）共13个学科门类，并于2021年增设“交叉学科”为第14个学科门类，下设“集成电路科学与工程”“国家安全学”两个一级学科。

其中工学（学科代码：08）是指工程学科的总称，是一门应用科学类的专业学科，主要以应用技术为主。工学一级学科有：力学、机械工程、光学工程、仪器科学与技术、材料科

① 盛懿，汪长明．钱学森系统工程思想的理论和实践价值［J］．上海党史与党建，2019（10）：43–45.

② 中国系统工程学会，上海交通大学．钱学森论系统工程（新世纪版）［M］．上海：上海交通大学出版社，2007.

③ 钱学森．大力发展系统工程尽早建立系统科学的体系，论系统工程（新世纪版）［M］．上海：上海交通大学出版社，2007.

学与工程、冶金工程、动力工程及工程热物理、电气工程、土木工程、水利工程等39个一级学科。工程物的产生，绝大多数与这些学科相关。

（2）ENR国际工程分类

美国ENR（Engineering News Record），即《工程新闻记录》，是全球工程建设领域最权威的学术杂志，提供工程建设业界的新闻、分析、评论以及数据，帮助工程建设专业人士更加有效地工作。其发布的“国际承包商（225）250强”榜单给出了工程行业/产品划分。包括11类：交通运输、房屋建筑、石油/化工、电力、工业、制造业、水利、排水/废弃物、电信、有害废物处理及其他。表1-1为2018年国际承包商250强的业务领域分布。

2018年国际承包商250强的业务领域分布 表1-1

行业	国际营业额（百万美元）	增速（%）	所占比重（%）
交通运输	1521.9	-0.8	31.2↓（0.6）
房屋建筑	1145.6	2.0	23.5↑（0.2）
石油/化工	765.1	-14.1	15.7↓（2.8）
电力	507.0	1.2	10.4→（0.0）
工业	216.8	12.6	4.5↑（0.5）
制造业	160.9	65.0	3.3↑（1.3）
水利	144.1	16.9	3.0↑（0.4）
排水/废弃物	85.2	19.7	1.7↑（0.2）
电信	68.7	37.1	1.4↑（0.4）
有害废物处理	7.3	-18.9	0.1↓（0.1）
其他	250.2	8.1	5.1↑（0.3）

说明：箭头方向表示250家企业在各区域市场实现收入占比较上一年度水平的增减变化，括号内为增减比重数值。

分析国际工程的分类，不仅与分类、统计和对比密切相关，也有利于走向国际竞争。按照ENR进行分类，对标国际工程，还有利于“一带一路”国家倡议的延伸。

（3）其他工程分类应用

随着工程技术与科学水平不断发展与进步，新的工程领域不断出现，工程学科之间也不断交叉融合，从教育部于2021年增设“交叉学科”为第14个学科门类中便可见端倪，工程学科的创新性、综合性是未来发展的主要趋势。其中较具代表性的是新型基础设施建设工程和大科学工程。

1）新型基础设施建设工程划分解读

新型基础设施建设（简称“新基建”），是指发力于科技端的基础设施建设，主要包括5G基站建设、特高压、城际高速铁路和城市轨道交通、新能源汽车充电桩、大数据中心、人工智能、工业互联网七大领域，涉及通信、电力、交通、数字等多个社会民生重点行业和产业链，是基础设施建设中一个相对的概念。新基建是以新发展理念为引领，以技术创新为驱动，以信息网络为基础，面向高质量发展需要，提供数字转型、智能升级、融合创新等服务的国家基础设施体系。

新基建主要包括三方面内容，如图1–5所示。

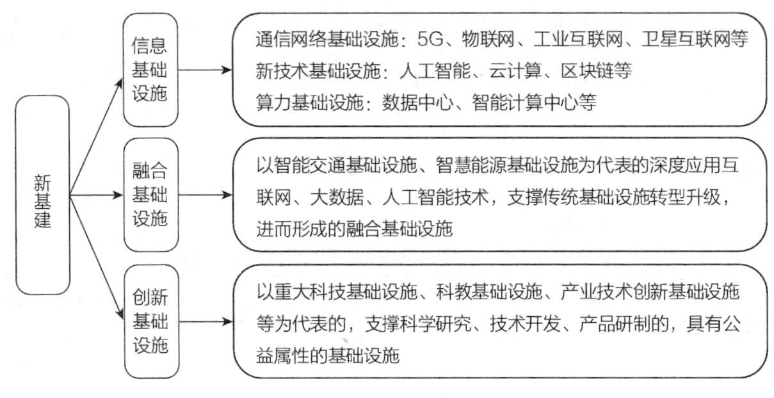

图 1–5　新基建分类

2）大科学工程划分解读

大科学工程是指为了实现目标，通过核心技术突破和资源集成，投资巨大、建设周期长、规模庞大、多学科交叉，集科研、工程建设于一体，具有一定完成时限的重大科技项目[①]。大科学工程，或者说重大科技工程，是一种为创新型研究提供技术支持的研究技术，通常表现在一个重大科技攻关项目，并构成国家科学和技术的研究和发展计划的重要组成部分，是科学化水平理论问题和工程级产品问题的研究链，也是跨学科和跨层次的系统工程。其已成为国家综合实力跃升的核心要素和大国博弈的杠杆，是深度融合的最佳载体和重要平台。

《中华人民共和国国民经济和社会发展第十四个五年规划和2035年远景目标纲要》将国家重大科技基础设施分为四类，如图1–6所示。

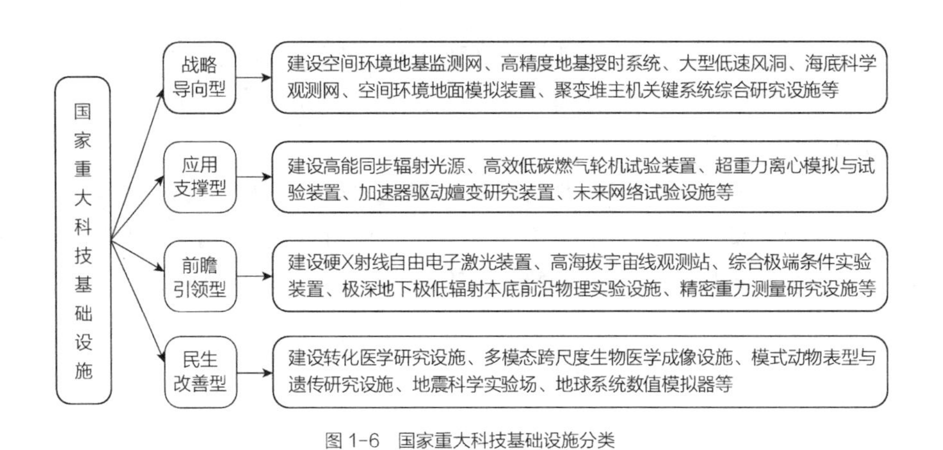

图 1–6　国家重大科技基础设施分类

① 张光军，吕佳茵，刘人境．我国大科学工程项目组织管理问题与对策——以神光Ⅲ激光装置建设项目为例［J］．科技进步与对策，2018，35（21）：1–6.

1.3.3 狭义工程分类

狭义工程特指建设工程。《建筑业企业资质标准》将其划分为13个行业类（也称13产品）。从建设性质和级别再进行划分。

（1）工程行业划分

《建设工程分类标准》GB/T 50841-2013将建设工程按照自然属性划分为建筑工程、土木工程和机电工程三大类。下设民用建筑工程、工业建筑工程、道路与桥梁工程、铁道工程、地下建筑与隧道工程、港口与航道工程、矿山工程、水利工程、石油工程、电力工程等类别。

住房和城乡建设部印发的《建筑业企业资质标准》将施工资质分为综合资质、施工总承包资质、专业承包资质和专业作业资质四个序列。其中综合资质不分类别和等级；施工总承包资质设有13个类别，分为2个等级（甲级、乙级）；专业承包资质设有18个类别，一般分为2个等级（甲级、乙级，部分专业不分等级）；专业作业资质不分类别和等级。2007年3月13日，原建设部发文，对建设工程总承包特级资质重新进行“就位和调整”，于《施工总承包企业特级资质标准》中将特级总承包企业分为10类。具体分类如表1-2所示。

建筑业企业资质分类表　　表1-2

总承包（一、二、三级）13 类	专业承包 18 类	总承包特级 10 类
①建筑工程 ②公路工程 ③铁路工程 ④港口与航道工程 ⑤水利水电工程 ⑥电力工程 ⑦矿山工程 ⑧冶金工程 ⑨石油化工工程 ⑩市政公用工程 ⑪通信工程 ⑫机电工程 ⑬民航工程（2021新增）	①地基基础工程专业承包 ②起重设备安装工程专业承包 ③预拌混凝土专业承包 ④建筑机电工程专业承包 ⑤消防设施工程专业承包 ⑥防水防腐保温工程专业承包 ⑦桥梁工程专业承包 ⑧隧道工程专业承包 ⑨模板脚手架专业承包 ⑩建筑装修装饰工程专业承包 ⑪古建筑工程专业承包 ⑫公路工程类专业承包 ⑬铁路电务电气化工程专业承包 ⑭港口与航道工程类专业承包 ⑮水利水电工程类专业承包 ⑯输变电工程专业承包 ⑰核工程专业承包 ⑱通用专业承包	①房屋建筑工程 ②公路工程 ③铁路工程 ④港口与航道工程 ⑤水利水电工程 ⑥电力工程 ⑦矿山工程 ⑧冶金工程 ⑨石油化工工程 ⑩市政公用工程

（2）建设性质划分

《中华人民共和国建筑法》中，依据工程项目成果的形成过程对建筑工程进行分类，对操作具有规定性和指导性意义。根据《中华人民共和国建筑法》规定，新建、扩建、改建的建筑工程，建设单位必须在开工前向工程所在地县级以上人民政府建设行政主管部门申请领取建设工程施工许可证。

1）新建工程

新建工程是指从无到有新开始建设的工程。有的建设项目原有规模较小，经重新进行总体设计，扩大建设规模后，其新增加的固定资产价值超过原有固定资产价值3倍以上的，亦属于新建项目。

2）改建、扩建工程

改建、扩建项目指现有的企业、事业单位在已有基础上，对原有设施、工艺条件进行扩充性建设或大规模改造，因而增加产品的生产能力或经济效益的项目，以及原有企业进行设备更新或技术改造的项目。包括技术改造、改建、扩建、停产复建等。

3）迁建工程

即现有企业、事业单位由于改变生产布局或环境保护、安全生产以及其他特殊需要，搬迁到其他地方进行建设的项目。

4）修缮加固工程

修缮加固工程是指在一切竣工交付使用的建筑物、构筑物上进行土建、项目更新改造、设备保养、维修、更换、装饰、装修、加固等施工作业，以恢复、改善使用功能，延长房屋使用年限的工程。

5）拆除工程

拆除（拆解）工程作为特殊的一类，随着产品达到使用寿命和质量期限，以及其他诸多原因，是必然存在的。土木工程中，虽然《中华人民共和国建筑法》等未予独立，就其规模大、风险大、技术难度大、政策性强等特点，有必要特别指出。

（3）工程分级划分

为方便工程管理，按照工程规模可分为建设项目、单项工程、单位工程、分部工程、分项工程和检验批。

1）建设项目

基本建设工程项目，亦称建设项目，是指在一个总体设计或初步设计范围内，由一个或几个单项工程所组成，经济上实行统一核算，行政上实行统一管理的建设单位。一般以一个企业（或联合企业）、事业单位或独立工程作为一个建设项目。

2）单项工程

单项工程是一个建设单位中具有独立的设计文件，竣工后可以独立发挥生产能力或工程效益的工程，是建设项目的组成部分。例如，工业、企业建设中的各个生产车间、办公楼、仓库等；民用建设中的教学楼、图书馆、学生宿舍、住宅等。

3）单位工程

单位工程指不仅能独立发挥能力或效益，且具有独立施工条件的工程。单位工程是单项工程的组成部分，通常根据单项工程所包含不同性质的工程内容、能否独立施工的要求，将一个单项工程划分为若干个单位工程，如矿井是一个单项工程，井筒、井底车场、绞车房等均为单位工程。建筑安装工程一般按单位工程编制预算和成本核算。

4）分部工程

分部工程指不能独立发挥能力或效益，又不具备独立施工条件，但具有结算工程价款条件的工程。分部工程是单位工程的组成部分，通常一个单位工程，可按其工程实体的各部位划分为若干个分部工程，如房屋建筑单位工程，可按其部位划分为土石方工程、砖石工程、混凝土及钢筋混凝土工程、屋面工程、装饰工程等。

5）分项工程

分项工程是指分部工程的细分，是构成分部工程的基本项目，又称工程子目或子目，是通过较为简单的施工过程就可以生产出来并可用适当计量单位进行计算的建筑工程或安装工程。一般是按照选用的施工方法、所使用的材料、结构构件规格等不同因素划分施工分项。如在砖石工程中可划分为砖基础、砖墙、砖柱、砌块墙、钢筋砖过梁等，在土石方工程中可划分为挖土方、回填土、余土外运等分项工程。

6）检验批

检验批是指按同一生产条件或按规定的方式汇总起来供检验用的，由一定数量样本组成的检验体。检验批是建筑学术语，其属性是工程质量验收的基本单元，应用在建筑、桥梁工程中。

1.4 工程分类宏观框架

通过前文对几种工程分类方法的具体介绍，可以发现目前的工程分类存在以下问题：分类方式多样，分类描述粗略，导致工程从业人员对工程认知混乱、不全面；在趋于行业融合、领域交叉的当下，新基建、大科学工程等概念频出，原先较为死板、孤立的分类不再适用；工程是一个庞大的体系，种类繁多，界线模糊，如土木工程（图1–7）。

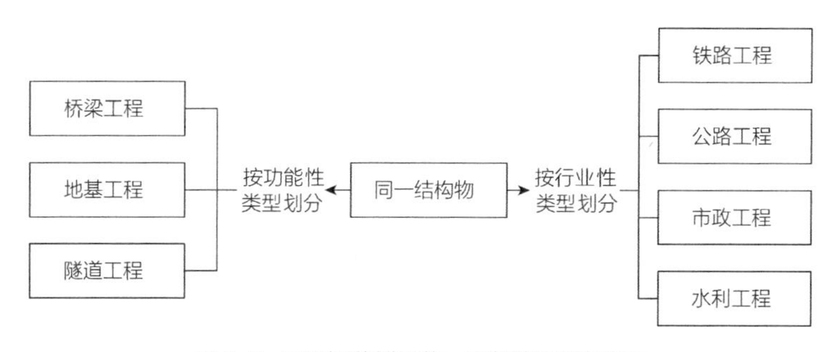

图 1–7　工程类型划分不统一导致的知识组织交叉

工程活动有别于技术与科学活动，对工程类型进行划分、细化，有利于工程的进一步发展。分类不仅是管理的需要，分类本身就是研究问题的重要方法。重视工程分类的重要性，应从宏观层面进行分类，积极与国际接轨，开创融合交叉领域。实际上，由于分类及归属的不同，导致同一对象被不同解读的事情，已非少数。

钱学森系统工程中，系统是由相互作用和相互依赖的若干组成部分结合而成的具有特定功能的有机整体，而且这个“系统”本身又是其所从属的一个更大系统的组成部分。有利于更好地梳理系统工程的链条，有利于更好地打通行业的上下游。

学科分类中，通过划分专业学科，可以精准高效地利用专业知识进行作业，更有针对性的学科优势可能会割裂工程的综合性和项目的学科交叉性。学科分类既是对已有知识的一种逻辑划分，便于学术分工和协同研究，同时也可以指导和推动学科发展，开拓新的知识领域，建构完备的知识体系，服务于社会发展进步①。

建筑法规的分类，以规范行业行为为主旨，可更清晰地认识到新建、扩建、改建的建筑工程的性质和区别。

在工程行业的分类中，建设工程按照自然属性可划分为建筑工程、土木工程和机电工程三大类。下设民用建筑工程、工业建筑工程、道路与桥梁工程、铁道工程、地下建筑与隧道工程、港口与航道工程、矿山工程、水利工程、石油工程、电力工程等类别。作业的属性更加明确，任务更加清晰。

在工程分级分类中，分类为建设项目、单项工程、单位工程、分部工程、分项工程等，可以使项目更精准地分类，更好地把握项目的进度。

在“三义工程”分类中，使工程范围的包含关系统一又清晰。

新基建对工程的分类，是以新发展理念为引领，以技术创新为驱动，以信息网络为基础，面向高质量发展需要，提供数字转型、智能升级、融合创新等服务的基础设施体系。对中国从中高速发展到高质量发展指明了方向。

大科学工程，是国家科技发展的重要基础条件，是国家科技水平和综合实力的重要体现，也是提高国家竞争力的重要保证，发展大科学工程并依托大科学工程实现科技前沿领域突破，已成为现代科学技术发展的重要趋势。

对标ENR国际工程分类，有利于“一带一路”国家倡议的延伸，更有利于“中国制造”“大国建造”走向国际化。

结合上述各分类标准的优缺点，我们把与狭义工程关系更为密切的“建筑法规”类别、“工程行业”类别、“工程等级”类别归为狭义工程。狭义工程中，大多为单一、专业、细化的工程分类。广义工程（包括中观工程）中，大多为复杂、综合、规模大、难度高的分类。归纳工程分类的路径导图如图1–8所示。

将上述方法进行统一，依据“三义工程”的层次对工程类型进行汇总，构建如图1–9所示的工程分类框架。首先，要从宏观层面上认识理解工程，不能仅局限于自然工程乃至狭义

---

① 高玉. 以健全学科设置推动建构中国自主的知识体系［N］. 中国社会科学报，2022–07–21（001）.

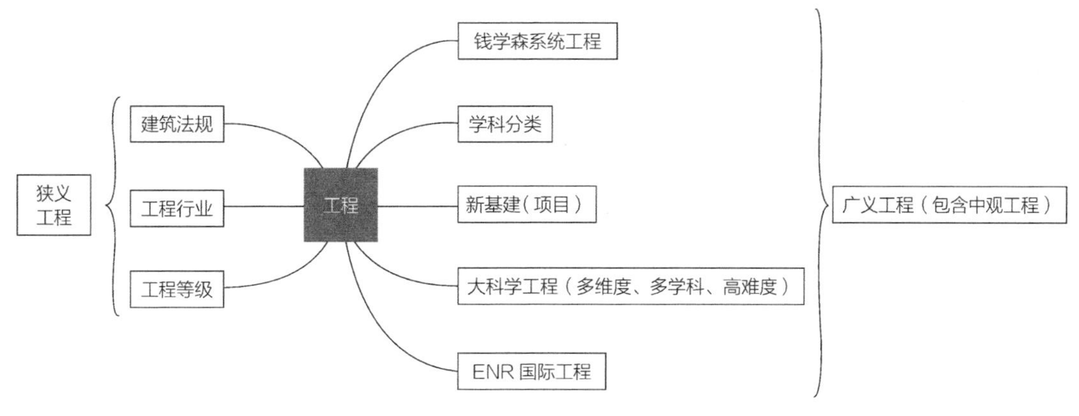

图 1-8　工程分类的路径导图

的建筑工程。其次，要注重学科的融合，要认识到各工程学科并不是孤立的存在，学科与学科间不应有明确的分割界限，应注重工程学科的融合与创新。最后，面对不同任务、不同目的，可以从建设性质、行业资质等角度进一步细分，对工程加以科学的管理。

在开展工程活动前，必须对工程有一个整体全面的认知，准确地找准自身的定位，才能找到合适的分类方式，从而促进工程活动有序、顺利地进行。

鉴于工程的复杂性，也鉴于分类对于交叉融合的重大意义和工程属性的繁多，特别是尚无全面系统地进行分类研究的先例，上述“建议的工程分类框架”只是一种粗浅的探索，进一步缜密的划分标准的论证有待广泛展开。

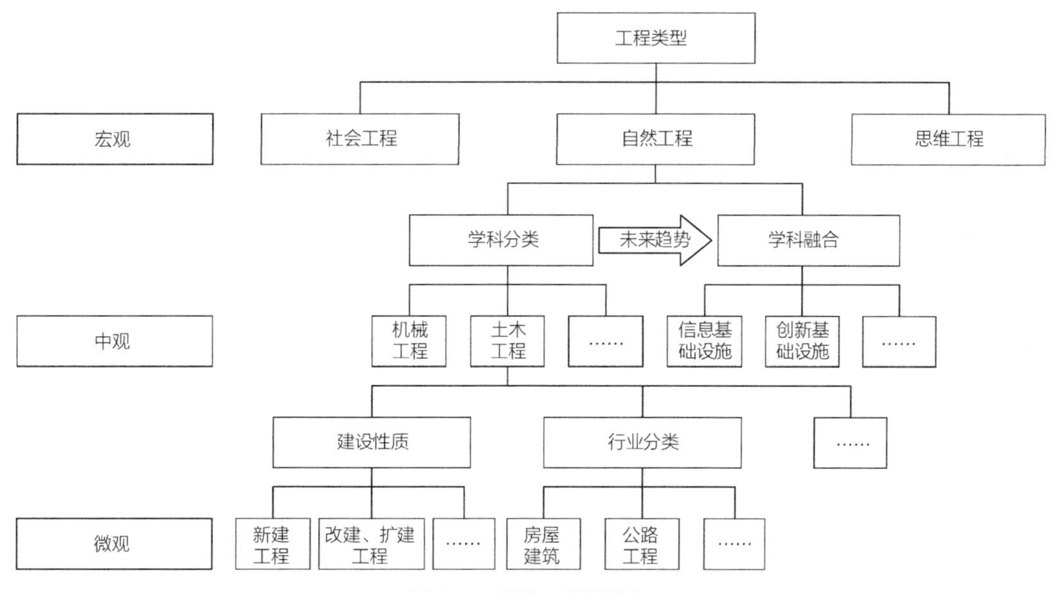

图 1-9　建议的工程分类框架

第 2 章

论工程作用

本章逻辑图

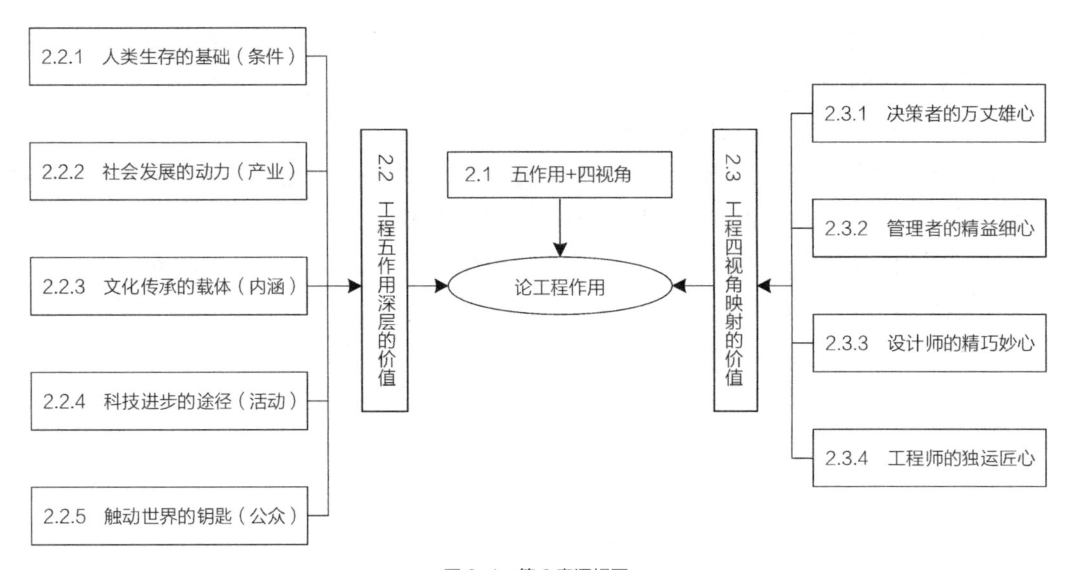

图 2-1 第 2 章逻辑图

工程与生俱来，以价值取向发挥功能作用。这似乎是一个毫无悬念的话题，然而，却至今没有被认真全面地梳理过，并直接表达出来。无论从哪方面来看，我们都不能对此熟视无睹。本章将其归纳为五大方面的“硬”作用，也是四大工程主体的“内心”映射。

2.1 五作用＋四视角

论工程的作用不言而喻，建筑工程、公路工程、铁路工程、港口与航道工程、水利水电工程、电力工程、矿山工程、冶金工程、石油化工工程、市政公用工程、通信工程、机电工程、民航机场工程……密切关系到人类赖以生存和繁衍的四大基本要素：衣、食、住、行。工程能够为人类提供住宅、文娱场馆、衣料生产贮藏基地、食品冷库、公路、机场、铁路、港口、码头、厂房、实验室等现代人类生活和发展所必需的场所空间、机器设备、交通工具。

即便工程随处可见，但对其作用的认知仍是模糊的。从上古时期的野处穴居，到现代文明的鸟巢、水立方、冬奥场馆等，工程伴随了人类文明几千年的历史，对这样一个普遍又不普通的活动，有必要细数其作用，而不应再继续任其模糊地存在。

下面从工程的五大作用展开论述：工程是人类生存的基础（条件）、社会发展的动力（产业）、文化传承的载体（内涵）、科技进步的途径（活动）、触动世界的钥匙（公众），如图2–2所示。

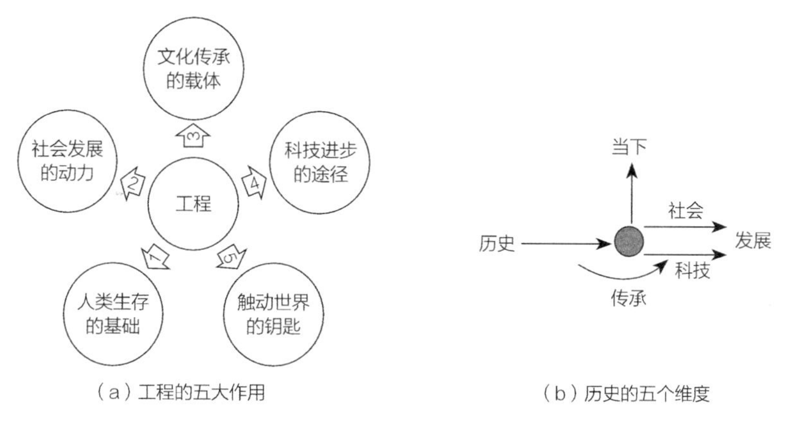

图 2–2　工程的五大作用与历史的五个维度

工程是人类改造世界的产物，在现代工程活动中对工程产品形成所需的工程主体进行了角色与责任的划分，不同角色落实各自责任，相互协调，形成万千工程。工程是体现人类行为价值的具体形式，以工程产品形成为主线，工程共同体包括决策者、管理者、设计师和工程师，通过工程能够体会工程主体的“内心”：决策者的万丈雄心、管理者的精益细心、设计师的精巧妙心、工程师的独运匠心，如图2–3所示。

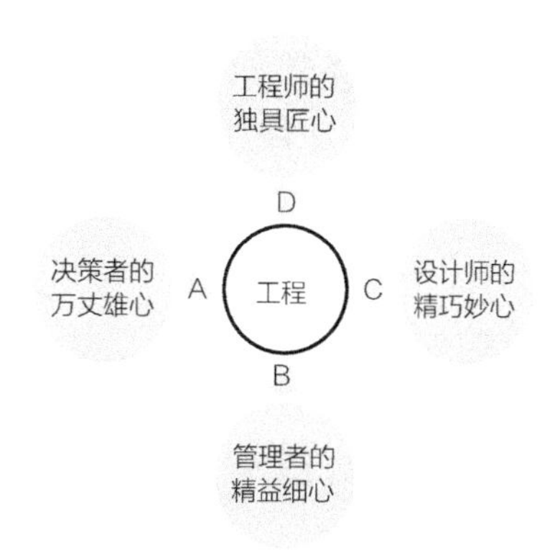

图 2–3　工程的四视角

工程是直接的现实生产力[①]。住房和城乡建设部原总工程师、中国建筑业协会原会长王铁宏说："建筑业是经济好的时候不错，经济差的时候也很好。"工程甚至是人类的生活方式，我们将工程的作用与体现的主体价值归纳为"五作用"+"四视角"。

2.2 工程五作用深层的价值

2.2.1 人类生存的基础（条件）

工程是人类生存的基础。工程不仅是理解人类体外进化的一把钥匙，而且是关涉人类幸福质量的衡量指标，通过工程演化来审视人类生存史和人类发展史，表明了人类正是借助工程而从自然之初的野蛮走向文明的历史进程[②]。人类的居住方式经历了四次改变：穴居；以木材、泥土、石块等自然材料为主的房屋；以砖、瓦烧制技术及其产品为主的房屋；以钢筋混凝土为建筑材料的高楼大厦。

古代、近代、现代工程均为人类生存发展提供了"衣食住行玩乐的条件、吃喝拉撒作用的对象、诗词歌赋曲舞的内容"。现代工程更是提供了便利交通、生老病死全过程医疗保护、高楼大厦、照明……随着人类需求的功能细化，工程类型和结构也越来越多样化，正是如此，工程构建了人类的生存基础。以中国为例，截至2020年，构成全国社会生动形态的工程包括：100万座桥梁、2万座隧道、12万km铁路、2万km高速铁路（快速增长中）、230座机场、3.2万个港口、16.1万km高速公路、2.4万座大坝（22座坝高超200m）、519.8万km公路等，另外还有数不胜数的工业厂房、食品、农业工程、军事工程等，名副其实地构成了生存、发展的基础。

2.2.2 社会发展的动力（产业）

在人类历史上，对社会经济起主导作用的工程、产业经历了一个不断更替的演变过程，"新兴工程"与主导性、战略性新兴产业成为新时代生产力的主要象征。人类历史的进展反映着工程、产业的演化，工程、产业的演化推动着经济、社会、文明的进步、发展[③]。

工程是直接的生产力，1929年经济大萧条引发的"罗斯福新政"，以大量投入基础设施建设消弭萧条带来的经济疲软、社会困顿；20世纪50年代新中国成立之初，北京十大建筑和156个援建项目，为我国树立国际形象，奠基国民经济发展框架，尤其为工业体系打下基础，与此同时，农业、水利、道路、铁路、水运从无到有，从弱到强，为国家架构了基本格局；2008年全球金融危机时，中国立即启动4万亿基建投入，阻断了断崖式下滑的经济颓势；

① 殷瑞钰，李伯聪，汪应洛．工程演化论［M］．北京：高等教育出版社，2011.

② 赵建军，吴保来，卢艳玲．技术演化与工程演化的比较研究［J］．科学技术哲学研究，2012，29（4）：50–57.

③ 殷瑞钰．工程演化与产业结构优化［J］．中国工程科学，2012，14（3）：8–14.

2020年美国政府也同样通过加大基建投入的方式，拉动国内治理不力及动荡和疫情灾害引发的经济疲软。为了促进增长缓慢的经济，各国往往通过增加基础设施建设投入的方式刺激需求。工程直接带动经济的发展，刺激创新实现，塑造新型交通格局，构建新型商贸、消费模式……无论是新建、灾后重建，还是提振社会经济的发展，增强经济活力，加快增长速度，工程建设因其产业链长、供应链影响范围广泛、带动发展效果好，而成为首选路径。故而，工程是社会发展的动力。

2.2.3 文化传承的载体（内涵）

工程是文化传承的载体，工程以不同外在的形态、质料、工艺彰显文化与特色。通过对工程建设思想、规划、设计、建造和维护状况的素材研究，“读取”人类社会的生存方式、生活模式信息，恢复当时当地的“概貌”，是今人理解古人的方法。工程是社会思想观念的一种表现方式和物化形态，成为固化艺术和文明的物证，具有社会文化价值，记录人类文明发展的过程。就知识形态而言，工程也是“物化知识”的一部分，可以通过“阅读”工程，获得工程知识。工程具有艺术性，满足人们审美需求，由于地域、文化、民族的不同，形成的工程文化也不同。其是文化的载体，体现哲学理念的差异。从某种意义上说，工程是文化的筋骨，文化是工程的灵魂。工程文化是在工程项目建设的具体生产实践过程中产生、形成、被普遍认同和接受的一系列、一整套的行为准则、价值观念、思维方式、道德风尚，即工程人员在建设中对各方面传统文化（建筑历史文化、城市特色文化等）的继承和发扬，在尊重自然的基础上，追求工程建设的内在艺术价值等。因而，工程文化是将人、自然和社会联系起来的桥梁，体现出工程人员看待自然的视角、思维方式及其行业道德①。

工程演化的历史截面，无不记录着人类智慧、技术工艺水准、社会环境发育条件、审美旨趣和权力象征。以考古工程为例：中国历朝历代的宫殿城坛、亭台楼阁、陵墓寝葬、刀枪锤戟、鼎盏壶碗，一件件文物不仅附着着一个个故事，更记载着当时当地的治理理念、风俗习惯、爱好雅趣，甚至惨烈争斗。器具本身无不都是文化传承的载体。当代工程，同样凝聚了当下的工程文化，留待后世的是今天的文化模样。同样，西方建筑史的发展，也毫无悬念地说明了其风格承载了西方社会思潮发展、演变的“文化”内涵。

工程是文明的载体，通过工程结果的有形部分，可以追溯人类走过的历史。恢复历史旧貌的“考古”，无不是通过挖掘古时的工程，获得建筑、桥梁、陵墓、水利大坝、庙宇等工程形式，并通过古籍对比、理据分析，获知古代先民的生活、社会、军事、技术、审美等信息，推测、恢复其时间段里的概貌。毫无疑问，其承载的是文化内容。中国历史上，有很多消失的历史著名建筑，如：大秦——咸阳·咸阳宫、通天之塔——洛阳·永宁寺塔、大明宫遗恨——西安·大明宫、盛唐华清宫——西安·华清宫、临安寻梦——杭州·南宋皇城、王之浮屠——杭州·雷峰塔、童话中的中国瓷塔——南京·大报恩寺、风云未央宫——西安·未

---

① 解海，马洪丽. 工程文化与专业教育融合：转型期地方高校工程人才培养模式研究［J］. 黑龙江高教研究，2019，37（1）：148-152.

央宫。如上建筑无不是通过“考古工程”所挖掘出来的，而每个“历史建筑”工程都包含了古人的智慧，体现了工程承载文化的作用。

诚如建筑学者中国工程院院士张锦秋所说：“建筑是时代的缩影，那么唐代建筑的特点呢，实际上是唐代社会的政治经济文化的综合反映，博大、恢宏开放，结构技术、功能和建筑艺术高度融合为一体。”

2.2.4 科技进步的途径（活动）

“哲学家解释世界，而工程师改造世界”。工程包含生产过程和造物结果，在生活、生产和运维中遭遇困难，产生疑问，产生科学问题，产生技术难题，是科技思考和技术难题的重要来源，毫无疑问，科技进步发端于工程，工程是推动其发展的途径，工程远远早于技术和科学的诞生和发展，源流十分明了。

科技是科学与技术的合称。从认识逻辑的角度看，认识和揭示自然界、社会事物的构成、本质及其运行规律属于科学范畴。可以简括地说，科学活动的特征是研究自然界和社会事物的构成、本质及其运行变化规律的系统性、规律性。科学活动的主要特征是探索、发现。技术是一种特殊的知识体系，体现着巧妙的构思和经验性知识。而现代技术往往是运用科学原理、科学方法以及某种巧妙的构思和经验，开发出来的工艺方法、工具、装备和信息处理系统等“工具性”手段。技术活动的特征是发明、创造。工程活动的特征是集成、构建。从知识角度上看，工程活动可以看成是以某一或某些核心专业技术结合相关的专业技术以及其他相关的非技术性知识所构成的集成性知识体系，旨在建立起大规模、专业性、持续化的生产系统或社会服务系统。

工程与科技紧密相关，不同历史条件下，工程与科技之间的关系是在演变的。在现代，工程对科技的推动作用是重要且明显的，主要有以下四方面作用：①工程满足了科技进步的需求。如大科学工程中的FAST射电望远镜首次发现毫秒脉冲星，为搜索星际通信信号和外星文明，研究宇宙大尺度物理学，探索宇宙起源和演化提供了可能。②工程为科技进步制造工具。从哈勃望远镜、强子对撞机等大型科技工具到高精度显微镜等各类小微型仪器都离不开工程。③工程为科技进步提出新的需求和问题。在工程发展过程中，也会不断遇到新的困难与障碍，从而对科技提出新要求，倒逼结构力学、材料学、热力学等多学科进步并指引发展方向。④工程为科技进步提供应用与检验的途径。如2021年建成的FL-62大型风洞，能够制造一个虚拟的空中或者地面环境；对飞机、导弹和其他武器进行风洞测试，可以测试其在各个姿态下的空气动力学特性参数并进行调整。

2.2.5 触动世界的钥匙（公众）

辩证关系渗透在工程的每一个细节中。公众是工程需求的提出者、过程的观察者、结果的承受者。工程触动世界的方式是多样的。以悲剧、恐惧的方式；以权力、困惑的方式；以便利、受益的方式……无时无刻，无国界无种族，工程无不影响着人类大众、自然世界、社会秩序。

（1）工程需求触动世界

工程需求来自人类生活、生存的需要，来自对好奇探索的内心，来自野心和控制的需要，也来自扩展人类的能力需要。多渠道需求造就工程的多样性、复杂性。

新冠肺炎的肆虐，迫使生物医药工程领域，在开发疫苗进程中争分夺秒。追求霸权地位中，先进武器的研发导致很多国家争相投入军备竞赛，使国际局势异常复杂。高铁飞驰、飞机穿梭、舰船往来、航天航空、水下探险、石油化工、输油管道、公铁路桥、隧道地铁、资源探察，人类按照自身的愿望，改造了地球面貌，留下无数的奇迹，也留下无数的遗憾。工程无不牵动着世界上每一个热爱生活、爱好和平以及工程从业者的心。

（2）工程灾难触动世界

失败和牺牲伴随着工程的演进过程，过去如此，未来还将如此。工程是在复杂条件下进行的实践活动，充满技术和管理风险，灾难也在所难免。例如：桥梁事故——虎门二桥涡振抖动（中国，2020年）、塔科拉马桥梁垮塌（美国，1947年）；化工建设——阻挠PX项目建设（中国厦门、大连等）；恐怖事件——“9·11”世贸中心撞击倒塌（美国，2001年）；核电事故——切尔诺贝利核电站泄漏（苏联，1968年）、福岛核电站爆炸（日本，2011年）；水库大坝——维安特大坝（意大利，1964年）、阿速坡省水坝溃坝（老挝，2018年）、布尔玛迪尼奥溃坝（巴西，2019年）；航天飞机爆炸——挑战者号爆炸（美国，1986年）、哥伦比亚号爆炸（美国，2003年）。事故造成人员伤亡、土地淹没、财产损失、河流污染等重大损失。这些惊天地泣鬼神的工程灾难，触动了世界的神经，吸引了全球的目光，引发了长久的思考与研讨、质疑与争吵。发达的汽车工业，引发石油消耗量剧增、排放二氧化碳温室气体；战争武器研发、存储、使用，戕害人类……无疑，灾难性的一面日益凸显，引致工程伦理、国际法的讨论，触动了每一个个体的心。

（3）工程结果触动世界

令人头疼的核废料保存；巡弋在大洋深处的核潜艇；克隆羊多莉的命运；预期将令70%岗位失业的“人工智能”机器人；新安江移民造就了千岛湖美丽的景色；百万三峡移民因为大局，背井离亲，远赴他乡；港珠澳大桥连接了我国的香港、澳门和珠海地区，不久将来，交通布局将使政治、军事、经济格局发生巨大变化。全球奇奇怪怪的建筑引起了众人的嘲笑与不齿，人工智能机器人、转基因粮食、基因改进生物等，仍然困扰着人类。工程是关乎公众的重大活动。

2.3 工程四视角映射的价值

2.3.1 决策者的万丈雄心

一切工程，都来自决策者的决策，几乎所有的伟大工程，都是其万丈雄心的具象表征。决策者是指接受政策、经济、社会、技术、自然环境、竞争、时空等诸多因素影响的决策主体。决策者需要能透过问题的表象抓住实际问题；能清晰地向其他人表述问题；了解必须作出决策的时间及决策后果；能运用有限的信息并有效地处理不确定性；较好地理解存在的风险及其后果；能有效地识别决策机会并生成决策方案；能应对复杂性和不明确性；能准确地评估实施决策所需的资源；具有实施决策方案的执行力。

历史长河中，人类追求“征服世界、改造世界”的雄心，从未削弱和减少。通天接地的宗教建筑，泽披千秋万代的大运河道，飞速到达的高铁，瞬间征服的高能武器，精确靶向的微创手术体系，集成全球科技的智能手机、超算能力，上天入海的载人器具，构建物质世界和虚拟世界之间的“穿梭”工具……

对于决策者的万丈雄心，中国古代的军事防御工事——万里长城，无疑是个典型代表。长城位于中国北部，东起山海关，西到嘉峪关，全长约6700km，始建于2000多年前的春秋战国时期，秦朝统一中国之后连成万里长城。汉、明两代又曾大规模修筑。其工程之浩繁，气势之雄伟，堪称世界奇迹。岁月流逝，物是人非，如今登上昔日长城的遗址，不仅能目睹逶迤于群山峻岭之中的长城雄姿，还能领略到中华民族创造历史的大智大勇，如图2-4所示。

始皇帝嬴政横扫六合、一统八荒，于公元前221年统一六国，画出了中国最开始的辽阔版图。为抵御北方游牧民族肆意地南下掠夺，遣大将蒙恬北逐匈奴后，在原战国时期秦、赵、燕三国修建的长城的基础上，于公元前215年，在北方大规模修筑长城。其西起临洮（今甘肃岷县），东至鸭绿江（今辽宁省的东部和南部及吉林省的东南部地区），共筑万余里，史称“万里长城”。据《史记·蒙恬列传》记载：“秦已并天下，乃使蒙恬将三十万众北逐戎狄，收河南。筑长城，因地形，用制险塞，起临洮，至辽东，延袤万馀里，于是渡河，据阳山，逶蛇而北。暴师于外十馀年。”

对于秦始皇修建长城，人们有着不同的观点和评价。多数人认为秦始皇修建长城是劳民伤财的做法，可从实际的情况分析，却并不如此绝对。秦始皇于公元前221年统一六国前，秦、赵、韩三国就已修筑了长城用来抵御外敌入侵，秦始皇在统一六国后，其内部还存有其余六国的残余势力，况且历经连年的混战，国家也需要休养生息，并且匈奴是一个游牧民

图 2-4　万里长城

（王宏建．时代需要“崇高”　时代呼唤“崇高”——从画作《万里长城》和它的作者谈起［J］．美术，2017（3））

族，其居无定所，难以一举荡平，而且于封建王朝而言，长线作战对于军需物资的运送、保管都是一个不小的考验。因此，为了稳定政权，巩固统治，秦始皇在权衡利弊之后决定修筑长城，在当时环境下是最好的御敌方式。

表2-1是世界十大建筑、世界十大桥梁及世界十大水坝统计表，都是决策者万丈雄心的具体表征。

世界十大建筑、世界十大桥梁、世界十大水坝统计表（数据资料截至2022年10月14日）表2-1

序号	世界十大建筑	世界十大桥梁	世界十大水坝
1	828m哈利法塔（阿联酋迪拜）①	55000m港珠澳大桥（中国香港/中国珠海/中国澳门）	7744m伊泰普坝（巴西/巴拉圭）
2	632m上海中心大厦（中国上海）②	17500m大贝尔特桥（丹麦哥本哈根）③④	3600m阿斯旺大坝（埃及开罗）⑤
3	601m麦加皇家钟楼（沙特阿拉伯麦加）⑥	5045m西堠门大桥（中国浙江）	2335m三峡大坝（中国湖北）⑦
4	599m平安国际金融中心（中国深圳）⑧	4589m南京长江大桥（中国南京）⑨	695m大迪克桑斯坝（瑞士迪克桑斯河）
5	596.5m天津高银金融117大厦（中国天津）⑩	3910m明石海峡大桥（日本神户）⑪⑫	500m斯里赛拉姆坝（印度安得拉邦）
6	554m乐天世界大厦（韩国首尔）⑬	2760m金门大桥（美国旧金山/马林郡）⑭	470m葛兰峡谷大坝（美国亚丽桑拉州）
7	541m世界贸易中心一号楼（美国纽约）	2626m梅克金海峡桥（美国麦基）	460m克鲁恩河坝（伊朗克鲁恩河）

① 潘岳. 哈利法塔——人类建筑史上的新篇章［J］. 世界文化，2010（2）：33-34.

② 顾海玲，归谈纯. BIM技术在上海中心大厦建筑给水排水设计中的应用［J］. 给水排水，2012，38（11）：6.

③ 周履. 大贝尔特东桥及其主缆工程的详细设计［J］. 世界桥梁，1995（3）：10.

④ 世界跨海大桥资料［J］. 城市道桥与防洪，2005（4）：132.

⑤ 杨爱红，丁克志. 埃及尼罗河上的大型水利工程——阿斯旺大坝［J］. 地理教育，2009（6）：14.

⑥ 佚名. 世界最大钟塔［J］. 家教世界：创新阅读，2012（10）：18.

⑦ 三峡大坝变形监测［C］//水利水电工程勘测设计新技术应用——2013年度全国优秀水利水电工程勘测设计获奖项目技术文集，2014：108-115.

⑧ 伍凌，郑大华. 深圳平安国际金融中心节水措施分析［J］. 给水排水，2011，37（8）：5.

⑨ 杨韬. 南京长江大桥建筑特征和文化意象的照明表达［J］. 照明工程学报，2021，32（3）：27-31.

⑩ 王刚. 天津117：华北第一高楼成长进行中［J］. 建设机械技术与管理，2014，27（9）：44-45，9.

⑪ 郝育森. 日本明石海峡大桥设计概要［J］. 世界桥梁，1992（1）：13.

⑫ 马进. 采用大型风洞设施的全桥模型试验概要［J］. 国外公路，1992（5）：21-24.

⑬ Tim Griffith. 乐天世界大厦——韩国首尔［J］. 世界建筑导报，2018，33（6）：4.

⑭ 康永华. 旧金山的金门大桥［J］. 对外传播，1997（8）：1.

续表

序号	世界十大建筑	世界十大桥梁	世界十大水坝
8	530m周大福金融中心（中国广州）	2160m青马大桥（中国香港）①	379.2m胡佛水坝（美国内达华州）②
9	530m天津周大福滨海中心（中国天津）③	1410m亨伯桥（英国赫斯尔/巴顿）④	146m纳加尔朱纳萨加尔水坝（印度安得拉邦）
10	528m北京中信大厦（中国北京）	244m伦敦塔桥（英国伦敦）	127m英古里坝（格鲁吉亚共和国英古里）⑤

说明：表中世界十大建筑是以其高度作为排序标准的，世界十大桥梁与水坝则是筛选了十个较为著名的工程案例并以长度作为排序标准的。

2.3.2 管理者的精益细心

美国著名管理学家彼得·德鲁克（Peter F. Drucker）于1955年提出“管理者角色”的概念。他认为，管理是一种无形的力量，这种力量是通过各级管理者体现出来的。管理者是管理行为过程的主体。管理者是在组织中直接参与和帮助他人工作的人，管理者通过其地位和知识，对组织负有贡献的责任，因而能够实质性地影响该组织经营及达成成果的能力者。

工程的管理目标可归纳为目标管理、范围管理、组织管理、流程管理、风险管理、进程管理、技术管理、质量管理、成本管理、合同管理、信息管理、安全管理、沟通管理、资源管理、采购管理、人才管理、环保管理、健保管理、劳务管理、法务管理、创新管理、廉政管理、审计管理、IT管理、绩效管理，共25类。工程的管理者更是要具备系统思维，在复杂的环境中，统筹各管理目标，达到整体最优。

以港珠澳大桥为例，港珠澳大桥主体工程的总体策划，从2005～2009年，共花费了5年多时间才得以完成，随后于2009年12月15日动工建设，2017年7月7日实现主体工程全线贯通，2018年2月6日完成主体工程验收，同年10月24日上午9时开通运营。

在10余年的总体策划和各专业工程实施策划的过程中，工程管理者经历了一个认识不断深化、思维不断提升的过程。在该过程中，系统思维、哲学思辨、资源融合、人文关怀等均对工程管理策划产生了非常重要、深远的影响。

这个超级工程在前期规划论证中，复杂不仅仅体现在技术方案上，利益相关方对大桥有着多维度甚至局部对立的需求，需经历多次发散和收敛的震荡方能渐趋稳定，需求稳定方能

① 安琳，丁大钧．香港青马大桥简介［J］．桥梁建设，1997（3）：5.

② 张志会．世界经典大坝——美国胡佛大坝概览［J］．中国三峡，2012（1）：69-78，2.

③ 王代兵，杨红岩，邢亚飞，等．BIM与三维激光扫描技术在天津周大福金融中心幕墙工程逆向施工中的应用［J］．施工技术，2017，46（23）：10-13.

④ 佚名．英国亨伯桥更换支座［J］．世界桥梁，2014，42（6）：89.

⑤ 陈宗梁．世界上最高地点混凝土拱坝——英古里坝［J］．中国水利，1990.

图 2-5　港珠澳大桥
（佚名. 港珠澳大桥［J］. 建筑，2021（17）：82）

形成明确的目标[①]。2008年底，前期规划论证渐近尾声，各方需求渐趋稳定，港珠澳大桥建设目标得以最终确定：建设世界级跨海通道、为用户提供优质服务、成为地标性建筑。其次，建设目标和愿景确定之后，为实现目标和愿景所使用的管理策略、生产流程改进和技术装备升级以及标准体系也一一得以确定。在管理策略方面，港珠澳大桥主体工程（图2-5）充分体现了三地政府共建共管的特点，项目法人和三地政府的“责权利”，通过《港珠澳大桥建设、运营、维护和管理三地政府协议》和《港珠澳大桥管理局章程》得以清晰界定，主体工程属于内地水域，在交通、航道、海事、渔业、水利、环保等方面，均适用于内地司法行政管辖[②]。具体工程管理中，质量、安全和信息管理等方面则有针对性地借鉴了其他行业的经验，如在交通行业首次引进国际通行的石化行业职业健康、安全和环保体系（HSE）；首次借鉴核电行业信息资源规划经验，开发并完善综合信息管理系统；借鉴汽车制造业的质量管理体系，推行标准化、工厂化、6S管理等，试图将传统土木工程生产方式转变为工业制造方式，将传统土木工程开放性作业环境尽可能转变为封闭或准封闭性作业环境，立足自主，并在全球范围整合优质资源，合同管理则推行严格履约基础上的合作伙伴关系。

2.3.3　设计师的精巧妙心

设计师是对设计事物的一类人的泛称。设计师存在的意义不仅仅是设计，不只是做装潢或仅用于美化物件，其作品是生活形态的一种反映，是塑造一个崭新生活的态度，是一种生

① 陈星光，朱振涛. 复杂系统视角下的大型工程项目管理复杂性研究［J］. 建筑经济，2017，38（1）：42-47.

② 张劲文，朱永灵. 复杂性管理：港珠澳大桥主体工程管理思想与实践创新［J］. 系统管理学报，2018，27（1）：186-191.

活面相的营造。由此，设计师应当具备社会责任心，自觉运用设计为社会服务，时代的发展、科技的进步、生活水平的提高，使设计师已经成为科技、消费、环境乃至整个社会的推动力量之一。设计师的社会责任，无法用明确的文字、法则来规范约束，但是，设计作品本身以及设计师的审美取向、价值观对普通大众乃至整个城市的设计风格具有一定的引导作用。作为设计师，应认清社会责任，尊重客观规律、尊重国情、尊重实施效果，这样的作品才能真正起到探索、引领和示范效果。

赵州桥体现了一种老而弥坚的辉煌骄傲（图2–6）。随着科技的不断进步，我国的桥梁技术逐渐成熟，现代桥梁历史已同过去的桥梁辉煌相映生辉。作为一名专业的桥梁设计人员，应当意识到桥梁的设计和建造同样重要。赵州桥是世界造桥史上的创举，其设计具有“三绝”。

第一，赵州桥的“券”小于半圆。通常情况下，我国把一些弧形的桥洞以及门洞等建筑物上呈弧形的部分称之为“券”，而且关于石桥的“券”，一般情况下也多为半圆形的。然而，我国赵州桥的跨度很大，共有37.02m。如果按照正常的设计，把赵州桥的“券”修建成半圆形，那么赵州桥的桥洞将高达18.52m。这样桥就如同一座小山增加了车、马、行人过桥的难度。因此，赵州桥的“券”被巧妙地设计成小于半圆的形式，如若天上的长虹。这样，一方面降低了桥的高度，为车、马、行人带来了方便；另一方面节省了大量的石料以及人工，同时也增加了桥体的美感。

第二，赵州桥的“撞”空而不实。通常情况下，券的两肩往往被称之为“撞”，并且关于石桥的“撞”大多在施工时需要利用石料而砌实。然而，赵州桥的“撞”却是空而不实的，并且在赵州桥的券的两肩处，分别砌有两个弧形的小券。通过计算得出赵州桥的桥体一共增加了4个券，但是却能够节省180m^{3}的石料继而使得赵州桥的重量降低了大约500t。另一

图 2–6　赵州桥

（白晋华. 赵州桥畔春醉人［J］. 道路交通管理，2021（4）：84–85）

方面，在汶河发生涨水之时，券能够起到分流的作用，保证水流的畅通，降低了洪水对于桥身的冲击，提高了桥的安全度。

第三，赵州桥的洞砌并列式。赵州桥一共有28道小券，其大券是利用小券并列而成的，共9.6m。但是，根据桥梁设计的计算公式分析，利用并列式砌无法使得每一个窄券的石块相连，同纵列式相比其不具有优势。在进行赵州桥的建造时，设计师利用并列式砌的方式，在每道窄券的石块之间均利用铁钉把券连为一体。这样即使某个券出现了损坏的情况，也不会牵动全局、影响交通，降低了修补的难度。

正是设计师李春的精巧妙心，使赵州桥屹立了1400多年，经历了10次水灾、8次战乱和多次地震，特别是1966年3月8日邢台发生的7.6级地震，赵州桥距离震中只有40多公里却没有被破坏。著名桥梁专家茅以升说："先不管桥的内部结构，仅就它能够存在1400多年就说明了一切。"

2.3.4 工程师的独运匠心

工程是人类的一项创造性实践活动，是以人的目的或目标存在为前提，按照一定的程序，使用物质工具对原材料进行一系列的操作和加工，生产出合格物质产品的过程。传统的工程师是以技术为核心能力的，现代工程师则需要在经济全球化的背景下，运用科学的理论和技术手段，在"大工程"环境中从事具体的工程实践活动，这些工程实践活动不仅要满足具有特定功能的工程需求，还要满足政治、经济、社会方面的需求以及环境、人文、艺术等方面的需求，工程师的工程能力正逐步走向多元化和综合化。工程师是将前期策划付诸行动，将构想转化为实体的主体。

工程师匠心精神体现在执着专注、精益求精、敬业守信、推陈出新。

丁渭修复皇宫工程，沿着皇宫前门大道至最近的汴水河岸的方向挖道取土，并将大道挖成小河道直通汴水。挖出的土即用来烧砖瓦，解决"取土困难"；挖成河道接通汴水后，建筑材料可由汴水通过挖出的小河道直运工地，解决"运输困难"；皇宫修复后，将建筑垃圾及废料充填到小河道中，恢复原来的大道，解决了"清墟排放"的困难，如图2-7所示。

蜀地郡守李冰主持修建都江堰，先对岷江流域进行了全面考察，几次深入高山密林，追

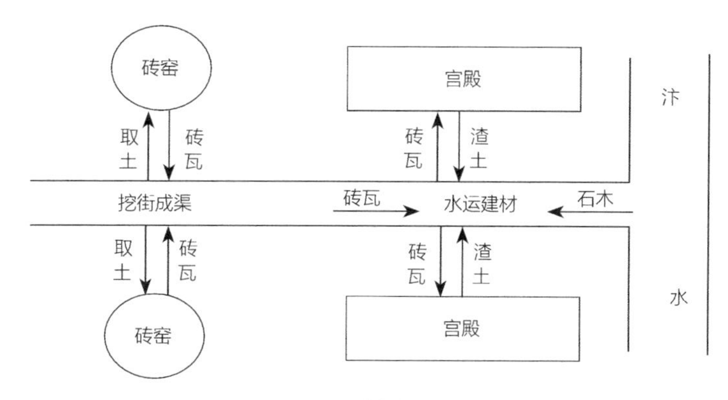

图2-7 丁渭修复皇宫的方法

踪岷江的源头，不畏长途跋涉，沿江漂流，直达岷江与长江的汇合处，掌握了关于岷江的第一手材料。经过周密策划，先从玉垒山开始，他带领指挥民工在玉垒山凿开了一个20m宽的豁口，并称之为“宝瓶口”。然后在江心用构筑分水堰的办法，把江水分成两支，逼使其中一支流进宝瓶口。堤堰前端开头犹如鱼头，所以取名叫“鱼嘴”，其迎向岷江上游，把汹涌而来的江水分成东西两股，是灌溉渠系的总干渠，渠首就是宝瓶口。他还亲自规划、修建许多大小沟渠直接连接宝瓶口，组成了一个纵横交错的扇形水网。这是都江堰的主体工程。后来，为了进一步控制流入宝瓶口的水量，在鱼嘴分水堰的尾部，又修建了分洪用的平水槽和飞沙堰溢洪道。当内江水位过高的时候，洪水就经由平水槽漫过飞沙堰流入外江，可充分保障灌区免遭水淹。同时，由于流入外江的水流的漩涡作用，还有效地冲刷了沉积在宝瓶口前后的泥沙。李冰为此耗尽了心力，可他还不满足，还为工程的维护和长久的使用做了考虑，制定了一系列维修和监控办法，有的至今还为人们所沿用。都江堰的实景如图2-8所示。

图2-8　都江堰

（佚名. 四川都江堰灌区 争创国际知名国内一流 谱写千年古堰盛世华章［J］. 中国水利，2021（24）：210-211）

第 3 章
论工程地位

本章逻辑图

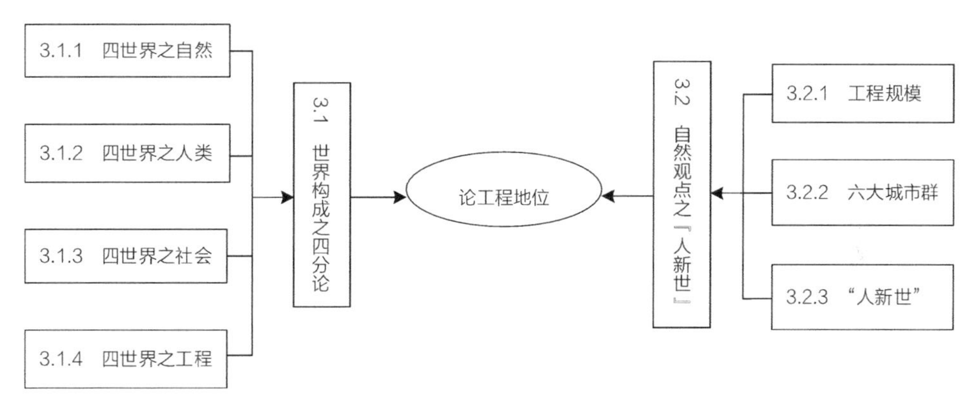

图 3-1 第 3 章逻辑图

工程地位似乎也是个“无需多言”的主题，但显而易见，随着人类造物能力的极大提升，地球环境今非昔比，尤其是工业化从1.0到2.0，直到当今进展中的工业4.0时代，工程铺天盖地，无时无处不在，甚至可以说“工程就是人类的生存方式”，离开工程将不存在现代文明，连人类的存在都成问题。因此，工程地位不论不行，这关系到“造物主题和作为造物主的人的主题的迷失”[①]。本章将在前述工程“五作用”的基础上，继续讨论工程地位。

① 李伯聪．工程哲学引论——我造物故我在［M］．郑州：大象出版社，2002.

3.1 世界构成之四分论

工程巨大的作用，成就了其核心地位。工程改变了地形地貌，制造、沉淀了垃圾，延伸了人类的智能，也使得人类狂妄不羁。工程是主观价值很强的人类活动，其作用和影响决定了其地位和价值。

2002年，李伯聪[①]在波普尔“三个世界”理论的基础上提出世界由四个部分组成（即“四世界”）的观点，将精神和精神产品合并为“人类”，归纳后的四部分为：自然界、人类、社会和工程，其相互影响、相辅相成（图3–2）。工程影响自然界，又成为自然界的组成部分；工程支撑社会的同时又异化社会；工程是人类生存的支撑，也体现了人类思想的渐变和延伸。人类探索发现改造自然，自然孕育塑造人类；人类构建社会，社会改变人类。世界的四部分相互影响、密不可分。土木工程是工程的重要组成部分（社会工程、机电工程、生物工程等也是工程内容）。自然界对工程的输入包括规律、原料、场所；人类对工程的输入包括劳动、工具、管理；社会对工程的输入包括基础（或条件）、审美、规则。

工程是建器造物的鸿篇巨制。工程反映了人类理解自然，以及人类、社会的高度，标志着人类调动资源、应用管理的能力，昭示着人类具有理性、审美和繁荣的水平，揭示了人类持续反思、自我改进的智慧，工程体现了人类的生存和生活方式，没有工程就没有一切现代文明。

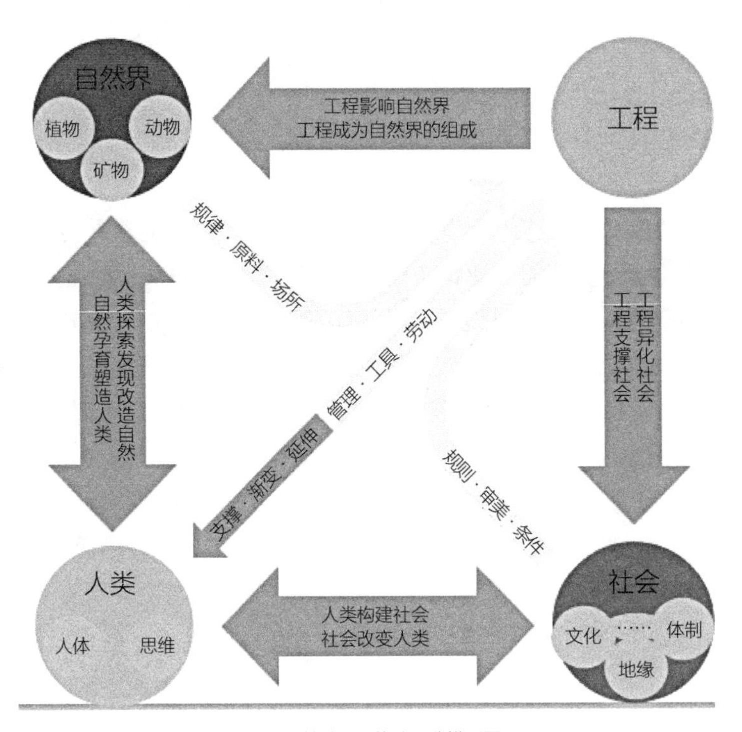

图3-2　地球世界构成四分模型图

① 李伯聪．工程哲学引论——我造物故我在［M］．郑州：大象出版社，2002.

3.1.1 四世界之自然

对于工程而言，自然界不仅由动植物、矿物（地质）构成，还包括由其形态、高低、构造、组合构成的空间形状、空气水流流态等特征。自然界是人类赖以生存、演化的环境，具有可认知和可利用的规律性。

自然界是共生的整体。第一，共生是多层次、全方位的共生；第二，共生是物种产生的重要源泉；第三，共生是生物进化的重要机制。由此可以看出，自然界的共生，具有以下几个特点：一是普遍性，共生现象在自然界中普遍存在，既有微观的细胞层面、个体层面，又有中观的物种、种群、圈层层面，还有宏观的整个地球层面，共生无处不在。二是内生性，共生这种普遍现象的背后，是其必然的内生机制，共生既是新物种产生的重要源泉，又是生物进化的重要机制，在生物演化中具有规律性。三是自然性，共生是在自然界中孕育发生的，自地球有生命以来，共生机制就开始发挥作用，一直贯穿着整个自然史。四是社会性，共生体现的是主体间的关系，随着生物进化发展，尤其在社会性生物产生后，共生成为社会性生物的本质特征，没有共生，社会性生物就无法生存，因此，共生也具有社会性[①]。

自然界是共生的，人类与非人类存在物构成整个自然界，因此，它们之间的关系也是共生的。第一，非人类存在物为人类的产生提供了合适的条件。第二，人类的产生离不开非人类存在物的进化。第三，人类与非人类存在物之间有物质能量的交换。第四，人类与非人类存在物具有平等的主体地位[②]。

自然界以“物质、能量、信息”形式存在，为工程提供的工程造物要素有“规律、原料、场所”。规律由科学活动发现，人们从实践活动中发现技术方法。自然界的风、光、电、雷、雨、雾、霾、霜、磁、波，质量、速度、压力，既为造物提供工程力学、热力学、流体力学、空气动力学等规律，也要求造物过程和所造之物遵循、适应或者避免与其相悖产生负面作用。原料是造物的必需要素，一切工程皆离不开原料，其开采、加工、运输也构成工程内容，如石油、化工、采矿、砂石、输电工程。工程通常是指从散体材料到结合体再到工程物的过程，中间材料也是工程的原材料，包括陶瓷、砖块、塑料、玻璃、铜合金等原本不存在的材料。场所是造物的临时加工（如航母制造的船坞工程）、成品堆放、废弃物集放（如核废料储存工程）、技术人工物的“居所地”，场所是工程的空间属性和承载属性。

3.1.2 四世界之人类

人类既有体能又有思维，两者无法截然区分，甚至浑然一体。体能的使用构成体力劳动，思维的使用构成脑力劳动，可产生精神产品。工程离不开体能也离不开思维。工程因其是人类理性的产物，而成就了人类作为工程造物的主体，绵延了造物主题。

人类是自然界长期发展的产物，人类的生存和发展离不开自然，人类有着类似于动物的

---

① 李友钟．共生：从自然界到人类社会［J］．理论界，2014（9）：85.

② 李友钟．共生：从自然界到人类社会［J］．理论界，2014（9）：86.

生理结构、生理机能、生理需要，以人类的生理结构为物质前提，人类具有食欲、性欲和自我保护等基本机能，所有这些，都是人的自然属性的表现。从自然人、经济人、理性人、社会人到复杂人，人在使用体能、制造工具和进行管理，以及产生精神诉求和产品时，都是造物者的人所具有的特别知能。人还作为个体构成了群体的社会。

自然性是人的根本属性。人是自然界不可分割的一部分，人与其他生物天然地、永恒地、紧密地联系在一起。所谓人的肉体生活和精神生活同自然界相联系，不外是说自然界同自身相联系，因为人是自然界的一部分[①]。

人类的自然属性是人类与动物共有的属性，但是，人们在生产过程中总是结成一定的生产关系，在此基础上，又逐步形成了政治关系、阶级关系、家庭婚姻关系等，每个人都生活在各种各样的社会关系中，因而获得了社会属性。人们还有思想、思维，具有精神属性，从本质上看，人的精神属性也属于社会属性。

人类的自然属性受到社会属性的制约，带有明显的社会色彩，如：食欲，人有礼仪、有风俗、有文化，还有“廉者不受嗟来之食，志士不饮盗泉之水”；性欲，人有爱情、婚姻、家庭，有各种性道德、家庭道德等；自保，人面对危险可以挺身而出，面对死亡可以视死如归。因此，人的本质属性是社会性而非自然性。

马克思以资本主义社会与共产主义社会的本质性划界为前提，强调不能把人的“社会性”抽象地诠释为人与人之间的“相互依赖性”，不能把人的“社会的活动”诠释为“直接共同的活动”。社会性的活动当然具有共同活动的性质，但共同的活动却并不一定就是社会的活动，即许多人一起活动或一起享受并不直接地就是社会的活动或社会的享受，还可能是动物性的群体性活动，而单独一个人的活动或享受反倒可以称为社会的活动或社会的享受。因此，我们绝不可以依据个体与群体、个体性与共同性的差异，把社会性直接等同于群体性和共同性，而是要具体地展示出人的社会性的丰富内涵及其历史差异性[②]。

是什么使人在宇宙中占有特殊地位？在工程实在论者看来，其答案在于：人不但创造了《荷马史诗》《巴曼尼德篇》《纯粹理性批判》《庄子》《罪与罚》这样的精神产品，而且还创造了金字塔、万里长城、阿波罗飞船、电冰箱、铁路、电报、电话、巧克力、可口可乐、馅饼这样的物质产品[③]。

人之所以为“万物之灵”，不仅在于其有发达的大脑、灵巧的双手，更在于其能通过使用工具把可塑之物（原料）改造为属人之物，从而实现自己的目的。

人类是谈论一切工程的主体，人类有作为自然界的“人体”部分，属于有机体，具有生老病死的历程，还有“思维”部分，在造物作用中，人类提供了劳动、工具、管理。能够制造和使用工具进行劳动，正是人类区别于其他动物的根本。而管理则是人类在历经实践活动

---

① 李友钟. 共生：从自然界到人类社会［J］. 理论界，2014（9）：85.

② 卜祥记，吴岩. 马克思关于人的社会性本质理论的内在张力分析［J］. 苏州大学学报：哲学社会科学版，2020（3）：6.

③ 李伯聪. 我造物，故我在——简论工程实在论［J］. 自然辩证法研究，1993，9（12）：11-12.

中认识和积累的知识经验和方法，为复杂的造物实践提供了使能手段，使得造物得以成功。

马克思在《资本论》中谈到工具的作用时，引用了黑格尔的一段话："理性是有机巧的，同时也是有威力的。理性的机巧，一般讲来，表现在一种利用工具的活动里。这种理性的活动一方面让事物按照它们自己的本性，彼此互相影响，互相削弱，而它自己并不直接干预其过程，但同时却正好实现了它自己的目的。"更值得注意的是，早在两千多年之前，我国战国时期的孙膑在《孙膑兵法·奇正》中说："圣人以万物之胜胜万物"，也许这是历史上对于利用物质工具重要性最早的、最言简意赅的概括了①。

总之，人类对工程活动的输入，首先是劳动，即使装备普遍被用于工程建/制造，甚至自动化生产已经相当普及，但仍然离不开人的直接体能付出的劳动。其次是制造工具，作为工具本身也构成工程活动的产物——工程物，但是以媒介发挥作用，工具的作用也越来越大。再次是实现管理，管理是一类非常特殊的活动，通过目的的构建和论证，计划、组织、领导和控制等手段，促使工程符合预先设想得到实现。管理是人们（组织）促使目标实现过程的总和。这个过程中，体现了知识的积累和传承、理念和使命追求、决策与协同能力，汇集成人类生存发展的生产力。

3.1.3　四世界之社会

在自然界的基础上，产生了人类社会，社会由人组成。人类社会是物质运动的最高形式。工程是有组织的复杂的社会活动，为社会所需也为社会服务。

人类社会也具有自然性。从整体看，人类社会是由具有自然性的人所组成的，是自然界的重要组成部分，只是组成这个部分的群体——人，具有其独特性，如有语言、文字、文化等。但人是自然界进化的产物，人类社会也就摆脱不了自然界演化的痕迹。

人具有社会性，由人组成的社会就是人类社会，但与除人类以外的动物不同的是，智力发展水平、社会协同程度不同，导致社会的结构、功能也不一样。人只是社会性生物的一种，人类社会也是社会性生物社会的一种，其他的生物社会还有昆虫社会、狼群社会等，这些社会性生物社会都是自然界的重要组成部分。正如中国工程院院士、华东师范大学校长钱旭红指出的那样："生态是社会的前身，社会是生态的特例，也是生态在人类范围的延续、延伸，因此不能将社会规律与生态规律截然分开、一刀两断。人是生态关系和社会关系的交叉支点。"当然，从狭义角度看，人们也将自然界与人类社会相对立，将整个非人类存在物作为自然界②。

"人类社会"被粗略地划分为三个阶段：即前资本主义社会、资本主义社会、后资本主义社会（共产主义社会）。马克思总结了"人类社会"的三个阶段及其之间的联系。马克思所说的"人类社会"是具体的、历史的社会总体形式，每一个阶段都为后一个阶段提供了基础，具体而言，前资本主义社会为第二阶段的社会提供条件，而"以物的依赖性为基础的社

---

① 李伯聪．我造物，故我在——简论工程实在论［J］．自然辩证法研究，1993，9（12）：12.

② 李友钟．共生：从自然界到人类社会［J］．理论界，2014（9）：85.

会”又为共产主义社会打下基础。所以，回到《共产党宣言》中，我们可以理解马克思为什么辩证地评价了现代资产阶级社会中资产阶级的作用，并且运用阶级斗争理论分析了社会中压迫阶级与被压迫阶级的对立关系，同时，依据“人类社会”的向度，阶级斗争理论才得以形成和发展①。

社会是相对于非社会而言的。广义的社会，包含一切除自然界之外的存在方式，社会等同于广义的社会含义。政治、经济、军事、法律、艺术、技术、语言、文字、符号体系等均为其构成成分。社会为工程造物提供了“规则、审美、基础”。“规则”的一部分来自于自然科学的“硬规律”，一部分来自于社会科学的“软规律”，是造物的技术依据和管理依据；“审美”则体现“造物之人、造物之时、造物之地”的价值观、艺术观等人文综合因素；“基础”是指基本的经济等非技术因素的条件，诸如和平的建设环境、充足的资金保障、成熟的技术劳工队伍、成熟理性的建设期望（进度、质量、安全、成本目标等）、综合的信息化技术、精细化管理、标准化施工能力等。

3.1.4 四世界之工程

工程与科学技术、产业形成、社会发展、衣食住行等都有密不可分的关系。

工程实践：是探索自然、生命、社会的规律性的活动，是发现规律的基础。

工程生产：是构建、创新、集成的过程，发明技术、参与劳动、改进工具、积累知识、应用管理的基础。

工程造物：提供生存保障，并改变了地球的形态，构建了一个无处不在的“人工存在”。

工程影响：深空、探地、入海、穿山、架河。利用了自然资源、改变影响了自然，结构物和废弃物以及失灵失序的过程，意外的工程事故，影响了自然、人类、社会。

随着人类能力的不断外延扩展，现在的世界已经由“天然自然”和“人工自然”组成。人工物区别于自然物，技术人工物（工程）区别于其他人工物。动物界也有非常精彩的建造物：蜜蜂的蜂巢、蜘蛛的网络、老鹰的鸟巢、蚂蚁的巢穴、鼬鼠的地下通道系统等，但这些终究不是我们所讨论的工程。

工程是建器造物的鸿篇巨制，工程的结果是要创造出人的生活所需要之物，例如方便面、电冰箱、电视机、自行车等。我们当然需要承认这些东西作为自然物有其“自在”的一面，但它们同那些天然之物（例如遥远的星系、珠穆朗玛峰、山中的小溪等）在本质上有很大的区别，天然之物是不依赖于人而存在的，而电视机等物则不同。没有人和人的创造活动，神奇的大自然不可能产生出哪怕是很简陋的一支毛笔，更不要说现代的家用电器、蔚为壮观的立交桥等建（构）筑物了。

粗略地说，工程周期包括制定计划（构想与设计）、运作（集成与建造）和使役废弃。

第一阶段是制定计划。就制定计划是精神活动而言，可以说工程是始于精神的过程。有人把计划同理论混为一谈，认为其都是同一本质和同一水平的理性认识。实际上，理论是认

---

① 张当. 马克思语境中的“人类社会”向度及其现实意义［J］. 安徽师范大学学报，2019，47（4）：53.

识工程的结果。就理论是对原已存在的自在之物的反映而言，可以说其是已有的实在的曲折“射影”。而计划则是人工过程的起点，就计划必须指向尚未实现的未来而言，计划乃是尚无的实在的“蓝图”。简单地说，理论的指称是已有的实在（这里暂且不论那些涉及未来的理论），计划则指向一个尚不存在的实在。或者可以更直截了当地说，理论的指称是“有”，计划的指称是“无”。

第二阶段是使用工具的运作阶段。工具的使用是工程的突出特点和本质特征。古人和现代的某些小规模的工程都只使用了简单的手工工具，而现代社会中的许多大规模的建设工程中则使用了极其复杂的机器系统。从技术上看，手工工具和现代的机器系统有简单和复杂、低级和高级之分，然而从哲学上看，它们有共同的哲学本性，即它们是半自在之物。

工程的最终目的不是单纯地创造出属人之物，而是要在生活中消费这些属人之物。所以，工程的第三阶段不再是造物，而是用物，是生活阶段①。

工程是人类生存的基础，是社会发展的动力，是文化传承的载体，是科技进步的途径，是触动世界的钥匙，是体会决策者的万丈雄心、设计师的精巧构思、工程师的精致匠心的视角。工程是社会的，工程不可或缺。

工程具有和必须经历过程，是工程在本体论上区别于科学和技术的最根本的差异。科学和技术就这点而言，并不关心过程，其得到结果也无关于过程，倘若过程影响到科学发现的规律和技术的发明结论，这些科技的成果，就必然不可靠。而工程不同，其过程对工程物的最终功能有直接影响，只有经历过程，才能完成构建、集成、创新的活动，获得预期的工程成果——具有完整功能的工程最终产品。

3.2 自然观点之“人新世”

从工程规模、造成影响及其作用和地位来看，世界已经不是纯“自然”，而是“人工自然”和“原始自然”共同组成的“混合自然”。因此，权威科学家们研究认为：世界进入了“人新世”。而新世代中的主角“人”，是否已经具备了智慧的高度和担当，值得追究。

3.2.1 工程规模

本节主要对我国建筑业房屋建筑面积、铁路及公路里程数、桥梁数量、水路（内河航道、港口）数量规模进行统计分析，从系列数据中可以发现人类正在以前所未有的速度改变地球世界，也即“人新世”时代的到来让我们可以更清晰地判断人类活动对地球世界的影响，同时其也在很大程度上改变了自然界的活动与循环②。

---

① 李伯聪. 我造物，故我在——简论工程实在论［J］. 自然辩证法研究，1993，9（12）：9-10.

② 早岛妙听. 人新世时代的TAO［C］//世界医学气功学会三十周年纪念论文集.［出版者不详］，2019：265-277，441-458，502-519.

（1）建筑业房屋建筑面积

国家统计局数据显示，我国建筑业房屋建筑面积逐年升高，2016～2020年建筑业房屋建筑面积如图3-3所示。

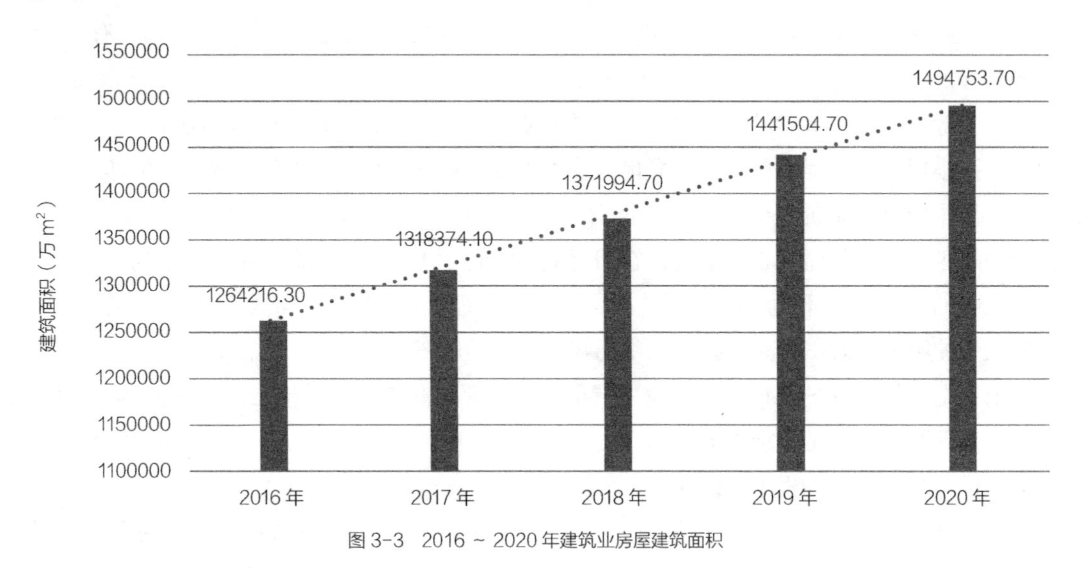

图 3-3　2016 ~ 2020 年建筑业房屋建筑面积

（2）铁路

国家统计局数据显示，2020年末全国铁路营业里程14.6万km，比上年末增长5.3%，其中高铁营业里程3.8万km。铁路复线率为59.5%，电气化率为72.8%（图3-4）。全国铁路路网密度152.3km/万km^2，增加6.8km/万km^2。

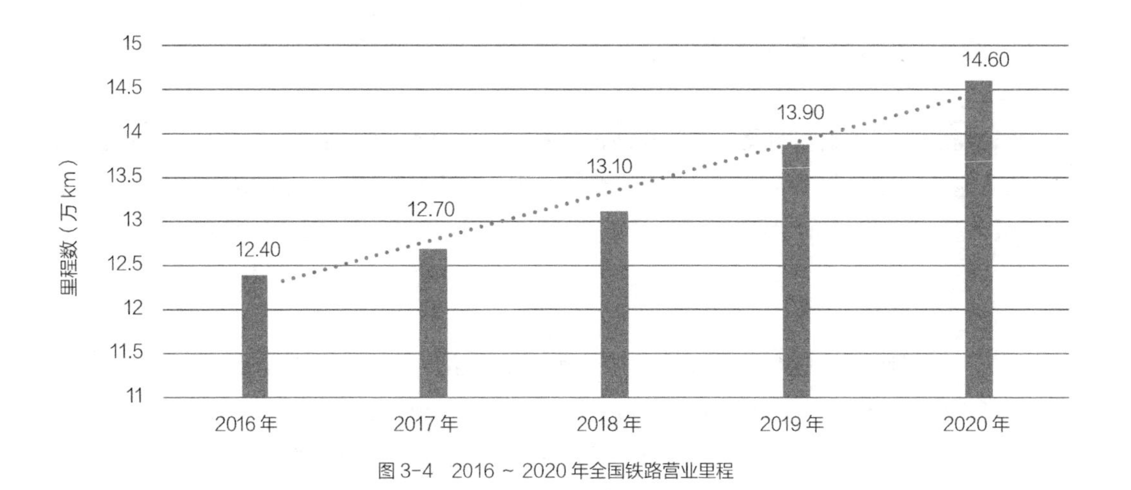

图 3-4　2016 ~ 2020 年全国铁路营业里程

（3）公路

国家统计局数据显示，2020年末全国公路总里程519.81万km，比上年末增加18.56万km。公路密度54.15km/百km^2，增加1.94km/百km^2。公路养护里程514.40万km，占公路总里程99.0%。如图3-5。

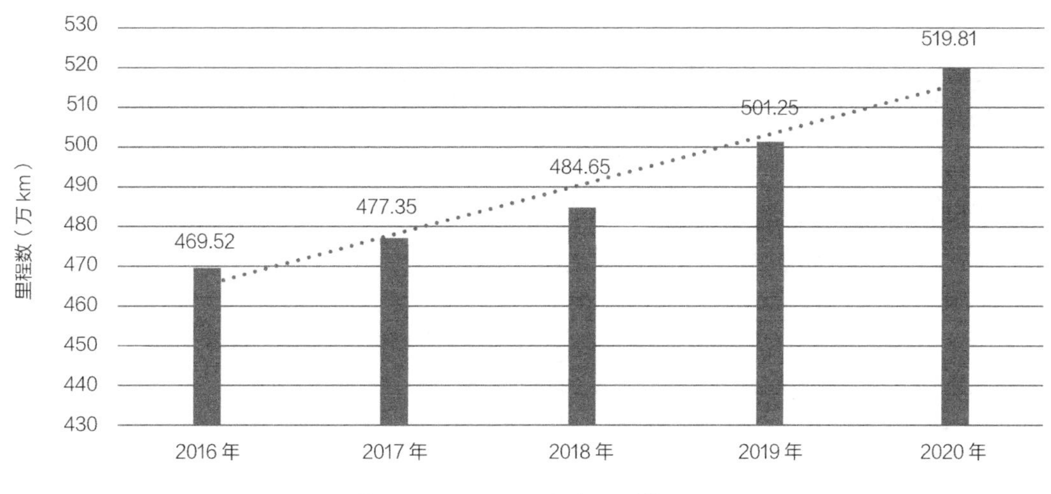

图 3-5　2016 ~ 2020 年全国公路总里程

（4）桥梁

交通运输部2020年交通运输行业发展统计公报显示，2020年末全国公路桥梁91.28万座、6628.55万延米，比上年末分别增加3.45万座、565.10万延米，其中特大桥梁6444座、1162.97万延米，大桥119935座、3277.77万延米。全国公路隧道21316处、2199.93万延米，增加2249处、303.27万延米，其中特长隧道1394处、623.55万延米，长隧道5541处、963.32万延米。

（5）水路

1）内河航道

交通运输部2020年交通运输行业发展统计公报显示，2020年末全国内河航道通航里程12.77万km，比上年末增加387km。等级航道里程6.73万km，占总里程比重为52.7%，提高0.2%。三级及以上航道里程1.44万km，占总里程比重为11.3%，提高0.4%。如图3–6。

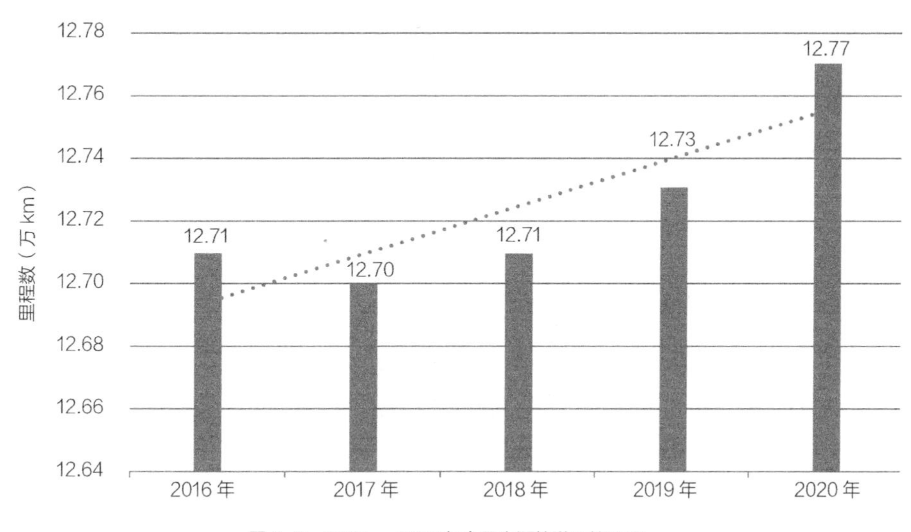

图 3-6　2016 ~ 2020 年全国内河航道通航里程

2）港口

交通运输部2020年交通运输行业发展统计公报显示，2020年末全国港口生产用码头泊位22142个，比上年末减少751个。其中，沿海港口生产用码头泊位5461个，减少101个；内河港口生产用码头泊位16681个，减少650个。

2020年末全国港口万吨级及以上泊位2592个，比上年末增加72个（表3-1）。其中，沿海港口万吨级及以上泊位2138个，增加62个；内河港口万吨级及以上泊位454个，增加10个。

全国港口万吨级及以上泊位数量（单位：个） 表3-1

泊位吨级 T（万t）	全国港口	同比增加	沿海港口	同比增加	内河港口	同比增加
合计	2592	72	2138	62	454	10
$1 \leqslant T < 3$	865	6	672	2	193	4
$3 \leqslant T < 5$	437	16	313	16	124	0
$5 \leqslant T < 10$	850	28	725	22	125	6
$T \geqslant 10$	440	22	428	22	12	0

3.2.2 六大城市群

（1）六大城市群介绍

城市群是工程最耀眼的展览区。城市群是在地域上集中分布的，由若干特大城市和大城市集聚而成的庞大的、多核心、多层次的城市集团，是大都市区的联合体。20世纪50年代，法国地理学家简·戈特曼（Jean Gottmann）对美国东北沿海城市的人口密集地区做过研究，按照简·戈特曼的标准，世界上有六大城市群达到城市带的规模，称为世界六大城市群，其相关内容介绍见表3-2。

六大城市群相关内容介绍① 表3-2

序号	类型	涉及城市	面积（万 km^2）	人口（万人）
1	以纽约为中心的美国东北部大西洋沿岸城市群	包括波士顿、纽约、费城、巴尔的摩、华盛顿等大城市以及200多个市镇	13.8	6500
2	以芝加哥为中心的北美五大湖区城市群	位于五大湖沿岸，从芝加哥向东到底特律、克里夫兰、匹兹堡以及加拿大多伦多和蒙特利尔	24.5	5000
3	以东京为中心的日本太平洋沿岸城市群	从东京湾的千叶开始，经东京、横滨、静冈、名古屋、大阪、神户直达北九州	3.5	7000
4	以伦敦为中心的英国城市群	以伦敦—利物浦为轴线，由伦敦、伯明翰、利物浦、曼彻斯、利兹等城市经济圈组成	4.5	3650

① 世界六大城市群简介［J］. 宁波通讯，2004（7）：27.

续表

序号	类型	涉及城市	面积（万 km^2）	人口（万人）
5	以巴黎为中心的欧洲西北部城市群	主要城市有巴黎、阿姆斯特丹、鹿特丹、海牙、安特卫普、布鲁塞尔、科隆等，其地跨法国、荷兰、比利时、卢森堡、德国	14.5	4600
6	以上海为中心的中国长江三角洲城市群	核心城市：上海市以及江苏、浙江、安徽三省共30个市	10.0	7240

（2）六大城市群的主要功能与历史性作用

城市群是一个复杂的动态发展的区域空间，是自然环境和社会经济等要素组成的有机综合体，是一个国家级大系统中具有较强活力的子系统。无论在国际层面还是国家区域层面，其均具有网络性和整体性的基本特征，是国家经济社会发展的核心区域。从城市群（城市地带）形成的机理、过程分析，世界六大城市群的主要功能与历史性作用主要有以下五个方面：第一，城市群是国家级的社会经济发展主要载体，城市群作为世界各国经济发达、推进城市空间发展的主体形态，其地位与作用是十分明显的。第二，城市群是各个国家城市化、工业化水平最高的地区，美国的东北部地区、五大湖区域、加州南部城市地带是美国工业化、城市化最发达的区域，50年前城市化水平已达到75%～78%，2011年已达到80%左右；我国长三角、珠三角城市群地区，城镇化水平也达到70%左右，这里人口稠密、水土资源丰富、经济发达、外向型经济投入最多，也是投资环境最好的地区。第三，城市群是各国各地区最重要的综合性交通枢纽和文化科技创新研发中心，城市群不是城市单体，而是一个城市相互作用的综合体，其需要发达的交通体系相互连接，形成一个大的交通枢纽与集中地，其也是国家最重要的人口、资金与物流集散中心。第四，城市群区也是各国具有国际意义的产业基地，世界上任何一个由大中城市组合成的城市群都离不开经济的支撑与依托，特别是第二、三产业的高度集聚发展，工业开发区与高新技术区的充分发展。只有这样才能增强城市群区内的城市竞争力与辐射力，进而促进整个区域的社会经济可持续发展。第五，城市群区域将是各国首先实现全社会现代化的先行区，城市化是人类文明和社会进步的重要标志，特别是21世纪，现代化城市将成为地球上人类生存与发展所追求的重点目标，其关键导向为城市化、现代化、信息化、生态化、城乡一体化。

综上，城市群形成发展过程中的综合经济实力是城市现代化建设的基本条件，城市群内部区域交通运输体系不断完善，能够促进区域内各大、中城市的集聚与扩散能力达到一个新的标准。在全球经济一体化的新形势下，世界六大城市群将得到更好的发展，并为人类的现代化工作、生活提供优美、安全、舒适的环境；中心城市应带动乡村地区的社会经济发展，成为人类首先实现现代化的先行地区①。

---

① 姚士谋，潘佩佩，程绍铂．世界六大城市群地位与作用的比较研究［J］．环球人文地理，2011（12X）：25-27.

3.2.3 “人新世”

“人新世”一词（另有“人类世”之说，不做辨析），是2000年在墨西哥召开的国际地圈·生物圈计划（IGBP）会议中，由保罗·克鲁岑（Paul Crutzen）首次提出。“人新世”是指人类活动被认定为影响地球的重要因素，很大程度上改变了自然界的活动与循环。[①]“人新世”是提醒人类对地球世界的改变状态。

全球22个国家的地质学家研究[②]认为，1945~1950年（笔者认为1945年7月16日核爆日为起始，更合适），人类开启了“人新世”。“人新世”是人类最新的、最近的地质时代。在此时代中，人类处于主导地位，上至大气，下至地壳，都留下了人类的深刻印记，地球在“人新世”中由于人的作用，面临环境恶化、能源匮缺、物种灭绝的危险。

在地层特征中，已经有足够的证据证明，人类的工程行为对地球系统的改变。而地球系统被改变得最明显与彻底的，是地球表面以及地表以下200~300m，局部如矿山开采、石油开采，最深可达数千米。其工程存在形态如建筑、桥梁、铁路、公路、隧道、大坝等，对地球系统的原始地貌如风、雨、雷、电、光、声、水流，甚至生态，都进行了巨大改变，也造成了极大的影响。

“人新世”具有两重性，首先，科学技术把人类从繁重、艰苦的体力劳动中解放出来，在人类历史上极短的一段时间内创造了巨大的物质财富。其次，提升了人类影响生存环境的能力。为了工业与农业生产和生活的需要，人类从地球深处采掘各种矿石和矿物燃料，人工合成大量各种用途的化学制品，特别是在现代城市化中，地球的景观和面貌发生了巨大的变化，现代化的城市建筑和基础设施彻底改变了人们的生活方式，让人类享受到高质量的现代物质和精神生活。总之，现代人类在孕育了他们的地球（第一自然）上创造了一个能满足其各方面需要的第二自然或人工自然，也可以说，创造了一个包括工业文明在内的现代文明。这就是“人新世”进步的标志。人类在改变地球的活动中受益匪浅，却忽视了危机正悄悄地向我们走来。

从宏观上讲，地球正在超负荷运转。联合国《世界人口展望2022》报告宣称，自2022年11月15日零时，世界人口达到80亿。数量激增而引起人类对自然资源的消耗猛增，目前已超过地球资源再生能力的20%，如果不加控制，到2050年人类对自然资源的消耗将是地球资源再生能力的两倍，已逼近环境恶化的引爆点。当前的环境问题就是在人类对地球资源过度开发、地球不堪重负的大背景下展开的，主要有：全球气候变暖；生物多样性锐减和物种灭绝速度加快；土壤侵蚀，耕地面积减少；城市化，兴建大型水利、交通工程，特别是采矿和过

---

① 早岛妙听．人新世时代的TAO［C］//世界医学气功学会三十周年纪念论文集．［出版者不详］，2019：265–277，441–458，502–519.

② Waters C N，Zalasiewicz J，Summerhayes C，et al. The Anthropocene is Functionally and Stratigraphically Distinct from the Holocene［J］. Science，2016，351（6269）：aad2622.

分开采地下水引起地面沉陷等[①]。

“人新世”以来的种种变化中，工程都起到了不可或缺的巨大作用，地表曾经是青山绿水，如今已经是被钢筋、水泥、塑料包围的硬壳，人类通过智慧和造物，使得地球有了不一样的面貌，人类是地表最强的物种，没有之一。但在造物得到结果的同时也不可避免地产生了许多不利的影响，地球在“人新世”中由于人的作用，面临环境恶化、能源匮缺、物种灭绝的危险，如何改善现有工程或建立起新的工程面对以上危机，成为人类亟待解决的首要问题。

① 尹希成．从“人类世”概念看人与地球的共生、共存和共荣［J］．当代世界与社会主义，2011（1）：169-170.

第 4 章
论工程内涵

本章逻辑图

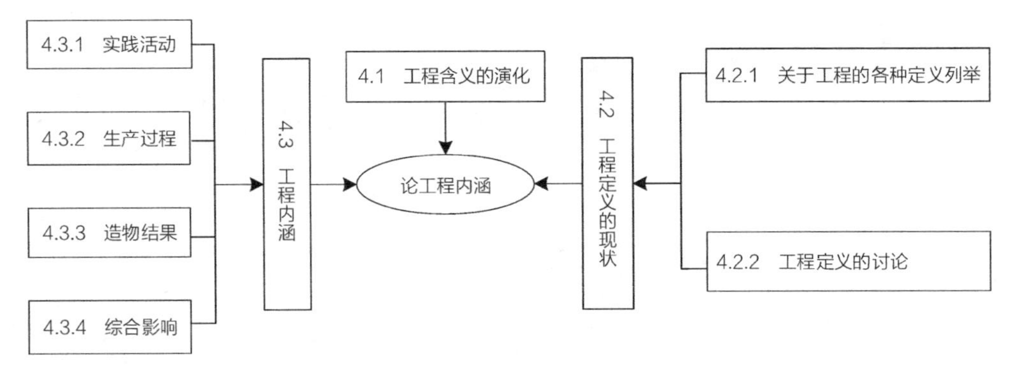

图 4-1 第 4 章逻辑图

工程对于人类生存、社会发展起到巨大的保障和推动作用，并随着人类的发展而演化，支撑人类的衣食住行，形成产业，深刻影响着自然界、人类和社会，具有越来越重要的地位。由于学界对工程内涵、本质仍存在争论，对工程概念的普及、工程思辨的发展造成一定困扰，为深刻理解和发展工程就必须明确工程的相关概念。

工程内涵，从古至今有多种说法，地理上中西方各有见解，对工程内涵有全面的认识，有利于厘清工程与科学、技术、社会的关系，有利于充分发挥工程作用，有利于提升工程建造和使用效率，有利于工程知识传播和教育，也有利于工程趋利避害。

4.1 工程含义的演化

工程一词，中西方都有沿用和演变的过程。据字词源查证考据，中文古代文献中，有如表4-1中的记载。

国内工程用语沿用表 表4-1

时代 / 作者	史料出处	“工程”用法	含义解读
北朝（李延寿）	《北史》	营构三台材瓦工程，皆崇祖所算也	指土木构筑
宋朝（李诫）	《营造法式》	官方颁布的关于建筑标准的最早古籍	“中国建筑的两部文法课本”之一
宋朝（欧阳修）	《新唐书 · 魏知古传》	会造金仙、玉真观，虽盛夏，工程严促	指土木构筑
元朝（宋濂等）	《元史 · 韩性传》	《读书工程》	指功课日程
元朝（程端礼）	《程氏家塾读书分年日程》卷二	六日一周，详见工程	指功课日程
元朝（无名氏）	《来生债》第一折	—	指各项劳作
明朝（冯梦龙）	《古今小说 · 蒋兴哥重会珍珠衫》	买卖不成，担（耽）误工程	指各项劳作
明朝（李东阳）	《应诏陈言奏》	今纵以为紧急工程不可终废，亦宜俟雨泽既降，秋气稍凉，然后再图修治	指土木构筑
明朝（陈仲琳）	《封神演义》	王曰：此台工程浩大，命何官督造	指土木构筑
明朝（兰陵笑笑生）	《金瓶梅》第十七回	西门庆通一夜不曾睡着，到次日早，吩咐来昭、贲四，把花园工程止住	指土木构筑
清朝（刘大櫆）	《芋园张君传》	相国创建石桥，以利民涉，工程浩繁，惟君能董其役	指土木构筑
清朝（曹雪芹）	《红楼梦》第十七回	园内工程俱已告竣	指土木构筑
清朝（官方）	《工部工程做法》	—	对建筑工程的实施程序和方法做了比较翔实的记录和说明

在中国，“工程”一词始于南北朝，在唐、宋、元、明、清朝延续不断。“工程”一词，由“工”（意指：巧饰、善其事、劳作、计量、工阶）和“程”（意指：规矩、等级、进度）构成，泛指各项劳作、工作、工事、功课日程，及至现代，逐步固化为“土木构筑”的含义，主要指城墙、运河、房屋、桥梁、庙宇等土木构筑物的建造，强调施工过程，也指其结果[①]。

在西方，“工程”一词同中文出现的时间大体一致。罗杰斯（G.F.Rogers）分析认为，Engineering与Engineer词根相同，词义联系密切，后者指能设计和制造使用机械设备（如弯

① 杨盛标，许康. 工程范畴演变考略［J］. 自然辩证法研究，2002，18（1）：38-40.

炮、云梯、硐楼、器械等）的人，尤其指设计、制造和使用军械的人，并含有智巧、聪明、独创性等含义。18世纪中叶，出现了民用工程，也即我们所称的土木工程，意指道路、运河、码头、城市及城镇排水系统等的建造活动。随着科学技术的发展，Engineering还有了“学科”的含义。

中西方出现对译，即“工程=Engineering”，是在19世纪70～90年代，英国传教士傅兰雅（John Fryer）在江南制造局翻译馆担任专职译员期间，与中国合作者共同翻译西方科学技术著作时，使用“工程”一词对译英文的“Engineering”，由此实现了中西方“工程”词义的对接。

尽管如此，中国的“工程”含义更广泛，西方相对狭义，更接近现代所用内容。

4.2 工程定义的现状

4.2.1 关于工程的各种定义列举

缺乏权威、内涵深刻且具有包容性的关于“工程”的定义，这是实际现状。表现为研究者众多，定义众多，同一个或几个研究者在不同场景、不同语境、不同时期的定义各有表述，如表4-2所示。并且公众、工程界、哲学界、社会学界对“工程”的理解各不相同，因而有了很多种“工程”定义。从经济、产业、技术、科学等不同的角度看工程，会有不同的观点和认识。甚至，从词源学、工程学、管理学、社会学、哲学等视角都可以有不尽相同的解释。

“工程”有着与人类社会同样悠久的发展历史，具有高度复杂性、认知不平衡性、动态演化性，这决定了理解和把握工程本质特征有相当的难度。

“工程”既是工程哲学研究的对象，也是工程演化研究的对象和逻辑起点，需要认真辨析的最核心和最基本的就是“工程”本身，给工程下一个可以普遍认同的定义或许是困难的，但这毕竟是工程哲学的起点，必须给予高度关注。

工程定义列表　　表4-2

序号	工程定义	提出
1	土木建筑或其他生产、制造部门用比较大而复杂的设备来进行的工作，如土木工程、机械工程、化学工程、采矿工程、水利工程、航空工程	《现代汉语词典》[①]全新版
2	有关土木、机械、冶金、化工等的设计、制造工作的总称	《四角号码新词典》[②]第十版

① 汉语大词典编纂处. 现代汉语词典［M］. 成都：四川辞书出版社，2017.

② 商务印书馆辞书研究中心. 四角号码新词典［M］. 北京：商务印书馆，2008.

续表

序号	工程定义	提出
3	是指将自然科学的原理应用到工业与农业生产部门中而形成的各学科总称，如土木建筑工程等	《辞海》[①]（1999年版）
4	是把数学和科学技术知识应用于规划、研制、加工、试验和创制人工系统的活动和结果，有时又指关于这种活动的专门学科	《自然辩证法百科全书》[②]（1995年版）
5	是能够最有效地把自然资源转化为人类用途的科学应用	《不列颠百科全书》
6	应用科学原理使自然资源最佳地转化为结构、机械、产品、系统和过程，以造福人类的专门技术	《不列颠百科全书》[③]2007年，国际中文修订版，第六册
7	是为设计或开发结构、机器、仪器装置、制造工艺，单独或组合地使用它们的工厂；或者为了在充分了解上述要素的设计后，建造或运行它们；或者为了预测它们在特定条件下的行为，以及所有为了确保实现预定的功能、经济地运行以及确保生命和财产安全的科学原理的创造性应用	美国工程师职业发展理事会章程
8	运用经由学习、经验和实验获得的数学及物理知识，以研判的态度，发展出有效而经济地利用材料和自然力的方法，来增进人类福祉的一种职业。将之作为“职业”的人就是工程师。工程师的职能包括研究、开发、设计、构建、生产、操作、管理及其他职能	《大英科技百科全书》[④]（中国台湾版）
9	把数学和科学技术知识应用于规划、研制、加工、试验和创制人工系统的活动和结果，有时又指关于这种活动的专门学科	《自然辩证法百科全书》[⑤]
10	为了人的利益，利用科学定律把最佳的自然资源转换成构筑物、机械、产品、系统和过程	《大英百科全书》 Thomas Terdgold 《科学和技术百科全书》McGrwa
11	Engineering： ①The branch of science and technology concerned with the design, building, and use of engines, machines, and structures. ②A field of study or activity concerned with modification or development in a particular area. ③The action of working artfully to bring something about	《牛津词典》
12	就是工程师的工作，包括设计、诊断，与产品开发相关的研究、制造、项目管理、销售工程等	布希莱利[⑥]
13	指引自然力和资源为人所用和为人便利的艺术	托马斯·特里德格尔德[⑥]
14	就是一个以制造为主的偏重效率的动态过程	卡尔·米切姆[⑥]
15	是指包括了设计和制造活动在内的大型生产活动	李伯聪[⑦]
16	对人类改造物质自然界的完整的、全部的实践活动和过程的总称	李伯聪[⑦]

① 辞海编辑委员会. 辞海［M］. 上海：上海辞书出版社，1999.

② 于光远. 自然辩证法百科全书［M］. 北京：中国大百科全书，1995.

③［美］不列颠百科全书公司. 不列颠百科全书［M］. 国际中文本版编辑部，译. 北京：中国大百科全书出版社，2007.

④ 林春晖. 大英科技百科全书［M］. 中国台湾：光复书局，1985.

⑤ 查汝强. 自然辩证法百科全书［M］. 北京：中国大百科全书，1995.

⑥ 殷瑞钰，汪应洛，李伯聪，等. 工程哲学（第二版）［M］. 北京：高等教育出版社，2013.

⑦ 李伯聪. 工程哲学引论——我造物故我在［M］. 郑州：大象出版社，2002.

续表

序号	工程定义	提出
17	工程作为造物实践活动，是在一定边界条件下，时间—空间、物质、能量、信息等基本要素（参数）经过动态集成，通过技术性要素与非技术性要素的优化、集成与选择，从而构建一个具有特定功能的有序、有效、系统的活动过程	蔡乾和[①]
18	①将自然科学的理论应用到具体工农业生产部门中形成的各学科的总称 ②用较大而复杂的设备来进行的工作	殷瑞钰、汪应洛、李伯聪等[②]
19	是指人类创造和构建人工实在的一种有组织的社会实践活动过程与结果。它主要是指认识自然和改造世界的“有形”的人类实践活动，例如建设工厂、修造铁路、开发新产品等	
20	是指建设、生产、制造部门用比较庞大而复杂的装备技术、原材料来进行的工作	
21	就是系统地综合应用物质的和自然界的资源来创造、研究、制造并支持能经济地为人类提供某种用途的产品或工艺	
22	为利用各种资源与相关的基本经济要素构建一个新的人工存在物的集成建造过程、集成建造方式和集成建造模式的总和	
23	人们综合应用科学（包括自然科学、技术科学和社会科学）理论和技术手段去改造客观世界的具体实践活动，以及所取得的实际成果	朱高峰[③]
24	人类为了生存和发展，实现特定的目的，运用科学和技术有组织地利用资源所进行的造物或改变事物性状的集成性活动	何继善[④]
25	组织设计和建造人工物以满足某种明确需要的实践活动	王沛民[⑤]
26	是一种将自然的材料和特质，通过创造性的思想和技术性的行为，形成具有独创性和有用性的器具的活动	哈穆斯（A.Harms）[⑥]
27	是境域性的造物活动	邓波[⑦]
28	是人类有组织、有计划、按照项目管理方式进行的成规模的建造或改造活动	朱京[⑧]
29	是人类为满足自身需求有目的地改造、适应并顺应自然和环境的活动	周光召[⑨]
30	是人类的一种活动，通过这种活动使自然力处于人类的控制下，并使事物的性质在装备和机器上发挥效用。也是人们综合应用科学理论和技术手段去改造客观世界的实践活动	陈昌曙[⑩]

① 蔡乾和．什么是工程：一种演化论的观点［J］．长沙理工大学学报（社会科学版），2011，26（1）：83-88.

② 殷瑞钰，汪应洛，李伯聪，等．工程哲学（第二版）［M］．北京：高等教育出版社，2013.

③ 朱高峰．工程与工程师学术报告厅——科学之美［C］．北京：中国青年出版社，2002.

④ 何继善，王孟钧．工程与工程管理的哲学思考［J］．中国工程科学，2008（10）：9-12.

⑤ 王沛民，等．工程教育基础［M］．杭州：浙江大学出版社，1994.

⑥ A A Harms，etc．Engineer in Gin Time．London：Imperial College Press，2004：209.

⑦ 邓波．朝向工程事实本身［J］．自然辩证法研究，2007，23（3）：62-66.

⑧ 朱京．论工程的社会性及其意义［J］．清华大学学报，2004，16（6）：44-47.

⑨ 周光召．2020年中国科学和技术发展研究［M］．北京：中国科学技术出版社，2005.

⑩ 陈昌曙．自然辩证法概论新编（第二版）［M］．沈阳：东北大学出版社，2010.

续表

序号	工程定义	提出
31	凡是自觉依循虚体完形，通过利用现成实体完形以创造新的实体完形来满足人的需要的活动及其成果，就是工程	徐长福[①]
32	是有一定规模的建造活动，工程总要建造什么，即建造活动总要有对象，这个对象同时也是活动的目的。在与活动过程直接关联的情况下，这个对象兼目的也可称作工程	
33	技术的活动系统，技术是工程的要素，工程就是技术的研究与实现过程	王宏波[②]
34	是一项应用科学的艺术，目的在于最大程度地转换自然资源，以满足人类的利益；构想、设计结构、设备、系统以便以最佳的方式来满足具体的环境，这就是工程；在广义上，工程的实质是在脑海中设计、规划一种设备、过程或系统，以有效地解决难题或满足需要	RalphJ·Smith[③]
35	具体的基本建设项目，即指建设、生产、制造部门用比较庞大而复杂的装备技术、原材料来进行的工作；或系统地综合应用物质的和自然界的资源来创造、研究、制造并支持能经济地为人类提供某种用途的产品或工艺	张顺江等[④]
36	是泛指一切工作、工事以及有关程式。工事为营造制作之事的总称，程式为规程、法式	《词源》[⑤]
37	工程界定为一种特殊的人类行为——制造以此为前提分析了科学、技术、工程之间的异同，进而探讨了工程知识、工程设计、工程伦理等问题	Carl·Mitcham[⑥]
38	是以价值取向，整合科学、技术与相关要素，有组织地实现特定目标的实践	李喜先等[⑦]
39	狭义指“以某组设想的目标为依据，应用有关的科学知识和技术手段，通过有组织的一群人将某个（或某些）现有实体（自然的或人造的）转化为具有预期使用价值的人造产品过程”；广义则指“由一群人为达到某种目的在一个较长时间周期内进行协作活动的过程”	王连成[⑧]
40	是科学和数学的某种应用，通过这一应用，使自然界的物质和能源的特性能够通过各种结构、机器、产品、系统和过程，以最短的时间和精而少的人力做出高效、可靠且对人类有用的东西。将自然科学的理论应用到具体工农业生产部门中形成的各学科的总称	
41	是人们按照特定目的，通过有组织有计划地集成各种要素（如技术、资源、资金、土地、劳动力、环境等），创造性地构建人工实在的实践活动过程及其结果。这种活动过程（集成和构建的过程）及其结果（集成的存在及其运行）共同组成具有结构、功能、效率、价值的动态有序系统，这一系统也是他组织与自组织相结合的动态系统	蔡乾和[⑨]

① 徐长福．理论思维与工程思维［M］．上海：上海人民出版社，2002：59，27.

② 王宏波．工程哲学与社会工程简论［Z］．首次全国自然辩证法学术发展年会会议论文，2010.

③［美］卡尔．米切姆．通过技术思考——工程与哲学之间的道路［M］．陈凡，朱春艳等，译．沈阳：辽宁人民出版社，2008：192-193.

④ 张顺江，等．重大工程立项决策研究［M］．北京：中国科学技术出版社，1990：17.

⑤ 词源（修订本，第二册）［M］．北京：商务印书馆，1980：953.

⑥ Carl Mitcham. Engineering as Productive Activity：Philo-sophical Remarks［J］．Research in Technology Studies，1991（10）.

⑦ 李喜先，等．工程系统论［M］．北京：科学出版社，2007.

⑧ 王连成．工程系统论［M］．北京：中国宇航出版社，2002.

⑨ 蔡乾和．哲学视野下的工程演化研究［D］．沈阳：东北大学，2010.

续表

序号	工程定义	提出
42	是运用相关的科学知识、技术能力和相应手段，针对一定的产品、工艺、设备、设施以及社会建设项目所进行的设计与施工研究及其组织实施的统一过程	关西普、沈龙祥[①]
43	人类在集成科学、技术、社会、人文与经验知识的基础上，基于项目管理范式创造物质存在的完整的社会组织活动	刘均哲[②]

各界研究者只有从工程活动及其过程自身出发，也就是从工程本体的角度看工程，立足于此而分析研究工程的概念、范畴、内涵、定义、边界和工程思维等，才会对工程有一个更全面、更深刻、更具规律性的认识[③]。关于工程有以下诸“说”。

（1）“活动及其过程”说

这是较为普遍、认同较大、争议最少的，虽然各研究者在叙述上和所指上存在一些差异。该定义的代表有李伯聪、朱高峰、何继善、王沛民等，此外，从广义上，徐长福、王宏波则把工程视为技术的活动系统，技术是工程的要素，工程就是技术的研究与实现过程。

（2）“科学的应用、专门技术、职业、学科”说

一些权威的组织和协会制定的书籍或章程中倾向于该定义。包括：《大不列颠百科全书》、美国工程师职业发展理事会的章程、《不列颠百科全书》（2008年，国际中文版）、《大英科技百科全书》（中国台湾版）、《辞海》（1999年版）、《自然辩证法百科全书》（1994年版）。

（3）“项目或工作”说

尽管在工程管理领域，多将工程视为“具体的项目”，但这只是狭义习惯性使用的工程概念。张顺江、《词源》给出的工程含义是：泛指一切工作、工事以及有关程式。工事为营造制作之事的总称，程式为规程、法式。Carl Mitcham的“行为”较接近工作。

（4）“工程系统”说

李喜先、王连成将工程分为狭义、广义工程。狭义工程和广义工程均是指“过程”。但他们所提出的“过程说”解释更接近于一种“系统说”。王连成认为任何一项工程活动的基本内容包含九大因素：用户、目标、资源、行动者、方法与技术、过程、时间、活动和环境。这九大因素组成一个相互联系和相互作用的系统，即工程系统。其由工程对象系统、工程过程系统、工程技术系统、工程组织系统、工程支持系统和工程管理系统六个子系统组成。蔡乾和认为工程系统是动态的系统。

---

① 关西普，沈龙祥．同科学、技术、工程概念相关联的几点思考［J］．科学学与科学技术管理，1992，13（8）：5.

② 刘钧哲．工程的定义、划界与定位——兼论现代工程的正义理念与实现途径［J］．沈阳工程学院学报（社会科学版），2010，6（1）：62-64，71.

③ 殷瑞钰，汪应洛，李伯聪，等．工程哲学（第二版）［M］．北京：高等教育出版社，2013.

（5）“总和、总称及其他”说

考虑到工程内涵的复杂性，概括为多种含义和内容的总和及总称的研究者不在少数，如李伯聪、关西普等。关西普虽然表述为“统一过程”，但重点在统一，其意在总称。从广义的社会活动角度定义工程的，如刘均哲。

工程是最体现必然过程的，世界是过程的集合体，探索活动、生产活动、造物结果，都在过程中产生，对环境的影响也在过程中发生（包括建造、使用、退役期间）。工程有探索性质，才能包含创新，工程是系统性的生产过程，包含工程管理的所有要素，工程以价值为牵引力，以必然得到工程结果为目标。由此，关于工程内涵的讨论呼之欲出，具体内容将在下一节中展开。

4.2.2 工程定义的讨论

综上论述，工程有活动（实践活动、建造活动、改造活动、造物活动等）、过程（整合过程、人造产品过程、造物过程）、总称、学科、系统、工作、活动及结果几种表述。其中认为工程是活动的最为普遍。

但是，从工程的起源和演化到功能需求的产生、结构的构建和运维来看，工程仅仅定义为“活动”以及“结果”，还不足以概括工程的本质，工程包括了工程本身的实践活动、输入条件、过程管控、输出结果，以及在此活动中对各个方面产生的影响。由于工程会产生负面的影响，故形成了弥补其影响的新工程，如污泥的无害化、资源化工程，电厂排烟的脱硫工程，核废料处置工程等。正是因为对综合影响的研究、重视不够，处置不力，导致人类与环境违和的现象日益严重。

工程的本质特征是集成、构建和创新。集成必然涉及所集成的内容、物质、能源、信息，构建必然需要一系列的活动，并且优化构建过程的管理，在此过程和活动中，得到有用的造物结果，造成种种正面和负面的影响。这些特征使得工程“义无反顾”地区别于科学和技术，进而使科学、技术、工程具有独立存在的价值和探索空间。工程之所以区别于技术，是因为工程有“管理”的输入，也即价值追求的驱使下，进行目标的决策与设定，施加计划、组织、领导和控制等手段，优化消耗资源，达到工程功能构建目的，这些都是管理的基本职能，是工程技术所不具备的。工程具有鲜明的主观价值性，相对于客观性的技术，明显不同。

总之，单纯的一种或几种属性仍不足以概括“工程”复杂的内涵，上述工程定义的诸“说”存在以下问题：①定义虽然很多，但是众说纷纭，未能统一；②内涵不够全面；③强调静态，不够强调工程本质的动态构建过程；④不够突出实践活动中管理等人文因素。

工程内涵不统一、缺乏权威共识的情况不利于学者们深入研究和互相交流，也不利于工程哲学为工程及其相关科学、技术和工程本身进行预测和指导。因此，有必要继续探讨工程的本质含义。讨论需要基于和反映工程维度复杂性、内涵丰富性、工程过程性、要素性以及工程的创造性、影响性，探索、构建、造物和影响，缺一不可。

4.3 工程内涵

工程在特指人类应用科学知识、技术方法建造人工物时，将其按照包含范围的不同划分为广义（宏观）、中义（中观）和狭义（微观），技术人工物是工程的结果。广义的工程指一切工程（社会工程、自然工程、思维工程），中义工程指造物工程（其他工程、建设工程），狭义工程指建设工程。

工程先于科学和技术发生和发展，在工程建造的过程中，人们开始发现和认识自然界及人类社会的规律，进而发明方法、工艺和工具，并将其结合成技术，反过来指导和影响工程实践。李伯聪提出的“科学、技术、工程”三元论，已得到工程哲学界、工程界、工程管理界的广泛认同。科学、技术、工程的关系是多元的、复杂的、有机的，不是简单的、机械的、刻板的。图4–2归纳了由“工”和“程”融合的工程具有的六个方面的含义，依尺度而划分的“三观”工程划界，以及狭义（微观）建设工程的建筑物与结构物分类。

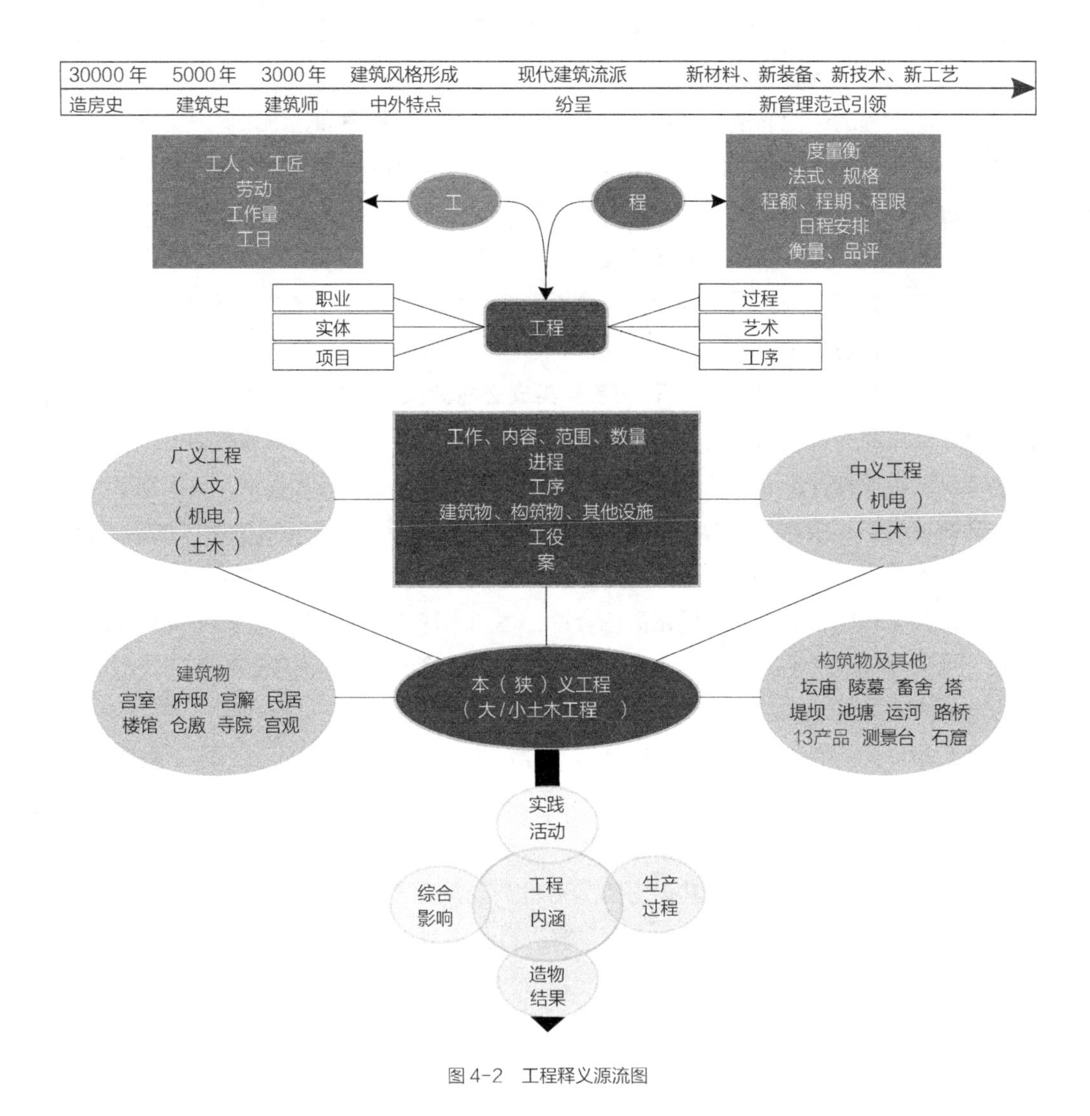

图 4-2 工程释义源流图

工程有集成、构建、创新特征，其本质是满足人类的价值需求。实践活动、生产过程、造物结果、综合影响是组成工程的不可分割的四大部分。

综合以上，我们认为：工程是经济、技术、管理、社会的复杂活动，是人类在认识和遵循客观规律、遵守各种规则的基础上，利用原材料、工具、场所，融入审美、通过管理以改造自然界的全部的实践活动、建造过程和造物结果，从而满足自身的价值需求，以及由此对社会、人类和自然所产生的综合影响的过程总和。工程内涵模型参见图4-3。

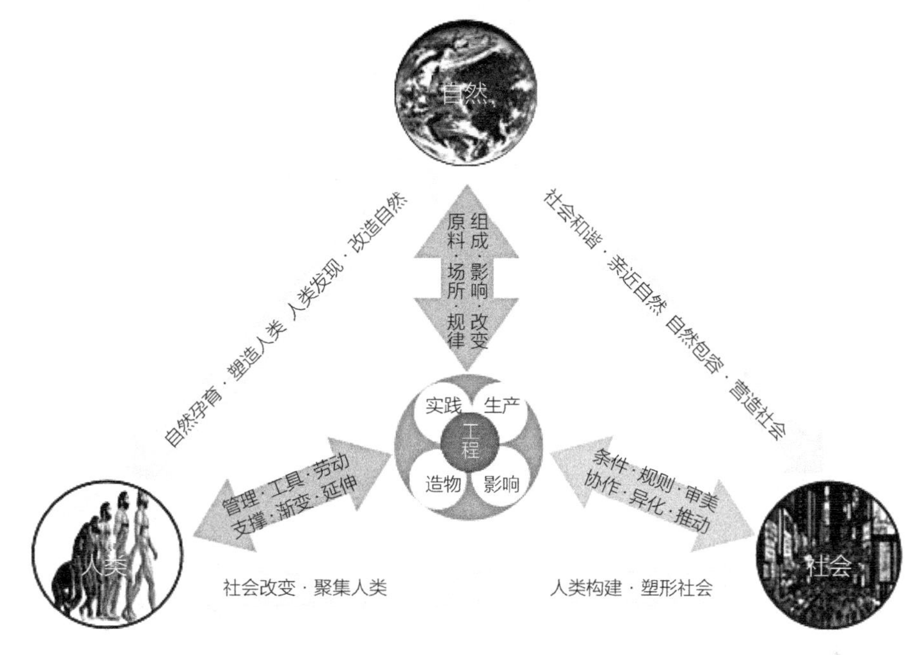

图 4-3 工程内涵模型图

全面认识工程，深刻理解工程的“集成、构建、创新”特点，必须包含“实践活动、生产过程、造物结果、综合影响”四个方面，否则容易顾此失彼，囿于偏颇。现代工程存在的种种失败和负面影响，应鉴于此而做出改进。

工程的本质包括实践活动、生产过程、造物结果和综合影响。在实践活动中探索发现规律，在生产过程中发挥工程管理作用，造物和用物都是工程追求的目的，在工程建造中注意对自然、人类和社会的综合影响，是工程的内涵之一。工程内涵的具体内容，如图4-4所示。

工程的社会化活动特殊性表现在：第一，是高度探索的活动。工程从来就没有完全可复制的模板，随时空环境变化创新演进。第二，是动态的生产活动过程。第三，是造物结果和用物的价值体现。第四，试图预见且降低影响。工程在综合的过程中创造工程知识。工程是在众多约束条件下开展的实践活动。约束既可以是输入条件，也可以是输出的要求，而工程活动过程中对约束条件的耦合，恰恰是工程活动所特有的属性，是工程区别于科学、技术活动的最重要标志。

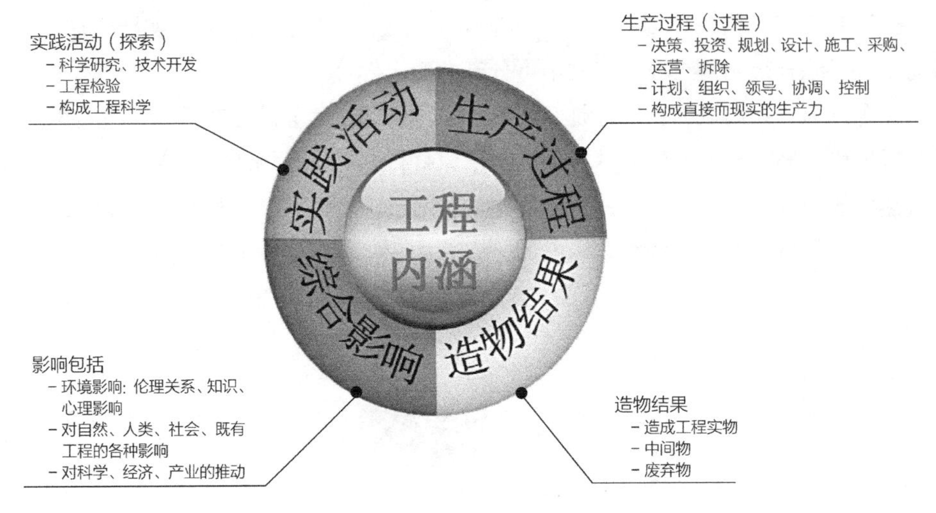

图 4-4　工程内涵分析图

4.3.1　实践活动

实践活动既包括工程演化的实践探索历史过程，又包括工程本身的实现（设计、建造、使用）过程，该过程中的核心是在工程全生命周期内，梳理各阶段的内在产品逻辑和时序逻辑，尤其是知识创新和累积逻辑。实践活动也是人类发现认识规律，发明掌握技术的过程，包括时间尺度上的内在逻辑和空间尺度上的内容逻辑。

工程理念是实践活动顶层设计的灵魂，是人们从实践中不断总结和升华的，是关涉工程存在总体性特征的理性认识和自觉追求。作为工程造物活动过程中的一种实践智慧，工程理念经历了从科学认识到工程实践的演化。工程理念操作化过程，通常是通过实践模型的方式发生作用的。根据对工程活动合目的性、合规律性以及情境性的分析，与工程造物活动的规模相对应，工程理念实践（操作）模型可以从宏观、中观、微观三个层次上发挥引导和约束作用。宏观层次：围绕“以人为本”，促进工程与自然、社会和谐发展；中观层次：围绕“最优化”，促进工程活动系统要素有效配置；微观层次：围绕“与时俱进”，推进工程技术创新①。

实践活动完成工程的演进，例如：明石海湾大桥，跨度1991m，是世界上最长的悬索桥。明石海湾大桥在完工前遭遇了阪神大地震，地震时断层从该桥跨穿而过。当时明石海湾大桥桥塔已经就位，缆索的架设也已完成。该桥总体未发生严重破坏，主要震害表现为南岸（淡路岛侧）的岸坟（沉箱基础）和锚锭发生轻微位移。地震使该桥的跨度增加了1m，由原来的1990m变为1991m。它的建造是在建筑材料、结构形式、施工工艺的集成和创新中完成的。工程历史演化的过程，就是典型的“实践出真知”的过程。

---

① 梁军．工程理念的形成、操作化及其层次——再论工程理念［J］．西安交通大学学报（社会科学版），2014，34（6）：91–95.

这里讨论的实践活动，最需要指出的就是其探索性。前文已经指出，工程是科学技术进步的重要途径，其内在含义，正在于此。工程是“从无到有”的创造性活动，所有的创新必然包含着探索的“意味”。那种认为有缜密计划就能够实现工程目标的想法，是不靠谱的。

4.3.2 生产过程

生产过程是工程的核心阶段，真正的行动和造出所需之物发生在该阶段。生产过程的重点在于工程造物的输入（规律规则、资源技术、管理审美、劳动工具），经过工程与工艺流程的转化，输出工程产品，形成满足需求的预先设计的人工物。生产过程通过计划、组织、领导、控制等职能活动实现，是设定目的、制定标准、确定目标、协同工程共同体、纠正质量偏差、强化过程成本管控、追求低投入高产出的优化管理过程。工程的决策、规划、设计、运营、实施、管理、评估评论、工程教育（培训）都是在生产过程中经常采用的工作方式。100%的材料消耗、85%的资金使用、70%以上的信息流转，都发生在生产过程这一环节中。

关于生产管理的演化和作用，在工程管理章节中还将详细讨论。近百年来，所取得的理论和工具的进步，支撑了工业时代强大而多元的造物能力。

生产过程中工程物品输入和输出循环的快慢决定了生产的效率，以泰勒的《科学管理原理》为例，他在书中指出“各行各业几乎仍在沿用的单凭经验行事的低效办法，使我们的工人浪费了他们大部分的劳动”，接着他通过“搬生铁”等三个例子对工人劳动过程中动作和时间及效率之间的关系进行了认真研究，由此制定了从事某一项工作的标准化程序，节省了劳动时间，减轻了工人的劳动强度，大幅度提高了劳动效率。工人在缩短劳动时间的情况下，工资得到提高，雇主的利润也获得增长。极富说服力地阐明了以动作和工时研究确立的作业管理方法取代单凭经验的方法，能够有效地克服工人“磨洋工”，并会给雇主和雇员双方带来巨大的利益①。

追求工程效率，伴随着工程的整个演化进程。

4.3.3 造物结果

“工程”是工程的结果，包括建筑物及机电等人工物，作为工程的结果，应该采用建设工程同机械、电子、生物等工程合并的含义，以大工程观和交叉、综合的视界，才能够概括当今世界普遍存在并且影响深远的“工程”实质。例如：欧洲强子对撞机、超级计算机、和平号/天宫太空站、全球定位系统、地球深钻、长城、都江堰水利工程、三峡工程、瑞士阿尔卑斯山脉隧道、港珠澳大桥、洋山港。工程是人们的实践活动，工程建造活动的结果构筑人们的实际生活，创造出人类生活的所需之物。

---

① 陈春花. 泰勒与劳动生产效率——写在《科学管理原理》百年诞辰［J］. 管理世界，2011（7）：164-168.

4.3.4 综合影响

工程与世界其他所有组成要素之间的影响是全方位的、相互的、复杂的、深远的，不是简单的单向度和时空小尺度的（表4-3）。尤其需要密切关注的是工程过程和结果对自然界的影响：原材料的过度使用、原有生态的大幅破坏、场所的改造和占用；对社会的发展产生的正面激发和负面破坏、工程中的噪声振动排放、对原有交通等设施的占用；甚至常常在既有工程的基础上叠加新的工程，互相之间产生各种影响。因为后续工程导致既有工程的功能减弱或者丧失的，也不在少数。另外，工程建设中的影响还包括：事故影响；废弃材料的影响，如核废料等；运营使用过程中的影响，如火力发电厂中，脱硫技术不成熟导致的烟气污染；综合影响，如三门峡水库的泥砂处理失败等。

工程的综合影响关联因素 表4-3

工程对象	自然界	人属（社会）	人类	既有工程	
				结果	过程
造物结果（人工物）	√	√	√	√	×
实践活动（营造过程）	√	√	√	√	√

进一步，以河流生态工程的影响为例，有许多是在人类自以为有价值的情形下进行的，而隐性的破坏作用，却仍然没有认识到。人类活动的影响主要表现在建设水坝和堤防对于物质、能量、信息流的连续性的干扰。水坝造成了河流纵向的非连续性，不仅对鱼类的洄游形成障碍，更重要的是改变了营养物质的输移条件。堤防工程妨碍了汛期主流的侧向漫溢，使主流与洪泛滩区、湿地、静水区、河汊之间无法沟通，阻碍了物种流、物质流、能量流和信息流在侧向连续流动，形成了一种侧向的河流非连续性[①]。

正是现代人文主义的进步，才使得工程对环境（社会、自然和人类本身）的正面与负面影响能考虑得更加全面，将其纳入工程概念，其内涵更为完整。工程伦理学的发展，也促进了工程内涵的发展。

总之，综合影响必须包含在工程的核心内涵之中，这是一个新的理念，是将环境与工程系统化考量的成果。其内容包括：工程对自然界组成和自然界的原料、场所的影响；对人类及其思维的影响；对人类社会方方面面的影响。同时，工程活动的综合影响还体现在：对自然界和人类社会规律的认识，创新活动促进的科学和技术进步，人类生理机能的增强、衰弱或退化等。工程建造还会导致资源过度使用、产生过多无法降解的残料、部分工程物在使用过程中功能失效、工程使用年限到期后处置不当等问题。而正是由于对综合影响，尤其是负面影响的重视不够，才导致世界负荷超载、环境污染、景观失谐、教训深刻，用"饮鸩止渴"警示十分贴切。

---

① 董哲仁. 河流生态系统结构功能模型研究［J］. 水生态学杂志，2008，1（1）：1-7.

这种影响不仅是综合的、复杂的、动态的，而且是一种交叉的、耦合的机制。在所认知的规律基础上，人们在进行的工程活动中将产生对规律新的认识，这种认识演变为成熟的技术和经验之后，上升为对新的规律的发现，进而又被用于新的工程，或者改进同类的工程。

这种影响的深度和广度，在不同历史时期，或在同一历史时期不同的地域和文化背景下，影响是不平衡的。不同文化对于之前的借鉴，往往是有限的。否则工程上就不会发生先污染后治理的种种不同地域上的重复事件。

工程与社会、自然、人类自身的矛盾，工程传统与工程创新的矛盾，以及工程新技术新工艺之间的不平衡，都是具体的互相影响的表现，也是推动工程演化的内外动力。

第5章
论工程目标

本章逻辑图

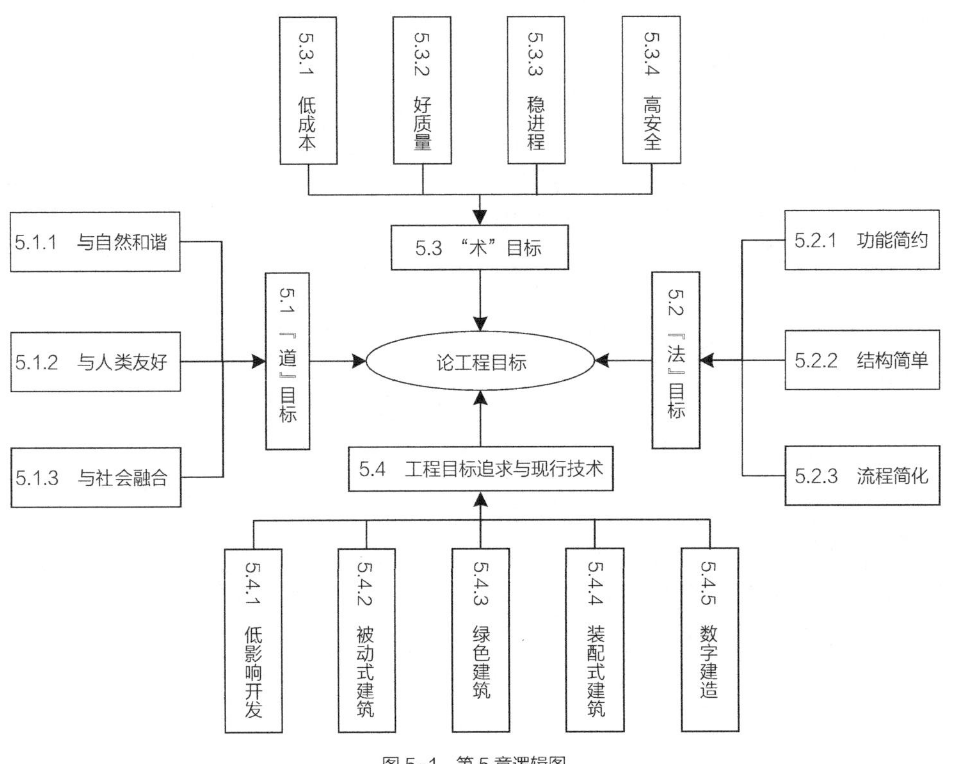

图5-1 第5章逻辑图

工程主要以物的方式体现工程价值，满足预设需求。从工程的输入要素来看，只要进入工程实施阶段（勘察、设计、施工），就牵动了工程相关的方方面面，建造阶段尤甚。要处理好方方面面的关系，就必然会产生针对各种关系的准则和分寸，深入工程伦理范畴。工程在操作层面有可执行的原则和具体方法（术），以追求结构简单、功能简约、流程简化为途径（法），达到与自然和谐、与人类友好、与社会融合的终极目标（道）。冠之以“道、法、术”层次划分的目标，形成完整体系。下文以建设工程为基础展开具体的阐述。

5.1 “道”目标

“道”的目标为“三和”：和谐（自然和谐）、和美（人类友好）、和好（社会融合），工程追求的目标之“道”如图5-2所示。下面阐述“三和”的理念、原则和方法措施。

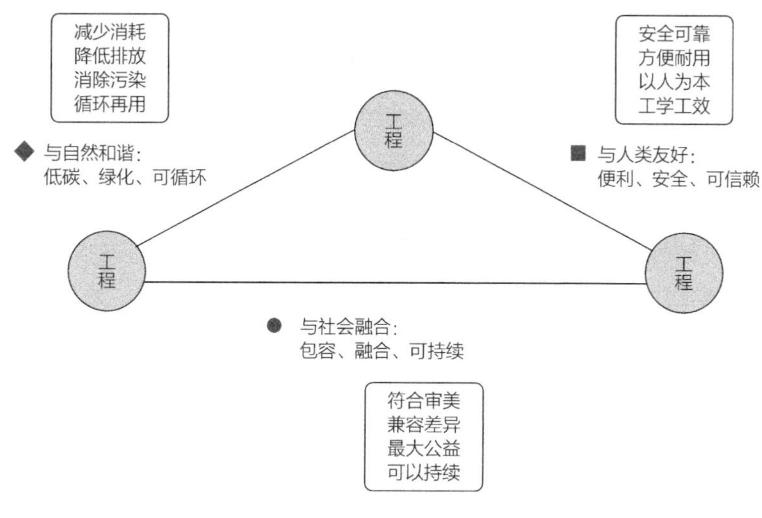

图5-2 工程目标（道层次）

5.1.1 与自然和谐

人类是自然的产物，从诞生之日起就与自然息息相关、休戚与共。与自然和谐是人类与自然的相处之道，我们在创造“金山银山”的时候也要保持“绿水青山”。工程人工物是科学技术革命发展过程中具象化的产物，为保障人类的生存和发展而做出了历史性贡献的同时，也传递着科学技术的一些弊端。这些弊端给人类造成的不利影响或负面效应，正随着人口增长、资源短缺、环境污染、温室效应、海平面上升等问题而日趋严重，已经逐渐构成了人类实施可持续发展道路上的障碍。这就需要我们改变人与自然之间矛盾与对立的境况，构建人与自然和谐共生的关系。

对于上述问题，需要凭借人文、科学、技术有机结合的方法来加以解决。我国的三峡工程、南水北调工程、西气东输工程，都是与人对话，与自然协同，将科学和技术手段进行有机结合不仅是时代发展趋势，同时也是用于解决工程问题最有效最直接的方法。除了工程与技术的关系，工程和其他方面的关系也应该被考虑在内，比如资源、材料、环境、安全等，这些都是工程需要严肃对待的问题，大型工程尤其如此，如果是超大型工程，还需要对人文、社会、生态因素加以全面考虑①。

---

① 马秋蔚．大工程观的生态思想与实践问题研究——以云南矿山工程为例［D］．昆明：昆明理工大学，2017.

为实现工程与自然和谐的目标，需遵循以下原则：①低碳原则。我国预计于2030年实现“碳达峰”，于2060年实现“碳中和”，工程作为全球排碳大户，必须大幅度推行降碳措施。因此，工程领域需要调整优化产业结构和能源结构，提升重点行业能源利用效率，严格控制工程领域煤炭消费增长，研发和推广应用绿色低碳技术，助力绿色低碳发展。②绿色原则。绿色建筑与绿色建造有利于打造宜居、和谐、美丽的城乡环境，满足人民群众对美好生活和优美生态环境的需求，为民众提供公平享受的绿色福利。工程应是在不破坏自然生态的基础上进行的，努力实现生态、休闲、游憩、美化、文化传承和防灾避险等综合功能。③可循环原则。“循环往复、周而复始”是中国贡献给世界的深刻智慧。人类可持续性依赖工程的可循环性。实现废弃物和退役工程物的循环利用，能够减少环境污染，减少场地空间占用，降低排放，改善环境卫生，提升形象，实现经济、社会和环境效益。

工程可通过以下措施实现与自然和谐的目标：①减少消耗。遵循“功能简约、结构简单”原则优化工程设计方案，以减少工程物资需要量，通过“简化流程”的方法，有效节约资源。一方面，可以利用新材料、新技术、新工艺，对工程流程进行优化升级，减少物资消耗。另一方面，加强对物资消耗的管理，对工程的原辅材料进行严格精准的管理和控制，减少物资浪费。当然，工程消耗的减少并不意味着偷工减料。②降低排放。通过技术和管理创新，降低排放。大力建设配套污染处理设施及管网，在污染排放前及时处理和再利用，减少污染的直接排放，从源头上制止污染。③消除污染。消除污染主要针对工程生产遗留下来的三种废弃物，包括废水、废气和固体废弃物。④循环再用。要坚持系统思维，以工程废弃物排放源头减量化、运输规范化、处置资源化、利用规模化和排放无害化为主线，开展有利于实现对建筑废弃物从产生到消纳全过程的科学管理和资源化利用研究，并在工程实践中予以探索实施。

5.1.2 与人类友好

工程的本质是为满足人类价值需求而改造物质自然界的复杂社会活动，因此满足与人类友好的目标也是题中之意。

为实现工程与人类友好的目标，需遵循以下原则：①安全原则。安全是工程的首要原则，必须坚守“安全第一，预防为主”的基本方针，在工程设计和实施中以对待人的生命高度负责的态度，充分考虑产品的安全性能和劳动保护设施。②便利原则。在人类工作生活中，工程的结构形式、色调、温度、湿度等要素都会对人产生影响，因此，工程设计应尽可能依照人体工学的要求符合人体各部位的尺寸，符合人视觉和听觉可以接受的正常生理值，方便用户使用。③可信赖原则。有缺陷的工程可能会对人类造成意外伤害，故值得信赖的高质量工程受到越来越多的关注，人们需要避免工程可能给人们带来的负面影响，以便人们能够充分信任工程产品。

工程要实现与人类友好的目标，需要实现以下要求：①以人为本。过去只追求工程的快速发展，带来经济效益，却忽视甚至损害了人民群众的需要和利益，而随着生活水平的普遍提高，以人为本思想逐渐深入人心。在工程发展过程中，一方面要把用户的体验放在首位，提升用户满意度，另一方面也要考虑工程从业人员的工作体验和安全保障。②安全可靠。在后文中将介绍工程会遇到的各类风险，工程必须能够合理预见各类风险并采取相应措施进行预防与控制，保障生命、财产安全，提高用户的可信赖度。③方便耐用。工程追求的方向，是为人类提供方便耐用的人工物。例如：为使司机驾驶省力、安全和舒适，在设计汽车时应根据人体测量数据和生理、心理负荷反应来考虑司机的座位、各显示器和操纵机构的设置；适当降低汽车重心，使行驶较为稳定，乘坐舒适。④工学工效。在满足基本需求外，工程产品还应符合用户工作习惯，提高工作效率，可通过研究用户年龄、性别、个人的智力和文化技术水平、工作兴趣和工作动机、性格特点、工作情绪等主观因素，所处环境、设备性能、工作条件等客观因素以及人群关系、组织作风等社会性因素实现。这些因素使人的能力互不相同，对系统的适应程度也各有差异。

5.1.3 与社会融合

工程活动的目的是为了美好的生活，其造福人类社会的目标具有社会性。工程的社会性也得到了学者的关注。朱京[①]认为，工程的社会性，体现在工程主体的社会性和工程影响的社会性。现代工程都是主体多元、参与人数众多的过程，设计师、决策者、协调者以及各种层次的执行者，各施其能，相互合作，才能保证工程的顺利实施。工程不仅参与人数众多，而且对整个社会的政治、经济和文化等都有着直接或是间接的影响。郑晓松[②]认为，人在工程实践中展现着人类的本质力量，最终，工程符号化为社会的一部分。叶星星[③]认为，工程的社会性不仅表现在工程的实施主体是高度社会化的人，还在于工程活动是在特定的历史条件和社会环境中进行，工程区别于一般的改造自然的实践活动，就在于工程的社会性。因此，要想发挥工程的价值，必须实现与社会融合的目标。融合就是在规划、设计、建造时尊重主体、兼顾多元。比如空心村、贫民窟、富豪区的形成，配套差异以及不同建筑风格反差等，违背社会生态文明建设的不和谐现象，应当避免。

为实现工程与社会融合的目标，需遵循以下原则：①包容原则。社会包容是一个社会公共政策领域关于弱势群体的概念，指社会对具有不同社会特征的社会成员及其社会行为平等与宽容对待的状态。工程应考虑并扶持弱者，提高其生活水平与幸福感，以使所有社会成员共同发展。②融合原则。工程与文化在思想和生活两个不同的层次上相互联系着，实际上工程人工物是文化表象的外在载体，工程能够体现出一个民族的传统文化。在文化的碰撞与交流中，工程应该取长补短，在保留地方特色的同时，积极寻求融合发展，实现大同社会。尤其是不同宗教、民族、文化传统的族群，汇聚一域时，照顾到各方感受，尊重各自习惯，对于工程设计、建设，更要体现包容和融合原则。③可持续原则。此处的可持续是从人类社会的角度出发，指工程既要能满足当代人的需要，又不对后代人满足其需要的能力构成危

---

① 朱京．论工程的社会性及其意义［J］．清华大学学报（哲学社科版），2004（6）：45.

② 郑晓松．工程的本质——一种哲学的视野［J］．理论界，2015（5）：81.

③ 叶星星．工程的社会试验性及其责任伦理研究［D］．南京：东南大学，2020.

害的发展，既要达到发展经济的目的，又要保护好人类赖以生存的大气、淡水、海洋、土地和森林等自然资源和环境，使子孙后代能够永续发展和安居乐业。

工程要实现与社会融合的目标，可通过以下方式：①符合审美。应以工程造型美的规律及表现艺术作为主要对象，研究工程与美学的关系以及人们对工程美的认知，创造出符合人类审美理念的工程。例如都江堰水利工程，从形态设计与形体构成，从真正意义上大写了美的本质，体现了“自然美、布局美、意境美、文化美”的工程美学价值。②兼容差异。工程应通过包容性规划，尊重并兼容不同主体，体现平等包容的理念。例如不同宗教建筑，在同一地区的包容性、高中低层的包容性、富裕与贫困区域的区域均衡等。③最大公益。不仅追求利益的最大化、效率的最高化，还应当追求多元价值的最大公益化。④可以持续。应在工程的设计、生产、使用、报废的整个生命周期内，用可持续发展的理念指导工程活动的实施，力求最大限度地利用不可再生资源、减少污染物排放、降低对人类健康的影响。

5.2 “法”目标

工程追求的目标不能仅仅停留在理念上，还应当有具体的技术性的细化且可操作的“策略”层面的“法”的体现。“法”的目标归纳为“三简”：功能简约、结构简单、流程简化，如图5-3所示。

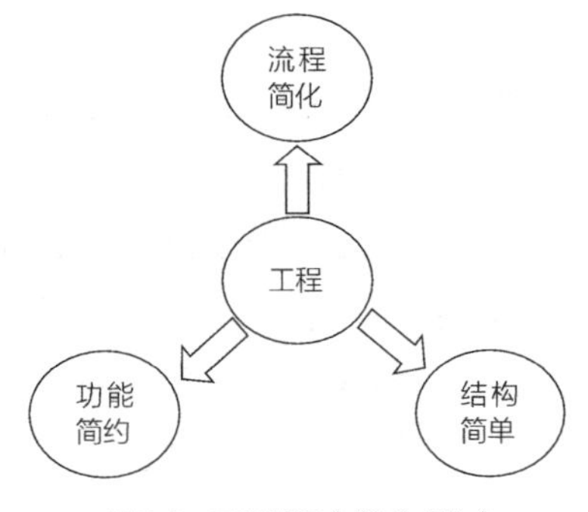

图5-3 工程目标（“法”层次）

5.2.1 功能简约

功能指事物或方法所发挥的有利的作用，功能是产品之所以存在的根本，是承载人们精神需要等内容的物化形式。工程产品不具备基本的功能，那么它就不会被设计和构造，也不会有存在的意义。简约不等同于简单，不是简单的削减和平淡的罗列，而是一种典雅和流畅、集成与和谐。

追求功能简约，也就是追求以最小的功能组合换取最大程度的需求满足。功能简约的实现需要在设计源头上加以控制，主要有两种方法：①去除功能法，针对某些多功能的产品，设计师应在深入调查、细致分析的基础上，有选择地删除其中一些非主要功能，从而简化产品的结构、降低生产制造的难度和成本，并间接减轻产品的环境负担。②组合功能法，即通过对某些具有单一功能的产品进行组合设计，使它们的功能融合在同一件产品中。这样便减少了产品的整体数量，从而达到保护环境之目的。

现代人的生活是快节奏、高频率、满负荷的，人们在这日趋繁忙的生活中渴望得到一种放松的状态来调节紧张的情绪，简约的功能正好满足了人们这种心态，简洁的产品形态也给人们带来了视觉上的愉悦感。一个功能简约的工程，不仅呈现美感，而且恰好满足需要，最小程度冗余，对于降本增效、减轻环境负担，都十分有益。

5.2.2 结构简单

结构是功能的支撑与体现，所有的工程功能都是在一定的结构表达下，进行建造/制造之后才能达成的。追求结构简单，是工程师完美体现审美观和成本观的行为准则。

工程结构在房屋、桥梁、铁路、公路、水工、海工、港口、地下等工程的建筑物、构筑物和设施中，是以建筑材料制成的各种承重构件相互连接成一定形式的组合体。除满足工程所要求的功能和性能外，还必须在使用期内安全、适用、耐久地承受外加的或内部形成的各种作用。

实现追求结构简单化的目标，主要需要依靠以下途径：①工程师秉持的“简单美”的理念。②依靠设计理论和技术的进步。③依靠工程材料、工程工艺、工程设备、工程管理等技术的同步发展。④依靠工程项目协同管理能力的拓展。⑤依靠ICT时代大数据、云计算等信息化新技术的支撑。

结构简单，不仅能使工程具有更好的经济性，也有利于安全设计计算的受力边界确定从而明确受力路径，同时还能获得建造过程的简化。

5.2.3 流程简化

流程是结构和功能的耦合机制，结构要达到某种功能，实现某种功能特性，需要通过流程实现，流程是工程实现的全过程的学术概括。流程是工程实现过程中所有的输入、任务及任务逻辑关系、输出，以及客户和价值的总和。简单地归纳，流程是任务的有序组合，任务是为了达成目标而进行的有目的的行动。流程管理已经形成较成熟的知识体系。

功能与结构存在这样的关系：一种结构往往具有多种功能；一种功能往往可有多种结构。这涉及管理学上的终极问题：管理就是追求“满意的决策”，不断地进行功能与结构的优化，构成了“过程管理”的独特机制，源于运筹学的优选过程，我们称之为“流程的耦合机制”。

流程简化依赖于简约的功能诉求和简单的结构设计，依赖于工程主体的组织能力和管理协同水平，依赖于工程主体参与者对工程功能的深刻理解和结构的细致掌握，还依赖于工程所在时间空间的当地工程环境，包括“PESTecl”因素（参见本书第12章）。

产品建造的工艺实施流程简化和管理各方的协同、管控流程简化，是流程简化的主要内容。工程流程的简化，不仅建立在工程工艺逻辑和管理逻辑的优化基础之上，还需要组织的简化，流程型组织是一个很好的选择。流程简化有利于提高生产效率、缩短工期、节约成本、提高企业竞争力。工程工艺流程的简化，尤其依赖技术创新和装备的进步，以及针对性的工艺开发，这在大型复杂项目实施中尤为重要。

流程简化是一项系统而复杂的工作，在决定进行流程简化前应该成立由企业高层、中层、业务骨干、咨询顾问组成的流程简化小组，对流程简化工作进行分工，确定流程简化的实施计划。咨询顾问应对流程简化小组成员进行流程管理专业知识培训，确保小组成员掌握流程梳理、流程分析、流程设计、流程图绘制、流程说明文件编制和流程实施等专业知识和技能。继而进行流程调研、流程梳理、流程分析，最后形成新的流程，并进行评价，在实施中持续改进。

5.3 “术”目标

“术”的目标归纳为“三出六好六满意”，表达了现阶段我国建设工程所追求的较为详尽的目标体系的核心要求。工程项目管理目标“三圆图”如图5–4所示[①]。聚焦“三出”，即“出效益、出品牌、出人才”；以“六好”（质安、环保、成本、团队、信誉、资金），赢取内外共同体多方“满意”，使社会、业主、企业满意，建立在员工、分供方及其他相关方满意的基础上。我国的工程项目管理要素多达25项，但是“低成本、好质量、稳进程、高安全”是最核心的要素。

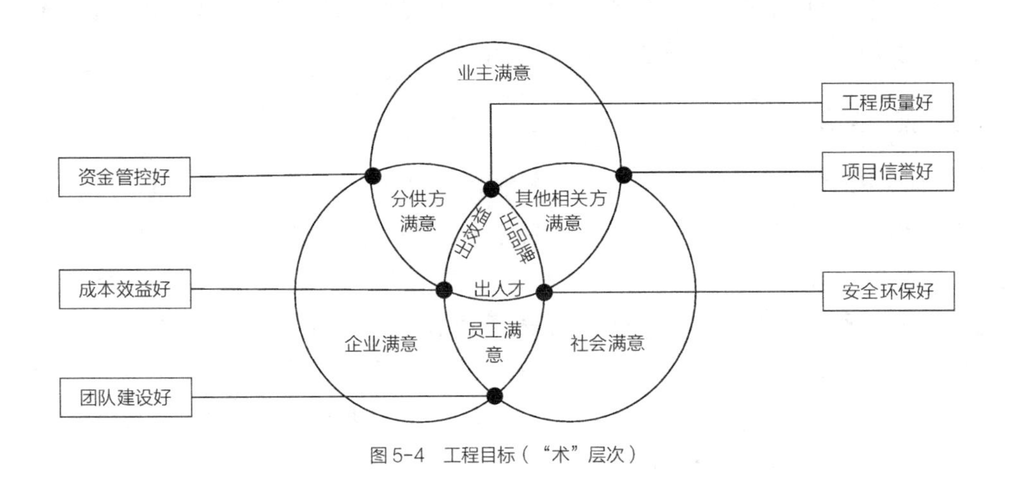

图5-4　工程目标（“术”层次）

5.3.1 低成本

随着全球供应链透明化、集群化，创新周期缩短，新技术涌现，以及资源稀缺性增强，竞争强度不断加剧。如何在保证工程质量且能够及时交付的前提下最大限度地降低全周期成本，已成为企业间竞争的关键。

在企业满意方面，“三圆图”以成本为圆心，以工程项目效益为半径，形成企业重点关注的项目目标的“企业满意”圆。该圆的核心点为工程项目“成本效益好”的管控目标，而项目降本增效是企业最为关心的核心目标，这是显而易见的，项目成本管控和效益管理目标的实现，必须由建筑工程企业、项目经理部门自己用心把握、自觉强化[②]。

① 鲁贵卿. 工程建设企业管理数字化实论［M］. 北京：中国建筑工业出版社，2022.

② 鲁贵卿. 工程项目成本管理实论［M］. 北京：中国建筑工业出版社，2015.

以低成本战略参与竞争是工程企业升级进阶的必由之路。企业需要深刻认识到低成本竞争与高质量并非必定是矛盾，降低成本并非靠偷工减料，而是通过优化成本管理来实现。通过技术和管理创新，对企业生产经营过程中各项成本核算、成本分析、成本决策和成本控制等进行优化，在保证满足工程质量、工期等合同要求的前提下，对项目实施过程中所发生的费用，通过计划、组织、控制及协调等活动实现预定的成本目标，并尽可能地降低成本费用。

企业对项目降本增效是经济新常态之下的必然选择。企业只有顺应新常态，主动改变自己，牢固树立"两个基石一条主线"的管理理念（即建筑工程企业管理以项目管理为基石，项目管理以成本管理为基石，成本过程管控是建筑工程企业项目管理的主线）的同时，时刻谨记建筑工程项目一定是"大成本"的管理思维，正所谓"低成本竞争、高品质管理"，两者相辅相成，必须是讲求全面实现进度、质量、安全和环保管理目标条件下的成本控制，以高品质的项目过程管理为手段，通过优化管理、落实相关方和谐共赢来实现项目降低建造成本的目标。因此，锤炼企业低成本的核心竞争力，扎实地围绕项目成本去抓管理落实，不断提升项目降本增效水平，才是建筑工程企业做强、做大、做久的根本之路。

建筑业企业实施低成本运营，并非一朝一夕所能实现，而是一个长期、不懈努力的过程。企业在此过程中需要牢固树立低成本理念，大力培育成本优化，做好成本管控，如此，才能跟上新时代的步伐，站在市场竞争的前沿。

5.3.2 好质量

百年大计，质量第一。随着"人的生命至高无上"理念的深入人心，建筑工程的质量问题越来越受到国家、社会以及人们的广泛关注①。

工程质量是业主最为关心的核心目标，也是施工企业项目管理的核心目标，项目管理必须把质量管理放在首位，关于质量管理所确定的质量方针、目标和职责，是需要严格通过质量体系中的质量策划、控制、保证和改进来实现的。

创建品质工程，质量是企业的生命，是企业发展的灵魂和竞争的核心，抓好工程质量，是重中之重。在对工程项目进行质量控制时，要始终将质量作为一切工作的根本，要把人作为控制工程项目质量的核心，要坚持将数据作为质量评判的标准。

建设项目的施工应该符合的质量目标有以下几点：①建设项目的全体员工，必须要全天候、全过程、全方位地参与项目建设过程的质量管理，确保项目质量符合国家和行业有关标准。②通过自己的努力，让各级部门相信项目在建设方的严谨工作下，能够达到预期的质量要求，同时，建设方也要不断地加强自身的质量管理，开展各种能够保证项目质量的活动，共同实现高质量的建设要求。③可以通过开展各种特色活动，展示具有说服力的文件，证明建设方能够按照施工要求，高质量地完成项目建设。

总之，工程质量是满足其"功能"属性的必然衡量，它关乎工程自身的价值，对社会的综合影响，以及交付约定。

---

① 吴比．建筑工程施工质量管理分析［J］．现代农村科技，2022（8）：121.

5.3.3 稳进程

工程在实施过程中，质量、安全、环保等目标得以逐步实现。每项工程都有决策时机和所凭借的基础条件。如果不能如期完成，往往会削弱甚至散失工程的使用价值。一个稳定的可预期进程（工期），是工程追求的重要目标。

工程进展程度也即进度的管理，本质上是作为工程本体的过程管理，对比实体形象与计划形象的重要手段。其核心内容包括静态的工作内容和工序逻辑，动态的关联要素集成与构建。以此为过程管理的思想，创新推演出“流程牵引理论”[①②]，即突出工程是在过程中实现的，以及其作为一种内在动力，拉动着整个工程项目向前推进。

因而，工程进程（工期管理）是项目成功的总纲，它不仅仅是一项管理指标，也是直接影响项目成本效益，乃至影响项目成功的关键因素。

影响项目进程的因素非常多，进度风险防范需要正确的理论指导以及有效的方法和工具支持。目前这些方面均存在较大的改进提升空间。优化和改善可以使用科学编制施工进度计划、制定进度评审方法、创新施工管理、培养专业的管理人才、合理配置资源、加强进度监控、完善进度汇报制度、关联进度的计量与工程款管控等手段。

5.3.4 高安全

安全是一种稳定的状态，分为工程物安全和建造（制造）安全。凡是工程物，均设置了能够满足其实现功能的期限，可称安全使用期限，也即寿命。

保护人民生命和财产安全，是党和国家的立国之本、民心之本。安全生产的总方针是“以人为本，坚持安全发展，坚持安全第一、预防为主、综合治理”。

工程物的安全，首先来源于设计的安全性。我国采用设计师设计、主任工程师复核、总工程师审核，外加专门审图机构的审核、设计交底及施工单位审图等制度和流程，进行安全性保障。

实施过程中，要贯彻“安全第一”的原则。安全管理的重点是各类危险源，识别、标识、控制危险源是管理的主要内容。在危险源耦合人的状态、物的状态和人机的行为方式等方面，切断“源、径、体”，防止事故发生。

工程安全事故产生的原因，由于外部环境和工程特点，有其复杂性，所以降低、预防建筑工程施工的安全事故产生，首先就要从人的因素着手——提高人员的安全意识，建立健全完善的安全管理体系和安全责任制度。其次要在项目实施的过程中加强安全管理，制定安全政策，确定施工安全生产标准，确保整个项目在实施过程中无死角、无漏洞地进行安全管理，以求达到安全施工无事故。

---

① 卢锡雷. 流程牵引目标实现的理论与方法：探究管理的底层技术［M］. 北京：中国建筑工业出版社，2020.

② 卢锡雷. 流程牵引目标实现的理论与方法：基于建设行业的案例应用［M］. 上海：同济大学出版社，2014.

5.4 工程目标追求与现行技术

以建设工程为范例，阐述追求工程目标的前沿理念和技术，其他工程类以效之。

5.4.1 低影响开发

低影响开发（LID）是美国乔治王子县的环境资源部于1990年提出的，指在自然环境和生态系统的目标下，结合具有水文调控功能的景观，通过使用场地水文功能设计和相关分散的小规模的源头调控措施来模拟场地自然环境，减少土地开发过程中对原始生境的破坏，缓解土地开发产生的负面影响，使场地尽可能地恢复原始水文状态。

住房和城乡建设部发布的《海绵城市建设技术指南——低影响开发雨水系统构建（试行）》中将低影响开发定义为在城市开发建设过程中采用多种手段（源头削减、中途转输、末端调蓄）和多种技术（渗、滞、蓄、净、用、排），最终能实现城市良性水文循环，提高城市对雨水径流的管理能力。LID理念贯穿于雨水径流的全过程，是结合水文学和城市规划学等多学科的理论方法①。

在工程实践方面，LID理念在小尺度、低成本的场地开发中的环境效益尤为突出，越来越多的城市开始将LID技术应用于住区建设和改造。例如北京的潮白河西岸住区，为了解决场地地势低洼、排水压力过大、景观水体发臭等问题，住区以“自然净化”和“自然排放”为目标，合理地选择渗透铺装、植被浅沟、雨水花园、人工湿地、多功能调蓄等景观雨水设施。通过人工湿地、雨水花园、植被过滤带等将雨水径流截污净化后输送入河，有效控制了雨水面源污染，同时利用植被浅沟、渗透管等景观雨水措施替代传统雨水管道系统，节省大量管道投资。

低影响开发是尽最大可能减少对原始生态的破坏，保护原有生态环境，体现的是工程目标之“道”中与自然和谐的目标。近20多年来，大开大合、大挖乱爆的现象相当严重，这严重违背了低影响开发的原则。“大脚革命”的“反规划”②建设实践，已经取得了丰富的经验。

5.4.2 被动式建筑

德国在20世纪80年代绿色建筑理念的指导下提出了被动式建筑。1988年，瑞典隆德大学的博亚当森教授与德国的沃尔夫冈·费斯特（Wolfgang Feist）博士一起展开了相关研究。他

---

① 栾楠. 基于低影响开发的武汉高层高密度住区雨洪管理研究［D］. 湖北：华中农业大学，2019.

② “大脚革命，即用朴素的概念，对‘两山’理论和生态文明、美丽中国思想的阐释。美丽中国，必须是生态美丽、健康的美丽。”“大脚革命”的提出者为北京大学景观设计研究院院长俞孔坚，其长期致力于城乡生态规划设计的科研和生态重建的工程实践。“反规划”是一种方向思维，坚持的是首先保持自然生态，让自然界发挥其最大的自身生长、修复能力。并非不做和反对规划，而是不过度和首先人为地进行“规划”，导致对自然的破坏。

们认为被动式建筑不需要主动采用加热和冷却系统，只需要依靠自然采暖的方式即可保持室内的舒适度。该理念传入中国后，内涵发生了变化：被动式建筑是指综合考虑室内环境、建筑能耗、建筑气密性、建筑围护结构性能和能源设备及系统性能等指标，不依赖额外的供暖制冷设备，结合相关节能技术和低能耗建筑的围护结构而建造的新型绿色环保建筑。

被动式建筑在实现与自然和谐的同时，也满足了与人类友好的目标，具有以下特点：①节能环保。其最大的特色在于环保低能耗，建筑物的节能效果显著，建筑物全年的供暖供冷需求下降明显，寒冷地区的建筑节能率甚至可达到85%。②舒适度高。其使室内湿度和室内外温差控制在舒适范围内，得益于建筑内墙较高的保温性能，减少了墙体造成的热分散，降低空气湿度。该建筑的舒适度是依靠围护结构和优选建材达到的。③空气品质好。被动式建筑的新风系统是一种主动通风行为，其先通过过滤装置过滤掉新风中的粉尘等颗粒物质，再通过除湿和全热回收两个环节的协调配合，将空气的纯净度降到最佳范围。另外，该建筑的热回收设备，不仅可以提高热回收率，还可以给室内供给足够的新鲜空气，提高了空气质量。④建筑质量高。设计部门给予合理的选址和专业设计，建造采购部门选择高品质材料，并进行精细化施工，管理维护与设计的协作，让建造从前期到后期都进行了严格的质量把控，极大地延长了建筑的使用寿命。⑤合理利用新能源。其始终坚持环境保护和节约资源。在冬天，它主张充分利用太阳能、风能和地热能等可再生能源供应暖气；在夏天，前期的合理规划选址，配合后期的树木、遮阳和其他辅助装置，充分利用一切可以利用的自然条件满足了夏季调温需要。

5.4.3 绿色建筑

关于绿色建筑，国际上有三种常见的提法，即可持续性建筑、生态建筑、绿色建筑，它们之间的共同点可以概括为三点：第一，节约能源；第二，节约资源；第三，与周边环境相融合。

（1）可持续建筑

1993年，查尔斯·凯博特（Charles）博士率先提出可持续建筑，其目的在于充分说明建筑业在实现可持续发展的过程中所承担的重要责任；明确指出了可持续发展的建筑（内容具体涉及建筑物所使用的材料、城市规模等）可实现的相关功能及其产生的经济、社会价值和其受到的各种生态因素的影响。主要强调生态平衡、环境保护、物种多样性、资源回收利用以及节能等生态和可持续发展问题。

（2）生态建筑

生态建筑的关键，是在当地实际自然环境的基础之上充分应用生态学、建筑技术科学原理，并将其他有关的学科知识有机结合起来考虑，合理地安排建筑和其他领域的关系，同时使其与环境形成一个有机结合的整体。例如，充分考虑可再生资源的应用；使用当地的原材料；利用当地的风环境，增强建筑的自然通风效果等。

（3）绿色建筑

美国环境保护协会认为，绿色建筑主要追求能源效率的提高、资源材料的妥善利用、室内环境品质以及符合环境承载力等，是在其整个生命周期内可对资源进行有效回收的新型建筑。

总的来说，上述三种提法虽然各有特色，但是，三者的共同内涵是：在建筑物的整个生命周期之内尽可能地节省各种资源，尽量减少建筑物对周边环境造成的不利影响，将建筑物对自然环境的污染降至最低，为广大民众营造健康舒适、高效节能的使用空间[①]。绿色建筑节约能源、节约资源、与周边环境相融合的特点体现了工程目标之“道”中与自然和谐、与人类友好及与社会融合的目标。

5.4.4 装配式建筑

装配式建筑，是指由预制部品部件在工地装配而成的建筑。更简单的理解就是把传统建筑生产中成型的结构拆分设计成多个可组装的部分，如墙、柱、楼梯、阳台等，经过工厂预制生产，至现场装配安装，从而降低建筑建设人力与材料应用的成本，高效率地完成建筑建设节能环保的绿色目标。装配率，是指单位建筑室外地坪以上的主体结构、围护墙和内隔墙、装修和设备管线等采用预制部品部件的综合比例。

装配式建筑工业化不仅仅是将建筑中需要现浇成型的部分分解成多个可组装的部分，利用工业化生产的构部件进行现场装配建造，减少资源的浪费，保证高效率地完成建造工作；还包含针对预制概念的工业化生产、运输维护管理、信息化管理经营，以及工业化交通、信息设施等，利用预制理念的人工、材料、机械、时间、费用的节约，提高投资经济效益，实现全生命期的工业化和集约化。

我国作为人口大国，承担的建筑任务十分艰巨，一直以来建筑业作为促进国民经济发展的重要行业，推动着城市化进程不断深入。为满足现代人居环境建设的要求，实现更低的污染浪费、更快的生产建造、更透明的管理运行，装配式建筑工业化应运而生，相对于传统的建造方式，装配式建筑工业化的优势体现在：①装配式建筑工业化可节约能源，实现绿色环保。提前在预制工厂大量加工构部件的过程中，预制工厂里的模板和资源可再利用；构件部品成品运输到施工现场组装的过程中，现场手工湿作业大量减少，模板和脚手架的用量大量减少；现场安装的构件减少，噪声污染和粉尘污染问题得到减弱，对周边居民日常生活的影响也降低了。②装配式建筑工业化可有效减少人工、设备等劳动力资源。随着装配式建筑工业化体系的成熟，其将逐渐形成完整的运行系统，加之科学技术的不断进步，施工现场不再需要过去数量庞大的人员施工、等待，所需的装备也全部简化为少量的吊装设备，能够实现人力、设备的简化。③装配式建筑工业化可提高生产效率、缩短工期。装配式建筑构部件的标准化设计和工厂化生产对于过去的建造方式可以说是全新的变革。一方面，随着实际经济投入和技术日渐成熟，采用预制的构部件在工厂内统一流水生产，加大工厂化制造，形成产业化发展；另一方面，集中的构部件工厂化生产受到现场施工的影响小，构件在车间生产的温度、湿度容易控制，可以避免外部环境的影响，在风雨环境里也坚持运作，极大地提高预制构部件的生产效率[②]。

---

① 刘鹏．基于BIM的地域性绿色建筑评价研究［D］．合肥：合肥工业大学，2019.

② 陈蓉．装配式建筑工业化对城市建设影响的研究［D］．哈尔滨：东北林业大学，2019.

建筑工业化的实质属于建造方式的改革，其中装配式建筑的发展无疑是建筑工业化发展的催化剂，建筑工业化是全面实现工业化的必然途径，也是促进工业化发展的坚实后盾，全面实现装配式建筑工业化任重而道远。装配式建筑节约资源且绿色环保，是一种集功能简约、结构简单、流程简化于一体的工程。

5.4.5 数字建造

以数字化、网络化和智能化为特征的新一代信息技术开启了人类新一轮科技变革，将人类带入以算据、算力和算法为支撑的智能技术时代，颠覆性地提升人类的感知、认知、决策和实践能力。新一代信息技术正在催生新兴产业，助力改造提升传统产业，深刻影响社会变革，推动人类由工业文明向生态文明迈进，同时也为工程建造转型升级提供了新的机遇。

数字建造是在新一轮科技革命大背景下，将数字技术与工程建造系统融合形成的工程建造创新发展模式，即利用现代信息技术，通过规范化建模、全要素感知、网络化分享、可视化认知、高性能计算以及智能化决策支持，实现数字驱动下的工程项目立项策划、规划设计、施工、运维服务的一体化协同，进而促进工程价值链提升和产业变革。其目标是为用户提供以人为本、绿色可持续的智能化工程产品与服务[①]。数字建造内涵丰富，涉及建造技术、建造方式、企业经营和产业转型等多个方面，其内在逻辑关系如图5–5所示。

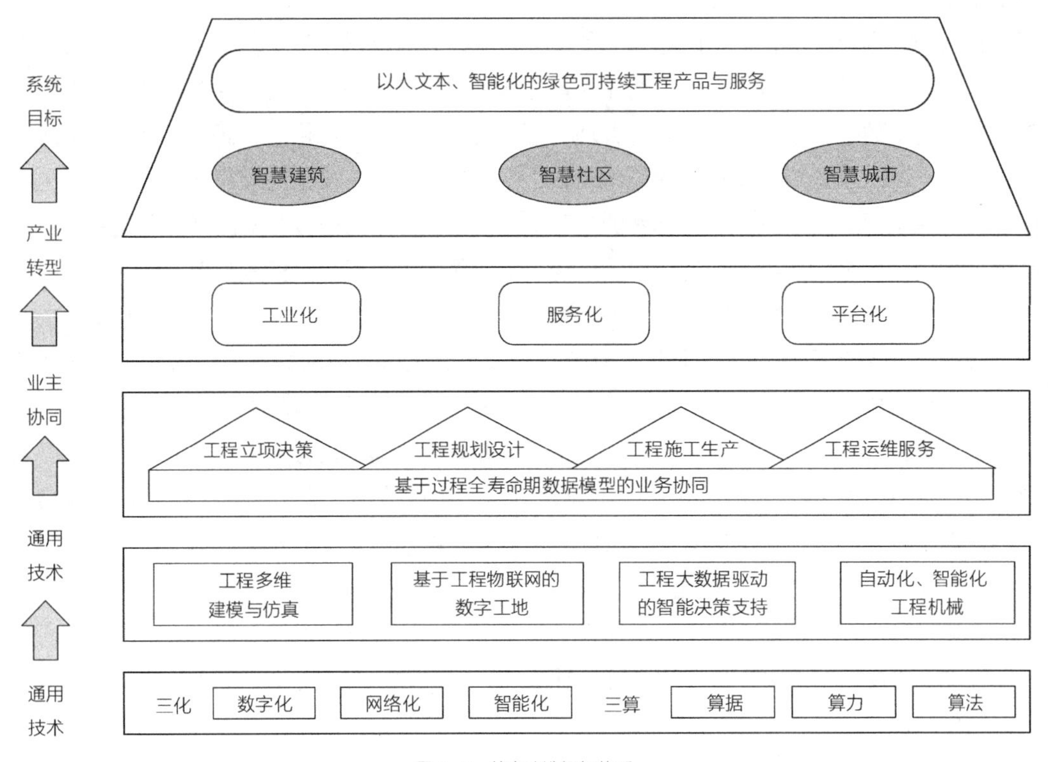

图 5–5 数字建造框架体系

① 丁烈云. 数字建造导论［M］. 北京：中国建筑工业出版社，2020.

以物联网、云计算、大数据与人工智能为代表的通用目的技术，是数字建造创新发展的基础；数字技术与工程建造的融合，通过组合式创新，形成工程多维建模与仿真、基于工程物联网的数字（或智能）工地、工程大数据驱动的智能决策支持，以及自动化、智能化的工程机械等领域关键技术；克服传统碎片化、粗放式工程建造方式的弊端，实现工程全生命周期的业务协同，促进工程建造产业层面的转型升级，最终向用户高效率地交付以人为本、智能化的绿色工程产品与服务，从而更高效地达成工程建设目标。

第6章

论工程价值

本章逻辑图

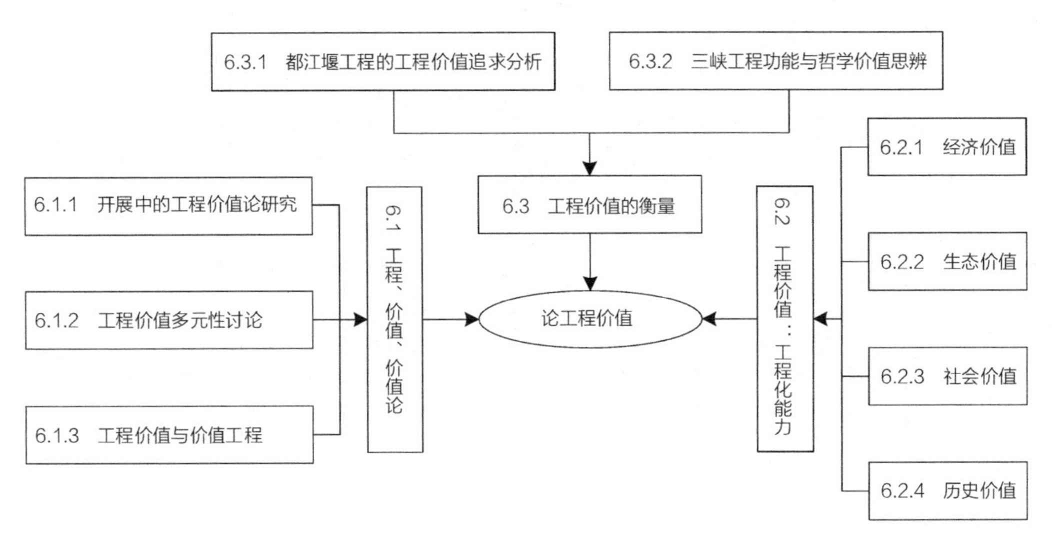

图6-1 第6章逻辑图

6.1 工程、价值、价值论

6.1.1 开展中的工程价值论研究

工程要立足于工程本体，着眼于工程演化、知识和方法等认识论角度，更要关注工程内在的发展动力，即工程是价值驱动的造物实践活动。

工程价值问题的产生，来自于工程本身：①本质上，价值是工程之魂，工程就其本质而言就是价值嵌入和价值创造的过程。②其引领性，工程活动是价值先行的人类实践活动，是一种设定价值的人类活动，需要从人们的需要和目的出发预设价值，并从预设价值目标出发，引导并规范工程实践行动，协调各类工程行动，最终达到工程目的。③主体工作，整个工程活动都是在处理价值目标体系，协调内在价值与外在价值、功利价值与非功利价值、成己与成物的关系[①]。

论工程价值，势必要求人们深入审视和理解工程价值观、多元主体价值冲突解决及价值增值路径等理论及实践应用问题，这也是当代工程视野内最核心的论题。

工程价值具有多元性和复杂性。价值是工程内蕴的，包含着诸多的主观性，因为工程本身就是人类改造客观世界的主观实践行为。在处理工程与世界的其他构成部分，如自然界、人类自身、社会以及既有工程的复杂关系时，产生了工程伦理问题、生态问题、工程的社会性问题等。

具体来说，工程价值主题下需要展开研究的问题，包括：①要重视价值选择、价值排序、价值权衡问题的研究，研究在特定情境下的价值关系处理问题，研究价值形态、价值样态、价值结构的关系及其评价标准问题。②研究各种各样的价值呈现、价值冲突、价值协调和价值实现的问题，还涉及各种复杂的价值增生、价值溢出、价值转化现象。③还要研究工程实践中各种价值之间的协调、冲突、聚合机制，特别是研究价值物化、价值溢出、价值增生、价值转化等问题[①]。

6.1.2 工程价值多元性讨论

从工程演化历史来看，工程所造之物均具有人所期望的“功用”。本质上，工程实践就是价值体现。工程是有价值的，是追求价值的活动。工程演化至今，尤其是重大工程项目，除了要考虑经济价值外，还要对生态价值、社会价值进行分析，注重眼前价值的同时还要考虑历史价值和长远价值。工程发挥着无与伦比的作用，决定了其无法估量的价值，也确立了其无可替代的地位。

工程价值是工程活动创造出来的一种特殊价值，它反映了工程活动及其成果满足了人类何种程度上的需求。人们总是从自身对工程的价值预期出发来开展特定的工程活动，当工程完工之后，再进行事后工程价值评价，检验其与预期目标的差距。根据工程满足的需求层

---

① 李开孟. 工程价值论研究的必要性及关注要点［C］. 第十次全国工程哲学学术会议，2021.

次不同，可将工程价值分成若干类型，如工程的政治价值、工程的生态价值、工程的军事价值、工程的社会价值以及工程的人文价值等。由于工程活动具有跨领域特性以及利益主体多元化的现实，一项工程总是蕴含着多种价值，但工程活动在不同领域中都有其主导价值。例如，经济领域中的工程，追求的是工程的经济价值，是为了向顾客提供具体的产品和服务；政治领域中的工程，是为了达成某种政治目的，因此强调的是政治价值；军事领域中的工程，如曼哈顿工程、导弹工程等，目的在于增强打击与防卫能力，追求的主要是军事价值；工程不仅有功利价值，而且也具有超功利的价值。文化领域的工程，强调的是工程的人文价值，工程的人文价值意味着工程的品位，反映的是工程的人文内涵；环保领域的工程，如防沙治沙工程、污水治理工程等，目的在于生态保护，追求的主要是生态价值；社会领域的工程，实现的主要是工程的社会价值，如解决住房困难问题的安居工程和缓解居民用水难的引水工程等。如果说功利价值是工程活动的直接目标，是工程实用性的体现，那么超功利价值就是工程活动的根本旨趣。在日常生活中，人们经常说“某某工程缺乏人性”“某某工程很人性化”等，就是从人文价值角度出发对工程进行的考量[①]。事实上，人的生命具有两重性，不仅有自在的肉体生命，而且有区别于动物的超越性。正如高清海[②]所说：“人之所以不同于动物的本性就表现在这点上：他作为形而下的存在，却要不断去追求并创造形而上的本质，对理想世界的追求与渴望，是蕴涵在人类本性中的永恒冲动。”而工程恰好能够实现人的超越性。通过工程实践活动，人形而上的理想才能够有效地转换为现实。也正是通过这样的转换，使得工程塑造着“物性”和“人性”，塑造着人们的生活方式。正如马克思[③]所说：“人们生产他们所必需的生活资料，同时也就间接地生产着他们的物质生活本身”“他们是什么样的，这同他们的生产是一致的——既和他们生产什么一致，又和他们怎样生产一致”。作为规律性和目的性的统一，工程在体现着人的价值标准的同时也体现着人的终极关怀。工程的根本意义就在于不断创造人的生存价值，使人成为自由和全面发展的人。由此可见，片面地强调工程的功利价值是有局限性的。过去人们往往只看到经济价值，而忽视文化价值、生态价值和社会价值这类超功利的价值，是造成“工程异化”的主要原因[④]。

6.1.3 工程价值与价值工程

论工程价值，不是工程价值论，后者是哲学意义上的“论著”，是关于工程价值知识体系的集合。前文已经对工程价值进行了分析，接下来将对价值工程的提出、内涵、计算方式，以及工程价值与价值工程之间的关系进行展开介绍。

---

① 张秀华．工程价值及其评价［J］．哲学动态，2006（12）：42-47.

② 高清海．“人”的哲学悟觉［M］．哈尔滨：黑龙江教育出版社，2004.

③ 马克思，恩格斯．德意志意识形态［M］．北京：人民出版社，1961.

④ 张秀华．历史与实践工程生存论引论［M］．北京：北京出版社，2011.

1947年，美国通用电气（GE）公司麦尔斯（L.D.Miles）先生提出了价值工程理论，其基本思想是用最少的成本来达到预期的功能。该理论的主要目标是提高经济效益，主要是对产品的经济价值进行分析，然后根据分析结果来决定产品是改进还是替代或者开发。这里的“价值”是指从中获益的程度。某一事物的价值高低表明其获益程度的高低，进而判断该事项是否值得进行。价值工程是把事物的价值进行量化，将其表现为一个具体数值①。在保证产品质量的前提下，改进产品设计结构，可以大幅降低产品成本。产品的功能成本管理是将产品的功能与成本（为获得一定的功能必须支出的费用）对比，寻找优化产品成本的管理活动。其目的在于以最低的成本实现产品适当的、必要的功能，提高企业的经济效益。产品功能与成本之间的关系可表示为：价值（V）=功能（F）/成本（C），从公式中可以看出，价值与功能成正比，与成本成反比，价值是功能与成本的函数。相同的对象，成本较低时，价值就高；成本相同的产品，功能高的，价值也高。

提高产品价值的基本途径是通过整合功能、成本与价值之间的关系，从而得到最优的功能成本比，进而提高产品的价值。比如在产品功能提高的情况下，成本降低，将会提高产品的价值。既提高功能，又降低成本，是提高价值的最理想途径，它可以使产品价值有较大幅度的提高。这也是价值工程追求的主要目标。如果产品原有的功能、成本与用户的要求差距过大，则需通过补充必要功能，消除不必要功能，降低多余费用。具体提高产品价值的基本途径如表6-1所示。

提高产品价值的基本途径　　表6-1

公式	说明
$\frac{F\rightarrow}{C\downarrow}=V\uparrow$	在产品功能不变的情况下，降低成本，将会提高产品的价值
$\frac{F\uparrow\uparrow}{C\uparrow}=V\uparrow$	在产品成本提高的情况下，若功能提高幅度大于成本提高的幅度，也会提高产品价值
$\frac{F\uparrow}{C\downarrow}=V\uparrow\uparrow$	在产品功能提高的情况下，成本降低，将会大幅提高产品的价值
$\frac{F\uparrow}{C\rightarrow}=V\uparrow$	在产品成本不变的情况下，提高功能，将会提高产品的价值
$\frac{F\downarrow}{C\downarrow\downarrow}=V\uparrow$	在产品功能降低的情况下，若成本降低的幅度大于功能降低幅度，将会提高产品价值

通过对价值工程的分析可以发现，上述所探讨的工程价值与价值工程有区别也有联系。通过分析可总结为分析对象、目的及要素之间的区别，以及最终目标之间存在的联系，如表6-2所示。

① 孙宇平．基于价值工程的T公司物流价值链优化研究［D］．秦皇岛：燕山大学，2016.

工程价值与价值工程对比表　表6-2

比较方面	是否相同	工程价值	价值工程
分析对象	否	工程活动	产品
分析目的	否	分析工程活动及其成果满足人类何种程度的需要	决定产品是改进还是替代或者开发
分析要素	否	工程的政治价值、工程的生态价值、工程的军事价值、工程的社会价值以及工程的人文价值等	功能、成本
最终目标	是	都是通过剖析分析对象的要素来提高其价值	

6.2　工程价值：工程化能力

工程化是系统化、模块化、规范化的一个过程，指将具有一定规模数量的单个系统或功能部件，按照一定的规范，组合成一个模块鲜明、系统性强的整体[①]。工程化往往包含大量学科和学科分支的知识，是一个复杂的系统工程过程。广义的工程化能力包括情报信息搜集能力、国际化采购能力、新材料新工艺新技术应用能力、样机的工程实现与测试能力等。工程化能力，包含建器造物的能力。工程价值本质上是工程化能力的一个度量，分析现代社会经济的构成、工业化的发展，工程化能力就是国家核心竞争力的象征。

工程化能力是建器造物的能力。波音飞机有数十万个零配件，有很多都是跨洲的组装、外协工作。如何协作、如何计划、如何控制进度、如何分解任务、如何规范化，形成流程化、可重复的步骤，这些都是工程从设想到实体运行需要走过和克服的难题，是综合管理能力的体现。

工程化能力是科学探索能力与技术集成能力的象征。科研成果、技术成果要进一步服务于人类，要产生物质化的成果，就必须进行工程造物，工程造物是科技成果的必要组成和形式。没有工程成果的实证，科学、技术则不能成为可见、可感、可用的实物。人类所有能力的延伸，观远、察微、跳高、承重、跑快、潜深、夜视，无不是借助于工程造物能力形成器具（技术人工物）实现的，这样看来，科学和技术本身也与工程密不可分，现代大科学工程就是最好的说明。

工程化能力，是形成产业能力必不可少的环节。产业形成，需要具有功用价值，不仅需要书面的知识、专利、价值，还需要有物质性的使用价值，如可以作为运输工具的车辆、可进行空气调节的新风系统、可实现舒适居住的现代绿色住房体系、可作为生产机电产品的厂房、可探知人体内部组织与结构病变的彩色超声、核磁共振系统等。产业能力，无论是第一产业、第二产业还是第三产业，所包含的几乎穷尽了人类所积累的所有材料、设备、工艺技术、生产组织管理、人类行为心智认知等知识和能力，而相互转化的综合能力就是工程化的能力。

---

① 杨保成．数字化转型背景下地方应用型本科高校的教育创新与实践［J］．高等教育研究，2020，41（4）：45-55.

IBM的网站开发规范有数百页，一架飞机的各种文档重量高达几十吨，把工作做细，把工作规范化、程序化，才能在有限的时间里做出尽量好的产品。工程化和创新矛盾吗？不矛盾。其实，只有工程化的经验积累，少了拍脑袋，少了不切实际，才能不依赖经验，不依赖具体某个人的能力，才能少浪费时间，少走弯路，少打无准备的仗，开发人员也才能有更多时间去创新，否则开发人员总是被拙劣的管理搞得狼狈不堪，心灰意冷。他们没有时间思考，没有时间学习，如何进步呢？对于一个产品的研发，整体上是需要工程化的，但对于其中的具体执行细节，就存在创新的空间了，工程化并不是封锁创新，而是能够为创新创造更多的时间和机会。

规范化、流程化、工程化就是把经验、技巧、常识、个人的知识固化，建立一个可重复创造优秀产品的最优开发环境。工程化能力也是国家竞争力、国家强盛、工业文明的标志。2009年，我国面临科技成果转化率低、科技创新周期长，工程化这一创新链严重缺位的局面，但如今通过大型工程化研究能力建设，我国科技创新能力和科技支撑发展能力不断得到提高，宏观上如500m口径的FAST、航母、太空站、高铁系统等的高速发展，微观上如5nm蚀刻机的深度研究，工程速度上如小汤山、雷神山、火神山等，无不体现了中国的崛起，中国工程化能力不断提高，国家竞争力持续增强。

工程化过程中，资本投入、物质条件输入、知识集成运用、劳动力及技能保障、社会稳定、管理要素发挥积极作用等都是必不可少的条件，这本身就已经反映了工程的复杂性和广泛关联性。工程化能力的提升，需要从经济、生态、社会、历史等多方面考虑。

6.2.1 经济价值

经济价值是指任何事物对于人和社会在经济上的意义，经济学上所说的商品价值及其规律则是实现经济价值的必然形式。经济价值就是经济行为体从产品和服务中获得利益的衡量。而工程的经济价值是以工程产品的形式直接体现的。以建筑产品为例，其经济价值表现为流通和消费。流通包含出售和租赁两种形式，具有区域性、分解性、反复性等特点；消费具有长期性、普遍性和公共性，同时，产品的消费效益作为重点研究对象，对工程经济价值起决定性作用。消费效益是指在使用一定数量和质量的建筑产品期间，使用者实际接受到的功能与产品本身所具有的或者应该发挥的功能之间的比率。人们在进行消费时，能否取得最大的消费效益，与各种主观和客观因素密切相关[①]。

关于如何提高建筑产品的消费效益已成为一个全新的研究课题。诸如使用率高低，同类产品试用均衡性，现有产品是否与不同层次的消费需求相适应以及使用是否正确合理等多维度因素都应考虑在内。

6.2.2 生态价值

生态价值是指哲学上价值一般的特殊体现，是一种对生态环境客体满足其需要和发展过

① 田永洪．建筑工程经济理论意义和实用价值探析［J］．建材与装饰，2017（8）：122-123.

程中的经济判断、人类在处理与生态环境主客体关系上的伦理判断，以及自然生态系统作为独立于人类主体而独立存在的系统功能判断。

工程是将取自于自然界中的天然物质进行重新组合，建造生成新的供人类使用的人工物的过程，是为适应人类自身生存和历史进步发展的需要而创造出来的，能够为人类提供多样化需求的社会行为活动，因此具有较大的价值，可以理解为工程价值，同样具有较大的生态价值。在人的生态价值和自然资源的生态价值基础之上，也就形成了工程的生态价值。

（1）自然资源的生态价值

如果森林被肆意砍伐，那么森林就会失去原有的生态价值。如果土地被随意开发，建成工程和高楼，原生的土地就不再具有生态价值。自然资源的生态价值在很早以前就显著地体现出来了，地球生态系统的主要价值在人类出现以前早已各就其位。

（2）人的生态价值

在人与自然相互作用的关系当中，人类逐渐认识到人对自然资源的作用，人类对自然资源价值保留的核心在于减少自然资源的使用，合理利用自然环境。随着人类生态文明建设的发展，天然生态系统的价值快速增长。大自然是一个客观的价值承载者，人类只不过是利用和花费了自以为给予的价值而已，在此基础之上形成了工程（人造物）的生态价值。

（3）工程（人造物）的生态价值

自然界并不可能完全满足人类的需求，因此在人与自然界的相互关系当中，人类在不断利用自然、改造自然，创造了自然界不能自行产生的人工产物，随之形成了各种各样的人工自然——工程，它们与原生态的自然界一起形成了新的生态系统，对人类的生产生活发挥着积极作用，随着社会实践的推进和科技手段的不断增强，工程的生态价值越来越突显，越来越得到重视。马克思的“人也按照美的规律来构造”的哲学论断，揭示了造物的工程实践本质[①]。

6.2.3 社会价值

所谓社会价值，是指一种现象或行为能满足一定社会共同需要，是社会的意义所在。社会价值是一种普遍价值，是社会作为主体同客体之间发生的关系，是以整个社会利益和需要为尺度来衡量现象或行为的价值。一般地，社会价值可以近似地看作一个部门在平均生产条件下生产的、构成该部门产品绝大多数的某种商品的个别价值；而工程的社会价值则是指工程活动及其成果所具有的满足社会需要的功能。工程社会价值的体现包括可量化和不可量化两大类因素[②]，可量化的因素包括为未来准备技术、方法、管理系统[③]，不可量化的因素包括

---

① 岳晓娜. 红旗渠工程的生态价值研究［D］. 郑州：中原工学院，2019.

② 曹泽芳，刘笑，宁延. 工程价值特征分析［J］. 建筑经济，2018，39（11）：92-97.

③ 成虎. 工程全寿命期管理［M］. 北京：中国建筑工业出版社，2011.

个人发展和学习以及对周边群体的影响[1]、持续的影响力[2][3]。

工程社会价值因素中为未来准备技术、方法、管理系统是指在工程活动进行中使用或者创新技术、方法，并经过工程活动的参与，积累经验，创建管理体系，为未来工程活动创建更新的技术、方法以及管理系统。工程社会价值因素中的持续影响力、个人发展和学习以及对周边群体的影响是指工程活动过程中所产生的知识、经验以及其他内容对社会发展、人类个人及群体所产生的影响。建筑业庞大的从业队伍人数，足以说明其对社会运营的价值。

6.2.4 历史价值

历史价值是指文物作为一定历史时期人类社会活动的产物，能够展现人类历史的相关方面，对历史文献具有证明、纠正或补充的作用。工程具有历史文化的承载体的价值。

工程的灵魂来自于岁月淘洗和时间积淀的历史沉积。当年工程建设的“新事”变成了今天的“故事”，无论是古代的绍兴鉴湖、颐和园昆明湖、都江堰，还是现代的红旗渠、红军井，建设时都是因为生产生活的迫切需要，而现在却都已成为颇具价值的历史文物。历史传承的记史、吟咏、题记以及一些天马行空的神仙故事，都给工程涂抹上一层厚重浓艳、色彩斑斓的文化彩衣。当工程走过历史沧桑，文化沉积附着、浸入工程体内，成为工程的灵魂，和工程一道共同给后人以思想启迪和文化熏陶[4]。

工程的历史价值具有独立性，工程因为时代的更替渐渐被替代，但其历史价值却历久弥新、代代传承。例如，郑国渠到了汉代难以延续使用，便新开了白渠，白渠成为郑国渠第二代工程，沿袭到宋徽宗赵佶大观元年（公元1107年），历时1200余年；到宋代又兴建了丰利渠，成为郑国渠第三代工程；元西台御史王琚迁丰利渠渠口，史称王御史渠，成为郑国渠第四代工程；到明代宪宗成化元年（公元1465年），由于泾河河床下切，王御史渠不能使用，又兴建了郑国渠第五代工程广惠渠；到民国时期，我国著名水利专家李仪祉采用现代科学技术主持兴建泾惠渠，成为郑国渠第六代工程[5]。郑国渠历经2300多年兴衰变化，传承有序，历史价值深蕴在工程实体中。截至2022年6月，中国的世界灌溉工程遗产总数已达30项，其地区分布统计见图6-2。

---

① 成虎．工程全寿命期管理［M］．北京：中国建筑工业出版社，2011.

② Atkinson R. Project Management：Cost，Time and Quality，Two Best Guesses and A Phenomenon，Its Time to Accept Other Success Criteria［J］. International Journal of Project Management，1999（6）：337-342.

③ Knut Samset and Gro Holst Volden. Front-end Definition of Projects：Ten Paradoxes and Some Reflections Regarding Project Management and Project Governance［J］. International Journal of Project Management，2016，34（2）：297-313.

④ 王培君．古代水利工程价值及其当代启示［J］．华北水利水电学院学报（社科版），2012，28（4）：13-16.

⑤ 叶迂春，张骅．郑国渠的作用历史演变与现存文物［J］．文博，1990（3）：74-84.

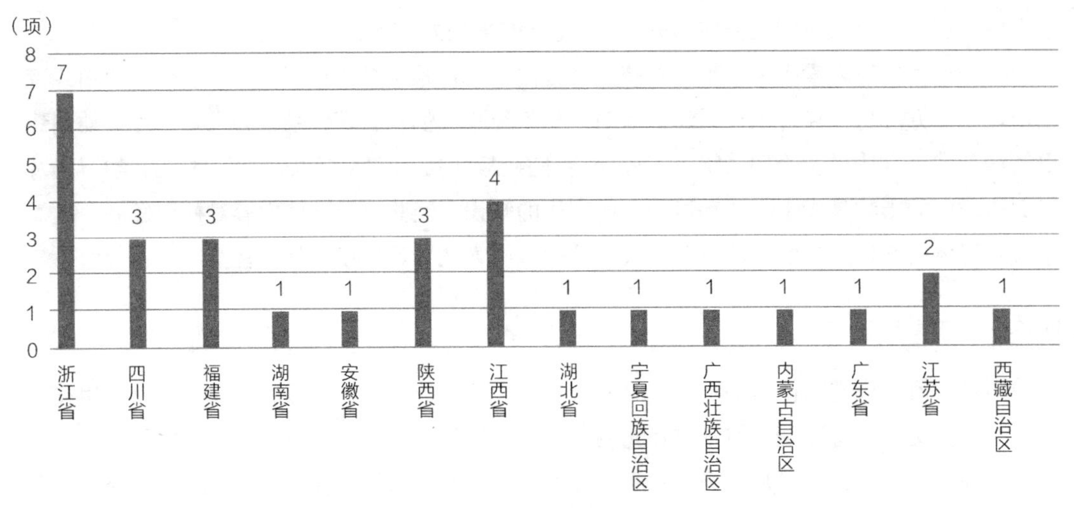

图6-2　世界灌溉工程遗产中国地区分布统计
（数据来源：浙江省水利水电学院刘学应教授团队）

6.3　工程价值的衡量

衡量价值是研究工程价值的重要内容。由于工程价值具有多维特征，不仅包括科学、技术、财务、经济、社会、文化、美学、科技、资源、环境、生态等不同维度，而且还呈现出正面和负面、有形和无形、直接和间接、局部和整体、显性和隐性、近期和远期、微观和宏观等不同样态[①]。衡量价值具有异常复杂的特征。

衡量工程价值应当遵循以下几个原则：

①虚实结合，抽象具象兼备。既要研究工程的社会价值体系，研究工程对人类、社会、历史的价值，又要研究工程内部的自我价值体系，将工程的内在价值和外在价值、目的性价值和工具性价值统筹起来。

②统筹兼顾，全面衡量。要站在工程全生命周期的长尺度、大空间上，统筹兼顾、全面衡量，以免局部优而整体次。

③定量定性结合。不能因为人类认知和趋利选择的局限性，仅仅从财务、经济，如造价和成本角度进行微观层面的价值定量计算，而忽略诸多尚且无法实现量化的衡量。

④价值衡量要在工程价值观的指引下，对价值冲突、价值排序和取舍进行妥善决策。对工程价值的衡量，都江堰和三峡工程是极具代表性的工程案例，以它们为例，分析其工程价值。

6.3.1　都江堰工程的工程价值追求分析

历史上，都江堰的曾用名有湔堋、都安堰、楗尾堰，到了宋朝，才出现都江堰的名字。

① 李开孟．工程价值论研究的必要性及关注要点［C］．第十次全国工程哲学学术会议，2021.

而之所以叫都江堰，是因为这个水利工程是一个系统，“都”有总结、统率的意思，所以叫都江堰。

都江堰由水生堰，由堰兴城。水将农业、聚落、城市、园林紧密联系在一起，构成了多姿多彩的都江堰历史工程景观。其中，农耕文明、宗教文明、商贸文明、市井生活在这里交相辉映，形成了生动的历史画卷。可从空间价值、时间价值、精神价值以及方法价值四个维度构建都江堰工程框架体系来概括其整体价值①。

（1）空间价值

都江堰在尊重自然的前提下创造出与自然和谐共处的景观，以道教的“施法自然，天人合一”为指引，做到乘势利导，因地制宜。都江堰渠首工程设计巧妙、布局合理，选址科学，水体利用别具匠心，穿城而过的4条主干渠起到航运、灌溉、缓解城市热岛效应等功能，支流杨柳河具有灌溉、防御、商贸、生活与游憩等多种功能；而在乡村，林盘依水而生，随田散居，与都江堰灌溉体系共同构成了川西典型的农耕环境，充分体现了人地关系的和谐互动，人类对自然智慧的认识、利用和改造。

（2）时间价值

都江堰是唯一一个建设至今仍能持续发挥作用的水利工程，岁月的更迭只为都江堰工程增添了神秘的色彩，其价值在历史的演进下仍旧发挥着核心动力。都江堰工程先后涉及防洪、航运、生产灌溉、军事防御、商贸、生活与游憩等功能，随着时代的发展，功能正在持续演进，这给都江堰带来了发展的生机和活力。

（3）精神价值

都江堰因水而生，水具有特殊的价值地位，其多元的文化脉络主要为宗教文化、农耕文化、战争文化、商贸文化、民俗文化等。这些文化与水交相呼应，形成了丰富多样的水景文化观。都江堰岁修封堰和开堰时不可缺少的祭祀水神李冰和道教二郎神的典礼活动，清明期间一年一度的都江堰开水节，放水以灌溉农田，承载着人们对农业丰收的精神寄托，祭祀典礼、节庆仪式、文化习俗都丰富了都江堰的水文化内涵。

（4）方法价值

研究指出，工程方法除了以探究方式取得之外，工程实践的积累也是重要途径。一方面来自于正向累计，另一方面来自于反向反馈——教训总结。工程演化至今，无数事实说明，工程价值在沉淀方法、创造知识、传播知识和经验方面得到了充分体现。都江堰工程也是如此，在规划、设计、施工、维修使用上，都有很好的工程方法价值。比如，在没有炸药的情况下，破岩采用加热浇水的方式，利用热胀冷缩原理胀裂岩石，在当时是具有极高的方法价值的。

都江堰工程已有2200年的历史，至今仍然发挥着良好的工程作用。其结构很好地满足功能，体现价值，可以说是工程（土木工程）领域较好地阐释功能、结构、价值的典范。都江堰工程的结构实体、功能与价值之间的关系如图6-3所示。

---

① 张敏，韩锋，李文. 都江堰水系历史景观价值分析及其整体性保护框架［J］. 中国园林，2018，34（4）：134-138.

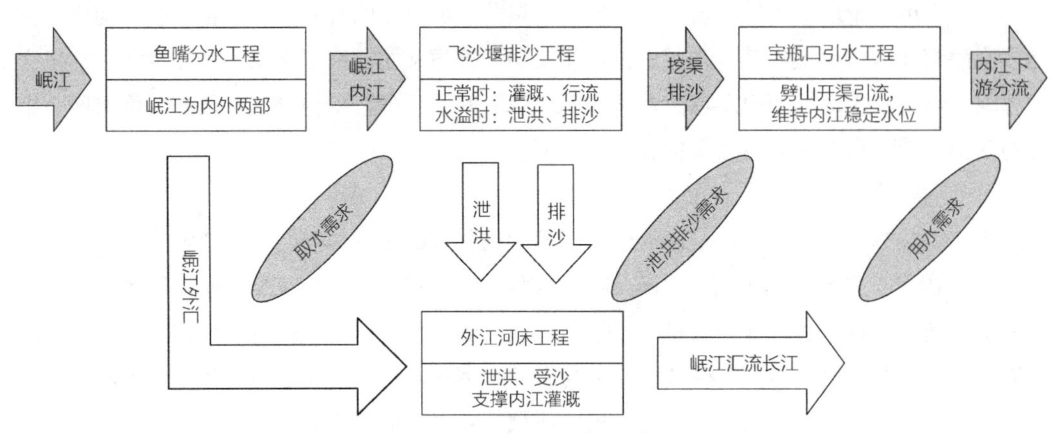

图6-3 都江堰工程的结构实体、功能与价值关系图

都江堰工程的价值，不仅仅在于其绵久使用的工程实体价值，还体现在其对运营条件变化的调节功能设计（随水位变化、泥沙积聚，确定了泄洪高程、排沙渠道）、简单易行的破岩工法等精妙思想上。

6.3.2 三峡工程功能与哲学价值思辨

三峡工程位于长江上游的末端，拦河大坝坐落在湖北省宜昌市上游约40km处，控制流域面积100万km^2，多年平均流量14300m^3 /s，年径流量45300亿m^3，约占长江入海总水量的1/2。三峡工程最大坝高175m，设计蓄水位175m，相应水库库容393亿m^3，防洪限制水位145m，防洪库容221.5亿m^3，有效库容165亿m^3。三峡工程的主要功能就是控制和调节水量在时间上的分配，集中该河段的能量，其获得的效益主要有①：

（1）防洪

长江中下游平原面积12.6万km^2，土地肥沃，人口密集，城市众多，是长江流域工业与农业产值最高，经济最发达的地区，也是洪灾最频繁、最严重的地区。该地区地势低洼，地面高程多在长江干流洪水位以下几米至十几米之间，全靠堤防保护，一旦破堤或分蓄洪水，将危及众多居民的生命和财产安全。因此，防洪减灾是兴建三峡工程的首要任务。

（2）发电

三峡水电站位于我国能源结构西电东送和北煤南运的交会处，便于向华中、华东输电，与华南、华北、山东、西北电网连接的距离也不远，三峡水电站装机1820万kW，年发电量847亿kW·h，为全国的电力联网创造了十分有利的条件，巨大的发电效益是三峡工程建设及运行资金的主要保障。

---

① 俞澄生．三峡工程和南水北调关系及三峡的灌溉效益［J］．人民长江，2008（5）：1–2，36，103.

（3）航运

三峡工程建成蓄水后，可使宜昌到重庆660余千米山陡谷深、水面狭窄、多急流险滩的河段变成水库区内宽阔的静水航道，长江宜昌下游也增加了枯水期流量、加大了航道水深，万吨级大型船队可由上海直达重庆，航运效益十分显著。

（4）灌溉

经三峡水库调蓄后，下泄的枯水流量增加了2000～3000m^3/s，这使得长江中下游两岸灌区及城镇的供水条件得到了改善，改善灌溉面积也是三峡工程综合效益的一项。从一般定义和实际情况分析，可以称从长江干流引水的灌区为三峡水库灌区。

借用清华大学崔京浩“伟大的土木工程”的定位，论述包括土木工程在内的工程的价值，以及用于确定工程的地位，使用“伟大”一词似乎也是合适的。就功用而言，土木工程是历史悠久、生命力强、投入巨大、对国民经济具有拉动作用，专业覆盖面和行业涉及面极广的一级学科和大型综合性产业[①]。就工程而言，因其包含更广，内容更丰富，价值就更伟大了。工程作为一种人类活动，古来有之。埃及金字塔和中国长城都是伟大的工程，但工程在人类历史中的地位从未像现在这般重要[②]。

---

① 崔京浩．简明土木工程系列专辑：伟大的土木工程［M］．北京：中国水利水电出版社，知识产权出版社，2006.

② 盛晓明，王华平．我们需要什么样的工程哲学［J］．浙江大学学报（人文社会科学版），2005（5）：25-33.

第 7 章
论工程特性

本章逻辑图

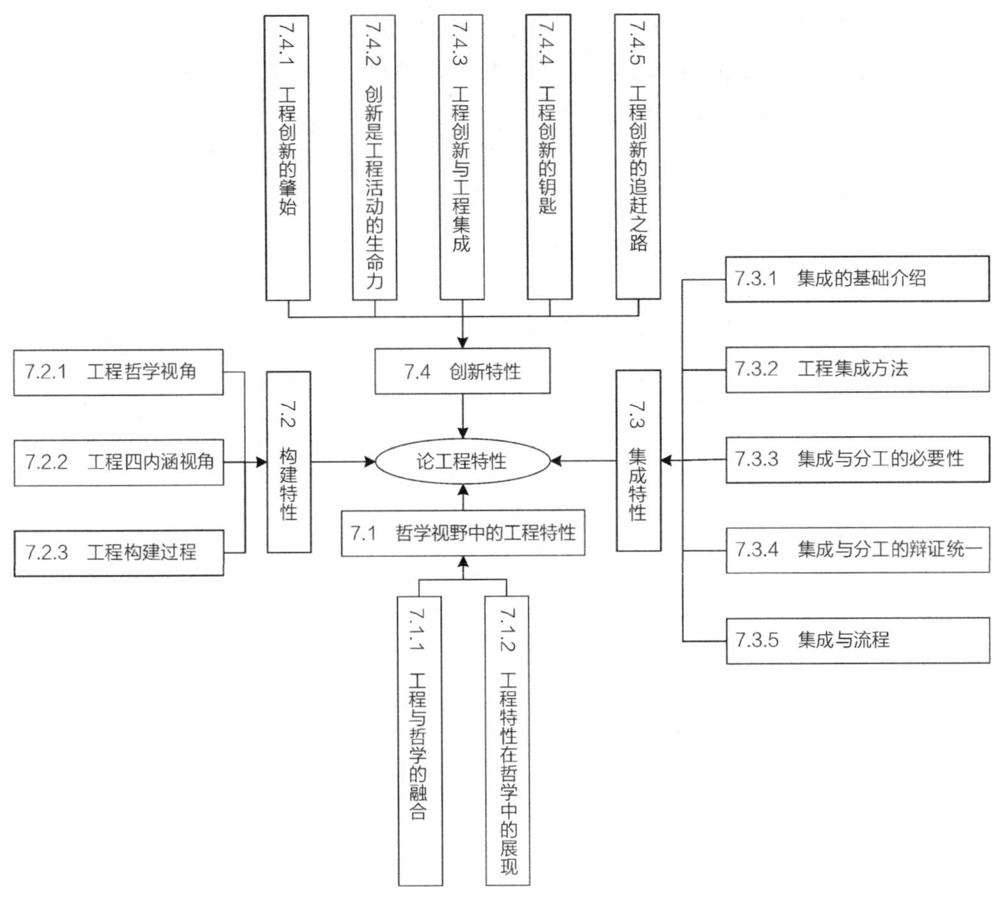

图 7-1 第 7 章逻辑图

7.1 哲学视野中的工程特性

7.1.1 工程与哲学的融合

工程哲学的创设、发展与成熟，并非均衡地来自于工程师的需要和哲学家的思考，实际上工程师和哲学家的对话，至今仍然不够顺畅。回溯工程与哲学的关系，实属必要。事实上，工程领域的人们已经体会到工程的设计与实践中充满了辩证法，工程中有许多哲学问题需要研究和思考。因此，尽管总体上说，工程和哲学之间存在着“隔膜”，但仍然有许多工程领域的人们对工程问题时刻进行着哲学反思。

物理学家温伯格（Weinberg）曾苛刻地评论说：“哲学家的洞见偶尔有利于物理学家，但是总的看，是以一种否定性方式发挥这种作用的——通过保护自己免受其他哲学家的成见的影响。”哲学家们的洞见也只是偶尔有利于工程师，并且以否定性的方式发挥作用。罗蒂（Rorty）的《哲学与自然之镜》则从哲学内部对哲学文化进行了颠覆性攻击。鲍格曼（Baughman）的立场是：简单地攻击哲学家所做的事情，是错误和危险的，他们应该做而没有做的事情，才是令人难安的。在他看来，哲学家们作为团体或专业人员，几乎没有做任何事情以阐明当代人类的生存状况，因而成为公共话语场的边缘人。然而在当代文明进程中，又确实存在着亟待哲学家深入探讨的对象，那就是由现代技术塑造出来的物质文化。鲍格曼对现代哲学的批评和李伯聪对西方哲学中的造物主题以及作为造物主体的人的缺失的评价，可说是异曲同工。

这些并不妨碍人们从哲学视野中探讨工程的特性。从工程活动的基本构成和基本过程来看，工程和工程活动具有系统性、建构性、创造性、集成性、科学性、社会性、复杂性和风险性等基本特征①。殷瑞钰、李伯聪等指出的“构建、集成、创新”特性，是工程最核心的特征。

7.1.2 工程特性在哲学中的展现

从工程的本质特性来看，工程是指运用特定的相关的工程科学、工程技术和管理原理，优化、集成、整合生产要素和资源，遵循必要的程序、设计文件、规范、规程和标准，在一定的约束条件下对自然进行改造所实施的建设（包括决策、设计、建造、评价）活动和过程，其最终成果是一个具备预定功能的工程实体。工程活动主要有集成性、复杂性、系统性、动态性、群体性和合约性等特征。就工程要素而言，工程是集价值、目标、人力资源、科学、物资、技术、设备、土地、信息、管理、时空、资金、方法等多要素于一体的种类繁多的异质性工程。

工程意味着人类对自然有目的地利用和改造，这种主观能动性是通过人的群体性实践活动表现出来的，这一点与科学和技术不同。科学和技术有时是以人的个体性实践活动表现出

---

① 殷瑞钰，汪应洛，李伯聪. 工程哲学（第二版）[M]. 北京：高等教育出版社，2013.

来的，有时却是以人的群体性实践活动表现出来的。而工程只能采用群体性活动方式即“工程大会战方式”。工程是人与自然、人与社会之间进行物质、能量和信息交换的载体。其核心是将二维图纸变成三维立体、方案变为实体或存在物的建造活动。通过实践创造对象世界和改造无机界，人证明自己是有意识的类存在物。在工程实践中，人在改造客观世界的同时，也在改造自己的主观世界，工程反映了人的主观能动性与客观规律性的统一。工程的核心特征是构建、集成和创新。

7.2 构建特性

7.2.1 工程哲学视角

从工程哲学的视角来看，工程活动的核心是构建出一个新的存在物，是将一个“不在”变成“将在”，也即未来的存在。工程活动中所采用（集成）的各种技术始终围绕着一个新的存在物展开，所以构建新的存在物是工程活动的基本标志①。

从哲学视角看：

①思辨哲学观点：人的思维证明了人的存在；

②实践哲学观点：人的实践确证了人的存在；

③工程哲学观点：造物活动的过程与结果，是人的思维力量的实在化、人的内在本质的外在化，从最直观的意义上揭示了人的本质与价值。

所以，与其说“我思故我在”，不如说“我造物故我在”。

因此，构建的重点不是必要性、重要性，而是如何从无到有地构想及建造，输入各种要素，进入耦合机制，输出合格的设计和建造物。

7.2.2 工程四内涵视角

工程有集成、构建、创新等特征，其目的是满足人类的价值需求。实践活动、生产过程、造物结果、综合影响是组成工程内涵不可分割的四大部分。实践活动是实现改造活动的全生命周期内的时空特性、流程；实践结果是技术人工物、造物的成果；生产过程则是输入资源（原材料、能源、机械仪器设备、人工、知识、资金等）和输出结果的活动总和，包括计划、组织、协调、领导、控制等组织职能，还包括从散体材料逐步集合的材料形态、受力形式的变化过程，当然还包括价值（资产）的增减、功能的实现及转移。实践活动中的一切生产过程和造物结果对自然、人类、社会以及其他工程（指造物结果，即工程产品）产生了可逆或不可逆的影响，均是工程的本质内涵构成部分。

全面认识工程，深刻理解工程的“集成、构建、创新”特点，必须包含“实践活动、生

---

① 殷瑞钰，汪应洛，李伯聪．工程哲学（第二版）[M]．北京：高等教育出版社，2013.

产过程、造物结果、综合影响”四个方面，否则容易顾此失彼，囿于偏颇。现代工程存在的种种失败和负面影响，应有鉴于此而做改进。工程构成的逻辑，如图7-2所示。

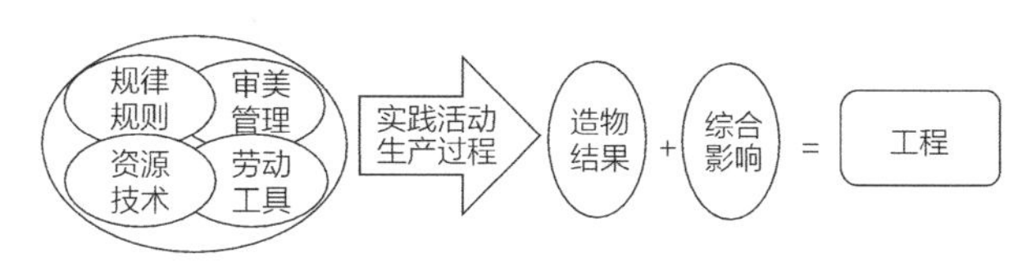

图 7-2 工程构成逻辑图

构建工程的全部内容包括：输入来自自然界、人类和社会的规律、规则，资源、技术，管理、审美，劳动、工具；输出造物结果，以及输入、转化和输出整个过程。这是工程的重要部分，另外重要的内容还应包括该过程与结果对自然界、人属、人类和已存在的工程的影响，可用下式进行表达：

$$工程=\sum f（实践活动+生产过程+造物结果+综合影响）$$

关于工程内涵的论述已在本书第4章详细展开，本节不再赘述。

7.2.3 工程构建过程

工程通过具体的决策、规划、设计、建设和制造等实施过程来完成，任何一个工程过程首先突出地表现为一个构建过程。同时，工程又是一个对以往的同类工程不断改造、创新和完善，形成一个又一个新结构和新事物的过程。一般大型工程项目的构建性更加突出，这种构建性体现在功能定位不同、场所场景不同、地质构造及水文地质条件不同、建设技术条件存在差异等，尤其是在结构物的形态、建设期的气候、原材料的供应不同等方面，故而构想、策划与建造、制造也必然相差甚远。例如，建设三峡大坝和港珠澳大桥、建造航天飞机等，就是在构建一个原本不存在的新事物、新存在。构建不仅仅体现在物质性结构的构建，大型工程的综合性使得它的构建过程也包括诸如工程理念、设计方法、管理制度、组织规则等方面，是一种综合的构建过程。构建过程中包括丰富的内容：对原始状态的探明（勘察、规律性的知晓、原理验证），设计（规划、概念设计、初步设计、施工设计），预制/修建/建造/装配等流程策划、试运行/运维场景的预设、拆解重复利用的预限与设想。

构建过程既是主观概念构建，又是物质构建即工程建设的过程。主观概念构建过程表现为工程理念的定位、工程整体的概念设计、工程蓝图的规划安排等主观构建过程；物质构建过程表现为各种物质资源配置、加工，能量形式转化，信息传输变换等实践过程[①]。

工程构建，是一个耦合的过程。理念与设计，自然条件与集成要求，技术与功能，成本与财力，人员职业素养与工艺标准，工程管理水平与工程复杂度、难度等充满着稀缺性、冲突性、约束性，构建体现了主体、要素等的多重多元耦合，才能够在多种约束条件下，实现

① 殷瑞钰，汪应洛，李伯聪．工程哲学（第二版）[M]．北京：高等教育出版社，2013.

物质性建造的目标。其背后的耦合机制，仍然是尚未研究透彻的领域。对于工程构建来说，由于场景的需要和人的因素的作用，同时工程对象所处环境是变化的、动态的，相比之下，承担发现的科学活动和担任发明的技术探索活动，工程具有特殊的复杂性和难度。不仅工程的产生需要一个过程，工程还是一个有时间限制也即“使用寿命”的过程。

7.3 集成特性

从工程根本来讲，可以理解为是利用各种资源与相关的基本经济要素构建一个新的人工存在物的集成建造过程、集成建造方式和集成建造模式的总和[①]。应该指出，只是诸多技术模块一般性地拼凑、捆扎在一起，不能称之为集成。只有当诸多技术模块经过选择—搭配—整合、互动—协同—优化等机制，使诸多技术模块互相之间以最合理的结构形式结合在一起，形成一个由适宜的技术模块组成的、互相优势互补的、匹配协同的有机体，这样的过程才能称之为集成[②]。

7.3.1 集成的基础介绍

集成通过集成管理实现，其属性的无穷性给可分性、集成性创造了条件，集成的实现是内在联系性的体现。集成管理是集成主体以集成思想为指导，将集成的基本原理和方法运用到管理实践中，从集成新视角分析人类有组织、有目的的社会活动，将人类认识与实践活动的各种资源要素纳入管理的范围，拓展管理的视野和范围，并将组织内外的各种要素按照一定的集成模式进行整合，综合运用各种不同的方法、手段、工具，促使各集成要素功能匹配、优势互补、流程重组，从而产生新的系统并使得系统整体功能倍增的过程。下面介绍一组集成相关的概念。

（1）集成定义

①同类著作汇集在一起（多用作书名）。（来源：现代汉语词典）

②Integrate，意指把多种东西融合在一起。（来源：百度百科）

③Integration，以系统思想为指导，将一些孤立的事物或元素通过某种方式改变原有的分散状态，并将其集中在一起且产生联系，从而构成一个有机整体的过程。（来源：百度百科）

（2）集成单元

①定义：构成集成体或集成关系的基本单位（即集成要素），是形成集成整体的基本物质条件。

②质参量：决定集成单元内在性质及其变化的因素。

---

① 殷瑞钰，汪应洛，李伯聪．工程哲学（第二版）[M]．北京：高等教育出版社，2013.

② 殷瑞钰，李伯聪，汪应洛，等．工程演化论[M]．北京：高等教育出版社，2011.

③象参量：反映集成单元外部特征的因素。

（3）集成界面

①定义：集成单元之间的接触方式和机制的总和，或者说是集成单元之间，集成体与环境之间物质、信息与能量传导的媒介、通道或载体，集成界面是集成关系形成和发展的基础。

②分类：无形界面、有形界面、单一界面、多重界面、内在界面、外在界面、单介质界面、多介质界面、无介质界面和有介质界面等。

（4）集成模式

①定义：集成单元之间相互联系的方式，既反映集成单元之间的物质、信息交流关系，也反映集成单元之间的能量互换关系。

②集成的行为方式：互惠型，集成单元为更好地实现自身功能，以某种物质为介质，以供给与需求方式或其他方式建立的集成关系；互补型，集成单元之间以功能或优劣势互补为基础形成的集成关系；聚合重组型，集成单元为改善各自的功能，经过聚合重组而成的、相互交融、浑然一体的集成关系。

③集成的组织方式：单元集成，处于同一层次的集成单元，在一定的时空范围内，为实现特定功能而集合成的集成组织；过程集成，集成单元按照某一有序过程集合而成的集成组织；系统集成，各种同类、异类集成单元在相同层次或不同层次上，集合而成的整体系统组织。

（5）集成条件

①联系条件：集成单元之间必须存在物质、信息和能量联系。

②界面条件：界面是集成整体形成、集成功能发挥作用的实现条件。

③选择条件：任一单个集成单元都有选择其他集成单元或被其他集成单元选择的可能，但集成单元的选择不是随机的，而是有理可循的。

土木工程的物态集成是从散体材料的砂、石、水泥、掺加料（如粉煤灰）、水、外加剂开始，形成墩、台、梁、板、柱、墙等构件，再通过一定的组构方式构成结构或者空间，围合及安装机电设备，并进行附属设施的拼接、装饰，具备防水、防雷、防火、防护、供电、供水、美观等功能。其形成工程的过程中，也是知识、技艺的集成，资金和劳动的集成，也是不同主体间协作、利益博弈等关系的集成。该过程中有物理变化还有化学变化。

7.3.2 工程集成方法

工程集成，是以预见的工程物为目的，进行的理念、设计、材料、设备、方法、技艺、人员、知识等综合的融合、转化活动，其集成也相应地发生在这些方面。工程集成是多元的、不均衡的、复杂的，正如工程追求目标的“和简好”体系所阐述的那样，可以将其归纳为集约化的功能集成、简化的过程集成和简单化的结构集成三大类。常见的工程集成方法如图7–3所示。

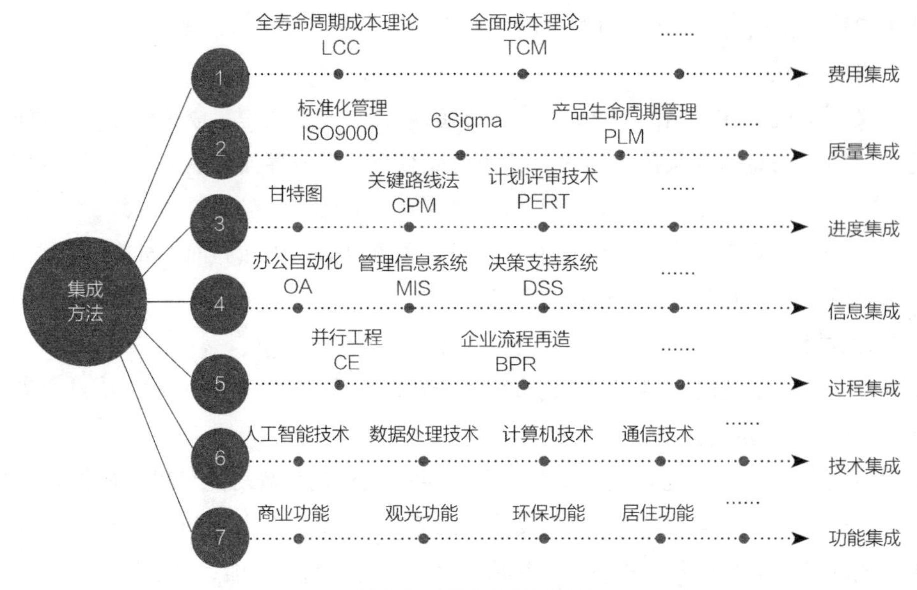

图 7-3　常见的工程集成方法

7.3.3　集成与分工的必要性

分工指工程的分担、隔离，对分工的理解，不应仅仅限于劳动分工，还包括工艺分工、权责分工等。在工程实施过程中，对工程集合与管理分工，必须要有清醒认识。

早在18世纪，亚当·斯密（Adam Smith）便在《国富论》中提出了分工，演变至今，为什么又需要提出相反的"集成"概念呢？在人类的利益观——追求无穷的更快更高更强、技术的不断进步、人类好奇心等驱使下，"集成"这一理念必然应运而生。

而分工与集成属于二律背反，它们之间存在着辩证关系。分工是集成的前提，集成是分工的必然要求。集成与分工是一对差异协同的统一体。集成与分工的虚拟化，是现代经济社会的主要特征之一[①]。

（1）分工的演变

从亚当·斯密（Adam Smith）提出分工理论到古典管理学理论，以及其后整个工业社会的管理实践，强调的都是以分工为核心的管理哲学理念。泰勒（Taylor）的"职能分工"理念，亨利·福特（Henry Ford）提出的"工艺分工"思想，阿尔弗雷德·斯隆（Alfred P. Sloan）对"权力分工"进行的尝试，以及所建立的"分权的事业部制"的管理体系，分工理论成为构建企业系统和管理理论的基石，成为一个时代人思维与行为方法论的重要基础。可以这样说，强调分工是传统管理模式的基本特征之一，是传统管理所遵循的主要原则之一。分工是典型的解剖、分析的思维体现，科学与技术发展史，几乎就是遵循这个原则发展的，带来繁荣的同时，导致的种种怪现象也层出不穷。

① 吴秋明，李必强. 集成与分工的系统辩证关系［J］. 系统辩证学学报，2004（3）：68-72.

（2）集成与分工的认知误区

分工与集成，有时也可理解为我们常说的“分”与“合”。分工与集成是问题的两个方面，应该以整体的观点、系统的观念看待它们。强调分工而忽视集成，或者强调集成而忽视分工，这往往是人类思维惯性所致，对此，人们必须有清楚的认识。

工业化加速了分工，从专业设置、学科知识体系明显可见。集成化则相对于系统工程理论，理论方法本身发展并不快捷，技术手段上虽有集成系统的软件出现，实质上效果也不够好。原则上，有多么细的分工，就应当有多么大的集成。

如今，在强调集成的情况下，许多人认为集成越大越好，甚至认为集成的结果永远是正的，这是一个认识的误区。分工与集成属于二律背反，它们之间既相互区别，又相互联系，共同存在于管理的各个过程，推动着管理目标的实现。

工程特性中的集成，和此处讨论的与分工对应的集成并非等同内涵，其是完全的必然的过程，无法逾越。

7.3.4 集成与分工的辩证统一

分工产生专业化和职业化，是更好地拆解复杂性、提高工作效率的需要。而工程产品的整体性能要求严丝合缝的协同，对功能的整体和系统，提出了充分协同的要求，也就是集成的要求。两者存在辩证关系。

（1）辩证关系一：分工是集成的前提，集成是分工的必然要求

分工是将整体分解为部分，而集成是将部分集合为整体，它们彼此联系、相互依存。一方面，分工是集成的基础，没有分工，就无所谓集成。另一方面，集成又是分工的必然要求。在现代社会有机系统中，分工不是目的，而是手段。合理的集成，是对分工进行合理的重新整合，使要素间达到优势互补、整体优化的集成效应。因此，追求整体最优，既是分工的目的，也是它的必然要求。集成的重要目的之一，是在保证发挥分工优越性的同时，弥补由于分工带来的功能缺失，实现分工的目的，提高整体效率。

（2）辩证关系二：集成与分工是一对差异协同的统一体

大量的实践和理论都表明，分工具有效率上的优越性，但这并不意味着分工就一定能带来效率优先。任何一项社会活动，都存在着辩证关系，分工也不例外。与此同时，也要注意到劳动分工存在着分工过度和失效的现象。分工引起的集成矛盾，在管理上被认为是协调的必要性，已越来越引起人们的关注。在企业中，分工过细造成的知识分割和劳动简单化，使工人成为机器的奴隶，压抑了一线工人的积极性与创造精神，使企业缺乏灵活的应变机制；同时，随着分工的细化，工人与工人之间、岗位与岗位之间、部门与部门之间协调的矛盾越来越突出，协调成本越来越大，甚至超过了分工所带来的效益。事实表明，在企业内外环境复杂多变、市场竞争激烈、科技发展迅速的信息时代，复杂的协调机制和庞大的协调机构已成为企业提高竞争力的障碍。从这个意义上说，集成是为了弥补深度分工所带来的效益缺失。在企业组织中，分工与集成往往是共存的，人们在强调分工时不能否定集成，在强调集成时也不能否定“分工”。如何平衡二者的关系，如何评价分工或集成的有效性，是管理者

需要研究的重要问题之一。

（3）辩证关系三：集成与分工的虚拟化是现代经济社会的主要特征之一

虚拟一词，源于计算机科学中的一种常用术语，其原意主要是指通过对外围设备等资源的灵活调用，来弥补主设备功能上的不足。这一概念后来被引用到企业组织中，其是指突破企业有形界限，扩大企业资源的优化配置范围，借用外力，加速自身发展的一种理念和模式，例如虚拟企业、虚拟团队、虚拟生产、虚拟经营等。现代经济社会已经突破了传统的劳动分工平台，劳动分工的范围已不仅仅局限在一个组织内部，而是站在整个社会的高度，充分利用社会大分工的市场机制，通过各种契约、联盟，进行充分的资源整合，促使整个社会的各种资源得到充分、有效的利用。这种现象，人们称之为集成与分工的虚拟化。例如：当我们接到一项任务时，传统的做法是将任务进行分解，然后在组织内部进行分工。这种做法可能会遇到两个问题：一是内部没有足够的资源去圆满完成这项任务；二是依靠内部资源完成任务的效率不是最高。为解决这些问题，就必须进行虚拟分工和虚拟集成，借用内部和外部的力量，充分整合各种资源，提高效率和效益。

（4）辩证关系四：集成存在着三种可能，即绩优集成、平庸集成和ST集成，分工或集成之间存在着效率边界

行政系统条块分割过细所造成的效率缺失，是分工过度的表现；信息管理对信息细度过分追求，失去信息的密集程度，也是过度分工的典型。实践证明，分工过度或集成过度，都不利于组织效率的提高。

因此，在分工与集成之间，必然存在着某种效率边界，它是分工和集成的分水岭。由于分工与集成边界划定的本质是确定集成的规模，即我们可以通过对集成有效性的价值判断，来确定生产要素分工和集成的均衡程度。这样，问题的讨论可以转化为对集成和集成管理价值的有效性和可行性的判断，即确定集成的效率边界。

正如在构建系统时，虽然希望通过结构、关系的优化，达到1＋1>2的功能或效益倍增的效果，但并非事事如愿。实际情况是：强强相并，强弱相并，弱弱相并，即并非都能按照人们所预先设定的理想轨迹发展，达到功能倍增或新功能涌现的结果。大量的事实表明，1+1>2的功能或效益的倍增以及新功能的涌现，并非是集成的唯一结果，集成存在三种可能：

其一：1＋1＞2，即功能或效益的非线性增长，称之为绩优集成；

其二：1＋1＝2，即功能或效益的简单加和，称之为平庸集成；

其三：1＋1＜2，即功能或效益耗损，称之为ST集成。

显然，绩优集成存在的可能性，是研究集成、探索集成规律、建立集成管理理论、完善集成实践心理躁动的根本原因，也是研究集成与集成管理的动机所在。

7.3.5 集成与流程

集成思想可以通过流程体系的缩放（展开与搜索）实现，流程是集成的方法与路径。流程要素的高度集成性，解决了企业（组织）要素之间不匹配的问题，符合当今企业（组织）

规模化、集约化管理的方向。

（1）BPR与集成

业务流程重组理论，是由美国著名企业管理大师迈克尔·哈默（Michael Hammer）于1990年提出的，在其著作《再造公司：企业革命的宣言》中，他定义业务流程再造（BPR）为：对业务流程进行根本性的再思考和彻底性的再设计，利用先进的制造技术、信息技术以及现代的管理手段，最大限度地实现技术上的功能集成和管理上的职能集成，以打破传统的职能型组织结构，建立全新的过程型组织结构，以便在成本、质量、服务和速度等衡量企业绩效的重要指标上取得显著性的进展。

（2）流程是任务的有序组合[①]

流程是起点与终点的连接，是日常事务累积成果的集成。目标与工作、任务之间的关系如图7–4所示。

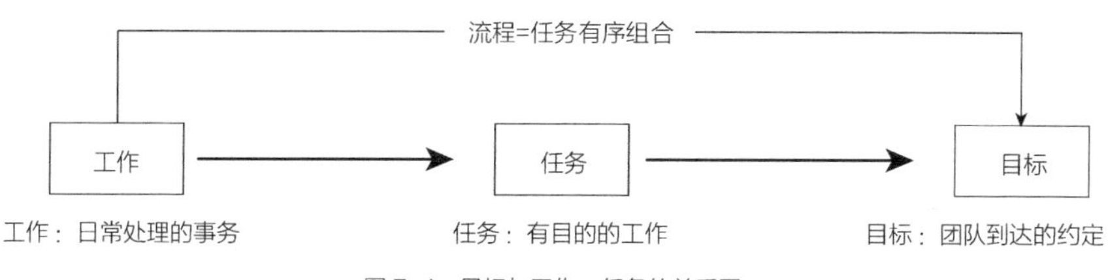

图7–4　目标与工作、任务的关系图

（3）流程管理全集成

充分利用新的流程管理技术和语言，例如BPMS（流程管理系统）、BPML（流程建模语言）、BPEL（流程执行语言）、Workflow（工作流）、Web服务、云计算等，实现以流程为基础，通过一个统一的门户，将流程、指标、目标、任务、知识等管理要素和信息，按照岗位全部集成在一起，大幅度提升系统的效果和工作效率。

（4）流程表达与集成

流程表达，由于其综合程度较高，需要采用集成度高且灵活的IT手段，才能更好地发挥其效果，因此，其更适用于重点大型复杂项目，这也将影响到其普及性。

7.4　创新特性

7.4.1　工程创新的肇始

（1）工程创新与工程问题的关系

工程创新的概念脱胎于技术创新。所谓工程创新是通过问题界定、解决方案的提出和筛

---

① 卢锡雷. 流程牵引目标实现的理论与方法［M］. 上海：同济大学出版社，2014.

选、工程试验和评估、实施和运行等环节，试图使知识和社会力量物质化，从而对周围世界进行重新安排的过程[①]。工程创新肇始于工程问题，而所谓工程问题，就是人类面临的需要用工程手段加以解决的问题。

（2）工程问题[①]

工程问题通常有六个来源：①现有工程的功能失常引发的工程问题，例如核事故促使人们创制更为安全高效的堆型和相应的核电站；②对现有工程进行的拓展和提升引发的工程问题，例如铁路提速工程所引发的一系列问题；③工程系统内部的不匹配引发的工程问题，例如爱迪生对电照明系统内部各个部件的研究开发；④工程系统之间的竞争引发的工程问题，例如隐形飞机的出现刺激敌方研发新体制雷达；⑤科学发现展示的新的发展可能性引发的工程问题，例如核聚变现象的发现带来核聚变装置的探究；⑥新的社会需求直接引发的工程问题，例如为了防洪和发电，进行三峡大坝工程建设的论证。

所有这些，可以归结为工程系统内部诸要素之间的不匹配、工程系统之间的冲突以及工程系统与社会环境之间不协调三种工程问题。

7.4.2 创新是工程活动的生命力

创新的重点是在约束条件下，以不同路径实现工程管理目标。科学发现规律，技术发明方法，其对象的客观存在性和活动的目的，并非能够创新。准确的表达是研究方法和工艺方法的创新，这将导致能够更快更好地发现科学成果、发明技术方法。

对于构想和建造未存之物的工程活动，创新是其内蕴、内化的，是工程活动特有的性质。尽管既有工程实例具有可参考性，既有标准规范可资参照，但是，从无到有的过程，人员、场景的不可复制性，决定了创新是工程活动的内在动力，也是活力源泉。面对新的造物环境和约束资源，以及面对新问题、解决新问题的途径，是要求工程进行创新的根源。

7.4.3 工程创新与工程集成

集成本身就是创新的一种重要形式。真正优秀的工程能够对诸多创新、先进的技术要素以及资源、资本、土地劳动力、市场、环境等相关要素进行合理的选择，能够有序、有效地进行动态集成，并通过合理的工程结构模式，凸显其功能与价值。工程是将各种科学知识、技术知识转化为工程知识，并形成现实生产力，从而创造社会、经济、文化效益的活动过程。从这个过程的思维特点来看，它是系统集成性和创造性的高度统一，集中表现为集成创新的特点。任何一个工程过程都集成了各种复杂的异质要素来完成工程建构。这种集成建构的过程就是工程创造、创新的过程。

事实上，由于不同工程的边界条件不同，每个工程都是独一无二的，几乎没有完全相同的工程。工程不仅仅是制造，工程更应是创造。一个新工程的诞生，就是一个新创造物的诞生。尤其对重大工程而言，每一项重大工程都是创造的产物，其创造性往往体现在工程理

---

① 王大洲．试论工程创新的一般性质［J］．科学中国人，2006，12（5）：31-34.

念、工程设计、工程实施、工程运行和工程管理等工程活动的全过程中，其显著特征则在于它的创造性。由于工程活动是通过各种要素的有机组合创造新的存在物，因此，工程创新特别是集成创新的特点表现在建构出特定边界条件下的新的社会存在物，带来新的经济社会效果①。

7.4.4 工程创新的钥匙

赫尔姆霍兹（Helmholtz）、彭加勒（Poincaré）、阿达玛（Hadamard）等著名科学家根据他们的科学研究经验，总结出科学研究的思维过程如下：准备阶段→酝酿阶段→顿悟阶段→证明阶段。

这四个阶段实际上是思维创新过程中必经的四个步骤：准备阶段是在调查研究的基础上提出问题，然后根据已有的理论寻求问题的解决，该阶段主要是用收敛思维的方式。酝酿阶段是在已有的理论不能解决问题时，从各个角度提出新思想、新观点，并进行多方面的探索，该阶段主要是用发散思维的方式。顿悟阶段是在长期艰苦探索、不断冥思苦想中，突然涌现出意想不到的答案，这就是提出假说或猜想。验证阶段是通过实验对假说进行检验，为此就必须采取两个步骤：①对假说进行严格的表述和逻辑推演；②设计实验，通过实验检验由假说推演出的结论是否与实验事实相符合。从辩证唯物论的观点来看，这是从实践到理论的认识过程，是认识论过程的第一个飞跃。

工程思维是工程创新的关键。工程活动的创新，是建立一种新的工程方法，创造一个新的存在物。现代工程的思维过程如下：基础研究→应用基础研究→应用研究→技术研究→可行性研究→设计→模型—试验→计划→生产→产品或服务研究→发展→生产。由此可见，工程思维与科学思维的区别见表7–1。

工程思维与科学思维的区别　　表7–1

项目	科学思维	工程思维
目标	真理	价值
对象	普遍	特殊
时空	超越具体时空	当时当地
性质	逻辑性	逻辑性、艺术性

工程创新的内容包括观念、规划、设计、技术、管理、制度、运行、维护、退出机制等。所以工程创新是认识过程的又一次飞跃，这次飞跃，比起第一次飞跃来说，意义更加巨大。因为只有这一次飞跃，才能证明认识的第一次飞跃，即检验从客观外界的反映过程中得到的思想、理论、政策、计划、办法等，究竟是正确的还是错误的，此外再无别的检

① 殷瑞钰，汪应洛，李伯聪．工程哲学（第二版）[M]．北京：高等教育出版社，2013.

验真理的办法[①]。

7.4.5 工程创新的追赶之路

中国近、当代工程的发展，是以“实业救国”方式推进的。中国工程师在有意无意地认清了差距之后，走出了一条中国特有的技术追赶实践境遇作用下的自主创新的道路[②]。科技启蒙者徐寿（1818～1884年），不仅引介思想、翻译著作，还直接从事造船和枪炮发明活动；“近代工程之父”詹天佑（1861～1919年），引领工程创新思想；强调选题的实用性和学术服务应用的代表人物是丁文江（1887～1936年）；制革先驱侯德榜（1890～1974年）成为我国化学工程的奠基人之一；钱塘江大桥的设计建造者茅以升（1896～1989年）强调“工程为应用科学，其应用必须切合当地当时之需要”；新中国成立之后，我国的“两弹一星”，以及在钱学森（1911～2009年）等大批功勋国士的艰苦努力下，造出的国之重器，为国家安宁打下基础。王选（IT工程）、袁隆平（农业工程）等在工程领域的创新中，做出了杰出贡献。在我们看来，掌握更多的科学知识，研发更多的技术方法，都需要落到建器造物的物质层面，将精神力量、智慧知识转化为飞得快、打得准、载得重、钻得深、高硬度、高集成、多性能的工程产品，并以此为凭依，为人类和平造福，为可持续发展提供保障。我国国力的增强，是以工程能力的增强、构建能力的增强为具体体现的。飞驰的高铁、领先的5G、先进的北斗、纵横交错的交通网络、大学科装置等成系列、多领域、多种类的工程产品，已经展现了我国崭新的面貌。当然，工程的持续进步，需要以科学、技术为基础的基础研究，需要先进的管理工程，其间的相互关系，在此不再赘述。

---

① 黄顺基.《工程哲学》的开拓与创新——评殷瑞钰、汪应洛、李伯聪等著的《工程哲学》[J]. 自然辩证法研究，2007（12）：106-109.

② 赵志成，夏保华. 中国工程学的技术哲学思想史初探：基于工程技术科学家的自主创新思想研究［J］. 自然辩证法研究. 2013，29（9）：107-112.

第 8 章
论工程属性

本章逻辑图

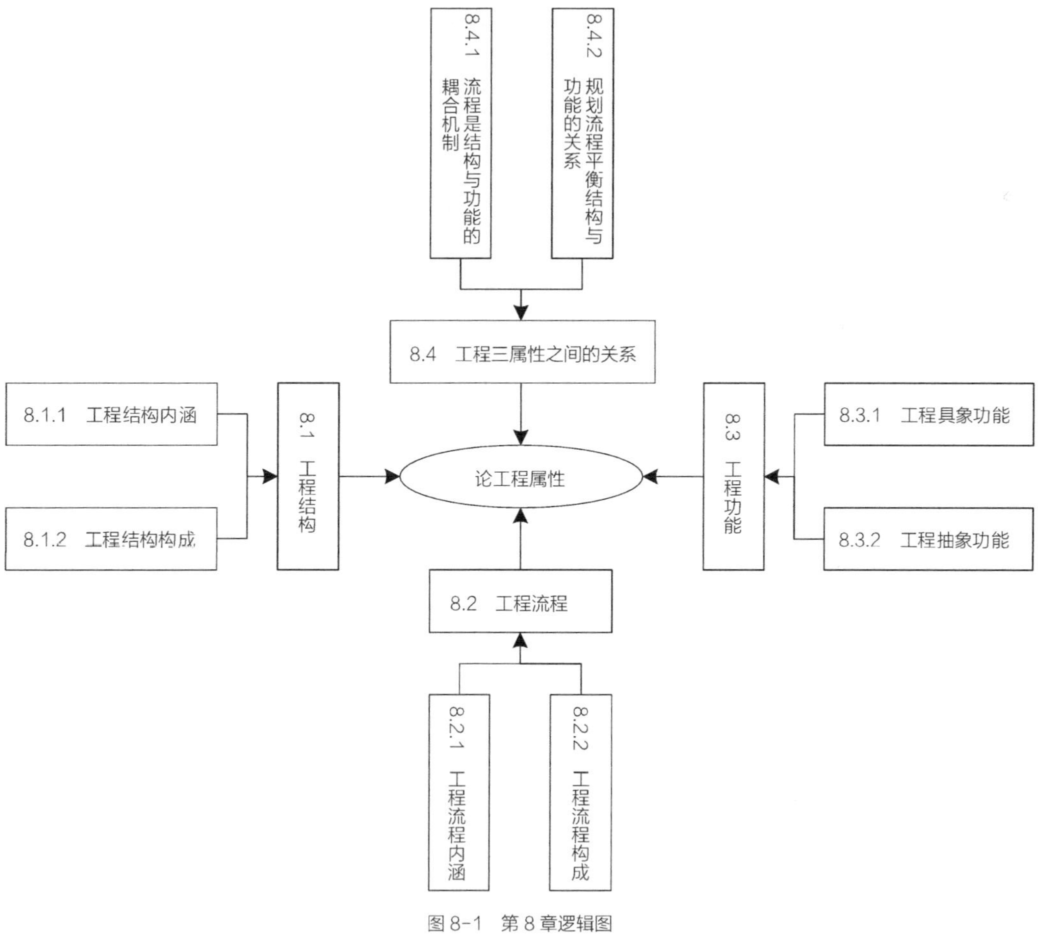

图 8-1 第 8 章逻辑图

工程本体包括工程结构、过程（流程）、功能及价值，工程的价值属性已在前文进行了介绍，本章将对工程结构、过程、功能进行讨论。

泛义地理解结构与功能，是非常普遍的，如人体“心肝脾肺肾”，细胞、组织、器官、系统构成了人体，这是一个高度复杂的结构体系，构成人类的循环、解毒、输送、呼吸、过滤以及其他种种功能系统。植物也是如此，这是有机世界的结构功能。无机世界同样有各种不同的结构，显示出不同的功能，比如碳分子的不同结构，导致其强度差异巨大。

人文社会学科意义上的管理学、组织学，结构与功能内涵有所不同。以建筑工程企业为例，建筑产品结构（分部分项，检验批构件，工序操作）、组织结构、人资结构、资金结构、成本结构、业务结构等，是实现企业创利、成长、达标、完成使命等功能的重要因素。要注意，这是人为制造出来的结构与功能，跟上述无机世界（矿物）和有机世界（动植物）的功能是不同的。本章讨论的是人造的工程物和“软件”的结构与功能。

结构与功能，这一对哲学上的范畴具有广泛意义。但有一个非常奇怪的事情是：结构与功能的关系，不是那么容易理得清楚的，为此还构成了“难问题”[①]。以交通工具（结构）和到达目的地（功能）为例来讨论：轮船作为人类发明的一种相当完美的技术人工物，借用水的相互作用及内部结构的推动行进。轮船除了可以作为交通工具之外，还有仓库存储、运输货物、航海观赏等功能。而要实现到达目的地的功能，可以通过火车、汽车、飞机、马车等多种结构物来达成。这样一种选择，就形成了如下关系：一种结构具有多种功能，一种功能可有多种结构。这种多重结构对应多种功能的关系，内化了多目标下的复杂选择，使得方案和路径的选择，也即决策与管理，自然地成为研究主题，其关系如图8-2所示。

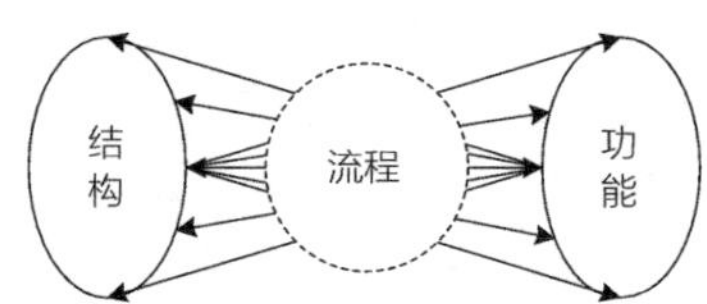

图 8-2　结构与功能的多重对应关系图

① 潘恩荣. 当代分析的技术哲学之“难问题”研究［J］. 哲学研究，2010（1）：107-112.

8.1 工程结构

8.1.1 工程结构内涵

观察自然界中的天然结构，如植物的根、茎和叶，动物的骨骼，蛋类的外壳，可以发现它们的强度和刚度不仅与材料有关，而且和它们的造型有密切的关系。很多工程结构是受到天然结构的启发而仿生创制出来的。人们在结构力学研究的基础上，不断创造出新的结构造型。

评定工程结构的优劣，从力学角度看，主要是结构的强度和刚度。工程结构设计既要保证结构有足够的强度，又要保证它有足够的刚度。强度不够，结构容易出现破坏；刚度不够，结构容易出现皱损，或出现较大的振动、产生较大的变形。皱损能够导致结构出现变形破坏，振动会缩短结构的使用寿命，皱损、振动、变形都会影响结构的使用性能，例如降低机床的加工精度或降低控制系统的效率等。

在计算机技术的配合下，工程结构中的许多力学问题能够得到精确解，可改变目前一些不合理的假定，并使工程结构的空间作用、动态反应、延性设计与周围介质的相互作用、系统优化等获得新的发展，工程结构形式也会发生相应的变化。

8.1.2 工程结构构成

（1）机械工程结构

较为熟知的机械工程结构是简单机械，即机械最简单最基本的单位。主要有与力矩相关的简单机械结构：杠杆和它的变体——轮轴与滑轮；与摩擦力相关的简单机械结构：斜面和它的变体——楔与螺旋。在简单机械结构的基础上进行组合与延伸，后期慢慢产生了诸多复杂机械结构，如曲柄连杆机构、链条机构及棘轮机构、皮带机构、弹簧机构……各类机械结构的组合，最终形成了精巧的机械工程产物。此处以机封油泵结构为例，其组成部分如图8-3所示。

（2）建筑工程结构

建筑工程结构的分类一般有两种，即按结构类型和结构体系进行分类。结构类型是根据材料来区分的，有木结构、砌体结构、钢筋混凝土结构、钢结构、钢筋混凝土混合结构等。结构体系是根据结构构件组成方式来区分的，有框架结构、剪力墙结构、框剪结构、筒体结构、框筒结构、筒中筒结构、束筒结构等。此处以上海中心大厦的钢结构模型为例，如图8-4所示。

（3）桥梁工程结构

桥梁由上部结构、下部结构、支座系统和附属设施四个基本部分组成。上部结构通常又称为桥跨结构，是在路线中断时跨越障碍的主要承重结构，形式有简支梁、连续梁、刚构桥、拱桥、悬索桥、斜拉桥；下部结构包括桥墩、桥台、基础；桥梁附属设施包括桥面系、伸缩缝、桥头搭板和锥形护坡等，桥面系包括桥面铺装（或称行车道铺装）、排水系统、栏杆（或防撞栏杆）、灯光照明等。此处以港珠澳大桥钢箱梁为例，其截面图如图8-5所示。

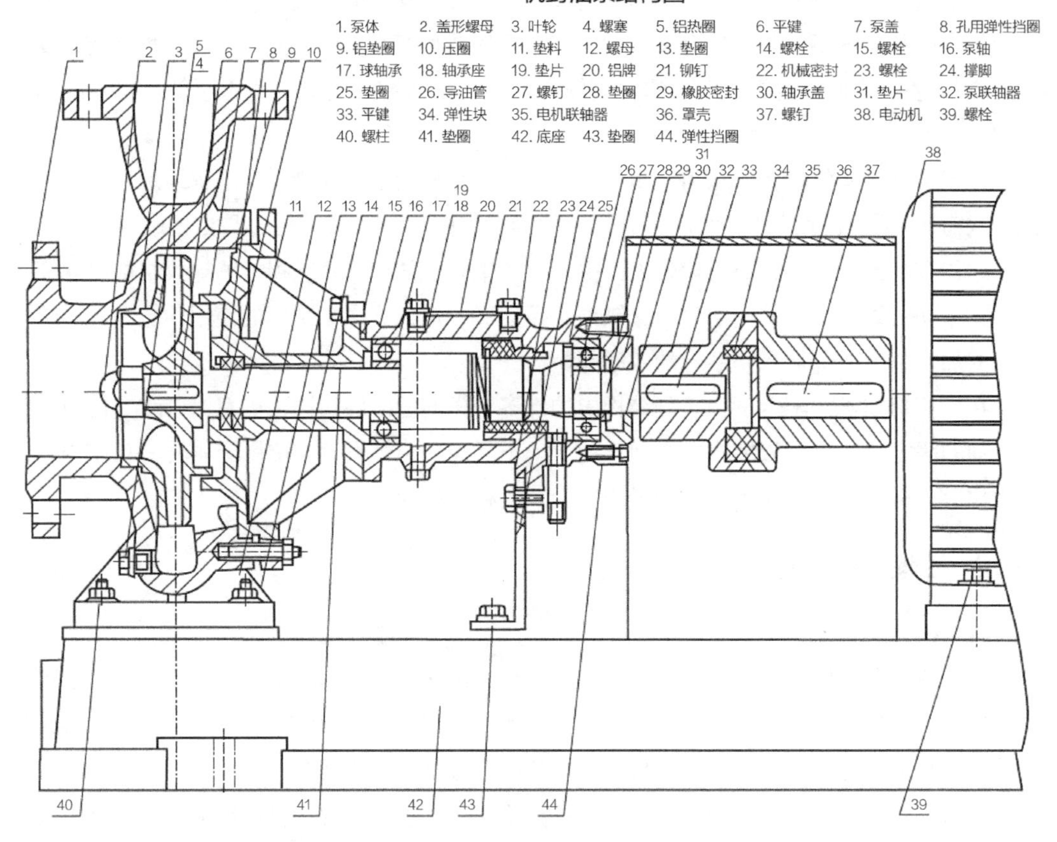

图 8-3 机封油泵结构图

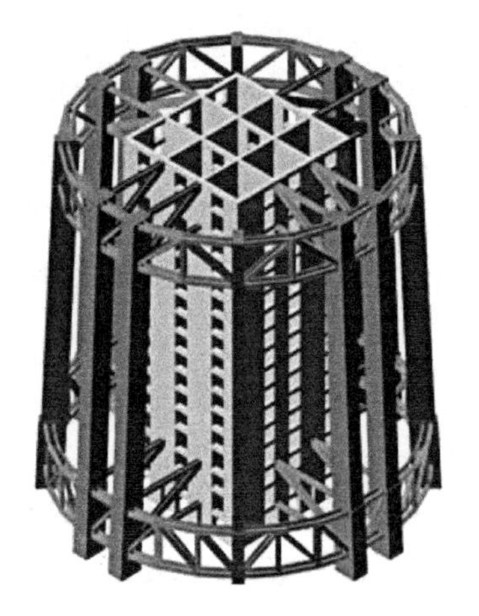

图 8-4 上海中心大厦钢结构模型（局部）

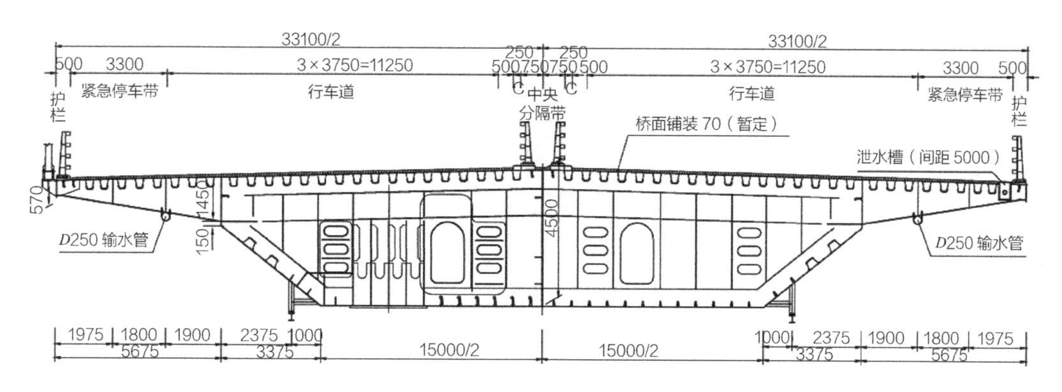

图 8-5 港珠澳大桥钢箱梁截面图

8.2 工程流程

有过程，是工程区别于科学和技术的根本原因。科学、技术的对象天然存在，不存在构造本体的过程，那些构建出来的实验体，终究不是对象本身。而工程，是人亲自设计、建造出来的，是在过程中逐步从散体材料形成整体系统的。

8.2.1 工程流程内涵

世界不是既成事物的集合体，而是过程的集合体[①]。相比自然界的“先在”，工程是“后在”的，其必然是连续过程的结果，是人们进行比选、决策、规划、设计、建造、使役和拆除每个阶段成果的集合。工程内在地包含着过程，需要消耗时间。“过程”一词过于宽泛，以流程称之工程建造的过程，便于衔接工程生产过程和强调以人为主体的价值主题实践活动。以流程统称这些过程（时间）及过程中的输入、输出，语义更集中且更符合工程过程。

流程究其内涵，可从五个维度理解：哲学角度，工程流程是工程结构与工程功能的耦合机制；组织行为角度，工程流程是工程共同体的行为方式；管理角度，工程流程是工程任务的有序组合；运营角度，工程流程是有序组合的工程任务进程；不确定性角度（未来性角度），是以确定性的过程描述（即流程）来削减不确定性的风险。

工程流程相关内容的详细阐述，见本书第9章。

8.2.2 工程流程构成

工程流程包括战略流程（目标流程）、职能流程（管理流程）、工艺流程（操作流程）、自善流程（管控流程），并由此组成完整的内控体系，四者关系如图8-6所示。四大流程体系，组成一个逻辑自洽、内容闭环的完整图形。

（1）战略流程（目标流程）

研究战略，应多从内、外环境入手分析，根据自身的资源能力确定发展战略和实施战略

---

① 中共中央马克思恩格斯列宁斯大林著作编译局. 马克思恩格斯选集，第四卷［M］. 北京：人民出版社，2012.

步骤。可以用来指导组织日常行为的是将战略细化、量化而来的目标。这个方面也形成了目标管理的一整套理论和操作方法。目标通常不是一步就完成的，也不会由个别人在短时间内完成，需要分步实现，周期比较长，协作方比较多，需要对动用资源进行控制，这些特点正与组成流程的条件吻合。

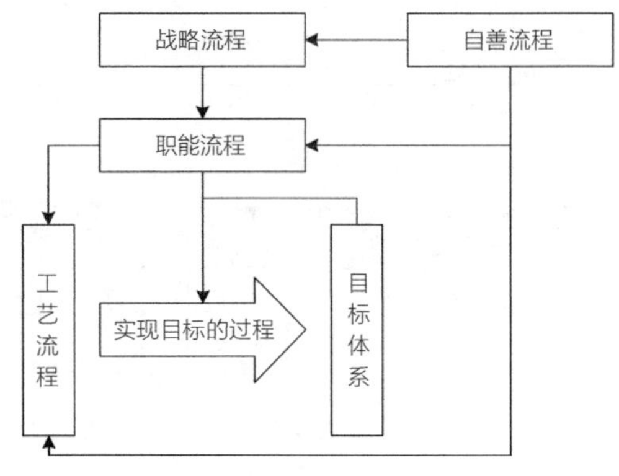

图 8-6　工程的四大流程体系图

不过，在工程实践中，我们常常体现全息管理的理念，组织无论大小，均有战略（或目标）流程，也许决策性的工作，就可以理解为战略工作，完成其工作的程序就是流程，这样的扩义，更加符合管理实践。

（2）职能流程（管理流程）

职能管理的主要内容有计划、组织、领导、协调、控制，完成这些职能管理的流程就是职能流程。职能流程有两种作用：一种是对工艺流程的指导、督促，如计划、协调；还有一种是包括人力资源管理（包括招聘、培训、考核）、宣传、非采购的财务管理在内的，不直接面对产品实现，也不直接面对服务，但是不可或缺且独立作用的工作流程，对企业而言，这些都是十分重要的流程，其对于操作流程起着重要的指导、督促等作用。

（3）工艺流程（操作流程）

作为工程技术人员，比较熟悉的就是这类流程，工艺流程（操作流程）是最科学、具体和细致的，有的工程甚至大部分均可以用机械流水线来完成。工艺流程严谨的逻辑关系，使之成为与时序对应的重要因素。而消除时间浪费，也就成了优化工艺流程的重要内容。但是，工艺流程的变革也就变得相对困难。一旦为了满足某种功能需要而确立了一定的结构形式，那么工艺流程就具有了一定的稳定性，只有在科学技术有突破性发展的时候，其才会有较大的改变。

（4）自善流程（管控流程）

为了保证工程目标任务完整、无偏差地被执行，包括检验、评估、审核、审批、复核判断、评审、检查、监督等任务的流程，以及为了保证工程自身的工作质量，其作用十分重要。

在工程管理中，控制是指领导者和管理人员为保证实际工作能与目标计划相一致而采取的管理活动。一般是通过监督和检查组织活动的进展情况，实际成效是否与原定的计划、目标和标准相符合，及时发现偏差，找出原因，采取措施，加以纠正，以保证目标计划实现的过程。这个过程就是自我完善的过程，实现其过程的任务组合（即流程）称为自善流程。

8.3　工程功能

功能的定义是对象能够满足某种需求的一种属性。凡是满足使用者需求的任何一种属性都属于功能的范畴。满足使用者现实需求的属性是功能，而满足使用者潜在需求的属性也是功能。功能作为满足需求的属性带有客观物质性和主观精神性两方面，称为功能的二重性。

工程的功能，必须首先定位在人类生存结构的基础上，即工程为人类的生存、繁衍和发展创造条件。工程也是人类价值实现的方式，工程的功能是其必然的价值体现。

8.3.1 工程具象功能

工程具象功能指的是工程具有的客观物质性功能，每一个工程和工程构件都是有功能的。工程构件常见的功能有抗弯、抗拉、抗扭、抗拔、抗剪等，工程常见的功能有防水、防洪、防火、防爆、防震等。

以三峡工程为例：三峡工程具有防洪功能，能够抵挡洪水的冲击，保护下游群众安全。三峡工程建造之前，自汉初至清末2000余年间平均每10年发生一次洪水；三峡工程建造完成之后，通过其221.5亿m^3的防洪库容调蓄，将荆江河段的防洪标准由10年一遇提高到100年一遇。三峡工程具有防震功能，考虑到三峡工程的规模和重要性，三峡大坝的抗震设防烈度为7度，该值为核电站的抗震设防标准，使其能够较好地抵抗地震等自然灾害。

8.3.2 工程抽象功能

工程抽象功能指的是从哲学视角，工程具有的主观精神性的功能，概括起来说，包括生存需求、城市集聚、经济价值、综合功能等。常见的工程功能有居住功能、运输功能、军事功能……

工程功能按功能性质分为：使用功能，就是具有物质使用意义的功能，它的特性通常带有客观性，如房屋建筑的居住功能。品味功能（美学功能），就是与使用者的精神感觉、主观意识有关的功能，如亭台楼阁等景观的观赏功能。

工程功能按用户需求分为：必要功能，就是指为满足使用者的需求而必须具备的功能。不必要功能，就是指对象所具有的，与满足使用者的需求无关的功能。不必要功能的出现，有的是由于设计者的失误，有的则是由于不同的使用者有不同的需求。不足功能，是指对象尚未满足使用者的需求的必要功能。过剩功能，是指对象所具有的，超过使用者的需求的必要功能。过剩功能应当剔除以节约成本。

工程功能按重要程度分为：基本功能，是与对象的主要目的直接有关的功能，是对象存在的主要理由。辅助功能，是为了更好地实现基本功能而服务的功能，是对基本功能起辅助作用的功能。

以苏州园林为例：苏州古典园林宅园合一，具有观赏、居住、旅游等抽象功能。这种建筑形态的形成，是在人口密集和缺乏自然风光的城市中，人类依恋自然、追求与自然和谐相处、美化和完善自身居住环境的一种创造。苏州古典园林所蕴含的中华哲学、历史、人文习俗是江南人文历史传统、地方风俗的一种象征和浓缩，展现了中国文化的精华，在世界造园史上具有独特的历史地位和重大的艺术价值。

8.4 工程三属性之间的关系

8.4.1 流程是结构与功能的耦合机制

流程是连接结构与功能的“连环扣”。结构和功能是一对系统研究中的哲学范畴，体现价值与工具的具象性。对于一个建筑物来说，这一技术人工物的系统包含着复杂的结构体系和多样化的功能要求。如一个住宅建筑，包含了土木系统、强电系统、弱电系统、给水排水系统、供暖系统、供气系统、通风空调系统、消防系统、防雷系统、交通系统、园林系统等，所有这些系统满足了人们空间构造的居住、照明、用水用气、取暖、防火防雷、交通等要求，还兼具环境艺术的欣赏功能。

当代哲学，从本体论、认识论、方法论，到工程哲学，正在进一步深入研究作为采用人为技术所建造的物质形态（即技术人工物）的演化、知识、规律、方法等广泛议题。工程哲学的研究成果表明，结构与功能具有“二元包容”（即非单一对应）的关系，如图8-7所示。一个结构可以达成多种功能，一种功能可以用多种结构表达。例如：一辆汽车可以作为代步工具，可以作为物流容器，可以作为起居房间。代步、物流和起居是同一个结构体现的不同功能。而交通功能，可以用火车、汽车、马车，或高铁、飞机、航天器等实现，这是同一个功能采用多种结构方式得以表达的结果。需要补充的是，多种结构对应多重功能（第四种关系）随着技术发展已经呈现，使得结构功能的关系更加复杂多样。例如：拼装式、自由分割式住房，是为满足多重功能进行的多种细部结构的调整。

正是“二元包容”的特性，导致了从结构到功能和由功能到结构，都不是唯一的，均具有多种可能性。单一结构在不同环境下，产生了不同的功能，只能解释为同样的结构中所包含的不同过程产生了不同的功能。因此，可以得出相应的结论：过程是解释系统在结构和功能间因果关系的重要变量，或者可以说过程成为影响和决定未来状态（结果）最为根本的原因。

在多种可能性的选择决策过程中，实际上就是决策者对过程（流程）的选择，甚至可以

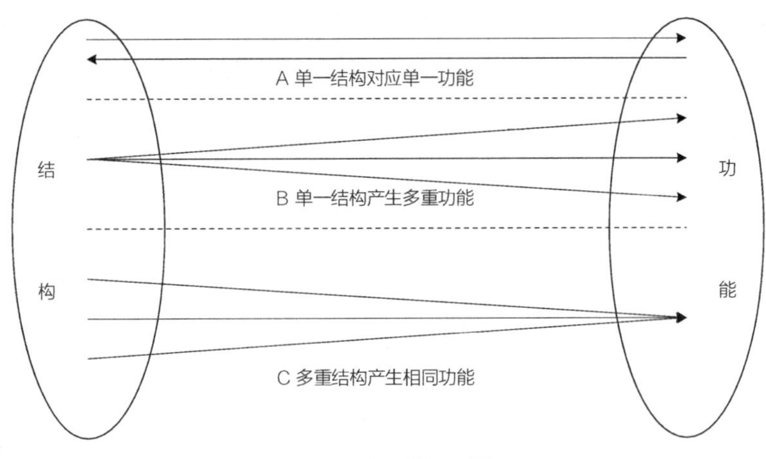

图 8-7　结构与功能的三种关系

说过程（流程）起到了决定性作用。过程是连接战略、技术、人力、结构的重要节点，将过程规约化表达，就是流程的另一种泛意的表达。

在结构与功能及其关系的哲学研究取得相当成果的基础上，对过程的研究也势必需要深入展开。零散的结构要素与构件作为工具，整合成为整体体现价值时，这种散乱的、技术的、物的结构要素，转化为整体的客户需求以及物和功能要素时，序化是不可缺少的极其重要的环节，这个序化的过程就是流程管理过程，因为流程就是工作的有序转化和传递。

序化正是笔者对流程的定义：任务的有序组合而产生的成果。图8-8表示系统序化的关系。

回到建筑工程的建造过程来分析，系统的、完整的功能体现了整个过程的完整成果，而建造过程刚好是相反的：从最低层级、工序级的任务开始，到构件级、分项工程级、子部工程级、分部工程级、单项工程级、单位工程级、工程项目级，甚至类似CBD、小城区等级别的逐步上升的任务，每个下一层级的任务成果聚合成上一层级任务的输入条件，达成任务完成的可能性，最后完成总体的最高层级的项目目标，可以用图8-9示意这个过程。

从图8-9中，我们可以更加清晰地看到，建造过程中，结构的技术要素和物料要素从散乱状态，到成为整体且满足物的要素和心理要素的整体功能的过程，序化是个必不可少的重要动作。而完整的功能要求，正是客户需求的满足。从这个意义上说，流程是满足功能而构建一定结构的过程。

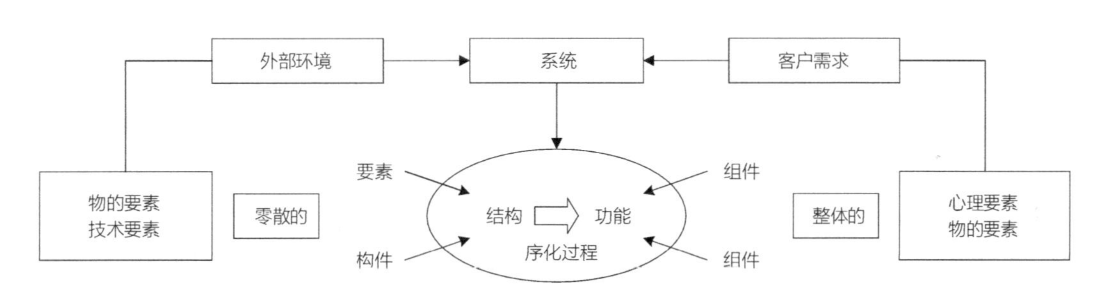

图 8-8　流程使零散的要素序化为集合的整体

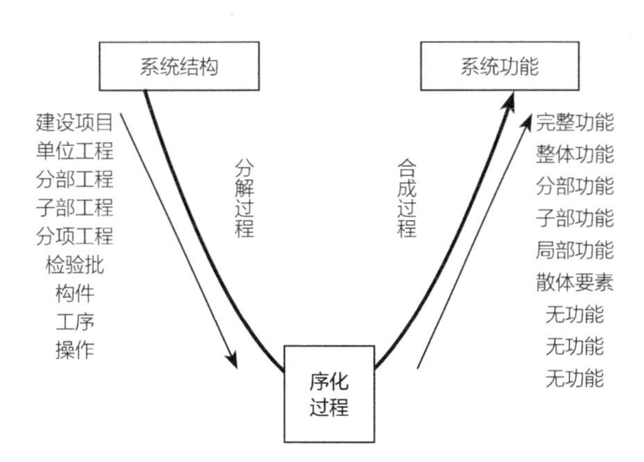

图 8-9　建筑工程的系统结构与建造过程

现代建造过程的发展趋势是将分解的层次尽量减少，且将不同的构件变为工厂化生产，并在现场进行组装，如万科在“后王石时代”的三大战略之一是将住宅产业化，以及全国正在积极推进的装配式建筑。建造过程的变革将给项目管理带来许多新的变化，如生产场所的专业化、质量保证率的提高和质量的稳定性、现场工作效率的提高和周期缩短、对环境破坏的减少等。这也正是流程再造（这里是指工艺流程再造）的重要内容。综合以上分析，系统的含义包括了从简单到复杂的事物，从描述结构、显示过程、确定属性、区分功能，进而到描述纵横关系、层次关系等①。人工系统是在物质的基础上，融合目的系统的新系统。在构造该新系统的过程中，流程具有普遍意义上的连接结构与功能的桥梁作用，有结合物质要素与目的要素的汇聚作用，是解决问题的着力点和支撑点。

在这个过程中，流程是要素的关联点、序化器。通过改变流程，不仅可以改变系统实现、满足功能的效率，甚至可以改变功能本身。

8.4.2 规划流程平衡结构与功能的关系

尽管受制于哲学思辨的深度和思辨方式的有限训练，但是对于流程研究而言，粗浅地理解结构与功能的耦合机制，是必要且有实际意义的，因此，无论切题深浅，必须进行以下分析。

耦合机制的研究，无论从哲学上，还是从实践上都有重要意义。哲学上，寻求组织的整体过程中，尚不能完美解释整体为何大于局部之和时，必然要对子系统的功能相加大于子系统本身功能的问题进行探究。实践上，则寻找协同的价值和方式，对组织的成长和发挥团队的积极作用具有巨大意义。

耦合方式是以子系统之间的广义因果律，前系统之果成为后系统之因，流程是任务的有序组合，本文阐述了，前一任务的输出成果，可能甚至必然成为后一任务的输入条件，两者内在关系相吻合。流程正是耦合的一种重要方式，至于是否还有其他耦合方式，留待工程哲学家们继续研究。

流程是结构和功能之间耦合的重要机制，其关系可用图8-10表示。

技术人工物的构建过程，是规划设计在先，建造施工在后。规划设计阶段，对结构的子系统进行分析、解剖，是分解的过程；而建造施工阶段，则是将子系统进行组装、合成的过程。

在图8-7中已经分析了，结构与功能之间的耦合存在多种可能性。一方面，提醒了人们流程耦合机制的重要性，在多种选择中，确定一个因果关系（实际上就是时序关系、逻辑关系、内容关系）十分重要；另一方面，揭示了流程设计选择优化的可能性。

子系统结构自然性的存在，是满足目的性的必要条件。科学发展的轨迹表明，某种程度上，就是寻找具有功能自然性的结构物，以最大程度地满足主观功能（即人类目的性）的过程。自然性是规律的一部分，而寻找的过程就是耦合的过程，这个过程称为流程。

---

① 陈庆华等. 系统工程理论与实践（修订版）[M]. 北京：国防工业出版社，2009.

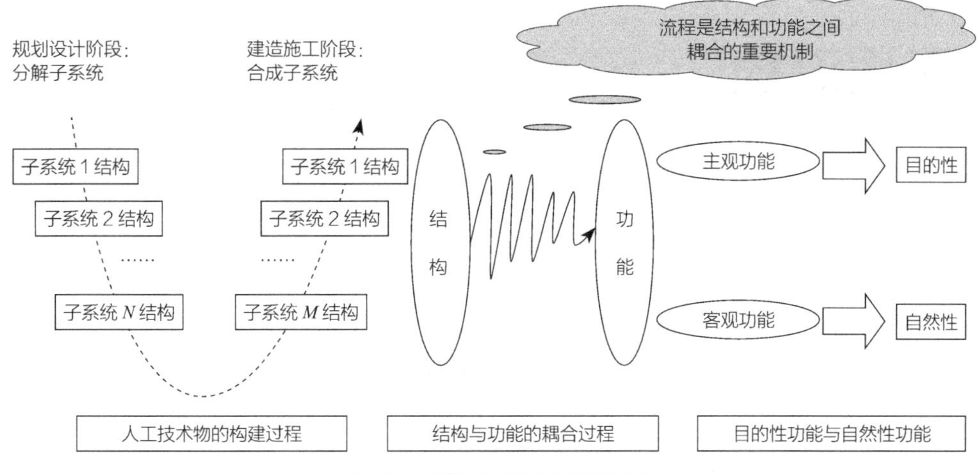

图8-10 流程与结构和功能间的关系

如下命题的讨论仍然饶有趣味：

整体结构→整体功能（人为的目的部分）；子系统结构+子系统结构<整体功能；

子系统之间的协同，合理的耦合方式——正协同：管理学追求的1+1>2；

反协同：管理学避免的1+1<2。

管理学论题的研究，如果不上升到哲学，那就无法概括其广泛的外延性和综合性。因为管理本身就是相当宽泛、多元，几乎无所不及的。这是笔者在研究流程时，猛然领悟的道理。舞动在科学与哲学之间，社会科学和自然科学之间的管理学，正是如此，才体现了其兼具科学性和艺术性的双重特征，而流程，恰恰是管理学中最动态的因子。由此，笔者深信流程的概念在管理学知识和组织运营管理中，独具一格，无可替代[①]。

① 卢锡雷．流程牵引目标实现的理论与方法：探究管理的底层技术［M］．北京：中国建筑工业出版社，2020.

第 9 章
论工程流程

本章逻辑图

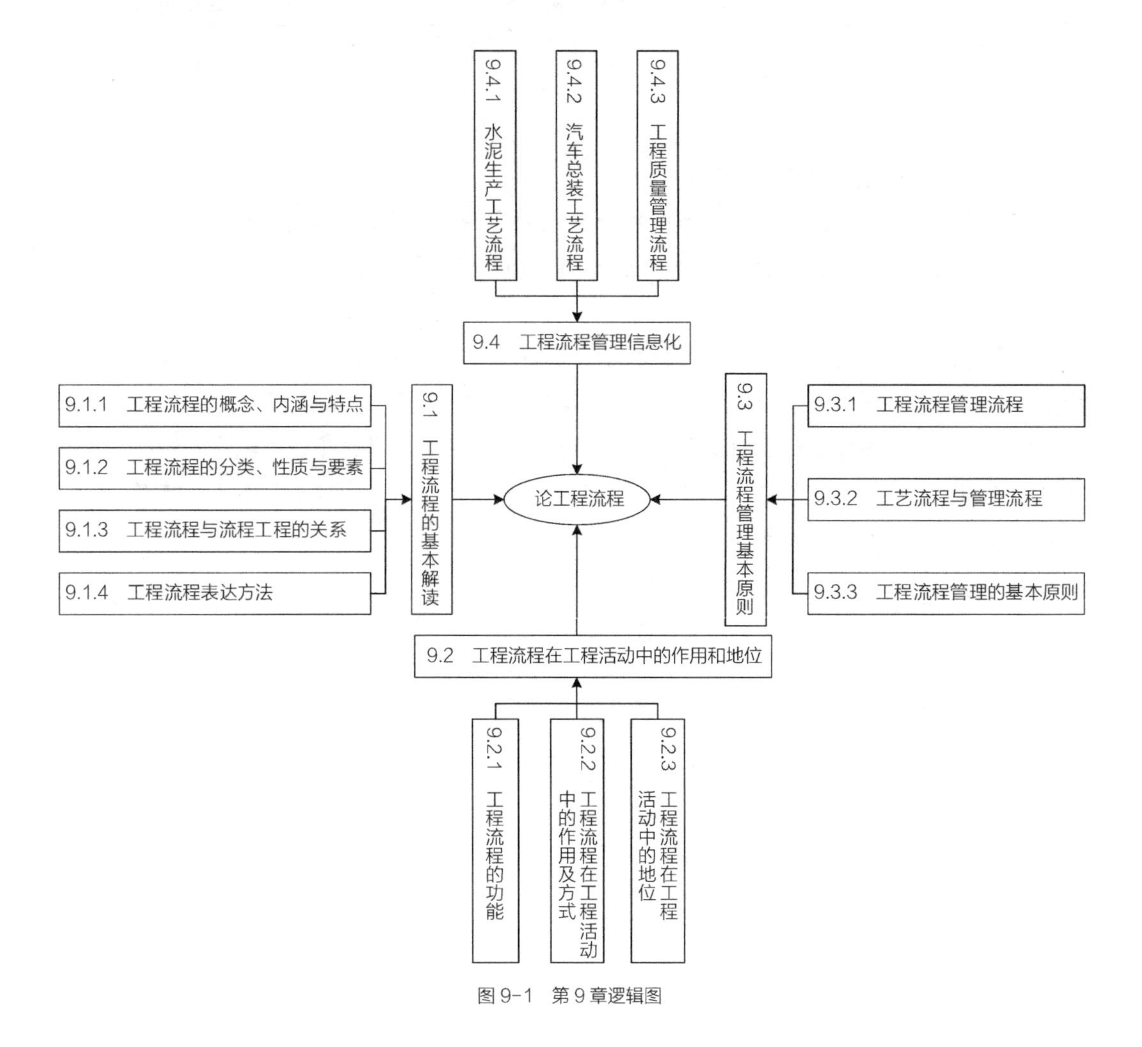

图 9-1 第 9 章逻辑图

本章讨论工程流程的内涵、属性、类型、表达形式、功能、要素、地位作用，以及流程管理（设计与应用原则等）在创新中发挥的作用等。

一个具体的工程就是一个过程，人们总是可以在时间的维度上确定其起点和终点。工程在建造之前需要有可行性方案，工程主体按照一定的目的来协调其活动方式和方法，并随着不断出现的新情况修改原有计划。工程是个动态过程。工程并不会因为项目的结束而结束，而是因为项目的结束才开始发挥作用。这是因为建造工程的目的并不在于工程本身，而在于工程的作用。例如，建设三峡工程的目的不在于建设项目的本身，而是在于三峡工程在防洪、发电、航运等方面发挥的巨大作用。

恩格斯①在1886年就指出："世界不是一成不变的事物的集合体，而是过程的集合体。"由于世界由自然物和人工物构成，人工物是工程造物活动的结果，则可以说工程物是过程的集合体。钱学森认为恩格斯所指的"集合体"就是系统②，由直接使用体能的劳动、使用制造的工具以及管理组成，内含硬件、斡件、软件，其强调的过程，就是系统中各个组成部分的互相作用和整体发展变化③。工程系统本身也是一个非常复杂的动态过程，包含从方案评估、工程选址、项目决策、可行性研究、地质勘测、初步设计、施工图设计，到建筑施工、设备安装、试运行、工程竣工、交付使用、项目后评价等全过程，在此过程中工程都处于变化和发展的状态。工程实施过程中，由于受工程内部因素的变化和工程外部原因（如社会因素、经济因素、政治因素、技术因素、法律因素等）的影响，以及环境政策、竞争形势和当时当地的制约，工程可能不会始终按当初设想的方式按部就班地进行，因此，就必然要对工程目标、计划、方案进行相应的调整和优化，最终使工程实现质量优、安全好、费用省、工期短等工程目标。而要实现这一目标，就需要工程主体对进度、费用、质量、安全、风险等进行控制和调整，这种过程的集合体依靠"斡件"贯穿，表现为工程流程，形成对过程进行管理的专门性学问。工程流程包括由一系列互相关联、互相制约的复杂任务承担的过程推进和目标达成。

---

① 中共中央马克思恩格斯列宁斯大林著作编译局. 马克思恩格斯选集（第四卷）[M]. 北京：人民出版社，2012.

② 姚轶崭. 钱学森系统思想综述 [DB/OL]. 可视化系统思维，2020：5-28.

③ 钱学森. 大力发展系统工程尽早建立系统科学的体系 [J]. 钱学森系统科学思想文库：论系统工程，2007.

9.1 工程流程的基本解读

9.1.1 工程流程的概念、内涵与特点

（1）流程与工程流程概念

迈克尔·哈默为了说明流程管控问题使用了流程概念①。后继研究者纷纷提出对流程的理解②。流程是组织为了实现预定的生产产品（工程物）、提供服务（如维修）、增加价值（如提供软件升级增加价值）等目标而投入人、财、物、知识、公共关系和渠道等资源，通过完成一系列有序组合的任务来达到和完成目标的整个过程②。很显然，流程具有目标导向、可设计、可测量、有层次和结构、可分解、需资源等特点。

工程流程则是在工程构建过程中，为了达到规划和构想的目标而将工作任务进行有序组合的过程。工程流程构成了体系化的工作秩序。这一秩序包含着时序逻辑、内容逻辑、管理逻辑和要素逻辑。工程流程既可以用来描述工程系统的实现过程，也可以作为构建和管控工程系统的方法和完成工程目标的路径保证。因此，工程流程的组成内容包括：工程任务内容、任务逻辑关系、任务要素、任务要求和成果、任务状态信息等。用图形表示的工程流程称之为工程流程图。

工程流程是选择和建构的手段与工具，是实现工程活动的能动因素。从微观角度看，具体的工程流程包括规划、设计、绘制、试验、宣贯、优化、再造、废弃等步骤。换句话说，工程流程连接并贯穿了工程从需求、构想、建造到退役的整个生命周期。

掌握工程系统概念有助于认识工程内部的静态结构，理解工程流程内涵将有助于理解工程全生命周期的动态进程。在工程实践中，仅关注工程系统（巨系统、大系统、子系统）本身以及系统之间的关联还不足以完成工程目标。只有从工程流程管控的思维和方法出发，才能推进工程项目自始至终按质按量完成。所以，立足于动态过程和辩证发展的哲学观认识并掌握工程流程含义十分必要。

（2）工程流程内涵

工程流程所蕴含的复杂“韵味”，要求我们不能简单地看待工程流程的内涵。

从管理学维度看，工程流程是工程过程中任务的有序组合。完成任务达成目标是工程的基本过程，进行任务的结构化、逻辑化、要素化是流程管理的主要职责。工程师的功能表现在给任务建立秩序，从而为解决问题创造条件，也构成解决问题的初步工作。

从运营学维度看，工程流程是工程主体推进这些有序组合任务的进程。过程是动态的，只有一个一个时间片段的连续推进，才能构成完整的造物过程，过程中所造之物的工程实体也是逐步呈现出来的。工程共同体的最大责任就是保持该进程的顺畅、可持续，直到工程完

---

① Hammer M.Reengineering Work：Don't Automate，Obliterate［J］. Harvard Business Review，1990，68（4）：104–112.

② 卢锡雷．流程牵引目标实现的理论与方法：探究管理的底层技术［M］．北京：中国建筑工业出版社，2020.

美结束（移交或完成使命）。

从组织行为学维度看，工程主体相关的组织（投资公司、规则设计院、勘察单位、工程建筑公司、监理监督单位、工程运营维护单位等）的行为方式，通俗地说就是“做事情的方式”，将其显化地表达出来即可构成流程。流程是组织的行为方式，组织依靠行为、作为完成设定的使命和愿景，方式不同，则绩效不同，流程学问是管理底层的基础学问。

从工程哲学维度看，工程体均有结构与功能的属性，而流程是将设计构想好的结构，通过集成、创新实现出来，完整呈现出功能的全部过程，在这个过程中，完成多结构与多功能复杂耦合的可行选择、资源消耗、风险回避及实施建造，流程是结构与功能的耦合机制。通过流程的推进，建造完整结构的构件逐步完成功能实现，通过改进流程，使得结构与功能的贴合度增加。

从未来学维度看，流程是一种以确定性预见不确定性的方法。工程总是在充满不确定性的未来维度上展开的，工程环境在变、人员气候在变、供应链在变，因而工程也是充满着风险的活动。流程是通过明确的责权利分配、任务协同与资源计划，以及绩效预期等确定的方法来应对即将发生的未来，造就将在的工程物。

（3）工程流程特点

工程流程尽管可以用流程图等进行描述，但它并不能等同于工程过程本身，和广义的流程一样，工程流程具有诸多特点，归纳起来包括：功能性、无形性、主/客观性、目的性、普遍性、整体性、动态性、层次与结构性、可分解性、多要素性、时序性、关联性、可设计性、可测量性等。工程流程作为工程实施组织行为方式的描述，相对于工程的物质形态，是无形的，它虽然可观察和描述，但仍然不能被准确定位和量化，甚至有时候是“不留痕迹”的。而由于具有普遍性等特点，流程应当属于工程本体的特性之一，即过程的表达也是一种具有客观性的体现，尽管这种客观性是可编辑的。

9.1.2 工程流程的分类、性质与要素

（1）工程流程分类

工程流程的类型可按照工程阶段、行为方式（职能）、作用对象等不同进行划分。工程流程是用来阐述过程集合体的思想方法和工具体系，按职能分为工程决策流程、管理流程、工艺流程、控制流程，按工程阶段分为设计流程、施工流程、监理流程、运维流程等。接下来将重点讨论工艺流程和管理流程。

工程工艺流程是直接生产工程产品（人工物）的一系列有秩序的活动。这个活动由若干连续操作构成工序，再由若干连续的工序完成。在产品生产中把操作和工序称作活动，在管理上这些活动被称为任务。它们之间并无本质差异，都可以概括为工艺流程。

工艺流程有不同的分类：物质构成不发生变化的物理工艺流程（如装配式钢结构工程）；物质构成发生反应的化学工艺流程（如钢铁制造流程）[①②]；物质构成部分发生变化的混合工

① 殷瑞钰．冶金流程工程学（第二版）[M]．北京：冶金工业出版社，2009.

② 殷瑞钰．冶金流程集成理论与方法[M]．北京：冶金工业出版社，2013.

艺流程（如钢筋混凝土工程，钢筋未变，硅酸盐水泥变了）。不同类型的工艺流程在自动化的可实现程度和管理控制方式等方面有所不同。

工程管理流程是为了实现工程建设目标而设计的步骤，是具体落实计划、组织、领导和控制等管理工作任务的有序组合。工程管理流程用以保障工艺流程的顺利实施，促使操作和工序等活动的规范化展开。

工程管理流程的分类有多种。例如：按照岗位角色作用划分的决策战略流程或目标流程；按照组织执行作用划分的职能流程；按照偏差侦测和纠正确保不偏离目标的管控流程等。纠偏流程可称自善流程，就本质而言也是管理流程，为了突出其不独立存在，只有工程对象进展和管理事项推进时，检查和纠偏才具有独特的意义，并将其单独划分。如工程监理及监理工作，如果工程不开展，其就失去了存在的意义。

从时间延续的方向上看，工程流程中的工艺流程是从头至尾的顺序过程，而管理流程则是包含从尾至头的倒序操作以及反馈、迭代等特殊活动的过程。没有管理流程，就不能保证工艺流程的自行完成。

（2）工程流程性质

工程流程有很多性质：从工程知识角度来看，其是结构化的知识（体系）；从人的能动角度来看，其是被设计出来的，用以描述或反映客观物态的；从客观性角度来看，工程流程并非是杜撰的，一方面反映自然规律，另一方面也“刻画”管理规律，不能随心所欲。管理流程中也包含如复合目标、理想进度、计划成本等主观愿望，可以说客观中有主观性，主观中有规律性。以上可以说明工程流程具有复杂性和辩证性。

（3）工程流程要素

工程（造物结果）的产生过程，是要素输入结构，并且通过一定的转化机制，进而输出人工物的完整过程。就具体工程而言，典型的工程流程包括六个要素：输入要素、任务内容、任务之间的关系、输出成果、客户和价值（图9-2）。

前述两类工程流程，不仅发挥作用的方式有所不同，其输入和输出的要素也有所不同。工程的工艺流程在依据自然规律的前提下，在技术规范的规定内，规定了操作步骤和质量标准，使以共同体中的工人为主要成员的操作活动，有法可依、有章可循，是工程产品形成的生产保障。工程的管理流程规划了实现工程目标的路径，通过任务和逻辑关系，清晰了工程系统的范围与技术路线，并可以将此作为管理计划制定和成果考核的依据，借由每个任务的责任明确，确定了工程共同体成员之间的责任、义务，当分歧产生时可以及时沟通和解决，

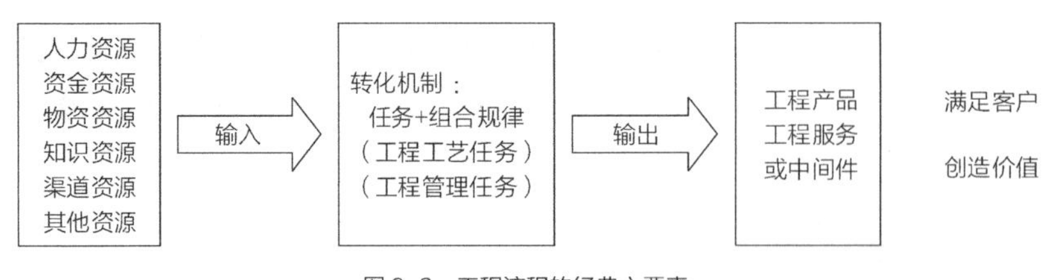

图9-2　工程流程的经典六要素

这是工程产品（造物结果）形成的管理保障。

要完整地描述工程流程，需要规定描述工程流程的详细要素。流程要素是指作为组成流程的单个任务或者任务组合所必须包含的基本元素或者组成部分①。

流程为执行而设，因此其任务名称用“动词+名词”的形式，简短明确。对各要素简述如下（图9-3）：

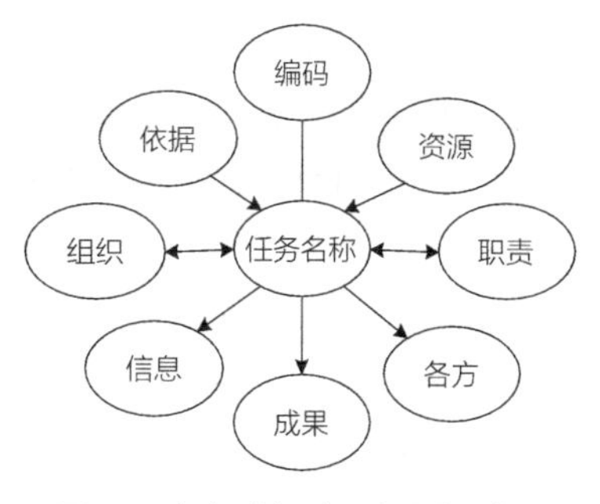

图 9-3 任务（流程）一级要素示意图

编码：大型工程任务极多，数字化科学编码适用于计算机自动化检索、存储、变更；

依据：每一个任务都需要依据清晰，工艺以技术规范为主，管理以合同、管理规划为主；

资源：“人财物知识渠道”或者“人料机法环管检信”等都是被消耗或整合利用的资源；

组织：分工协作的权责划分、部门岗位角色归属；

职责：是指该任务的目标要求，如材料性质、质量等级、安全要求、工期期限等；

信息：有工程产品数据信息、状态信息、成果信息、过程中的资源信息等；

各方：工程利益干系人，也就是工程共同体，需要系统管理，建立良好的沟通渠道和方式；

成果：每一个任务均有成果，一系列的小、中成果构成大成果，最后完成工程目标。

9.1.3 工程流程与流程工程的关系

有必要对工程流程和流程工程进行辨析。前者是针对所有工程形成过程而言的整体描述，前文已经详细讨论。后者则是指针对物质形态发生变化的工程子类，如化学工程、钢铁冶炼工程。工程流程的本质是工程方法和工程知识，流程工程不仅可以是一个工程子类，也可以是产业甚至产业群，如流程工业。

9.1.4 工程流程表达方法

工程流程有多种表达方法。工程中常采用“单向箭头+几何图形”形式的流程图。为了明晰工程主体的责任，还可以采用类似游泳池分道的“泳道图”，以及通过其他专业的绘制方法得到的流程图。

9.2 工程流程在工程活动中的作用和地位

9.2.1 工程流程的功能

工程系统无论整体（全部功能）或者局部（各功能部分），其建造过程均需要通过工程

① 卢锡雷．流程牵引目标实现的理论与方法：探究管理的底层技术［M］．北京：中国建筑工业出版社，2020.

流程体系的实施，往往通过执行若干子流程而构成总流程体系才能得以完成。

工程流程的引入和深耕，本质上是对过程的确证和对可操作化的推进。流程导向使得协同方式、协同时空环节得到明确，将模糊准确化。另一个重要价值是：使从Know-Why转向Know-What和Know-How成为可能，甚至有人乐观地预言“How时代”的来临，因为“如何做”比“做什么”更重要[①]。这也更深刻地揭示了工程研究有别于本体论、认识论的科学论、技术论的独特价值与地位。过程是工程造物之外的重要核心特征。

流程管理学已经在概念、方法、工具和实践上得到多方检验，其应用也日益广泛，工程流程作为流程的重要分支，必将成为流程学最具活力的知识体系，发挥更大的作用。

9.2.2 工程流程在工程活动中的作用及方式

工程活动是包含复杂的思维、经济衡量、生产组织管理、创新变革的综合性活动。工程流程不仅自身存在创新发展，对工程活动的支撑作用也十分明显。

（1）协同基础

协同是人、事、物在工程时间环节和空间节点上的共同就位。工程流程以事（任务）为纽带，指出了各工程主体承担的相应责任和物质材料、设备、资金等的需要数量及时刻，这意味着协同具有了基本条件。

（2）计划基础

工程计划是工程实施的重要指引。工程流程记载了工程内容、逻辑关系、工程方法等重要知识，使得工程计划有了工程范围、目标、总体部署、资源消耗等基本依据，成为计划的基础条件。

（3）检查考核基础（基准）

有计划有目标才有检查考核的基准，工程活动需要依据基准进行对照比较，才能得到工程的进展评价，工程流程是对照比较的标准，因而成为检查考核的基础。

（4）创新的条件

现代管理注重创新，创新是在积累的前提下展开的，每一个工程流程都是在多次迭代下沉淀积累下来的基础。系统性创新和局部环节突破创新，都可以在对工程流程全面分析、研判和权衡基础上进行，既有对比标准，又可创新评判。

（5）执行力的保障

工程流程是工程推进“照此办理”的标准，防止决策上、过程管控中、施工时没有根据，也防止了执行出现任由其是的失控状态，成为执行力的保障。

（6）知识的表达形式

工程流程的构成内容本质上就是工程知识的表现形式，也是工程方法的重要载体。流程图、流程仿真软件等是工程流程的表达方式，也是内容的承载方法。

---

① 张新国. 新科学管理：面对复杂性的现代化管理理论与方法［M］. 北京：机械工业出版社，2013.

（7）风险控制的重要方法

工程过程有长有短，最近十数年间，全球工程规模和复杂性增加，工程周期长达数年、十数年甚至数十年的案例屡见不鲜。三峡水利枢纽工程从设想、论证、勘察、设计、批准到建成发挥调洪、发电、旅游、生态改善等作用，长达近百年，港珠澳大桥建设（造）工期也长达九年。在漫长的工程建设过程中，充满了不确定性，也即充满了风险。控制风险是工程的重要内容。

工程流程由于预先进行了工作过程的规划，预见且描述了工程风险，设置了管理控制的节点和配置了防范意外的资源与措施，对防范资金缺额、社会动荡等影响工程预期完成的因素，以及意外情况发生时采取的措施（如应急预案）提供了重要方法。在这个意义上，工程流程作为结构化的知识，能够起到事前和事中实现风险的“防患于未然”，简单高效也人性化。因而，流程是用确定性的方法防止不确定性导致的风险的过程。

9.2.3 工程流程在工程活动中的地位

工程流程的作用以及作用方式，决定了其重要性无可替代。在工程活动中的地位不可或缺。工程流程是工程目标实现的路径，管理的根本保障，执行力的保证。

（1）实现标准化与规范化

标准化既是保证质量的前提，也是提高效率的途径。ISO（国际标准化组织）体系的核心文件之一《程序文件》，其内涵即指出工作的逻辑程序，本质上就是流程，适用于工程时，就是工程流程。工程流程是指示工程造物目标得以实现的导向准则，不同工程主体共同遵守以得到按功能类型划分质量标准相同的工程体，是一致性的体现。工程流程是国际标准、国家标准、行业/协会和企业标准的核心构成内容，制定和颁布实施工程流程是实现标准化的途径。

（2）完成沟通和协同

沟通随不同工程形态、技术复杂度、政策限制性和当时当地性，密度、强度和方式都不同。工程沟通的内容，对外部主要是权责、重要节点协同、利益和总体目标协调，对内部则是任务范围、工作分工、任务完成方式、分配方案、偏差事故处理等。工程流程系统地呈现了工程的全部内容、逻辑关系、权责和时间点、空间点，为沟通和协同的完成，提供了详尽的内容和时空要求，为责任落实到每个共同体及内部岗位和角色，资源配置到工程产品实体的精准部位，创造了必要条件。

（3）执行评价与纠正偏差

误差是一种客观存在。工程流程类型中有专门辅助保证目标实现的纠偏/自善功能的流程，通过在工艺和管理路径的关键节点上布设检查、监督、评价、审计等任务环节，以及时发现进程中的工程实体产生的误差和管理政策、控制有效性执行上的偏差，以便采取相应措施，使其回归正确的流程轨道。作为基准，工程流程用于纠正偏差；作为对照比较工具，工程流程具有针对性强、明确有效的效果。工程流程是管理消除不确定性的重要工具。

（4）预见性作用

流程通过对组织行为的预先规定性，引导组织实现工程目标。这种前瞻性的益处为制定计划、用于达成共同体的共识、作为配置资源的依据、预演实现目标的风险、预防失败指明了路径。一旦发生与流程不一致的状况，立即进行调整，这样的动态管理行为是确保目标得以实现的手段。

9.3 工程流程管理基本原则

如同算法流程好坏其效果也有差异所表明的一样，工程流程设计的好坏，对工程进度、成本等要素有很大影响，工程流程需要管理。工程流程管理针对如何开展流程设计、再造、创新，需要考虑哪些因素，如何协调工艺流程与管理流程，工程流程是怎么制定的、怎么创新的、设计基本原则等问题，需要展开讨论。

9.3.1 工程流程管理流程

流程管理的流程包括：流程外部环境分析、组织内部资源分析、流程统筹规划、工艺流程设计、管理流程设计、流程描述及表达、流程要素输入、资源均衡化、培训宣贯、试运行、优化改进完善、正式运行、侦测运营环境变化、评估再造需求……

工艺流程在经历多次迭代之后，相对比较稳定，这既有利于大规模生产，也有利于保证工程质量。当技术条件进步和装备发展较快时，工艺流程创新速度会加快。如高铁快速发展，带动土木工程的低沉降高稳定地基施工工艺、机械制造工艺、无缝长轨生产工艺等的发展。再比如建筑工程的装配式建筑技术体系的发展，相应要求工程的生产组织方式发生变革，工程流程发生了巨大变化。

9.3.2 工艺流程与管理流程

工艺流程与管理流程的关系是相互依存的。工艺流程是工程产品或服务形成的过程，也是在价值导向下形成价值增值的过程。这个过程中，管理流程通过工艺流程的选择确定、目标论证规划、要素计划组织和过程领导控制，使得工艺流程顺利开展，目标得以实现。工艺流程越优越，管理职能越能够履行得更好。管理流程合理，工艺流程的推进效率更高、效益更好。反之，工艺流程也即施工方法不合理，管理就很困难，盈利风险会增加。

9.3.3 工程流程管理的基本原则

工程流程管理起始于环境与组织资源分析评估，其重点是流程设计的管理。设计管理主要遵循以下原则。

（1）系统原则

工程流程首先应当具有完整性和充分必要性。能够全面描述工程阶段、过程、人员、责任和资源，以确保体现实现工程目标的各种必备要素。

（2）目标导向原则

工程是在价值导向下，建立目标推动其成为现实的过程实现集合体。工程流程的结束指向工程目标，是描绘目标实现路径、确保目标实现的步骤安排，目标导向是工程流程的生命力所在。

（3）创新原则

工程演化是伴随社会、经济、科技、管理变革交互推进的。多种因素促使工程的组织模式、科技工具、生产方式、管控手段发生变革。在流程设计中，工程演化包括适应环境的外因性和工程内生发展的内生创新。创新原则能够体现工程发展与时俱进的活力。

（4）可执行原则

毫无疑问，不可行的流程是不能用于工程实施的。不可行有两种，一种是逻辑本身存在缺陷导致无法实施，另一种是无法达成整体的最优，不能均衡推进，影响工程绩效评价。

（5）简单原则

所设计的工程流程存在合理程度高低、运行效率好坏的区别，而且工程流程本身也不是唯一的，在多项选择中，决策者的综合素质、决策偏好、均衡选择能力等均可影响工程流程质量。简单性原则是各种原则中应当遵循的。可以根据具体工程进行流程设计研讨和论证，做流程仿真、预演，保证资源与能力的匹配，避免流程层级过细、跨度过大，造成工程时间及物质资源的浪费。

（6）均衡原则

这里是指流程应当综合均衡，削峰平衡，人员、资金、物料减少过高的峰值和过密的压力。

（7）明确清晰原则

工程流程是要得到造物结果的流程，任何一个逻辑的模糊、资源的不足和责任的不明确，都会导致低效甚至返工，严重的可能产生质量、安全事故，工程产品的寿命减损。明确性是流程设计的重要原则。

（8）要素关联原则

通过工程流程指出各类型要素（硬件、软件、斡件）的关联性，工程通过流程的推进而取得进展，这个过程中“人财物信息”等各种要素缺一不可，指出这些要素在时空节点的关联性，指出其互相影响的关系，是流程设计时非常重要的原则。

（9）流程柔性原则

鉴于工程面对现实环境的复杂性，要求工程流程设计时保持一定的柔性，有必要考虑由于环境变化、工程实施组织的内部条件变化产生的多种可能性，并为各种可能性做组织、资源、知识等预备，以保证出现未预料情景时能掌握主动，促成项目成功。

9.4 工程流程管理信息化

科学技术进入了一个快速发展时段。“云大物移智区元”将深刻影响全球整个社会的生存状态和生活方式，新技术应用需要建立在流程梳理的基础上，信息化方能助力其顺利实现。流程管理信息化的影响，包括两方面内容：一是对工程流程促使工程产品形成过程的影响。二是对工程流程的设计、应用、评价产生巨大影响。信息化与生产融合，在生产自动化和管控精细化方面，将发挥巨大效益。下面介绍三个代表性的工程流程。

9.4.1 水泥生产工艺流程

1824年波特兰水泥的发现和制作工艺的发明，开启了世界土木建筑工程史上的大规模建设时代。由于不断改进和完善，发展至今水泥生产流水线化已经相当成熟，其产量在建筑材料中已占据很大比例。图9-4简化绘制了通用的水泥生产工艺流程，限于篇幅，质量标准和工艺参数等不详细标注，仅供参考。

9.4.2 汽车总装工艺流程

汽车是现代经济社会不可或缺的交通运输工具，其特点包括车型多、车厂多、用户数量多、遍布全球、消耗燃料动力多、造成污染和交通事故也多。1913年福特T3汽车实现流水线生产，真正步入了工业化大规模生产的快车道，汽车发展历史，就是工业化的演化史：材料改进、结构完善、功能增加、设计和加工技术进步、安全性舒适性增强，流水线改变生产效率、竞争格局和商业版图，就充分说明了工程流程的巨大价值。分析作为最大工程成果的

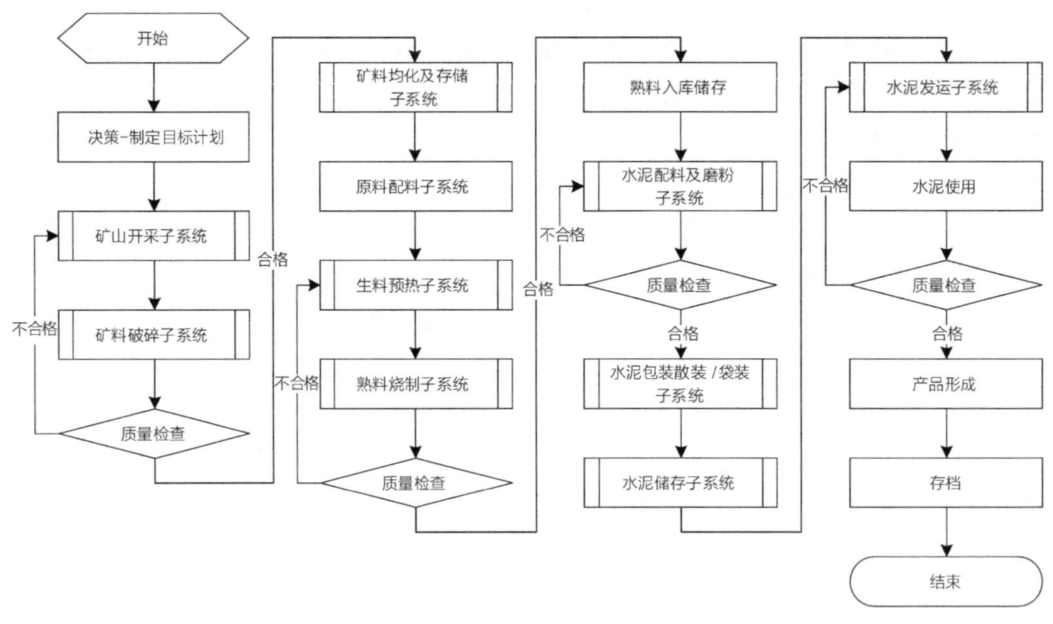

图 9-4 水泥生产工艺流程

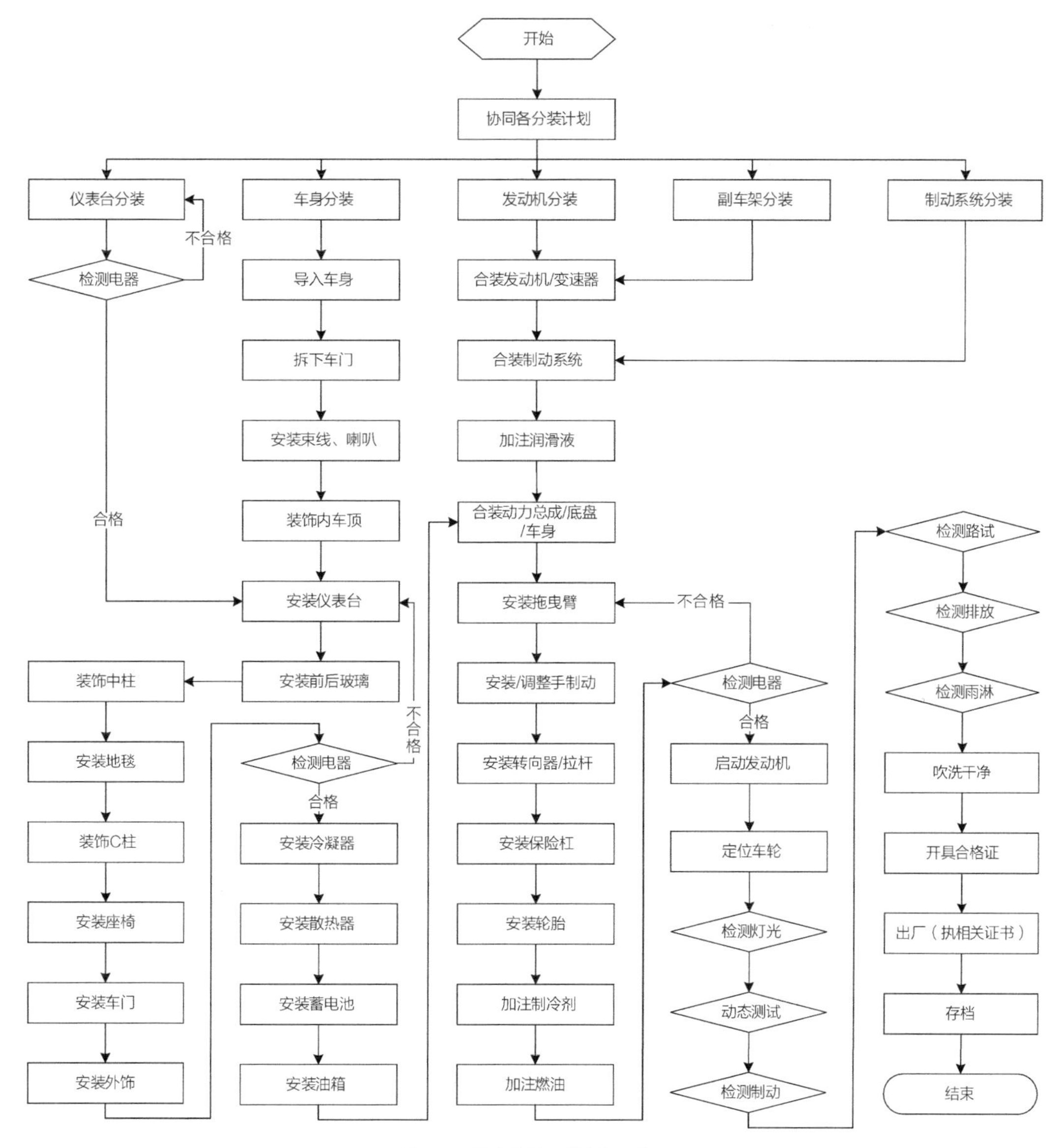

图 9-5　汽车总装工艺流程示意图

汽车总装工艺流程，能够了解详细步骤、质量控制环节和分装总装关系。图9-5为汽车总装工艺流程示意图。

9.4.3　工程质量管理流程

质量是在自然规律约束下，根据产品的要求而设计、制定的标准。质量可以是规定外形特征，尺寸、强度、色彩、连接方式、材料种类等多种定性、定量的标准。质量也是工程产品（人工物）的基本属性，属于规则输入，记载于技术规范、规程等文件中。质量管理是工程的重要工作，质量活动用流程来明确规定其方式、间隔、工具和分析手段，涉及利益不同的共同体成员。必须指出，质量管理不仅是重要的工作，也是非常复杂且专业性很强的工作，需要由专业、实践经验丰富且具有高度责任感、善于沟通协调的工程师担任。图9-6是建筑工程中常用的表达逻辑的流程。

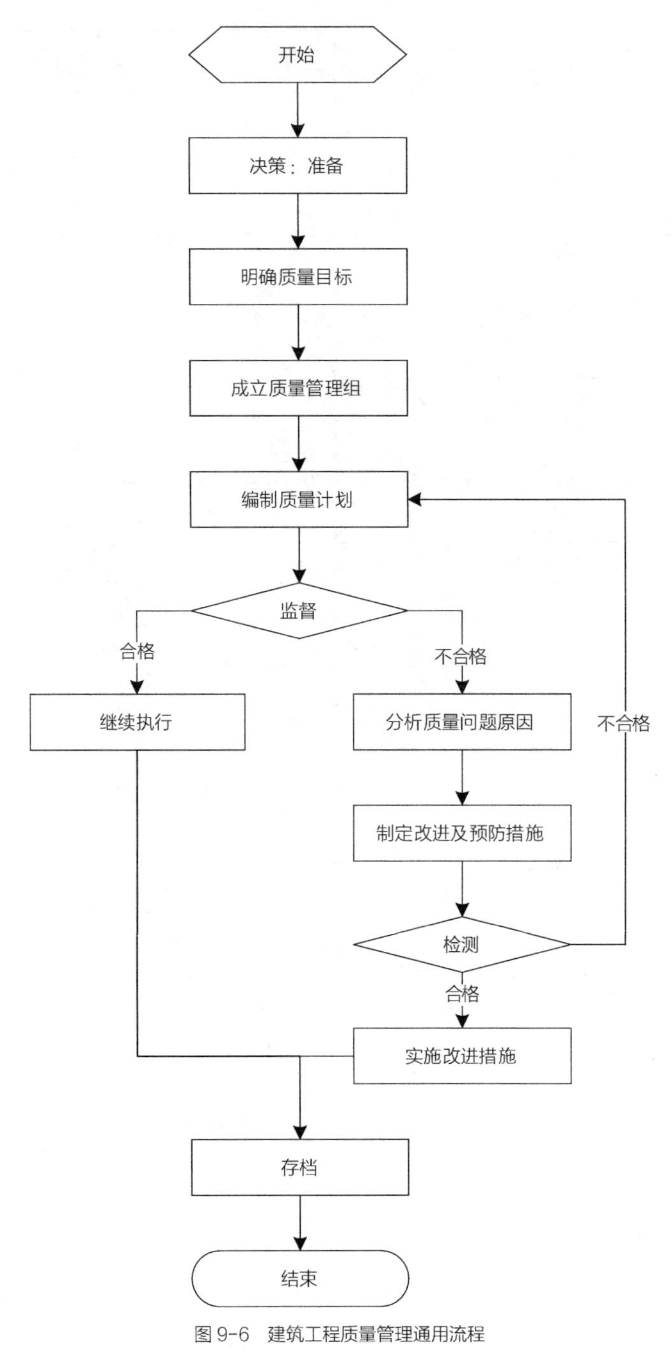

图9-6 建筑工程质量管理通用流程

第10章
论工程要素

本章逻辑图

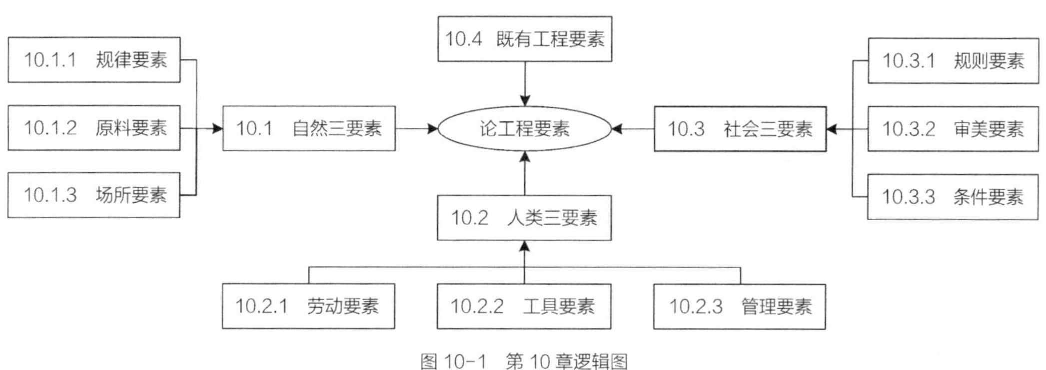

图10-1 第10章逻辑图

工程的复杂性来自于多元的关联性，输入要素的多样性也是学科交叉（如科学、技术、工程）和新学科创设（如工程社会学、工程伦理学、工程法学、工程经济）的根源。将工程输入的要素进行归纳、概括，与四世界构成相对应，共分为三大类九大要素：规律、原料、场所；劳动、工具、管理；规则、审美、条件。图10-2是工程九要素关系图，即以自然界的规律、原料、场所为基础，人类使用劳动、工具、管理完成符合社会规则、审美、条件要求的工程成果。没有要素的完整输入，就不能输出工程结果，本章将对各工程要素进行具体阐述。

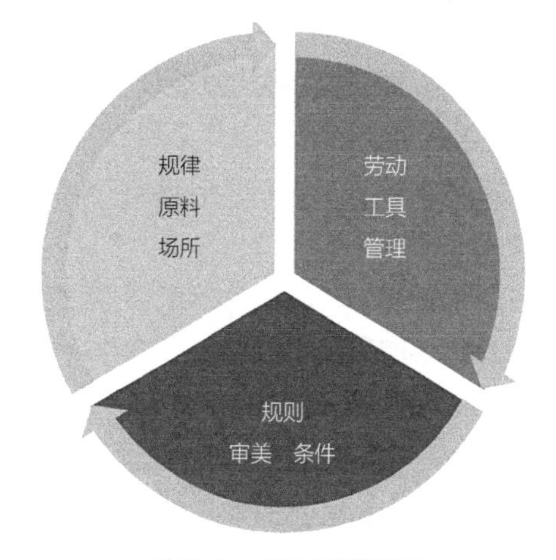

图10-2 工程九要素关系图

10.1 自然三要素

10.1.1 规律要素

何为规律？哲学范畴的规律源于古希腊哲学中的“逻各斯（Logos）”一词，追溯其语义内涵，该词在希腊语中具有说话、思想、规律和理性等含义。随着基督教在西方世界的兴起并占据统治地位，“逻各斯”被赋予了宗教神学的含义，《圣经·约翰福音》中，“逻各斯”就是指上帝的话语，是道，也是一切真理的最终源泉。把“逻各斯”理解为规律，源于赫拉克利特在残篇中关于此词所具有的尺度、比例、公式等基本含义，人们将其意义引申为事物发展变化过程中本质的联系和发展趋势。在现代英语中，“规律”用“Law”表达，其首条词义指规则体系，其次有规律、定律的意思，因此，在日常用语中它兼有法律法规和规律双重含义。反映事物之间相关性的规律是自在的，而人世间的法律、规矩、规则、规章制度是人为的。

何为工程规律？第一，工程规律是物的变化规律与人的实践活动规律相互作用的规律。工程活动是人类在遵循自然规律的前提下，将自然事物改造为为己所用人工物的目的性活动。工程活动受诸多规律群的约束，关于自然事物的自然规律是工程建构的基础，反映人类社会活动的社会规律是引领工程建构的方向，反映人的思维运动的思维规律决定工程方法的选择。因此，一项优质的工程就是在认知规律的能动性的促动下，通过工程技术方法的应用使自然规律的客观性、技术规律的效用性、社会规律的合理性在技术产生物或工程中能够协调起来。第二，工程规律是关于工程的生成、变动、变化与发展的规律。首先，工程活动是一个动态的实践活动，工程的变化发展受工程活动中认知的影响。工程的生产受到物质条件的制约，人类在不同的认知下会产出不同的物质基础，在不同物质基础上构建的工程产物也各不相同。其次，工程技术的进步拓展了工程实现形式的空间。人类工程在蒸汽时代、电气时代与信息时代不同的图景和表现形式源于工程活动中的技术进步。再次，工程理念的更新引导工程模式设计的方向。以经济增长指标为导向的工程理念助长的是注重经济效益的设计，以社会和谐发展为指针的理念崇尚的是人、社会、环境相协调的设计①。

遵循规律是主动的，规律本质上不可能主动输入工程，而工程受规律制约，违反规律就会产生严重后果，如地基承载能力不足，上部建筑物就有可能下沉、倾斜、倒塌。任何工程都必须遵循自然现象背后的自然规律，自然现象有很多，大致可以分为物理现象、化学现象、生物现象。自然现象中蕴含着许多与工程相关的自然规律，针对客观的规律性，由价值驱动的工程应进行趋利避害的选择，即有利的进行应用，有害的进行防治，由此将自然现象转化为工程措施并使用，如表10-1所示。

① 周永红．工程规律的存在域及其特点［J］．工程研究-跨学科视野中的工程，2011，3（4）：375-383.

自然现象与建设工程应用防治关系表 表10-1

自然现象	应用或防治
水泥水化发热	大体积混凝土：应力产生裂缝
高温下分子运动速度快	及时清理散落的混凝土
热胀冷缩	伸缩缝的留设
水分受热蒸发	混凝土覆盖、保湿养护
施工过程产生过多污染	绿色建筑
渗流现象	流砂防治措施

具体过程见图10-3。

图 10-3 自然规律与工程关系图
（注：“+”表示有利的工程；“-”表示有害的工程）

恩格斯在《自然辩证法》中已对“人对自然的变革必须以尊重自然规律为基础”这一点进行了准确缜密的阐述、解释和举证。他提到的支配和统治不是站在自然界以外，而是以存在于自然界、属于自然界的身份，并依据正确的自然规律去适应、调整和制约自然。事实上，如果人们学会更加正确地理解自然规律，学会认识人类对自然界的干涉所引起的影响，那么人们就能够重新认识到自身和自然界的一致[①]。

规律对工程的输入，是人类掌握规律的一把标尺，事实上工程演化可以说就是凭借对规律的认识、掌握和能力转化进行的，其输入转化方式在于将规律形成为工程执行的行为规范和准则，作为工程实施时的依据和监督检查时的标准。这种规律的输入和转化，并未人人皆知且人人自觉奉行，大有日用而不知的“味道”，值得引起重视。

10.1.2 原料要素

原料也称原材料，是指生产某种工程产品的基本构成材料，它是用于生产过程起点的产品，没有原材料就不会有任何工程产品，工程离不开原料的输入，即使软件产品也是如此。原料分为两大类，一类是在自然形态下的森林产品、矿产品与海洋产品，如铁矿石、原油、水等；另一类是农产品，如粮、棉、油、烟草等。工程中辅助产品形成的材料，也在讨论之列。

以土木工程为例，广义范畴的土木工程原料是指用于土木工程涉及的所有材料，可包括三部分：①构成建（构）筑物实体的材料，如水泥、石灰、混凝土、钢材、砖、砌块、石材、沥青、瓷砖及其他装饰材料、功能材料等；②在工程使用功能方面发挥辅助作用的相关

① 李晓敏．马克思主义哲学中的人、建筑和自然［J］．东南大学学报（哲学社会科学版），2001（4）：11-13.

器材与材料，如给水排水设备、消防设备、网络通信设备与材料等；③在工程施工过程中发挥辅助作用的材料，比如构成脚手架、模板、围墙、板桩等设施设备的材料。狭义范畴的土木工程原料是指直接构成土木工程实体的材料。原材料、中间产品材料、辅助材料都是工程产品必不可少的材料。

工程的原料有一定的特殊性。除了直接构成工程产品之外，还有两类也属于原料：工程中间件和产生能源的原料。前者是指加工后的半成品，如预制桩、预制砖瓦、预制混凝土构件等。随着工业化发展，装配式建筑中采用工程化生产的中间件（预制件）越来越多，现场只进行拼装和固接，简化了工序，缩短了时间。而后者是指作为能源的电力、煤炭、水能、电焊化石能等，虽并不构成产品本身，但于工程而言必不可少。

原料输入工程的方式，大多直观可见，如通过逐次叠加、拼接、移除，将原样转换为工程实体的构成部件，再通过预制、现浇、焊接等工序将其组成稳定、安全的所造物。原材料生产、供应、运输的物流与物流管理是工程的重要工作。物料供应链竞争也成为工程能力竞争的最主要措施。

表10–2是某央企实际常用的材料管理表。

中建某局EPC工程物资验收清单（土建装饰）表　　表10–2

编号	材料名称	编号	材料名称	编号	材料名称
01	钢筋	16	绝热用挤塑聚苯乙烯泡沫塑料（XPS）	31	玻璃
02	直螺纹套筒	17	岩棉板	32	地毯
03	钢筋马镫	18	SBS改性沥青防水卷材	33	铝板
04	止水钢板	19	安全网	34	木地板
05	水泥	20	安全带	35	板材
06	砂子	21	防火门	36	瓷砖
07	石子	22	排烟道	37	轻钢龙骨石膏板
08	混凝土	23	不锈钢	38	矿棉板
09	砂浆	24	胶地板	39	皮革
10	粉煤灰砖	25	抗倍特板	40	钢质门
11	混凝土多孔砖	26	五金	41	木门
12	蒸压加气混凝土砖块	27	乳胶漆	42	木饰面板
13	蒸压轻质加气混凝土板（ALC墙板）	28	石材	43	幕墙玻璃（隐框）
14	木方木胶板	29	壁纸		
15	脚手架钢管	30	窗帘		

10.1.3　场所要素

工程场所是指工程活动发生、途经、工程产品运行的地点，是工程对空间的占有，以及由此引起的空间组合形态的变化。场地偏重自然地域和范围尺度，场所则偏重行为综合范围，人工意味更重。场所有不同类型：如工厂建在固定的厂址，位置一经确定，就不能随意移动；又如在船坞中建造时的航母和远航时的编队航母，以及飞行中的宇宙空间站，它们占有了移动的空间（轨道、航道），其内部也构成了安放设备、人员活动等空间组合形式的建筑场所。工程场所规划、选择是否得当，对城市和工业区的建设，自然资源的开发利用和环境保护，都具有深远的影响，也直接关系到拟建企业的建设投资、建设工期和投产后的经济效益。这是一项政策性强且技术性和经济性要求高的工作，大型和特大型建设项目在场地选择时尤为重要。

宏观决策和微观操作上，工程场所的选择一般应考虑以下原则：适合全国和地区产业布局以及产品供需安排的要求；符合城市规划或工业区域规划；尽可能节约占地面积，少占或不占良田、耕地；企业生产所需的资源能够落实，原料、燃料及辅助材料的供应经济合理；有充足可靠的水源和电源；交通运输条件比较方便、经济；不污染环境，不破坏文物古迹，不妨碍文化、旅游及其他精神文明建设；对拟建项目留有适当发展余地；地质条件较好，施工难度小，建设投资少；项目建成投产后，经济效益良好。除上述一般原则和要求外，还要根据不同产业部门、不同性质企业的技术经济特点，着重考虑不同的建设项目所选厂址必须具备的主要控制条件。如核电站工程的厂址，必须具备良好稳定的地质条件，环境影响符合安全要求，具有充足可靠的水源，提供灾害控制便利。铁路、公路的选线，要根据沿线运量的发展前景，地形地质条件的好坏，土石方量挖填均衡，控制性工程大小难易程度来确定。

场所要素的输入有其特殊性，是作为工程主体的主动规划和选择。实践中作为独立要素，场所占用仍未得到更深入的研究和更细致的规划，管理模式也各不相同。在实用开发方面对深地、深海、深空的探索已经展开了诸多工作，工程还事关领空、领地、领海的主权拥有，纷争也常由此引起。工程产品内部空间的不同构成形式，充分展现技术水平、审美情趣、建造技艺，是建筑学深入探讨的知识范围，也是结构与功能关系的深入体现。由于场所归属不同主体，导致工程管理中的协调工作增加，甚至出现“钉子户”和法律诉讼的情况，这是十分常见的。

10.2 人类三要素

10.2.1 劳动要素

从哲学视角看，劳动是主体、客体和意义的内涵集成体。劳动是人类社会生存和发展的基础，主要是指生产物质资料的过程，通常是指能够对外输出劳动量或劳动价值的人类运动，劳动是人维持自我生存和自我发展的唯一手段。在商品生产体系中，劳动是指劳动力的支出和使用。马克思对此下了这样的定义：“劳动力的使用就是劳动本身。劳动力的买者消费劳动力，就是让劳动力的卖者为其提供劳动。”

人类劳动分为体力劳动、脑力劳动与生理力劳动三种基本形式。体力劳动、脑力劳动和生理力劳动都可以凝聚一定的信息，因而都可以产生价值增值，其中生理力劳动凝聚的信息通常以生理信息的形式凝聚于人的机体之中，主要表现为机体健康性、身体灵活性、感官灵敏性、环境适应性、思维创造性等方面的加强，有时也表现为缺陷器官的修复与强化、体液与组织的弥补和替代等。

人类在劳动过程中，首先通过行为方式的变换与思维方式的转换来形成信息，通过价值判断与价值评价来选择信息，并通过经验和能力等方式来贮存和传播信息。其次通过建立、发展和完善各种形式的扩展耗散结构（生活资料、生产资料、社会关系、自然环境和社会环境等）来形成信息，通过价值判断与价值评价来选择信息，并通过科学与技术等方式来贮存和传播信息。最后劳动促进了手脚的进化，使人类学会制造和使用工具；劳动促进了语言的产生，加速了信息的生产和传播；劳动促进了大脑和机体的进化，加速了信息的积累与处理。

劳动是价值的唯一源泉，因为劳动在信息（包括人类机体的生物信息）的形成、传播、处理和运行过程中起着决定性作用，所以可以说劳动创造了所有价值包括人类本身。因此，劳动要素也是创造工程价值的源泉。毫无疑问，工程中没有劳动要素的输入，将不存在任何工程造物的结果。本质上，作为主体的劳动者、作为对客体的劳动对象的选择和加工者、作为目的物的拥有者以及价值的判断者和需要者，如果没有脑力、体力、生理力的劳动，也就没有任何工程可言。

机器人与人工智能的发展也应得到重视。机器代替人参加劳动，已达百年之久，数量和质量正极速增长。而机器人本身也是工程产品的一部分。人工智能则将逐步代替人进行决策、管理，安全、效率、成本、就业伦理等问题已经呈现在人类眼前，值得深入研究。

10.2.2 工具要素

工具的使用是人区别于动物的一大特点，工具水平体现国家竞争力的差异。工具要素既包括生活中的常用工具，如扳手、钳子、电钻、千斤顶、螺丝刀等；也包括工程现场（工程产品流水线）的各类大型机械工具，如车床、叉车、挖掘机、电梯、光刻机、机器人等。这些工程易见易理解，也是工程的中间件，这里不再讨论。另外一类是比较抽象的工程管理工具。项目管理工具发展历史如表10-3所示，国内现代管理工具发展起步较晚，基本都是引用和学习国外的理论与工具（包括软件），自主研发偏少。

项目管理工具发展历史　表10-3

名称	译文	创立人	年份	核心思想与价值
GANTT	甘特图	亨利·甘特	1917	甘特图是通过活动列表和时间刻度形象地表示出特定项目的活动顺序与持续时间。其横轴表示时间，纵轴表示活动（任务），线条长短表示在整个期间上计划和实际的活动完成情况。可直观地表明任务计划在什么时候进行，以及实际进展与计划要求的对比。有简单、直观、容易掌握等优点，能够为工程各层次人员所理解，故在建筑工程界很快得到推广，直到目前仍广泛采用

续表

名称	译文	创立人	年份	核心思想与价值
JIT	准时制生产	大野耐一/丰田相佐/丰田喜一郎	1953	准时制生产是指在所需要的时刻，按所需要的数量生产所需要的产品（或零部件）的生产模式，其目的是加速半成品的流转，将库存的积压降到最低限度，从而提高企业的生产效益
CPM	关键线路法	JE Kelly/ MR Walker	1957	关键线路法用网络图表示各项工作之间的相互关系，找出控制工期的关键路线，在一定工期、成本、资源条件下获得最佳的计划安排，以达到缩短工期、提高工效、降低成本的目的
PERT	计划评审技术	美国海军部武器局	1958	计划评审技术采用箭头线、节点组成的网络图表达进度计划，具有统筹兼顾、合理安排的思想
TQC	全面质量管理	阿曼德·费根堡姆/约瑟夫·M·朱兰	1959	全面质量管理是一种预先控制和全面控制制度。它的主要特点就在于“全”字，它包含三层含义：①管理的对象是全面的；②管理的范围是全面的；③参加管理的人员是全面的。体现了全过程、全员、全任务思想
MRP	物料需求计划	Oliver W.Wight/ George W.Plosh	1960	物料需求计划指根据产品结构各层次物品的从属和数量关系，以每个物品为计划对象，以完工时期为时间基准倒排计划，按提前期长短区别各个物品下达计划时间的先后顺序，是一种工业制造企业内物资计划管理模式
BIM	建筑信息模型	Chuck Eastman	1975	建筑信息模型具有可视化、协调性、模拟性、优化性和可出图性五大特点。在建筑工程整个生命周期中，建筑信息模型可以实现集成管理，是将建筑物的信息模型同建筑工程的管理行为模型进行完美的组合
VR	虚拟仿真	Jaron Lanier	1980	是用一个虚拟系统模仿另一个真实系统的技术，用户可借助视觉、听觉及触觉等多种传感通道与虚拟世界进行自然的交互
Project	进度计划管理软件	微软公司	1984	MS Project不仅可以快速、准确地创建项目计划，而且可以帮助项目管理人员实现项目进度、成本的控制、分析和预测，使项目工期大大缩短，资源得到有效利用，提高经济效益。该软件设计目的在于协助项目管理人员发展计划、为任务分配资源、跟踪进度、管理预算和分析工作量。类似的还有P3等系统软件
ERP	企业资源计划	Gartner Group Inc.	1990	企业资源计划是指建立在信息技术基础上，以系统化的管理思想，为企业决策层及员工提供决策运行手段的管理平台。在MRP Ⅱ基础上发展而来
BPR	业务流程重组/企业流程再造	Michael Hammer	1990	流程再造是指打破企业按职能设置部门的管理方式，代之以业务流程为中心，重新设计企业管理过程，从整体上确认企业的作业流程，追求全局最优，而不是个别最优
LP	精益生产	鲁斯	1990	精益生产是通过系统结构、人员组织、运行方式和市场供求等方面的变革，使生产系统能很快适应用户需求不断变化，并能使生产过程中一切无用、多余的东西被精简，最终达到包括市场供销在内的生产的各方面最好结果的一种生产管理方式

工具的重要性，对于工程规划、勘察、设计、建造、运维和拆除，都是不言而喻的。制造工具甚至被确定为人类区别于动物的最重大标志。工具本身作为工程产品的成果，既可以仅仅是工具不构成产品的部件，也可以是部件的一部分。工具还影响了工程的建造流程，笔者见证了不同时期的水上浮吊由于起重能力的增加，在珠江（1990年，250t，广州夏港新沙

码头）、东海（2006年，3000t，杭州湾跨海大桥）、南海（2017年，12000t，港珠澳大桥）上使得格形钢板桩、桥梁预制箱梁和海底沉管隧道的施工工艺得到简化，极大地提升了效率。因此，工具的选择和制造，相当程度上就是工程的能力标尺。作为特殊的工具，关于软件的讨论将在本书第15.6节中进一步展开。我国工程界与发达国家的差距，极明显地体现在工具（硬工具和软工具）的开发意识和实际绩效上，这一点值得深刻反思和警惕！除此之外，工具被卡，终成为卡脖子的关键。目前，工业软件、智能机床、制/建造设备、大科学装备等关键工具，都需要奋起直追，"绵绵用力、久久为功"才能取得重要突破。在工具性造物结果的对比中，工具处于劣势地位，其背后的思想根源可以从科技史中挖掘。如表10–4所示的科学仪器，也是常用的工具。

部分科学仪器表 表10–4

类型	仪器名称
化学仪器类	温度计、托盘天平、试管、烧瓶量筒、石棉网
电子光学仪器类	透射电镜、扫描电镜、电子探针、电子能谱仪
质谱仪器类	有机质谱仪器，无机质谱仪器、同位素质仪谱、离子探针
光谱仪器类	荧光分光光度计、原子吸收分光光度计、光电直读光谱仪、激光光谱仪
仪器仪表类	汽车仪表、电离辐射仪表、拖拉机仪表、船用仪表、航空仪表

国际著名数学家丘成桐教授（清华大学求真书院院长）的一段话，深刻揭示了工具在解决重大问题时的重要性。他说："我们要解决一个大问题的时候，往往要有很好的工具，在工具发展的时候精益求精。在每一个工具上面再发展，我们就可以看到不同的现象。我们晓得，太阳系以外还有银河系，看到银河系以后，再看，其实还有不同的星云，这每一个跳跃，其实都是工具的发展。解决问题的工具可以精益求精，为了解决问题，就不停地加深它的深度，工具越多，越能够产生更深刻的、有效的方法，这是一个很重要的事情。"

10.2.3 管理要素

管理是体现人类工程活动中能动因素的最大表现，管理是促使工程目标实现过程的总和。正是因为有了主动的管理行为，工程从简单到复杂，短期到长期，有机融合了自然条件和人本需要。管理有自身的发展历程，国内外无不如此。

鲁布革水利枢纽工程是中国工程建设历史上极具代表性的项目，其开启了新中国项目管理的启蒙历程。尽管因为历史条件和认识的局限性，是"念错了的好经"，未能在工程总承包模式（日本大成公司只有管理骨干30多人）、技术工法（项目采用了不少惊艳的先进工法）、管理技术手段（建设理念、管理工具、分包招标投标、合同管理等）等方面深入挖掘其价值，但是却在推动项目法施工方面取得共识并积极推进。如果当时不仅注重微观操作层面，更注重宏观理论、模式层面的借鉴与实践探索，中国的建设工程项目管理历史将有不同的面貌，工程管理历史也将改写，当然这只是一个假设。

国际上的项目管理思想发展历史如图10-4所示。

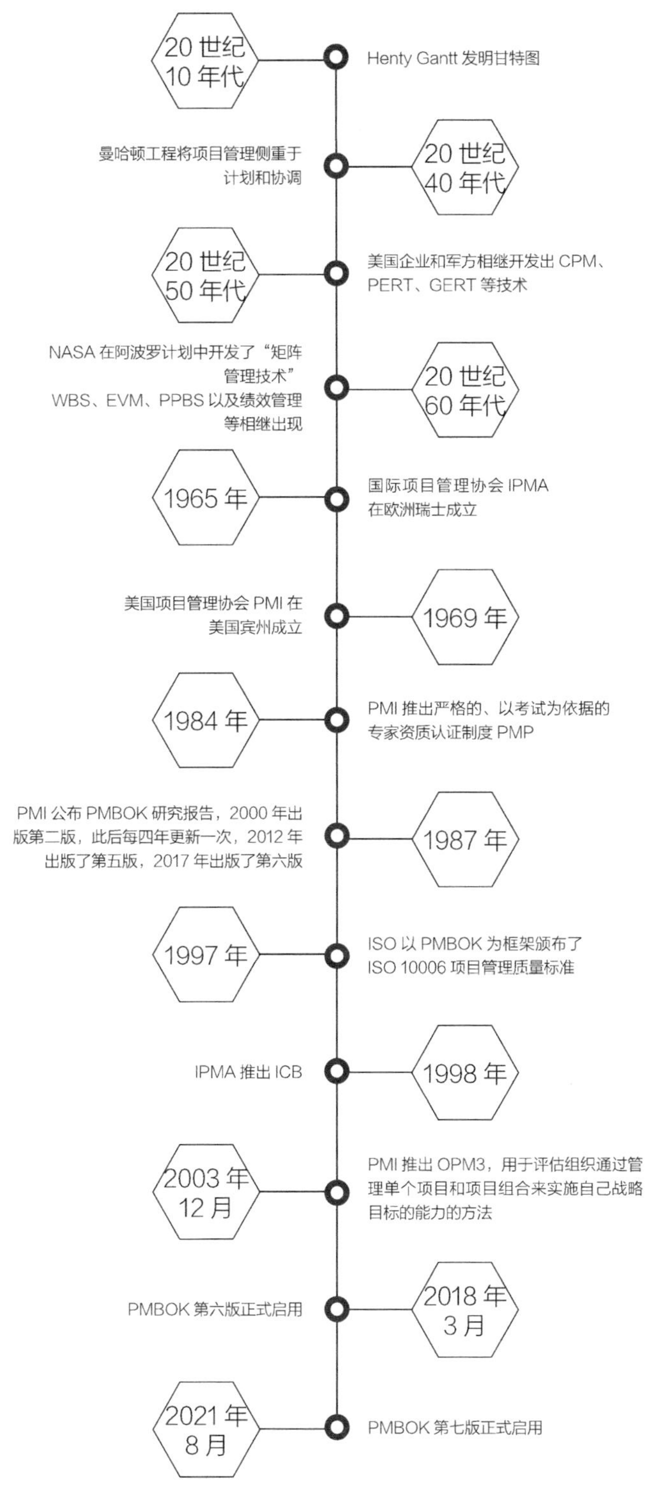

图10-4　国际上的项目管理思想发展历史

国内的项目管理思想发展历史如图10-5所示。

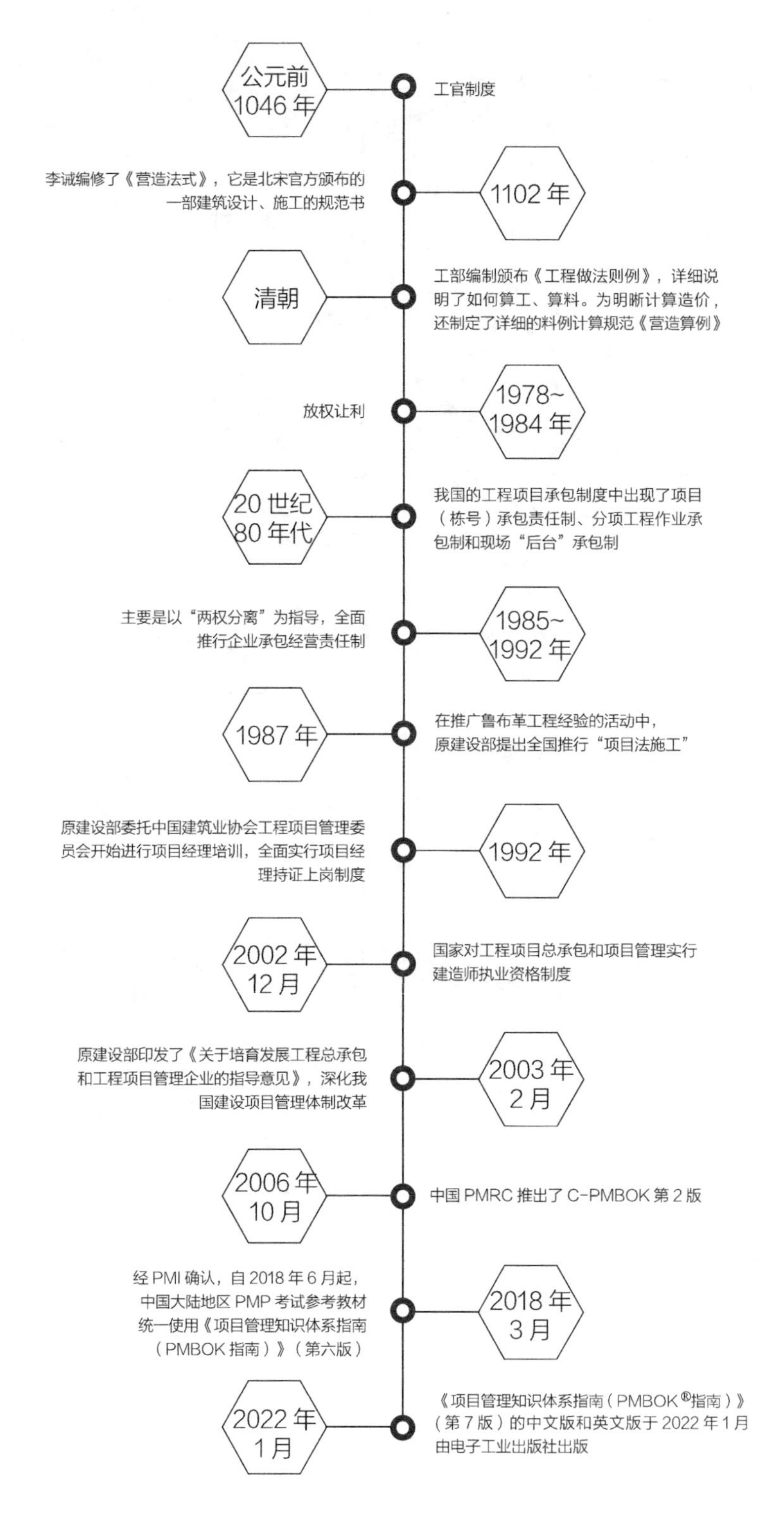

图 10-5　国内的项目管理思想发展历史

管理具有无形性，是伴随工业时代产生而发展丰富起来的，在这里我们必须强调，管理要素的重要性被过分地漠视和淡化了，西方支撑工业强盛的重要因素之一究其本质就是管理！管理是科学、技术、工程之外的独立人类活动，既有独立特性又与各方面密切相关，也或者是可以被确证的第四类活动形式。关于工程管理的详细讨论见本书第20章。

10.3 社会三要素

10.3.1 规则要素

工程规则是工程哲学的基本范畴之一，随着工程哲学研究的不断深入、减少工程事故发生的愿望日益迫切，在理论和实践上关注工程规则成为必然。工程规则是自然规律和社会规则的融合体，部分依据自然规律制定，部分融合治理和管理规矩而定。前者如技术规范，后者如工程法规、合同规则、项目管理规范。

当代工程实践活动中通常存在着大量的程序、操作手册、指南、技术规范、标准等规则，这些都是组织人为制定的工程规则。工程规则的研究不在于关注单独的工程程序、序列、规范、标准等具体的工程规则形态，而在于从一般、抽象的层面理解工程工序、操作手册、操作指南、规范、标准等共同构成的一类知识——工程规则。工程规则是工程共同体行使权限和自我约束、处理矛盾的准则。

在工程哲学领域，李伯聪较早关注了工程规则问题："一个工程的实施过程是由一系列的操作组成的，我们可以把这个操作系统称为一个程序。对于工程问题来说，操作程序问题是头等重要的问题""程序合理性问题是工程在实施过程中的一个核心性问题[①]"。这里的"操作程序问题"和"程序合理性问题"是工程规则问题的重要内容[②]。工程、技术、社会和经济活动都是规则系统，管理者、工程师、工人和职员以制定、改进和执行规则为己任[③]。学者任治俊在对工程主义的考察中关注了工程规则的问题："任何一项工程及其构建都必须遵循一定的程序和方法来进行。对于任何一项工程其构建都必须按照科学的程序和方法来实施。这种程序和方法，是必须一步一步地按照规定的步骤来进行的。原则上，既不能跨越，又不能省略或者合并，事实上，涉及工程的各个具体阶段和步骤，其内部也都存在着相对比较稳定和规范的特殊程序和固定方法。如果不遵循这些程序，不按规定的方法进行操作，其结果是难以想象的[④]。"这里的"程序"即是工程规则的重要内容；对"程序"的强调，表明工程规则对于工程实践活动的必要性和强制性。工程主义是一种操作主义，操作主义要强

---

① 李伯聪. 关于操作和程序的几个问题［J］. 自然辩证法通讯，2001（6）：31-38.

② 郭飞，吕乃基. 刍议工程规则研究的背景、意义和路径［J］. 自然辩证法研究，2011，27（2）：50-55.

③ 李伯聪. 规律、规则和规则遵循［J］. 哲学研究，2001（12）：30-35，78.

④ 任治俊. 工程主义及其可能性——一个假说初步［J］. 天府新论，2007（3）：33-35.

调的就是一种可行性，一种可操作性，可操作性和可行性是一项工程的本质要求。在一定意义上，工程建造过程中的“可操作性”体现为工程规则，并通过工程规则来实现[①]。

应当指出，潜规则的存在是普遍现象。一类潜规则是行业习惯性做法，虽然长期积累但并没有成为强制执行的标准，如壳、砼（应为混凝土）的读音和内涵。一类潜规则则特指不能上台面的诸多做法，可能是违法违纪的。减少潜规则，是管理进步的方向。规则在不同国家和区域存在一定的差异，务必引起高度重视。技术规范体系的不同也是现象之一。

10.3.2 审美要素

审美具有复杂的内涵，影响因素也众多纷繁。工程审美，是一个概括性的综合概念，也是内涵异常丰富、历史久远、包容性特别强的论题，融合自然、空间组合、色彩设计、文化因素、安全感、历史寓意等，构成具体的审美因素。关于工程审美内涵和公众接受欣赏度、审美的标准、美的创造和审美的引导等，非常值得深入讨论。审美作为工程的输入条件，影响工程的决策和形成，形成的结果又成为审美的对象，反过来促使审美新观念的发展。诸多工程因为美丑方案遭到否决，建成后遭受褒扬或者非议，都是审美的外显。

人类与自然的关系，经历了奈何→恐惧→使用→界线→隔离→……→回归→无法回归的过程。自然深刻地影响着人类的心理，包括审美。人类最大的审美就是如何处理与自然的关系。人类的审美影响了地球的面貌，与大自然的“杂乱无章”不同，人类喜欢一排排整齐划一、间隔一致、树龄一致、树种一致的果树。科学时代来临，电灯、汽车、手机、电视无数新装置被发明出来，要生产这些东西必须建设工厂、办公室，人类开始对地表进行大规模硬化，钢铁、水泥取代了泥土、木材和稻草，与自然界的隔离愈加明显。审美因素贯穿了工程活动的全过程，包括设计、制造（建造）、使用阶段。今天，人类生活的世界，几乎全部为工程技术所构建、所覆盖，除了效益、便捷、能力和力量的增长外，人们在生活、工作和环境中能够享受到的审美愉悦，也越来越多地由工程活动及其产物所提供。工程技术参与了美的生活、美的世界的创造，美也成为工程技术产品的一个选择和评价标准。同时，工程审美具有鲜明的时代特征——发展。工程中也产生了奇奇怪怪的审美结果，因为工程就是造物，这些物的结果，体现了决策群体的审美旨趣[②]。审美正是人在造物过程中的交互：“我们塑造了建筑物，此后建筑物又塑造了我们。”（温斯顿·丘吉尔）“建筑，真正的建筑，不仅仅是创造空间功能的艺术。它还影响我们的心情、感受以及看世界的方式。通常在无意识的层面上，建筑会和我们交流。它们讲述我们所处社会、它的志向以及它的古往今来。好的建筑就像一个故事或一首音乐，能够带领我们开启一段旅程，影响我们沿途的心情。”[③]

---

① 郭飞，吕乃基．刍议工程规则研究的背景、意义和路径［J］．自然辩证法研究，2011，27（2）：50-55.

② 朱葆伟，邵艳梅．工程活动中的审美因素［J］．自然辩证法研究，2017（3303）：57-62.

③［英］盖纳·艾尔南特．世界建筑简史［M］．赵晖，译．北京：中国友谊出版社，2018：8-17.

10.3.3 条件要素

条件要素是一个综合提法。工程的实现是需要条件的，或者说需要基础的，和平稳定的社会环境、熟练的技术工人、充裕的资金条件、可靠的技术水平和可资选择的自然资源以及满足工程要求的组织管理能力等，对于工程的实现同样起着决定性的影响。在处于战火纷飞的年代和地域，人工缺乏、资金短缺、资源不足的情况下进行工程实施都将提高成本、增加难度。本书第12章将具体阐述PESTecl七大环境要素，与本章讨论内容归结起来综合成条件要素。

10.4 既有工程要素

既有工程对新建工程具有启示、借鉴、总结与提升的作用，既有工程给新建工程带来经验。工程的复杂性，导致工程中的很多因素不能被准确计算、预计在内，工程有相当多的经验部分，有不可计算部分，因此，建设工程中常常采用“工程类比法”，借鉴临近、相似既有工程的决策、设计、工艺、材料等。而无可借鉴的技术和管理问题，则往往成为科学研究和探索的创新内容。

在新建工程时，既有工程与新建工程之间的关系是十分值得关注的要素。既有工程的经验和教训，同时也是工程能力提升、工程知识继承、工程人才培养的重要途径。在工程知识类别中的意会知识、物化知识，通常就是指这个方面。

另一方面，既有工程占有工程场所，对新建工程产生影响。例如：新建工程导致既有工程出现开裂、倒塌、沉降，以致功能丧失、地面塌陷、房屋产生裂缝等。

以地铁工程为例，随着城市建设的快速发展，我国地铁隧道的建设如火如荼。据城市轨道交通协会发布的数据，截至2021年末，有50个城市累计开通了城轨交通运营线路约9000km。到2050年，我国将规划建成290条城市轨道交通线路，运营总里程约11740km。地铁线路大多穿越繁华的商业区地下。建造地铁时，会对已经建成的建筑物地基造成位移和应力变化；运营时，产生的振动会引起地铁隧道周围地层结构及临近建筑物的振动响应，进而对建筑物的安全性和使用寿命造成影响，并且由于振动长时间的反复作用，会进一步干扰人们的日常工作和生活[①]。同时，建造深基础高层建筑，许多高层建筑物临近地铁隧道，其基坑开挖及桩基的施工，以及建筑物荷载会造成临近地铁隧道位移和应力发生改变、地铁坑壁渗水等，影响隧道结构和列车运营安全。

因此，在工程建设过程中，不但要考虑直接投入工程的九大要素，还需要考虑既有工程这一要素与现有工程之间的关系。

---

① 唐武. 某新建工程与临近既有地铁相互影响研究 [D]. 北京：北京交通大学，2011.

第 11 章

论工程情景

本章逻辑图

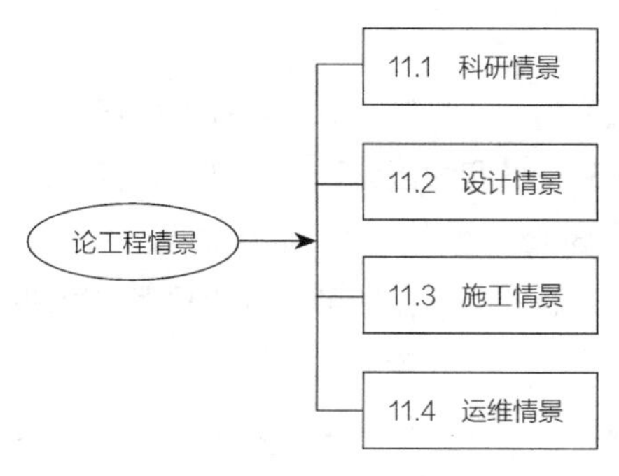

图 11-1　第 11 章逻辑图

情景讨论既有助于掌握不同情景下的工作规律，提高其效能，也有助于工程共同体内外不同情景群体的沟通。例如，房屋用户并不特别关注房子的结构，但是对使用功能趋之如鹜，而设计师则更多倾注心血在结构上，这就导致设计师与用户的交流常常因为情景错位而陷于尴尬。同样，大众对外形（建筑）的理解和要求多于建造流程的难易。情景是指主体的工作对象角度的因素综合，场景则是指无主体差异的客观因素的综合。情景的内涵尚无明确的界定。

工程情景主要包括：科研情景、设计情景、施工情景、运维情景，四大情景对应着技术人工物中的结构、功能、流程三大属性（图11-2），其关系为：设计师通过设计构建工程的结构；工程师通过建造流程的实现，搭建起结构与功能的桥梁，展示过程；运营者通过运维（使用）使产物发挥其功能；研究人员通过科研，不断对工程进行创新与改进。工程中的功能和结构与人类活动的使用情景和设计情景相互影响，而人类活动的建造情景就是工程中的建筑流程。科研情景连接着人类活动与工程物，是对结构、功能、过程的创新研究。

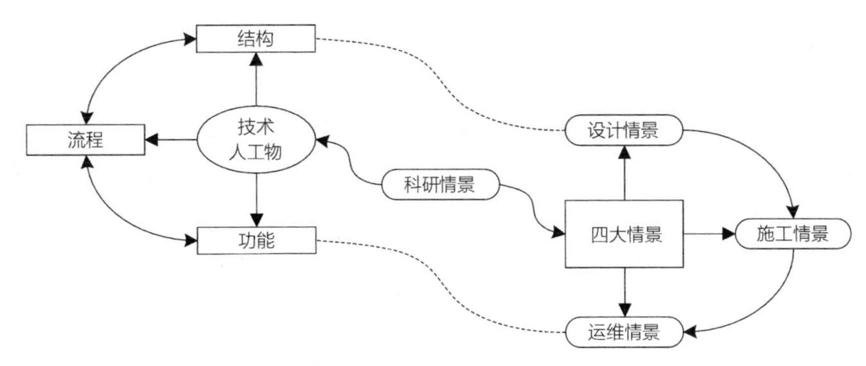

图 11-2　四情景与三属性关系图

11.1 科研情景

科研情景一般是指利用科研手段和装备，为了认识客观事物的内在本质和运动规律而进行的调查研究、实验、试制等一系列的活动，是为创造发明新产品和新技术提供理论依据的因素综合。科学研究的基本任务就是探索和认识未知。

近30年来，我国工程发展呈现出学科交叉、深度融合的局面，要求工程人才具备综合应用、工程创新与开拓引领的复合型能力，以及自然科学、工程科学、工程技术与人文美学的综合素养。早在1947年夏季，钱学森就指出，当今社会，国际竞争日益激烈，自然科学的成果与应用间的距离日益缩小，工程科学已应运而生。工程科学是纯科学（即自然科学）与工程技术之间的桥梁，是将基础科学知识应用于工程问题的科学。工程科学面向实际的复杂问题，着重于求取实际复杂问题的解答。对于具体工程而言，自然科学可能给出一个相对简化的问题精确解，而工程科学也许需要的只是实际问题的近似解。因此，虽然自然科学是工程技术的基础，但它不能完全包括工程技术。有科学基础的工程理论既不是自然科学本身，也不是工程技术本身，它介于自然科学与工程技术之间，是两个不同部门的人们的生活经验的总和，是有组织的总和，是化合物，不是混合物。在各类工程科学中，力学因相对成熟较早，而成为工程科学最早的成员和促进工程技术发展的范式，面向不同的工程应用，现已产生多个分支。今天，工程科学的领域已经有了极大的扩展，将世界带入信息科学、纳米技术、生物科学和人工智能的时代。而各门工程学科所面向的对象和涵盖的内容也日益复杂，但其学科体系构成大致包含三个部分：基础科学、分析理论与方法以及工程设计实施原理与技术①。

工程与科研的关系用一句话概括来说是工程推动科研发展，科研保证工程建设。以三峡工程为例，三峡工程是水利科学技术的高峰，要先做一个梯子才能一步一梯地爬上去。这个梯子就是以荆江分洪为首，经过了陆水试验坝、丹江口工程直到葛洲坝工程。在这几个工程的实践过程中，我国水利枢纽涉及的众多专业科学技术有了扎实的进步与提高。诸如与大体积混凝土有关的水泥、骨料、浇筑养护、防止裂缝的温度控制措施、质量问题处理、岩基及混凝土坝体灌浆材料与工艺、新老混凝土结合的施工技术等。正是这些经过艰苦努力得到的科技经验，使长江委设计科研部门对混凝土温度控制和灌浆材料工艺等有了更深的认识，相关的科研成果在当时处于全国领先地位。另一方面，长期深入研究工地现场的材料、土工、岩基等，在工程中发挥了重要作用，有不少还总结提炼成规程规范②。

科研情景是对工程科研思维、方法、工具、管理和“人财物”组织、知识管理模式等的综合观察结果。

---

① 陈朝晖，李正良．“科研-工程-教学”深度融合的建筑力学教学模式创新与实践［J］．高等建筑教育，2020，29（1）：16-23.

② 陈济生．工程推动科研发展 科研保证工程建设［J］．人民长江，2010，41（4）：59-64.

11.2 设计情景

设计情景是把一种设想通过合理的规划、周密的计划表达出来的过程因素的综合。人类通过劳动改造世界，创造文明，创造物质财富和精神财富，而最基础、最主要的创造活动是造物。设计便是造物活动进行预先的计划，可以把任何造物活动的计划技术和计划过程理解为设计。

工程设计是指对工程项目的建设提供有技术依据的设计文件和图纸的整个活动过程，是建设项目生命周期中的重要环节，是建设项目进行整体规划、体现具体实施意图的重要过程，是将科学技术转化为生产力的纽带，是处理技术与经济关系的关键性环节，是确定与控制工程造价的重点阶段。工程设计是否经济合理，对工程建设项目造价的确定与控制具有十分重要的意义。工程设计是人们运用科技知识和方法，有目标地创造工程产品构思和计划的过程，几乎涉及人类活动的全部领域。虽然工程设计的费用往往只占最终产品成本的一小部分（8% ~15%），然而它对产品的先进性和竞争能力却起着决定性的影响，并往往决定70% ~80%的制造成本和营销服务成本。所以说工程设计是现代社会工业文明的最重要的支柱，是工程创新的核心环节，也是现代社会生产力的龙头。工程设计的水平和能力是一个国家和地区工业创新能力和竞争能力的决定性因素之一。清华大学教授柳冠中认为："中国设计徘徊不前，是因为我们脑子里有个墙。"在设计审美上，感官刺激的时空符号，取代了启迪精神家园的美，以"多为美，大为美，奢为美"的严重偏移趋势，值得高度警觉。

李伯聪认为，工程设计是技术集成和工程综合优化的过程，同时也是工程总体谋划和具体实践操作之间的一个关键的核心环节。工程设计实践活动是一种合作性的社会活动，实际上说明了工程技术的复杂性，工程设计活动已经不只是单单某个群体的事情。第一，从工程设计实践活动内部而言，工程设计复杂性体现在技术层面，设计活动跨越很多不同的专业领域。正如路易斯·布西亚瑞利在其著作《工程哲学》中所说："设计是像语言一样的社会过程。"设计活动需要把不同对象世界的设计人员的不同建议和要求融合在一起，而要完成这一点单靠个人的努力是不可能的。例如，美国工程哲学家W.G.Vincenti对飞机设计的描述，他指出一个完整的飞机设计过程需要不同层级之间的协作。由此表明，设计是一种层级结构，工程设计内部本身就是不同专业领域工程师之间的活动。第二，从工程设计实践活动的外部而言，工程设计复杂性体现在利益层面，设计活动跨越不同的部门领域。一项工程设计对各方利益产生的影响往往是巨大的。工程设计通常会引起各方利益群体的利益发生变化，原有的平衡由此而打破，为此需要构建一种对话沟通的平台[①]。正因为如此，对设计情景下的思维和行为方式有必要进行仔细的观察。

设计情景是对工程设计思维、方法、工具、管理和"人财物"组织、知识管理模式等的综合观察结果。

---

① 陈宝禄．负责任工程设计的研究［D］．广州：华南理工大学，2018.

11.3 施工情景

施工情景（或称建/制造情景）是人们利用各种材料、机械设备，按照特定的设计蓝图，在一定的空间、时间内进行的为建造各式各样建筑产品的生产活动，包括从施工准备、破土动工到工程竣工验收的全部生产过程。

以建设行业为例，建筑施工是一个技术复杂的生产过程，需要建筑施工工作者发挥聪明才智，创造性地应用材料、力学、结构、工艺等理论解决施工中不断出现的技术难题，确保工程质量和施工安全。这一施工过程是在有限的时间和一定的空间上进行的多工种工人操作。成百上千种材料的供应、各种机械设备的运行，必须要有科学的、先进的组织管理措施和先进的施工工艺方能圆满完成这个生产过程，这一过程又是一个具有较大经济性的过程。在施工中要消耗大量的人力、物力和财力。因此，在施工过程中必须处处考虑其经济效益，采取措施降低成本。施工过程中人们关注的焦点始终是工程质量、安全（包括环境保护）、进度和成本。

工程必须包含一个生产过程。该过程集中体现了工程"集成、构建、创新"的特点，注入了"劳动""工具"，尤其是"管理"，生产过程中，需要遵循客观物理原理、主观技术管理规则，遵照工艺流程进行设计和施工，体现绿色、集约、低碳以及协调和谐等审美原则。施工情景的准确认知有利于工程流程的开展。

下面介绍现浇钢筋混凝土结构房屋施工的部分情景。

（1）钢筋混凝土框架结构房屋的施工情景

可分为基础、主体、屋面及装饰工程三个阶段。它在主体工程施工时与砌体结构房屋有所区别，即框架柱、框架梁、板交替进行，也可采用框架柱、梁、板同时进行，墙体工程则与框架柱、梁、板搭接施工。其他工程的施工顺序与混合结构房屋相同。

一般钢筋混凝土框架结构房屋的施工情景为：测量放线→基础土方开挖→桩、独立柱基础→框架结构→墙体砌筑→室内外装饰→给水排水、消防、电气安装及室外配套工程→工程收尾清理与设备调试→资料整理、竣工验收。

（2）高层现浇混凝土剪力墙结构的施工情景

高层建筑的基础均为深基础，由于基础的类型和位置不同，其施工方法和顺序也不同，一般采用逆作法。

高层剪力墙结构施工主要分为基础工程、主体结构工程、屋面与装饰工程三个施工阶段。

①基础工程的施工情景。当采用一般方法施工时，由下而上的施工顺序为：挖土→清槽→验槽→桩施工→垫层→桩头处理→清理→做防水层、保护层→抄平放线→承台梁板扎筋→混凝土浇筑→养护→抄平放线→施工缝处理→柱、墙扎筋→支柱、墙模板→混凝土浇筑→顶盖梁、板支模→梁板扎筋→混凝土浇筑→养护→拆外模→外墙防水→保护层→回填土。

②主体结构工程的施工情景。主体结构为现浇钢筋混凝土剪力墙，可采用模板或滑模工艺。采用大模板工艺，分段流水施工，施工速度快，结构整体性、抗震性好。标准层施工顺序为：弹线→绑扎墙体钢筋→支墙模板→浇筑墙身混凝土→养护→拆墙模板→支楼板模板

→绑扎楼板钢筋→浇筑楼板混凝土。随着楼层施工，电梯井、楼梯等部位也逐层插入施工。

③屋面与装饰工程的施工情景。屋面工程施工顺序基本与混合结构房屋相同，一般为：结构层→找平层→隔汽层→保温层→找平层→冷底子油结合层→防水层→保护层。

装饰工程的分项工程及施工顺序随装饰设计的不同而不同。例如，室内装饰工程施工顺序一般为：结构处理→放线→做轻质隔墙→贴灰饼冲筋→立门窗框、安门窗→各类管道水平支管安装→墙面抹灰→管道试压→墙面喷涂贴面→吊顶→地面清理→做地面、贴地砖→安风口、灯具、洁具→调试→清理。

建造情景是对工程建造思维、方法、工具、管理和“人财物”组织、知识管理模式等的综合观察结果。

工况是个常用的工程术语，表示“工作状况”，常指工程结构，与情景有所区别。进行安全验算、工作计划安排时，通常需要分别针对工程物（通常包括半成品、成品）的不同受荷状态进行计算分析，以判断安全等各要素的情况。

11.4 运维情景

运维情景即运营维护，也称为使用情景。运营就是对运营过程的计划、组织、实施和控制，是与产品生产和服务创造密切相关的各项管理工作的总称。运营阶段的项目管理指对生产和公司主要项目产品、服务系统进行运行、评价和改进的管理工作。维护是指维以护之，免受外害。维护阶段的工程项目管理属于自善流程中的一个阶段，通过完工交付后进行定期的检查和维护，确保工程项目后期质量，直至工程项目的全生命周期结束。

运维管理概念，起源于企业的生产管理“Production”或“Manufacturing”，被西方学者用来指有形产品的生产，用“Operations”表示企业提供的服务。但是近几年随着互联网的发展及现代服务业的兴起，当前的产品不能满足现实需求，也不能将现代服务业全部表现出来。例如，通信/互联网等行业提供的软件相关领域。因此，生产领域逐渐扩大，包含了非制造业的服务业领域、有形产品制造业、无形服务业等。目前，包含这两方面含义的统称为“运维”。运维管理是工程管理的重要内容，一般包括合同管理、成本管理、质量管理等方面的内容。合同管理主要是对工程委托方和运维方之间的权利和义务进行规定，目的是保护双方的共同利益；成本管理主要是对工程运维的成本控制进行管理，核心是降低工程的运维成本；质量管理主要是对项目运维过程中的质量控制进行管理[①]。

运维情景是对工程运行维护思维、方法、工具、管理和“人财物”组织、知识管理模式等的综合观察结果。

工程是价值导向的活动，创造价值的实现，依赖科研、设计、施工和运维整个过程。情景的融合，是使该过程顺畅的关键。

---

① 杜艳冰. DL公司污水处理项目运营管理研究［D］. 石河子市：石河子大学，2019.

第12章
论工程环境

本章逻辑图

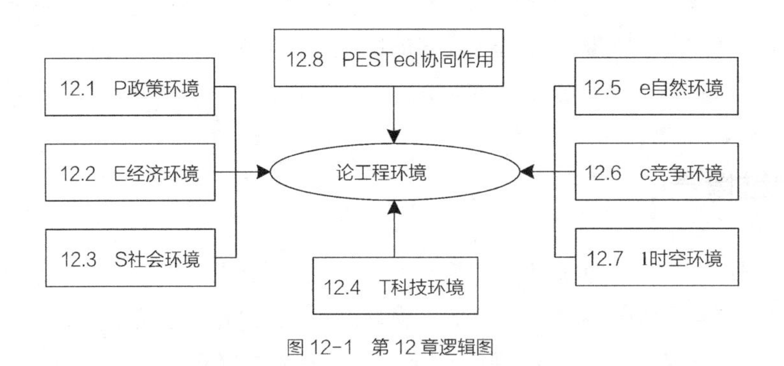

图12-1 第12章逻辑图

工程环境指的是对工程产品产生有利或不利影响的各类外界要素，工程环境主要由政策、经济、社会、技术、环境、竞争、时空七大要素组成（图12-2），缩写为“PESTecl”。“PEST”广为熟知，“ecl”是依据多年工程经验总结推演出来的三个环境要素。

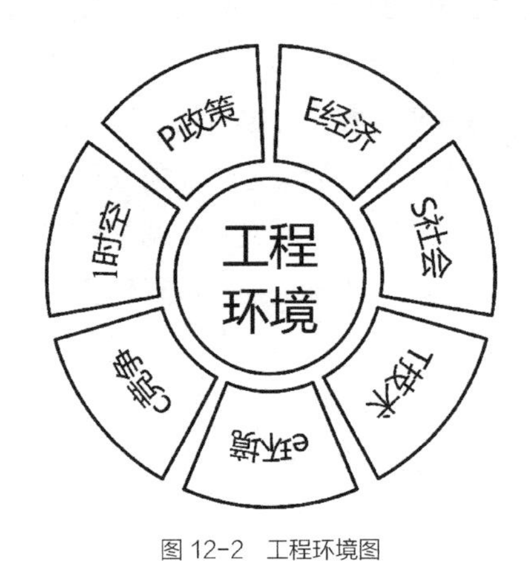

图12-2 工程环境图

12.1 P 政策环境

政策是国家政权机关、政党组织和其他社会政治集团为了实现自己所代表的阶级、阶层的利益与意志，以权威形式标准化地规定在一定的历史时期内，应该达到的奋斗目标、遵循的行动原则、完成的明确任务、实行的工作方式、采取的一般步骤和具体措施。我国的政策通过一系列法律、规章和行政制度从宏观对制造业、建筑业等工程领域进行管控。建设行业微观体制由政府监管、社会监理、法人资质管理、执业资格管理、招标投标五大制度构成，通过这些制度体现“建筑业高质量发展”的战略指导。建筑工程环境如图12-3所示。

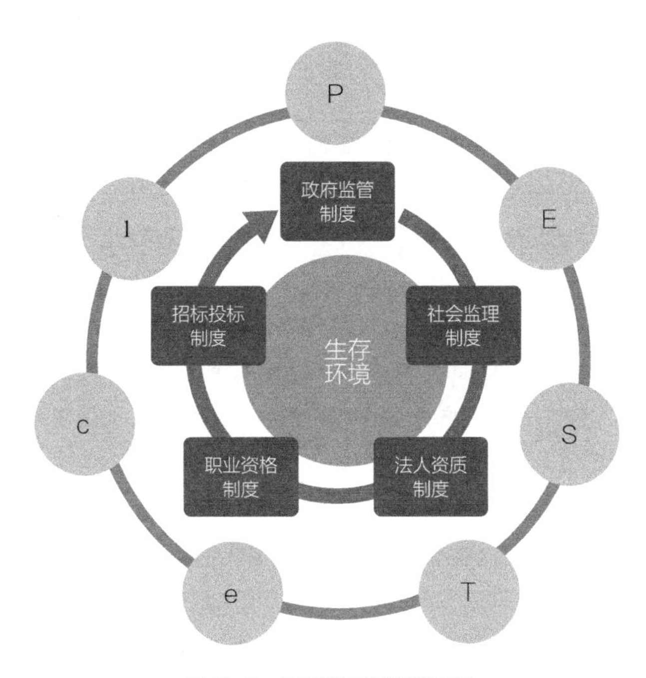

图 12-3　中国建筑工程环境模型图

政策作为工程领域的指南针，我国一直保持着与时俱进的调整状态。绿色建筑、工业化建筑、装配式建筑、乡村振兴、绿起来亮起来、青山绿水、城市更新，实现“双碳”、绿色能源计划等，都是直接指明建设行业的发展方向的。微观执行层面，鼓励全过程工程咨询和EPC模式、PPP模式等政策，直接将资金和技术人才引入相关项目中。在《中国制造2025》中，新基建更是将传统基础建设与现代新兴科技融合在一起，打破了传统建设行业的定义分界。无疑，对于工程来说，政策以导向、引导、约束发展的方式发挥作用，这是重要的工程建设外部环境因素。

政策环境是影响工程的核心因素。

12.2　E 经济环境

经济就是人们生产、流通、分配、消费一切物质精神资料的总称。除了一些着重考虑社会效益的公益项目，绝大多数项目的主要目的还是经济效益，因此，经济对工程的影响极为重要，工程项目管理的主要目的也是通过合理安排项目建造流程来减少成本，从而产生较大的利益。

（1）经济发展阶段，决定工程行业的投资强度和建设阶段

自新中国成立以来，我国经历了三大阶段：①1949～1978年，国庆十大工程、156个援建项目、三线建设，全面奠定了工业格局；②1979～2000年，房地产开发、轻工产品、农业产品；③2001～2021年，全面建设、高端制造业、工程生态、中国制造、中国建造。宏观经济确立了建设时期的高峰低谷。

（2）经济发展水平决定了对工程的需求和消费能力

显而易见，以住房进化为例，我国经历了"有房住、分房住、住得舒适"三个阶段，面积从全家十几平方米到目前人均48m^2。以汽车发展为例，从20世纪90年代开始的个人汽车消费，到今天汽车年产1800万辆，许多家庭拥有多辆汽车，甚至豪华汽车。手机消费随着ICT技术的发展，智能手机使用者多达8亿人，拥有两台以上手机的人也不在少数。这些例子，都是基于经济的发展水平，人们具有多元需求导致的。国家经济实力强盛，C919大飞机、多航母、轰-6K战机、空间站、蛟龙号、港珠澳大桥、上海中心大厦等超级工程的研发和生产，可谓应运而生。

（3）经济发展与工程建设互相影响

经济发展带动产业发展，产业发展既可以促使工程发展，工程也可以反过来带动产业发展，如建筑材料的统计，有76大类共2500多个规格，包含1800多个品种，其中涵盖建筑材料、冶金、化工、森工、机械、仪表、纺织、轻工、粮食等几十个物质生产部门。建筑业关联产业链很多，对带动相关产业的影响较大，促进了建材、冶金、有色、化工、轻工、电子、森工、运输等50多个相关产业的发展。建筑业能够吸收国民经济各部门大量的物质产品，建筑生产可以带动许多相关部门的建筑产品的生产过程，也是物质资料的消费过程，建筑业可通过吸收大量的物质产品带动相关产业的生产和发展。每当经济发展需要动力激励时，建筑业就成为首选的发展对象。

中国历史上，从建筑结构的奢华尺度、楼堂亭阁的兴建数量，都可以看出朝代的兴旺和经济的发达程度。

经济环境是影响工程的核心要素。

12.3　S 社会环境

社会输入工程的要素，包括规则、审美、条件三大类。社会环境是在自然环境的基础

上，人类通过长期有意识的社会劳动，加工和改造自然物质，创造物质生产体系，积累物质文化等所形成的环境体系，是与自然环境相对的概念。

工程活动是社会化的实践活动，既有对社会环境的促进也受社会环境的约束。社会是个庞杂、笼统的综合性复杂概念，包含法制法治环境，劳动力的供给状况，劳动技能水平，决策者审美观，公众对工程认知高低，工程供应链成熟度等，这些都对工程有直接影响。以审美而言，特定的社会形态会形成特定的工程。从21世纪开始，中国的许多城市出现了奇形怪状的建筑。尽管每年的“年度最丑建筑”网络评奖活动有声有色，但并不能阻止丑建筑的频频亮相，相反，丑建筑如雨后春笋般涌现。奇葩建筑大多与仿生、仿物有关，如：河北的“天子大酒店”，就以寿星、福星、财星的形象仿造建成；五粮液酒厂总部建筑仿五粮液酒瓶建成；河北白洋淀体育馆仿乌龟外形建成，多为网友所吐槽。奇葩建筑中还有自塑金身的，如：河南洛阳某集团董事长被塑造为弥勒佛，表现了前现代的救世思想和个人崇拜，这些都离不开现代商业目的的支配。还有威权意识等，都渗透在这类仿物建筑中①。再以当下的劳动力供应状况为例，对于制造业和建筑业，都面临十分危急的现状，建造现场劳工的平均年龄已经达到44.8岁，制造工厂招工也十分困难。这种状态持续不了多久，现场就将无劳工可用，生产也将无法正常开展。

更为重要的是，除上述具体因素之外，社会思潮对工程的影响也不容小觑。譬如盛行奢靡之风时，建筑设计和装修就呈现富丽堂皇，工业工程产品奢华贵重，反之则功能简约、结构简单、流程简化，低消耗少污染。一个消费型社会与节约型社会内含着不同的社会目标，不同的社会目标又规范着工程活动的过程与特征。消费型社会的社会目标是鼓励和刺激人们不断增加又毫无限制的物质需求，工程活动就成了物质资源不断消耗的发动机。而节约型社会的社会目标是一种综合性的社会目标，人的全面发展，资源的节约型利用，社会的和谐发展，生态的可持续发展，幸福生活指标的最佳设置等都会得到重视。所以，不同社会目标规定下的工程活动有不同的工程模式和工程设计标准。传统的工程观是一种狭义的工程观，认为工程活动仅仅包含改造自然的工程活动，工程创新主要体现为对不同领域的技术发明的综合集成，人以及人组成的社会被排除在工程活动之外。

工程活动也会影响社会环境。工程活动既是技术活动，也是社会活动。技术要素集成与综合的过程中，发生着社会要素的综合与集成，发生着与技术过程、技术结构相适应的社会关系结构的形成，如南水北调工程，相关技术方案会引起社会经济问题，也会引起移民等社会问题。工程活动的进行与工程项目的实现还会促进社会结构的变迁，一个地铁工程会改变市民的生活方式，一个水利工程能够改变相关地区的经济结构与经济活动方式。工程活动的标准和管理规范要与特定的社会文化和社会目标相协调。一般地，随着工程项目的进行和实现，与这个工程项目的运行相一致的社会组织形式也就随之产生，工程实践的过程，也就是社会结构与社会关系重新建构的过程。所以，当代工程观下的工程活动既包括改造自然的工

---

① 王建疆. 别现代：从社会形态到审美形态［J］. 甘肃社会科学，2019（1）：16–22.

程，也包括变革社会的社会过程[①]。

社会环境是影响工程的核心要素。

12.4 T 科技环境

科技水平决定着工程设计、建/制造水平。科技是建/制造一种产品的系统知识，所采用的一种工艺或提供的一项服务。技术改变往往极大地影响到施工工艺流程，因此，工程项目管理人员也应及时了解最新的工程技术，以进行合适的项目管理。

在先进科技的支持下，我国的工程也发生了显著的变化。以BIM技术为例，基于数字信息化技术，BIM可以与建筑工程充分结合，并能够直观地把建筑工程问题在模型中充分展现出来，各个工作面能够快速、正确地对各种建筑信息识别、读取，同时为各个工作面的协同工作提供良好的信息交流平台。房地产开发中具体体现在：①工程设计阶段，相关设计人员对BIM创建的模型应用能够更加直观、形象地发现所存在的不足及弊端，同时BIM还提供了讨论平台以解决所发现的问题。②建筑招标投标阶段，对于能够应用BIM构建模型的招标投标方而言，中标的效率会极大提高，展现出招标投标工作的高效。③建筑施工管理阶段，为现代化建筑施工提供技术，可以提高施工效率，大大缩短施工工期，减少返工率，降低施工成本。④楼盘销售阶段，销售人员通过BIM构建的模型能够更加直观地表达给客户，大大丰富了销售手段。BIM不仅是一种工程管理的新思维，同时也可以进行数据共用和传送，使得参与方能够读取识别各种建筑信息。另外，BIM技术不仅体现在项目策划阶段，也会涵盖设计阶段、施工阶段及后期维护的工程全生命周期中，其中BIM运用施工流程标准化、施工难点可视化等特点使工程能够保质保量地按时竣工，从而使施工组织和运营管理品质达到质的飞跃[②]。

工程中常常遇到新的问题，往往也为科研开发提供了探索研究的素材。

科技环境是影响工程的核心要素。

12.5 e 自然环境

自然环境是相对于社会环境而言的，自然环境是指生物生存和发展所依赖的各种自然条件的总和。随着生产力的发展和科学技术的进步，会有越来越多的自然条件对社会发生作用，自然环境的范围会逐渐扩大。任何形式的工程都需要遵循人与自然和谐相处的原则，不

① 汪应洛，王宏波. 当代工程观与构建和谐社会［J］. 工程研究-跨学科视野中的工程，2005，2（00）：43-47.

② 王志远. BIM技术功能设计优化及工程应用研究［D］. 沈阳：沈阳大学，2020.

能以违背自然规律、破坏自然为代价进行。自然环境输入工程包括原料、规律、场所。

环境对工程的影响有两方面，一方面是外部环境对工程的直接影响，如气候、地形地貌、水文条件等。以公路工程为例，气候是对公路工程建设影响程度最高的自然环境因素，关系着工程的稳定性。在公路工程的建设过程中，建设材料大部分会在温度和湿度的作用下出现状态变化，因此，很容易导致路面结构产生内应力，影响公路的使用寿命。例如，在高温影响下，公路建设材料可能出现开裂以及强度降低的情况，导致其性能下降，对公路设计、施工以及养护等多个阶段的工作产生影响。湿度的变化主要受降水以及蒸发现象的影响，而降雨量和蒸发量的地区性差别会使不同区域的湿度出现差异，在很大程度上影响路基路面整体结构的稳定性。地形、地貌对公路工程建设的影响主要体现在交通网络的规划、道路等级的划分以及路线的优化设计等方面，除此之外，对公路工程建设施工的具体环节也会产生一定的影响。我国国土面积广阔，不仅地质条件千差万别，在季节和降水量分布上也存在严重的不均衡，导致水文条件不同，这与公路地基的稳定性有十分紧密的联系，若不能采取有效的措施防止地表水和地下水浸入路基，必然会影响公路工程的稳定性。这些自然环境因素不仅对工程本身存在形态、质量等方面的影响，对建设过程中各阶段、各类目标管理也有深远影响。

另一方面，是由于工程对外部环境的影响较大，为了尽可能减少对外部环境的扰动，而对工程进行主观改动。以建筑工程为例，建筑物在建造和运行过程中需消耗大量的自然资源和能量，并对环境产生不同程度的影响。据统计，建筑成本的2/3属于材料费，建筑业消耗的物资占全国物资消耗总量的15%。每年房屋建筑的材料消耗量占全国各类物资消耗量的比例为：钢材占25%、木材占40%、水泥占70%、玻璃占70%、运输量占8%。由于过去普遍使用实心黏土砖建房，每年因烧砖毁田达10万余亩。同时，建筑还占据土地资源和自然空间，影响自然水文状态、空气质量，会对环境产生重大的负面影响。建筑对资源的大量消耗和生态环境的负面影响，使得建筑业在推进可持续发展进程中承担的责任为：在改善和提高人民居住环境的功能质量的同时，在工程规划设计、施工、运行维护和拆除或在使用的全生命周期中考虑环境影响，促进资源和能源的有效利用，减少污染，保护资源和生态环境。

自然环境是影响工程的核心要素。

12.6 c竞争环境

竞争是个体或群体间试图胜过或压倒对方的心理需要和行为活动。工程市场的竞争，无论是国际还是国内，趋向越来越激烈。竞争促进技术进步、促使管理变革、提升工程产品服务效率和提高质量。

工程经营过程中常常因受同行竞争压力，使得报价管理不当，以最低价中标组织项目施工，导致进度质量安全存在巨大风险。但适当的竞争机制同时也有利于管理手段、管理流程的创新与升级。工程竞争力应包括三个层面的内容：

①产品层：包括工程生产产品及控制质量的能力、工程提供服务的能力、工程对产品或服务成本的管控能力、产品或技术的研发能力；该层属于工程的表层竞争力。

②制度层：它主要是有关工程经营、管理等结构框架要素的体现，包括工程所处环境、工程运行机制、工程规模、品牌以及工程产权制度等。该层属于支持平台的竞争力。

③核心层：主要包括工程文化、工程形象、工程的创新能力、财务管理水平、领导力水平等。该层属于工程竞争力的核心部分，能够最大程度地影响工程在行业内的竞争水平。

目前我国工程正处于一个高动态、多维度、高复杂性的外部环境中，在面对顾客需求的个性化与多元化、市场竞争的激烈化、技术进步与革新速度加快的高动态需求，同时克服工程内部的组织复杂性、产品复杂性、技术复杂性的重重难关，只有建立一个企业价值多维度、企业战略多维度、企业绩效衡量多维度的高适应性企业，才能在竞争激烈的外部环境中立于不败之地，如图12–4所示。

高动态多维度高复杂性的外部条件

高动态：顾客需求的个性化与多元化

高动态：市场竞争的激烈化

高动态：技术进步与革新速度加快

多维度：企业价值多维度

多维度：企业战略多维度

多维度：企业绩效衡量多维度

高复杂性：组织复杂性

高复杂性：产品复杂性

高复杂性：技术复杂性

图 12–4　高动态多维度高复杂性的外部条件

12.7 时空环境

场所/场地特征，空间组合特征，气象物候特征，交通网络、地方材料、人文民风等特征，组织文化、管理惯性共同构成与社会环境不同的当时当地的时空环境，形成特有的“当时当地性”。桥梁工程专家茅以升指出，工程为应用科学，其应用必须切合当地当时之需要，非可将他处应用得宜者，强为我有[①]。

时空是时间和空间的集合名词，时空环境包含时间环境和空间环境两个概念，在茅以升的表达中强调的是做工程需要考虑“当时当地性”，其中“时”指时间，“地”指空间，即做工程需要紧密结合时间和空间的具体情况进行规划和操作。举例来说，寒冷地区混凝土工程

① 茅以升科普创作选集（2）[C]. 北京：科普出版社，1986：32.

在-5℃不宜施工，工程施工期的计划和养护措施与高温地区相比有很大差异。

强调对时空环境的把握有以下两个方面的作用：第一，能够反应工程要素的内在规律和变化趋势，通过对不同时间和空间环境下相关要素状态的模拟分析，总结归纳要素的内在规律和变化趋势[①]；第二，能够表达工程要素空间环境随时间的动态变化[②]，例如不同施工空间环境对施工进度的影响，夏季高温天气对砌体工程、钢筋混凝土工程的施工影响较大，冬季低温对土石方工程的影响较大。

工程活动的实质和灵魂就是其所具有的唯一性和当时当地的独特性。由于时间具有不可逆性，同时，不同的工程活动有不同的主体，工程活动的地理空间状况和社会空间状况（政策、法律、文化环境等）均具有不均匀性，这就使不同的工程有了不同的活动目标、边界条件、约束力量、推动力量、方法路径。例如，武汉长江大桥建成后，又建设了武汉长江二桥和三桥。考虑当地当时的经济发展、通航条件、美观、建设技术、交通特点等，武汉长江二桥不可能简单重复武汉长江一桥，武汉长江三桥又不可能简单重复武汉长江二桥，每一座大桥都是一个不可重复的、独一无二的工程，需要结合当时当地的实际情况，因地制宜地开展设计与建造。

12.8 PESTecl 协同作用

图12-5是建设行业管理工作环境系统总图，可见由以上七大要素融合在一起，组成了错综复杂的工程外界环境，虽不直接参与工程活动，但却时刻影响着工程活动的走向，潜移默化地改变着工程。对于一个工程而言，不违背生态环境、自然规律、时空条件是工程进行的前提条件，社会形态、国家政策是国家对工程的宏观方向调控，经济实力、竞争能力、技术水平则决定着工程的具体形式。

中国建筑业的微观工程环境是由“五机制”构成的，即政府监督、社会监理、招标投标、企业资质和业者资格五项管理办法，在本书12.1节中已展开详细论述。

---

① 吴伶，刘美玲．大数据时代下《GIS空间分析》课程内容建设［J］．地理空间信息，2022，20（2）：162-165.

② 吴传均，管凌霄，夏青，等．可预测动态时空环境的最短时间路径规划［J］．测绘科学技术学报，2021，38（3）：316-322.

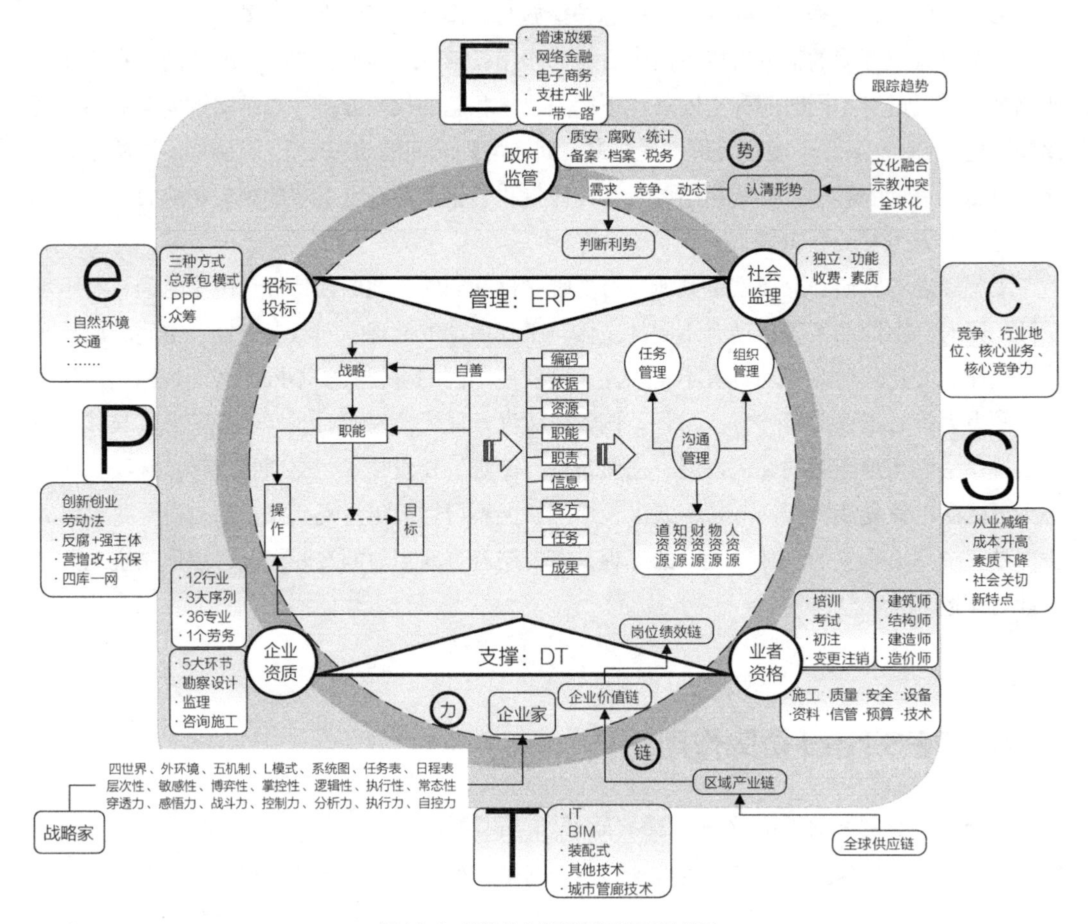

图 12-5　建设行业管理工作环境系统总图

第13章
论工程演化

本章逻辑图

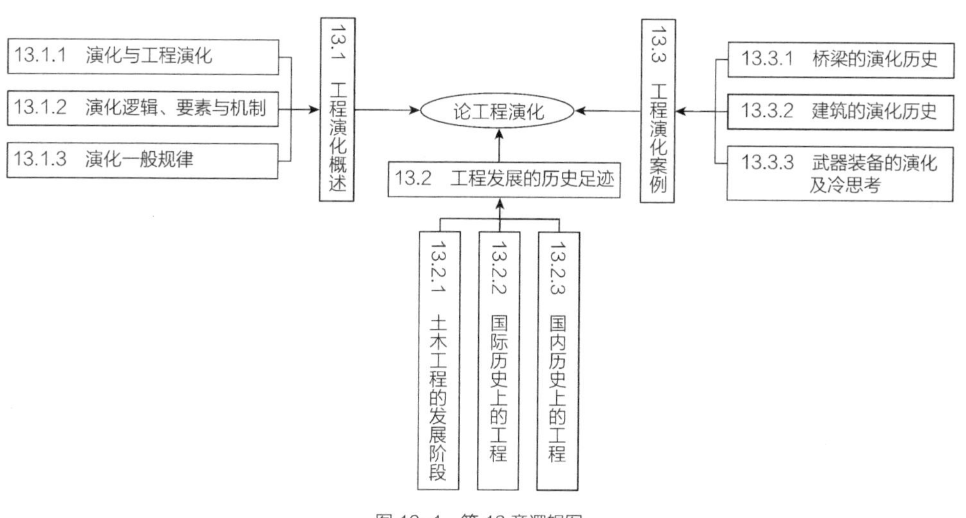

图13-1 第13章逻辑图

关于工程演化，已有专著《工程演化论》[①]出版，书中介绍了演化概念、规律和特点，探究了演化动力，讨论了要素演化和系统演化，分析了演化机制以及演化与文化变迁、人类文明进步等问题，并通过铁路工程等案例对演化进程与特征进行了深入考察，可参照学习。

① 殷瑞钰，李伯聪，汪应洛. 工程演化论[M]. 北京：高等教育出版社，2011.

13.1 工程演化概述

13.1.1 演化与工程演化

与其他社会要素一样，工程也是从简单到复杂、从初级到高级发展的。结构的构成材料和组成方式、功能的集成与多元，以及流程的优化、柔性都是如此。

三大方面导致“工程和工程演化”，或者说体现着三大原因：①价值与战略的取向，发生变化；②具体发展路径的选择和取舍，发生变更；③对自然-社会-人文系统的适应性、选择性和进化性，发生了变革。

恩格斯指出“世界不是既成事物的集合体，过程的集合体”，演化在过程中发生，是过程中变化结果的集合体。所谓演化，是从一种存在形态向另一种存在形态的转化过程。其根源在于万物诸事都有运动的本性。演化必然涉及边界、环境、系统、过程、要素、功能、效果、理念和运动等关键内涵。

因此，工程演化可以认为是工程从一种存在形态向另一种存在形态的转化过程。这个转化过程，在时间上可能延续很久，在空间上也经历广域。工程演化与自然界的演化不同，是人类主动选择和取舍行为的结果。甚至可以说，工程演化是一种连续不断的建构。由工程的复杂性可以断言，工程演化过程必然也是非常复杂的。

13.1.2 演化逻辑、要素与机制

（1）演化逻辑

矛盾是新需求产生的根本原因，也是推动工程进步的动力源泉。人们总是生活在分工与集成这个矛盾之中，分工代表着个性、自由、精细，集成代表着高效、和谐、系统，如图13-2所示。矛盾，不仅仅反映在建筑产品（居住结构）中，也反映在社会的各个方面。一方面，分工是文明的起点，正是因为每个个体追求自己的个性化需求，每个人才能独立地存在，才有了自身的意义。另一方面，追求效率又是人类诞生以来孜孜以求不懈努力的目标，管理学就是以效率为宗旨的，历史上现在和将来都是以此为进步标志的。如何平衡分工与集成，这是工程史上的一个长期矛盾，也大大推动了工程的演化。一味追求高效率（社会运营效率），过度放弃个性化追求，一定会在某种程度上，不被社会接受，也会产生反弹，甚至

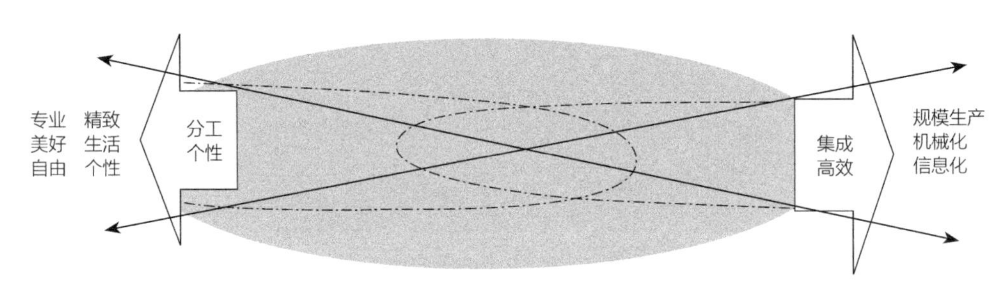

图 13-2 个性化需求与高效生产之间的矛盾示意图

产生推广阻力。

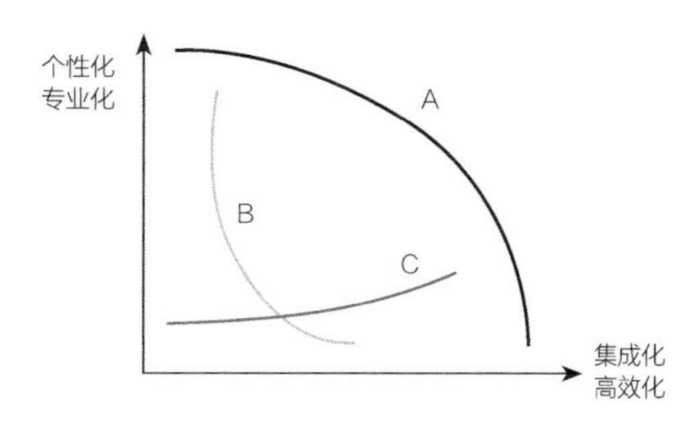

图 13-3　个性化需求与高效生产之间的关系示意图

个性化需求与高效生产之间的关系如图13-3所示，其中A曲线代表理想主义的追求；B曲线代表舍弃个性化、追求高集成化；C曲线代表设计集成化、追求高个性化。本书认为B、C曲线，都不是理想的状态，而是应该追求A曲线，即在机械化、信息化（工业化）大规模的高效率生产下，充分满足专业化和个性化需求。

矛盾的辩证统一是事物发展的内在动力。工程的地位决定了工程演化是社会演化的核心内容，其演化结果是矛盾运动的具体体现。工程与社会、人类、自然的矛盾以其特有的方式形成工程演化的内外动力，并通过拉动力、推动力、制动力的力系均衡，在筛选（实质是自然的选择和组织行为的决策）机制作用下完成，其逻辑如图13-4所示。

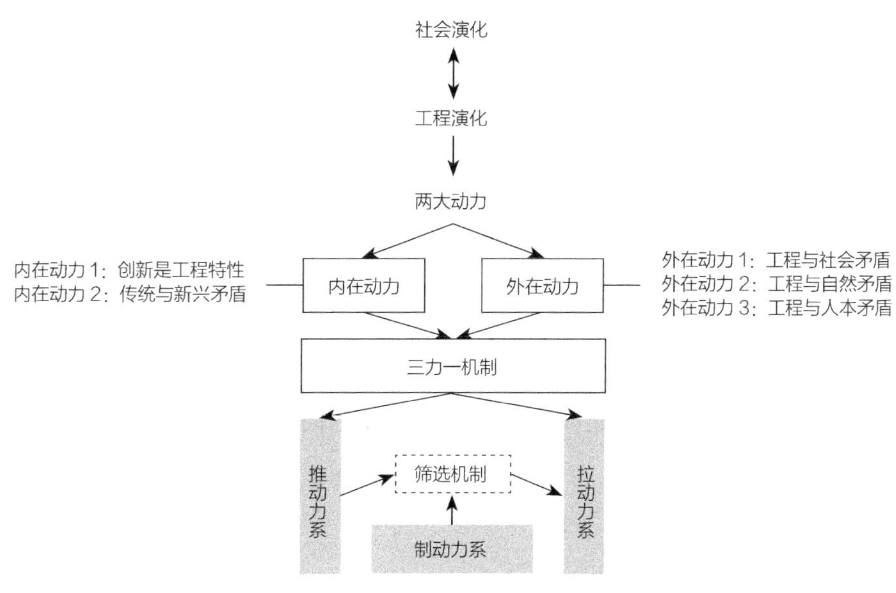

图 13-4　工程演化动力解析逻辑图

（2）演化要素

工程九要素（第10章）和工程环境（第12章）阐述了工程系统所受到的直接和间接影响的要素，反映了工程和内外环境之间的“耦合”关系，以及环境对工程的影响和工程对环境的改变。

无论是因为工程输入要素变化还是由于系统环境发生变化，都成为工程演化的致动因素，如图13-5所示。

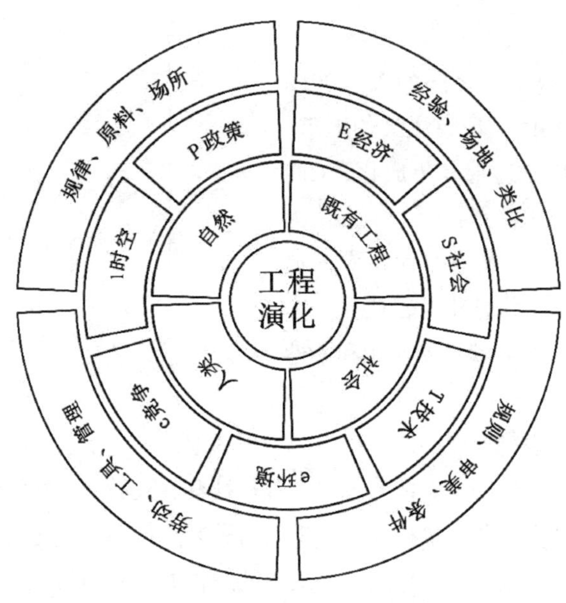

图 13-5　工程演化致动因素模型图

（3）演化机制

殷瑞钰等将演化机制总结为选择与淘汰、创新与竞争、建构与协同的宏观三大机制[①]。微观上可以包含以下机制：

机制一：单向度演化，朝着集成度提高、复杂度增加、功能集约化的方向发展。

机制二：演化以渐变改进与突变改革的路径进行。

机制三：环境与工程是耦合关系，交叉互动促进。

机制四：科学进步、技术演化、社会演化的综合反映。

机制五：知识的积累溢出效应。

机制六：演化是矛盾、区域差异、竞争和战争推动的创新活动的结果。

机制七：演化有单要素演化、多要素演化和系统性演化等类型。

13.1.3　演化一般规律

工程演化存在一定的规律性，从工程本体角度看，其三大属性“结构、流程、功能”的演化，构成了其基本内容。以工程演化动力模型解读分析工程演化动力，并分析时间角度、空间角度、演化形式及演化过程的规律性。总结如图13-6，演化不是凭空发生的，不仅有内外致动力量，在时空等方面也有一般规律性。

（1）演化内容

1）结构、功能、流程

从结构来看，工程是由相关要素的选择、综合、集成形成的有特定结构和功能，并能产

① 殷瑞钰，李伯聪，汪应洛. 工程演化论［M］. 北京：高等教育出版社，2011.

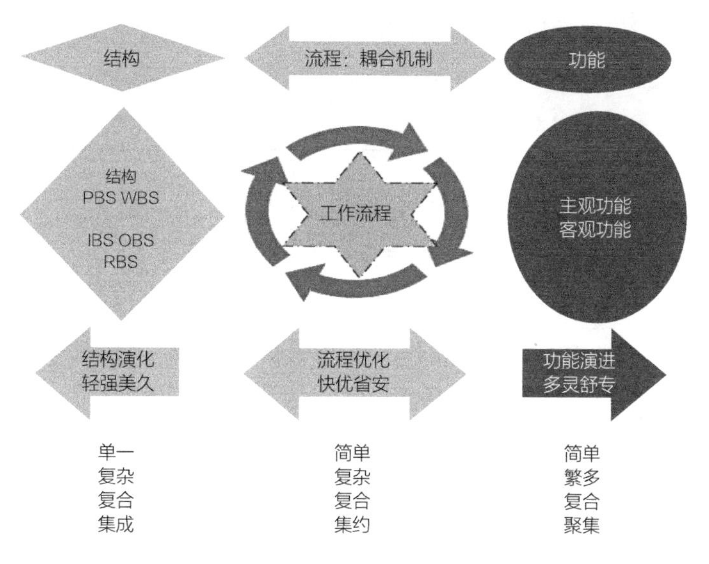

图 13-6 演化规律图

生效益的工程系统。集成性是其本质特征，因而工程演化也必定体现着各种要素在集成方式（如配置特征、规模、组织与管理等）的不断创新与演化。从功能方面看，工程活动的过程并不是各种要素的简单叠加、组合，而是通过综合集成优化形成一个工程系统，具有整体运行的特性。因此，工程演化的具体过程是：首先对亟待解决的工程问题的整体进行解析，针对其薄弱环节进行优化，淘汰旧的环节，促使创新并构建新的环节，然后通过重构性的集成优化来实现整体性提升。从流程（建造过程的综合）方面看，流程是一个将结构与功能相耦合的机制，必定会随着结构和功能的演化而演化，一方面可以伴随结构功能演化，另一方面在无法满足时也可以限制演化。结构、功能、流程的演化过程如图13-7所示。

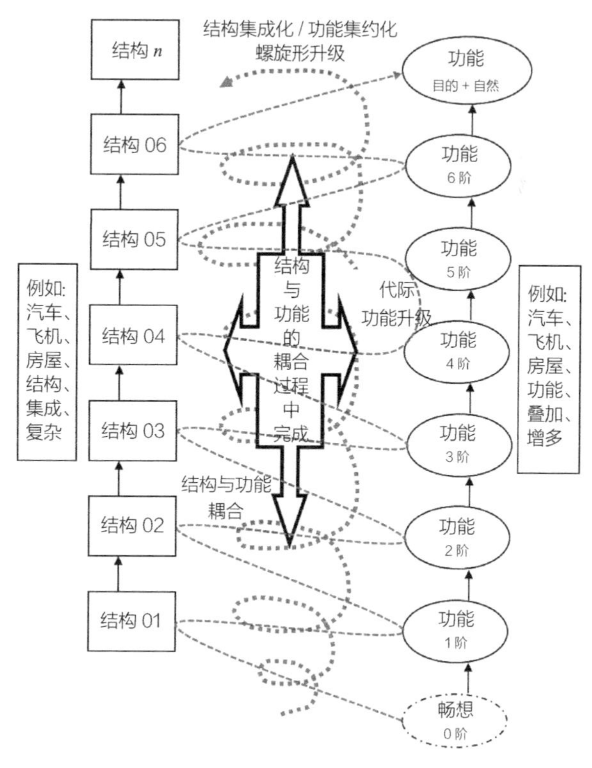

图 13-7 结构、功能、流程演化过程

中国建筑设计研究院建筑历史研究所将人类建筑功能结构发展分为三个阶段：第一阶段是针对自然现象，由于本能追求遮风避雨的场所，寻求天然结构来实现该功能；第二阶段在自然现象的客观需求基础上，伴随着一些主观需求，因此对天然结构进行一些修饰；第三阶段则是通过复杂的建造过程，制造出满足客观需求和主观需求的人工结构，如图13-8所示。

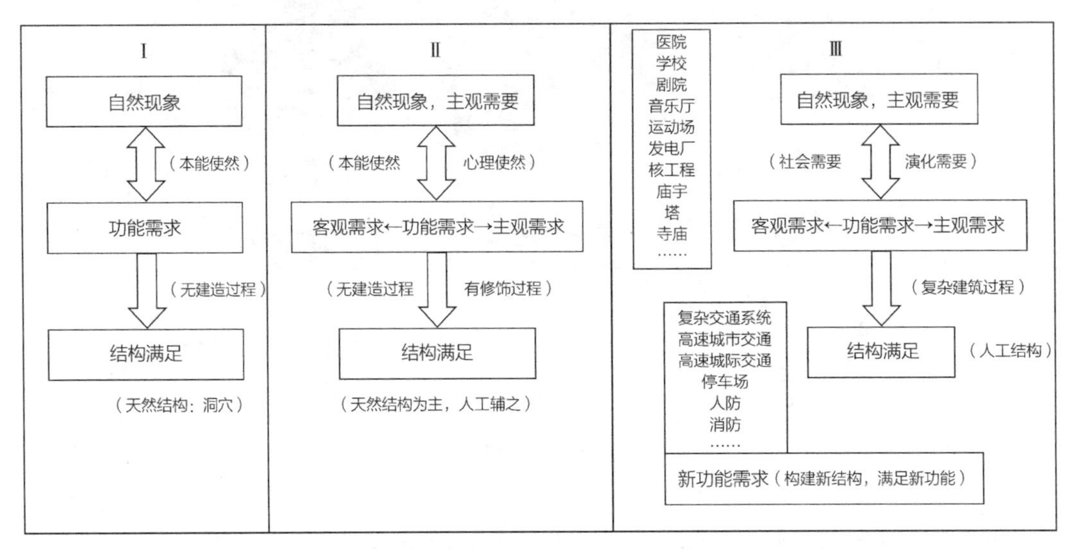

图 13-8 人类建筑功能结构发展史
（来源：中国建筑设计研究院建筑历史研究所）

2）材料、管理、装备、环境

马克思曾这样写道："各个经济时代的区别，不在于生产什么，而在于怎样生产，用什么劳动资料生产。"而工程中"怎样生产和用什么生产"的实现是由材料、管理、装备、环境这几大要素所决定。

关于材料演化。建筑材料在建筑中有着举足轻重的作用。建筑材料是随着人类社会生产力和科学技术的提高而逐步发展起来的。人类最早穴居巢处，几乎没有建筑材料的概念，后进入新旧石器、铜器、铁器时代，开始掘土凿石为洞，伐木搭竹为棚，利用最原始的材料建造最简陋的房屋。后来，用黏土烧制砖瓦，用岩石制石灰、石膏，建筑材料从天然进入了人工阶段，为建造较大的房屋创造了条件。18世纪后，科学技术的发展促使建筑材料进入了一个新的发展阶段，水泥（1824年）、混凝土（1865年）、钢铁（1901年）及其他材料的相继问世，为现代的建筑建造奠定了基础。20世纪后，建材性能和质量得以改善，品种不断增加，以有机材料为主的化学建材异军突起，一些具有特殊功能的建材，如绝热材料、吸声隔热材料、耐火防火材料、防水抗渗材料、防爆防辐射材料应运而生，这些材料为房屋建筑提供了强有力的物质保障。现在的建筑中，工程质量的优劣通常与所采用材料的优劣、性能及使用的合理与否有直接的联系，在满足相同技术指标和质量要求的前提下，选择不同的材料和不同的使用方法，都会对工程造价有直接的影响。

关于管理演化。工程管理有着悠久的演化历史，从1850年之后企业意识的苏醒和进化，到1946年公司概念（德鲁克《公司的概念》）的明确，标志着作为一种商业社会的特殊形式，开始了不断接受"在环境和资源的约束下与创造价值和满足需求的不断提高"之间的挑战。在追求明确的分工、经济效益、自由竞争、法律与工会的平衡、劳动效率、利益分享、经理人授权、人性管理、全球化资源整合、大数据时代挖掘个性化消费习惯、准确营销、用户体验等价值和理念的过程中，遭遇管理困顿，产生冲突，寻求解决方案，新理论诞生，工具方法得到应用，冲突情况得到改善，事业环境的变迁和客户需求的变化，再次产生新的冲突，于是进入一个新的不同层次的循环。在这个过程中，商业的荒野里，在大师们的培植下，茁壮地生长了许多管理理论大树，逐步形成了管理理论丛林。

关于装备演化。在远古时期，人类就制造、使用了机械装备。杠杆、尖劈等六种简单装备中的多数在石器时代就已出现。14～15世纪，达·芬奇、伽利略、欧拉等科学家开始了一些零散的理论研究，开始出现了一些简单的工程装备。1687年，牛顿建立了经典力学，为工程装备的运动分析与动力分析奠定了理论基础。18世纪60年代，英国工业革命爆发。第一次工业革命带来了三大突破：强大的蒸汽动力出现，机器获得广泛使用，机器化大生产的工厂出现。人类进入了蒸汽时代。机械是这次工业革命的主角。蒸汽机和蒸汽机车的制造推动了近代机床和锻压机械的发展，机械制造业在英国诞生。工程装备的设计和制造活动大量开展。19世纪60年代，又发生了第二次工业革命。电力和燃油替代了蒸汽，成为新的动力。出现了近代炼钢技术，人类进入了电气时代和钢铁时代。工程装备获得更广泛的应用，呈现出高速化、精密化、轻量化、自动化的趋向。20世纪50～60年代，第三次技术革命兴起。它的社会背景有两个方面：第二次世界大战催生了计算机技术、原子能技术和火箭技术；第二次世界大战后世界在大范围内长久地实现了和平，和平环境中的竞争带来了经济和科技的繁荣。工程需求的多样化，使工程装备的生产模式从大批量生产转向多品种中小批量生产，甚至出现了定制化生产。之后计算机辅助设计、CAD/CAM、计算机集成制造系统等新兴装备陆续出现，现代的工程装备经历了令人眼花缭乱的演化①。

关于环境演化。环境上的变化主要体现在人们越来越重视绿色施工的重要性。20世纪60年代，美籍意大利建筑师保罗·索勒瑞将建筑学与生态学合并成为生态建筑。同时期，生物气候的概念开始形成。1969年，美国景观设计师麦克哈格写下杰作《设计结合自然》，生态建筑开始进入建筑舞台。1976年，安东·施耐德博士创立了建筑生物和生态学会，他认为建筑材料应该从自然界选择，合理运用太阳能和风能，建设有利于生态和人民健康的生态建筑。20世纪80年代中期，联合国提出了可持续发展的概念，人们已经充分认识到保护环境的重要性，生态环境的破坏呼唤着绿色建筑的到来，绿色建筑已经成为可持续发展理念在建筑领域的必然发展趋势。1990年，英国建筑研究所宣布了绿色建筑评估体系——BREEAM。该体系就人们赖以生存的环境和建筑本身的关系作出了科学的理解。此后，许多国家参照BREEAM建立起了适应自己国家的绿色建筑评估体系。亚洲第一个绿色评估体系是日本的CASBEE，这个评估体系为亚洲各国的绿色建筑发展提供了基础。1993年，美国建筑师学会开展了第十八次建筑师协会会议，会议上发表了“为争取持久未来的相互依赖宣言”，鼓励各国建筑师在设计时能够以可持续发展为中心，减少能源消耗，倡导低碳建筑。2000年以

---

① 张策. 机械工程学科：发展简史和演化模式［J］. 高等工程教育研究，2017（5）：42-45，77.

后，各个国家开始重视环境保护，绿色建筑得到飞速发展。目前，就绿色事业的发展情况来看，绿色建筑绝非是一种口号，而是我们留给后代的希望[①]。

3）职业、教育

从工程行业的职业演化来看，以建筑业为例，传统建筑业的职业有建造师、监理工程师、造价工程师、安全工程师、消防工程师、“八大员”等岗位或职业，但如今随着BIM技术、信息化技术的快速发展，新兴职业如BIM工程师、工程咨询师等职业也如雨后春笋般快速崛起，成为建筑业行业新宠，各类传统职业的日常工作也开始逐渐变化，信息化等新兴技术的使用越来越频繁。其他工程行业的变化也是如此，可以预见，在未来人工智能与信息化技术得到进一步发展后，工程职业必将进行一轮大洗牌。

同样地，工程教育演化也是如此，教育的目的是培养行业需要的人才，因此，工程教育也必将随着职业的变化而变化。2017年底，教育部在首届“教育智库与教育治理50人圆桌论坛”上，提出我国将教育信息化作为推进教育现代化的强大动力和教育制度变革的内生要素，推动实施教育信息化2.0行动计划。2018年4月，教育部印发《教育信息化2.0行动计划》，正式提出教育信息化2.0概念，文件指出，到2022年基本实现“三全两高一大”的发展目标。其中，“三全”指教学应用覆盖全体教师、学习应用覆盖全体适龄学生、数字校园建设覆盖全校；“两高”指信息化应用水平和师生信息素养普遍提高；“一大”指建成“互联网+教育”大平台。由此可见，工程教育的演变必将变得更加信息化、敏捷化，工程教育的具体内容将在本书第18章进行具体阐述。

（2）演化动力

1）解读“工程演化动力模型”

图13-9是由殷瑞钰[②]等提出的演化四力模型改进而来。四力指：演化拉动力、筛选力、制动力、推动力。结合本书的工程四内涵，解读演化动力，能够较好理解工程演化的本质。筛选实质上是一种决策机制，权衡价值追求、资源成本、科技水平和工程能力的结果。因此，我们将四力模型称之为筛选机制作用下的三力均衡，在此基础上进行动力解析模型的解读。

工程演化的逻辑分析已经在本书第13.1.2小节中展开，此处不再赘述。

①内外两大动力

外在动力包括：工程与社会、自然、人本之间的矛盾；内在动力包括：创新的特性及传统工程与新兴工程之间的矛盾。

②筛选机制

工程演化是有选择的、主动取舍的过程，与大自然“物竞天择”有所不同，影响因素更多，作为筛选机制的筛选原则主要来自于价值判断、战略调整、路径转变和环境适应性。

---

① 钱坤，封元. 浅谈绿色建筑的发展［J］. 河南建材，2019（3）：298-300.

② 殷瑞钰，李伯聪，汪应洛. 工程演化论［M］. 北京：高等教育出版社，2011：69.

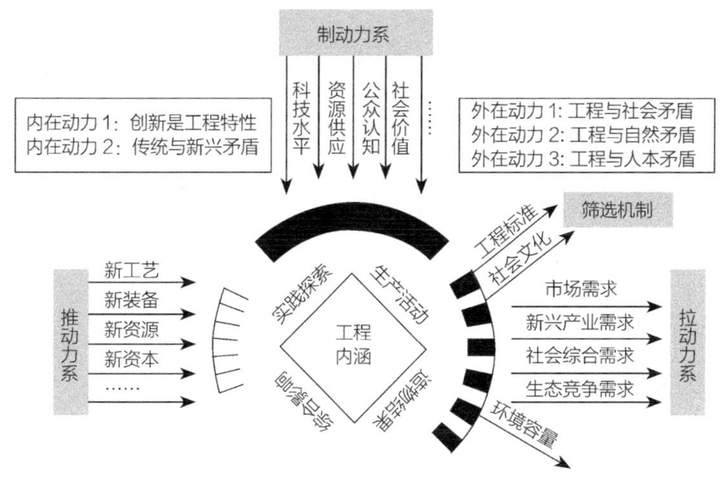

图 13-9 工程演化动力解析模型图

③三力均衡

a. 拉动力

工程是价值导向的，形成的各种需求成为工程过程开展、延续和结束的最强拉动力。

b. 推动力

鼓励创新是人类发展史形成蓬勃活力的因素，尽管未必都带来有益的发展，也未必都能够创新成功。新工艺、新技术、新装备、新资本、新资源，都是推动工程创新的推动力，其合力构成推动力系。

c. 制动力

环境容量、资源限制、科技水平、社会价值、公众认知等，成为工程演化的制动力，部分抑制了工程的野蛮发展。

④与工程内涵关系讨论

消除综合的负面影响，通过制动力，尤其是筛选机制，才能达成。而消除负面机制的需求也可以成为一种拉动力，推动工程新需求的产生。

2）中国建设行业的矛盾与工程创新

通过分析当今建设行业的核心矛盾，有助于推断未来工程演化的方向与方式。

我国建设行业的六个核心矛盾表述为：①规模日益扩大的大企业与艰难运营的民企之间的矛盾，主要围绕集中度高的企业，寻求分布式发展以分散经营风险。②社会日益增加的绿色建筑需要与高消耗低效益之间的矛盾，主要围绕技术进步、管控完善。③日益增强的信息需要与不透明不及时之间的矛盾，主要围绕信息化、实时足量。④政策日益变化和企业缓慢变革之间的矛盾，主要围绕创新、变革。⑤科技发展迅速，行业跟进缓慢。⑥热点多与冷思考少之间的矛盾，主要围绕管理回归、发展本质。

为缓解目前规模日益扩大的大企业与艰难运营的民企之间的这一矛盾，未来我国的企业必将发展成为资源、技术集中度高，风险分布式分散的形式；针对社会日益增加的绿色建筑需要与目前高消耗低效益之间的矛盾，必将进一步发展企业内部的技术与管控体系；针对日益增强的信息需求与目前信息传递不透明不及时这一矛盾，必将进一步发展企业信息化，为各部门提供实时、足量的信息；针对政策变化飞快与企业变革缓慢这一矛盾，建筑企业必将把不断创新、不断变革放在首位；针对科技发展迅速但行业跟进缓慢这一矛盾，未来的建筑企业只有及时将新兴科技进行灵活结合与运用，才能在行业中有立足之地；针对目前行业热点虽多，但深入思考却极少这一矛盾，未来建筑行业的发展方向必定会回归纯粹的管理理性，夯实管理的底层技术。

（3）演化规律

工程演化的过程具有一定的规律性。

从时间角度来看，工程演化具有社会历史性。一方面，生产力的每一次质的飞跃都促成了社会历史的变革。另一方面，工程演化的每一阶段总是与特定社会历史条件下的社会分工、社会需要密切相关。

从空间角度来看，工程演化具有地域性。一方面，不同国家（或地区）的工程，其演化的速度不尽一致，与各个国家的发展程度和发展速度相关。另一方面，不同国家（或地区）的工程都具有丰富的文化特色，且与一个国家的文化传承有着不可分割的联系。

从演化形式来看，工程演化具有渐进性与突变性。在同一类型工程内部，当边界条件相对稳定时，多发生的是渐进形式的工程演化，工程随着时间的发展而缓慢演化；当边界条件发生变化或达到某种临界点时，往往发生突变形式的工程演化，例如出现新材料应用、新技术拓展、新能源供给时，往往会发生突变式发展。

从演化过程来看，工程演化具有连续性与间断性。前一阶段总为后一阶段提供必要的基础，而后一阶段总在创新的基础上有所突破，这样的演化过程呈现间断性；而在每一阶段内部，总存在工程知识、技术、文化传统等的继承，处于量的积累状态，保持着演化的连续性。

（4）治灾同步的黄河治水工程

黄河是中华文明的中心。在以农为本的中国，善治国者必先治水。历史上黄河灾害频发。据统计，从先秦到1949年以前的2540年里，出于自然因素以及以水代兵的人为因素，黄河共决溢达1590次，改道26次，其中大改道5次。决溢范围北起天津、南达江淮，纵横25万km^2。改道导致黄河从1194年到1855年间夺淮662年，在苏北、皖北、豫东地区形成黄泛区，成为这些地区至今相对贫穷的重要历史原因。1855年改道东北方向入渤海，方形成现代黄河。因此，治理黄河成为中华民族安民兴邦的大事，自秦至清历代善治国者均有共识。上至大禹治水，中华民族在长达四千年的黄河水系的治理和利用过程中，产生了各种治水思想、涌现了无数治水英雄、建设了许多水利工程和治河工程，但黄河水患的根本解决却是在新中国成立以后[①]。

---

① 王瑞芳．从黄河安澜看新中国水利建设成就［C］．北大经济史名家系列讲座154讲，2021.

13.2 工程发展的历史足迹

工程发展的历史，是人类创造生存条件的历史，是一部随着科学、技术、管理发展的历史，是材料、结构、功能、装备、职业、教育等演化的综合过程，也是社会经济的综合反映和载体。以土木工程的发展为载体分析工程的发展历史，并对国际、国内颇具代表性的工程进行简单分析。

13.2.1 土木工程的发展阶段

公元前5000年至今，将土木工程发展粗略地划分为三个阶段，分别是古代、近代和现代阶段，如表13-1所示。

土木工程发展的三个阶段 表13-1

阶段划分	时段	代表性工程事件
古代土木工程阶段	公元前5000年～公元1600年意大利文艺复兴	浅穴、5～6m圆形房屋（黄河流域仰韶、西安半坡村）；密桩上架木梁、悬空剖地板、干栏式建筑、卯榫节点（浙江吴兴钱山漾、余姚河姆渡）
近代土木工程阶段	17世纪中叶～20世纪40年代第二次世界大战时期	伽利略（Galileo）表述了梁的设计理论；欧拉（Euler）建立了柱的压屈公式；库仑（Coulomb）阐述了材料强度的概念及挡土墙的土压力理论；发明了波特兰水泥、预应力混凝土、盾构法施工等技术
现代土木工程阶段	20世纪中叶至今	将工程决策、多目标全局和工程全生命周期优化、不确定信息的科学处理、智能专家系统等多种软科学融入土木工程中

古代土木工程发展阶段中极具代表性的工程出现时间及具体内容如表13-2所示[①]。

古代土木工程发展的典型范例 表13-2

世纪	典型范例
公元前50～前26世纪	①浙江余姚河姆渡新石器时代遗址（公元前50～前33世纪） ②黄河流域的仰韶文化遗址（公元前50～前30世纪） ③西安半坡村遗址（公元前48～前36世纪） ④埃及吉萨金字塔（公元前27～前26世纪）
公元前5～前1世纪	①希腊雅典卫城（公元前5世纪） ②春秋齐国土木工程专著《考工记》问世（公元前5世纪） ③万里长城（公元前5～前3世纪） ④河北西门豹引漳灌邺工程（公元前5～前4世纪） ⑤李冰父子主持修建的都江堰工程（公元前3世纪） ⑥罗马用火山灰作胶凝材料（公元前2世纪）

① 崔京浩. 伟大的土木工程［M］. 北京：中国水利出版社，知识产权出版社，2006.

续表

世纪	典型范例
1~10世纪	①罗马万神庙（120~124年） ②徐州浮屠寺塔（2世纪） ③圣索菲亚教堂（532~537年） ④隋朝南北大运河及赵州桥（7世纪）
10~16世纪	①五台山南禅寺、佛光寺正殿（8~9世纪） ②宋朝李诫《营造法式》问世（12世纪） ③山西应县木塔（11世纪） ④比萨大教堂、巴黎圣母院（11~13世纪） ⑤北京故宫（14世纪） ⑥罗马圣彼得教堂（1506~1626年）

近代土木工程发展阶段中极具代表性的工程出现时间及具体内容如表13-3所示①。

近代土木工程发展的典型范例 表13-3

世纪	年份	典型范例
17世纪	1638年 1687年	意大利伽利略首次用公式表达了梁的设计理论 牛顿（Isaac Newton）三大定律问世，奠定了土木工程力学分析的基础
18世纪	1744年 1773年 1750年以后	欧拉（Leonhard Euler）建立了柱的压屈公式 库仑（Coulomb）发表建筑静力学问题及土压力理论 瓦特（Watt）发明蒸汽机，引发了英国著名的工业革命
19世纪	1824年 1825年 1863年 1869年 1875年 1885年 1886年 1889年	阿斯普汀（Aspirin）发明波特兰水泥 英国土木工程辉煌的一年： ①用盾构技术开凿泰晤河底隧道 ②斯蒂芬森（Stephenson）建成第一条长21km的铁路 英国伦敦建成第一条长7.6km的地下铁道 美国建成横贯北美大陆的铁路；苏伊士运河开通 莫尼埃（Moniere）建造了第一座长16m的钢筋混凝土桥 德国奔驰汽车问世，带动了高速公路的发展，此后兴起了世界范围的兴建高速公路的热潮 芝加哥建成第一座高达9层的保险公司大厦，开创了建造高层建筑的时代 法国在巴黎建成高达300m的埃菲尔铁塔；中国在唐山建成第一个水泥厂
20世纪前半叶	1909年 1914年 1928年 1929年 1931年 1934年 1937年	中国詹天佑主持兴建京张铁路，全长200km，沿程4条隧道，最长的八达岭隧道1091m 巴拿马运河开通 法国工程师尤金·弗雷西内（Eugene Freyssinet）研制成了预应力混凝土 中国建成中山陵 纽约建成高378m共102层的帝国大厦，保持世界纪录达40年之久 上海建成24层钢结构国际饭店 中国建成全长1453m钢结构钱塘江大桥

现代土木工程发展阶段中极具代表性的工程出现时间及具体内容如表13-4所示①。

① 崔京浩. 伟大的土木工程［M］. 北京：中国水利出版社，知识产权出版社，2006.

现代土木工程发展的典型范例 表13-4

世纪	年份	典型范例
20世纪	1973年 1974年 1976年 1985年 1993年 1996年 1997年 1994～1997年	芝加哥建成的西尔斯大厦高443m，首次突破了1931年纽约帝国大厦的高度 戴高乐机场建成4条跑道，年吞吐量5000万人次 多伦多电视塔建成，高549m，世界第五自立式建筑物，第二高通信塔 日本青函海底隧道建成通车 英吉利海峡海底隧道通车，全长50.5km，处于海平面下100m深度 马来西亚吉隆坡双塔楼建成，高450m 上海建造钢结构的环球金融大厦，高492m，位居世界之首 中国京九铁路建成通车，全长2000km
21世纪	1993～2009年 2002～2005年 2001～2006年 2006～2008年 2006～2050年	三峡工程 西气东输工程开始通气，全长4167km 青藏铁路修建（格尔木～拉萨），全长1100km 北京大兴国际机场扩建，可满足2025年旅客吞吐量7200万人次、货邮吞吐量200万t、飞机起降量62万架次的使用需求 南水北调工程，共调水448亿m^3

13.2.2 国际历史上的工程

工程发展源远流长，国际历史上也有很多远近闻名的伟大工程，此处选取帕特农神庙、金字塔、卢浮宫三个国际上具有代表性的建筑工程进行分析。

（1）帕特农神庙

帕特农神庙位于希腊雅典卫城的最高处石灰岩的山岗上，是卫城最重要的主体建筑，又译“巴特农神庙”。帕特农神庙呈长方形，庙内有前殿、正殿和后殿。神庙基座占地面积211.6m^2，有半个足球场那么大，46根高10.3m的大理石柱撑起了神庙。

帕特农神庙的设计代表了全希腊建筑艺术的最高水平。从外貌看，它气宇非凡，光彩照人，细部加工也精妙绝伦。它采取八柱的多立克式，东西两面各8根柱子，南北两侧则各17根，东西宽31m，南北长70m。东西两立面（全庙的门面）山墙顶部距离地面19m，也就是说，其立面高与宽的比例为19∶31，接近希腊人喜爱的“黄金分割比”，难怪它让人觉得优美无比。它在继承传统的基础上又做了许多创新，事无巨细且精益求精，由此成为古代建筑最伟大的典范之作。

（2）金字塔

埃及的金字塔建于4500年前，是古埃及法老（即国王）和王后的陵墓。陵墓是用巨大石块修砌成的方锥形建筑，因形似汉字“金”字，故译作“金字塔”。埃及迄今已发现大大小小的金字塔110座，大多建于埃及古王朝时期。在埃及已发现的金字塔中，最大最有名的是位于开罗西南面的吉萨高地上的祖孙三代金字塔。它们分别是大金字塔（也称胡夫金字塔）、海夫拉金字塔和门卡乌拉金字塔，与其周围众多的小金字塔形成金字塔群，为埃及金字塔建筑艺术的顶峰。它采用螺旋式建造法，即沿四面墙壁建成螺旋式的阶梯状，一边上楼梯，一边往上盖。这样就不需要用到杠杆、撬棍、起重机，这种方法也比较符合古埃及人的实际情况。可以说，金字塔是古代埃及人民智慧的结晶，是古代埃及文明的象征。

（3）卢浮宫

卢浮宫是法国最大的王宫建筑之一，位于首都巴黎塞纳河畔、巴黎歌剧院广场南侧。早在1546年，弗朗索瓦（Francois）一世就决定在原城堡的基础上建造新的王宫，此后经过9位君主不断扩建，历时300余年，形成一座呈U字形的宏伟辉煌的宫殿建筑群。卢浮宫东立面是欧洲古典主义时期建筑的代表作品。卢浮宫东立面全长约172m，高28m，其完整的柱式分作三部分：底层是基座，中段是两层高的巨柱式柱子，再上面是檐部和女儿墙。主体是由双柱形成的空柱廊。中央和两端各有凸出部分，将里面分为五段。两端的凸出部分用壁柱装饰，而中央部分用椅柱，有山花，因而主轴线很明确。立面前有一道护壕保卫着，在大门前架着桥。横向展开的立面，左右分五段，上下分三段，都以中央一段为主的立面构图。法国传统的高坡屋顶被意大利式的平屋顶代替了，卢浮宫东立面在高高的基座上开小小的门洞供人出入。据统计，卢浮宫博物馆包括庭院在内占地19hm^2，自东向西横卧在塞纳河的右岸，两侧的长度均为690m，整个建筑壮丽雄伟。

13.2.3 国内历史上的工程

中国的建筑以其独特的工艺和设计理念，在世界建筑史上独树一帜。无论是延绵万里的长城、世界上现存规模最大的木结构古建筑群故宫，还是世界上最大的祭天建筑群天坛，每个建筑的背后都承载了深厚的人文、历史与艺术。

我国土木工程主要经历了以下几个历史时期的发展，如图13-10所示。

图 13-10　我国土木工程的发展过程

公元前3世纪中叶，在今四川省灌县，李冰父子主持修建了都江堰，解决了围堰、防洪、灌溉和交通工程的发展问题。建筑工程方面，我国古代房屋建筑主要采用木结构体系，并逐渐形成与此相适应的建筑风格。早在汉代，在结构方式上就派生出抬梁、穿斗、井干三种，而以抬梁最为普遍。平面布局多呈柱网，柱网之间视需要砌墙和安设门窗。墙是填充墙，不传递屋面荷载。在山西省五台山重建于唐建中三年的南禅寺正殿和公元8世纪的佛光寺大殿，均属历史悠久且又保存较完整的中国木构架建筑的典范。公元14世纪在北京修建的故宫，历经明、清两代，成为世界上现存最大、最完整的古代木结构宫殿建筑群，占地72万m^2，有房屋8700余间，总建筑面积达15万m^2。在房屋建筑大量兴建的同时，其他方面的土木工程也取得了重大成就，秦朝统一六国后修建的以咸阳为中心的通向全国的驰道，主要线路宽50步，形成了全国规模的交通网。随着道路的发展，桥梁建筑也取得了很大成就，据史籍记载，秦始皇为了沟通渭河两岸的宫室，兴建了一座68跨的咸阳渭河桥，是世界上最早和跨度最大的木结构桥梁。此外，隋代还修建了世界著名的空腹式单孔圆弧石拱桥——赵州桥，净跨达37.02m[①]。

13.3 工程演化案例

13.3.1 桥梁的演化历史

早在原始社会，我国就有了独木桥和数根圆木排拼而成的木梁桥。据史料记载，我国周朝时期已建有梁桥和浮桥。1972年，在春秋时期齐国的京城山东临淄的考古挖掘中，首次发现了梁桥的遗址和桥台遗迹。

战国时期，单跨和多跨的木、石梁桥已普遍在黄河流域及其他地区建造。坐落在咸阳故城附近的渭水三桥，在古代是很有名的。三桥包括中渭桥、东渭桥和西渭桥，都是多跨木梁木柱桥。秦汉时不仅发明了人造建筑材料的砖，还创造了以砖石结构体系为主体的拱券结构。从一些文献和考古资料来看，约在东汉时期，梁桥、浮桥、索桥和拱桥这四大基本桥型已全部形成。

隋唐国力较之秦汉更为强盛，唐宋两代又取得了较长时间的安定统一，因此，这时期创造出许多举世瞩目的桥梁。隋代石匠李春首创的敞肩式石拱桥——赵州桥，该桥在隋大业初年为李春所创建，是一座空腹式的圆弧形石拱桥，赵州桥的设计构思和精巧的工艺，在我国的古桥中是首屈一指。唐朝时期出现了不少闻名天下的石梁桥。据《唐六典》记载，天下著名的石梁桥有四座：河南洛阳的天津桥、永济桥和中桥，西安的灞桥。北宋画家张择端在《清明上河图》中所画的汴梁虹桥，是一种以木构件纵横相架所形成的稳定的木拱结构，整体造型轻盈，犹如长虹飞越河上，这种长跨径木桥是桥梁建筑中的杰作。

元、明、清三朝时的主要成就是对一些古桥进行了修缮和改造，几乎没有大的创造和技术突破，但留下了许多修建桥梁的施工说明文献，为后人提供了大量文字资料。此外，也建造了明代江西南城的万年桥、贵州的盘江桥等工程。

新中国成立以来，我国桥梁建设进入了一个奋起直追世界先进水平的快速发展时期。1957年，第一座长江大桥——武汉长江大桥的胜利建成，结束了我国万里长江无桥的状况。此后相继建成了南京长江大桥、江阴长江大桥、虎门大桥等一批技术含量高的重大工程项目。我国桥梁还有很大的发展空间：①我国跨海大桥的建设刚刚兴起。东海大桥的通车，拉开了我国从陆路伸向大海建设桥梁的序幕。杭州湾跨海大桥、深圳湾大桥、湛江海湾大桥、青岛海湾大桥、港澳珠大桥等都是比较著名的跨海桥梁工程。②跨越大江大河大湖的桥梁建设方兴未艾。近年来，长江大桥在中国的建桥史上，每年都加入新的篇章。1990年以前，长江上的大桥只有6座；1991～2006年，长江上兴建了36座桥；截至2021年，长江上的大桥

---

① 崔京浩. 伟大的土木工程［M］. 北京：中国水利出版社，知识产权出版社，2006.

达115座。过去普遍认为经济比较落后、相对封闭的中小城市都架起了跨越长江的大桥①。

13.3.2 建筑的演化历史

建筑的演化历史，从远古时代人类根据自然环境及所能利用的材料建成建筑，到旧石器时代原始人类“穴居”、新石器时代石制工具等的出现，再到现代建筑要求与采暖、通风、给水、排水、供电、供热、供气、收视、通信和计算机互联网智能技术等高科技密切联系在一起，不但可以看出人类社会的物质文明方面的进步，同时还可以看出人类社会在精神文明和制度方面的演进与发展，因为工程是五作用和四视野的载体。工程集成度变高意味着其繁复程度增加，尽管有技术进步作保障，但是工程可靠度将接受考验，这是规律性反映的必然，需要引起思考。建筑的发展演化历史及各时代代表性工程的出现时间如图13-11所示。

13.3.3 武器装备的演化及冷思考

人类历史上，最可歌可泣的是战争、繁衍和做工程。人类社会的演化就是在竞争中向前发展的，争夺地盘、物质财富等，是这部充满野蛮的文明史的主旋律。即使发展到今天，全球规制化程度最高，知识积累和保密程度最高，生产效率最高，所具备的能量最大或者效能最高的工程，就是武器，无论是用于防御还是进攻。工程在该领域的应用，达到了极致的程度，也是危害人类生存的最致命的工程成果。从冷兵器到热兵器再到毁灭性武器，演化的动力是霸权，演化的方式是全方位综合，从工具-材料、动力-能源、信息-网络，再到生物-智能，没有改变工程造物成果被作为杀伤和毁灭他人、他族、异国的目的。这需要严重警告，人类的命运掌握在人类制造/建造工程的功能目的上，是造福人类还是残害人类，这是个伦理、道德、法律、宗教、治理、国家、政治最应当思考的问题！工程除了工程过程深刻影响了地球面貌，工程结果的目的性更是将人类置于生存悬崖边缘。

---

① 陈剑毅. 我国桥梁发展史及现存的问题［J］. 山西建筑，2008（17）：315-316.

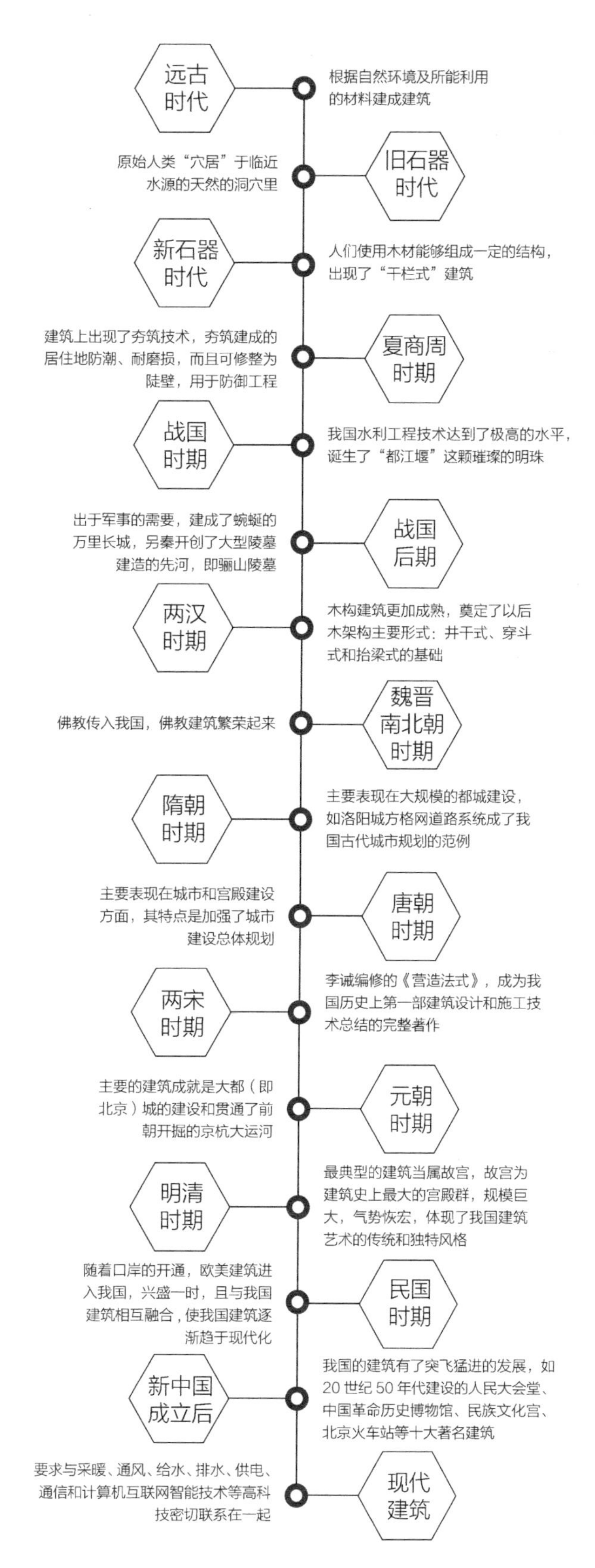

图 13-11　建筑的演化历史图

第 14 章

论工程失灵

本章逻辑图

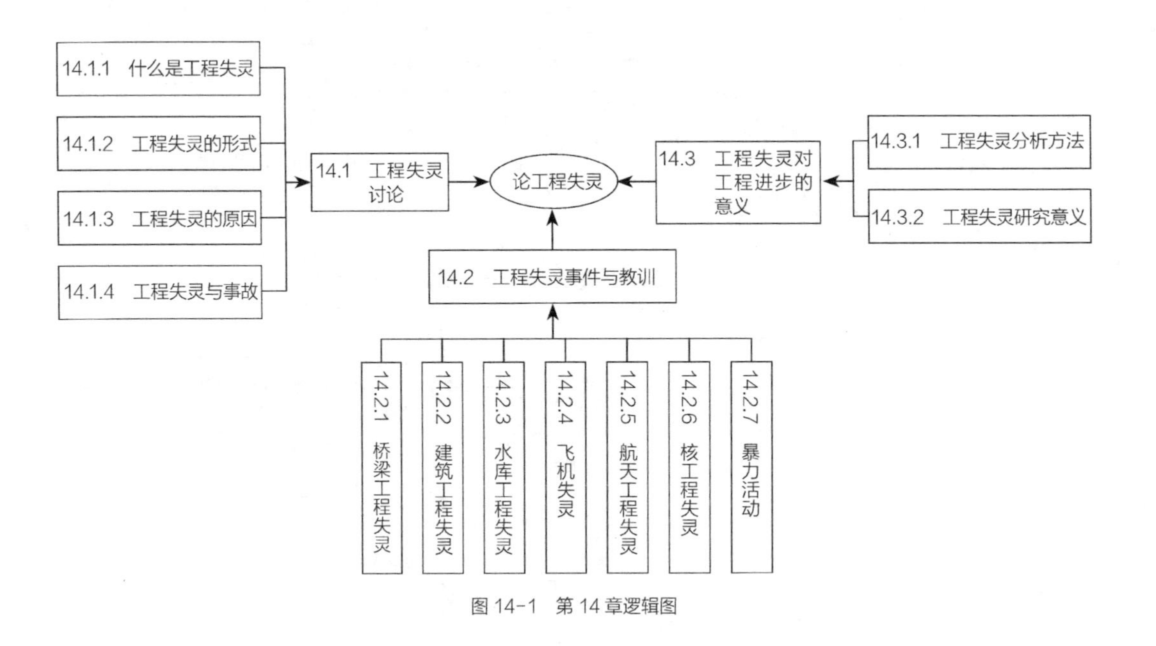

图 14-1 第 14 章逻辑图

从失败中学习，几乎是真理。工程面对的环境和要素不确定，探索不仅体现在对未知规律性的探寻上，也体现在验证工程过程中出现问题时的反思中。工程失灵带给我们很多的经验、教训，甚至是血淋淋的惨痛损失。就工程发展而言，“失败是成功之母”是一条规律。汲取工程失灵的试错效应对工程进步意义深远。

14.1 工程失灵讨论

14.1.1 什么是工程失灵

工程失灵是一种概括性的提法。将失效、失能、损坏、事故等失去工程预设功能的所有现象和结果称之为工程失灵。预设功能丧失是多维的，包括价值已经贬损、时间不能如期、使用未能如效、安全存在隐患、质量有所残缺、运维成本超出预算等。工程事故是特殊的失灵形式。这里讨论的，并非所有的失灵。破坏性的工程，例如战争武器，违背伦理的突破性基因编辑，限于议题的宽广、复杂性和篇幅，暂时不作深入讨论，并非因其数量、重要性、破坏力不足。

14.1.2 工程失灵的形式

工程失灵有外力作用下的失灵和内力作用下的失灵。

（1）失效

失效指的是设备或装置不能在规定时间内履行其预定的功能。整个过程总和中，工程的物质存在性规定了其是在价值驱动下实现的。这种价值依据工程的结构（一定的排布方式、材料性能等）体现功能，因此其失灵，也必定与工程的结构和功能的规定性相关。美国《金属手册》对机械产品零件或部件失效的定义有以下三种：①完全不能工作；②仍可工作，但已不能令人满意地实现预期功能；③受到严重损伤，不能可靠和安全地继续使用，必须立即从产品或装备上拆下来进行维修或更换[①]。我国相关标准明确了“失效”是指产品丧失规定的功能，对于可修复产品，通常称之为故障。

（2）失能

工程失能，即由于对功能要求的提高，原有工程无法满足现有要求。受技术进步的影响，生产工艺不断改进，劳动效率不断提高，使得生产同样结构同样性能的产品所需的社会必要劳动时间降低，导致生产成本的降低和价格的下降所引起的生产设备绝对贬值，造成工程的失能。

（3）损坏

工程是由不同种类的材料机器构件组成的，材料或构件在荷载、温度等力学及环境因素作用下，经常以磨损、腐蚀、断裂、变形等方式失效而损坏[②]。正是这种损坏，导致工程失灵。这里隐含着局部（组成工程的构件、材料）和整体（形成工程的结构、系统）的关系，我们不仅需要关注局部，更需重点研究工程作为整体的损坏，这是以往没有注重的。

（4）事故

事故指的是工程当事人违反法律法规或由疏忽失误造成的意外情况，往往是突然发生的、违反人意志的、迫使工程活动暂时或永久停止，可能造成人员伤害、财产损失或环境污

---

① Joseph R Davis.Metals Handbook（Second Edition）[M]. ASM，1998.

② 刘高航，刘光明. 工程材料与结构的失效及失效分析［J］. 失效分析与预防，2006（1）：6-9.

染的意外事件。事故也同样会导致工程的失灵。

14.1.3 工程失灵的原因

工程在输入要素后，本应以工程流程为牵引动力，指向既定工程目标，但却由于各方原因，造成工程失灵，偏离既定方向（图14-2）。具体原因可分为：自身原因（材料原因、结构原因），外界原因（外部作用条件原因、社会原因）。

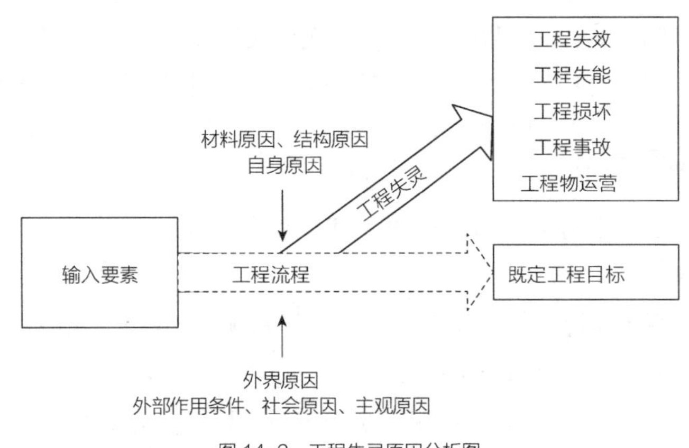

图 14-2 工程失灵原因分析图

（1）工程失灵的材料原因

根据机械失效过程中材料发生的物理、化学变化的本质机理不同和过程特征的差别，工程失灵的材料原因有以下几类。

①变形：可分为弹性、塑性、黏弹性变形。

②断裂：韧性断裂、解理断裂、准解理断裂、疲劳断裂、沿晶断裂。其中，疲劳断裂又可以分为：机械疲劳、腐蚀疲劳、高温疲劳、热疲劳。

③磨损：磨粒磨损、黏着磨损、疲劳磨损、腐蚀磨损、变形磨损等。

④热损伤：熔化、过烧、过热、蒸发、热冲击、迁移（漂移、扩散、偏析）。

⑤腐蚀：化学腐蚀、非金属的老化、电化学腐蚀。电化学腐蚀又可以分为：点蚀、晶间腐蚀、电偶腐蚀、选择性腐蚀、缝隙腐蚀、气氛腐蚀、应力腐蚀、氢脆、腐蚀疲劳。

⑥老化：温度老化、阳光辐照老化、加载老化等。

（2）工程失灵的结构原因

工程结构的失效形式多种多样，归结为以下几方面原因：①组装错误及不恰当的维护。组装错误包含少了一个螺栓或采用不正确的润滑剂等；设备维护的范围从油漆表面到清理及润滑，对此不重视会导致失效。②设计错误，这是一个很普遍的原因。可根据设计程序列出以下几条：a. 零件的尺寸与形状，这些通常决定于应力分析或几何约束；b. 材料，这关系到化学成分及为获得所要求的性能而必需的处理方法（例如热处理）；c. 性能，这是有关应力分析的性能，但是其他性能如抗腐蚀性能也必须加以考虑。

（3）工程失灵的外部作用条件原因

外部作用条件原因主要分为外力作用和环境变化。外力作用分为正常使用损耗和非正常使用损耗。在摩擦力、冲击力等外力作用影响下，工程难免会发生破坏从而导致失灵。不过，更多的工程失灵是由于使用方法不当，构件在非设计条件下运行会加快损坏。另外，工程运行情况与所处环境息息相关，温度、湿度、空气、水中的腐蚀性物质都会对工程造成不可逆转的损失，从而引发工程失灵。

（4）工程失灵的社会原因

社会在发展，科技在进步，工程功能需求也在不断变化，当旧功能不能满足新需求时，工程便会由于失能而失灵。另外，由于个体与共同体的利益也不是完全一致的，为了大部分或绝大部分个体以及共同体的生存和发展，有时必须牺牲一些个体，因此也会导致一些工程出现失灵现象。当一些工程不再满足社会主流意识形态时，虽然工程自身并无问题，但其实已经失去了其内在价值与功能，也可归为工程失灵。

工程物运营是获取收益的必要途径，在此过程中，各种操作失误、外力强力破坏、偶发因素连锁致使失效失能损坏等失灵现象不在少数，运营管理成为维护工程物寿命的重要手段。

由此看来，工程失灵有主观原因、客观原因，也有直接原因、次生原因，具体情况需要有针对性地进行具体分析。

14.1.4 工程失灵与事故

在大规模的工业生产中，失灵可能带来严重后果，由此造成的损失是触目惊心的。例如：①某电厂机组发生爆炸，炸塌二层楼房，直接损失500万元，维修机组用了10个月，间接经济损失达几亿元。②美国联合碳化物公司在印度的农药厂于1985年发生毒气泄漏事故，造成3000多人死亡，近10万人中毒。类似由于工程失灵导致重大工程事故的例子数不胜数，但是有一点要认清，即工程失灵不等于工程事故。失灵与事故是两个不同的概念，工程事故是一种结果，其原因可能是由工程失灵引起的，也可能不是由失灵引起的，比如工程事故还可能由于操作人员的操作失误、管理人员的判断错误、外部环境的恶劣影响等多种可能导致。同样，工程失灵可能导致工程事故的发生，但也可能不会导致工程事故的发生。因此，学习研究判断工程失灵的原因，及时采取合理措施避免事故的发生，正是当今防灾减灾、工程可靠性研究的热点。

14.2 工程失灵事件与教训

无论是工程本身原因，还是外部环境以及人为暴力原因，当今世界上所有的网络、超级电网、高铁等现代交通、大型跨区域管道、太空的卫星系统及导航系统、大洋里的跨洋电缆、陆地上的石油天然气管道、陆地上的大型水坝、巨型电站、金融系统都可能被瞬间摧毁，没有什么地方、没有什么设施、没有什么系统是百分之百安全的，世界已经进入一个极度不安全状态，令人十分惶恐。

14.2.1 桥梁工程失灵

截至2019年底，我国公路桥梁大约有79万座，铁路桥梁大约有60万座，城市桥梁大约有10万座，如此庞大的数量，分布在广阔的国土上，每天要承受数以亿计的车流，桥梁的作用可见一斑。然而桥梁事故的发生也往往会给社会带来很大的损失，令人痛心。同时因为桥梁事故也使得桥梁工程受到负面的影响，给桥梁工程取得的巨大成就蒙上了阴影。

2020年5月5日下午2时，广东虎门大桥悬索桥桥面发生明显振动，桥面振幅过大影响行车舒适性和交通安全。有关部门及时采取了双向交通管制措施，连夜组织桥梁专家进行研判。专家组初步判断振动的主要原因是：沿桥跨边护栏连续设置水马，改变了钢箱梁的气动外形，在特定风环境条件下，产生了桥梁涡振现象①。

桥梁涡振广泛存在，并且很难预判、很难避免。从某种意义上说，桥梁涡振就是典型的混沌现象，即一套确定性动力学系统中，总是存在着某些不可预测的、类似随机性的运动，其不可重复、不可测算、不可控制。对于一座大型桥梁来说，大幅涡振也许随时会发生，也许永远不会发生，谁也无法对之进行精准掌控——这是理性科学局限的一面，也是复杂系统不断扩张的必然结果。随着现代工程变得越来越庞杂，人类失控的风险就越大，发生意外的概率也就越高。

对1813~2018年期间发生的584件桥梁倒塌事故进行分类整理，结果如图14-3所示②。从中可以看出，造成这些桥梁倒塌事故的主要原因包括施工、自然灾害、设计、意外荷载、耐久性等，其中施工所占的比例最高，达到了42.12%。需要指出的是，从图中还可以发现，在2000年后车辆超载和意外荷载的影响明显加剧。另外，早期建设的桥梁由于缺乏有效的维修保养，也导致了部分桥梁事故的发生。

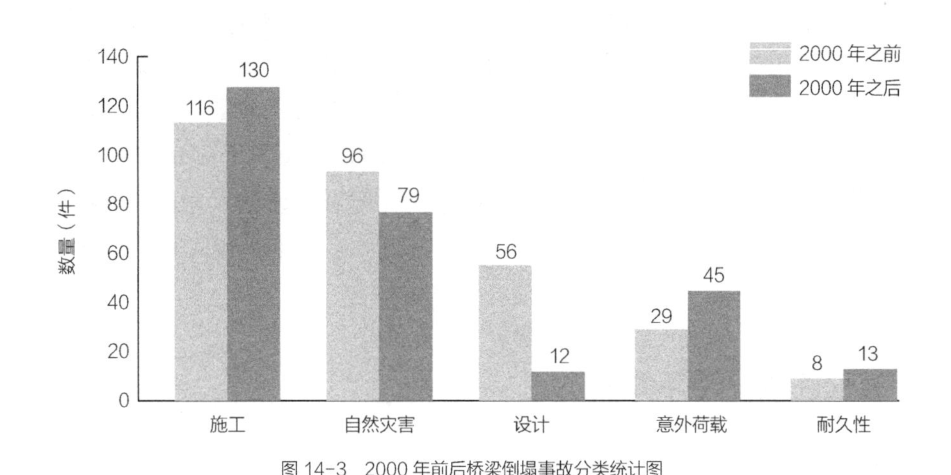

图 14-3　2000 年前后桥梁倒塌事故分类统计图

---

① 然玉. 虎门大桥“抖动”启示风控管理［N］. 中华工商时报，2020-05-11（003）.

② 彭卫兵，沈佳栋，唐翔，等. 近期典型桥梁事故回顾、分析与启示［J］. 中国公路学报，2019，32（12）：132-144.

14.2.2 建筑工程失灵

以房建拆除工程为例，基于人口普查数据，首次对城镇地区住房拆除规模进行定量测算，得出2001～2010年间全国城镇住房累计拆除规模达到0.33亿套，全国城镇住房拆除率为21.19%。以2008～2009年为例，2008年我国城市建筑拆除总面积为2.5亿m^2，而同年我国商品住宅建筑面积大约为6.5亿m^2，拆除的面积达到新建总建筑面积的38.46%。2009年我国城市建筑拆除总面积约为2.9亿m^2，而同年商品住宅建筑面积大约为6.8亿m^2，拆除面积占建筑面积的比例接近45%。仅一年的时间拆除面积就增加了16%，可以看出我国建筑拆除规模正在迅速扩大。拆除的工程数据可以说是工程失灵的体现。同时随着城市化进程的深入，建筑使用年限的临近和功能缺失等原因，我国已成为世界上建筑拆除规模最大的国家。虽然拆除行为盛行，但建筑行业对拆除工程规范化的重视程度并没有跟上，导致拆除事故屡见不鲜，且呈上升趋势，在2016年有关拆除工程的重大事故就多达16起（表14-1），造成的社会影响十分恶劣。加强工程拆除管理，势在必行。

我国2016年部分有关拆除工程的重大事故统计表[①] 表14-1

日期	事故详情
2016年1月20日	宁波市江北某工程4名工人正在拆除塔式起重机，塔式起重机突然折断坍塌，造成2死2伤
2016年1月25日	河南许昌魏桥拆除时突然垮塌，造成2死1伤
2016年1月27日	上海市安排无资质人员进行支架拆除高空作业，造成2死4伤
2016年4月11日	红联某小区违章建筑拆除时，挖断燃气管道，引起居民楼起火，造成1死2伤
2016年5月07日	福全镇某饲料股份有限公司在拆除废弃设备过程中发生事故，造成7人受伤
2016年6月05日	淄博一烟囱拆除过程中发生坍塌事故，造成3人被埋死亡
2016年6月23日	中铝某分公司发生沉降槽拆除工程坠落事故，造成11人死亡
2016年7月20日	上海市通北路工程围墙拆除时发生倒塌，造成3人死亡
2016年8月02日	长沙市非法拆除房屋，造成1人死亡
2016年8月21日	信阳市一矿企业拆除设备时发生事故，造成1死1伤
2016年8月27日	对某市的7处不可移动文物建筑进行拆除，造成文物严重破坏
2016年9月11日	江西泰和废弃桥拆除时坍塌，造成3死5伤
2016年9月22日	吉林省某公司拆除公司景观塔时违规施工，造成1人死亡
2016年10月24日	郑州市一栋大楼违规拆除承重墙致使坍塌，未造成人员伤亡
2016年11月24日	江西宜春市某发电厂违规拆除脚手架致使冷却塔施工平台坍塌，造成74死2伤
2016年12月28日	上海松江区某化妆品公司搬迁拆除过程中引燃易燃物品发生火灾，无人员伤亡

① 张宸浩．拆除工程管理知识体系构建及技术方法研究［D］．绍兴：绍兴文理学院，2017.

14.2.3 水库工程失灵

（1）阿斯旺水库

据美国1982年9月2日《工程新闻纪录》报道，阿斯旺高坝附近，在上一次出现大的地震后，不到一年时间，又发生了四次小的地震，从而再次引起人们注意，需要对这座364英尺高的上石坝的抗震能力作出评价。1981年11月，在发生了一次中等程度的地震（震中大约就是40英里[①]之外的卡拉勃沙断层）之后，一个工程师小组在埃及国家科学基金会和美国国际开发署的资助下，对大坝安全情况进行了研究。劳埃德S. 克拉夫得出结论说，这次地震是由阿斯旺坝广阔的水库所引起的。克拉夫说："在活动断层区，孔隙压力变化的综合效应是由水库水位涨落以及水体电量引起的。不过地震最终无论如何是要发生的；枪已上了膛，水库只不过是拉动了扳机[②]。"

（2）三门峡水库

三门峡水库的建设耗费了大量的人力、物力、财力，耗时30多年，库区移民总计40多万，最终却不得不回到原点——力争变成无库自然状态。

黄河三门峡水利枢纽是黄河干流上兴建的第一座控制型大型水利枢纽，它的兴建是治理与开发黄河的第一次重大实践。枢纽控制流域面积68.8万km^2，占黄河流域总面积的91.5%，原设计枢纽的任务是蓄水拦沙、综合利用。确定正常高水位350m，总库容360亿m^3。在防洪上，可将千年一遇洪水洪峰流量3.5万m^3/s削减到6000m^3/s；电站装机8台，总容量116万kW，年发电量60亿kW·h；初期灌溉220万hm^2（3270万亩）；拦蓄上游全部泥沙，下泄清水，使下游河床不再淤高，同时使下游通航条件得到改善。

工程于1957年4月正式开工，1960年6月大坝全线浇筑至340m高程，同年9月下闸蓄水，至1962年3月，坝前水位最高达到332.58m，回水超过潼关，库区淤积严重，335m以下库容损失17亿m^3，潼关河床高程上升4.5m，潼关以上北干流以及渭河、北洛河下游发生大量淤积，威胁关中平原和西安市的安全。自此以后，工程经历了两次改建，扩大了泄流规模，降低了泄水建筑物进口高程。1973年以后，改变了水库运行方式，采用"蓄清排浑"，安装了低水头发电机组，实现了发电。水库基本上做到年内冲淤平衡，保持了一定的有效库容，潼关河床高程下降1.8m左右。水库发挥出防洪、防凌、灌溉、发电和供水等综合作用[③]。

14.2.4 飞机失灵

飞机作为人类发展史上最伟大的发明之一，诞生距今不过区区百余年，却极大地改变了人类的出行与交往方式。作为当今最安全的交通工具之一，其实历史上也不乏空难的发生。

① 40英里≈64373.76m。

② 李君超. 阿斯旺水库诱发地震［J］. 人民长江，1983（4）：85.

③ 魏永晖. 三门峡水利枢纽建设的经验与教训［C］//中国水利学会地基与基础工程专业委员会. 黄河三门峡工程泥沙问题研讨会论文集. 中国水利学会地基与基础工程专业委员会：中国水利学会，2006：104-108.

14.2.5 航天工程失灵

（1）挑战者号航天飞机（1986年1月28日）

失事经过：挑战者号航天飞机在美国佛罗里达州发射升空，第73s发生解体，机上7名宇航员全部罹难。

失事原因：由于升空后，其右侧固体火箭助推器（SRB）的O形环密封圈失效，导致毗邻的外部燃料舱在泄漏出的高温火焰中燃烧，进而造成结构失灵、解体坠落。

失事教训：本次事故中有两个教训，其一是管理教训——想要在技术上成功，实情要凌驾于公关之上，因为大自然是不可欺骗的。甚至还揭示了，工程师的工程伦理缺失，成为7人遇难的原因。对于这架精密的航天飞机来说，工程功能显然失灵了，因为系统中的一个要素出现了功能失灵，导致整个系统功能失灵。其二是科技教训——低温会导致O形环的橡胶材料失去弹性，以及信息表达的不完备，后者可归因为管理原因。

NASA一定程度上接受了调查委员会的建议，进行了组织变革和技术革新。

（2）哥伦比亚号航天飞机（2003年2月1日）

失事经过：哥伦比亚号发射升空过程中，脱落的至少3块泡沫材料击中航天飞机左翼前缘的隔热板，导致返航途中高温熔化机体，在即将降落时坠毁。

失事原因：NASA在2004年8月13日的报告中确认，隔热层脱落击中飞船左翼前缘是事故的最大原因。外部燃料箱表面泡沫材料安装过程中存在的缺陷，是造成整起事故的罪魁祸首。外部燃料箱表面脱落的一块泡沫材料击中航天飞机左翼前缘名为“增强碳碳”（即增强碳-碳隔热板）的材料。当航天飞机返回经过大气层时，产生剧烈摩擦，使温度高达1400℃的空气在冲入左机翼后熔化了内部结构，致使机翼和机体融化，导致了悲剧的发生。

失事教训：失事导致飞机坠毁，7名宇航员全部遇难的惨重后果。

航天事业是人类对宇宙的好奇，还包含着人类坚定的决心和探索神秘世界的勇气，以及智慧和财富，甚至包括生命的代价。表14-2是航天历史上的重大灾难，也是工程失灵的记录表，向付出生命探索太空的人们致以崇高的敬礼！

部分重大航天事故表 表14-2

序号	工程失灵事故	时间	原因与损失
①	先锋TV3火箭爆炸	1957年12月6日	火箭因失去推力而回落到发射台，发生强烈的爆炸，发射台也严重受损
②	挑战者号航天飞机灾难	1986年1月28日	7人遇难。右侧SRB的O形环密封圈失灵，导致毗邻的外部燃料舱在泄漏出的高温火焰中燃烧，进而造成结构失灵，第73s解体坠落
③	泰坦34D-9 KH9-20火箭爆炸	1986年4月18日	发射后仅8s，发生爆炸，损失数十亿美元的摄影侦察卫星
④	长征三号火箭爆炸	1996年2月14日	6人遇难。运载的国际通信卫星708损毁
⑤	阿里安-5火箭爆炸	1996年6月4日	40s后首飞的火箭爆炸，损失5亿美元

续表

序号	工程失灵事故	时间	原因与损失
⑥	三角洲二号火箭爆炸	1997年1月17日	17s后爆炸。运载的一套全新设计GPS卫星损毁
⑦	泰坦四号A-20火箭爆炸	1998年8月12日	火箭及其运载的侦察卫星的费用估计在10亿美元以上
⑧	哥伦比亚号航天飞机灾难	2003年2月1日	7人遇难
⑨	金牛座-XL火箭事故	2011年3月4日	因整流罩系统未能完全打开而失事。价值高达4.24亿美元的“荣耀”卫星也就此报销
⑩	质子-M火箭坠毁	2013年7月2日	发射不久，三颗导航卫星一起损毁

14.2.6 核工程失灵

（1）苏联切尔诺贝利核电站事故（1986年6月27日）

切尔诺贝利核电站事故或简称“切尔诺贝利事件”，是一件发生在苏联时期乌克兰境内切尔诺贝利核电站的核子反应堆事故。该事故被认为是历史上最严重的核电事故，也是首例被国际核事件分级表评为第7级事件的特大事故。

1986年4月26日凌晨1点23分（UTC+3时区），乌克兰普里皮亚季邻近的切尔诺贝利核电厂的第四号反应堆发生了爆炸。连续的爆炸引发了大火，并散发出大量高能辐射物质到大气层中，这些辐射尘涵盖了大面积区域。这次灾难所释放出的辐射线剂量是第二次世界大战时期爆炸于广岛的原子弹的400倍以上。普里皮亚季城也因此被废弃。

经济上，这场灾难总共损失大约2000亿美元（已计算通货膨胀），是近代历史中代价最“昂贵”的灾难事件。

（2）日本福岛核电站事故（2011年3月11日）

2011年3月11日地震发生之际，位于福岛县太平洋海滨的东京电力株式会社福岛第一核电站（以下简称“福岛核电站”）共有3座核反应堆（1、2和3号反应堆）在进行发电运转；4号反应堆在进行分解检查，5号和6号反应堆在进行定期检查，后三座反应堆处于停机状态。

地震发生的瞬间，1、2和3号反应堆自动升起控制棒，进入停机程序。但同时，从电站外公共电网向福岛核电站输电的输电线因地震的摇晃而发生相互接触、引起短路并断线；核电站的变电所及断路器等设备发生故障；输电线路铁塔倾倒。这些问题，使福岛核电站失去了外部电源的支持。在这种情况下，福岛核电站作为一个系统欲完成整个停机程序，平稳过渡并保持在安定的停机状态，只能依靠自身的设备能力。在地震发生50min以后，福岛核电站受到了14～15m海啸的袭击。在这种状态下，循环水泵处于停止状态，无法向反应堆内部和核燃料储存池供水以便带走热量，使其中的核燃料无法冷却。

在这个过程中，核反应堆堆芯的冷却用水因被核燃料加热沸腾，水位不断下降。最后，核燃料露出水面，导致核燃料熔化。核燃料产生的高温，更促使其包覆材料——锆合金开始与水发生反应，生成氢气。

泄漏到反应堆外壳之外的氢气发生爆炸，炸毁了反应堆厂房（2号反应堆的爆炸没有造成厂房的明显损伤）。同时，反应堆内的核燃料发生熔毁，大量的核物质通过大气和地下水泄漏到自然界中。同时，从3号反应堆释放出的氢气，通过管道进入4号反应堆的厂房，并在那里引起新的氢气爆炸，使4号反应堆中存放废核燃料棒的废核燃料储存池受到损坏的威胁。2011年4月12日，日本原子能安全保安院根据国际核事件分级表将福岛核事故定为最高级7级。

关于福岛核泄漏事故导致的负面影响，至今还在延续。

14.2.7 暴力活动

在暴力活动下，使得工程功能失灵的案例，远溯可以说攻破城池的战争，近究可到美国纽约曼哈顿世贸中心110层的双子塔建筑被恐怖分子袭击摧毁失灵。

2011年9月11日双子塔和五角大楼被袭击的具体时间：

08时46分：北塔楼92～99层被撞击（于10时28分倒塌）；

09时03分：南塔楼77～85层被撞击（于09时59分倒塌）；

09时36分：五角大楼被撞击。

双子塔的倒塌、解体使建筑功能彻底丧失，在这次恐怖袭击导致的工程事故中，死亡人数高达3040人，人间悲剧！不幸之中的万幸是：大楼被撞倒塌的时间，楼内人员还没有全部上班，也没有开始接待更多的游客。按照以往常态，如果是“5万职员、20万游客”的负荷，那真的将是人间地狱！

14.3 工程失灵对工程进步的意义

14.3.1 工程失灵分析方法

展开失灵工程的专项深入研究已经刻不容缓。主要研究内容包括：工程失灵的预测、试验、侦测、检验、传输、分析、预警、预案、处置、救助、恢复等技术与管理的全方位、全流程、全要素内容，并保持动态、及时、准确的信息收集、传输和分析，从而形成工程失灵模式、机理、指标体系，并采用当今先进的虚拟仿真等技术，完善适用性评价、可靠性评价和断裂力学等评价方法，实现全面管理。

针对工程材料造成的工程失灵，检测分析常借助于微观的痕迹、裂纹、断口、评估技术进行展开。常用仪器设备和技术有：OM（光学显微镜）、SEM（扫描电子显微镜）、X射线荧光分析等[①]。针对工程结构造成的工程失灵，检测分析可通过建立等比例模型，通过虚拟仿真等技术，分析由于设计、安装等原因造成的结构损坏与失灵。针对运行环境造成的工程失

---

① 周玉. 材料分析方法（第二版）[M]. 北京：机械工业出版社，2004.

灵，可通过环境动态监测、数据分析的方式进行试验分析。针对社会等因素造成的工程失灵，可通过调查、定性评价等方式，研究分析工程与社会的适应性程度。

14.3.2 工程失灵研究意义

对工程失灵进行研究分析主要有以下几大作用：

一是认识规律，从而指导工艺改进、材料优化。通过对失灵部位、构件的原因机理研究，发现改进的方式，从而预防后续工程失灵的发生。美国的TACOMA大桥，发生整体灾难性的毁坏之后，空气动力学家卡门发现了“卡门涡旋”，并以此对这场事故作出了解释：由于风的振动频率与桥梁结构自身频率相同或接近引起共振，导致振幅越来越大，超出工程结构所能承受的变形幅度，引起整体破坏性损毁。在后续的桥梁设计中，设计师不仅要关注各地的风振自然现象，也应通过改进桥梁自振频率以避免共振。

二是建立知识库，制定相关规则，避免问题的再次产生。通过建设大型工程失灵数据库，进行信息、资源和成果的共享，可以为政府部门的灾害应急管理提供技术支撑，并制定相应规范。根据《建设项目档案管理规范》DA/T 28—2018第3.6和3.14款，项目文件是在项目建设全过程中形成的文字、图表、音像、实物等形式的文件材料；项目档案指经过鉴定、整理并归档的项目文件。项目档案是工程建设过程中形成的，能够真实反映工程建设全过程，对工程运行和管理具有重要参考价值，经过系统整理的各类不同载体形式的历史记录，是工程建设、管理、运行、维护、改建和扩建等工作的重要依据，同时为各类检查、监管、验收、稽查、审计等提供不可或缺的档案保障，是反映工程建设全过程的法律文书[①]。

三是改善管理，提高后续工程的危机管理、风险管理意识。如果工程没有进行风险管理，或者没有有效地进行风险管理，致使工程失灵，轻则是造成工期增加，使各方的支出增加；严重的会造成项目不能继续完成，这样之前投入的资金就无法收回。如果质量出现问题，将会造成项目无法使用或者造成长期损害。与此相反，注重风险管理并能对其进行有效管理的工程会将意外损失的可能性降到最低，并且能够确保在发生不可避免的意外时，将损失降至最少。

四是提升审美，促进工程符合社会需求。工程是脱离不开社会单独存在的，因此，工程的设计、施工与运行必须符合社会需求。通过对失灵工程的研究分析，能够提升审美，向世人传递、展示着工程宽广、和煦、理性而浪漫的情怀。

五是全面提升科技创新能力。在预测、试验、侦测、检验、传输、分析、预警、预案、处置、救助、恢复各个环节的科研、技术和管理上，努力创新，形成动态良性的系统性管理保障机制，减少工程失灵，降低与工程失灵相关的财产和生命健康损失。

---

① 国家档案局．建设项目档案管理规范DA/T 28—2018［S］．北京：中国标准出版社，2018.

第 15 章
论工程语言

本章逻辑图

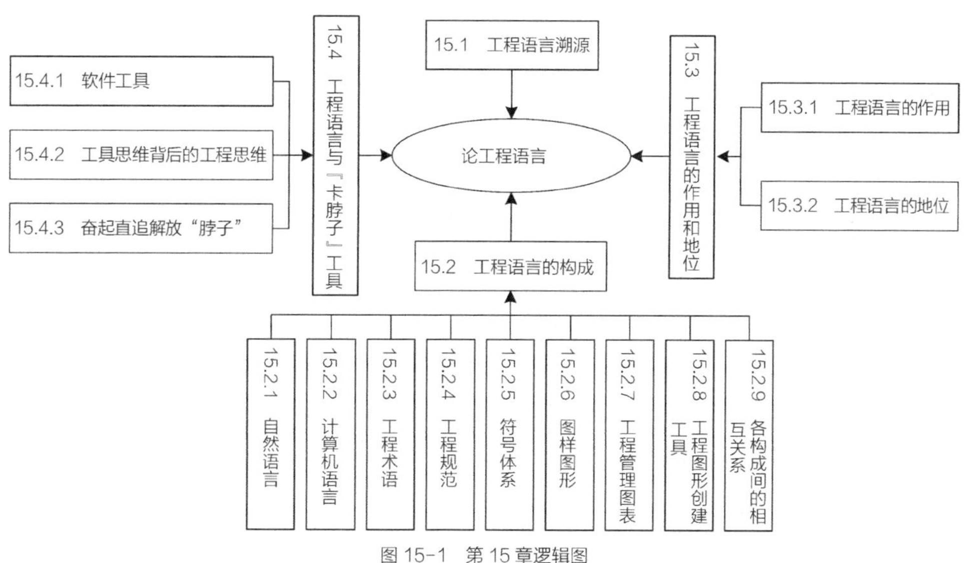

图 15-1 第 15 章逻辑图

工程语言不是自然语言，它是工程演化过程中不断创制、发展和成熟起来的，并且仍然处于发展之中。海德格尔称“人以语言之家为家”，工程语言是工程师的家。有鉴于工程知识和工程实践的特性，工程哲学应该超越传统的规范化方法，而去描述作为一种社会活动的工程实践，并综合各个视点所形成的视图，为工程活动拼凑一种更好的描述①。我们不仅需要超越传统的规范化方法，而且更需要针对工程活动，能够描述出工程“复杂性、综合性”“本质性、演进性”“关联性、创新性”“过程性、价值性”“结果性、规则性”等特征。这里指的不只是工程哲学的视角，而是描述工程活动的工程语言，这是工程师共同体进行工程活动的基本条件。

然而关于工程语言的系统性研究几乎空白。未形成普适认同的工程语言概念、构成内容范围、功能（作用和地位）的确认、体系化地展开工程语言教育、研究工程和工程教育未能普遍使用、应用工程语言的正当性等多方面，均处于萌发状态。由此也导致领域、专业的隔阂，因为语言不通。

① 盛晓明，王华平．我们需要什么样的工程哲学［J］．浙江大学学报（人文社会科学版），2005（5）：27-33.

15.1 工程语言溯源

工程语言进化经历了漫长的过程，几乎是与工程演化历史并行而进的过程。然而，对工程语言的内涵、外延、功用、方式等研究，仍未形成较为聚焦的知识领域或子领域，对其发展历程也缺乏梳理。

工程语言的发展历经了从刻在石壁上的岩画之简单形象到逐渐规范的图纸绘制，再到画法几何、三视图的出现。慢慢地从二维转向了三维再到超三维。从黑白手绘到彩绘到计算机机绘；从三维到动图到动画及全过程全方位的立体动画；实现了互联网快速传输数据交流，沟通更方便更高效；也实现了信息化，数据的外形和内控相结合。

15.2 工程语言的构成

工程语言源于计算机领域，指用于人与计算机之间进行通信的语言，是人与计算机之间传递信息的媒介。这一定义使得工程语言的内涵外延受到限制，本书基于大工程观，则跳出计算机领域，讨论一个扩展了的工程语言。

语言是人类进行沟通交流的表达方式。工程是经济、技术、管理、社会的复杂活动，是人类在认识和遵循客观规律、遵守制定的各种规则的基础上，利用原材料、工具、场所，融入审美，通过管理以改造物质自然界的完整、全部的实践活动、建造过程和造物结果，从而满足自身的价值需求，以及由此对社会、人类和自然所产生的综合影响的过程总和。

以上为对计算机领域工程语言以及语言、工程的解读，工程语言是人类造物活动，也是形成造物结果过程中信息共享、交互的媒介。

工程语言不仅包括符号、文字、图文分类、各种机器的标识码和编号，还有很多难以表述出来的语言和认知，范围涉及不仅仅是我们生活中的计算机、通信光纤、土木建筑，还有航天航空、武器装备、水电矿业等离我们生活较远且难以接触的、难以想象的方面。其构成如图15-2所示。

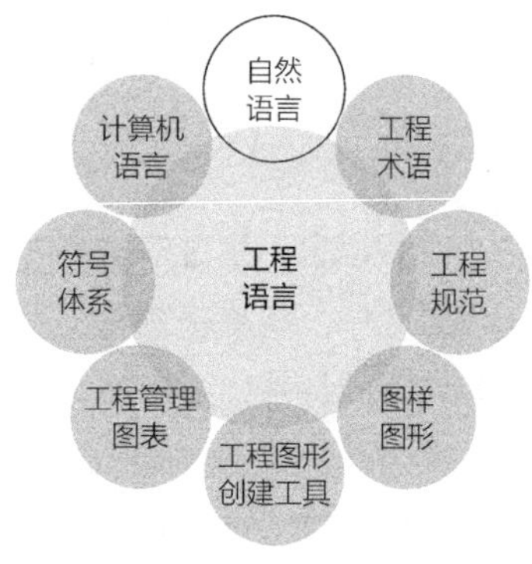

图 15-2　工程语言核心构成内容图

15.2.1 自然语言

自然语言通常是指一种自然地随文化演化的语言，是人类交流和思维的主要工具。自然语言是人类智慧的结晶，自然语言处理是人工智能中最为困难的问题之一，而对自然语言处理的研究也是充满魅力和挑战的。目前，自然语言处理技术得到了突飞猛进的发展，自然语言的可视化已逐渐成熟。

在工程中，人为的自然语言如砼（tóng）、壳（qiào），已经成为通用语。在工程设计和施工中，结构学家蔡方荫于1953年提出，1955年经审定颁布的“混凝土”“砼”并用方案，极大地提高了记笔记的效率。

15.2.2 计算机语言

计算机语言分为机器语言、汇编语言和高级语言三种。

①机器语言是硬件能执行的用二进制形式编写的最基本的动作命令，用该语言编写程序不必经过翻译就可执行，速度快，但给记忆和理解带来困难，这是最基本的软件层次。机器语言使用绝对地址和绝对操作码。不同的计算机都有各自的机器语言，即指令系统。从使用的角度看，机器语言是最低级的语言。

②汇编语言（即符号语言）采用与机器指令一一对应的助记符号来书写程序。便于理解记忆，执行速度快，常用于实时控制的场景，属于第二代语言。

③高级语言与自然语言更为接近，需编辑后才能执行。高级语言用于数值计算和数据处理，称为第三代语言，如Basic，CoBol，Fortran，Pascal和C语言。

15.2.3 工程术语

术语是在特定学科领域用来表示概念的称谓的集合，在我国又称为名词或科技名词（不同于语法学中的名词）。术语是通过语音或文字来表达或限定科学概念的约定性语言符号，是思想和认识交流的工具。工程术语是工程领域专有名词的集合，例如：检验批、地基、分隔带、沉降缝、端承桩等。

15.2.4 工程规范

工程活动离不开工程规范，工程规范作为一种标准化、统一化的工程语言，能够让人们在进行工程活动时有可靠有效的技术和管理手段。

现代工程活动的规范性源于工程的复杂性、商业化和扰动性等特点。第一，工程是一种高度复杂的集体活动。在工程活动中，不同成员之间为了协作完成复杂活动，需要进行周密的论证、规划和设计，单独的个人无法掌控工程活动中的所有环节，必须要分工协作。第二，现代工程是一种商业活动，追求经济利益的最大化是其重要的目标和动力。第三，工程对自然和社会的扰动性巨大，在自然、生态、环境、社会公平正义等方面产生巨大而深远的影响。正是因为工程的复杂性、商业化和扰动性等特点，决定了工程活动应以安全、质量、可持续发展为追求目标。要实现这些目标，则要求工程活动具有规范性。工程规范又分为了技术规范与管理规范。

15.2.5 符号体系

符号体系也是一种语言系统，就像人们仅仅用说话来表达自己的思想是远远不够的，还会使用肢体、表情等，这样就丰富了我们的语言表达力。符号体系亦是如此。以最常见的例子来解释，“红灯停，绿灯行”，大家都懂这个道理，在交通中红绿灯就扮演了符号体系的角色，红灯亮时，人们就知道要止步，绿灯亮时，大家就开始行驶。机械、化工领域的常用符号体系如表15-1和图15-3所示。

机械设备中常用的电气符号表　　表15-1

缩写	内容	缩写	内容
M	电动机代码	YBL	制动释放齿轮，通用的
MD	转矩电动机	YBLH	电动液压制动释放齿轮
MDR	AC交流辊台鼠笼马达	YBLM	电动马达型制动释放齿轮
MFK	低速转动马达鼠笼转子	YBR	完全机械和电动控制器
MFS	带Slipring Rotor和鼠笼转子的低速转动马达	YBRS	圆盘式制动器
MG	直流并激电动机，通用的	YWB	涡轮制动
MGD	直流复励电动机	YM	磁铁，通用的
MGH	直流串激电动机		

图 15-3　化工中常见的符号图

15.2.6　图样图形

语言、文字和图形是人们进行交流的主要方式，在工程界为准确表达一个物体的形状，主要工具就是图形。在工程技术中为了正确表示机器设备的形状、大小、规格和材料等内容，通常将物体按一定的投影方法和技术规定表达在图纸上，这种根据正投影原理、标准或有关规定表示工程对象，并有必要的技术说明的图就称图样。工程图样是人们表达设计的对象，生产者依据图样了解设计要求并组织、制造产品。因此，工程图样常被称为工程界的技术语言。

图样是世界交流的语言，有史以来，人类就试图用图样来交流、表达思想。从远古时期的洞穴岩石上的石刻可以看出，在没有语言文字以前，图样就是一种有效的交流工具，如图15-4所示。

图 15-4　《围猎野牛图》中的图样

随着各国之间的交流不断加大和深入，图样成为一种重要的交流工具。国际标准组织（ISO）对图样的各个部分有了统一的规定。能够准确地表达物体的形状、尺寸及技术要求的图形称为图样。工程图样是工业生产中的一种重要的技术资料，是进行技术交流不可缺少的工具，是工程界共同的技术语言，每个工程人员都必须能够识读和绘制工程图样。

15.2.7 工程管理图表

对于企业，信息是各个层次决策的依据，优化信息管理尤为重要。企业管理中，信息管理已成为最重要的基础管理。管理中大量使用的是书面信息。书面信息中的一种特殊表达形式是图表化（或称表格化）信息。

图表化管理就是以列表（卡、单）或图示的形式来记载、表达信息内容与处理程序，相对于纯文字式表达的管理文件有以下优点。

（1）文字简练

图表因其内容聚焦、信息突出、层次分明、聚类明确、逻辑清晰，而显得言简意赅，广为使用。表15-2为某公司计划编审步骤。

某公司计划编审步骤表　　表15-2

编审步骤	内容	要求	责任部门（人）
下达编制指令（周期性计划可省略）	明确计划项目、时间、要求及主要内容	书面下达，内容要求明确	计划主管部门（人）
调查分析	调查计划完成的内外部条件，收集分析资料和信息	应有定性定量分析资料	计划起草部门（人）
制定计划方案	根据指令要求和调研结果编制计划方案	遵循要求编制	计划起草者
方案审核	审核计划方案是否符合指令要求，编制质量方案	明确修改意见、指导修改方法	编制部门领导、计划起草或分管领导
方案修改	按审核修改意见修改草案中不合理不完整部分	按审核结果修改补充	计划起草者
批准下达	签署批准意见	符合编制要求才予批准	主管领导

（2）一目了然

用内容明了的图表来表述一个管理事项，多方面的内容纵横有序地排列在一个（或几个）页面中，使读者一目了然。例如，企业的各类计划内容表，横向把计划进度、责任部门、协办部门以至考核部门都一览无余地展示在使用者面前。图15-5为某公司年度综合计划表示意图。

（3）易于规范

许多管理事项不仅要有完整、合理的内容和结构，而且要有规范的审批程序。图表化管理实际上是一种填空式管理，一般来说，使用者必须按既定框图格、栏目要求编制、审批。这样就有利于管理的规范化。例如，对标准（制度）规定的编审栏和更改栏。有了这种规范的表格，其标准或制度的制订程序和修改程序就规范化了。

计划类别	计划项目		计划年度（月）												责任部门（组织、人）	协办或归口部门	检查考核
	序号	名称	1	2	3	4	5	6	7	8	9	10	11	12			
经营性计划	01	公司方针目标制订													企管部	各职能部门	总经理
经营性计划	02	××产品开发													技术部	营销部	总工程师
经营性计划	03	美国市场调研													营销部	/	总经理
经营性计划	04	股份制改革													总经济师	总会计师	总经理
	⋮	⋮							⋮						⋮	⋮	
质量管理计划	26	质量保证体系建立													品质部	技术部	总工程师
质量管理计划	27	建立质量检测中心													品质部	综合档案室	品质部长
质量管理计划	28	质量档案管理															

图 15-5　某公司年度综合计划表图

（4）便于存档和检索

一切信息都是为了利用，要利用往往需要存档、检索。图表化管理方便存档和检索。例如信息载体分类登记表，可以把一个企业各类信息载体（计划、技术、质量、物资、人事编号、名称等）都存档保存，便于使用、印刷时检索①。

15.2.8　工程图形创建工具

工程图形创建工具的发展历程如图15-6所示。

（1）CAD

CAD即计算机辅助设计技术，随着计算机硬件及图形显示和自动绘图技术的迅速发展而

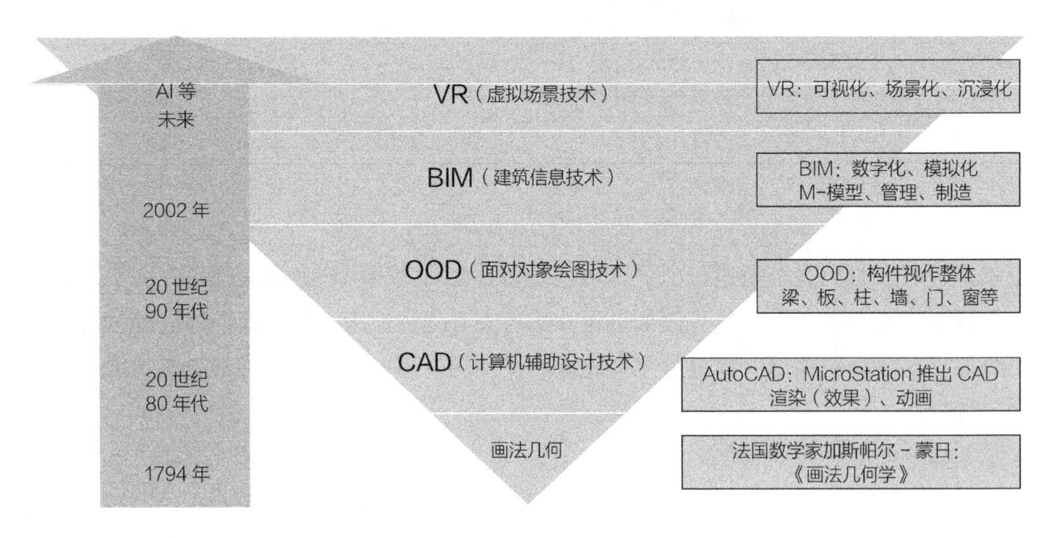

图 15-6　工程图形创建工具发展简史

① 陈凌．图表化管理［J］．管理工程师，2001（1）：29-30.

产生的一门新兴技术，极大地提高了设计效率。

在CAD软件发展初期，CAD软件的作用仅仅是代替手工绘图，其主要以二维绘图为主要目标，即使到目前二维绘图还在我国CAD用户中占相当大的比重。从20世纪80年代开始，计算机硬件性能得到迅速发展并且其价格不断降低，促进了CAD软件功能的增强，CAD建模技术从最初的线框模型、面模型，到后来的实体造型、曲面实体造型，再到现在的基于特征的三维造型，CAD软件技术已向智能化、集成化方向发展①。由于CAD三维功能的不断增强和三维技术的日臻成熟，三维造型技术淡化二维图形甚至取代二维图形在机械制造业已经兴起，并将成为今后的设计手段，这种三维空间的构思模式使设计与制造进入了一个崭新的境界，也是工程技术人员要面临的新形势。

（2）3D MAX

3D MAX是基于PC系统的三维动画渲染和制作软件，具有丰富的造型工具、材质贴图等，可以制成效果好、直观、逼真的模型，但是其交互性比较差，精确度不高。它广泛应用于广告、建筑设计、多媒体制作、游戏以及工程可视化等领域。3D MAX支持多种格式的文件，比如DWG和DXF等。但其交互性较差这一弱点极大地制约了应用，在3D MAX中所有的场景、物体和动画过程都必须由使用者来制定和创建，不能在程序运行的途中动态地改变物体动画轨迹、尺寸等。

（3）BIM

BIM以与建筑项目各相关信息得到的数据为基础，借助数学上的仿真模拟方法模拟工程的真实信息，通过三维模型实现工程监理、设备、物业、工程化管理及数字化加工等相关的功能。其具有项目信息的完备性、项目信息的一致性、项目信息的关联性以及过程的可视性和可优化性等特点。同时，项目的各参与方可在同一平台共享同一项目信息，共用同一建筑模型，这有利于项目的透明性、可视化、精细化建造。BIM的可视化信息技术包含3D、4D、5D，其中3D主要是利用三维空间模型表达工程实体模型，反映工程的整体效果、构件大小形状等，通过3D技术可以实现工程的三维可视化，并能直接生成用户所需要的效果图、立面图、剖面图等传统2D表达的图形。BIM 4D模型是利用三维模型及时间流程数据组成，其中时间轴上各个流程和模型组件需做适当的对应，数据的数量直接影响到对应的复杂度。BIM 5D技术是在BIM 4D技术的基础上，为信息模型的组件增加精确的成本估算，其代表了成本管理人员的工作，但工作量更少。

BIM技术的应用是未来建筑业发展的趋势，充分运用BIM技术进行施工管理，能够实现工程全生命周期的数据共享，同时，因其具备实时、立体、直观、可模拟性的特点，在建设工程管理中运用BIM技术，能够减少数据计算、统计、分析的繁琐工作，提高管理效率，有效提升工程管理效益。BIM作为建筑行业的新兴技术，在降低建筑成本，提高生产效率方面发挥了很大的作用，将有力地推进建筑产业化的发展。将BIM理念及技术引入高校课程教学，既重要又紧迫。纵观当前教育现状，BIM技术在教学课程体系的全面融合以及具体应用

---

① 邓学熊，梁柯. 现代CAD技术的发展特征［J］. 工程图学学报，2001（3）：8-13.

中，并没有成熟的模式可以参考，这需要教师在教学过程中进行更深的思考革新和更多的实践探索。

（4）VR

虚拟现实技术（英文名称：Virtual Reality，缩写为VR），又称灵境技术，是20世纪发展起来的一项全新的实用技术。虚拟现实技术集计算机、电子信息、仿真技术于一体，其基本实现方式是计算机模拟虚拟环境从而给人以环境沉浸感。随着社会生产力和科学技术的不断发展，各行各业对VR技术的需求日益旺盛。VR技术也取得了巨大进步，并逐步成为一个新的科学技术领域。

虚拟现实技术受到了越来越多人的认可，用户可以在虚拟现实世界体验到最真实的感受，其模拟环境的真实性与现实世界难辨真假，让人有种身临其境的感觉；同时，虚拟现实具有一切人类所拥有的感知功能，比如听觉、视觉、触觉、味觉、嗅觉等；最后，它具有超强的仿真系统，真正实现了人机交互，使人在操作过程中，可以随意操作并且得到环境最真实的反馈。正是虚拟现实技术的存在性、多感知性、交互性等特征使它受到了许多人的喜爱。

（5）AI与5G

人工智能（英文名称：Artificial Intelligence，缩写为AI）是研究、开发用于模拟、延伸和扩展人的智能的理论、方法、技术及应用系统的一门新的技术科学。5G是最新一代蜂窝移动通信技术，也是继2G、3G和4G系统之后的延伸。5G的性能目标是高数据速率、减少延迟、节省能源、降低成本、提高系统容量和大规模设备连接。

人工智能技术早在20世纪50年代出现。70余年来，人工智能大致历经"三起三落"的发展历程。目前，人工智能已进入2.0时代，其主要技术领域体现在大数据智能、跨媒体智能、自主智能、人机混合增强智能和群体智能。与AI发展类似，移动通信技术已经历了从1G到4G四个发展时代。自2019年以来，5G技术呈现出爆发态势，在全球范围内密集部署并不断付诸商用。

5G+AI技术在未来必将重构教育信息化的生态体系，给教育主体和客体、教育情境、教育资源、教育管理与评价、教学设计与过程模式等诸多要素，带来颠覆性的技术变革与影响。事实上，教育信息化的进程，也是上述前沿信息技术不断融入教育领域并产生革命性影响的过程。从信息技术与教育间逻辑关系及融合的视角而言，在5G+AI的技术场景下，未来教育信息化技术生态体系框架已初步构建起来，如图15-7所示。

5G+AI体系是一个整体性、系统性的技术集群。在与教育不断融合的过程中，根据所融合的对象（教师、学习者、教学资源、智能教学平台、教学环境等）的不同和差异，其类别或表现并不是一成不变的。例如：无人机帮助肢体残障学习者实现真实场景观摩，则是使能技术；如果无人机帮助正常学习者在现场获得高空全景信息，则是增能技术[①]。

---

① 张坤颖，薛赵红，程婷，等. 来路与进路：5G+AI技术场域中的教与学新审视［J］. 远程教育杂志，2019（3）：17-26.

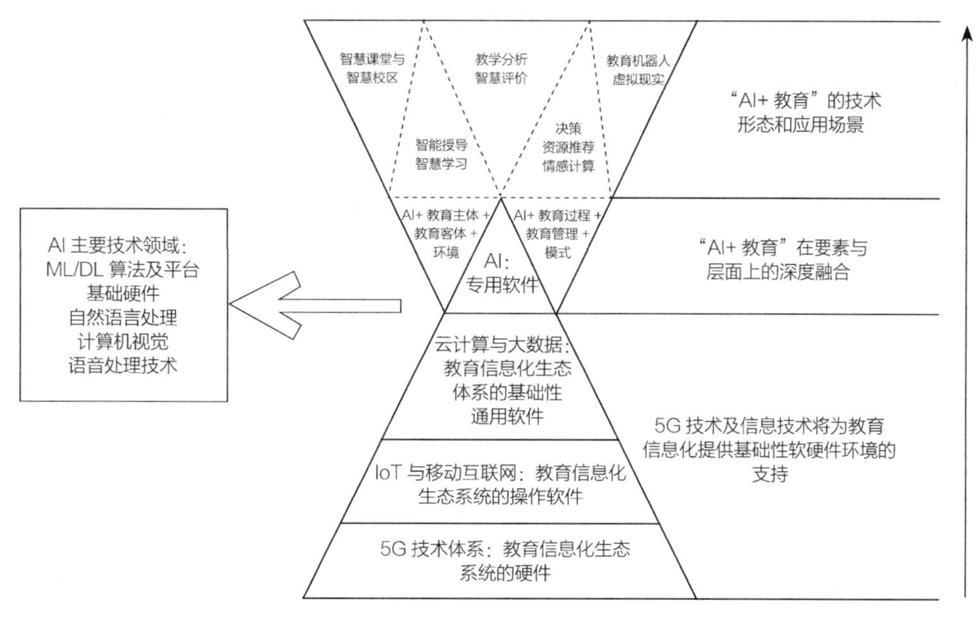

图 15-7　5G+AI 视域下教育信息化技术生态架构

15.2.9　各构成间的相互关系

工程语言在不断进化。在生产建筑活动初期，人类没有先画图后实施的意识，而是通过自然语言进行交流；进入文明时期，人类开始探索如何用图表达他们的设计，逐步开启创设绘图的符号体系、工程术语等；在古埃及时期，二维图像已经成为人们表达建筑的方式，人类通过工程规范绘制出来的二维图纸进行交流建设。在此后漫长的时间里，二维图纸一直肩负着传递信息的作用。

传统的二维纸面表达的二维草图，通过三维实体的二维化投影法，还有对平面、立面、剖面进行表达的建筑制图都是二维的图绘。如今，信息时代的数字化建筑设计已经参与到建筑表达中，它促进二维制图转向三维制图，但这其中涉及的平面、立面、剖面建筑制图依然是建筑二维图绘的基础表达方式。而所谓的三维制图是指在二维的平面中加入一个垂直方向的向量，形成人的视觉立体感。

伴随计算机技术带来新工具的革新，用户可以在任何时间、任何地点对相关建筑数据图像和信息资源进行整合，这提高了建筑设计创作的资源共享。新鲜刺激的视觉信息图像的发展，多样的计算机媒介扩充到建筑表达的艺术实践中，打破了传统建筑创意表达的局限性，使传统建筑图、建筑画经过新时代的洗礼后融入建筑图绘中。建筑设计师们通过影像式的建筑图绘建立观众与空间的交流通道，扩展了建筑的表达方式，在使用影像的同时又超越了建筑图绘的自身价值。数字影像技术逐步完善，在制作建筑表现图时甚至可以采用虚拟现实技术，观众通过大脑控制眼前出现的建筑画面，但是传统建筑图绘并没有被抛弃在时代的更迭中。在建筑图绘表现模式中，许多建筑图中的片段都是通过数字影像获得的，为了实现建筑的多种可能，运用照片图像作为辅助手段进行创作，将现实存在的素材进行梳理，结合具体建筑设计诉求来融入建筑图绘。计算机技术的介入，使建筑图绘的表达模式不断发散，相较于传统的建筑图绘表达手法，也更容易普及以及发现设计过程中或者建造后期可能会出现的问题，比如BIM系统的应用。用数字的方式计算建筑的“生老病死”以及不同因素影响下的状态，这是一种动态数据改变的图绘方式。建筑超三维图绘从某种意义上看是透明性拼贴法的延续，如果将多重感知引入图绘，感知也是可以拼贴叠合的①。

15.3 工程语言的作用和地位

15.3.1 工程语言的作用

（1）在实际工程项目中的实施应用

在工程项目设计阶段，需要应用BIM技术来绘制设计图、效果图；在项目实施前，要绘制项目进度计划表、工作任务分解结构表等；在项目实施过程中要遵守一系列的工程规范。

1）施工阶段应用BIM技术可以优化施工方案

利用BIM技术可以对施工阶段进行四维处理。不仅包括三维几何立体坐标轴，还包括时间轴，即进度计划。通过四维应用可以从月、季度、周、天等时间段对施工进度计划进行分析，并可以根据施工现场实际情况进行相应的调整，从中寻找最优的施工方案。此外，还可以对施工过程中的重点项目内容和难点项目内容进行模拟演练，从而选择最优的施工顺序和施工工艺，使得整体的施工方案更加完善。

2）施工阶段应用BIM技术可以实现虚拟施工的目标

虚拟施工过程对于整个施工阶段而言具有重要的价值。一方面，可以通过虚拟场景了解真实施工过程进展的情况，从而判断计划是否合理；另一方面，利用BIM技术的协同能使项目参与方全面了解建筑工程项目的情况和存在的问题。无论是监理单位、施工单位还是业主都能进行信息共享，确保彼此之间信息的对称性，从而减少摩擦和矛盾。

3）施工阶段应用BIM技术可以进行三维动画渲染

业主在进行建筑产品销售时，由于建筑工程还没有完工，需要使用三维动画手段模拟建筑工程项目，但这些三维动画效果都是经过渲染的，主要目的是吸引客户。在没有素材的情况下，创建三维动画是一个比较困难的过程，即使是制作完成的三维动画效果也很难使业主满意。而且进行广告宣传还需要大量的投入，如果不能起到预期的效果，宣传工作就是无效的。BIM三维技术包括大量建筑工程项目的真实数据，为广告公司制作三维动画提供有用的素材，从而使得制作出的三维动画效果更能真实地反映建筑工程项目的实际情况。

4）施工阶段应用BIM技术可以进行模型校验

BIM三维技术将建筑工程项目的实际情况如实地反映在计算机中，通过虚拟结果和实际

① 魏翔. 计算机制图在测绘中的应用现状及问题解决路径［J］. 电脑知识与技术，2020（5）：252-253.

工程的对比能及时发现其中存在的偏差，便于对建筑工程项目进行校验。此外，业主还将更加直观地看到建筑工程项目的效果图，便于业主对建筑工程项目做出调整[①]。

（2）教学过程中的应用

工程性课程教学的主要目的就是要通过对工科学生进行理论联系实际的示范教育，培养学生的工程概念、工程意识、分析和解决工程问题的能力及工程业务素质。课堂教学中的语言交流是应采用话语、书面语言、图形和形体语言等形式来表述交流者的认识、观点和思想的过程，反映出交流者双方对某教学内容主题的基本语义应用、概念、观点、思想认识、兴趣等方面的相互接纳性和认知趋同性，是一种最直接、最有效的学习交流方式。

课堂教学中的语言交流过程又是一个语用实践的过程，是交流者双方的再认识过程。通过交流，一方面教师可以认识到学生所具备的知识和能力水平与教学内容是否相适应，以便调整问题的表述方式，从而使学生更容易理解和接受；另一方面学生需思考、理解、体会教师所表达的语义、概念和观点，以便在与教师交流时正确对接。以讲授法为主要教学方法的课堂教学是一个教师为主动交流者而学生处于被动状态的语言交流过程。被动的语言交流容易导致学生被动思考，久而久之，学生势必会缺乏思考的主动性和交流欲望，形成交流惰性。具有交流惰性的学生思维迟钝，感知能力低，课程学习困难。因此，从语用学上讲，课堂教学中必须强化教师与学生双方的语言交流互动，这样才能有效促进学生积极主动地思考、感知和应用知识。

教学中的语言交流互动是考验教师综合教学能力的一个重要方面，彰显了教师知识能力水平、对教材理解的透彻程度、对教学内容的合理安排、对学生的了解程度、自身工程素质及临场反应和发挥能力。课堂教学中的语言交流互动不是简单的问答，而是围绕交流主题和要达到的教学目的进行交流材料准备、过程设计和各交流环节实施的系统过程[②]。

在进行相关的工程教学过程中，教学时长压缩而教学内容不断增加的情况下，教师需要通过相关工程语言的运用去提高教学效果，减缓讲课时数减少而教学任务增加所带来的压力。学生需要学习工程语言以提高日后工作中的交流能力和识图能力。

工程语言将有力促进工程文字的规范化和标准化，使工程中通用语言文字在社会生活中更好地发挥作用。同时，在全面提高工程质量、文明施工、提高施工效率和加快施工进度、增进不同项目部门之间的交流与沟通中均具有重要意义。

15.3.2 工程语言的地位

工程语言在工程中的地位无疑是极其重要的，尤其是面对当下复杂的工程和工程管理，工程语言内在的研究和发展，至关重要。没有工程语言，就不会有现代工程产业。

工程语言是工程活动顺利开展的前提，具体内容已在前文展开，此处不再赘述。

---

① 张海龙. BIM在建筑工程管理中的应用研究［D］. 长春：吉林大学，2015.

② 王运华，王荷云. 论化工原理教学中工程语言语境的构建及作用［J］. 化工高等教育，2015，32（6）：89-93，96.

工程语言是工程教育成果实施的途径。工程教育的首要任务是教会学生正确使用工程语言，并在此基础上熟练应用工程语言，这是将其培养成为工程师的必要基础。工程语言的现代化，促进了工程实践中生产效率的提高，同时也要求工程教育的效率需要不断提高。工程语言的教育既是工程教育的内容之先，也是方法和工具之一。工程教学是一个动态、交互的过程，工程语言是无法逾越的交互途径，也是认知科学、计算机处理技术、图形处理、通信传输技术、综合表达技术的集成应用。工程语言影响课堂教学效果的因素是个复杂的问题。利用工程语言进行表达的技术推行具有普遍可行性，且能够立竿见影地产生改进效果，应当进行推广。该技术也是计算机、图形图像处理、通信传输技术的综合集成应用，是将工程发展的理念与前沿探索现状，转化和传递给学生的重要途径，也是工程教育需要进行推广的技术。

15.4 工程语言与“卡脖子”工具

15.4.1 软件工具

软件是现代工程应用最广的工程语言，以各种计算机语言为手段，以运行代码为方式，承载工程意图，其已经成为当代不可或缺的依赖。应用软件的一般分类如图15-8所示[①]。

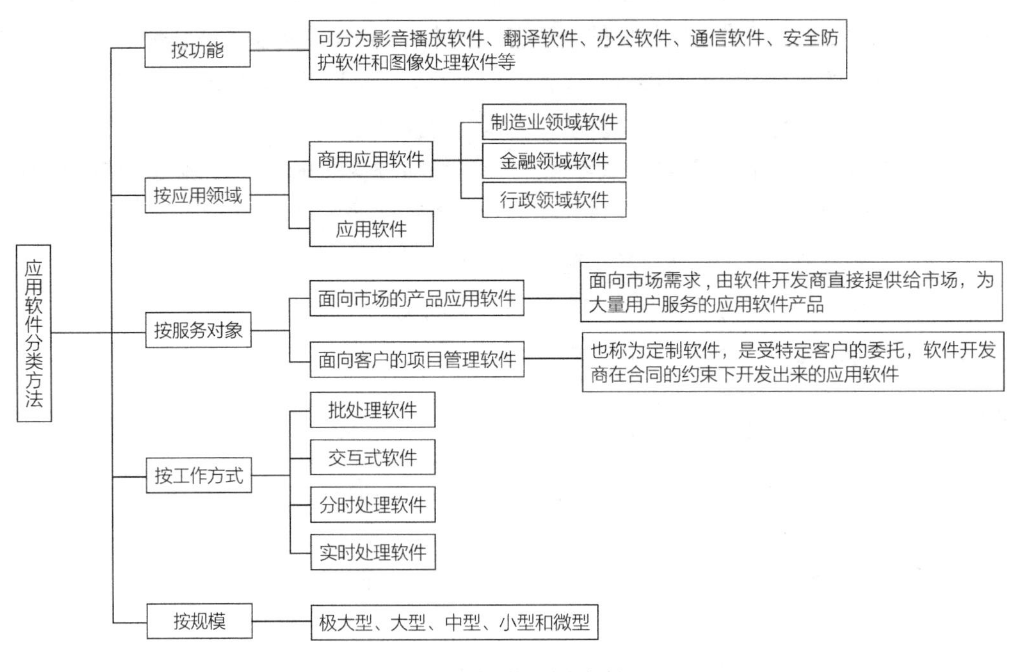

图 15-8　应用软件分类方法图

① 刘德寅. 应用软件的分类及安全性评价研究现状［J］. 信息化研究，2013，39（5）：65-68.

不同的软件，安全性也不同，国防系统、银行交易等应用软件，对数据高度敏感，安全性要求较高；而普通应用软件对安全性要求相对较低，其需求主要体现在数据的完整性和保密性。

工程中常用的工具软件见表15-3。

工程工具软件表　　表15-3

序号	工程类软件	功能	公司
①	MATLAB	工程计算与数值分析软件	MathWorks
②	ANSYS	大型通用有限元分析（FEA）软件	ANSYS
③	ASPEN	化学工业流程模拟软件	AspenTech
④	GIS	地理信息系统	
⑤	WBS	工作分解结构软件	
⑥	PERT	计划评估技术软件	亿图公司
⑦	RFP		
⑧	AutoCAD	创建可导入Revit中的二维CAD设计	Autodesk
⑨	Autodesk Docs	通过通用数据环境连接建筑结构工作流	Autodesk
⑩	Insight	能耗与建筑性能分析软件	Autodesk
⑪	Advance Steel	适用于钢结构详细设计的三维建模软件	Autodesk
⑫	FormIt Pro	直观的三维草图绘制应用程序，提供原生Revit互操作性	Autodesk
⑬	ReCap Pro	现实捕捉以及三维扫描软件和服务	Autodesk
⑭	Robot Structural Analysis Professional	高级BIM集成结构分析和规范合规性验证工具，设计、分析和细化混凝土和钢结构	Autodesk
⑮	3DS Max	用于设计可视化的三维建模、动画和渲染软件	Autodesk
⑯	Autodesk Rendering	支持远程快速高分辨率渲染	Autodesk
⑰	Vehicle Tracking	车辆扫掠路径分析软件	Autodesk
⑱	Fabrication CADmep	机电深化设计和文档编制软件，可用于制造	Autodesk
⑲	Structural Bridge Design	桥梁结构分析软件	Autodesk
⑳	Autodesk Drive	面向个人和小型团队的CAD远程存储服务	Autodesk
㉑	Revit	使用建筑信息建模功能对建筑进行设计和文档编制	Autodesk
㉒	Navisworks Manage	通过三维模型审阅发现并解决冲突	Autodesk
㉓	SketchUp	面向设计方案创作过程的3D建模设计软件	@Last Software
㉔	CampusBuilder	3D园区搭建软件	优锘科技
㉕	ThingJS	集成3D可视化界面软件	优锘科技

对于行业的数字化转型来说，建设行业的BIM软件具有一定的代表性。表15-4是较具代表性的部分BIM软件。

BIM软件分类[①]　　表15-4

序号	软件分类	软件名称	功能描述	适用
①	方案设计类	a. Onuma Planning System b. Affinity	设计初期，帮助设计者将设计的项目方案与业主项目任务书中的项目要求相匹配 实现将方案输入建模软件开展深入设计，使方案更加满足业主的相关要求	对接需求与方案；深入设计的基础
②	建模翻模类	a. Autodesk的Revit系列 b. Bentley的Microstation系列 c. Nemetschek的Archi-cad、Allplan、Vectorworks三大产品 d. Dassault的CATI －A	建立建筑信息模型或者根据二维图纸进行翻模工作 主要应用于建筑、结构和机电、设备系列等	a. 民用建筑Revit b. 工厂模型设计和设备 c. 单专业建筑可从ArchiCAd、Revit、Bentley系列软件中选择 d. 完全异形项目可选择Digital Project或CATIA
③	结构分析类	a. STAAD b. ETABS c. Robot等国外软件 d. PKPM等国内软件	将建筑信息转化为数据，通过软件对建筑结构进行深入分析，可开展有限元分析，从而开展结构分析。结构分析的软件与BIM建模软件的信息交换非常流畅，集成度高，可双向信息交换	实现建模分析与结构分析的交互、修改和自动更新
④	机电分析类	鸿业、博超、IES Virtu-al、Design master、Environment	辅助设备（水暖电等）和电气设备分析	专业性较强，使用于特定的项目
⑤	模型综合碰撞检查	Solibri Mod －elchecker	使用BIM技术得到三维模型，设计者兼顾平面视角设计并查看三维模型，检查设计的各个参数，对设计实时改进。利用软件对设计满足要求程度，检查自身和与周围事物的碰撞；同时可以进行数据库的设计，将特殊的指定要求设计成检查规则，实现对设计成果的全面检查	实时三维检查确保成果符合要求 实现多专业的协同设计
		Autodesk的Navisworks；Bentley的Projectwise、Solibri Model Checker	项目中不同专业的设计协同，实现专业之间的碰撞检查。各个专业在平台开展设计，并将模型集合在一起，进行整体分析	
⑥	绿色分析类	IES、Green Building Studio	项目开展环保相关的分析，设计光照、风、热量、景观、噪声、废气、废液、废渣等环境相关内容，通过调用BIM模型的各种所需信息来完成	绿色分析相关具体指标，实现环境保护
⑦	可视化类	3D Max、Accurender、Artlantis	通过三维模型与最终建设完成的实际工程几乎一致性，预先使用BIM软件对设计进行全面可视化设计、检查等	通过可视化的模型开展设计和检查，提高设计的准确度和精度

① 章莉，姜利霞．BIM应用软件分析分类［J］．科学技术创新，2019（9）：82-83.

续表

序号	软件分类	软件名称	功能描述	适用
⑧	造价管理类	国外：Innovaya 和 Solibri 国内：鲁班和广联达 5D	造价管理软件在设计时基于BIM的基础数据，统计项目工程量，开展造价工作，实现BIM模型参数与相对应的造价信息动态更新。在施工过程中，可实现实时动态数据更新，开展造价分析，构成BIM技术“5D应用”	设计和施工中基于基础数据开展算量、计价，并实时更新和动态分析造价数据
⑨	运营管理类	美国：Archibus	BIM技术不仅仅应用于项目初期的设计，还可以在建设施工、后期运营管理过程中发挥重要作用，在项目的全生命周期应用广泛	BIM技术可以指导项目设计、施工和项目运营管理

15.4.2 工具思维背后的工程思维

人类作为工程主体，输入工程的三大类要素是劳动、工具和管理。工具甚至是人类区别于其他动物的最大特征。从研究工程的视角来说，工具背后的思维，蕴含着极大的反思价值。工具不仅仅是人类能力的外在延伸，更是人类实现自身追求的途径。

工具化背后蕴含着丰富的工程思维：精准思维、效率思维、共享思维、模块思维、结构思维。

精准思维是一种非常务实的思维方式，它强调具体和准确，要求动作精准到位，在一个个具体的点上解决问题，排斥大而化之、笼而统之地抓工作。

效率思维并不是让我们如计算数学题一般，算出每件事情的效率高低，更多的是一种权衡与取舍的思维；在没有确切的数据下，我们仍可以通过建立一些思考维度，帮助我们更好地做出判断。

共享思维比单独思考更快速，在快节奏时代，孤军奋战必然是行不通的；共享思维比单独思考更利于创新，新的思想不会凭空产生，团队协作共享能够产生更大的创新；共享思维比单独思考更成熟、更全面，共享思维有利于避免盲点。因交流碰撞而受启发，是创新的重要途径。

模块思维是指我们需要把工作分门别类，根据自己的工作职责和内容的特点，把工作内容切分成相对独立的模块，然后根据模块的特点和重要性采用不同的处理方式，高效地把工作做好，同时节约出宝贵的时间。

结构思维就是把混乱的、复杂的、零碎的东西进行分组归类使其变得有序，它是由分类学思维演化而来的。

工具化能力是造物的必要能力，是国家间核心竞争力的体现和终极手段。一切文化的优势必须转化为工具而造出实物，才能体现出生产力的力量和工具的实力。

15.4.3 奋起直追解放“脖子”

先贤虽有“工欲善其事，必先利其器”的古训，但是工业化巨浪催生的工具化高潮，并没有激发我们研发工具的巨大热情，相反，我们在工具研发方面，有极大的提升空间和追赶距离！

（1）“卡脖子”的工具软件

MATLAB是美国MathWorks公司出品的一种高级软件，广泛运用于数学计算与分析、仿真建模、电子通信、能源化工、经济金融、生物医学等领域，深度融入中国高校的日常科研工作中。它是常用的必备软件之一。

2020年6月6日，哈尔滨工业大学、哈尔滨工程大学等30多家单位被美国商务部列入“实体清单”，禁止使用MATLAB软件。此次事件要求相关单位人员、论文和相关研究不得使用MATLAB软件所得到的数据、图表。禁用名单很可能延伸到其他软件，对中国社会和企业造成较为严重的影响。

（2）强烈呼吁

从一开始美国政府对中兴实施制裁，禁止中兴从美国企业购买敏感产品，到后来对华为实施制裁，在无美国许可证的情况下，华为将无法使用美国芯片设计软件，再到现在禁止中国高校使用MATLAB软件，国际势态的步步升级，难以预料下一步美国是否会扩大其软件禁用范围。

MATLAB被禁事件给中国社会大众敲响警钟：作为工程语言的核心——工程工具，是工程设计、施工、运维必不可少的手段，我们需要加大力度增加原创工具，方能立于不败之地。

工具可以理解为物化的工程语言，其先进性将直接决定国家竞争力的强弱。对于工程工具，必须加大投入、加快建设、持续进步。

第 16 章
论工程信息

本章逻辑图

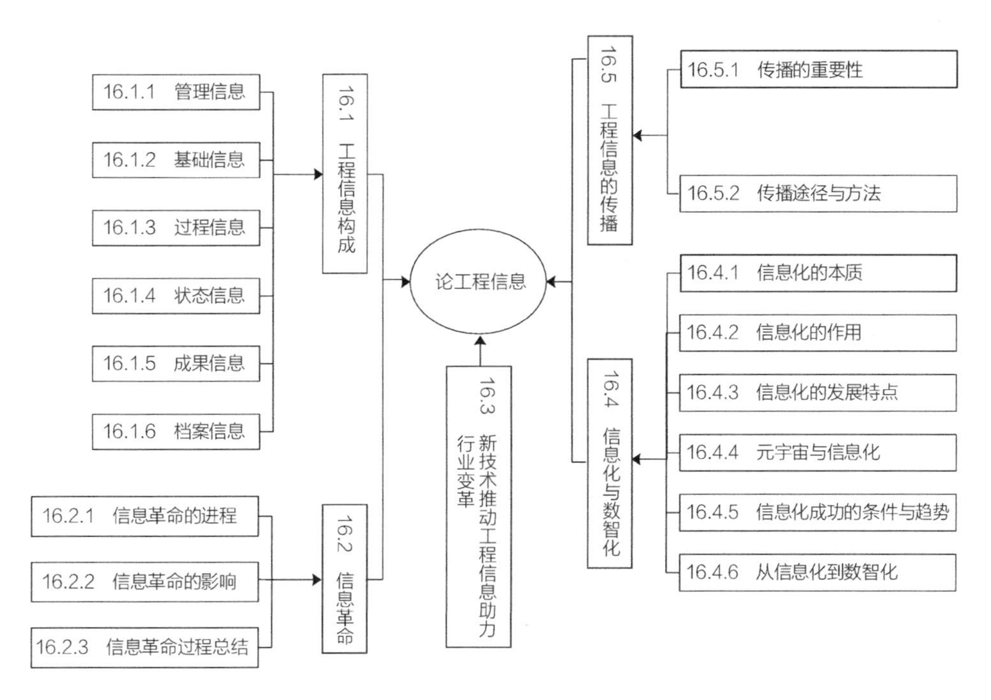

图 16-1 第 16 章逻辑图

工程行业是大数据行业，工程是大数据产品。许倬云在为涂子沛所作《数据之巅》的推荐序“进入一个重要的现代文化园地”中指出：“大数据之‘大’，就在于将各种分散的数据彼此联系，由点而线，由线而面，由面而层次，让人瞻见更完整的覆盖面，也更清楚地理解事物的本质和未来的取向。”工程的大数据有以下几个特点：海量性，就是指数据量特别大；多样性，是指其数据的表达形式多样，包括文字、图片、音频、视频等，随着信息技术的发展，VR/AR内容也越来越多；多源性，信息来自于不同利益主体、不同阶段的参与方；复杂性，数据之间的勾稽关系十分复杂，多重多元相关等。

工程本身就是非常复杂的，仅就工程要素而言，就有九大类，加上诸多外在动态因素，毫无疑问更是“大数据”，要管理好这些工程信息，不是那么容易。

16.1 工程信息构成

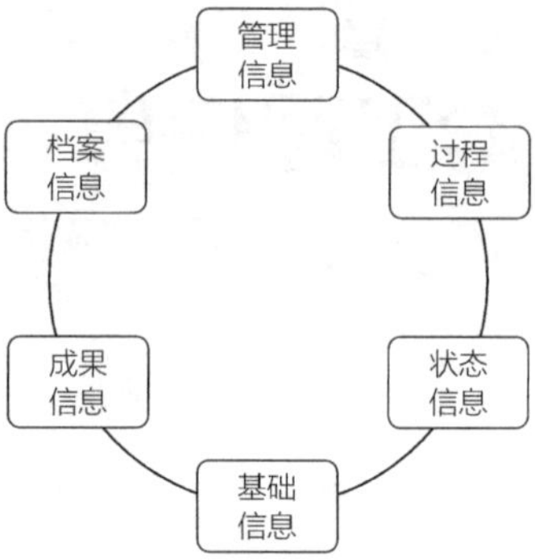

对工程而言，造物才是目标，其目的是所造之物满足造物主体的构想，信息并非其“元”追求。然而物质、信息、能量是不容分割的一体，随着物态的变化，信息伴生而随。所谓“数字孪生”，也即信息伴生伴随，具有客观的规律性。工程信息具有海量性，其构成如图16-2所示。

管理信息
过程信息
状态信息
基础信息
成果信息
档案信息

图 16-2 工程信息构成图

16.1.1 管理信息

（1）管理信息的内涵

管理信息是信息的重要组成部分，也是管理信息系统管理的对象。管理信息是指反映与控制管理活动的各种信息，是经过加工的管理数据，是管理中一项极为重要的资源。

（2）管理信息的措施

①建立信息管理体系和沟通渠道。

②采用计算机网络系统进行统一管理。

③统一信息管理格式和编码体系，督促各参建单位建立相应的信息系统，实现工程信息的共享、及时传递和处理。

④项目管理部根据工程项目管理的需求，以及工程项目本身的特点，建立项目计算机网络系统，对信息、资料进行分类并建立相应的数据库。实现办公室信息共享，以及实现与委托人和参建单位信息共享，对工程全过程的信息传递实施监督管理，保证本项目信息沟通顺畅、快捷，使项目建设过程规范化、科学化、正规化。

⑤日常一般事项由项目管理部形成方案，按现有内部流转程序，归口送委托人。若涉及勘查、设计、施工、监理招标投标、材料设备采购等重大事项和影响本项目建设质量、进度和投资的其他重大事项，以及需要领导参加的会议活动等，须上报委托人决定的，则转入重大事项上报流程。

（3）管理信息的作用

管理基于管理信息基础之上。管理目标的实现，离不开管理信息。

有些单位收集信息虽然比较完善，但信息资源却没有得到充分利用，没有为经济管理发挥应有的作用。因此，强调管理信息的作用，开发信息资源是非常必要的。管理信息的重要作用主要体现在以下几点：

①管理信息具有心理作用。有经验的成功管理人士都知道，员工的士气能够产生巨大的力量，促使组织成员鼓足干劲、努力地工作以完成组织的目标或帮助组织走出困境。提高员工士气，方法有很多。其中之一就是恰当地向员工发布各类信息，做好宣传工作，这就是管理信息的心理作用。

②管理信息是进行预测的基础，预测是对未来环境进行估计。它是根据调查研究所获得的客观事物的各种信息资料，运用科学的预测方法和预测模型，对事物在未来一定时期内的发

展方向所作出的判断和推测。可见，预测是以掌握信息为基础的，要作出科学的预测，除了要具备科学的方法之外，还要具备充分拥有信息资料的基本前提。管理信息的预测作用对于管理来说是相当重要的，没有预见就没有科学的管理，管理者必须充分发挥信息的预测作用。

③管理信息的流动是进行管理控制的基本手段，管理的本质在于处理信息，管理的艺术在于驾驭信息。在企业的生产经营活动中，总是贯穿着物流和信息流，信息流伴随着物流同时流动，并反作用于物流，控制着其流动过程。管理者正是通过驾驭信息流来控制物流，进而达到管理和控制生产经营活动过程的目的，以实现企业或组织的目标。

16.1.2 基础信息

（1）企业基础信息的内涵及分类

1）企业基础信息的内涵

通过对信息和企业信息内涵的了解，把企业的全部信息划分为一些基础单元，这些基础单元都有一个标准名称与代码，这些基础单元不重复、不遗漏、不交叉，而且合起来正好全面、全过程反映了企业生存与发展的全部信息，这些基础单元就是基础信息。企业基础信息除了具有企业其他信息的特点，还具有稳定性强、使用率高、公用程度大的特点。

2）企业基础信息的分类

从企业组织结构的角度出发，企业基础信息的一级分类与企业基础信息生成主体相结合，分为营销中心基础信息、采购供应中心基础信息、生产中心基础信息、人力资源中心基础信息、财务中心基础信息；将企业基础信息的二级分类与企业基础信息生成主体的管理责任相结合，将采购供应中心基础信息分为供应商信息、采购信息、库存信息，将生产中心基础信息分为生产计划信息、生产要素信息、生产过程信息，将营销中心基础信息分为销售信息、客户关系信息和市场信息，将人力资源中心基础信息分为人力资源基本信息、考勤及薪资信息、绩效信息，将财务中心基础信息分为资金信息、成本信息、核算信息、预算信息。

企业基础信息的分类如图16-3所示。

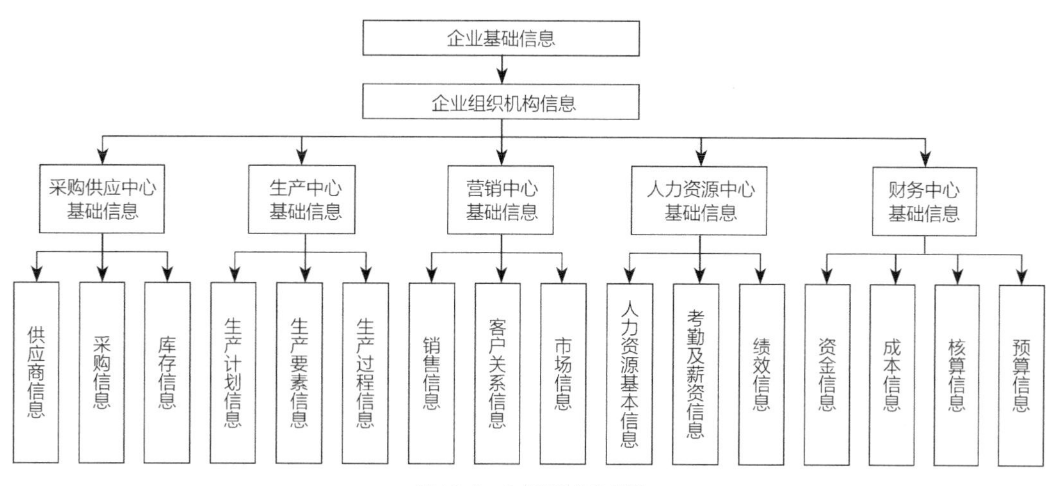

图 16-3 企业基础信息分类

（2）产品基础信息

产品基础信息包括产品的整体信息和细部信息。产品信息包括属性（规格、型号、大小等）、空间组合、结构系统三维尺寸、强度、功能等级、材料构成、工艺技术（公共技术、专用技术）、技术趋势、产品线责任人、销售渠道、市场信息等。产品基础信息要求完整、全面，能够描述产品全部的技术特征和管理要求。图16-4是工业化建筑系统的构成[①]，或称建筑产品分解结构图（PBS）。产品构成系统与维度，构成了复杂的信息矩阵。

图 16-4　工业化建筑系统构成图

① 樊则森．走向新营造——工业化建筑系统设计理论及方法［M］．北京：中国建筑工业出版社，2021：26-31.

（3）企业基础信息管理

1）企业基础信息管理的内涵

信息在企业中发挥着巨大的作用，信息管理一直是一个热门论题。美国著名信息管理学家F.W.Horton认为，信息管理是对信息内容及其支持工具的管理。类似地，信息管理被等同于管理信息和知识资源、管理信息工具和技术或信息管理政策和标准。电脑百科全书指出信息管理是一门学科，将信息作为组织资源来分析，它涵盖所有数据的定义、用途、价值和分布以及挖掘分析，它评估一个组织所要求的数据或信息的种类以便提高功能、促进发展。我国著名信息资源管理学者，中国科学院教授霍国庆认为，信息资源管理是为了确保信息资源的有效利用，以现代信息技术为手段，对信息资源实施计划、预算、组织、指挥、控制、协调的一种人类管理活动。

2）企业基础信息管理的作用

企业基础信息管理的作用越来越被人们重识，以下将从三个方面研究企业基础信息管理的重要作用，这些重要作用在进行企业基础信息管理过程中同样有所体现。

①增强竞争力：后工业社会已成为信息社会，信息被描述为一个战略因素，信息系统为企业创造越来越强大的竞争力并帮助企业进行未来规划。一些信息是至关重要的，是对组织进行监督和管理的关键。影响竞争优势的最重要因素是信息，因为信息技术可以显著地节约成本并增加提供的服务。

②辅助决策：信息管理致力于有效利用组织内部和外部的信息，它确保组织需要的信息能够被及时地收集和处理，并且转化为对组织有用的信息来支持管理者做出合理的决策。另外，个人识别、利用和解释信息的技能被称为信息素养。信息素养技能使管理者能够利用、评估、组织、整合和解释信息，正确地解决问题。

③提高绩效：当我们进入互联网时代，信息资源被认为是最关键的战略资源，具有高质量信息的公司可以新的、独特的方式整合公司的传统资源，为其客户提供比竞争对手更多的价值①。

16.1.3 过程信息

过程信息，即工程形成过程中的全部信息。工程是经由过程完成的，过程中流转着巨量的工程决策、技术、管理信息。

（1）过程信息内容

以建设项目的建设过程为例，将过程信息的内容划分为建设项目全生命周期“9阶12段”，将项目的起点定义为城市规划阶段，将项目的终点延伸至拆除复用阶段，具体内容表达如图16-5所示。

建设项目全生命周期“9阶12段”中各阶段所包含的主要内容如下：

城市规划：政府城市规划、项目详细规划；

---

① 张明敏. 互联网时代企业基础信息管理研究［D］. 泰安：山东农业大学，2017.

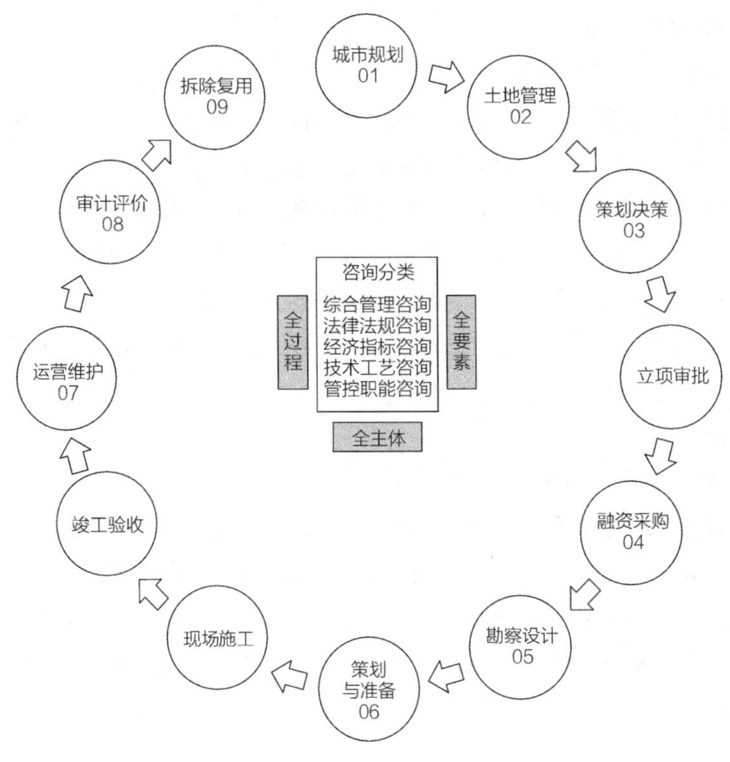

图 16-5　项目全生命周期阶段划分工作内容环形图

土地管理：土地储备与交易、获取土地；

策划决策：确定投资意向、项目投资决策、项目策划；

立项审批：审批制项目、核准制项目、备案制项目；

融资采购：融资需求分析、融资计划、融资谈判、融资执行、招标投标；

勘察设计：项目勘察、图纸设计、施工图审查、规划许可证办理、竣工图完成；

策划与准备：确定施工单位、项目策划、现场准备；

现场施工：施工工艺管理、施工职能管理；

竣工验收：验收资料准备、办理验收、结算与决算；

运营维护：运营规划、运营管理、销售租赁管理、维护策划、维护管理；

审计评价：审计评价法律法规、制定审计评价目标、资源及管理制度、审计评价实施；

拆除复用：工程拆除、拆除物料的分类、循环利用及运输、绿色建筑。

（2）过程信息组织方法

不同工程，其过程信息的组织方法也有各自的专业特性，例如工程项目建设中使用BIM进行项目全生命周期建设过程的信息搜集，从设计开始，不断地基于BIM模型深化设计并根据不同的场景完善信息，形成工程项目建设各方面所需的信息，这是工程建设信息化的大方向，为实现工程虚拟建造、工程项目管理及运维管理提供基础。

（3）过程信息流转路径

以BIM在项目各阶段获取信息的过程为例分析过程信息的流转路径，应用BIM技术对项目进行信息集成管理，需要满足项目运行过程中涉及的所有专业以及不同管理要素的信息集成需求。

以应用BIM做项目的前期策划为例，在项目前期策划阶段，BIM技术主要应用于项目周边规划、场地周围环境模拟与分析、成本估算。在项目决策阶段，需要考虑周边的人文环境条件和地质气候等自然环境条件。将上述数据信息统一输入BIM平台，进行项目可视化的漫游，帮助决策者对建筑与周边环境的关系、项目外观、项目能耗等进行直观决策，从而进一步对经济指标进行分析。此外，BIM模型还可以在决策阶段为项目估算提供数据参考。

16.1.4 状态信息

状态信息包含多种多样的属性，这些属性描述人们的空闲状态、活动、联系信息、日程、位置和备注（包括个人备注和外出备注）。在调度自动化领域，状态信息指的是从广阔分布的各发电厂和变电站遥测送到调度中心的信息。

在工程中，状态信息是指施工过程中存在的工程进程状态信息、在线/在位质量信息、生产进度信息、工件状态信息、用户身份信息、故障问题信息、工艺参数信息、程序信息等各种信息。还包括各项工作的状态是否正确规范的信息，如脚手架的搭设是否安全，砖砌体的质量是否达标，钢筋垫片的位置是否正确等信息。

16.1.5 成果信息

成果信息是指被记录在各种载体上的关于工程成果的知识描述，是可以传递共享、利用的信息集合。广义则指除以上信息集合外，还应包括与之有关的信息集合，如科研人员、科技成果管理等。在建筑工程中，一系列的工程结束后，得到的一个分部分项工程也是一个成果的表现。

16.1.6 档案信息

建筑工程信息通过城建档案管理的形式建立、分享、规范管理。以建筑工程为例，存档信息汇总如表16-1所示（梳理至三级档案信息）。

建筑工程存档信息表　　表16-1

一级档案信息	二级档案信息	三级档案信息
（1）工程准备阶段文件	1）立项文件	①工程立项批准文件、立项文件
		②项目建议书及审批意见
		③可行性研究报告及附件、可行性研究报告审批意见
		④与立项有关的会议记录、领导讲话、专家意见文件
		⑤有关调查资料及项目评估研究材料

续表

一级档案信息	二级档案信息	三级档案信息
(1)工程准备阶段文件	2)建设用地、征地、拆迁文件	①选址申请及选址规划意见通知书
		②建设用地批准书、用地申请报告
		③拆迁安置意见、协议、方案等
		④划拨建设用地文件
		⑤建设用地规划许可证及其附件(复印件)
		⑥国有土地许可证(复印件)
	3)勘察、测绘、设计文件	①工程地质勘察报告、水文地质勘查报告
		②建设用地钉桩通知单(书)
		③地形测量和拨地测量成果报告
		④申报的规划设计条件和规划设计条件通知书
		⑤审定设计方案通知书及审查意见
		⑥有关行政主管部门批准文件或协议
		⑦施工图设计技术审查和抗震设防审查文件
	4)招标投标文件	①勘察设计承包合同
		②中标通知书、施工承包合同
		③监理委托合同
	5)开工审批文件	①建设项目列入年度计划的申报文件
		②建设项目列入年度计划的批复或年度计划项目表
		③工程开工批复及申请报告
		④建设工程规划许可证及其附件(复印件)
		⑤投资许可证、审计证明、缴纳绿化建设费等证明
		⑥质量受监通知书、施工许可证
	6)建设、施工、监理机构人员名单	
(2)工程施工阶段施工、技术管理资料	1)桩基工程资料	①桩基工程施工、技术管理资料
		②桩基工程质量控制资料
		③桩基子分部工程质量验收资料
	2)土建(建筑与结构)工程资料	①施工、技术管理资料
		②工程质量控制资料
		③土建工程安全和功能监测资料
		④工程质量检验记录
	3)给水排水、电气、消防、采暖、通风、空调、燃气、建筑智能化、电梯等工程资料及质量验收记录	

续表

一级档案信息	二级档案信息	三级档案信息
（3）监理文件	①监理规划	
	②监理实施细则	
	③监理月报	
	④监理会议纪要	
	⑤进度控制及质量控制文件	
	⑥监理工作总结	
（4）竣工验收文件	①工程竣工总结	
	②抗震设防、消防等验收意见书	
	③竣工验收报告	
	④工程竣工验收证明书	
	⑤工程竣工验收备案表及有关文件	
	⑥工程质量保修书	
	⑦工程竣工决算及审核结论	
	⑧声像电子档案	
（5）竣工图	1）综合竣工图	①综合图
		②室外专业图
	2）专业竣工图	①建筑竣工图
		②结构竣工图
		③装修（装饰）工程竣工图
		④电气工程（智能化工程）竣工图
		⑤给水排水工程（消防工程）竣工图
		⑥采暖通风空调工程竣工图
		⑦燃气工程竣工图
		⑧电梯工程竣工图
		⑨幕墙工程竣工图
		⑩钢结构工程竣工图

16.2 信息革命

信息革命是一场以信息和知识的生产和传播为核心的广泛而深刻的变革，加速了人类社会信息化的进程，标志着人类社会从“电气时代”跨入“信息时代”。

16.2.1 信息革命的进程

信息革命萌发于20世纪40～50年代，在20世纪90年代以后出现高潮，到21世纪还将继续深化推进。信息革命起源于美国，波及欧洲、日本，并以迅猛之势扩展到世界上其他国家和地区。

在计算机科学和技术方面，1946年电子计算机正式诞生；1947～1948年半导体、晶体管研制成功；1971年世界上第一台以大规模集成电路作芯片的微型计算机在美国制成；1976年美国又推出第一台苹果电脑，开创了个人电脑时代；1998年美国宣布开发出运算速度达3.9万亿次/s的超级计算机——太平洋蓝；2005年英特尔的双核奔腾D处理器问世，其含有2. 3亿个晶体管，采用90nm制程技术生产。此后，台式电脑和笔记本电脑利用“双核”“四核”“八核”甚至更多核心的芯片，不断提高计算机的性能。现阶段的计算机科学与技术已经涉及了多方面的领域和生产过程，有效地提高了现代社会的工作效率和提升了人们的生活品质，为我国现代化社会的发展发挥了积极作用。计算机的智能化和自动化可以极大地提高一些生产线的工作效率，从而保障工程的完成速度和质量①。

在网络技术方面，1973年世界上第一个光纤通信实验系统建成，标志着光纤通信进入实际应用阶段；1989年美国的因特网（Internet）正式命名，共有30万台电脑联网；1993年美国推出跨世纪的国家信息基础设施计划，俗称信息高速公路战略，此后全球兴起信息高速公路建设热潮；1996年美国政府宣布投资1亿美元建设第二代计算机互联网。随着网络技术的不断发展，网络地址容量更大、传输速度更快、安全管理更严格，为实现人与人、人与物、物与物之间的信息交换创造条件。1997年欧盟发表绿皮书《迈向信息社会之路》，要求不同网络都应同时传输电话、电脑及电视数据和信息。中国国家网络于2005年12月21日正式开通运行，这意味着通过网络技术，中国已能有效整合全国范围内大型计算机的计算资源，形成一个强大的计算平台，帮助科研单位和科技工作者等实现计算资源共享、数据共享和协同合作。2021年11月16日，我国宣布已建成5G基站超过115万个，占全球70%以上，是全球规模最大、技术最先进的5G独立组网网络。

在智能制造方面，1961年美国生产出第一个机器人；1974年，第五代使用微处理芯片和半导体存储器的计算机数控装置研制成功。随着各种各样的微处理芯片嵌入各种制造设备，计算机网络将各种制造设备连接在一起，使生产过程不仅自动化，而且智能化、网络化。2002年Stratasys公司将第一台3D打印机投放市场，此后其成本与计算机、手机、风能及太阳能的成本曲线一样大幅下降，未来将以空前低的成本生产个性化定制的、更复杂尖端的产品，从而使信息化制造接近零边际成本。2015年9月10日，工业和信息化部公布2015年智能制造试点示范项目名单，包括智能机床项目［沈阳机床（集团）有限责任公司］、航天产品智慧云制造项目（北京航天智造科技发展有限公司）、化肥智能制造及服务项目（中化化肥有限公司）等。名单包含46个入围项目覆盖38个行业，分布在21个省，涉及流程制造、

① 张晨曦，王久源. 计算机科学与技术前沿发展状况探析［J］. 无线互联科技，2021，18（1）：67-68.

离散制造、智能装备和产品、智能制造新业态新模式、智能化管理、智能服务6个类别，体现了行业、区域覆盖面广和示范性较强的特点。2021年12月8日，在2021世界智能制造大会上，中国工程院院士周济指出，人才是智能制造发展的第一资源。他提出智能制造要培养和造就三方面高质量人才，即智能制造高技术人才、高技能人才和管理人才；三支工程技术队伍，即主力军制造工程技术人员队伍，骨干力量企业专业队伍和生力军系统建设专业队伍。

16.2.2 信息革命的影响

与工业革命相比，信息革命是一场以信息和知识的生产和传播为核心的广泛而深刻的变革，开辟了人类社会信息化的进程，使信息科技成为经济和社会发展的巨大引擎，成为推动人类文明和社会进步的强大动力。这场全球性、全方位的信息革命，拓展了人们认识和改造世界的广度和深度，使人类生产和生活的各个领域都发生了巨大变革，使人类由“电气时代”跨入“信息时代”。

（1）信息革命极大地提高了劳动生产率，使科学技术成为第一生产力

如果说20世纪以前科学技术是一般的生产力或间接的生产力，那么信息革命则通过科学、技术、生产的一体化，将科学技术提升为第一生产力或直接的生产力。具体地说，信息革命使生产力的构成要素发生了根本变化，使劳动对象向广度、深度拓展，使劳动力结构由主要依靠体力向主要依靠知识智能转化，并为日益复杂的生产管理提供了新的理论方法和技术手段。所有这些因素推动社会生产力的性质和水平发生巨大飞跃。

学者赫拉利用以下公式说明不同时代科学技术在生产力发展中所起的作用：在农耕时代，生产力=劳动者+劳动工具+劳动对象；在工业时代，生产力=劳动者+劳动工具+劳动对象+生产管理；但信息革命以来，生产力=（劳动者+劳动工具+劳动对象+生产管理）×科学技术。这表明科学技术与其他生产力要素是乘积的关系，反映其在生产力中的倍增作用，是名副其实的第一生产力。

（2）信息革命改变产业和就业结构，推动经济社会转型升级

信息革命还在世界范围内引发人类生产方式和经济社会结构的深刻变革。第二次世界大战后，信息技术产业以先进的工艺设备和新颖的商品性能，迅速占领市场，而消耗大量资源的煤炭、纺织、钢铁等传统产业，则面临衰落、转产的结构性危机。与此相适应，信息产业及研究与设计、金融保险、文化教育、商业与服务业等第三产业蓬勃兴起，并逐渐超过以农业为主的第一产业和以工业为主的第二产业；同时，各类产业内部也发生了劳动、资本密集型向技术、知识密集型的转化。根据经济合作组织（OECD）的研究报告，其主要成员国国内生产总值的50%以上都是以信息和知识为基础的新经济的产物。有的学者认为，西方发达国家已由工业社会进入了信息社会，因为信息革命使物质生产部门的比重降到了包括信息产业在内的第三产业之下，使信息和知识成为经济社会发展的最大推动力。

（3）信息革命引起垄断资本主义乃至整个世界格局发生巨大变化

第二次世界大战后，信息革命推动生产力迅速发展和生产社会化程度显著提高，迫使资

本主义国家的生产关系和上层建筑适应生产力的性质和水平，以及生产国际化和全球化的客观要求，推动超国家垄断资本主义的兴起。众所周知，第二次世界大战后信息科技的开发往往超过了私人资本甚至垄断资本所能承担的能力，需要国家直接投入大量的人力、物力和财力予以扶持，承担日益增大的风险，并且加强国际合作。西欧各国政府实施的“尤里卡”计划就推动了电子计算机、新材料和生物工程等领域的国际合作，以改变西欧国家在科技领域的相对落后状况。美国和日本也加强了科技研究和开发方面的合作，以保持其在尖端科技领域的领先优势。从某种意义上说，正是在信息革命等因素的推动下，第二次世界大战后的西方发达国家相继进入超国家垄断资本主义的新阶段。信息革命还加剧了资本主义与社会主义在世界范围内的竞争与较量，加强了西方发达国家对发展中国家的盘剥和控制。

16.2.3 信息革命过程总结

信息技术革命从语言的诞生，到如今互联网时代的到来，每一次信息技术革命的出现对人类生产方式都产生了深刻的影响，每一次信息技术突破其实都是人类本身自我能力的延伸与扩展。本书将信息技术革命的发展过程总结为7次突破，如图16-6所示。

以信息革命对人类生产方式造成的变化为载体进行分析，前5次信息技术革命，人类社会逐渐发展，科学从哲学中分化出来，在科学的指导作用下产生了工业革命，产生了资本主义。而需要注意的是，无论是原始社会还是工业革命后的资本主义，体力劳动都是占主导地位的，虽然在工业革命后期，机械已经逐渐代替人工，但机械社会仍然是由人工来操作的。这依然是体力劳动，只不过是层次更高的体力劳动而已。也就是说工业革命把人们从繁重的体力劳动中解放出来，而自动化革命把人们从枯燥的机械操作中解放出来。但需要注意的是，这两次生产方式的突破虽然重大，但依然没有改变生产资料与劳动者相分离的情况，也就是说依然是资本家提供给工人剩余价值，工人依然看不到最终的产品，人们的生产方式依然没有本质的改变。

但互联网信息技术的出现打破了这一格局，在互联网技术的支配下，人们在改造客观自然界的过程中，脑力、智力因素逐渐取代了体力因素。例如计算机程序员、设计人员等。并

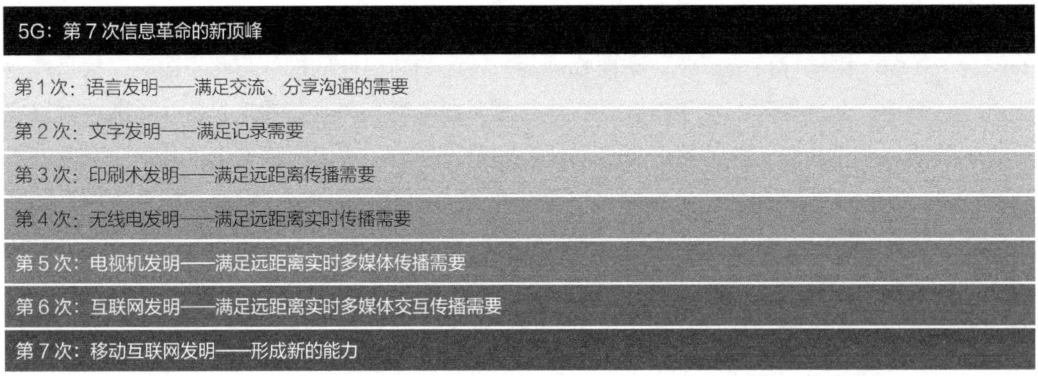

5G：第 7 次信息革命的新顶峰

第 1 次：语言发明——满足交流、分享沟通的需要

第 2 次：文字发明——满足记录需要

第 3 次：印刷术发明——满足远距离传播需要

第 4 次：无线电发明——满足远距离实时传播需要

第 5 次：电视机发明——满足远距离实时多媒体传播需要

第 6 次：互联网发明——满足远距离实时多媒体交互传播需要

第 7 次：移动互联网发明——形成新的能力

图 16-6 信息技术革命发展的 7 次突破
（内容来源：项立刚）

且人们在生产实践中，随着大脑运用的增多，人们思维、智力、认识客观自然的深度也在提高。有的经济学家认为，人类在最近200年所产生的价值占据了人类历史的90%以上。

而如今，移动互联网的出现，再次将信息革命推向高潮，形成新的能力，5G的出现将第7次信息革命推向顶峰。

16.3 新技术推动工程信息助力行业变革

当前，全球新一轮科技革命和产业变革风起云涌，以大数据、人工智能、区块链等为代表的新一代信息技术不断涌现，并加速向制造业渗透融合。党中央、国务院对此高度重视。党的十九大报告提出，推动互联网、大数据、人工智能和实体经济深度融合。充分把握新一代信息技术与制造业融合发展的新趋势，对于提升我国信息技术水平，加速制造业的网络化、数字化、智能化转型，提升国际竞争力具有重要意义。图16-7为关于新技术推动信息行业变革的相关内容的展示图。

（1）大数据激活制造业转型升级新动能

当前，大数据已经成为企业的新兴战略资源。随着大数据的采集整合、挖掘分析、推广应用能力不断提升，从产品设计和研发、生产制造，到产品销售和售后服务，都会对制造业全流程产生积极影响。例如，娃哈哈集团通过外部供应链协同、内部高效精细管理，将食品饮料的制造、销售智能化升级。以订单生命周期管理为核心，经销商通过互联网下单，系统根据大数据分析，自动匹配到最近的工厂进行订单生产；构建智能生产大数据平台，通过设备互联互通，实时采集存储众多设备在生产过程中产生的数据，并进行大数据分析，实现决策与生产管理智能化。

（2）人工智能开创制造业提质增效新模式

近年来，人工智能开始加速落地，逐步渗透到制造业领域。通过建立学习网络和数据生态，人工智能可从多角度洞察消费者，并迅速学习新的知识，即时开展自动决策。例如，阿

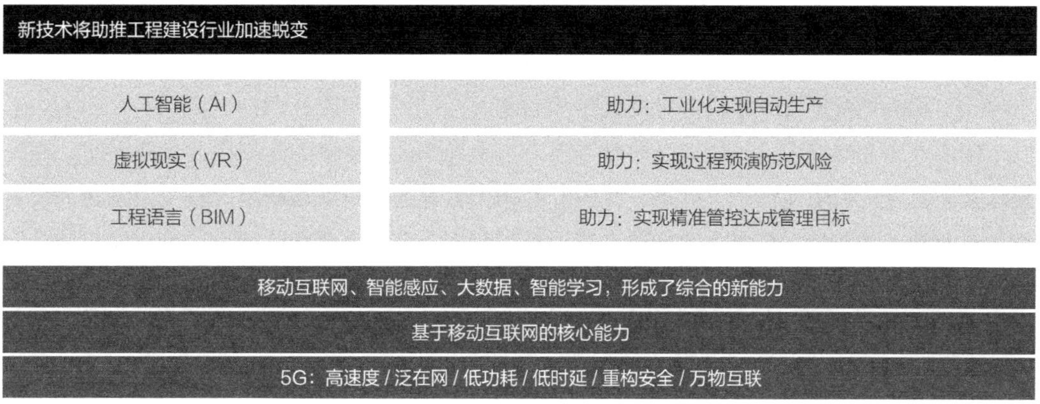

新技术将助推工程建设行业加速蜕变

人工智能（AI）	助力：工业化实现自动生产
虚拟现实（VR）	助力：实现过程预演防范风险
工程语言（BIM）	助力：实现精准管控达成管理目标

移动互联网、智能感应、大数据、智能学习，形成了综合的新能力

基于移动互联网的核心能力

5G：高速度 / 泛在网 / 低功耗 / 低时延 / 重构安全 / 万物互联

图 16-7　新技术推动信息行业变革图

里云研发了基于人工智能技术的ET工业大脑，可将产地和制造环节等生产端各类数据打通，进行深度运算和分析，给出资源最优利用的方案组合，将良品率提升1%，这样每年的利润可增加上万亿元。

（3）区块链衍生制造业新应用

随着互联网技术的飞速发展，原子世界与比特世界逐渐融合，区块链技术应运而生。区块链相当于一种去中心化的分布式账本数据库，特点是信息可追溯，难以窜改伪造。通过区块链，可以解放更多数据，让数据的安全流动成为可能。在制造业领域，区块链技术可以安全、高效地处理设备间的大量交易信息，显著降低企业安装维护大型数据中心的成本；还可以帮助设备自动履行数字合约，开展自我维护，真正实现智能化。例如，美国穆格航天公司3D打印部门通过区块链技术管理3D打印零件的数字档案。一方面，通过来源追溯，使3D打印零部件在全生命周期内都做到有迹可循，有效杜绝仿制品出现；另一方面，零部件不再由工厂提供，而是由拥有3D打印设备的分布式工作站提供，可以实时生产满足需求的产品，不需要仓储、物流或堆积存货。

（4）加快建设工业互联网，夯实信息化基础

当前，我国各地制造业的信息化建设水平的差异比较悬殊，园区、企业等地的网络基础尚不能满足负载要求，网络载荷、网络性能等有待提升。建议继续加强基础设施建设，积极部署5G网络、IPv6等，提升制造业规上企业车间局域网覆盖程度，提供低延时、高可靠性的工业互联网。鼓励产业链上下游的各家企业整合现有资源，构建工业数据综合服务云平台，提供标准、规范、可共享的工业云服务，助力中小企业融通发展。鼓励制造业企业与互联网企业合作，建立企业大数据中心，协同开展技术支撑、咨询、培训、实施、运维等服务。

（5）尽快制定相关行业标准，抢占国际话语权

我国传统的标准化模式是当产品在技术成熟后才进行标准制定，属于后补型模式；而德国等发达国家采取标准化与技术研发同步的模式，甚至超前布局，产生先发优势。建议政府加速完善数据开放共享、隐私安全、知识产权保护等法律法规建设，开展数据分享和系统间交互操作。加快制定完善包括基础标准、技术标准、应用标准在内的大数据、人工智能、区块链标准体系，规范开放生态的市场。鼓励产业链上下游企业积极参加国际主流的大数据、人工智能、区块链生态圈，为开放生态的技术、标准等做出贡献，提升国际话语权。

（6）积极培育配套人才，提供发展持续动能

国内外企业均把人工智能、区块链等前沿技术视作提升竞争力的主要力量，因此，相关技术人才在行业需求量极大。但是，目前开展相关教育的高校或科研院所较少，限制了投入相关行业的人才数量，造成人才稀缺。建议重视全产业链的人才梯队建设，由高校或科研院所设立人工智能、区块链相关专业，填补教育空白，培育基础研究和技术研发类人才，从而提升重大原创型成果。同时，加强对制造业基层工人的培训，成立面向新一代信息技术领域的职业技术学校，结合制造业实际需求，开展人才跨界培养，培育精通大数据、人工智能、区块链的产业基层人才。

（7）加强前瞻性研究，跟踪国内外前沿动态

目前大数据、人工智能、区块链等技术更新速度不断加快，行业应用迅速推进。建议密切跟踪国际新一代信息技术的发展前沿动向，通过多种形式共同推进相关理论研究、技术研发、应用推广等工作，以便提升产业水平，力争在新一轮的产业竞争中取得先机。重视和加强前瞻性基础研究，以科学、客观的方法，对新一代信息技术的全球发展趋势进行战略性把控，将我国整体水平提升至世界前列。面向基础条件好、示范效应强的行业领域，探索组织开展试点示范工作，推动相关前沿技术和行业应用的融合发展[①]。

16.4 信息化与数智化

工程信息化是指利用信息网络作为信息交流的载体，从而加快信息交流速度，减轻项目参与人员日常管理工作的负担，加快项目管理系统中信息反馈速度和系统反应速度，使人们能够及时查询工程信息，进而及时发现问题，及时作出决策，提升项目管理水平。

16.4.1 信息化的本质

信息化的本质是指人、事、物之间的关联，比如ERP、BIM、AI技术等。人与人的线上沟通，是通过钉钉、微信等互联网平台进行的，这展现了一个人的组织能力。物与物之间形成物联网，即万物相连的互联网，是在互联网的基础上延伸和扩展的网络，将各种信息传感设备与互联网结合起来而形成的一个巨大网络，实现在任何时间、任何地点，人、机、物的互联互通；将企业的生产过程、物料移动、事务处理、现金流动、客户交互等业务过程数字化，通过各种信息系统网络的加工联系使产品数量价格更加直观、可视化，以便观察各类动态业务中的一切信息。事与事之间形成一种先后次序的流程关系，可以简化很多工程过程，具有逻辑性，信息化的本质如图16-8所示。

当前世界正在经历一场百年未有的革命性变化。在全球范围内展开的信息技术革命，正以前所未有的方式对社会变革的方向起着决定作用，其结果必定导致信息社会在全球范围内的实现。具体表现为：首先，在生产活动广泛的工作过程中，引入了信息处理技术，从而使这些部门的自动化达到一个新的水平；其次，电信与计算机系统合二为一，可以在极短时长内将信息传递到全世界的任何地方，从而使人类活动各方面表现出信息活动的特征；最后，信息和信息机器成为一切活动的积极参与者，甚至参与了人类的知觉活动、概念活动和原动性活动。在此进展中，信息/知识正在以系统的方式被应用于变革物质资源，正在替代劳动成为国民生产中“附加值”的源泉。这种革命性不仅会改变生产过程，更重要的是它将通过改变社会的通信和传播结构而催生出一个新时代、新社会。在这个社会中，信息/知识成了

① 张昕嫱，王海龙．云计算、区块链、大数据等新技术层出不穷 新一代信息技术助力制造业转型升级［J］．祖国，2018（5）：39-40.

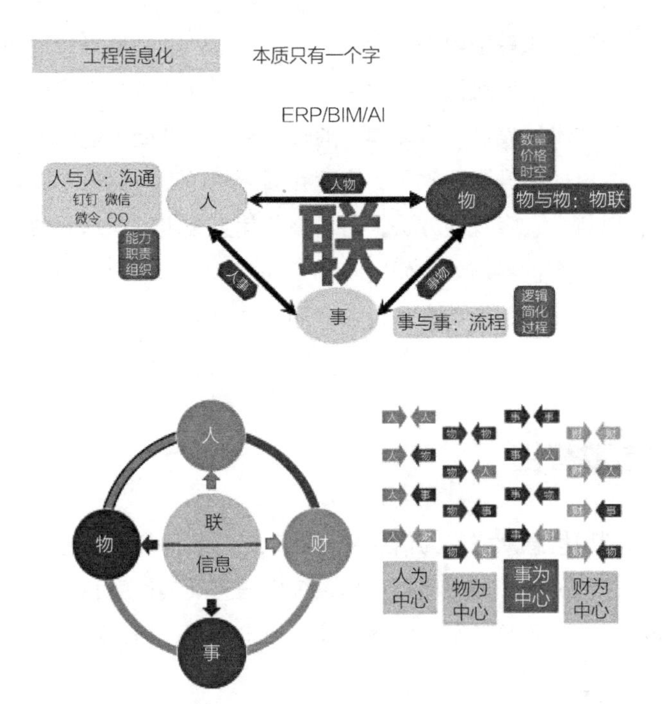

图 16-8 信息化的本质

社会的主要财富，信息/知识流成了社会发展的主要动力，信息/情报源成了新的权力源。随着信息技术的普及，信息的获取将进一步实现民主化、平等化，这反映在社会政治关系和经济竞争上也许会有新的形式和内容，而胜负则取决于谁享有信息源优势。信息和信息技术的本质特点，在社会和经济发展方面也必将带来全新的格局。

16.4.2 信息化的作用

微观层面，项目是未来组织管理的主要对象和方式。信息化将发挥巨大作用。

（1）项目管理过程一体化

根据工程项目全生命周期的特征，从项目筹建开始到项目移交与维护，进行全程跟踪管理，并在管理过程中，充分体现决策层、管理层、执行层的不同职能，分层次关注项目全生命周期，实现多项目管理过程一体化。

（2）全过程进度跟踪，过程动态分析，保证项目工期可控、在控

以工程项目进度计划作为项目管理的主线，通过多方参与计划编制过程，建立完善的总体控制计划、实施计划、期间计划等工程进度计划，并通过对计划完成情况的检查与分析，优化人工、材料、设备、资金、技术等资源配备，确保工程项目进度计划的执行完成，控制成本支出。通过采用技术动态控制项目实施过程，加强项目的进度控制，确保工程项目在规定时间内高质量交付。实现项目进度管理的有效管控，提高进度管理纵向管控力度。

（3）明确工作内容

企业通过使用信息化系统，项目的总负责人就能为每个下级部门以及具体的人员分配账

号和相应的权限，那么大家进入自己的账号之后就能够清晰地看见当下应该执行的工作内容，以及工作的具体实施流程，这样通过明确的工作内容就可以让项目真正做到责任到人。

（4）全面覆盖管理要素，保障项目建设全过程的安全稳定

信息化系统融入了国家安全标准化体系，以风险预控为核心，同时加强对人员、设备、环境和制度等方面的规范化管理，并通过系统平台的搭建将安全控制流、安全信息流得到完整且清晰的体现。同时，对各安全业务管理模块的适用性打造，实现追根溯源、信息贯通的管控要求。

（5）合理分配人员

每个员工都有自己最为擅长的一面，因此，通过信息化的系统可以让员工将自己的工作绩效记录清楚，领导可根据绩效反馈的情况来分析每个人员的实际工作能力，然后根据具体的情况来分配更加适合该员工的工作岗位，从而确保人员分配更加合理，做到人尽其才。

（6）分析项目执行情况，实时监控项目

工程项目的管理者可以通过信息化系统实时掌握项目的详情，对各项目的成本、进度、质量、变更、合同、安全、信息等业务的详细情况进行把控，为管理层对“四控三管一协调”的落实和保障提供业务数据支撑。

16.4.3 信息化的发展特点

信息技术具有很强的渗透、溢出、带动和引领效应，信息技术创新和普及应用已经成为培育经济发展新动能、推动社会提档升级、构筑竞争新优势的重要手段。党的十九大报告提出，推动互联网、大数据、人工智能和实体经济深度融合，以及加快数字中国、网络强国和智慧社会的建设等任务要求，当前及今后一段时间，我国信息化发展将会进入一个新阶段，呈现出一些新的特点。

（1）数字基础设施加速发展有效支撑各领域信息化发展新需求

新型数字基础设施建设将驱动国家信息化发展进入新阶段，有力支撑数字中国、智慧社会和网络强国建设和数字经济发展，为技术创新、产业创新、应用创新和创新创业提供重要基础支撑。一是5G移动通信网络将加速部署。二是由云、网、端组成的新型数字基础设施，将全面渗透到经济社会各行各业，成为推动行业智能化转型的关键支撑。三是物联网、大数据、人工智能、区块链等一批公共应用基础设施建设将全面推进，集聚算力、算法和算数等各类技术开放平台，有力支撑产业共性应用和创新创业。四是北斗系统实现全球服务，有效支撑“空天海”等各种特殊场景下的信息化建设需求。

（2）信息技术产业将有望实现多点突破和价值全线提升

我国网络科技企业将会大力投资和布局关键信息技术研发，推动我国信息技术产业从跟跑向并跑转变，局部领域有望实现全球领跑。一是关键核心技术短板将会得到有效弥补，大型网络科技企业都会积极投入巨额资金推进基础关键核心技术研发，以防技术“卡脖子”引发生存危机，ICT产业全链条多点受制于人的问题将得到有效缓解。二是ICT产业链上下游协同、产业生态打造、商业化应用等诸多方面有望取得一定突破。三是国内企业信息技术产品

高端综合集成能力和品牌知名度将会全面提升，国内ICT企业将会从产业链价值中低端向中高端迈进，部分高端信息产品有望享誉全球。

（3）经济社会数字化转型将全面推动各领域高质量发展

经济社会将进入全面数字化转型发展的新阶段，网络的普遍安装和互联、软硬综合集成能力的全面提升、信息服务种类的创新丰富，都将推动经济社会各领域信息化高质量发展。一是数字经济和实体经济深度融合发展，将驱动经济按照新发展理念高质量发展，有效助推供给侧结构性改革。二是数字中国和智慧社会的加速推进，智能城市、“互联网+政务服务”、移动服务等发展，将全面推动社会服务提档升级。

（4）数据驾驭能力将重塑经济社会发展模式和竞争格局

信息流引领物资流、技术流、资金流、人才流已经成为数字经济时代最本质的特征，未来经济社会各领域发展竞争对数据依赖性将会越来越强，数据流通速度、使用成本、汇聚能力和驾驭能力将成为决定各行各业发展力和竞争力的重要因素。一是构建有效的利益激励机制和技术支撑机制，使其成为推进信息化建设的首要举措。二是发展产业互联网，构建行业交易信息中介服务或技术创新服务平台，建设行业数据信息枢纽和技术知识创新枢纽，使其成为企业把握产业竞争主导权的重要抓手。三是加强物联网、大数据、人工智能等技术应用，使其成为各行各业提升竞争力的利器。

（5）数字政府加速建设将引领和促进政府发展方式转型

数字政府建设将开启政府信息化发展新局面，全面推动基础设施统建共享、政务业务协同联动、决策治理数据支撑。一是政务云、基础信息库等政务基础设施统建共享步伐进一步加快，区域政务云将加速推动部门系统整合和互联，电子证照库、电子签章、电子认证等将有力支撑“互联网+政务服务”推进，小程序将成为政务自助服务的重要载体。二是一体化政务服务平台建设将加速倒逼跨部门、跨层级信息共享和业务协同联动。三是互联网、物联网、大数据等技术应用将成为政府提升经济调节、市场监管、社会管理、公共服务、生态保护等履职决策能力的重要抓手。

（6）网络空间将全面开启人类发展新空间和竞争新赛道

网络空间已经成为和物理空间并驾齐驱的人类发展新空间，对经济发展、社会进步、国际竞争等都将产生新的影响，未来网络空间的开发和利用将会深入影响人类发展和竞争格局。一是网络空间将为破解实体经济发展难题提供支撑。二是网络空间将开启全球竞争新赛道。

（7）网络科技企业将成长为提升国家综合实力的中坚力量

网络科技企业代表先进生产力，其发展壮大将加速推动国家创新驱动发展和竞争力全面跃升。一是网络科技企业将成为推动国家信息科技从跟跑向并跑、领跑转变的主力军，产业安全可控能力大幅增强。二是网络科技企业将成为国家重要数字基础设施创新发展的核心推动力，以及引领和推动国家数字经济发展的重要抓手。三是网络科技企业将成为“互联网+”“大数据+”“人工智能+”等国家战略实施的主力军，加速助力推动与实体经济的深度融合。四是网络科技企业将成为国家影响力和竞争力输出的引领者，促使我国在国际社会的影响力和竞争力有全面的质的提升。

（8）数据安全已经成为经济社会各领域信息化发展的聚焦点

网络数据安全问题将会成为国家网络信息安全的核心问题，数据安全问题将会在各个领域全面爆发，围绕数据采集存储、传输流通、开发利用的治理将会进一步完善。一是数据采集存储将会得到严格的规范。二是数据传输流通的安全形势更为严峻，现有技术能力将很难支撑数据安全、平稳、有序流动的需求。三是数据开发利用的安全问题将会全面爆发，大数据杀熟、个人信息深度关联挖掘等数据滥用问题将会大规模出现。

16.4.4 元宇宙与信息化

对世界的认知，远未成熟。元宇宙是一种新见解。我们理解的元宇宙：与一般不同，既吸取了部分流行的观点，又相异于此。

信息是虚拟世界的内容，工程物是物质世界的内容，两者通过信息技术的基础设施，互相映像、反映、折射，如为建筑实体建立虚拟的建筑信息模型，或者将BIM模型与3D打印技术结合，输出实体的景观桥梁、建筑房屋。物理世界、联融渠道、虚拟世界，构成完整的宇宙——元宇宙。物质、能量、信息的一致性，是心物一元的宇宙。信息化就是让真世界与拟世界，来去自由，实现低成本的便利。

16.4.5 信息化成功的条件与趋势

（1）条件

①完整的信息认知。对信息类型、内涵、功能定位和建设路径有较为深刻的理解和认识。

②场景模型。对自身业务范围内的场景进行构建，是信息化成功的基础。

③信息化领导者。包括：业务熟练者、管理实践者、IT了解者、沟通技巧掌握者。

④硬件条件。选择合适的硬件，为信息化提供良好的硬件环境。

⑤软件选择。企业根据自身规模、业务流程特性，选择适合的软件，应选择主流、使用时间长且后续发展可观的产品。

⑥资源投入。邀请专业人员对信息化所需的资源条件进行罗列，并有意识地在信息化进行过程中补充资源内容，确保信息化资源投入的充分性。

（2）信息化趋势

除了信息技术和管理技术的发展趋势外，最值得关注的趋势有两个：

①在处理信息与人的关系上，从人寻找信息，转换为信息“呼唤”人。呼唤是一种系统了解人的需要，采取主动契合，或投人所好的主动方式，使得处于工程场景中的人，能够更好地获取、使用信息，为工程的顺利进展服务。

②信息的自动化运营，其方式是由机器人代替人，即省却“物—人—人—物”中“人”的环节，成为“物—物”的自动流转。万科集团的催账机器人、碧桂园的工程系列机器人、部分银行使用的记账机器人，从信息管理的角度来看，都很好地体现了替代人作为信息主体的功用。

16.4.6 从信息化到数智化

（1）数智化与转型

“数智化”一词最早出现在2015年北京大学“知本财团”课题组提出的思索引擎课题报告中，其含义为数字智慧化和智慧数字化的集合①。数智化是一个系统工程，即将数据运用互联网进行计算，进而对信息进行重新构建，从而得到具有数智化性质的数据。它能通过数据改变商业本质，预测未来。

转型可分为数字化、在线化、智能化三个阶段。

①数字化。世间万物都可理解、表述为数字。在转型过程中，需要将不同环节出现的信息进行数字化，以便实现数据的存储、传输，从而进入在线化。

②在线化。进入该阶段需要将各环节转化的数据进行在线共享，以方便在线管理和运营。

③智能化。该阶段主要运用相关的AI技术连通数据，辅助决策，进而实现决策智能化。

信息化转型为数智化三个阶段的解读，各阶段的本质理解如表16–2所示。

各阶段转型本质表　　表16–2

阶段	本质
数字化	连接（本质表达）
在线化	数据价值提炼（泛在关联）
智能化	效率应用赋能（发挥作用）

（2）如何确保转型成功

在信息化转型为数智化的过程中，其核心在于人智转换为数智。那么应如何做才能体现出核心内容呢？笔者认为应做到以下几点：

①各企业应构建一个数字大脑来应对数字经济的挑战，以此体现数字的价值、提升企业竞争力。

②企业应抛开传统以领导为中心的观念，去掉“顾客是上帝”的口号。建立真正的以客户为中心的理念。

③随着信息技术与制造业的快速发展，各企业应注重创新与敏捷灵活技术的发展。

④信息技术与制造业的结合使得网络安全问题成为传统制造业转型升级的巨大阻碍，因此，应建立实现高质量发展的重要保障，即筑牢安全屏障。

综上，工程信息想要实现信息化转型为数智化就需要完成突破理念、模式创新、变革流程、建构革命、提升能力等任务。这样就能实现信息化带动工业化，工业化反过来促进信息化的闭环模式，从而走向新型工业化道路。

---

① 刘国斌，祁伯洋. 县域城镇数智化与信息化融合发展研究［J］. 情报科学，2022，40（3）：21–26.

16.5 工程信息的传播

中西方的传播学学者对传播有着不同的看法和解释，但是他们都认为传播是一种信息的交流，对传播者和接受者都会产生一定的影响[①]。本质上，工程信息传播是工程信息共享的过程，它有助于加强对工程信息的治理。

16.5.1 传播的重要性

由于信息传播与社会风险之间的联系，风险受信息的影响被放大、缩小或转化，信息能够改变风险产生的路径，影响风险的生成过程[②]。工程信息传播同样会对社会风险产生巨大影响，主要体现在以下两点：

（1）能构建出工程信息互通的共享平台

共享平台的建立有利于实时搜集相关信息，并能在降低社会风险的同时使工程项目正面回应度得到加强，进而赋予工程项目实施进度的时效性。而项目工期、预期收益、可能存在的风险等多元信息的整合也同样有利于降低社会风险。除此之外，它还有利于深化公众对工程的认知与理解，促进公众参与其中并展现工程的魅力。

（2）促进各国工程知识的融合

由于地域文化差异，使得各国对工程的认知也有所不同。而工程信息的成功传播将使得不同国家对工程认知的不同理解有效地融合在一起，从而促进世界工程认知共同体的建设，以此来解决工程认知不同的现象。

16.5.2 传播途径与方法

（1）工程信息传播途径

工程信息的传播是传播者利用相关的媒介和渠道向大众传播工程知识的实践过程。工程知识传播在实践中逐渐形成了以大众传媒为媒介，以工程知识教育、工程现场展示、群众性工程知识普及活动等为基本形式的传播方式[③]。

于金龙、鲍鸥[③]认为工程信息的传播途径可分为人际传播、群体传播、组织传播和大众传播。从传播内容的重要性出发，传播途径还可分为开放性传播、秘密传播、间谍传播三种类型，具体如表16-3所示。

---

① 殷岚．浅谈媒介对信息传递的影响［J］．思茅师范高等专科学校学报，2008（5）：132-134.

② 黄德春，苗艺锦，张长征．政府治理行为对社会风险信息传播的影响——以工程项目社会风险治理为例［J］．资源与产业，2020，22（4）：71-79.

③ 于金龙，鲍鸥．工程知识传播：助推公众参与，展现工程魅力［J］．工程研究-跨学科视野中的工程，2019，11（3）：205-214.

工程信息传播途径表　表16-3

类型	特点	适用情况
开放性传播	开放性、传播范围广	被硬性要求大众需要知道的工程信息
秘密传播	隐藏性、传播范围小	涉及企业独有技术、专利等信息
间谍传播	违法性、隐藏性	涉及危害国家机密的信息

（2）工程信息传播方法

信息的传播方法有多种，例如古代的烽火狼烟、飞鸽传书、快马驿站以及近代的电报、电话、信件等方法。而现代人们会利用手机、电脑、广播、电视、书籍、网络、邮件、视频等方法进行信息传播。工程短视频、BIM是两种越来越被接受的工程信息传播方法。

①工程短视频。它是指通过拍摄工具记录工程的制作工艺、进度推进等信息的短视频，再将其发布在相关平台供他人观看了解，从而完成工程信息的传播。

②BIM。BIM的本质或理想状态应该是按一定规则和标准，进行数据和信息的标准化表达、有效传递、互换和共享，从而实现全生命周期和全过程产业链各方的协同工作，提升现场管理水平，提高工程效率，降低工程成本，提高工程质量和投资效益[①]。它通过虚拟现实技术让其他人了解整个工程，并掌握相关工程信息以此来达到传播工程信息的目的。

① 冉龙彬，张超. BIM应用中的数据传递和共享［J］. 重庆建筑，2018，17（7）：33-36.

第 17 章
论工程思维

本章逻辑图

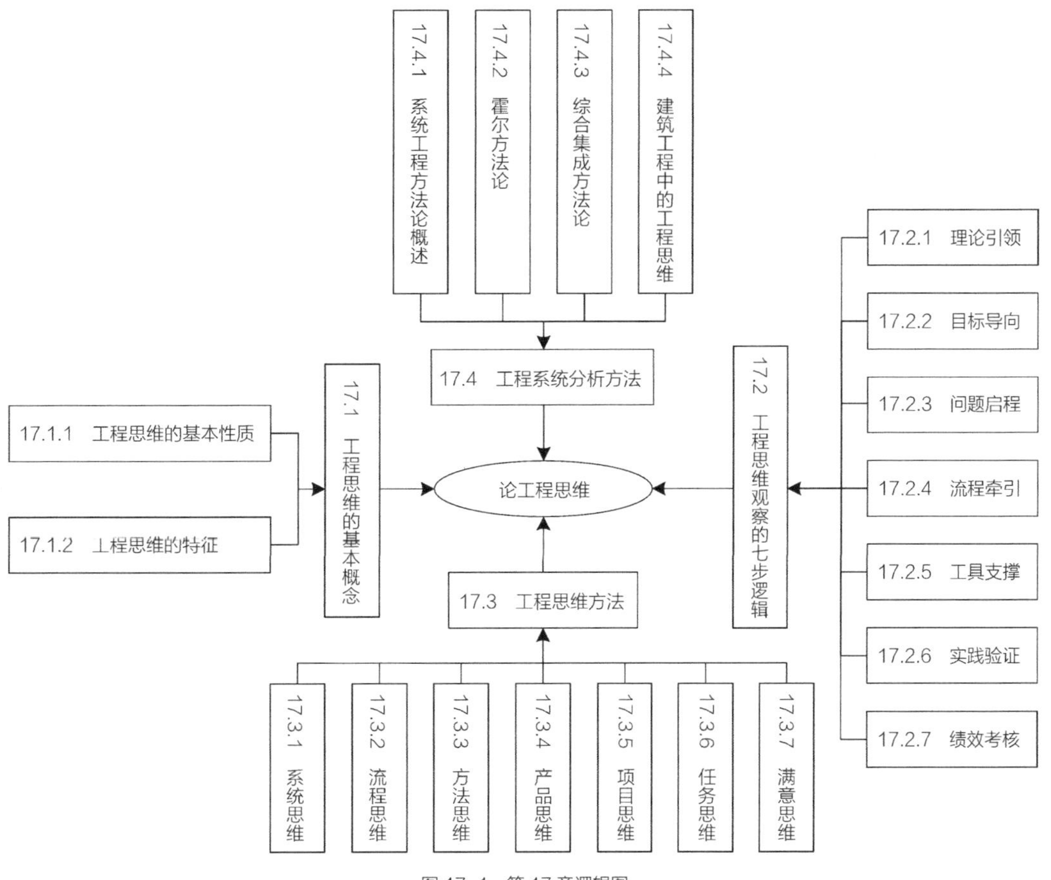

图 17-1 第 17 章逻辑图

就结果而言，工程并非单纯的自然过程，而是物质性的活动和过程，也是渗透着人的目的、思想、感情、意识、知识、意志、价值观、审美观等思维要素和精神内涵的过程。工程活动以人为主体，主体包括决策者、工程师、投资者、管理者、劳动者和其他利益相关者，不同人员在工程过程中表现出了丰富多彩的追求创新、正反错综、影响深远的思维活动。工程思维是指一系列满足工程主体需求的构想，是从可行性到设计、施工、移交和运营及退役全过程中的实现路径、方法，如何推进整个进程以及如何使之更有效地思维，其核心是“HOW”，即如何达成。工程思维包含了系统思维等多方面内容。认真、深入地分析和研究工程思维的性质、内容、形式、特点和作用是工程相关学科最重要的任务和内容之一。

17.1 工程思维的基本概念

17.1.1 工程思维的基本性质

思维现象复杂多样，但就其本质来讲，思维是一种认识活动。唯物主义认为，人类的认识是客观见之于主观的一种活动，客观与主观之间的联系则是通过实践建立起来的。所以人的思维活动与实践活动又是密切联系在一起的，有什么样的实践方式，就有相对应的思维形式。

马克思认为实践是现实的人的现实活动。这种现实的活动可以分出很多类别，例如人类通过认识客观自然界，揭示自然界和人类社会的客观规律，形成科学实践；人类形象或抽象地反映自然界和人、社会自身的活动以表达情感等主观需求，可以形成艺术实践；人类通过改造自然界，构建人工自然等活动，形成技术实践和工程实践等。与这几种实践方式相对应地形成了科学思维、艺术思维、技术思维以及工程思维四种思维方式。科学家通过科学思维而发现外部世界中已经存在着的事物和自然规律；技术专家通过技术思维不断增加人类改造自然的能力；艺术家则通过想象创造和丰富了人类复杂的精神世界和审美需求；工程师则在工程活动中创造出了自然界中从来没有过而且永远也不可能自发出现的新的存在物。

在讨论工程思维与现实的相互关系时，实际上已经涉及和反映了工程思维的基本性质，工程思维的许多具体性质和特点都是与此有密切联系的。工程思维渗透到和贯穿于工程活动的全部环节和全部过程。例如在工程观、工程决策、工程设计、工程操作、工程运行、工程维护中都反映和蕴含着一定的工程思维的内容。尤其对于工程观、工程决策、工程设计等内容①。

17.1.2 工程思维的特征

工程思维不但具有科学性，而且表现出了许多其他特征，现简要分析如下。

（1）工程思维的科学性和工程思维与科学思维的关系

1）工程思维的科学性

虽然有些古代工程的规模和成就确实令后人惊叹不已，但那些成就基本上（或者说主要的）只是经验的结晶，而现代工程则是建立在现代科学（包括基础科学、技术科学和工程科学）基础之上的。经验性思维与以现代科学为理论基础的思维，就是古代工程思维与现代工程思维方式的根本区别。应该指出，现代工程思维具有科学性，不但是一个具有“纵向”历史意义的命题，即其强调了现代工程思维与古代工程思维在历史维度上出现的重大区别；同时也是一个具有“横向”维度含义的命题，即在现代不同思维方式之间进行比较。这个命题从两个不同方面对工程思维和科学思维的关系进行了说明和界定，是一个双向命题，而不是一个单向命题。在工程思维与科学思维相互关系的问题上，一方面，我们必须承认二者有密

---

① 殷瑞钰，李伯聪，汪应洛，等. 工程哲学（第二版）[M]. 北京：高等教育出版社，2013.

切的联系，应避免和消除“否认联系”的错误认识；另一方面，我们又要承认二者有根本性的区别，应避免和消除“否认区别”的错误认识。而工程思维具有科学性这个命题的真正含义就是既不赞成“否认联系”的观点又不赞成“否认区别”的观点。

有些实际工作者忽视了现代科学理论对工程思维的指导作用，认为抽象、空洞的理论与工程实践“风马牛不相及”，“两回事”在他们的心目中，只有经验才是最重要的，科学是可有可无的，这种认识否认了科学性在现代工程思维方式中处于核心地位的观点，这显然是不对的。另一方面，许多人简单地认为工程是科学的应用，这种观点实际上是有意无意地把工程思维归结为或还原为科学思维，也是不恰当的。

2）工程思维与科学思维的关系

应该指出，工程思维具有科学性这个命题绝不意味着承认工程思维是科学思维的一个子集或科学思维的一种特殊表现形式。从逻辑和语义分析来看，承认“工程思维是具有科学的思维”和承认“工程思维和科学思维是两种性质不同的思维方式”二者是不矛盾的。从理论角度来看，工程活动是技术要素和非技术要素的集成，而所谓集成，其核心含义就意味着它既不是简单的归纳也不是逻辑的演绎。如果有人硬要以机械式、教条式、公式化的方法理解和解释工程思维的科学性，把工程思维当作一个以科学原理为前提进行科学推理的过程，那往往意味着要犯纸上谈兵、脱离实际的错误，并会为之付出沉痛的代价。

工程思维和科学思维的联系主要表现在两个方面。从“正”的方面看，科学思维为设计师和工程师的工程思维提供了一定的理论指导和方法论的启发。这种科学理论的指导或引导作用在高科技工程领域得到了最突出和最充分的表现。从“负”的方面看，科学规律为设计师和工程师的工程思维设置了对于工程活动中存在不可能目标和不可能行为的严格限制。由于有了科学理论的思想武装，合格的设计师和工程师都清楚地知道工程活动的可能性边界在哪里，他们都不会幻想达到违反或违背科学规律的目标，他们不会存在以违反或违背科学规律的方法进行设计的幻想。一旦设计师、工程师、企业家的思维陷入了那样的幻想或陷阱，工程的失败就不可避免了。

正是由于现代工程思维与科学思维存在密切的联系，所以科学教育成为现代工程教育的基本内容和基础性成分，任何没有受到合格的科学教育和不具备合格的科学知识基础的人都不可能成为一个合格的设计师和工程师。

工程思维与科学思维的区别突出地表现在以下几个方面：

①工程思维是价值定向的思维，而科学思维是真理定向的思维。科学思维的目的是发现真理、探索真理、追求真理，而工程思维的目的是满足社会生活需要、创造更大的价值（包括各种社会价值和生态价值在内的广义价值，而非狭义的经济价值）。

②工程思维是与具体的个别对象联系在一起的“殊相”思维，而科学思维是超越具体对象的“共相”思维。科学思维以发现普遍的科学规律为目标，这就决定了其是以“共相”（普遍性、共性）为灵魂和核心的思维。由于任何工程项目都是唯一对象或一次性的，所以世界上不可能存在两个完全相同的工程，例如武汉长江二桥不同于一桥，而武汉长江三桥又绝不可能是一桥或二桥的机械复制或简单重复。因此，工程思维方式就成为一种以个别性为

思维灵魂的思维方式。

③从时间和空间维度来看，工程思维必然是与思维对象的具体时间或具体空间联系在一起的思维，即具有当时当地性特征的思维；而科学思维则不受思维对象的具体时间和具体空间的约束，即具有对具体时空存在超越性的思维。由于工程活动，如宝成铁路工程、青藏铁路工程、宝钢工程、三峡工程等，都是特定主体在特定的时间和空间进行的具体的实践活动，所以工程思维必然在很多方面都表现为某种具有当时当地性的思维。例如，任何工程都有选址问题，任何工程也都有工期问题，在思考这两类问题时，思考者脑海中要思考的都是与具体的时间和空间（当时和当地）联系在一起的问题，而不是脱离具体的时间和空间（当时和当地）的问题。应当注意，“当时当地性”这个特点不但表现在选址和工期方面，而且渗透在工程思维的所有环节之中。与工程思维不同，一般来说，与具体时间（时点或时段）和具体空间（地点或区域）结合在一起的对象和问题不是科学思维关心的对象，科学思维一般关注的是超越具体时空的对象或问题。

（2）工程思维的逻辑性和艺术性

工程思维必须具有逻辑性。艺术家在进行文艺创作时，他们的思维是可以不顾逻辑的，小说和电影中出现的许多违背逻辑的情节大受文艺批评家的赞赏，而工程思维却不允许出现这种类型的逻辑错误和逻辑混乱。这些逻辑包括产品逻辑、管理逻辑、时序逻辑等。

可是，从另外一个方面分析和研究工程思维方式的特点，又会发现工程思维与艺术思维也有相同之处，工程思维中也有堪称艺术性的方面。

工程思维的艺术性不但表现在工程思维需要具有想象力上，更表现在工程思维通常需要工程的决策者、设计师和工程师表现出思维个性、追求工程美的创新上。正如艺术家思维中的艺术个性是艺术活动的核心一样，卓越的设计师在工程思维中往往也要闪耀出设计个性的火花和光辉。因为艺术家具有不同的艺术个性，所以不同的画家在根据同一主题绘画时必然要画出不同的绘画作品。我们可以把工程建设比喻为在大地上“绘画”。当工程的业主为同一工程项目进行招标时，不同的设计者不可能为同一工程项目提出完全相同的工程图纸和设计方案。当人们在对比不同投标者的工程图纸和设计方案时，他们不但在进行技术先进性、经济合理性、安全可靠性、环境友好程度等方面的对比，同时也在进行艺术性方面的对比。这个过程既包括狭义的艺术美，也包括广义的艺术美，即设计个性。毫无疑问，人们在承认工程思维也具有艺术性时，是不能将其和艺术家艺术思维的艺术性混为一谈的。

17.2 工程思维观察的七步逻辑

系统考察工程思维是否能完整地适合工程需要，通常需要七个方面，或者七个步骤（图 17-2），这些步骤存在一定的内在逻辑，并且该逻辑流程是统领工程具体思维的总思维。

理论引领 〉 目标导向 〉 问题启程 〉 流程牵引 〉 工具支撑 〉 实践验证 〉 绩效考核

图 17-2 工程思维观察的逻辑流程图

17.2.1 理论引领

大型复杂工程的构想、施建、运维，需要在理论的引领下实施，用更多的理性指导以降低盲目性、系统性的风险。理论本身是多方面综合的，也是经实践检验可靠的。

17.2.2 目标导向

目标是进行对照寻找问题的出发点，也是制定计划的基础，同时也是绩效对比的标准。

工程是有目的的价值活动，目的性借助目标管理得以实现。1954年，Peter Drucker在《管理实践》中最先提出目标管理，而后又提出目标管理和自我控制的主张。他认为，并不是有了工作才有目标，而是相反，有了目标才能确定每个人的工作。如果一个领域没有目标，这个领域的工作必然会被忽视。因此，管理者应该通过目标对下级进行管理，当组织高层管理者确定了组织目标后，需对其进行有效分解，转变成各个部门以及各个员工的分目标，管理者根据分目标的完成情况对下级进行考核、评价和奖惩。工程目标是十分复杂的，目标通常体现为目标体系，在推进子目标实施的过程中，其是动态的、变化的，例如进度目标、成本管控目标。工程管理组织内部层级的分解和控制，也异常复杂，其关系到不同的利益追求；工程共同体之间的目标协同，使得目标管理成为博弈和协调的艺术。

工程要取得成功，必须制定统一且具有指导性的目标，同时协调所有的活动并保证其实施的效果。因此，目标导向对于工程而言，显得尤为重要。

17.2.3 问题启程

问题思维非常有效，问题本身也常成为目标，但将问题导向夸大成战略问题则存在误导。原因是一个问题的解决往往会引发一连串的问题，问题是出发点，不是导向。

问题意味着存在疑惑点、困难点、风险点。工程的每一个环节，都不允许蒙混过关，否则轻者工程失灵，重则发生事故产生伤亡，人身财产损失巨大。因此，每一个问题，包括材料、工艺、设备、组织、流程等要素中的疑惑点、困难点、风险点都必须搞清楚、弄明白。

问题意味着存在疑难点、困难点、风险点，存在疑难急盼的任务。找到切入点，需要在理论的引领目标导向下，从问题开始，才能切中要害，抓住关键点。

解决一个问题，就意味着向目标更靠拢了一步。随着问题的解决，也意味着向前推进了一步。大问题一大步，小问题一小步，积以跬步，方能致远而成。

需要注意的是，问题往往呈分散性，如果仅是随着问题链前行，那么与目标的偏差将进一步扩大。这就是不能以“问题导向”的原因。

17.2.4 流程牵引

流程牵引目标实现的理论与方法，简称“流程牵引理论”。英文表达为“PTAG”，缩写取自“The Theory and Method of the Process Traction to Achieve the Goal”，即组织以流程为牵引动力，整合资源，达成目标。

工程组织的行为都是有很强目的性的，其行为方式是将所需资源按流程节点和需要，进行归拢、聚集、整合、融通，指向并实现目标。目标的实现，创造了价值。组织存在的基础就是创造价值。流程体系构成行动的内在动力，拉动诸多要素进行聚合，奔向目标。没有可行、优化的流程体系，过程将呈现混乱、无序、高耗、低效的特点。

17.2.5 工具支撑

任何工程的实现，都需要数量众多、精良可靠的工具，工具本身也是工程产品。工具有有形的装备、器具，也有无形的思想、方法、管理。钱学森所指称的“硬件、软件、斡件”，都是可以成为工程的工具。

信息化平台已经成为数字化转型，以及工程项目、工程企业必不可少的工具。生产自动化建立在基础数据的支撑之上，管理控制建立在企业管理信息平台之下，两个系统融合成为当代建设工程管理的基本信息管理工具系统。BIM和ERP分别是基础数据管理和企业资源管理的前沿工具。

17.2.6 实践验证

工程是人类造物的活动，是直接的、现实的生产力。工程思维的产物不仅需要直接面对实践检验，而且也是检验之后产生新理论、新方法的基础。放之于实践，接受验证是必要工程思维中重要的步骤。验证的内容包括理论的正确性、实践的可行性、经济性、质量稳定性和过程工艺的可控性。虚拟仿真技术的发展，极大地提高了验证的便捷性和经济性，并且能够成为第三种研究工程的方法，这必将缩短从虚证到实证，直至工程实物的过程。

17.2.7 绩效考核

人力资源管理中，绩效考核是指考核主体对照目标和绩效标准，采用科学的考核方式，评定员工的工作任务完成情况、员工的工作职责履行程度和员工的发展情况，并且将评定结果反馈给员工的过程。常见的绩效考核方法包括BSC、KPI及360°考核等。绩效考核是一项系统性工作，是绩效管理过程中的一种手段。这里所指的绩效考核，是指工程的全部考核，包括设计、施工、使役和拆除全过程，成本、质量、安全、环保等要素，共同体各方价值等内容，均可以通过评估、评价、审计、复盘、批判等手段实现。

在七步逻辑中，也渗透了多种思维：理性指导思维、目标管理思维、问题指向思维、流程思维、工具思维、实践实证思维、绩效管理思维等。因其更具具体特征，故有别于下述思维方法。

17.3 工程思维方法

工程思维具体化既受益于哲学思辨，也来源于工程实践的总结，是体现系统论、信息论、控制论、协同论、全过程工程管理、产品集成交付等先进思想、方法的详细阐述。其包含系统思维、流程思维、方法思维、产品思维、项目思维、任务思维、满意思维等。

17.3.1 系统思维

系统思维就是把认识对象作为系统，从系统和要素、要素和要素、系统和环境的相互联系、相互作用中综合地考察认识对象的一种思维方法。系统思维是以系统论为思维基本模式的思维形态，其不同于创造思维或形象思维等本能思维形态。系统思维能极大地简化人们对事物的认知，给我们带来整体观。

工程系统分析方法因系统思维而重要和成熟，将在下节重点介绍。

17.3.2 流程思维

流程思维，就是在处理事情时，能够从事物发展的流程上进行思考和把控。按照时间顺序、步骤顺序，将事件进行细化分解，从而进行管理。

流程思维是强调内在技术逻辑和管理逻辑，强调从起始端到结束端的端到端完整过程，强调价值形成和增加的全过程管理思维。流程思维还强调要素及要素的关联与均衡，强调逻辑的正确及优化。

17.3.3 方法思维

工程师的智慧很大程度反映在方法的“高超”上，《工程方法论》对工程方法进行了详尽论述[①]。

工程具有社会性，在社会现实和工程实践中，工程活动的成败不仅取决于技术要素和技术方法的运用，还取决于许多相关的人文社会要素和人文科学方法的运用。方法思维包括工艺方法、管理方法、成本方法、组织方法、目标方法等内容。

17.3.4 产品思维

产品思维的本质是以用户心理需求为出发点，结合公司自身能力及市场多元情况，制定的面向市场商品价值可实施最大化的制品本质方案计划的思维体系。

产品思维聚焦从本体出发的工程属性，即结构、功能、过程、价值，这是产品开发过程中最需要的思维。结构简单、功能简约、流程简化、价值最大，恰恰也是工程追求的目标。

---

① 殷瑞钰，李伯聪，汪应洛，等. 工程方法论［M］. 北京：高等教育出版社，2017.

17.3.5 项目思维

项目思维的重点在于交付。其可以是对于特定功能或软件的交付，也可以是对任何东西的交付。从飞机到房屋亦是如此。由于关注的重点在于交付，故主要的衡量标准是时间轴和日程表。

项目思维强调目标、过程、绩效，目标管理、过程管理和绩效管理是项目思维的根本。项目管理最大的特点就是聚焦，包括责任聚焦、目标聚焦、资源聚焦，其直接反映出的经济特征是聚焦成本，这也是以成本管控为目标管理的核心之一。

17.3.6 任务思维

任务思维是强调目的、责任和成果。完成任务，推进进程，以实现目标。任务是更直接地关联成果（或称绩效）的工作内容单元，也是直接关联个人责任的工作节点。同时也应当是关系利益分配的量化指标。

任务思维采用结构化、体系化的方法将目标分解为WBS（工作分解结构），以构成有序的便于组织的工作清单，最后按照产品逻辑、管理逻辑组合成可执行的“流程”体系，指向总体目标的达成。

任务有层级、类别、难易之分，因而耗用资源也有多少之分。任务的成熟度是一个关于任务可执行性的度量概念，任务思维包含任务与执行力之间的权衡取舍分寸。

17.3.7 满意思维

满意思维指的是以顾客满意度为导向，指导工程实践。这里的顾客包括流程的内外部两类顾客，工程的外部顾客是指工程的供应商与购买者，内部顾客是指工程内部结构中相互有业务交往的作业者。简单来说，就是要让参与到工程的各方与受工程影响的各方都能够满意。

特别值得强调的是，工程决策中，满意原则而非最优原则，可以说是影响工程深远且广泛的“思维”，这也反映了工程决策影响因素的众多、繁杂、博弈和难优。

17.4 工程系统分析方法

工程思维主要体现在对工程进行分析，通过“分析”这个过程形成了各种各样的思维分析方法，而系统分析方法就是其中的典型代表。

17.4.1 系统工程方法论概述

系统工程研究的对象通常是复杂系统。所谓复杂是指系统的结构复杂、层次较多、单元要素种类很多且相互关系复杂。一般情况下，系统包含硬件单元，也包含软件要素，尤其是人的行为，使系统更具复杂性和不确定性。另外，复杂系统必然是多目标、多方案的。因此，要有独特的思考问题和处理问题的方法。

系统工程方法论就是分析和解决系统开发、运作及管理实践中的问题所应遵循的工作程序、逻辑步骤和基本方法。其是系统工程思考问题和处理问题的一般方法和总体框架。

系统工程方法论可以是哲学层次上的思维方式、思维规律，也可以是操作层次上开展系统工程项目的一般过程或程序，其反映了系统工程研究和解决问题的一般规律或模式。自20世纪60年代以来，许多系统工程学者在不同层次上对系统工程方法论进行了探讨。近年来，随着系统工程方法论不断发展和完善，系统工程已被用于解决越来越多样化和复杂化的问题。例如，从20世纪50年代开始，钱学森院士及一大批系统工程专家在我国军事系统研究中取得累累硕果，就是基于对系统工程方法论的深入理解和应用①。

下面重点介绍两种经典的系统工程方法论，即霍尔方法论、综合集成方法论。

17.4.2 霍尔方法论

1969年，美国贝尔电话公司工程师霍尔（A.D.Hall）等在大量工程实践的基础上，提出了系统工程方法的三维结构模型（图17-3），即霍尔方法论。三维结构模型中的“三维”是指时间维、逻辑维和知识维，集中体现了系统工程方法的系统化、综合化、最优化、程序化和标准化的特点，是操作层次上出现最早、影响最大的系统工程方法论。霍尔三维结构模型将系统工程的工作过程按照时间维分为七个阶段，按照逻辑维分为七个步骤，并通过知识维集成了完成这些阶段和步骤所需的专业知识。

（1）时间维

三维结构中，时间维表示系统工程的工作阶段或进程，按照霍尔方法论，系统工程从开始规划到系统更新的全过程可分为以下七个阶段：

①规划阶段：制定系统的规划和战略，包括调查研究、明确目标；提出系统的设计思

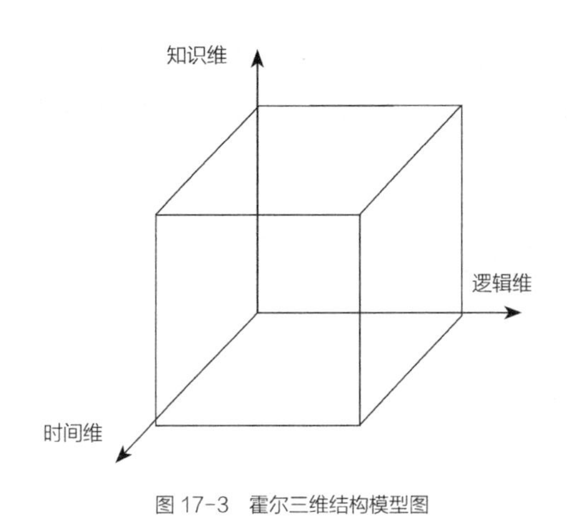

图 17-3 霍尔三维结构模型图

① 张晓冬．系统工程［M］．北京：科学出版社，2010.

想和初步方案；制定系统工程活动的方针、政策和规划。

②设计阶段：根据规划提出具体的工作计划方案，包括从社会、经济、技术可行性等方面进行综合分析，并对具体计划方案进行优选。

③分析或研制阶段：对系统进行研究、开发、试制，并分析制定出具体的生产计划。

④运筹或生产阶段：运筹各类资源，生产出系统的全部构件（硬件和软件），并提出具体的实施或安装计划。

⑤实施或安装阶段：进行系统安装和调试，提出系统的运行计划。

⑥运行阶段：按预期目标进行系统营运与管理。

⑦更新阶段：进行系统评价，在现有系统运行的基础上，改进和更新系统。

（2）逻辑维

从时间维可以看出，将其每一个阶段展开，都可以划分为若干个逻辑步骤，从而将系统工程的详细结构展示出来，这种详细结构称为逻辑维。霍尔方法论从原则上把每一个阶段都按七个工作步骤来划分，即阐明问题、系统设计、系统综合、模型化、最优化、决策和实施。这些步骤是运用系统工程方法思考、分析和解决问题时遵循的一般程序。

1）阐明问题

阐明问题是指明确所要解决的问题及其确切需求。在阐明问题过程中，需要收集各种有关的资料和数据，把问题的历史、现状、发展趋势及环境因素研究清楚，对问题的实质和要害着重加以说明，使有关人员做到心中有数。为此，就要针对环境和需求进行调查研究。

2）系统设计

系统设计是指确定系统要达到的目标，并设计系统评价指标体系。目标关系到整个任务的方向、规模、投资、工作周期、人员配备等，因而是十分重要的环节。目标需要细分为具体指标。系统问题往往具有多个目标（或多个指标），在阐明问题的前提下，应该建立明确的目标体系（或指标体系），作为衡量各个备选方案的评价标准。

制定目标的工作应由决策部门、设计部门、生产部门、用户、投资者、科研学术界及社会舆论界等方面的负责人共同参与，以求制定的目标体系全面、准确。值得注意的是，目标一经制定，不得单方面更改；目标体系中出现矛盾时，一是可以剔除次要矛盾，二是可以让矛盾的目标共存，予以折中兼顾处理。

3）系统综合

系统综合是指设计并确定能完成目标的系统方案。系统综合往往是按照问题的性质、目标、环境、条件拟定若干可行的备选方案。这一步骤是建立在阐明问题与系统设计的基础之上的，同时又为后面的系统分析提供基础。

4）模型化

模型化是指对不同的系统方案建立分析模型，分析各种方案的性能、特点，结合系统目标和评价指标体系对各方案进行排序。

5）最优化

最优化是指根据方案对于系统目标的满足程度，结合模型的分析结果对各方案进行评价、筛选、改进和优化，保证方案尽可能达到最优或合理。

6）决策

决策是指决策者根据上述步骤的分析和评价结果，权衡各方面的利益与需求，选定行动方案。

7）实施

实施是指将决策者选定的方案付诸实践的具体过程。

（3）知识维

知识维也称作专业维，表示从事系统工程所需要的学科知识（如运筹学、控制论、管理科学等），也可以反映系统工程的专业应用领域（如企业管理系统工程、社会经济系统工程等）。运用系统工程知识，把七个时间阶段和七个逻辑步骤结合起来，便形成了所谓的霍尔管理矩阵。矩阵中时间维的每一阶段与逻辑维的每一步骤所对应的点，代表着一项具体的管理活动。矩阵中各项活动相互影响、紧密相关，要从整体上达到最优效果，必须使各阶段步骤的活动反复进行。反复性是霍尔管理矩阵的一个重要特点，其反映了从规划到更新的过程需要控制、调节和决策的事实。因此，系统工程的过程系统充分体现了计划、组织和控制的职能管理矩阵中不同的管理活动对知识的不同需求和侧重点。逻辑维的七个步骤，体现了系统工程解决问题的研究方法，如定性与定量相结合，理论与实践相结合及具体问题具体分析。

在时间维的七个阶段中，规划和方案阶段一般以技术管理为主，辅之以行政和经济管理方法。所谓技术管理就是侧重于科学技术知识，依据材料和技术自身规律进行管理，在管理上充分发扬学术民主，组织具有不同学术思想的专家进行讨论，为计划和实施提供科学依据。研制、生产阶段一般应以行政管理为主，侧重于现代管理技术的运用，辅之以技术、经济管理方法。行政管理就是依靠组织领导的权威和合同制等经济、法律手段，保证系统活动的顺利进行。运行和更新阶段则主要以经济管理方式为主，按照经济规律，运用经济杠杆进行管理。

总之，系统工程过程系统的每一阶段都有其管理内容和管理目标，每一步骤都有其管理手段和管理方法，彼此相互联系，再加上具体的管理对象，共同组成了一个有机的整体。把系统工程过程系统运用于大型工程项目，尤其是探索性强、技术复杂、投资大、周期长的“大科学”研究项目，可以减少决策上的失误和计划实施过程中的困难。国内外许多事例表明，运用科学的管理方法，决策的可靠性可提高1倍以上，节约的时间和总投资平均在15%以上，而用于管理的费用一般只占总投资的3%~6%。从霍尔的三维模型可以看出，霍尔三维结构强调的是明确目标，核心内容是最优化，并认为现实问题基本上都可归纳成工程系统问题，应用定量分析手段，以求得其最优解答。该方法论具有研究方法上的整体性（三维）、技术应用上的综合性（知识维）、组织管理上的科学性（时间维与逻辑维）和系统工程工作问题上的导向性（逻辑维）等突出特点。

17.4.3 综合集成方法论

（1）综合集成方法论的提出

随着生物系统、经济系统、社会系统等系统呈现出明显的复杂性，完全靠已有的方法研究和控制这类系统非常困难，故需要有新的方法论对其进行支持。钱学森等首次向世人公布了“开放的复杂巨系统”的科学领域及其基本观点①。

①系统本身与系统周围的环境有物质的交换、能量的交换和信息的交换。由于存在这些交换，所以系统是开放的。开放不仅意味着系统与环境能够进行物质、能量、信息的交换，接受环境的输入和扰动，向环境提供输出，而且还意味着系统具有主动适应和进化的能力。从对系统进行分析的角度来看，开放意味着在分析、设计或使用系统时，要重视系统行为对环境的影响，把系统行为与环境保护结合起来考虑，反对以牺牲环境为代价的系统优化，强调把系统优化与环境优化结合起来。从变化的角度来看，开放还意味着系统不是既定不变的、结束了的，而是动态的、发展变化的，会不断出现新现象、新问题。因此，系统科学要求系统研究者必须以开放的观点、开放的心态来分析系统问题。

②系统所包含的子系统数量很多，成千上万，甚至上亿，所以其是巨系统。

③子系统的种类繁多，有数十种，甚至几百种，所以是复杂的。

针对开放复杂巨系统问题，钱学森等于20世纪90年代初提出了从定性到定量的综合集成系统方法论。其主要特点是：

①根据开放的复杂巨系统的复杂机制和变量众多的特点，把定性研究与定量研究有机地结合起来，从多方面的定性认识上升到定量认识。

②按照人机结合的特点，将专家群体（各方面有关专家）、数据和各种信息与计算机技术有机结合起来。

③把科学理论与经验知识结合起来，把人对客观事物星星点点的知识综合集中起来，力求使问题得到有效解决。

④根据系统思想，把多种学科结合起来进行研究。

⑤根据复杂巨系统的层次结构，把宏观研究与微观研究统一起来。

⑥强调对知识工程及数据挖掘等技术的应用。

（2）综合集成研讨厅体系

结合系统学理论和人工智能技术的发展，钱学森又提出“综合集成研讨厅体系”构想。这是综合集成方法运用的实践形式和组织形式。

这个研讨厅体系由三部分组成：机器体系、专家体系和知识体系，其中专家体系和机器体系是知识体系的载体，这三个体系构成高度智能化的人机结合体系，不仅具有知识与信息采集、储存、传递、调用、分析与综合的功能，更重要的是具有产生新知识和智慧的

---

① 钱学森，于景元，戴汝为. 一个科学新领域——开放的复杂巨系统及其方法论［J］. 自然杂志，1990（1）：3-10，64.

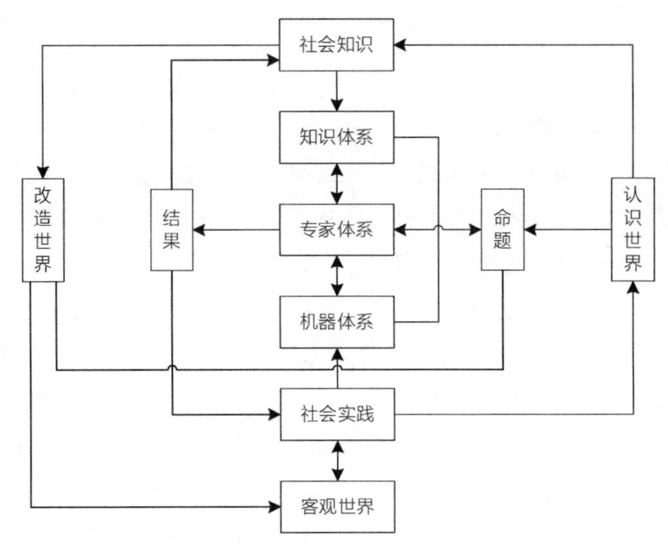

图 17-4 综合集成研讨厅体系的示意图

功能，既可研究理论问题，又可解决实践问题。图17-4是综合集成研讨厅体系的简单示意图。研讨厅按照分布式交互网络和层次结构组织起来，成为一种具有纵深层次、横向分布、交互作用的矩阵式研讨厅体系，为解决开放的复杂巨系统问题提供了规范化、结构化的方法。

综合集成方法和研讨厅体系实际上是遵循科学与经验相结合、智慧与知识相结合的原则以研究和解决开放的复杂巨系统问题的重要方法。从这个角度来看，综合集成研讨厅体系本身就是开放的、动态的体系，也是不断发展和进化的体系。钱学森指出："关于开放的复杂系统，由于其开放性和复杂性，我们不能用还原论的办法来处理它，不能像经典统计物理及由此派生的处理开放的简单巨系统的方法那样来处理。我们必须依靠宏观观察，只求解决一定时期的发展变化的方法，所以任何一次解答都不可能是一劳永逸的，它只能管一定的时期，过一段时间宏观情况变了，巨系统成员本身也会有变化，具体的计算参数及其相互关系都会有变化。因此，对开放的复杂巨系统，只能作比较短期的预测计算，过了一定时期，要根据新的宏观观察对方法作新的调整。"

综合集成法及其研讨厅体系是系统工程方法论的前沿成果，其还在发展之中，需要继续丰富和完善。

（3）系统论与整合观

樊代明院士由医学工程提出的"系统论与整合观"思想，指出了一个认识和改造世界及如何融合的方法论。认识世界时必须应用系统论，而改造世界时则需要整合观。认识世界是为了揭示和解释其规律性，改造世界则是在目的性的引导下，将两者相统一，构成科技和工程活动的完美互助、融合。这也较好地解释了在遵循规律性的前提下，实现目的性的手段只有整合知识、资源、工具，方能达成目标。

17.4.4 建筑工程中的工程思维

高度抽象的工程思维，对工程实践能够起到指导作用，具体思维法则则能够更好、更直接地产生立竿见影的效果。

建筑工程中常见的思维方法有：产品思维、项目思维、任务思维、流程思维；系统思维、实践思维、过程思维、工具思维、管理思维；价值思维、质量思维、安全思维、约束思维；哲学思维、伦理思维、美学思维、环境思维等。工程是复杂的活动，细分领域的方法归纳总结形成较为固定的“思维方式”，即使达不到哲学范畴的严谨程度，但是就其功用，却完全不能忽视。限于篇幅，不展开论述该部分具体的思维特征。

第 18 章
论工程教育

本章逻辑图

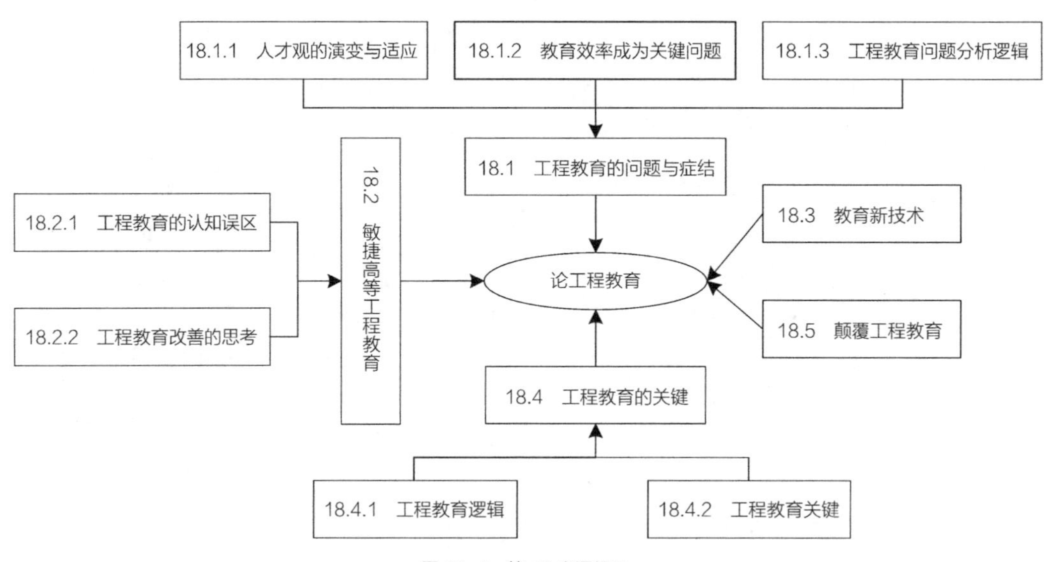

图 18-1 第 18 章逻辑图

工程教育议题的域界异常广阔。技能承继教育时间越来越长、细致分工与集成能力之间均衡被打破、工程观和工程认知教育支离破碎、对公众的工程科普跟进不足、教育新技术融入缓慢，归结起来说，工程教育的效率问题，没有被认真严肃地研究和关切，这种工程教育的现状，与日新月异的工程发展以及由此既成的“人工自然界”大局面不相符。

1990年，通用电器公司CEO Jack Welch曾言：“与20世纪90年代的发展速度相比，20世纪80年代就像在公园里野炊和散步。”1999年，微软公司创始人Bill Gates则预言：“数字信息的增加，使企业在未来10年中的变化，将超过过去50年变化的总和。”

社会经济的加速发展，呼唤工程教育效率的提升。

纵观我国的工程认知、工程教育和工程教育研究，最为突出的三个战略性问题，从程度上来看，至少未被深刻认识，分别是：①“我”和“要”的关系，即“我·要”与“要·我”，教育的能动性决定了教育效果，这是极其关键的战略问题，“要我教、要我学、要我评”等问题相当严重，解决起来相当难。②离实践远的问题，真正的工程实践才是工程自身的生命力，微观上的努力不足以改变远离实践的教育设计，甚至战术的精致惰化了战略上的思变。③师资结构性缺陷，这个问题影响更深远，需要尽快解决。师资越来越高的学历要求、无法专注教学的教师精力分配、师资压力巨大、实践超弱，将会导致教师自身心里没有底，学生接受不到实际实用的内容、无法感知师资的自信的情况发生，故此无法达到“学以致用”的教育目的。

因此，对于工程教育的战略思考以及针对战略问题的解决，刻不容缓。不仅如此，微观战术上的教育问题也存在严重疏漏，其解决同样刻不容缓。下文将系统阐述工程教育的问题和解决途径，粗略勾勒出解决方案。

18.1 工程教育的问题与症结

18.1.1 人才观的演变与适应

工程教育是随着工程人才观的演进而逐步确立和发展的，据李伯聪研究，工程人才观和工程教育观的演变可以划分为三个阶段[①]：①16世纪前的漫长岁月里，尽管人类工程建造从来没有停止，但是工程人才仍然是另类的、不入流的，甚至是遭到鄙视的，工程教育也谈不上正式、尊崇和尊严，甚至这种观念在不同国家不同地区至今还有遗存；②16～18世纪，与科学萌芽不同，工业革命渐次发生、进展迅速，担纲重任的是工程师、工人阶级，高等工程教育也艰难地确立、徘徊、缓行，构成了现代工程教育的基本内容，包括工程人才观、工程教育观以及工程教育制度（图18-2）；③新世纪的工程教育具有的特点包括：规模更大、速度更快、与产业结合更紧密，这一方面可以说明全球的工程人才观发生了很大的变化，对工程及社会发展的推动作用和影响力等提高很多，工程人才的需求不仅数量巨大，而且对其知识结构和解决问题的能力要求也不同以往。

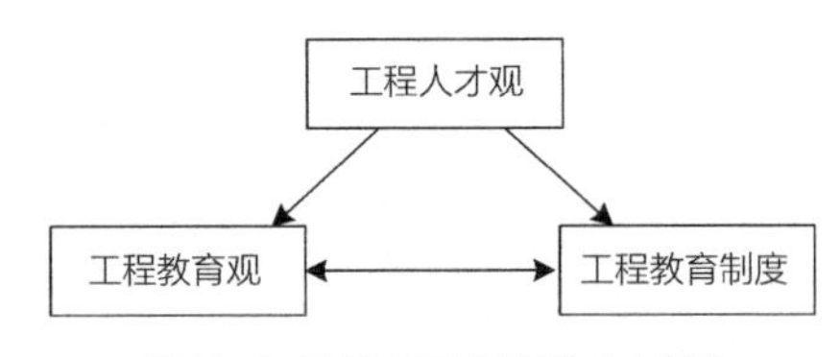

图 18-2　高等工程教育的构成内容图

与此同步，工程教育的范式发生了几次变革：技术范式时期（18世纪～第二次世界大战）→科学范式时期（第二次世界大战～20世纪90年代）→工程范式回归时期（20世纪90年代）。值得一提的是，现代高等工程教育的快速发展，从组织上来看也得益于各国工程院的成立：美国（1964年）、英国（1976年）、俄罗斯（1990年）、中国（1994年），这成为推动工程教育变革的重要力量。

18.1.2 教育效率成为关键问题

有些工程教育的问题，是全世界面临的共性问题，而更多的是我国工程教育面临的个性问题。概括起来是工程教育培养人才的“速度”问题，这个速度，不仅仅指快慢，还有适应性、制度化内涵。或者明确地说，工程教育缺乏“敏捷性”，这是当前亟须解决的问题。从对敏捷性的内涵认识到敏捷性的构建和实施验证，总结提升直到制度化，是工程教育最棘手的难题，甚至应当是教育变革的重点、难点。但是，这仍必须认真且值得进行。图18-3为

① 李伯聪．工程人才观和工程教育观的前世今生——工程教育哲学笔记之四［J］．高等工程教育，2019（4）：5-18.

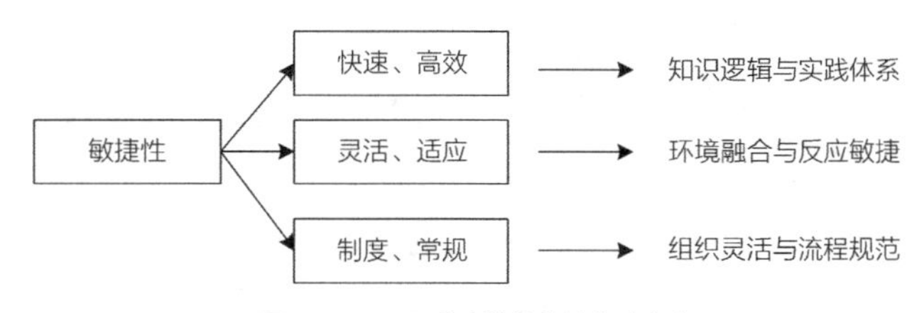

图 18-3　工程教育敏捷性的构成内容

工程教育敏捷性的构成内容。

敏捷性概念体系的研究和构建，是解决敏捷工程教育的第一步。相关的研究已经取得突破性进展，对后续试验验证提供了理论引领和指导。包括：知识存在环境的变化侦测（知识易获得环境下的工程教育方法变革），AI技术等发展的七大影响和五个对策，敏捷教育的紧迫性、可行性，敏捷综合复杂需求的构成、需求与内容的耦合机制，表达技术（工程语言演变、新技术，如BIM、VR等）和教育环境改善（虚拟仿真、沉浸式教育场所等），核心的当然是敏捷工程教育思想体系、方法体系、实践体系和工具体系，以及考核检验体系的构建。

18.1.3　工程教育问题分析逻辑

工程教育面临很大的问题，或者说很大的困难，挑战来自于工程知识产生的速度加快、细致分工的工程知识（碎片化）在应用解决问题时集成度不够、师资培养路径中缺少实践环节的沉浸时长、不能正确处理工程创新与工程知识传播的关系、新技术应用效率等。师生主体积极性也存在极大挑战，学校以考核评估为导向，学生受新技术诱惑从事行业意向不坚定，教师被动接受考核升迁和自身的"体制性结构性缺陷"困扰。必须首先明确，未来工程人才培养的合格指标，应当是知识和能力，简称为"知能指标体系"，对于工程人才而言，尤其需要强调解决问题的能力。

以图18-4来系统分析工程教育问题存在的逻辑。

归纳起来：响应需求速度缓慢；内容陈旧；表达落伍；过程失控（缺乏动态管理、互动机制、考试不够严格）；学教评估失当（奖励宽松）；把学教评估当成人才教育效果评价；社会实际、实践验证效果欠佳；持续发展动力不足、方法失当；回馈需求渠道堵塞。

没有形成"敏捷工程教育"的闭环，断环现象非常严重。有主体能动性原因，有教育研究方法和工具平台原因，其背后集中反映的问题本质，是教育管理思想的落后、方法的落后和工具的落后。

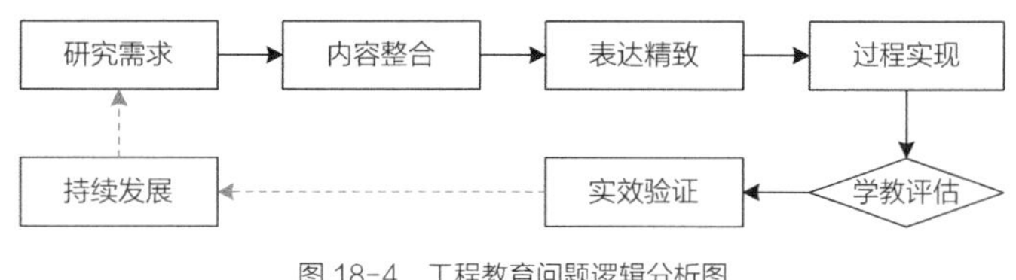

图 18-4　工程教育问题逻辑分析图

解决的方法，也应针对性地循着该逻辑提出。

需求研究：现代社会发展，进入了“多维度价值、高复杂性技术、高动态激变”的环境，工程因其特殊地位首当其冲。应当形成高度重视的机制性安排，展开以下工作，包括需求的侦测，需求的分析、判断和合成，将其作为内容整合的重要依据。

内容整合：形成与完善需求与内容的耦合机制，建设快反能力（组织快速应变能力、流程快速应变能力、表达快速应变能力）。

表达精致：借助于传统和现代的表达工具，将内容表达为可视化、立体化、形象化、色彩化、沉浸化、场景化等，成为听觉、触觉、视觉、嗅觉、味觉的综合信号刺激，达到最佳的刺激强度，获得兴奋度和持久感知，使得教育效果达到最佳。充分利用虚拟现实技术、EIM（工程信息模型技术，具体到土木工程则为BIM，即建筑信息模型技术）等，但是切不可认为，虚拟能够代替实物，仿真终究是“虚”的，需要充分结合实景实况（实体产品，实体材料设备和实际的具体管理场景）。

过程实现：交互的、更好的教学场景构建，成为新一代工程教育的重要改善工作之一。重复性工作的标准化，有助于提高效率，减少重复消耗。过程监测也应当采用更加有效、有尊严的方式进行。

学教评估：现在的学教评价和评估，毫无疑问，存在“事后诸葛亮”的味道，如同“先污染后治理”“发生事故进行处理”，应当彻底改变这种管理弊病。同时，以为学教评估的效果就是人才培养的效果的错误观念，还深扎在教育战线。

实效验证：对于高等学校培养的学生，用人单位普遍的评价是：不能即刻使用。部分学生普遍存在了解实际运作不多、掌握技术规范不够、动手操作能力不强等问题。学生也处于极度焦虑、彷徨的就业适应状态。一流的高质量、高品位学校培养不出能策划、会计算、可设计的人才；其他的学校培养不出能动手、可带班、善指导的高品质学生。种种问题导致用人单位一般需要三到五年才能“用得上”人才。工程人才的工作环境又相对艰苦，工作置换率高，全社会的教育成本就会更高。

对学生掌握知识的实效验证，才是工程教育真正的检验标准，而不纯粹是绩点和卷面分数。为社会培养能解决工程问题的人才，才是人力资源开发的真正目的。

归纳起来，需要形成一个快速反应、快速整合、良好表达、检验有效、可持续发展的良性循环。其中哪个环节断路、短路、削弱，都将影响工程人才的培养质量。

18.2 敏捷高等工程教育

我国传统的工程教育，过分拘泥于专业的细节，学生的思维容易蜷缩在狭小的专业空间里。解决实际的工程问题，需要综合的、大视野的大工程观。基于此，本书从工程哲学的视角出发，对工程教育的认知误区与改进进行了思考。

18.2.1 工程教育的认知误区

工程教育的认知误区，将其归纳为八个方面，分别为认知缺损、认知肤浅、链路短缺、远离景况、特性偏离、创新疏离、跨界无能、手段落后。

（1）认知缺损

对工程教育内容的认知，其缺损体现在主题性、生态性和未来性三个方面。

1）主题性

主题性指工程的24大工程相关的内容主题，如图18-5所示。

根据IEEE学会在2004年推出的软件工程知识体系（SWEBOK），将工程主题归纳为：工程知识体（EBOK）=∑能力=知识+技能+态度。美国国家专业工程师学会将知识、技能、态度定义为：知识——理论、原理和基本知识；技能——执行任务和运用知识的能力；态度——面对事实或情景时思考和感应的方式（NSPE）。

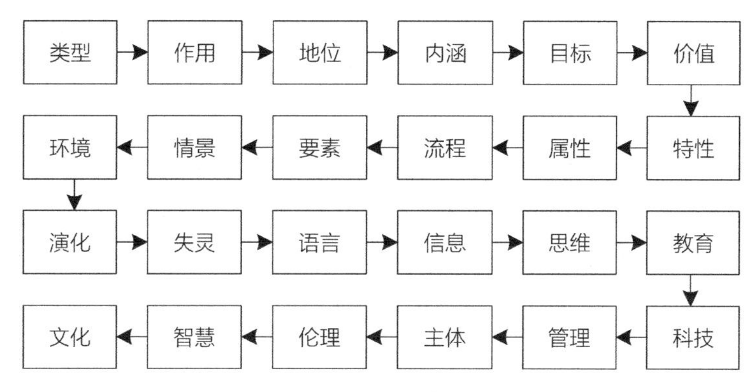

图 18-5　24 大工程相关的内容主题

2）生态性

工程错综复杂的关系，构成了工程生态，可以说是工程的生态、生态的工程。工程产业链、生态链、知识链、价值链构成的工程生态体系，如图18-6所示。

3）未来性

工程、工程教育天然就是面向未来的。

工程未来性可分为：工程未来需求、工程未来形式、工程未来模式、工程未来生态四个模块。透过上述四个模块，可以分析工程对未来的影响。需求、形式、模式、生态的发展关系如图18-7所示。

（2）认识肤浅

认识肤浅主要体现在工程在世界中的地位、工程融合一体的内涵、工程九要素的关联性、工程目标之“道”与“术”、工程四情景等方面的认识不够透彻。也正是基于此目标，本书深入讨论了这些主题，希望读者能够通过对前几章的具体阅读，对工程的认识能够更加深刻、透彻。

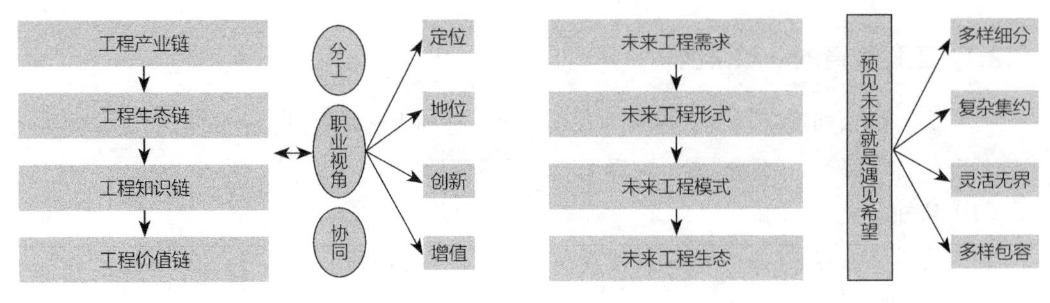

图 18-6　职业视角的工程生态体系

图 18-7　发展视角的工程未来性

（3）链路短缺

正如崔京浩[①]所言："就是在科技高度发达的今天，我们也很难找出一个与土木工程毫无关系的行业。不能够从链、网的视角理解工程生态就会存在很大的局限性。"

工程知识，已经形成了浩如烟海的独立知识体系。工程能力对接工程知识体，需要在综合性和复合性上下功夫。工程知识体与工程能力的关系如图18–8所示。

工程教育，成为工程知识传播的主要渠道，需要充分融合和解构其培养人才服务的对象——企业的需求，从建筑企业价值链的角度能够理解企业需求的独特性。从知识价值维度认清其链路，有助于工程知识的价值高效提升。知识价值链如图18–9所示。

（4）远离景况

实景：指工程产品及其形成的物理形态、场景；实况：指工程过程的管理场景。长期的"围墙政策（关门办学）"导致我们离实景实况越来越远，学生们只能通过乏味的文本、二维的图片和老师的转述来理解晦涩且复杂的工程关系。

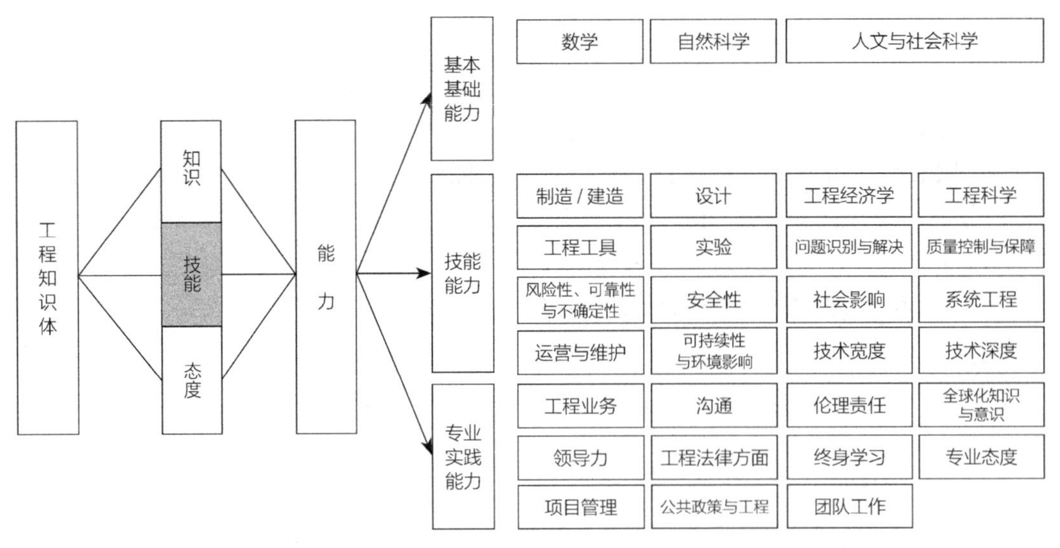

图 18-8　工程知识体与工程能力的关系

① 崔京浩．土木工程的学科优势和人力资源开发［J］．土木工程学报，2017，50（5）：9.

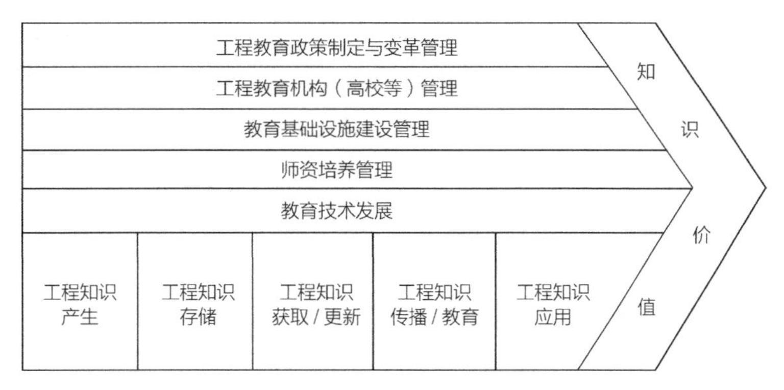

图 18-9　知识价值链

借助数字孪生，利用虚拟仿真来协助数字化、智能化建造的实现，可以在一定程度上消解这个矛盾。但是应当结合实践体系系统地构建实景实况的教育氛围，方能彻底地解决远离景况的难题。

（5）特性偏离

工程特性有：构建、集成、创新，三者之间的关系表达如图18–10所示。

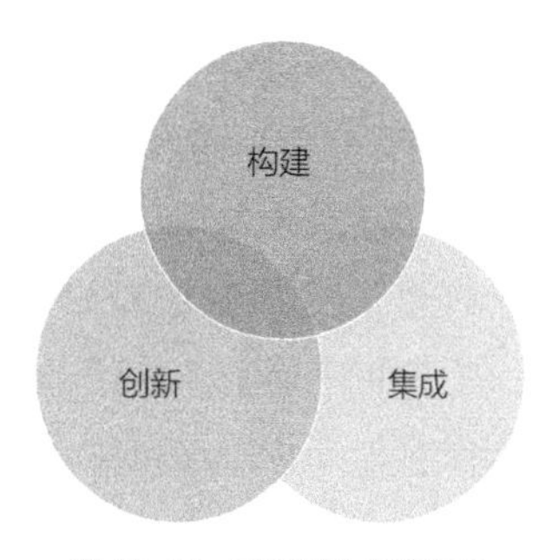

图 18–10　工程特性间的关系

构建的重点：不是必要性、重要性，而是如何、从无到有、构想建造、输入各种要素、输出合格的设计、造物；集成的重点：是如何、怎样；创新的重点：在约束条件下，以不同路径实现工程管理目标。

“科学范式：问为什么？”“工程范式：如何实现？”，这是最大的区别。

从科学教育范式到工程教育范式的转变顺利与否，其根本在于对工程特性的理解能否升级。

（6）创新疏离

就像李约瑟难题：尽管中国古代对人类科技发展作出了很多重要贡献，但为什么科学和工业革命没有在近代的中国发生？尽管原因纷繁，也众说纷纭，但笔者的思考结论是：历代累积导致——工程化能力的薄弱是核心原因。因为科学繁盛和工业革命的本质，是建立在工具/工程制造（如望远镜、显微镜、蒸汽机、电力、汽车流水线）基础上的探寻和产业追求。显而易见，坐而论道的重要性远不及循理造物。

就像钱学森之问：为什么我们的学校总是培养不出杰出人才①？我的答案是——围墙、无争辩、顺从、不包容、折腾。徐匡迪之问；竺可桢之问；社会大众之问……在中国，笔者认为：高等教育成为成本最高、效率最低的领域。

既有工程的“大量、标准”建库和库存不足、分享不足、评价不足，再利用的价值需要大大再发挥。创新流于形式，结合当时当地性的人文要素被冲淡。

① 钱颖一. 教育决定中国经济未来［J］. 山东经济战略研究，2017（8）：49–51.

观点：单纯地将科学创新和技术创新当作工程创新，这是不对的；将科学的成果称为发现，将技术的成果称为发明，则工程产生的结果就是造物，我们需要了解工程结构、融合工程功能、立足工程流程，体验工程，了解工程之伟大。

（7）跨界无能

长期的碎片知识、弱于思维和能力训教，联想能力差就无法进行更多跨界，本具系统性的工程领域却丧失了系统性，工程知识时空上分段、分片、分块，无法有机勾稽融合，导致应用困难，内跨界无能实现不了“小复合”、外跨界无能实现不了“大复合”，面对的社会现实是：“界”在逐渐被打破，“跨”成了常态！工程教育缺乏系统性将贬损工程人才的核心竞争力，甚至危及国家工程竞争力。

（8）手段落后

目前的仿真和BIM等技术可以为工程知识传播和运用提供便利。

1）仿真找到工程知识传播捷径

传统的工程教育，经过四次失真（1次编码、3次译码、1次表达），工程知识失真的程度是异常严重的，如图18-11所示。

互联网已然是人类生存方式的革命，工程教育则亟待建设敏捷高等工程教育装备。VR随着ICT发展，成为一场表达革命的承担者，为敏捷工程教育解决当下诸多共性问题提供方法。仿真是系统解决当下之困惑的正确途径（为师解困、为生解惑）；存在的问题是：智慧工程教育环境构建缓慢，智而不慧，华而不实。

知识（教育）传递的逻辑捷径：逼近视觉真实场景的仿真（VR/AR/MR）。图18-11为工程教育的知识传递路径（虚拟仿真教学的作用机制图示）。

2）BIM成为核心工程语言

BIM（建筑信息模型）是回归自然“物质、能量、信息”三大主体之一的信息本质。BIM是我们认识世界的新方法和工具；BIM还没有发挥其技术、管理应有的功能。BIM的五

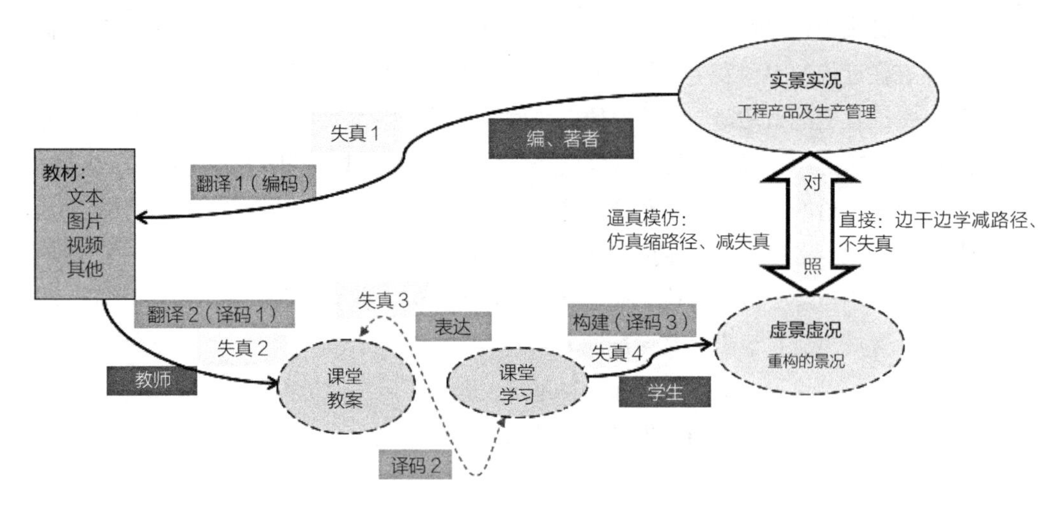

图 18-11 虚拟仿真教学的作用机制图示

层次认知如图18-12所示。从操作层面，BIM给细部描述整合提供技术手段；从技术方面，BIM形成完整的技术体系之后必然将极大提高产品形成的效率；从管理层面，BIM会形成新的管理思想、方法体系；从产业方面，BIM会形成新兴推动工业化的信息产业链，这毋庸置疑，而且已经在爆炸性增长；从哲学方面，BIM将助力本体认识的提升，也是工程语言的升级。

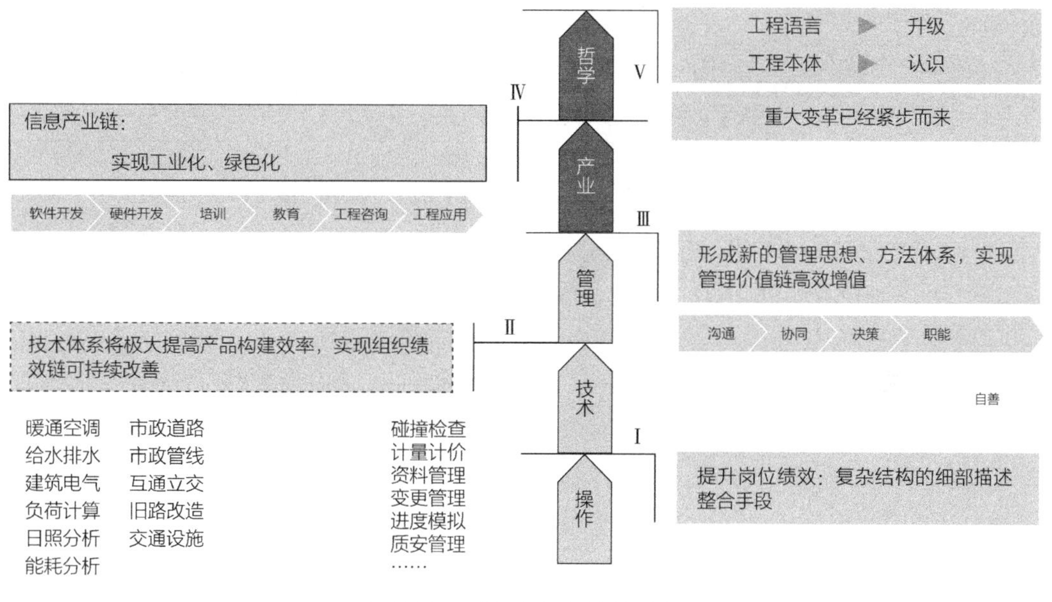

图 18-12 BIM 的五层次认知示意图

18.2.2 工程教育改善的思考

针对工程教育的改善，将从政策重心飘移、五年实践（校门到校门的胡同）、需求断路（主体与关键）、以学生为中心、评价“失度”、批判断位、圈层固化、师资提升八个方面展开思辨。

（1）政策重心飘移

图18-13为1995～2019年部分影响较大的教育政策。

问题在哪？顶层设计。哪里是顶层？如何设计？谁来设计？图18-14为顶层设计的基本逻辑：环节与重点图，从复杂环境需求到均衡及耦合机制，将内容与方式以高效率的教育方式传达给学生，最后通过综合评价以此来持续改进。

应“一张蓝图绘到底”，不断提高效率，提升适应力，降低办学成本。

（2）五年实践（校门到校门的胡同）

没有实践经历的师资，哪会有实践能力的学生？工程师怎么离得开实践？业界反馈：没有10～15年，优秀项目经理是“炼不成”的。据统计，一个人从求学至成才的历程可归纳为图18-15。

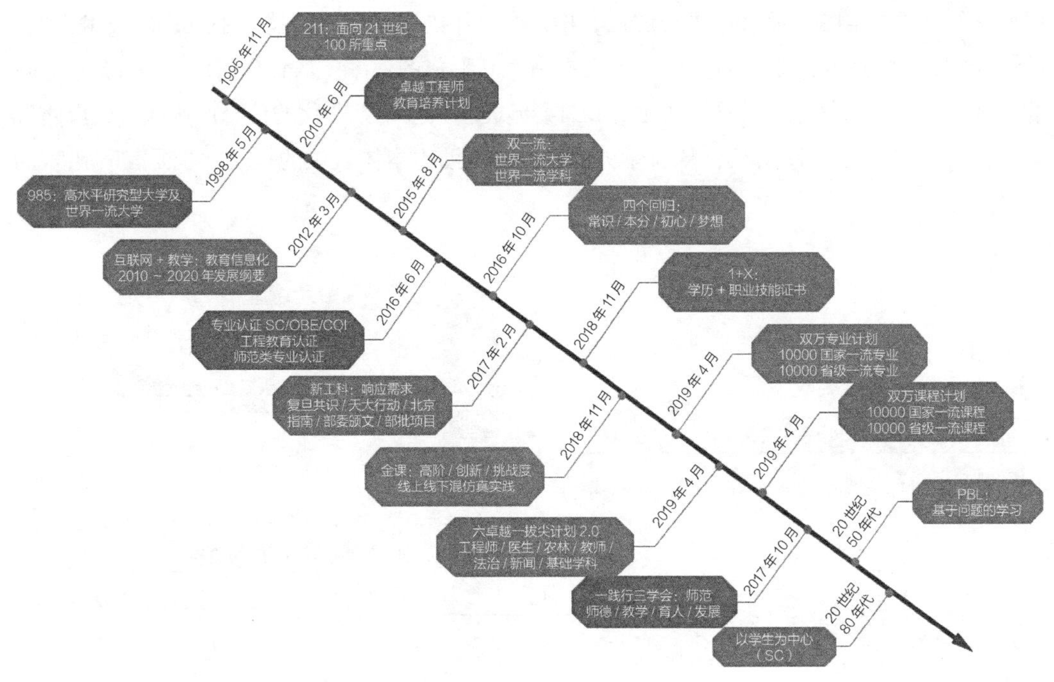

图18-13　1995～2019年部分影响较大的教育政策

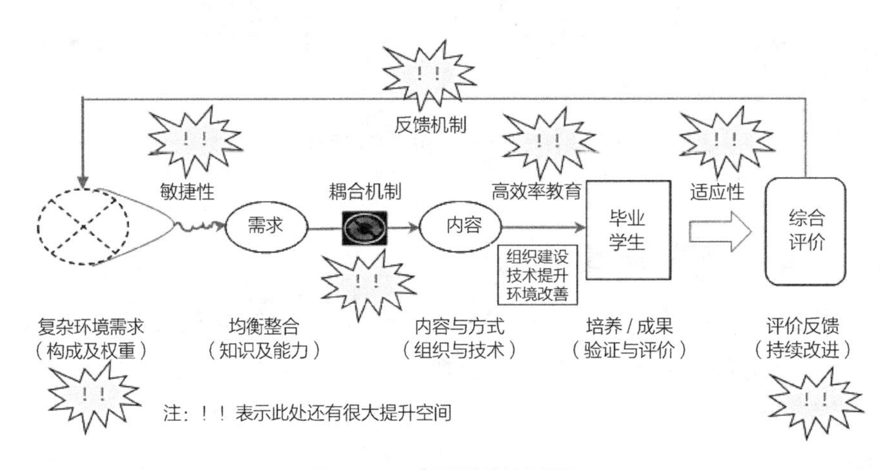

图18-14　顶层设计的基本逻辑

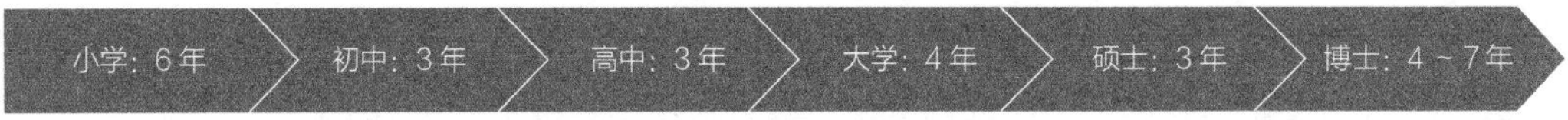

小学：6年　初中：3年　高中：3年　大学：4年　硕士：3年　博士：4～7年

图18-15　求学至成才的历程

（3）需求断路（主体与关键）

面对社会需求、师资需求、行政管理团队需求、校园衍生商业等各种需求，其构成应当是均衡（比例）、闭环（循环）的。图18-16为复杂需求耦合内容的方式示意图。在解决了

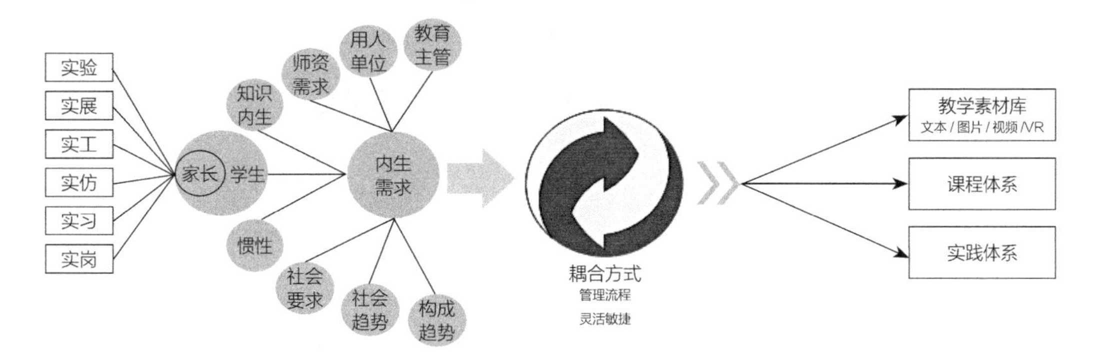

图 18-16　复杂需求耦合内容的方式示意图

“教育为谁”的问题之后，知能教育，应当更接近行业，接近工程一线，充分发挥自主性和能动性，不必过分地以管控为主导思想。

对于工程界，不仅需要博学的人，而且还需要能解决复杂工程问题的人。

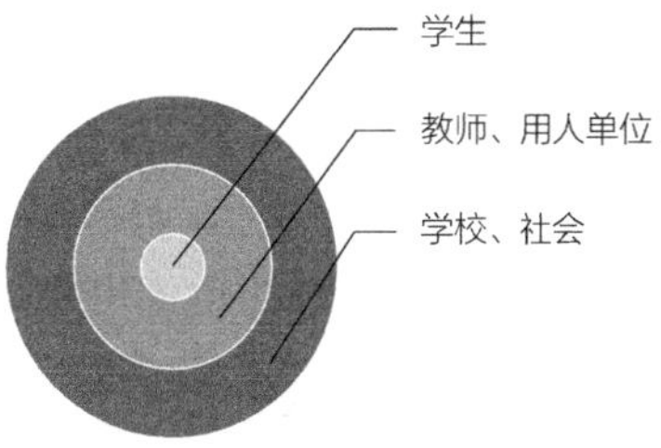

（4）以学生为中心

学生
教师、用人单位
学校、社会

图 18-17　以学生为中心示意图

教师、用人单位和学校、社会，要以学生为中心（SC）[①]，其表达如图18-17所示。让学生成为受益者、参与者及自主者，是SC的最核心理念。

以学生为中心（SC）的指标是成长和效率，其是通过教育的品质、教育的价值、肯定师生的收获、增长社会的满意、实现管理的效率等方面来体现的，敏捷高等工程教育价值目标表达如图18-18所示。

在以学生为中心的前提下，帮助学生快速成长，需要建构围绕学生的工程教育流程体系，如图18-19所示。识别出复杂需求及评价、建立耦合机制、进行内容更新、知识重组、表达升级、实施改进、评价验证依次循环，构建出围绕学生的流程体系。

图 18-18　敏捷高等工程教育价值目标

① 赵炬明．论新三中心：概念与历史——美国SC本科教学改革研究之一［J］．高等工程教育研究，2016（3）：35-56.

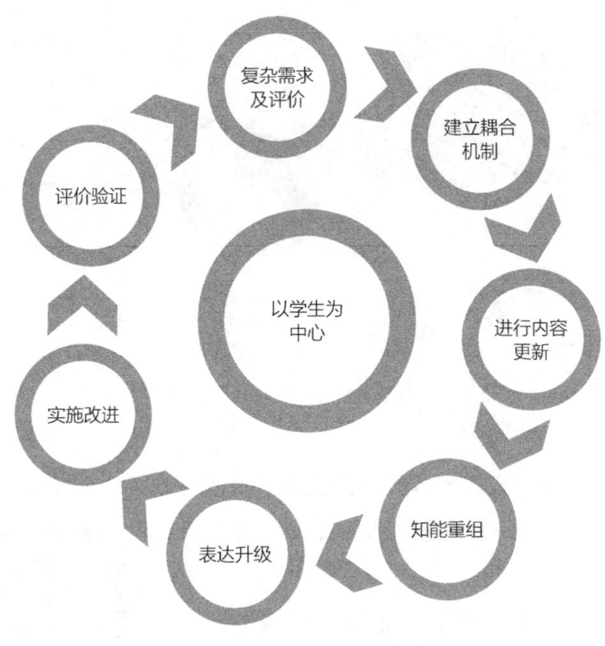

图 18-19　以学生为中心的流程体系

受益者中心基点的闭环思考，让学生提前参与、全程参与、设计参与，做到基于管控的自主者角色实施过程。

（5）评价“失度”

当前常用的评价方式是采用“五度”标准。“五度”是指：培养目标达成度、社会需要适应度、办学条件支持度、质量检测保障度、学生和用户满意度。如果只是以“五度”达不到要求进行评价，奖励就很难用在真正为教育作出贡献的人身上，因为评价几乎都侧重组织、团体。评价的“五度”图如图18-20所示。

经验和研究表明：

①教学过程的程序化管理是有必要的；

②内容的标准化是很难实现的；

③思维和能力的培养才是需要的，可是很难定量衡量；

④育人不等同于考试能力；

⑤健全的心智建设，奖励试错的氛围，老师负有很大责任；

⑥权变：根据上课情况和学生实情调整是老师的权利和义务，硬性规定很难达到效果。

思维和能力的培养，是教育改革最紧迫需要聚焦的。而改变“五唯”便是重要的突破口，那么何为“五唯”？“五唯”是指评学校唯升学、评

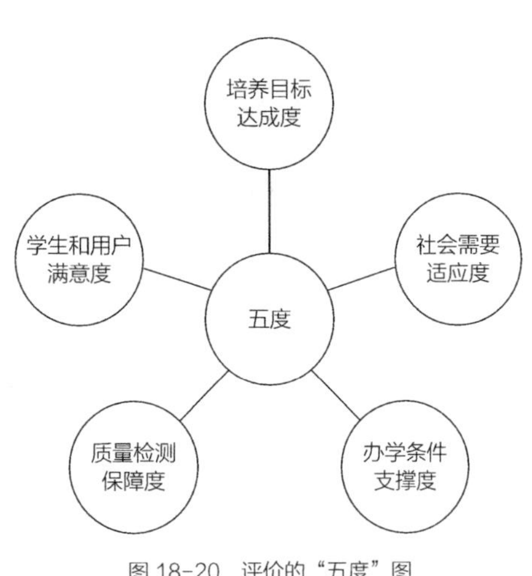

图 18-20　评价的“五度”图

学生唯分数、评教师唯论文、评人才唯文凭、评官员唯帽子。

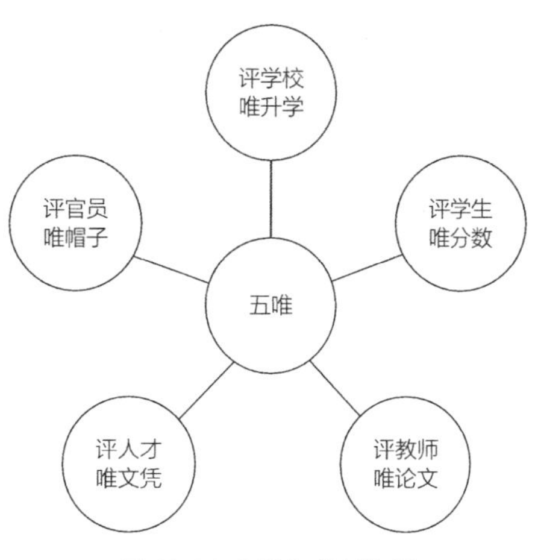

图 18-21 评价的“五唯”图

“五唯”顽疾在我国教育评价中根深蒂固[①]，如图18-21所示。目前“五唯”对我国教育而言有很多弊端，由于其存在片面性，因此，要建立一个全方位、多层次的评价体系来完善我国的教育评价。

2020年初不期而遇的新冠肺炎疫情，使得科技部、教育部猛然醒悟，要将论文写在祖国大地上吹响建设科技强国的时代号角，学习贯彻习近平总书记在全国科技创新大会上的重要讲话精神[②]，以及破除论文“SCI至上”，探索建立科学的评价体系，营造高校良好创新环境[③]。教育具有非凡的特殊性，与研究的“生克制化”关系，不能简单化、教条化，尤其不能世俗化。在论文作用方面，樊代明院士指出了研究的时间片段性、局限性，论文发表在十年之后，97%是没有用的，3%有点参考价值。

（6）批判缺位

目前的很多批判失准、失言、失趣；工程批评缺位、缺才、缺效，而产生的背锅侠、站台侠、领奖侠等正是工程批判缺位的体现。

工程是在失败中总结经验与教训并前进的。在无数次的结构失效、功能失灵、流程失败、工程事故中，工程师渐渐认识到自然规律、创新更新技术、提高管理、积累知识，从而改良、进步。工程批判既为科学提供题材，为技术提供需要，也为工程本身进步创造了条件。

工程最大、最快的进步方式是从工程的成功经验和失败教训中获得改进、开展探索的动力。批判是学术界应当担负的能力和责任。

（7）圈层固化

圈层固化体现在自娱自乐的双师型；半真半假的产教融合；有用无用的科研成果；仪式强烈的繁文缛节。教育界、学术界、工程界、哲学界、产业界、政策界，界界是圈；设计界、施工界、设备界、建材界、监理界、ICT界，条条是规。导致知识纵向、横向的流动滞缓。

---

① 朱德全，吴虑．大数据时代教育评价专业化何以可能：第四范式视角［J］．现代远程教育研究，2019，31（6）：14-21.

② 人民网．习近平总书记在全国科技创新大会、两院院士大会、中国科协九大上的重要讲话引起强烈反响［EB/OL］．［2016-05-31］．http://politics.people.com.cn/n1/2016/0531/c1001-28396092.html.

③ 教育部，科技部．教育部 科技部印发《关于规范高等学校SCI论文相关指标使用 树立正确评价导向的若干意见》的通知．［EB/OL］．［2020-02-20］．http://www.moe.gov.cn/srcsite/A16/moe_784/202002/t20200223_423334.html

圈层教师面临项目焦虑、科研压力、考绩重责；工程师面临安全终身制、建设方无端追逼、农民工无序管理、政策多变增压，有心改变无力融合，沉淀累积，变革虽热热闹闹，但收效甚微。

圈层固化还不是最可怕的，最可怕的是思维模式的固化：知识面狭窄，把理想化当作现实，自以为是，自娱自乐，漠视浩浩荡荡的发展激荡，靠波浪运动式地推动工程教育改革。

（8）师资提升

工程不是科技，工程教育不是驯养。现代教学必须以被教育者——学生为受益中心，教师的身份更应该体现在如何“引导”与“服务”学生学习，教师角色应从传统的主动者、搬运者、支配者、权威者转变为合作者、引导者、促进者、组织者。帮助学生更新知识库、建设前沿的系统知识框架、提高整合优化知识获取能力、开发和提高表达能力、营造和激发自助自主的学习氛围或文化等才应该成为所有教育改革的重心。要担当如此重任，提升师资，则应当成为教育改革的重中之重。

教育过程是一个权变过程，视情况而变是基本规律。不可能完全按照事先设计进行。老师与学生的实际情况是不确定的，一个可变因素就几乎全然否定了事先设计好的授课程序：培养方案、授课计划不能成为静态依据。任何违背规律的教化不可能取得奢望的效果。这给工程教育提出了严峻的挑战。对过于侧重静态的规划模式提出了质疑。敏捷性强调的“三性”：高效性、快适性、长适性，必然成为亟待建设和完善的机制及途径。

总之，如何正确全面理解工程、营造工程化氛围、着重工程能力培养的工程教育，是当前工程教育相关各界面临的重要课题。

18.3 教育新技术

工程教育技术很多，无法一一详细阐述。仅就解决核心的仿真及其体系建设进行简述。

工程教育过程中，未能传递实景实况是一个可能导致教育失败的重大问题，我们称之为“失真”。所谓实景实况就是工程产品的实际场景（设计、制造建造、施工），以及工程产品形成过程中的实际管理情况（策划、组织、监督、纠偏）。应用新技术可以在一定程度上构建实景实况。

为了减少一次甚至多次失真，采用日渐成熟的虚拟仿真技术，通过构建虚拟仿真理论教学和实验教学体系，在一定程度上可以解决失真问题。下面以两个案例介绍应用新技术的情况。

（1）虚拟仿真实验平台应用

应用高起点教学平台，在教材建设、设备研发、项目开发、考核评价方面，开发高水平、高质量的优质共享教学资源，保证虚拟仿真实验教学体系高质量、高效率运行，从而在专业技能、研究潜能、合作交流、项目管理方面能够实现全方位培养创新人才。虚拟仿真实验教学体系包括[①]：1个目标——以创新创业能力培养为目标；2 个融合——通过第一课堂和第二课堂之间知识互补、机制互动的融合，优化整合优质教育资源；3个集成——着力打造数字逻辑理论课程、实验课程和特色拓展实践课程之间的系统集成，从单元学习和设计，再到系统学习和综合设计的全过程教学；4个导向——引导学生通过研发或设计成果展现其成功自信、专业能力、为学情操和绩效责任等能力和素质；5个模式——通过探究式演示、观察和验证、反设计推论、网络学习和创新创业项目训练5种自主学习模式，完成知识学习、运用和能力训练；6个能力——培养学生的工程知识运用、方案设计开发、现代工具使用、工程社会分析（工程中的社会因素及工程对社会的影响分析）、团队沟通表达、项目工程管理6个方面的工程实践和创新能力。虚拟仿真实验教学体系如图18-22所示。

（2）建筑全业务方虚拟运营平台

熙域科技股份有限公司联合笔者团队构建了一款建筑全业务方虚拟运营平台（Building All Virtual System，简称“BAVS”），这是一款在流程牵引理论指导下，采用崭新的知识组织

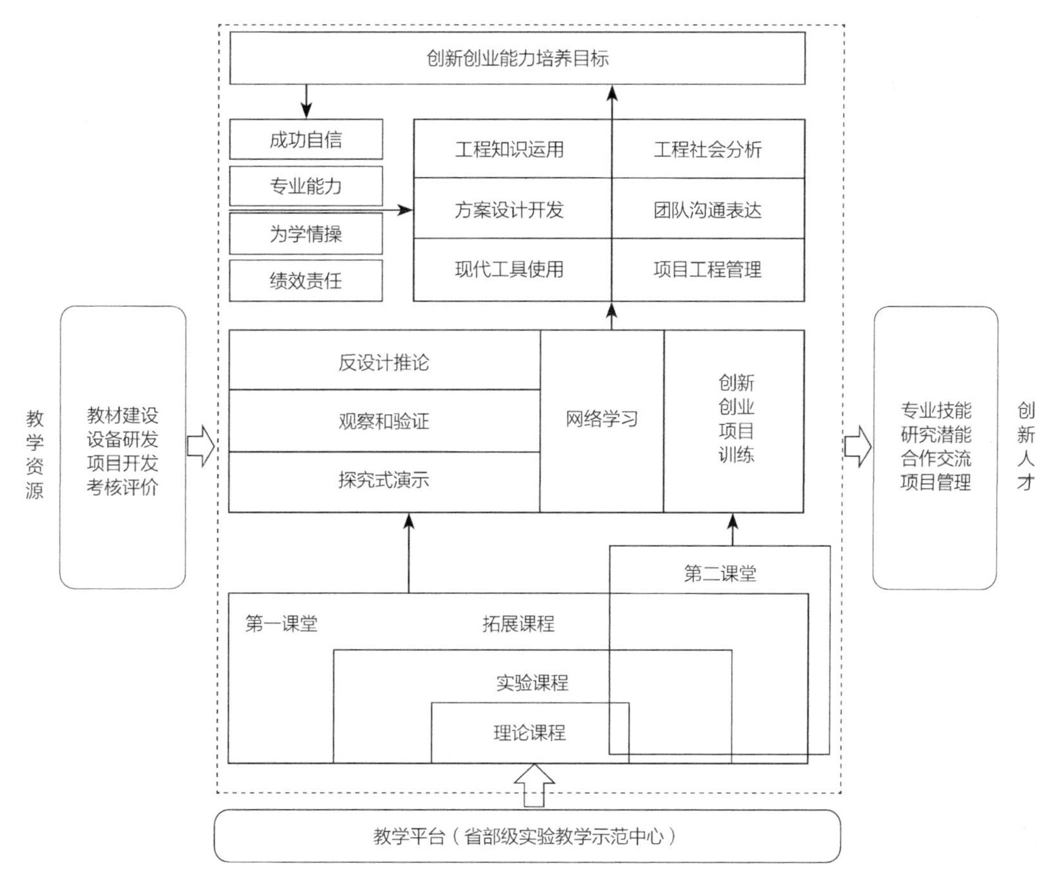

图 18-22　虚拟仿真实验教学体系

---

① 刘海波，沈晶，王革思，等．工程教育视域下的虚拟仿真实验教学资源平台建设［J］．实验技术与管理，2019，36（12）：19-22，35.

方式，面向建筑工程教育行业的、区别于传统单专业实训的虚拟仿真平台，融合多专业各课程，使学生在学校就能体验到建筑各业务方实际岗位的工作内容和工作流程；培养专业课程以外沟通和协同等职业素养和社会技能；实现各专业及课程互通，达到了解课程之间及专业之间的知识连接关系的目的。让学生体验建筑全业务方各岗位业务流程及工作内容，使之成为企业真正需求人才的岗前实境体验平台。采用实际流程模拟的游戏方式，更好地激发了学习者的积极性和主动性。图18–23为BAVS平台实际应用中的工作界面。

建筑全业务方虚拟运营平台（BAVS）在某高校展开了实际应用，课堂上，学生根据系统提示进行相应步骤的操作，并打印相应文件，模拟实际情景中的系列操作，使学生身临实景实况进行高效学习，促进学生知识体系的形成以及提前适应实际工作环境。

图 18–23　BAVS 平台操作界面

18.4　工程教育的关键

18.4.1　工程教育逻辑

工程及工程知识的复杂性，决定了工程教育的逻辑同样呈现高度复杂性。教育必须基于以下逻辑：

①商业逻辑。工程是直接的、现实的生产力，来自于实际的需求，回馈发起者的诉求，提供增加的价值，当相关者构成复杂时，需要平衡这些诉求，均衡共同体的利益。

②知识逻辑。工程历经长周期的演化，汲取了自然科学、社会科学和心智科学以及智能科学的养分，形成了自身的工程学、管理学、经济学、工程哲学等知识和能力体系，工程

教育必须依据工程的知能体系，进行知能采集、加工、存储、分享、传授、更新。

③语言逻辑。工程形成了自身的工程话语体系，这种体系构成了工程语言，工程教育不仅需要教会未来的工程师们工程语言，更重要的是教会他们使用工程语言，进行工程活动，取得工程实效。

④工程逻辑。工程基于工程自身的工程逻辑，既关联于各种要素、因素，又有自身独特的工程特点、属性、情景、思维和追求目标，具有既作为目的又作为手段的独特价值，这决定了其作用方式和地位。

工程教育是系统性极强的工程，需要有极强能力和情怀的工程教育师资来担任，并且按照工程教育逻辑开展组织、管理工作。

18.4.2 工程教育关键

工程教育就是要培养有大工程观、关怀地球可持续发展、有能力实现工程目标的合格工程师。核心的关键包括：相较于知识教育、技能培养、能力培植等具体内容，工程思维、工程伦理和工程文化教育显得更加深层、重要和关键。工程面对新技术环境，提出了新的教育内容，也促使工程教育的方法、手段、工具进行因应性变革。工程教育的目的性很强，正视客观事实必须成为核心理念，对于工程，正面且积极的五项作用和负面的带来不可估量的破坏，都应当被明确指出。工程共同体乃至全社会，应对工程抱有敬畏之心，这是最基本的伦理底线。

以往，工程教育侧重技术范式，为满足工业化建设对不同行业专门人才的需要，各高校纷纷开设了“机电土化”等工程专业，工程人才培养滞后于产业发展要求。现阶段，工程教育侧重科学范式，偏重通识基础和学科大类基础教育，重视学生数理等基础能力、科学素养培养，导致工科教育理科化，忽视了学生工程实践能力的培养。在今后，工程教育范式应走向引领未来的工程范式，强调基础学科、工程学科和人文社科等学科的集成，注重回归工程、系统思维，满足工程技术新业态发展需求。

18.5 颠覆工程教育

现行工程教育模式必将被颠覆，这不是预言，而是进行时。工程教育需要被系统性地颠覆，小改小革已经无法应对激烈变化的环境，激烈的竞争和对人才知能的需求正在急剧增加。

（1）理念颠覆

西安交通大学校长王树国警告：高校创新能力已经远远落后于企业！我们认为企业比学校发展更快、更有活力，因此差距将会更大。把教育视为产业，已被深度诟病。但是没有产业化的理念，教育行业可能面临更多问题。服务型教育理念的转变，将引领型教育转变为主动积极“我要学”，将彻底颠覆现有的保姆化工程教育。一切以此理念理顺知识链、价值链和办学系统，将带来崭新面貌。让学生成为最大的受益者，实现主动学习的以学生为中心的理想。

（2）手段颠覆

元宇宙手段。真实世界与虚拟世界之间的融联速度和质量，将成为工程教育敏捷化的分水岭和压舱石。融联手段包括基础设施和软件系统，围绕硬件、软件、环境塑造，依靠手段获得结果。

（3）效果颠覆

基于内容组织的新逻辑和新方法，实现工程教育“在校高效、适岗快速、在职长效”的效果。

第 19 章

论工程科技

本章逻辑图

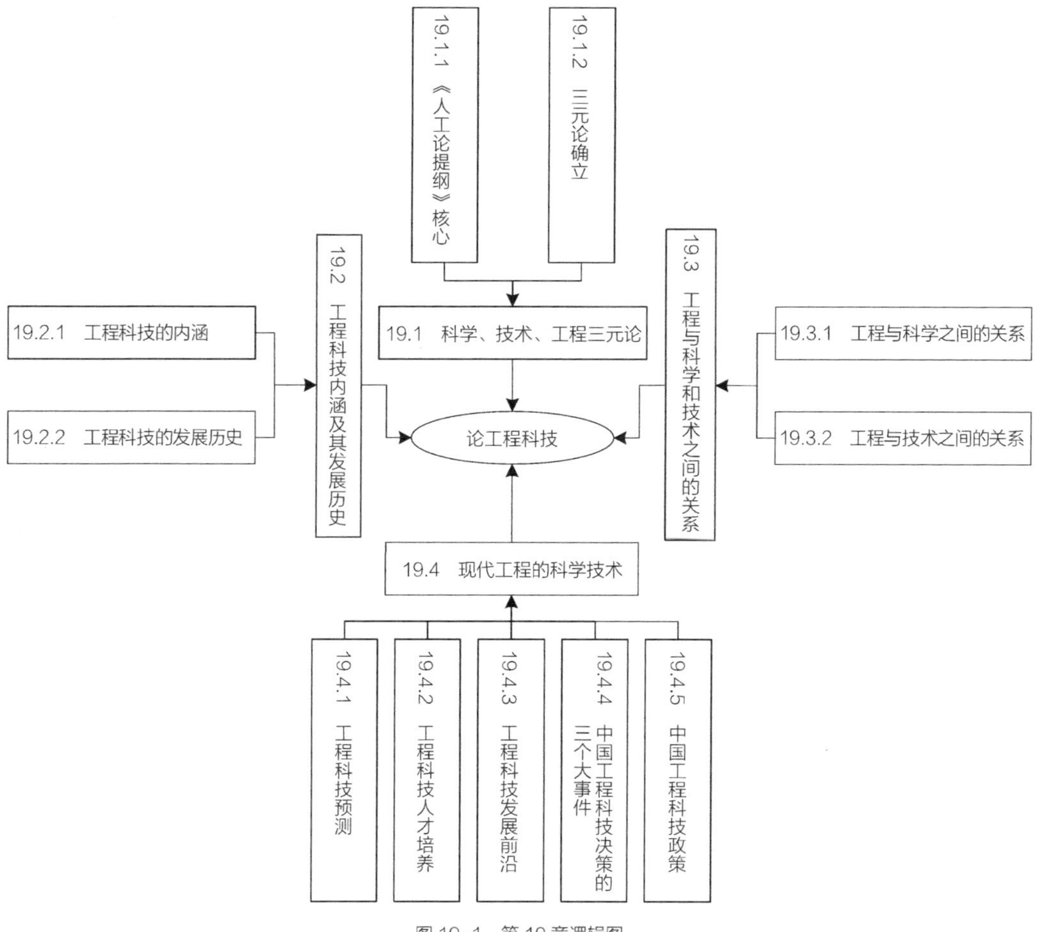

图 19-1 第 19 章逻辑图

工程区别于科学、技术的最大特征是：工程有过程，是过程的集合体。简单、机械地界定一些重大概念，对于实践并无益处。工程所历经的时代长度和对人类生存发展所起到的作用，大过任何其他的人类活动。赫拉利认为人因为有想象力才超越所有动物得以霸占全球，而本质是想象力成为所造物，才使得人类征服和改造了世界。科技本身是工程的成就，工程产生科技问题，工程帮助实现科技进程，工程与科技密不可分。因此，国家竞争力取决于工程化能力而非单纯的概念与口号，而工程化能力来源于工程科技的创新能力，讨论工程科技具有重要意义。

科学、技术、工程，三元论的确立[①]，是工程认识历史上的里程碑事件。其对工程独立地位进行了确立；划分和界定了工程与科学及技术的内涵外延边界；辨析了各自旨趣、实现手段；为进一步深化工程独立认知，提供了宽阔空间。吴国盛[②]指出，一言以蔽之，技术是人类存在的方式，技术是人类自我塑造的方式，技术是世界的建构方式，技术是世界和人的边界划定方式。尽管连李培根院士也高度赞扬吴国盛的认识是“有很高的见地”[③]，但是我们认为，如果将“技术”一词更换为“工程”，必定更加合适。工程才是人类存在的方式。技术通过工程进行自我塑造、建构世界。工程中，引用技术、应用技术，工程成为技术的“用武之地”，工程也是技术产生的源动力之一。将工程所造之物归为技术，从语义和感知性来看也都不合适。而造物，就是工程的重要结果之一，从内涵上，工程从技术分化出来，也属“理所应当”。

科学与技术的动力，既来源于人的欲望，也来源于工程实践的需要，既成为源头也是实现工程的指导。

---

① 李伯聪．工程哲学引论——我造物故我在［M］．郑州：大象出版社，2002.

② 吴国盛．技术的本质［EB/OL］．［2018-08-14］．2007年4月9日在中国传媒大学博士生课堂上的讲演．https://www.sohu.com/a/258211267_472886.

③ 李培根．工程教育的“存在”之道［J］．高等工程教育研究，2019（4）：1-4，72.

19.1 科学、技术、工程三元论

所谓三元论是指科学、技术和工程，是人类具有相对独立性的三种活动，工程活动具有与技术活动相殊的地位。三者互为关联，但是互相独立。三元论是工程哲学创设和发展的根基。

19.1.1《人工论提纲》核心

《人工论提纲》[①]的思想，是接续发展《工程哲学》的肇始。其核心思想包括：

①指出了造物主题的迷失问题。

②指出了造物主体的人的缺失问题[②]。

③剖析了主体的人工活动和认识活动，精神的意识、精神产品和方案计划活动，物质的类型，指出自然物、作为器具的物和建造成的物。图19-2为人工论思想解析图。

④指出了马克思主义哲学应是一个既包括本体论和认识论，又包括人工论，而以人工论为重心的体系。

因其指出了人的活动的特别方式、思维的特殊类型和技术人工物的独特存在，故其揭示了有别于本体论、认识论的人工论的体系。

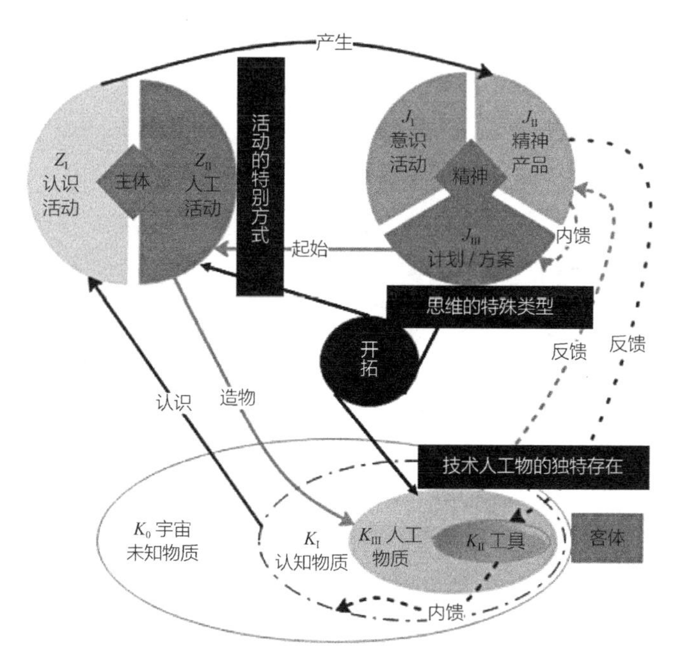

图 19-2 人工论思想解析图（根据《人工论提纲》改绘）

---

① 李伯聪．人工论提纲——创造的哲学［M］．西安：陕西科学技术出版社，1988.

② 李伯聪．工程哲学引论——我造物故我在［M］．郑州：大象出版社，2002.

将主体活动类型（认识和实践）、精神活动方式（意识活动、精神产品、计划/方案）、物质世界（未知世界、已知世界、人工物和工具）进行细分，独立讨论造物主题、造物主和所造之物，是认识过程中开拓性的重大事件。这使工程具有了独立的价值和地位，进而区别于科学和技术活动。工程知识也成为独立的知识体系。

19.1.2 三元论确立

在科学技术传统的语境中，科学、技术构成二元关系（国内外，也存在着一元论的观点，此处不再赘述），作为关于世界知识体系的科学，其是属于理论以及认识论的范畴；而作为变革自然实践范畴的技术，包括如何造物的知识及经验的建构的认识，以及现实的变革自然的造物实践两种不同类型的活动，显然，这种技术观理所当然地把工程活动包含于技术的范畴之中，工程与技术共属一元，没有自己的独立位置。然而，由此带来的问题是：技术究竟属于认识范畴还是属于实践范畴？这种模糊与混乱正是造成技术哲学界对技术的定义至今仍争论不休的根源之一，进一步又引发了科学与技术的界面究竟何在的争论。李伯聪教授在《工程哲学引论》中提出的“科学、技术、工程三元论”，可以说从根源上消解了这些争论与问题。把原技术范畴中的认识部分划归技术范畴本身，把造物实践活动划归工程范畴，这样一来，使得科学、技术同属认识论范畴中彼此不同的二元，工程作为实践论范畴构成了基本的、相对独立的一元，从科学、技术二元关系中分离并凸显出来，形成科学、技术、工程三元关系。科学、技术、工程三元关系理论提出的意义，并不仅在于概念指称的变换。关键在于工程具有不同于科学、技术的相对独立的本质特性，对人的存在和发展而言，工程比

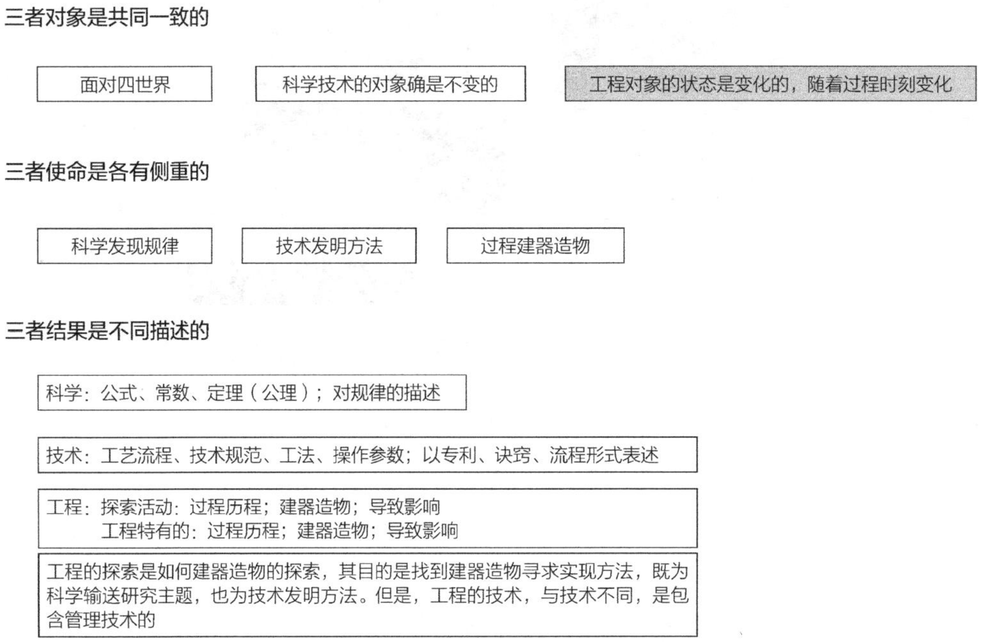

三者对象是共同一致的

面对四世界

科学技术的对象确是不变的

工程对象的状态是变化的，随着过程时刻变化

三者使命是各有侧重的

科学发现规律

技术发明方法

过程建器造物

三者结果是不同描述的

科学：公式、常数、定理（公理）；对规律的描述

技术：工艺流程、技术规范、工法、操作参数；以专利、诀窍、流程形式表述

工程：探索活动：过程历程；建器造物；导致影响
工程特有的：过程历程；建器造物；导致影响

工程的探索是如何建器造物的探索，其目的是找到建器造物寻求实现方法，既为科学输送研究主题，也为技术发明方法。但是，工程的技术，与技术不同，是包含管理技术的

图 19-3 科学、技术与工程简要比较图

科学和技术更为根本，更为基础，没有工程，不可能有文明史，甚至人类的生存。

那么科学、技术和工程究竟有哪些不同的方面呢？下面对此进行分析和对比（图19-3），从中来认识和把握科学、技术和工程的不同本性或特性[①]。

①从活动的内容和性质来看，科学活动、技术活动和工程活动是三种不同的社会活动：科学是以发现为核心的人类活动，是对自然的本质及其运行规律的探索、发现、揭示和归纳；技术是以发明创造为核心的人类活动，技术是发明方法、装置、工具、仪器仪表等；工程是以构建、运行及集成创新为核心的人类活动，工程是按照社会需要设计造物、构筑与协调运行。

②从成果的性质和类型来看，科学活动成果、技术活动成果和工程活动成果是三种不同性质和类型的成果：科学活动成果的主要形式是科学概念、科学定律、科学理论，是论文和著作；技术活动成果的主要形式是发明、专利、技术诀窍，是专利文献、图纸、配方、诀窍，其往往在一定时间内是"私有的知识"，是有"产权"的知识；而工程活动成果的主要形式是物质产品、物质设施，一般来说，其就是直接的物质财富本身。

③从活动主体、社会角色和共同体构成方面来看，科学活动、技术活动和工程活动的活动主体和活动主角是不同的：科学活动的主角是科学家，技术活动的主角是发明家，工程活动的主角是企业家、工程学家和工人。

④从对象的特性和思维方式的特性来看，科学、技术、工程也是不可混同的：科学的对象是带有一定普遍性和可重复性的"规律"，技术的对象是带有一定普遍性和可重复性的"方法"，任何科学规律和技术方法都必须是带有一定的可重复性的。必须是普遍有效的，不可能存在一次性有效的科学规律和技术方法；可是在工程活动中，情况就完全不一样了，任何工程项目都是一次性、个体性的项目。

⑤从制度方面看，科学制度、技术制度和工程制度是三种不同的社会制度，其有不同的制度安排、制度环境、制度运行方式和活动规范，有不同的评价标准和演化路径，有不同的管理原则、发展模式和目标取向。

⑥由于科学、技术和工程是三类不同的社会活动，其在社会生活中有不同的地位和作用，于是，从政策和战略的制定和研究方面来看，国家和政府就需要分别制定出内容和作用都有所不同的科学政策、技术政策和工程政策。在这三种政策中，任何一种都是不可缺少的，是不能被其他政策取代的。

强调科学、技术、工程有本质的区别，绝不意味着否定三者之间的密切联系，相反，正由于三者各有独特的本性，各有特殊的、不能被其他活动所取代的社会地位和作用，于是三者的定位、地位和联系的问题，以及从科学向技术的转化和从技术向工程的转化的问题，也便都从理论上、实践上和政策上体现出来了。

---

① 颜玲．工程哲学体系的建构［D］．南昌：南昌大学，2005.

19.2 工程科技内涵及其发展历史

19.2.1 工程科技的内涵

工程科技是国家、民族、时代的"硬科技"，是中国制造向中国创造升级的重要支撑。工程科技是改变世界的重要力量，随着新一轮科技革命和产业变革同人类社会发展形成历史性交会，引发世界各国在科学探索、技术创新、人才培养等方面展开激烈竞争。

科技是什么呢？上文提到科学和技术，而科学与技术是辩证统一体，技术提出课题，科学完成课题，科学是发现，是技术的理论指导；技术是发明，是科学的实际运用。

工程科技与人类生存息息相关。温故而知新，回顾人类文明历史，人类生存与社会生产力发展水平密切相关，而社会生产力发展的一个重要源头就是工程科技。工程造福人类，科技创造未来。工程科技是改变世界的重要力量，其源于生活需要，又归于生活之中。历史证明，工程科技创新驱动着历史车轮飞速旋转，为人类文明进步提供了不竭动力，推动人类从蒙昧走向文明，从游牧文明走向农业文明、工业文明，走向信息化时代。

人类生活各个方面无不打上了工程科技的印记。从铁路横贯、大桥飞架、堤坝高筑、汽车奔驰、飞机穿梭、飞船遨游、巨舰破浪、通信畅通，到成千上万的各种机械、自动化生产线、电视、电话，再到洗衣机、冰箱、微波炉、空调、吸尘器等家用电器，工程科技给人类生产生活带来了空前便利。

当今世界，新发现、新技术、新产品、新材料更新换代周期越来越短，工程科技创新成果层出不穷，社会经济发展的需求动力远远超出预测，人类创新潜能也远远超出想象。信息技术、生物技术、新能源技术、新材料技术等交叉融合正在引发新一轮科技革命和产业变革。这将给人类社会发展带来新的机遇。任何一个领域的重大工程科技突破，都可能为世界发展注入新的活力，引发新的产业变革和社会变革。

未来几十年，新一轮科技革命和产业变革将同人类社会发展形成历史性交会，工程科技进步和创新将成为推动人类社会发展的重要引擎。信息技术成为率先渗透到经济社会生活各领域的先导技术，将促进以物质生产、物质服务为主的经济发展模式向以信息生产、信息服务为主的经济发展模式转变，世界正在进入以信息产业为主导的新经济发展时期。生物学相关技术将创造新的经济增长点，基因技术、蛋白质工程、空间利用、海洋开发以及新能源、新材料发展将产生一系列重大创新成果，拓展生产和发展空间，提高人类生活水平和质量。绿色科技成为科技为社会服务的基本方向，是人类建设美丽地球的重要手段。能源技术发展将为解决能源问题提供主要途径。共创人类美好未来，是工程科技发展的强大动力，全球工程科技人员要切实承担起这个历史使命。

19.2.2 工程科技的发展历史

人类创造了无数令人惊叹的工程科技成果。古代工程科技创造的许多成果至今仍存在着、见证着人类文明编年史。如古埃及金字塔、古希腊帕提农神庙、古罗马斗兽场、印第安人太阳神庙、柬埔寨吴哥窟、印度泰姬陵等古代建筑奇迹，又如中国的造纸术、火药、印刷术、指南针等重大技术创造和万里长城、都江堰、京杭大运河等重大工程，都是当时人类文明形成的关键因素和重要标志，都对人类文明发展产生了重大影响，都对世界历史演进具有深远意义。

近代以来，工程科技更直接地把科学发现同产业发展联系在一起，成为经济社会发展的主要驱动力。每一次产业革命都同技术革命密不可分。18世纪，蒸汽机引发了第一次产业革命，导致了从手工劳动向动力机器生产转变的重大飞跃，使人类进入了机械化时代。19世纪末至20世纪上半叶，电机和化工引发了第二次产业革命，使人类进入了电气化、原子能、航空航天时代，极大提高了社会生产力和人类生活水平，缩小了国与国、地区与地区、人与人的空间和时间距离，地球变成了一个“村庄”。20世纪下半叶，信息技术引发了第三次产业革命，使社会生产和消费从工业化向自动化、智能化转变，社会生产力再次大幅提高，劳动生产率再次飞跃。工程科技的每一次重大突破，都会催发社会生产力的深刻变革，都会推动人类文明迈向新的更高的台阶。2013年，德国在汉诺威工业博览会上正式推出工业4.0，第四次工业革命指的是在物联网技术、大数据与云计算以及人工智能、3D打印技术推动下，开始的生产与服务智能化、生活信息化及智能化的全新革命。工程科技发展演变的历程如图19-4所示。

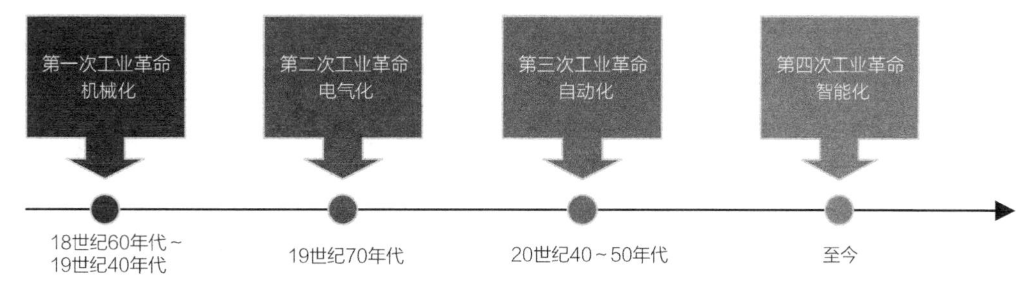

图 19-4　工程科技发展演变

新中国成立70多年特别是改革开放40多年来，中国经济社会快速发展，其中工程科技创新驱动功不可没。“两弹一星”、载人航天、探月工程等一批重大工程科技成就，大幅度提升了中国的综合国力和国际地位。三峡工程、西气东输、西电东送、南水北调、青藏铁路、高速铁路、港珠澳大桥等一大批重大工程建设成功，大幅度提升了中国的基础工业、制造业、新兴产业等领域的创新能力和水平，加快了中国现代化进程。农业科技、人口健康、资源环境、公共安全、防灾减灾等领域工程科技发展，大幅度提高了14亿多中国人的生活水平和质量，使中国的面貌、中国人民的面貌发生了历史性变化。

产业革命与工程科技发展密切相关，钱学森对历史上发生的产业革命给出他的发展序列：“第一次，农牧业的出现和兴起，大约公元前七八千年；第二次，商品生产的出现和发展，大约公元前1000多年；第三次，大工业生产，18世纪末至19世纪初；第四次，国家以至跨国大生产体系，19世纪末至20世纪初；第五次，电子计算机、信息组织起来的生产体系，是20世纪50年代中期出现的一次产业革命；第六次，高度知识和技术密集的大农业，农、工、商综合生产体系，出现于21世纪。”同时，到新中国成立100周年（即2049年）的这段时间里，钱学森提出：“我们要对第四次产业革命进行‘补课’，要迎接第五次产业革命和要积极创建第六次产业革命，思考全局的系统战略。”

19.3 工程与科学和技术之间的关系

19.3.1 工程与科学之间的关系

（1）工程的核心是建造

如果说过去我们经常把科学和技术混淆的话，那么，技术和工程之间的界限就更加模糊了，甚至认为两者就是一回事，“技术工程”“工程技术”这样的概念更是随处可见。把两者作严格区分并导致工程哲学这一新的研究领域的开拓，我国学者所做的工作功不可没。我们之所以不能把技术混同于工程，就是因为工程的特质是“建造”，又有自己独特的、不同于科学和技术的表现形式。

（2）科学的本质是发现

尽管科学与技术、工程的共同本质都是反映了人与自然之间的能动关系，但它们绝对不是等同的。由“发现”这一特质所决定，科学在诸多方面上的表现都与技术和工程明显不同。

第一表现在研究的目的和任务上，科学研究是为了认识世界后，揭示自然界的客观规律，回答有关自然界“是什么”和“为什么”的问题，为人类增加知识财富。第二表现在研究的过程和方法上，科学研究过程追求的是精准的数据和完备的理论体系，由于要从认识的经验水平上升到理论水平，目标常常不甚明了，摸索性很强但偶然性较多。由此决定了其主要采用的研究方法是实验推理、归纳、演绎等。第三表现在成果性质和评价标准上，科学研究获得的最终成果主要是知识形态的理论或知识体系，具有公共性或共享性，一般是不保密的。第四表现在研究取向和价值观念上，科学是好奇取向的，与社会现实的联系相对较弱，在某种意义上可以说是价值中立的，或者说本身仅蕴含少量的价值成分①。

诺贝尔物理学奖获得者杨振宁的一段话，值得深思：“由于实验的复杂性和间接性，出现了这样的情况，人们没有认识到自己所做实验的选择性质。选择是建立在概念上的，而这些概念也许是不合适的。更深层次的原因则在于人的智力的有限性和自然的无限性之间的矛盾，相信自然现象的深度是有限的想法是不合逻辑的，相信人类智力的威力是无限的信念也是不正确的。一个重要而必须考虑的事实是，每个人的创造力的生理局限性和社会局限性可能比自然的局限性更为严重。”这提醒我们，对于科学的局限性，也要有充分的认识。

（3）工程与科学之间的关系

科学是工程的根基，工程在实践中不断为科学研究提供课题，反之这些课题通过科学研

---

① 马桂香. 浅谈科学、技术与工程之间的相互关系［J］. 无线互联科技，2013（3）：146.

究攻关又取得成果，进一步促进了工程的发展。科学是知识性的，应用于实际工程中，并指导工程实践活动。工程实践活动反过来积累和总结经验，在这个过程中促进科学的持续发展。通俗来说就是：科学是研究探索，工程是实施应用，科学确定干什么，工程确定如何干，这就是工程与科学之间的关系。而工程直接地服务于人的生产力特性，正是其活力来源，可能也就是工程比科学更有价值和影响力的原因。

19.3.2 工程与技术之间的关系

①技术可以应用到工程中。这个应用的过程是一个转化的过程，而转化过程之后必然有新的物质的出现，所以，承认工程是技术的应用不但不应该是一个把技术和工程混为一谈的理由，反而应该是一个肯定技术与工程有本质区别的理由和根据。需要注意的是，这个转化过程是复杂的、有条件的，并不是简单的、机械的。

②工程要选择技术、集成技术。在工程活动的计划和设计阶段，工程活动的主体是需要根据工程活动的目标而对已有的各种技术进行选择和集成。从选择和集成的关系中，可以清楚地看出技术和工程绝不是一回事或一个对象。在产业活动、工程活动中，必须根据不同的社会环境和条件对已有的各种技术进行选择和集成，从而批评和否定了那种纯技术的思路、标准和理念。在应用、选择、集成的关系中，既反映了技术和工程的联系，同时也体现了技术和工程的区别。

③在工程活动中不但有技术这个要素，而且有管理要素、经济要素、制度要素、社会要素、伦理要素等其他非技术方面的要素。正因为工程活动绝不是一种纯技术的活动，于是在组织和进行工程活动时，就不但需要有工程师，而且需要有总指挥（或总经理）、总设计师、总会计师，需要有实施工程的技师和工人。在工程活动中，技术要素和成分毫无疑问是重要的，可是其他的成分和要素，尤其是经济要素和管理要素的重要性常常绝不在技术的重要性之“下”。应该强调的是，在工程活动中，工程中的非技术因素绝不是次要的或非本质性的内容或成分，相反在许多情况下，非技术性的内容和成分（例如政治因素、经济因素等）往往成为对于该项工程来说本质性、决定性的内容和成分。因此，那种认为工程和技术不可分、否认工程有独立性的观点是不恰当的[①]。

19.4 现代工程的科学技术

19.4.1 工程科技预测

当前，全球进入创新密集和产业变革孕育加速的时代，世界各国加紧部署面向未来的科技发展规划，各领域技术创新与模式创新不断涌现。以建筑工程为例，利用数字化技术、智

① 颜玲．工程哲学体系的建构［D］．南昌：南昌大学，2005.

能化技术，与工业化深度融合，从而形成我国建造的新型工业化道路。智能技术与数字经济是建筑业的发展趋势，也是世界经济的发展趋势。以下是达摩院对2022年的十大科技趋势进行的预测：

①AI for Science。可解决复杂场景下的科学难题，探索更多原本无法触及的其他领域。

②大、小模型协同进化。大、小模型相辅相成，形成有机循环的智能体系。

③硅光芯片。可承载更多信息和传输更远距离，具备高计算密度与低能耗的优势。

④绿色能源AI。有效提升电网等能源系统消纳多样化电源和协调多能源的能力，成为提升能源利用率和稳定性的技术支撑，推动碳中和进程。

⑤柔性感知机器人。将多任务的通用性与应对环境变化的自适应性大幅提升。

⑥高精度医疗导航。精准快速帮助医疗决策，实现重大疾病的可量化、可计算、可预测、可防治。

⑦全域隐私计算。可对海量数据进行保护，数据源将扩展到全域，激发数字时代的新生产力。

⑧星地计算。可集成为一种新型的计算框架，扩展数字化服务空间。

⑨云网端融合。可促进高精度工业仿真、实时工业质检、虚实融合空间等新型应用诞生。

⑩XR互联网。将重塑数字应用形态，变革娱乐、社交、工作、购物、教育、医疗等场景交互方式。

由此可见，无论哪个行业最终都会与现今数字化转型下所诞生的科技进行融合，并在不断发展中，这些新的技术通过一定手段求同存异进行融合，创造出更大的价值。

未来侦察（Future Scout）战略与分析公司为美国陆军负责研究与技术的副部长助理DASA R&T撰写了《2016—2045年新兴科技趋势》预测报告，帮助陆军理解新兴技术趋势，使陆军领导者和联合、跨机构及国际的利益相关者了解影响未来作战环境和塑造未来30年作战能力的科技趋势。

在报告中，其预测了机器人与自主系统、增材制造、大数据分析、人体机能增强系统（Human Augmentation）、移动和云计算、医疗进步、网络空间、能源、智慧城市、物联网、食物与水技术、量子计算、社交媒体使能（Social Empowerment）、先进数码产品、混合实境（即虚拟现实与增强现实）、气候变化技术、先进材料、新型武器、太空、合成生物等20多项大核心科技趋势，并总结为以下几点：

①数字技术和网络科技在科技发展中的地位不断提升。

②随着自主科技的普遍化，物联网迅速扩张，生物和物理硬件不断提升人体机能，使得人类与技术之间的隔阂在未来的30年里将进一步缩小。

③创新科技为创造物理环境提供了新工具，强化了个人与企业的能力。社会技术的革新也使个人拥有了创造自己微观文化的能力并重新定义了传统的阶级制度。

④在生物科技领域，合成生物科技的发展体现了人类在基因工程上修改生物基因的可行性。这些潜在的技术进步改善了我们分析复杂数据、发现规律、作出决策的能力。

⑤随着世界人口扩张以及因气候变化而造成的食物和饮水压力的不断增加，技术将成为全人类健康、安全以及生产运作的保障。

19.4.2 工程科技人才培养

工程科技人才是中国实现创新发展的中坚力量。工程教育是国家创新的重要引擎和支柱，我国未来社会发展的速度与质量在很大程度上取决于工程科技的创新能力，取决于工程科技人才这一创新主体的质量。因此，工程教育必须适应社会、经济、科技变化的趋势，不断变革创新。

从《21世纪议程》到《教育2030行动框架》，国际社会不断推进可持续发展教育，对现有教育体系进行整合重塑以取得创新突破；可持续发展教育理念在引领国际工程教育改革的同时，日益成为提升工程教育质量的重要选择[①]。

面对工程教育的各种挑战，结合国内外工程教育的创新实践以及各位专家学者的发言，未来工程人才培养与工程教育的改革，将出现以下几方面的发展趋势[②]：

①价值引领与面向可持续发展。人才培养过程中，要特别强调价值引领的作用。一技之长是生存之道，价值塑造是立身之本。要让中国的工程科技人才成为具有全球竞争力的世界一流人才，应对社会需求变化的挑战，必须建立起面向世界的可持续发展的工程教育体系，推动社会的进步，进而以可持续发展的工程教育推动全球的可持续发展。

②创新能力培养与面向多学科融合。通过前文的挑战分析，未来科学技术的发展可能远远超出我们的想象，在很多方面可能出现一些颠覆性的变化。多学科的交叉与融合创新，将是未来工程教育改革与发展的必然趋势。因此，要立足于市场与工程项目的实际需要，打破各学科相互分割的壁垒，进行设计与融合。

③实践能力培养与面向产学研融合。实践能力与操作能力的培养，是工程教育的突出特点与重点，学生的认识主要是在实践和活动中发展起来的。因此，工程教育的改革与发展，必须建立面向产学研融合的教育体系。我们要基于市场和工程项目设计与实施中的实践问题，进行产业发展以及教育教学与科学研究的一体化设计。工程教育的实践问题，是工程教育的临床，是工程教育最重要的方面。工程教育，不但要进行产学研的融合，还要和社会进行深入的融合。这样培养的人才一旦走向社会，才能够成为社会的中坚力量，工程教育要在这方面凸显其实际作用。

④合作能力培养与面向全球化发展。中国未来的工程教育必须面向全球发展，着力培养中国工程科技人才愿意合作、善于合作、勇于合作与引领合作的系列能力。要创造机会，让中国的工程教育走出国门，把先进的国际工程教育请进中国，了解与掌握世界各国工程教

---

① 郭哲，徐立辉，王孙禺．面向可持续发展教育的工程科技人才需求特质与培养趋向研究［J］．中国工程科学，2022，24（2）：179-188.

② 张满，乔伟峰，王孙禺．引领工程教育创新发展 培养一流工程科技人才［J］．高等工程教育研究，2019（2）：117-123.

育发展的情况，知己知彼，找到合作共赢点，通过合作来实现全球的协同发展。

⑤发展能力培养与面向终身学习。通过工程教育，更好地建立与促进工程科技人才发展的主观能动性，弥补遗传与环境方面的不足。在发展能力培养的过程中，关键在于发展理想、发展主动性、发展坚持性和发展学习能力与创新能力。发展能力的培养与发展，也是一个持续与终身的过程，因此，需要我们为工程科技人才的发展，构建一个终身学习的工程教育体系。

根据以上趋势，我们应该注重顶层设计，发挥政策协同作用；加强国家合作，整合全球优质资源；优化专业布局，发挥专业集群优势；赋能课程教学，培养优秀人才；强化专业认证，完善质量标准体系的行动方略，培养适应社会需求、具有大工程观、自主学习新兴工程技术并应用于工程的人才。

19.4.3 工程科技发展前沿

（1）中国工程科技排名前10名的领域包括：信息与通信工程/计算机科学与技术、机械工程、化学工程与技术、交通运输工程、能源和电气科学技术与工程、冶金工程与技术、矿业科学技术与工程、动力及电气设备工程与技术、环境科学技术和临床医学。对上述领域的科技投入、文献、专利等进行了排名，如表19-1所示[①]。

中国工程科技重点领域识别结果　　表19-1

领域	科技投入排名	文献排名			专利排名	经济贡献排名	排名之和	标化值
		SCI	EI	ISTP				
信息与通信工程/计算机科学与技术	3	4	2	1	1	1	12	1.00
机械工程	2	2	1	3	2	4	14	0.96
化学工程与技术	6	1	4	7	4	6	28	0.70
交通运输工程	4	9	8	7	7	2	37	0.54
能源和电气科学技术与工程	1	9	8	5	9	9	41	0.46
冶金工程与技术	8	9	8	7	5	5	42	0.44
矿业科学技术与工程	5	9	8	7	9	9	48	0.33
动力及电气设备工程与技术	22	9	6	7	3	3	50	0.30
环境科学技术	7	9	8	7	9	9	51	0.28
临床医学	10	6	8	7	9	9	51	0.28

根据表19-1绘制中国工程科技排名前5名的领域的玫瑰花图，如图19-5所示。

① 陈娟，严舒，贾晓峰，等. 中国工程科技重点领域的定量识别［J］. 科技管理研究，2016，36（13）：28-31.

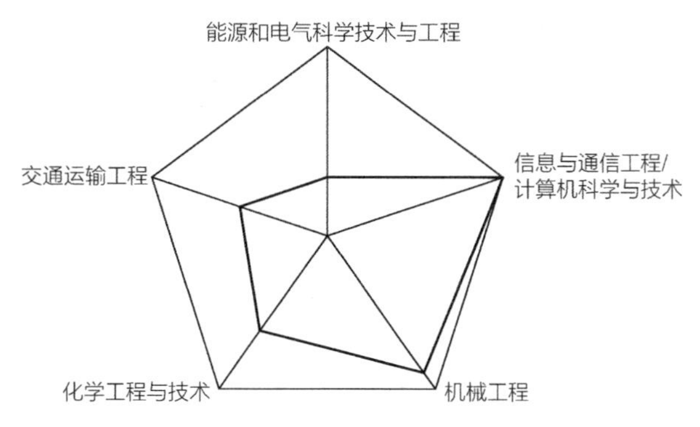

图 19-5　中国工程科技领域玫瑰花图（以前 5 名为例）

（2）世界十大新科技

世界十大新科技是《科学美国人》与世界经济论坛在2017年夏季达沃斯论坛期间联合发布的全球十大新兴技术。这份榜单由《科学美国人》杂志、《科学美国人》全球顾问委员会、世界经济论坛全球专家网络、世界未来委员会共同选出，涵盖了在医疗、计算机、环保等领域的最新技术，它们在提高生活质量、促进产业转型、保护地球环境等方面具有无限潜能。

1）量子计算机

量子计算机在2016年就已经进入了发展的新高度，与其相关的实验论文不断发表，国内不少的企业希望量子计算机这种科技成为现实，由此可以展开一个全新的时代。

2）液体活检

液体活检对于癌症疾病的攻克效果是极其显著的，还可以更加迅速地对癌细胞症状进行准确的定位，有着多项优势。

3）人类细胞图谱计划

人类细胞图谱计划对于人类基因而言，是一个极其伟大的工程，对于医疗领域也有很大的帮助。

4）从阳光中收集液态燃料

地球上人口增长，资源面临着匮乏，迟早爆发危机。这种特殊燃料的发明，对于太阳能和风能行业会带来巨大影响。

5）基因疫苗

基因疫苗的操作简单，最重要的就是价格便宜，能够有效且快速地适应病原体突变，让人体细胞产生相应的抗体，在发生疫情的时候会有很大的帮助。

6）深度学习与机器视觉

深度学习适用于计算机领域，对于图像识别能力的帮助是非常显著的，甚至可以超过人类大脑；机器视觉则被应用到多个领域之中，例如农业生产、自动驾驶以及医学诊断等。

7）从空气中收集净水

这项科技对于缺少水资源的国家和地区来说会有很大的帮助，而且不需要耗费过多的资源，最大的要求就是需要在空气湿度低至20%的环境之下才能够进行这样的工作。

8）可持续型社区

可持续型社区是一种现代高科技环保社区，人类居住在这样的环境之中，可以更加合理地利用水资源和电力。

9）精准农业

精准农业对于农民来说是一项非常伟大的发展，能够更好地去提高农作物的产量甚至是质量，并且还可以减少用水量，避免农药过度使用。

10）廉价的氢能汽车催化剂

无污染的氢燃料电池技术就是我们所说的廉价的氢能汽车催化剂，对于能源汽车领域来说，是一项伟大的发明。

如今已是智能时代，各种先进技术不断被研发、应用。相信会有更多新科技涌现，为人们带来更多的便利与服务，为社会创造更大的经济效益。

19.4.4 中国工程科技决策的三个大事件

（1）“两弹一星”的引擎作用[①]

“两弹一星”指原子弹、氢弹和人造地球卫星工程，是中国在20世纪50年代中期至20世纪70年代初期实施的大科学工程项目。作为大科学工程，它既有一般大科学工程所共有的性质，同时由于实施背景和实施主体的特殊性，使其又具有了与美国曼哈顿工程、阿波罗工程及苏联的人造卫星、载人航天等其他大科学工程所不同的特点。尤其是在管理制度和管理模式方面，“两弹一星”工程与后者差别更大。“两弹一星”工程有三方面特色：

①“两弹一星”工程是新中国科学技术与军事工业体系发展的核心引擎。这一点，无论是美国的曼哈顿工程、阿波罗工程，还是苏联的原子弹研制、人造卫星发射，或是载人航天的发展，都无法相比。因此，“两弹一星”工程的管理实际上是中国科学技术和军事工业体系管理的缩影。新中国科学技术的价值评判，科研机构、行业机构管理的一般方法、模式和理论，都是通过“两弹一星”的管理实践形成的。

②在“两弹一星”工程的管理中，行政要素作为独立的、起主导作用的因素，成为其区别于其他国家大科学工程的最主要标志。无论在组织机构上，还是在管理过程中，“两弹一星”工程都体现出鲜明的行政特色。这和其他国家，尤其是西方国家实施的大科学工程有根本区别，对于后者，政治的影响既不直接，也不具有管理上的强制力。

③“两弹一星”工程组织管理方式的形成有着深厚的历史背景。中国作为历史悠久的文明古国，本身就有实施大工程的传统，对于如集中全国人力、物力资源实现国家目标，有着丰富的经验和有效的方法。这一点与推行现代大科学工程的其他国家有显著区别。无论是中国、苏联还是其他西方发达国家，都是完全立足于近现代科学技术大规模和工程制造大规模兴起的背景实施其大科学工程的，中国则是综合借鉴历史和国际上的先进经验，摸索出了属于自己的独特模式。

---

① 刘显东.“两弹一星”工程管理创新研究［D］. 长沙：国防科学技术大学，2013.

（2）“863计划”的聚焦发展[①]

“863计划”指高技术研究发展计划，因其决策时间为1986年3月而定名。中国是一个发展中国家，从国情出发，中国在较长时间内，还没有条件投入大量人力、物力、财力去全面大规模地发展高技术，不可能也没有必要在世界范围内同发达国家开展争夺高技术优势的全面竞争。因此，“863计划”从世界高技术发展趋势和中国的需要与实际可能性出发，坚持“有限目标，突出重点”的方针，选择生物技术、航天技术、信息技术、激光技术、自动化技术、能源技术和新材料7个领域、15个主题作为中国高技术研究与开发的重点，组织一部分精干的科技力量，希望通过15年的努力，力争达到下列目标：

①在几个最重要的高技术领域，追赶国际水平，缩小同国外的差距，并力争在中国优势领域有所突破，为20世纪末特别是21世纪初的经济发展和国防安全创造条件；

②培养新一代高水平的科技人才；

③通过伞形辐射，带动相关方面的科学技术进步；

④为21世纪初的经济发展和国防建设奠定比较先进的技术基础，并为高技术本身的发展创造良好的条件；

⑤把阶段性研究成果同其他推广应用计划密切衔接，迅速地转化为生产力，发挥经济效益。

“863计划”是当时满足国家发展的迫切需求、适应新技术革命和产业升级的关键之举，成效显著，为中国的高技术发展、经济建设和国家安全做出了重要贡献。仅在10年后，“863计划”就在中国科技发展史上留下了一长串令人惊喜的数字：共取得研究成果1200多项。其中，540多项达到国际水平；567项获国家或部委级奖励；获国内外专利244项；对36项关键技术的评估分析，60%已进入或接近国际先进水平，11%达到或保持了国际领先水平。该计划不仅使中国在生物、航天、自动化、能源、新材料等技术前沿领域在国际上占有一席之地，而且成为推动中国产业迈向全球价值链中高端的重要力量，极大地增强了中国人自主发展高技术、参与国际竞争的信心。2016年，随着国家重点研发计划的出台，“863计划”结束了自己的历史使命。

（3）新基建的工程扩域

1）新基建概念及内容

新基建（全称：新型基础设施建设）是继“两弹一星”和“863计划”之后的第三个提升科技、工程水平的大事件，是指发力于科技端的基础设施建设，主要包括：5G基站建设、特高压、城际高速铁路和城市轨道交通、新能源汽车充电桩、大数据中心、人工智能、工业互联网七大领域，涉及通信、电力、交通、数字等多个社会民生重点行业和产业链（图19-6），是基础设施建设中的一个相对概念。其是以新发展理念为引领，以技术创新为驱动，以信息网络为基础，面向高质量发展需要，提供数字转型、智能升级、融合创新等服务的基础设施体系。

① 吴判童．韩中高技术政策比较-863计划和G-7计划比较研究［D］．南京：东南大学，2000：8-9.

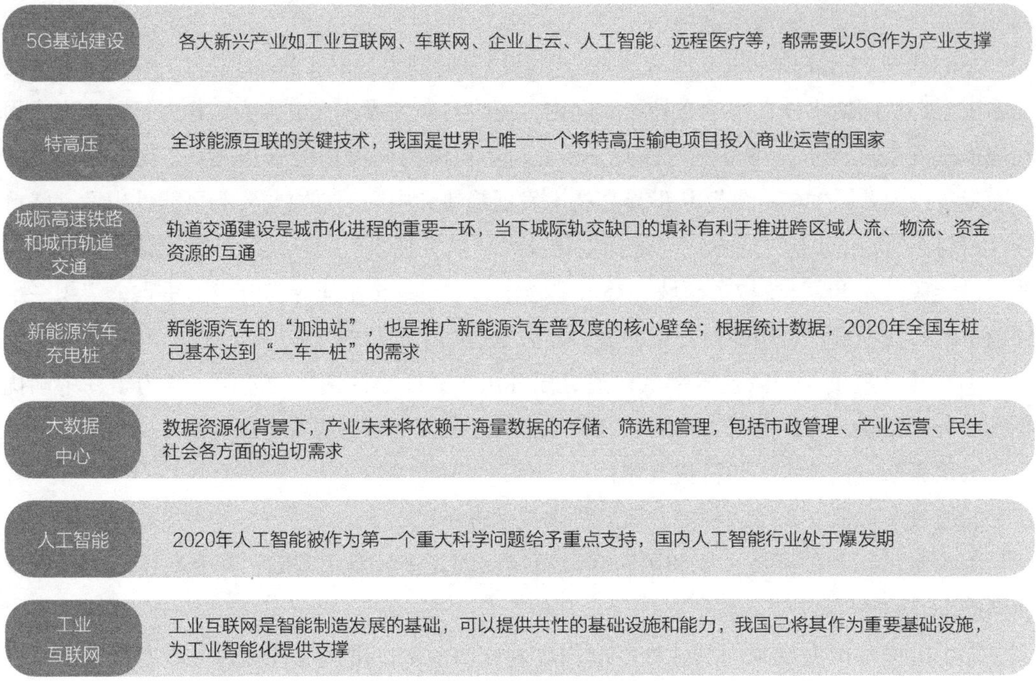

5G基站建设	各大新兴产业如工业互联网、车联网、企业上云、人工智能、远程医疗等，都需要以5G作为产业支撑
特高压	全球能源互联的关键技术，我国是世界上唯一一个将特高压输电项目投入商业运营的国家
城际高速铁路和城市轨道交通	轨道交通建设是城市化进程的重要一环，当下城际轨交缺口的填补有利于推进跨区域人流、物流、资金资源的互通
新能源汽车充电桩	新能源汽车的“加油站”，也是推广新能源汽车普及度的核心壁垒；根据统计数据，2020年全国车桩已基本达到“一车一桩”的需求
大数据中心	数据资源化背景下，产业未来将依赖于海量数据的存储、筛选和管理，包括市政管理、产业运营、民生、社会各方面的迫切需求
人工智能	2020年人工智能被作为第一个重大科学问题给予重点支持，国内人工智能行业处于爆发期
工业互联网	工业互联网是智能制造发展的基础，可以提供共性的基础设施和能力，我国已将其作为重要基础设施，为工业智能化提供支撑

图 19-6　新基建七大领域图

2）新基建对未来社会、经济竞争的影响

新基建会加速促进建设行业数字化转型，相应地，工程管理的方式也将会慢慢转变，逐渐趋向于数字化管理、标准化管理、流程化管理、精细化管理，工程管理的重点也将逐渐转移到如何将工程数字化、标准化、流程化、精准化之中，相应的工程管理行业的需求、模式、生态也必将随之而变。

工程科技的重大战略决策对国家和社会发展具有非凡意义。从激光技术取得成果的过程中，深刻体会到工程技术创新的重要源泉，来自基础研究和应用基础研究①。

工程技术的创新，有本质性和附属性之分。完善附加配套技术可以提高性能，是附属性创新；而改进本质特征或改变其类别，则是本质性创新。

工程科技问题是复杂的。在信息全球化和知识大爆炸的背景下，大部分工程科技问题都是复杂性问题，具有强耦合、层次化和非线性特点，其解决需要多个学科领域知识的相互协同和促进，传统的工程科研体制不断创新，组织结构持续优化，活动边界正在消融，工程科技问题的创新模式和业态展现出复杂多变、非线性和扁平化的新特性，工程人员对工程信息与科研交互的需求越发强烈，这意味着科技信息服务手段需要创新②。

---

① 杜祥琬．“两弹一星”和工程科技的创新发展［J］．中国科学院院刊，2019，34（10）：1104

② 张秀．复杂工程科技领域视角下的知识图谱构建方法［J］．知识经济，2019（12）：46.

19.4.5 中国工程科技政策

中国之所以有李约瑟之问、钱学森之问，除了历史渊源之外，科技政策也值得深刻反思和改善。

①理论性和应用性。原创理论的创立，基于实践更根植于理性推演和逻辑论证，中国是强于形象思维且流于应用的工程生态，无论科学技术或者工程科学，引领偏颇之处颇多，基础研究成果乏善可陈，应用性由于远离工程实践也是细若游丝，成千上万的科研成果（专利和论文）贴近实际应用的并不多，可转化推动产业发展和产生效益的尤其少见。

②系统性和局部性。论文的基本思路是解决点的问题，尽管可能深入，但是失去周延性、系统性，学术专著的重要程度，对理论、方法、工具等阐述深入，远非追求短小精悍的论文可比。然而，一篇论文可能奖励的工作量大大高过专著，无疑打击了科技工作者的积极性，从而长远观之，系统观、系统性的学术源流，也就被掐断了。碎片化知识无法满足现代工程越来越综合、系统的需要，政策引领值得深刻反思。

③科技性与人文性。历年下来，理、工、文分流，近乎“老死不相往来”，割裂很深，科普也可以说有相当差距，对于工程，公众的认知也肤浅、缺乏。如前所述，工程是社会性活动，复杂性、综合性、过程性集于一体，人文、工程、管理、材料、工艺、伦理、审美，不能断然割裂，科技性与人文性的深度融合是历代工程所应当具有的，只是当下的中国，疏离程度有些高了。

④国际性与民族性。科学的评价体系是国际同行认同，在主流工程语言是英文的环境下，唯国际刊物是瞻，大大耗弥了科研经费，并且成果的共享度很低，实际以论文的数量计算成就获取奖励。把论文写在祖国的大地上，解决国家发展的工程难题，解决民生需要的问题，是必须均衡国际性与民族性的大是大非问题。

因此，平衡论文与专著，原创与引进，SCI与中国本土期刊，恐怕已经刻不容缓。

第 20 章
论工程管理

本章逻辑图

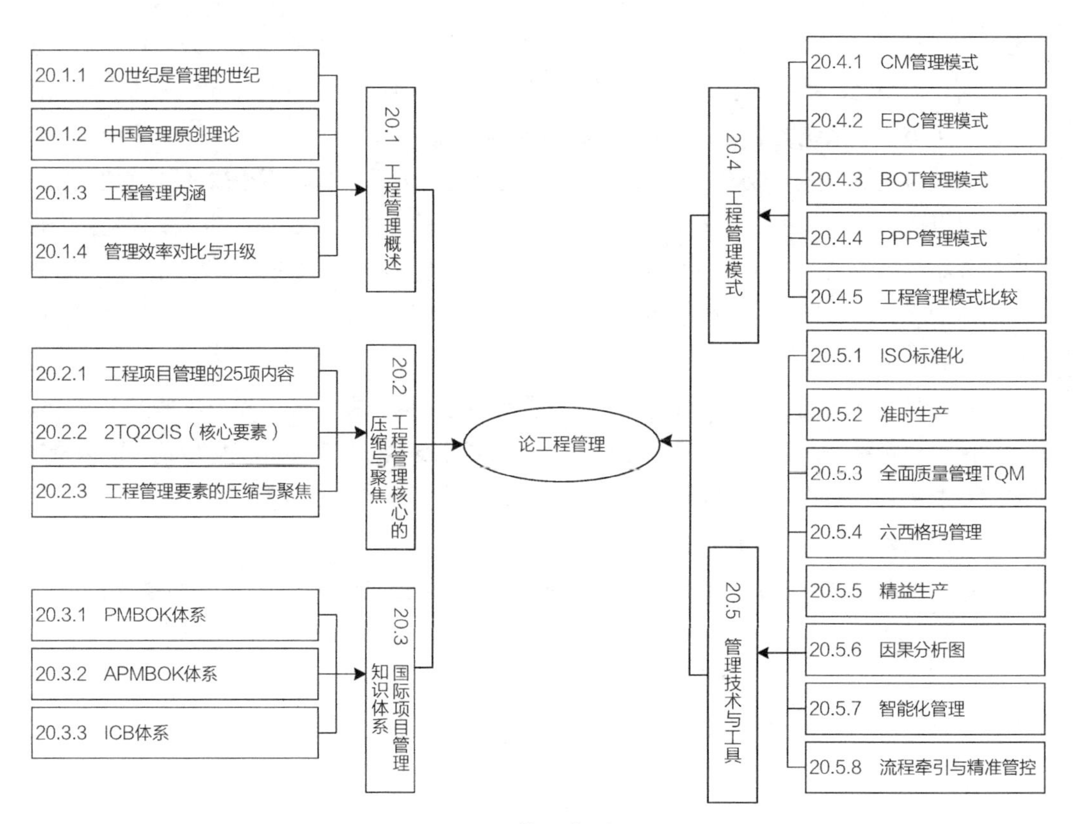

图 20-1 第 20 章逻辑图

管理是促成组织目标实现过程的总和，其内容包罗万象，包含感知需求发现机会、论证目标可行、组织构建与激励、产品完善与服务提升、资源整合、保持生产过程的秩序稳定、风险预测及控制。在中国钻研管理学问，修炼管理技艺，领悟管理奥秘，要重视中学与西学的关系、科学与人文的关系、理论与实践的关系[①]。工程管理作为管理的一个重要分支，也是如此。

---

① 刘文瑞. 管理学在中国［M］. 北京：中国书籍出版社，2018.

20.1 工程管理概述

20.1.1 20世纪是管理的世纪

人类管理实践活动几乎是与人类文明曙光同时出现的，探索管理活动规律的研究工作可以追溯到公元前的中国和古希腊。在古希腊的哲学家苏格拉底、柏拉图和亚里士多德等人的著作中可以找到有关管理规律的一些论述，而公元前5世纪的《孙子兵法》则因为“探索战略的一般规律”被认为是最早、最系统的战略管理学著作。在19世纪末期和20世纪初期，美国人泰勒开始使用秒表研究如何提高工作效率，法国人法约尔一直在思考组织管理活动的普遍性和独立的规律，这是管理学诞生的标志。

在过去的100年中，管理从一种不可言传的非正式活动，发展成为一个独立的职业，人们不仅认识到管理活动的普遍性——管理几乎存在于所有的人类组织和人类有组织的活动中，而且从各种可能的角度以及采用各种可能的方法对管理活动和问题进行规范分析和研究。由于管理科学知识被广泛地用于指导管理实践，进而使管理效率得到大幅度提高，管理科学化进程不断推进，管理学的知识体系不断地扩张，这也难怪有人说，过去的20世纪是管理的世纪。经过整整一个世纪的发展，管理学已经发展成为具有庞大知识体系和学科分支的复杂学科，在人类文明进程和知识宝库中占有了重要地位。百年来百多位管理大家，对近400个主题进行了研究，这些管理要素研究集萃可以说构成了浩浩荡荡的管理思想发展的百年脉络，也是寻迹探幽的路径①。

20.1.2 中国管理原创理论

2015年9月6日，任正非谈到对“大众创业，万众创新”的看法时，他回答说：“创新是要有理论基础的，如果没有理论的创新，就没有深度投资，很难成就大产业。”这里所说的理论基础包括了科研、思想、管理等领域。

心理学家Kurt Lewin在《没有理论也配谈战略？》中曾发表过一个著名论断：“一个实用的理论是最实际的。”理论对有关因果关系的预期进行定义，它们可以帮助人们进行反事实推理：如果我的理论准确地描绘了我的世界，那么当我做如下选择时，就会出现如下结果。它们是动态的，可以基于相反的证据或信息反馈来作出更新。所以，“有理论的公司叱咤风云”。例如沃特·迪士尼公司的创始人对于如何创造价值，就有着一套非常清晰的理论。

管理理论是有关管理且得到普遍承认的理论，是经过普遍经验检验并得到论证的一套有关原则、标准、方法、程序等内容的完整体系。表20–1是历年来我国的管理原创思想和理论。有两个倾向值得注意：①大都来源于国学经典的阐发，以理念为“理”；②来自于生产管理的实践相对薄弱。张新国、卢锡雷、林鸣等从工程实践中生发而来，其应用性和产业结合力更强。眼下的实际是学术界未能打造出有气质的理论，咨询界在缺少理论的地方狠劲制

---

① 卢锡雷．流程牵引目标实现的理论与方法：探究管理的底层技术［M］．北京：中国建筑工业出版社，2020.

造颜值，实业界难以得到赏心悦目的理论服务①。非常值得各界警惕，需要各显其能、各逞其强，创新出绚烂的理论之花。

中国管理原创理论列举表 表20-1

管理理论	创作者	核心思想
和谐管理	席酉民	基于“和谐”准则的管理思想体系
势科学	李德昌	以“理性信息人”为假设，讨论“势”的力量
道本管理	齐善鸿	结合“道”的理念，关注精神管理，挑战传统的强势管理
善本管理	傅红春	超越了神本、物本和人本理念，实现道德与幸福的统一
东方管理	苏东水、苏勇	始于1976年，强调人性、整体与共生的东方管理思想
和合管理	黄如金	结合中国实际，吸收西方管理理论和管理实践中的有益内容，兼收并蓄，创新发展具有中国特色的管理科学
管理科学中国学派	刘人怀、孙东川	推动实现管理科学的中国模式
中医取象思维	文理	借鉴中医的“望闻问切”
谋略管理	林子铭	鬼谷子“谋略管理”
秩序管理	谭人中	解决“混乱”体系的秩序管理手段
中道管理	曾仕强、宋湘绮	中国管理艺术和“感悟思维”，也有中国式管理之称
物理事理人理	顾基发	操作性和应用性极强的“知物理、明事理和通人理”思维模式
中医取象思维	文理	借鉴中医的“望闻问切”，设计企业问题诊断表
中国式管理	王利平	“中魂西制”的理论体系
C理论	成中英	以东方“天地人和”为基点，取百家精华为统筹，融科学、哲学为一体
中国式管理	王利平	“中魂西制”的理论体系
人单合一	张瑞敏	“人单合一，链群合约”模式；“日事日毕，日清日高”的OEC管理法
新科学管理	张新国	以“过程”为焦点，“流程”为核心的系统管理原理
流程牵引理论	卢锡雷	组织以流程为牵引动力，整合资源，达成目标。赋予流程新内涵、地位和价值，是构建体系实现目标的良好工具
归零理论	中国火箭院	双归零、技术五条+管理五条
EBPM	王磊	流程系统规划
本质理论	林鸣等	既认识工程的本质属性，又把握本质方法，恰当运用科学、合理的管理方法和技术，有效实现整个管理链受控
精准管控理论	卢锡雷	消除浪费，达成效率。基于工程流程体系的“精确计算、精细策划、精益建造、精准管控、精到评价”理论，促成管理升级

注：本表根据学者的论文和著作整理。

① 刘文瑞. 管理学在中国［M］. 北京：中国书籍出版社，2018.

20.1.3 工程管理内涵

工程是有形的造物结果和无形的行为过程集合体。看见的是：高楼大厦、铁路机场、港口航道；看不见的是：决策的犹疑、策划的苦心、管控的辛勤。管理行为起于心念、见于效果、归于无形。管理是指一定组织中的管理者，通过实施计划、组织、领导、协调、控制等职能来协调他人的活动，使别人同自己一起实现既定目标的活动过程。其宗旨是高效地实现目标，体现价值。工程管理作为独立学科，在面对复杂性、系统性、价值性等方面，发挥越来越重要的作用。管理是组织促成目标实现过程的总和，包含组织的构建、责任分派，目标制定与分解，以及组织为实现目标整个过程所做的一切努力、状态和结果。工程以项目形式进行管理，工程、项目、管理组合而成的工程项目管理，是个综合的概念。

工程是经济、技术、管理、社会的复杂活动，是人类在认识和遵循客观规律、遵守制定各种规则的基础上，利用原材料、工具、场所，融入审美、通过管理以改造物质自然界的完整、全部的实践活动、建造过程和造物结果，从而满足自身的价值需求，以及由此对社会、人类和自然所产生的综合影响的过程总和。

项目是指一系列独特的、复杂的并相互关联的活动，这些活动有着一个明确的目标或目的，必须在特定的时间、预算和资源限定内依据规范完成。其指的是一个过程，而不仅仅是指过程终止后所形成的结果。

通过一系列独特的复杂的计划、组织、领导（指挥和协调）、控制的管理活动，实现工程和项目的最大化价值（图20-2）。而工程管理作为一个专业术语，其内涵涉及工程项目全过程的管理，包括DM（Development Management，即决策阶段的管理）、PM（Project

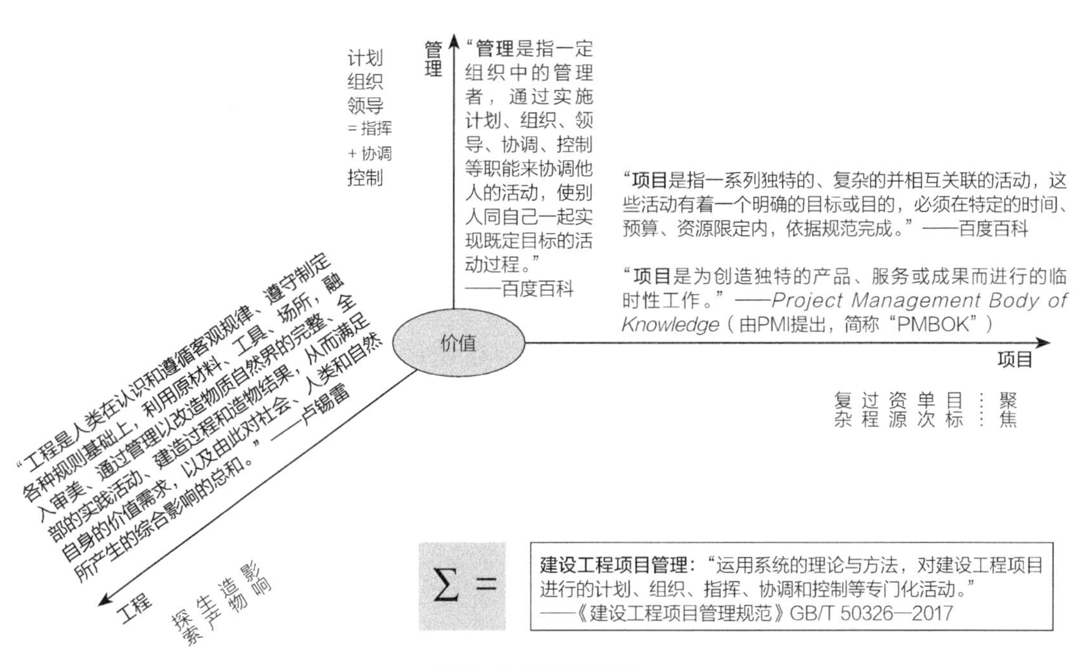

图20-2 工程管理内涵

Management，即实施阶段的管理）和FM（Facility Management，即使用阶段或称运营或运行阶段的管理），并涉及参与工程项目的各个单位对工程的管理，包括投资方、开发方、设计方、施工方、供货方和项目使用期的管理方的管理。

工程管理的核心是工程增值，工程管理服务是一种增值服务工作。其增值主要表现在两个方面，工程建设增值和工程使用增值，具体如图20-3所示。其使命是为经济发展和社会进步服务，建立现代农业、工业、服务业、国防、科研等工程体系，提高社会生产力，增进民生福祉，治理和美化环境，实现全社会的可持续发展①。

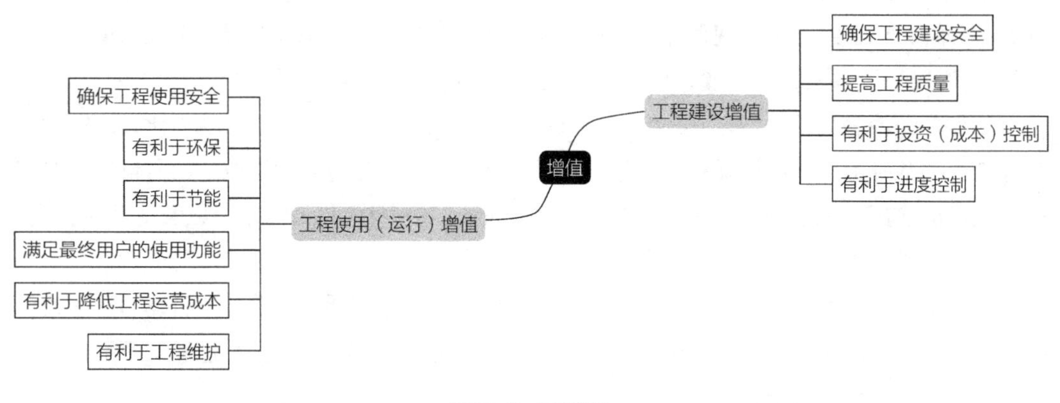

图 20-3　工程增值

20.1.4　管理效率对比与升级

（1）生产率对比（中国和美国）

2014年，中国的全要素生产率（PPP计价）为美国的43%，而1970年，中国的全要素生产率为美国的35%，随着近几十年的发展，在合理的理论与方法的帮助下，中国的生产水平有所提升（图20-4）。

2000年，中国的劳动生产率约为美国的6%，2017年，中国的劳动生产率约为美国的12%，随着科技和理论的发展，中国和美国的劳动生产率都在稳步提升，而中美差距也在逐渐缩小（图20-5）。

（2）管理升级的迫切要求

没有效率的管理是对资源的浪费。在现实企业管理中，管理的终极目标就是提高管理效率，从而保证高质量的产品、高效率的价值增加。这正是管理的追求。

① 何继善，等. 工程管理论［M］. 北京：中国建筑工业出版社，2017.

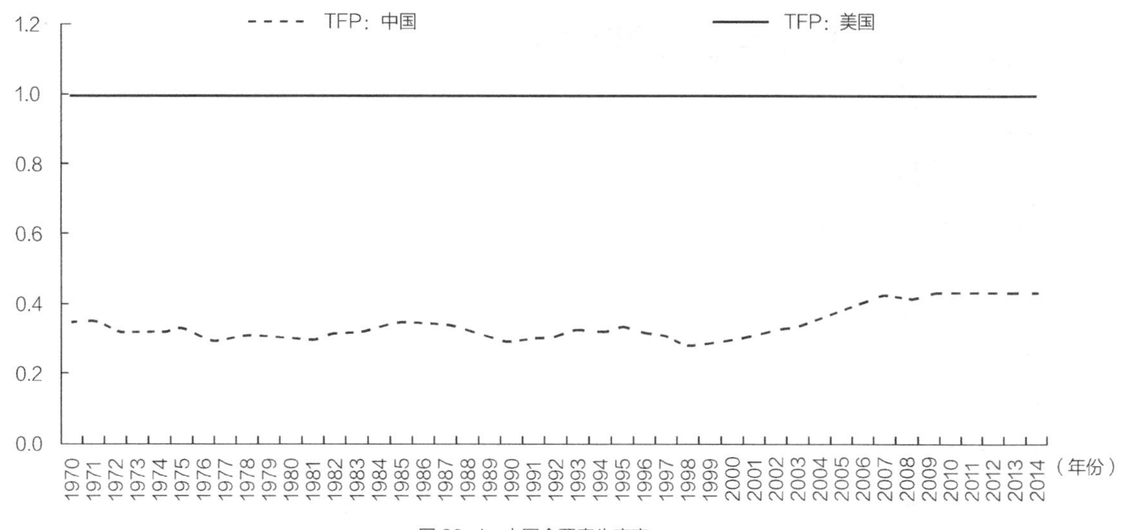

图 20-4　中国全要素生产率

（来源：FRED，恒大研究院：任泽平，罗志恒，华炎雪）

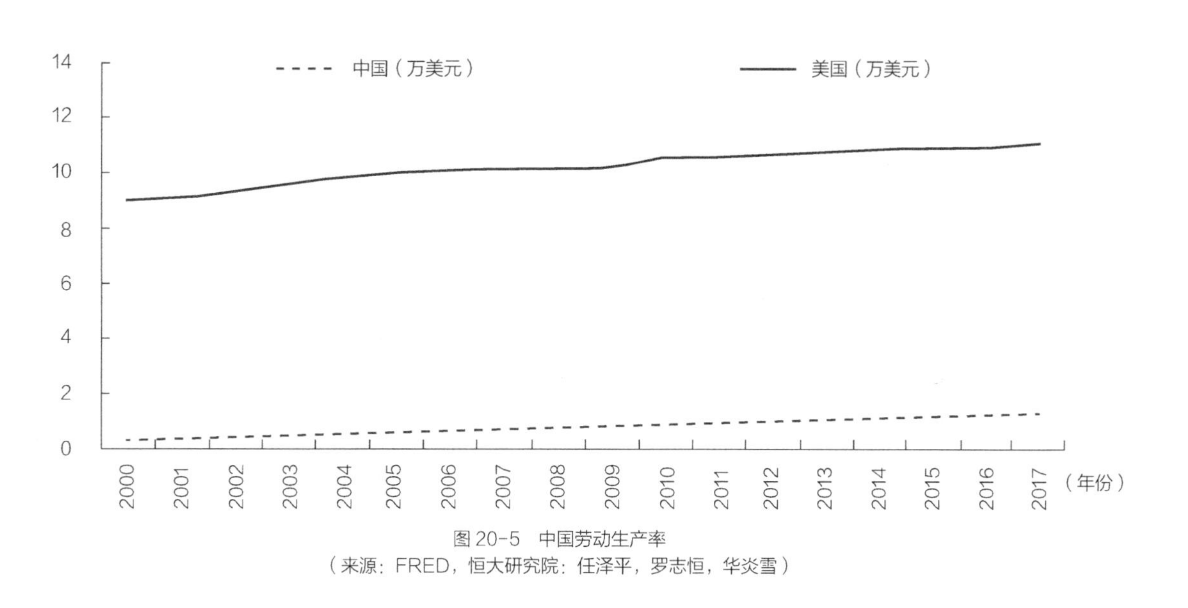

图 20-5　中国劳动生产率

（来源：FRED，恒大研究院：任泽平，罗志恒，华炎雪）

20.2　工程管理核心的压缩与聚焦

20.2.1　工程项目管理的25项内容

结合长期的实践经验和新技术发展现状，归纳出现阶段我国典型建筑企业工程项目管理的25项核心内容，如图20–6所示。

粗略地将25项核心内容分为：第一类，管理战略类要素，包括明确范围、建立目标、组建组织、规划流程、辨析风险；第二类，工程核心要素，2TQ2CIS，即技术、进程、质量、

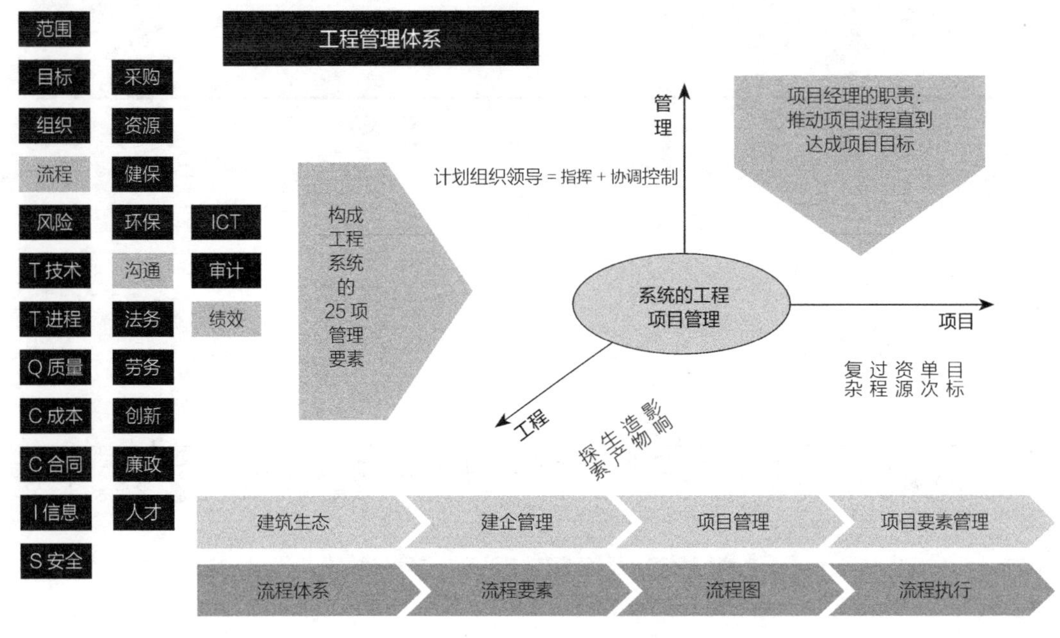

图 20-6　工程项目管理要素体系

合同、成本、信息、安全管理；第三类，保障、服务和发展类。

强调25个要素中的流程和沟通要素，一是因为其在实践中长期未得到重视，二是因为流程作为管理基础和管理实施的最重要沟通手段，是项目管理成功的关键所在。

流程管理是一种以规范化地构造端到端的卓越业务流程为中心，以持续地提高组织业务绩效为目的的系统化方法。在工程项目的实施过程中，推行流程管理，能够有效提高企业项目建设的效率，灵活地采取一些行之有效的技术手段和管理方法，有助于项目流程的优化。例如，项目建设需要完成各个阶段的交付成果，其具体流程为：提出项目建议书→进行可行性研究→根据最优方案编制初步设计→编制施工图设计→开展施工和设备招标→施工准备和施工→生产准备→竣工验收→试运营。

可以看出，上述流程中涉及了实施性工作和管理性工作，显然这两类工作可以采用不同的方式进行管理。流程管理的方法多种多样，在实际中应该灵活应用。沟通管理是企业组织的生命线，是创造和提升企业精神和企业文化，完成企业管理根本目标的主要方式和工具。

上述的流程和沟通两个重要内容，是我们需要重点理解的，通过这两项内容贯穿结合25个要素，对工程项目管理的内容理解将更加深刻。同时我们的管理技能，也会在流程的构建、流程的实施、流程的纠偏和沟通方式、沟通内容、沟通效果上体现。

20.2.2　2TQ2CIS（核心要素）

2TQ2CIS，即工程技术、进程、质量、合同、成本、信息、安全管理，是传统工程教育和培训通常提及的内容，实质上只是常规的主要内容而已，不可以偏概全。

技术管理，用于计划、开发和实现技术能力水平，完成组织战略和运营目标。技术管理强调管理者对所领导的团队的技术分配、技术指向和技术监察。用自己所掌握的技术知识和能力来提高整个团队的效率。

进程管理，是对项目实施过程中总体计划协调与控制的过程，期望达到预期目标。

质量管理，是指确定质量方针、目标和职责，并通过质量体系中的质量策划、控制、保证和改进来使其实现的全部活动。

成本管理，是指企业生产经营过程中各项成本核算、成本分析、成本决策和成本控制等一系列科学管理行为的总称。项目成本管理是在保证满足工程质量、工期等合同要求的前提下，对项目实施过程中所发生的费用，通过计划、组织、控制和协调等活动实现预定的成本目标，并尽可能地降低成本费用的一种科学的管理活动。

合同管理，是当事人双方确定各自权利和义务关系的协议，其依法订立的合同具有法律约束力，一些工程建设中的具体合同关系如图20-7所示。

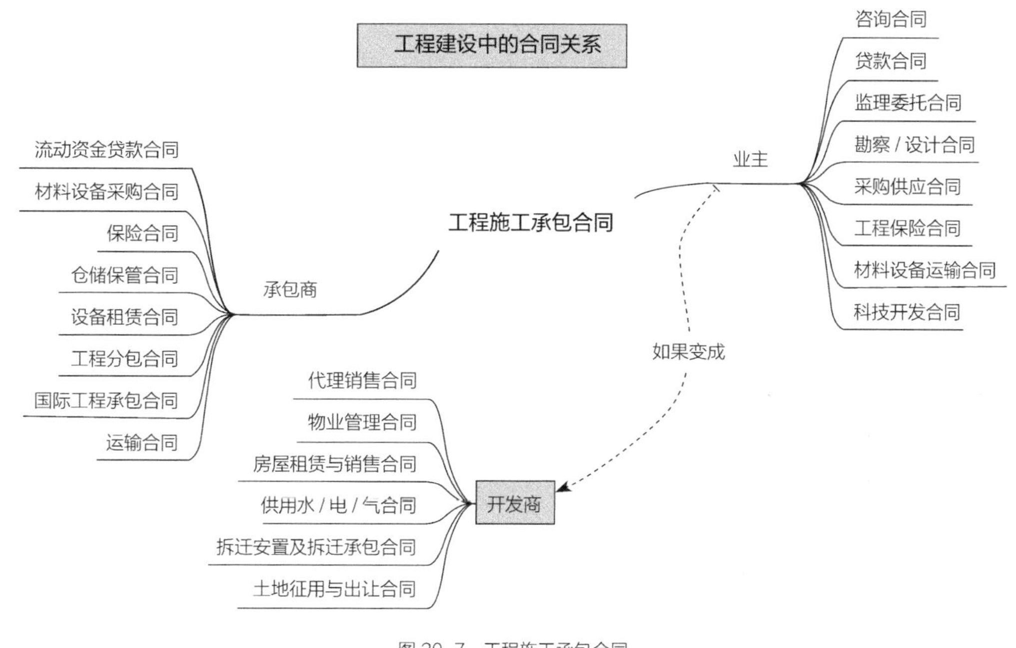

图 20-7　工程施工承包合同

信息管理，是人们为了有效开发和利用信息资源，以现代信息技术为手段，对信息资源进行计划、组织、领导和控制的社会活动。

安全管理，全称是建设工程职业健康安全与环境管理，对象是各类危险源，后果是各类危险的发生。在工程项目中，一定要防止和减少生产安全事故的发生、保护产品生产者的健康与安全、保障人民群众的生命和财产安全。

20.2.3　工程管理要素的压缩与聚焦

系统认知突出重点，是重要的工作方法。系统的项目管理25项内容不可缺少。日常实际运作时突出7项（2TQ2CIS），再聚焦到4项（TQCS），即进度、质量、成本、安全，国际上强调的3项为“TQC”。需要注意，这与管理学历史上的TQC（全面质量控制）不同，这里的T代表进度、时间，Q代表质量，C代表投资、成本。

聚焦并非其他要素不重要，而只是管理偏好的突出重点而已。上述聚焦的示意图如图20-8所示。

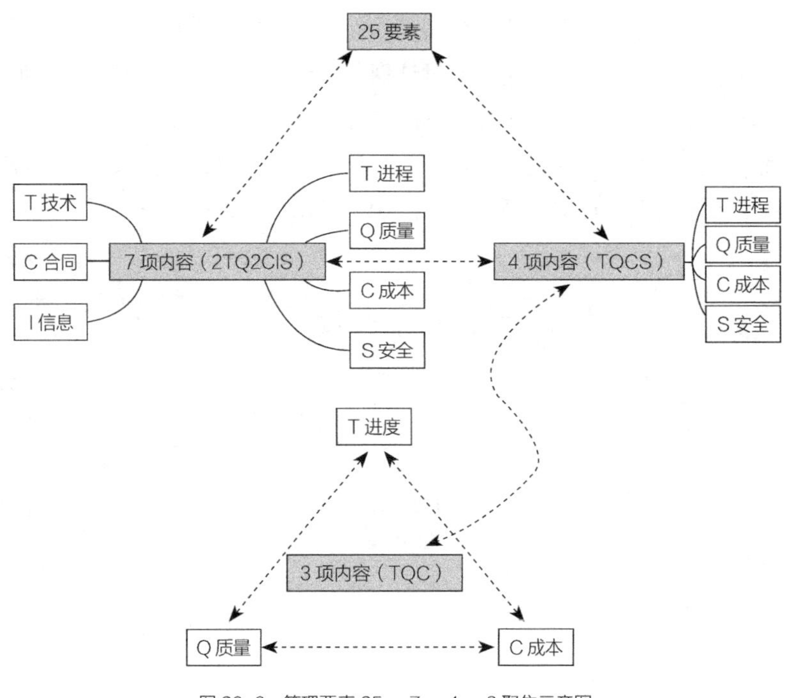

图 20-8　管理要素 25→7→4→3 聚焦示意图

20.3　国际项目管理知识体系

不同发展阶段和竞争形态下的管理研究与实践，各有特点。近代以来，人类社会经历了三次重大科技革命。第一次是以蒸汽机发明使用为标志的机械化革命，第二次是以电力可控使用为标志的电气化革命，第三次是以计算机和互联网为核心技术的信息化革命。我们正迎来第四次科技革命，即基于人工智能、5G和新能源技术的智能化革命。进入新阶段之后，知识管理成为核心内容，工程管理需要迎合这个特点。

20.3.1　PMBOK体系

美国项目管理学会（PMI）提出了PMBOK体系，在这个知识体系中，把项目管理划分为5个过程，10大知识体系，又将“输入→工具技术←输出”详分为47个过程（图20-9）。这一知识体系指南的推出促进了世界项目管理行业的发展，推动和鼓励项目管理知识的传播。其

Project Management Institute
项目管理协会（美国）

PMP	Project Management Professional

《项目管理知识体系指南》（PMBOK）
Project Management Body of Knowledge

5大过程	10大知识体系	50个过程（输入→工具技术←输出）			
项目启动过程	1项目整合管理	制定项目章程	规划进度管理	规划资源管理	规划风险应对
项目规划过程	2项目范围管理	制定项目管理计划	定义活动	估算活动资源	实施风险应对
项目执行过程	3项目进度管理	指导与管理项目工作	排列活动顺序	获取资源	监督风险
项目监控过程	4项目成本管理	管理项目知识	估算活动持续时间	建设团队	规划采购管理
项目收尾过程	5项目质量管理	监控项目工作	制定进度计划	管理团队	实施采购
	6项目资源管理	实施整体变更控制	控制进度	控制资源	控制采购
	7项目沟通管理	结束项目或阶段	规划成本管理	规划沟通管理	识别相关方
	8项目风险管理	规划范围管理	估算成本	管理沟通	规划相关方参与
	9项目采购管理	收集需求	制定预算	监督沟通	管理相关方参与
	10项目相关方管理	定义范围	控制成本	规划风险管理	监督相关方参与
		创建WBS	规划质量管理	识别风险	第六版
		确认范围	管理质量	实施定性风险分析	
		控制范围	控制质量	实施定量风险分析	

图 20-9　管理视角看 PMBOK 体系

中以项目的时间、费用和质量管理作为关键部分，认为项目管理的基础是平衡时间、质量与费用的关系，如图20-10所示。

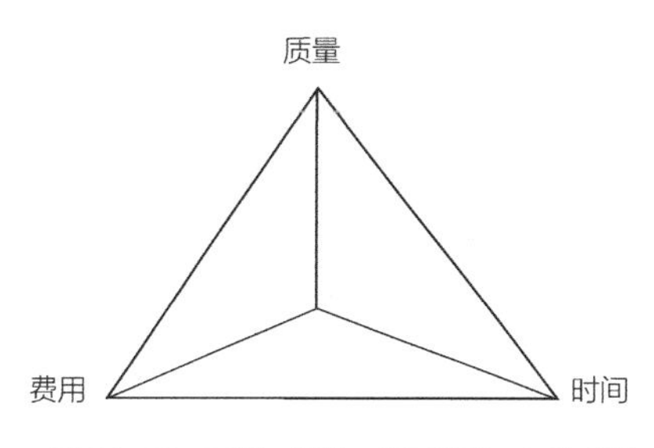

图 20-10　时间、质量、费用的铁三角关系图

20.3.2　APMBOK体系

英国项目管理协会（APM）提出了欧洲版项目管理知识体系，也就是APMBOK体系。APMBOK体系的内容归为七个类别[①]：概述及简介、战略因素（含其基本目标）、控制、技术因素、商业因素、组织因素和人员，每一类别包含数个因素。APMBOK体系的框架结构

① 徐绪松，曹平. 项目管理知识体系的比较分析［J］. 南开管理评论，2004（4）：84.

如表20-2所示。

APMBOK第四版（2000年版）的框架结构　　表20-2

战略	控制	技术	商业	组织结构	人员管理
项目成功标准 战略/项目管理 计划 价值管理 风险管理 质量管理 健康、安全与环境	工作内容和范围管理 时间安排/阶段划分 资源管理 预算和成本管理 变更控制 挣值管理 信息管理	设计、执行和移交管理 需求管理 估算 技术管理 价值工程 建模与测试 配置管理	商业案例 市场与销售 资金管理 采购 法律意识	生命周期设计与管理 机会研究 研发和开发执行 交工 项目（后）评估总结 组织结构 组织角色	有效沟通 团队管理 领导力 冲突协调 谈判 人力资源管理

20.3.3 ICB体系

国际项目管理协会（IPMA）提出了ICB体系，其中包含知识与经验部分的28个核心要素和14个附加要素的简要介绍。28个核心要素为项目和项目管理、项目管理的实施、按项目进行管理等；14个附加要素为项目信息管理、标准和规则、问题解决等，如图20-11所示。

国际、国内项目管理知识体系有相似也有不同，例如国际知识体系缺少安全管理，却自始至终强调沟通管理。这还需要进一步的思考。相信经过对工程管理内容图谱与核心内容的思考，我们对工程项目管理的理解会更加深刻。

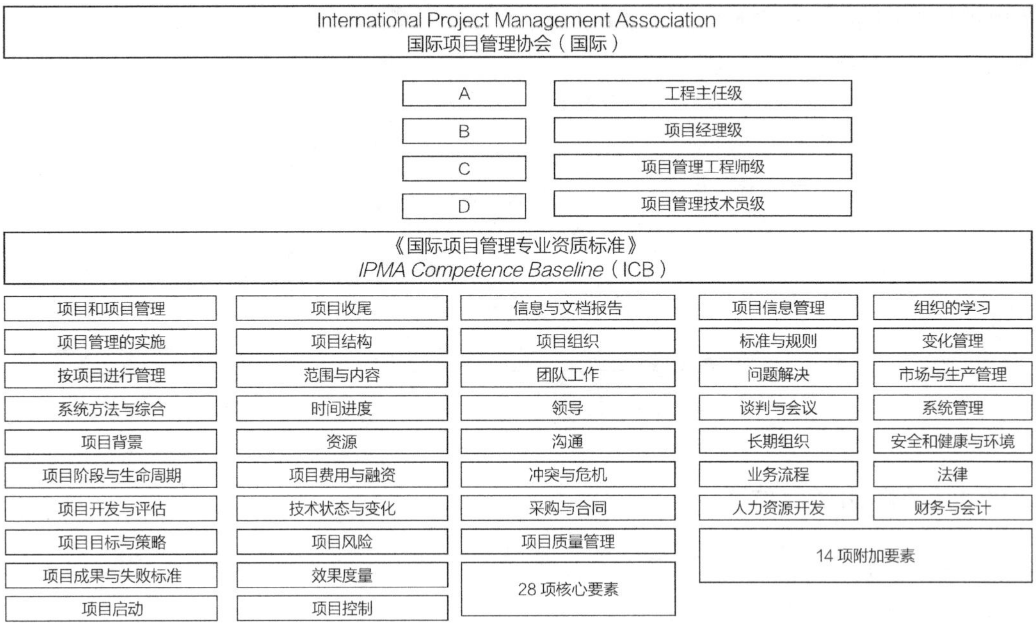

International Project Management Association
国际项目管理协会（国际）

A　工程主任级
B　项目经理级
C　项目管理工程师级
D　项目管理技术员级

《国际项目管理专业资质标准》
IPMA Competence Baseline（ICB）

项目和项目管理
项目管理的实施
按项目进行管理
系统方法与综合
项目背景
项目阶段与生命周期
项目开发与评估
项目目标与策略
项目成果与失败标准
项目启动
项目收尾
项目结构
范围与内容
时间进度
资源
项目费用与融资
技术状态与变化
项目风险
效果度量
项目控制
信息与文档报告
项目组织
团队工作
领导
沟通
冲突与危机
采购与合同
项目质量管理
28 项核心要素

项目信息管理
标准与规则
问题解决
谈判与会议
长期组织
业务流程
人力资源开发
组织的学习
变化管理
市场与生产管理
系统管理
安全和健康与环境
法律
财务与会计
14 项附加要素

图 20-11　管理视角看 ICB 体系

20.4 工程管理模式

以工程建设项目管理模式为基本，简要介绍工程管理模式。

20.4.1 CM管理模式

CM（Construction Management Approach）模式又称“边设计、边施工”方式。采用CM模式可以将工程的详细设计（简称“详设”）工作和招标工作与工程施工搭接起来并行开展。其特点是由业主和业主委托的工程项目经理与工程师组成一个联合小组共同负责组织和管理工程的规划、设计和施工。完成一部分分项（单项）工程设计后，即对该部分进行招标，发包给一家承包商，无总承包商，由业主直接按每个单项工程与承包商分别签订承包合同。其基本思想是业主委托一个单位来负责与设计方协调，并管理施工，通过设计与施工的充分搭接，在生产组织方式上实现有条件的“边设计、边施工”，从而缩短项目的建设周期。

20.4.2 EPC管理模式

EPC（Engineering Procurement Construction）是指一个总承包企业受业主委托，按照合同规定对整个工程项目的设计、采购、施工、工程的试运行等全过程、全方位的总承包。

EPC工程总承包模式是为了满足业主要求，承包商提供“一揽子服务”需要而产生的。这种模式中各方关系如图20-12所示。

在实际运用过程中，可从各种角度对EPC总承包模式进行分类。从总承包商选取分包商的角度，可分为 EPC（Max s/c）和 EPC（Self-Perform Construction）。EPC（Max s/c）是 EPC总承包商最大限度地选择分包商来协助完成工程项目，通常采用分包的形式将施工分包给分包商（图20-13）。EPC（Self-Perform Construction）是EPC总承包商只选择分承包商完成少量工作，而自己要承担工程的设计、采购和施工任务（图20-14）。

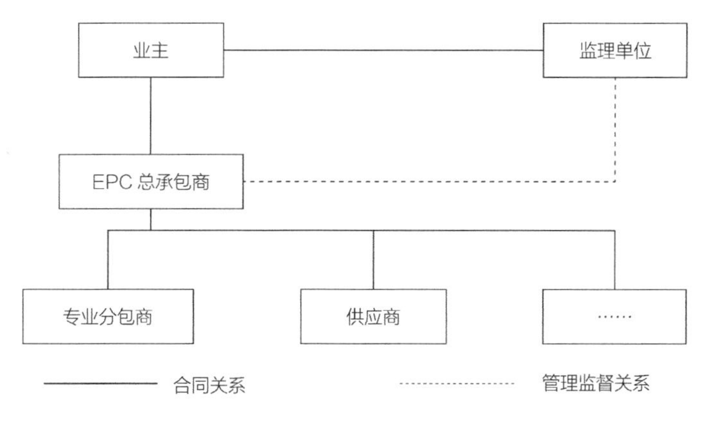

图 20-12　EPC 工程总承包模式各方关系示意图

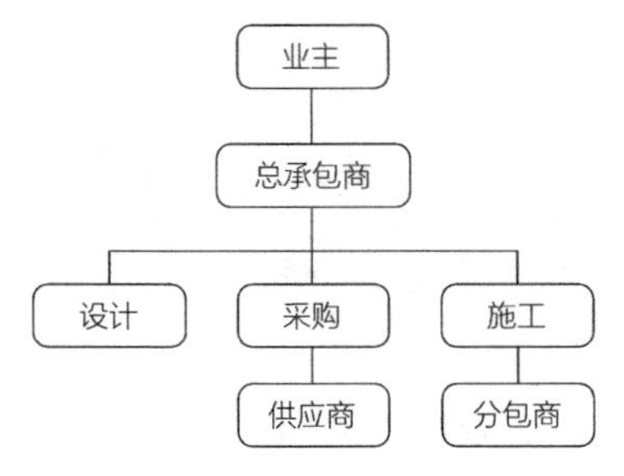

图 20-13　EPC（Max s/c）合同结构

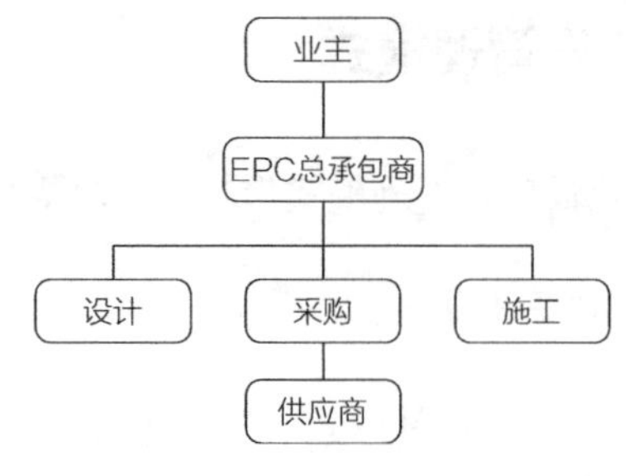

图 20-14　EPC（Self-Perform Construction）合同结构

20.4.3　BOT管理模式

BOT即建造—运营—移交（Build-Operate-Transfer）模式。其是指财团或投资人为项目的发起人，从一个国家的某级政府获得某项目基础设施的建设特许权，然后由其独立式地联合其他方组建项目公司，负责项目的融资、设计、建造和经营。在整个特许期内，项目公司通过项目的经营获得利润，并用此利润偿还债务。在特许期满之时，整个项目由项目公司无偿或以极少的名义价格移交给东道国政府。

BOOT、BOO、DBOT、BTO、TOT、BRT、BLT、BT、ROO、MOT、BOOST、BOD、DBOM和FBOOT等均是标准BOT操作的不同演变方式，但其基本特点是一致的，即项目公司必须得到政府有关部门授予的特许权。该模式主要用于机场、隧道、发电厂、港口、收费公路、电信、供水和污水处理等一些投资较大、建设周期长和可以运营获利的基础设施项目。

随着国际金融工具的不断创新，跨国投资形式的多样化，针对BOT投资方式所带来的缺陷，近年来，国际上又出现了两种类似BOT模式的投资方式，它们是：①高级交钥匙方式。此方式介于交钥匙工程承包方式和BOT投资方式之间，其实施过程与交钥匙工程方法基本类似，BOT投资方式的资金筹集是完全由承包商自行解决的，而高级交钥匙工程在资金筹集上采取的是由业主和承包商分担的方法，这种方式使政府在项目建设过程中拥有一定的主动权，因此操作更灵活、更有效。②ABS方式（Asset-Backed-Securitization），即以资产支持的证券化。其是指以目标项目所拥有的资产为基础，以该项目资产的未来预期收益为保证，通过在国际资本市场发行高档债券来筹集资金的一种项目证券融资方式。购买证券方为投资者，发行证券方为筹资者。

20.4.4　PPP管理模式

PPP（Public Private Partnerships）模式是公共部门和私人部门的一种风险合作，其是根据双方各自拥有的特长，通过资源、风险和收益的适当分配来最大限度地满足公共工程的需要。

PPP模式是一个完整的项目融资概念，但并不是对项目融资的彻底更改，而是对项目生命周期中的组织机构设置提出了一个新的模型。其是政府、营利性企业和非营利性企业基于某个项目而形成的以“双赢”或“多赢”为理念的相互合作形式，参与各方可以达到与预期单独行动相比更为有利的结果，参与各方虽然没有达到自身理想的最大利益，但总收益却是最大的，实现了“帕雷托效应”，即社会效益最大化，这显然更符合公共基础设施建设的宗旨。

从我国实践来看，PPP模式不仅仅是一个新融资模式，还是管理模式和社会治理机制的创新。如果掌握得当，PPP模式有望成为解决我国城镇化、老龄化等问题的重要机制，并通过以股份制为主的形式与我国大力推进的混合所有制改革创新形成天然的机制性内洽与联通。当然，PPP模式作为制度供给的创新，其顺利运行和长久发展，特别需要强调现代文明演进中法治建设和契约精神建设的相辅相成。

20.4.5 工程管理模式比较

以上各个不同的工程管理模式是随着管理理论的不断发展而发展的，其优缺点对比如表20-3所示。

不同工程管理模式的优缺点对比表 表20-3

工程管理模式	优点	缺点
CM	①项目进度控制方面，采用分散发包，集中管理，有利于缩短建设周期 ②CM单位加强与设计方的协调，可以减少因修改设计而造成的工期延误 ③在质量控制方面，设计与施工的结合和相互协调，在项目上采用新工艺、新方法时，有利于工程施工质量的提高 ④分包商的选择由业主和承包人共同决定，因而更为明智	①对CM经理以及其所在单位的资质和信誉的要求都比较高 ②分项招标导致承包费可能较高 ③CM模式一般采用“成本加酬金”合同，对合同范本要求比较高
EPC	①业主把工程的设计、采购、施工和开工服务工作全部托付给工程总承包商负责组织实施，总承包商更能发挥主观能动性，能运用其先进的管理经验为业主和承包商自身创造更多的效益，提高工作效率 ②设计变更少，工期较短 ③由于采用的是总价合同，基本上不用再支付索赔及追加项目费用；项目的最终价格和要求的工期具有更大程度的确定性	①业主不能对工程进行全程控制 ②总承包商对整个项目的成本、工期和质量负责，加大了总承包商的风险 ③由于采用的是总价合同，承包商获得业主变更及追加费用的弹性很小
BOT	①可以减少政府主权借债和还本付息的责任 ②可以将公营机构的风险转移到私营承包商，避免公营机构承担项目的全部风险 ③可以吸引国外投资，以支持国内基础设施的建设，解决了发展中国家缺乏建设资金的问题 ④BOT项目通常都由外国的公司来承包，这会给项目所在国带来先进的技术和管理经验，既给本国的承包商带来较多的发展机会，也促进了国际经济的融合	①在特许权期限内，政府将失去对项目所有权和经营权的控制 ②参与方多，结构复杂，项目前期准备时间过长且融资成本高 ③可能导致大量的税收流失 ④可能造成设施的掠夺性经营 ⑤在项目完成后，会有大量的外汇流出 ⑥风险分摊不对称等。政府虽然转移了建设、融资等风险，却承担了更多的其他责任与风险，如利率、汇率风险等
PPP	①公共部门和私营企业在初始阶段就共同参与论证，有利于尽早确定项目融资可行性，缩短前期工作周期，节省政府投资 ②可以在项目初期实现风险分配，同时由于政府分担一部分风险，使风险分配更合理，减少了承建商与投资商风险，从而降低了融资难度 ③参与项目融资的私营企业在项目前期就参与进来，有利于私营企业一开始就引入先进技术和管理经验	①对于政府来说，如何确定合作公司给政府增加了难度，而且在合作中要负有一定的责任，增加了政府的风险负担 ②组织形式比较复杂，增加了管理上协调的难度 ③如何设定项目的回报率可能成为一个颇有争议的问题

续表

工程管理模式	优点	缺点
PPP	④公共部门和私营企业共同参与建设和运营，双方可以形成互利的长期目标，更好地为社会和公众提供服务 ⑤使项目参与各方整合组成战略联盟，对协调各方不同的利益目标起关键作用 ⑥政府拥有一定的控制权	

20.5 管理技术与工具

管理的对象琳琅满目，管理的内容包罗万象，管理技术与工具自然也是千差万别、丰富多彩。当代管理学是多学科渗透、交叉、综合才得以形成发展的，因此，技术手段也是渗透交叉的，有效的管理工具极多，例如目标管理、全面质量管理、流程管理、价值工程、ABC分类控制法、网络计划技术、线性规划、投入产出法、看板管理、量本利分析、绩效评价、平衡计分卡等。

管理技术从产生到现在，经历了传统管理阶段、科学管理阶段、现代管理阶段，从经验管理到操作效率管理再到系统管理。管理技术逐步形成以科学管理论为基础，综合运用运筹学、系统工程学和信息技术等手段实施管理的工具。本节着重选取ISO、JIT等现代重要管理技术进行研究分析。

20.5.1 ISO标准化

ISO即国际标准化组织（International Organization for Standardization）的简称，也是国际标准化管理的重要管理技术。

1947年2月23日，国际标准化组织正式成立。截至目前，ISO总共颁布通用、基础和科学标准，卫生、安全和环境标准，材料技术标准，电子、信息技术和电信标准，建筑标准，农业和食品技术标准，工程技术标准，货物的运输和分配标准，特种技术标准九大类共计21580项国际标准（图20-15）。

随着全球化的发展，ISO标准，特别是ISO9000系列标准已经成为企业等组织加强科学管理、提高自身竞争实力的重要战略措施，同时也是企业对产品质量评估、合格质量管控的重要基础。正是ISO标准的重要性和通用性，ISO标准体系已经成为众多国家的第三方质量体系认证基础。许多国家，例如中国，将ISO的相关标准纳入本国的标准体系，这为大范围的国际交流提供了良好的、通用的质量语言。

20.5.2 准时生产

准时生产（Just In Time），简称“JIT系统”。1953年，由日本丰田公司总裁大野耐一提出，JIT是20世纪最重要的生产方式之一。JIT本质是确保物质流与信息流在实际生产中的步

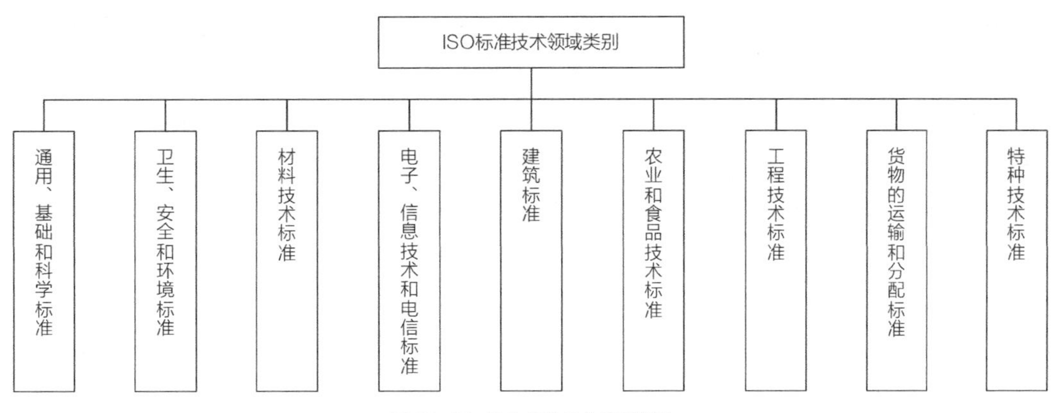

图 20-15　ISO 标准技术领域类别

调一致性，实现恰当的生产资源在准确的时间节点通过标准的生产方式产生合格的产品。

JIT是一种以准时生产为目标，相关要素能够及时按需供给，并且能够减少不必要浪费的资源管理理论方法。随着日本企业的应用成功，在全世界范围内掀起了学习应用JIT的浪潮，JIT理论和其代表的看板管理方法广泛运用在各行各业，如农产品物流、库存管理、建筑原材料管理，并在海尔集团取得了相应的成果。

20.5.3　全面质量管理TQM

质量管理工作作为专项管理活动，兴起于19世纪末的工业生产领域。20世纪50年代末，美国通用电气公司的阿曼德·费根堡姆和质量管理专家约瑟夫·M. 朱兰提出了“全面质量管理”概念。20世纪60～70年代，日本在美国质量管理专家威廉·爱德华兹·戴明的统计质量管理理论的基础上，经过实际应用发展出全面质量控制（TQC）。TQC在传到欧美各国得到进一步发展和完善后，在20世纪80年代后期风靡全球，并在20世纪90年代初演变为全面质量管理（TQM）。

全面质量管理（Total Quality Management，TQM）的基本思想与方法可以简单概括为：一过程，四阶段，八步骤和数理统计方法。其主要内容包括：企业管理过程;PDCA循环（图20-16）；PDCA循环四阶段的八个步骤（分析现状，查找质量问题；分析质量影响因素；确定主要影响因素；提出计划措施；执行落实计划；检查计划实施；总结经验，标准化成果；遗留问题进入下一循环）；直方图、排列图、相关图、分层法、因果图、分层法、控制图和统计分析表等数理统计方法。

对于TQM的形成，有三个重要因素：威廉·爱德华兹·戴明的PDCA循环、约瑟夫·M. 朱兰的质量螺旋和ISO9000族标准。PDCA循环为TQM提供了全面质量管理的路径，将管理要素确定为重点进行不断优化；质量螺旋认为质量生产是一个螺旋上升的过程，并将生产过程要素作为螺旋重点；ISO9000族标准为全面质量管理的基础制度建立提供标准的全面权威支撑，为全面质量管理提供依据支撑。同时，

图 20-16　PDCA 环形图

ISO9000族标准认为“质量”是一种固有特性满足要求的程度，“要求”定义为顾客和其他相关方明示的、习惯上是隐含的或必须履行的需求和期望。

ISO9000族标准将TQM的质量目标提升到满足顾客需求的程度。顾客才是质量高低的最终评判者，只有顾客才能为全面质量管理提供最终的诊断。确定顾客是全面质量管理的中心，满足顾客要求、使顾客满意是质量的根本标准。

20.5.4　六西格玛管理

六西格玛受到了阿曼德·费根堡姆、约瑟夫·M.朱兰、威廉·爱德华兹·戴明、菲利浦·克劳士比等多位质量管理专家的管理思想的影响，在此基础上形成的一种可提供系统地发现、分析、解决问题的流程和方法。其起源于1986年美国摩托罗拉公司，发展于20世纪90年代美国通用电气公司，随后开始为全世界所关注。六西格玛方法与TQM、精益生产等管理方法之间既有区别又有联系，其与其他现代管理的模式和理念是兼容并蓄的。

六西格玛的创新之处在于：一是从管理模式上，六西格玛将战略管理和战略执行力有效结合，通过高层领导的参与（自上而下地推进）和一套六西格玛的推进基础架构实现战略实施、流程优化、持续改进、组织学习与知识管理、供应链管理等多方面的效果；二是从方法本身来讲，将已有的管理思想、方法和工具有效集成并提供了可操作性的技术路线，本身就属于集成创新。

在产品和过程设计方面，六西格玛综合了并行质量工程、稳健性设计技术、现代设计方法学等，总结出了面向六西格玛设计的流程，目前常用的流程包括DMDOV（Define，Measure，Design，Optimize，Verify；界定、测量、设计、优化、验证）和IDDOV（Identify，Define，Develop，Optimize，Verify；识别、界定、研发、优化、验证）等模式，在流程的每个阶段，都给出了具体的、可操作的支撑工具和技术路线。在现有流程改进方面，一般采用DMAIC流程（Define，Measure，Analyze，Improve，Control；界定、测量、分析、改进、控制）保持持续改进。从顾客的角度观察分析问题，通过改进产品、优化流程，消除生产流程中的各种变异，从而提高产品产量与质量，同时也使生产过程中的不合格品、生产费用大大减少，在满足顾客需求的同时，提高企业的市场竞争力和盈利能力。

西格玛表示波动的大小，而波动的大小将决定西格玛的水平，不断改进的过程也就是不断提高西格玛水平的过程。主要目的是为运用近乎完美的流程为顾客供给近乎完美的价值，最大限度满足顾客需求，使企业效益增加。六西格玛管理实际上是一种从消除缺陷角度出发，同时减少流程波动的方法。

六西格玛管理往往是对具体的局部环节项目进行改善，缺乏整体系统性的优化能力，而精益生产的优势之一则是对整体流程的系统性改善，其可以为六西格玛的项目管理提供框架。

20.5.5　精益生产

精益生产（LP），又名精益制造，是由美国麻省理工学院在“国际汽车计划”研究项目中提出。因研究调查对象是日本丰田汽车公司，因此也称为丰田生产方式。

精益生产方式是彻底地追求生产的合理性、高效性，能够灵活地生产适应各种需求的高质量产品的生产技术和管理技术，其基本原理和诸多方法，对制造业具有积极的意义。精益生产的核心，即关于生产计划和控制以及库存管理的基本思想，对丰富和发展现代生产管理理论也具有重要的作用。其特点为拉动式准时化生产、全面质量管理、团队工作法以及并行工程等；以追求零库存、快速应对市场变化、企业内外环境的和谐统一、人本位主义、库存是“祸根”为核心进行管理，以最大程度上减少浪费。

20.5.6 因果分析图

因果分析图是日本质量管理专家石川清最早提出的，用于整理和分析影响产品质量的各种因素之间关系的一种工具，其是通过带箭头的线，将质量问题与原因之间的关系表示出来。

因果分析图可使人们对质量问题影响因素的数量及其影响关系一目了然。但是，因果分析图对于质量问题影响关系的描述只限于定性分析，人们很难从图中看出影响因素的相对重要程度，这是其存在的一大缺陷①。

结合工程施工及运行情况，利用因果分析图法来分析整理施工质量问题与产生原因之间的关系，从人、材料、机械、环境、方法等几个方面把主要因素罗列出来，并从这几方面采取措施，提高和控制工程质量，以实现工程质量合格这一“果”，即通过控制“因”以实现合格的“果”，从而实现事前控制和主动控制②。

因果分析图法，是从事物变化的因果关系质的规定性出发，用统计方法寻求市场变量之间依存关系的数量变化函数表达式的一类预测方法。

20.5.7 智能化管理

工程演化进程伴随技术和管理模式的变革。“以关键技术为基础，以系统集成为目标，以集成设计为方法”③作为变革工业化建筑设计系统工程的方法论，已经出现了诸多成功的案例。

智能建造是一个总称，标志着设计标准化、建造自动化、管理信息化的新阶段。智慧工地则侧重现场实施过程的管理现代化：信息化、数字化、智能化技术的应用，带来工程管理的高效、安全、可靠。

---

① 王兴元．一种用于质量管理的新工具——重要度因果分析图［J］．系统工程理论与实践，1993（2）：75-79.

② 成利霞，赵亚彬，聂李平．因果分析图法在PE燃气管道施工质量控制中的应用［C］//中国土木工程学会．中国燃气运营与安全研讨会（第十届）暨中国土木工程学会燃气分会2019年学术年会论文集（中册）．天津：燃气与热力杂志社，2019：278-284.

③ 樊则森．走向性营造——工业化建筑系统设计理论及方法［M］．北京：中国建筑工业出版社，2021.

普遍的认识是工程管理，还没有达到“智慧”的阶段，切合实际的现状是寻求智能管理。

不过，凡事总是有个过程，也允许一个发展阶段，智慧程度也是因企业、项目和人而异的。以建筑工程施工现场（工地）为例，目前可以采用的智能技术已经有不少，如表20-4所示。

智慧工地硬件清单　　表20-4

种类	硬件设备			
安全施工	视频监控	智能AR全景	蜂鸟盒子	塔式起重机监测
	吊钩盲区可视化	培训宝	卸料平台监测	塔式起重机激光定位系统
	高支模监测	基坑监测	外墙脚手架监测	钢结构安全监测
	施工临电箱监测	智能烟感	库房监测	螺栓松动监测
	吊篮监测	体验式安全教育馆	工程管控沙盘	VR体验式安全教育馆
	龙门吊安全监控管理系统	架桥机安全监控管理系统	履带机安全监控管理系统	盾构机远程监测系统
	隧道有害气体监测	隧道安全步距监测	隧道应急对讲系统	周界防护
	钢丝绳损伤监测	施工升降电梯监测	智能临边防护网监测	便携式临边防护
	高边坡监测系统			
质量监测	大体积混凝土测温	智能数字压实监测	隧道围岩数字量测	试验机远程监控系统
	标养室监测	桩基数字化监测	智能压浆监测系统	拌合站远程监控系统
	公路智能摊铺监测	强夯数字化监测	智能张拉监测系统	激光测距仪
	钢筋检测仪	楼板测厚仪	智能靠尺	电子卷尺
	回弹仪			
绿色施工	环境监测	塔式起重机喷淋	智能水表	车辆进出场管理
	自动喷淋控制系统	围挡喷淋	智能电表	车辆未清洗监测
	夜间施工检测	污水检测		
指挥调度管理	视频会议系统	智能广播	人脸识别设备	分布式无人机平台
	监控大屏	WIFI教育	智能安全帽	施工巡更系统
	5G+AR眼睛巡检交互系统	速登宝	智慧物料验收系统	单兵身体机能检测
	巡检锁系统	工程车辆智慧管理		
工业化管理	四足机器人	BIM放样机器人	点云采集服务	码垛工作站
	三维激光扫描机器人	倾斜摄影服务	远程遥控及自动驾驶挖掘机	氩弧焊接工作站
	自适应螺栓锁附工作站	喷涂工作站		

续表

种类	硬件设备			
综合智慧设备	5G健康亭	MR头盔	滑轨屏	720°全景
	全息投影	迎宾机器人	实体沙盘	VR大屏
	全息沙盘	虚拟质量样板	四联屏	32寸卧式触控一体机
	AR智慧桌面	55寸视频播放一体机	异形屏	VR播放一体机
	BIM模型交底展示抖模二维码	领导寄语台	中控系统	

注：本表根据《2021 广联达智能硬件手册》整理。

20.5.8 流程牵引与精准管控

工程管理是动态的过程管理，针对全过程、全主体、全要素、全对象，缺一不可。流程牵引和精准管控理论与方法是在实践中总结与发展起来的。

①流程牵引理论与方法[①]

实现目标是管理的根本宗旨，流程牵引理论在于构建行动体系以确保目标的实现。该理论包括五个“一”：一个流程管理理念；一个流程牵引理论；一个流程管理模型；一个流程图形表达；一些实践案例。并由此构成理论、方法和应用的实用体系。

②精准管控理论与方法[②]

达成效率是管理的本质追求，精准管控理论在于推行精准思想以确保效率的提升。该理论包括五个“一”：一个精准管控理念；一个精准管控理论；一个精准管理模型；一个虚实数字表达；一些实践案例。并由此构成理论、方法和应用的实用体系。

---

① 卢锡雷. 流程牵引目标实现的理论与方法：探究管理的底层技术［M］. 北京：中国建筑工业出版社，2020.

② 卢锡雷. 精准管控效率达成的理论与方法：探索管理的升级技术［M］. 北京：中国建筑工业出版社，2022.

第 21 章
论工程主体

本章逻辑图

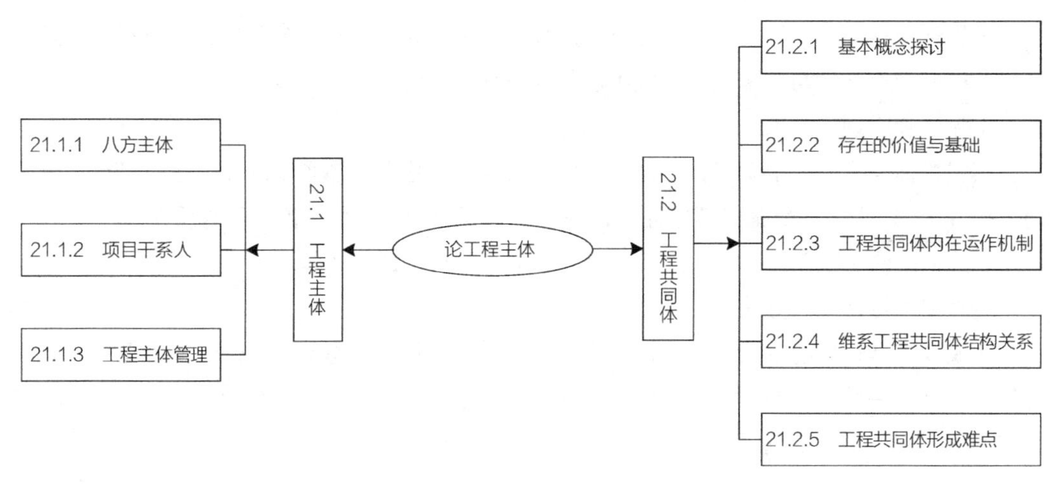

图 21-1 第 21 章逻辑图

工程作为人类有意识、有目的地利用科学技术知识、自然资源、社会资源，能动地创造社会存在物以满足人类需要的活动及其结果，工程主体即人类自身而不是人类之外的主体。因此，作为工程主体的人，并不是指全人类，而是指与某一工程相关的一部分人[①]。

全面翔实地论述工程主体异常困难，工程具有的关联性，与“人、事、物”无一遗漏，时间与空间维度无不包含，过程结果均在其中。工程主体同时还是承担创新的主体，要形成工程共同体还存在互相动态地取得信任，进行利益博弈和价值选择的过程。

① 王常柱，李润珍，武杰. 工程与工程主体性［J］. 工程研究-跨学科视野中的工程，2011，3（1）：50-58.

21.1 工程主体

21.1.1 八方主体

在工程系统中，工程主体是最主要的存在，工程主体决定着工程的走向以及工程质量的好坏。工程主体是指在工程中具有内在价值和权利，自主、自足、自为的存在者。这种存在者应有如下界定：具有德商、智商、心商、情商、意商素养，拥有工程位置权力，从事现实的工程活动，整合和营造人工物，以获取工程效能的人①。

工程的核心是人，投资、建设、设计、施工、使用的都是人，以法人方式和自然人构成工程的主体。主体之间的关系，是一个非常值得认真讨论的课题。

按照职能中承担的角色不同，将工程主体归纳为八方，分别为政府方、投资方、建设方、勘察方、建造方、监理方、监督方、检测方。实际上，设备、材料、知识服务等供应方，也十分重要，限于篇幅，暂不讨论。

①政府方在项目推进过程中既可能是出资方也可能是项目审批方，同时还具有监管作用，保证投资方向符合国家产业政策的要求，保证工程项目符合国家经济社会发展规划和环境与生态等要求，引导投资规模达到合理的经济规模。对于大型工程，政府方是资产拥有者及运营维护者。

②投资方是指在工程建设项目中对投资方向、投资数额有决策权，有足够的投资资金来源，对其投资所形成的资产享有所有权和支配权，并能自主地或委托他人进行经营的主体。在我国，主要的投资方有：中央政府、地方政府、企业、个人、外国投资主体。不同的投资主体各有特点，可以是独立的，也可以是互相合作的，构成了多元化、多层次的投资体系。

③建设方是工程项目建设的组织者和实施者，负有建设中征地、移民、补偿、协调各方关系，合理组织各类建设资源，实现建设目标等职责，就项目建设向国家、项目主管部门负责。其主要职责是按项目建设的规模、标准及工期要求，实行项目建设全过程的宏观控制与管理。负责办理工程开工有关手续，组织工程勘测设计、招标投标、开展施工过程的节点控制、组织工程交工验收等，协调参建各方关系，解决工程建设中的有关问题，为工程施工建设创造良好的外部环境。建设方与设计、施工及监理方均为委托合同关系。

④勘察方的主要职责是受建设方的委托，负责工程初步设计和施工图设计，向建设单位提供设计文件、图纸和其他资料，派驻设计代表参与工程项目的建设，进行设计交底和图纸会审，及时签发工程变更通知单，做好设计服务，参与工程验收等。勘察设计方与施工方和监理方等均是一种工作关系。

⑤建造方是工程的具体组织实施者。其主要职责是通过投标获得施工任务，依据国家和行业规范、规定、设计文件和施工合同，编制施工方案，组织相应的管理、技术、施工人

① 颜玲．工程哲学体系的建构［D］．南昌：南昌大学，2005.

员及施工机械进行施工，按合同规定工期、质量要求完成施工内容。施工过程中，负责工程进度、质量、安全的自控工作，工程完工经验收合格，向建设方移交工程及全套施工资料。监理方与施工方是监理与被监理的关系。

⑥监理方受建设方的委托，依据国家有关工程建设的法律、法规、批准的项目建设文件、施工合同及监理合同，对工程建设实行现场管理。其主要职责是进行工程建设合同管理，按照合同控制工程建设的投资、工期、质量和安全，协调参建各方的内部工作关系。一般情况下，监理方与建设方是一种委托合同关系，监理方应是建设方在现场施工唯一的管理者。

⑦监督方是由政府行政部门授权，代表政府对工程质量、安全等实行强制性监督的专职机构。其主要职责是复核监理、设计、施工及有关产品制造方的资质，监督参建各方质量、安全体系的建立和运行情况，监督设计方的现场服务，认定工程项目划分，监督检查技术规程、规范和标准的执行情况及施工、监理、建设方对工程质量的检验和评定情况。对工程质量等级进行核定，编制工程质量评定报告，并向验收委员会提出工程质量等级建议。监督方与监理方都属于工程建设领域的监督管理活动，两者之间的关系是监督与被监督的关系。监督是政府行为，建设监理是社会行为。两者的性质、职责、权限、方式和内容有原则性的区别。

⑧检测方应当依托市建设行政管理部门建立的全市统一的建设工程检测信息管理系统，对按照法律、法规和强制性标准规定应当检测的建设工程本体、结构性材料、功能性材料和新型建设工程材料实施检测，并按照检测信息管理系统设定的控制方法操作检测设备，不得人为干预检测过程。

这里的工程主体可能是个人也可能是组织，而大多是组织。这个主体是由工程决策者、工程执行者、工程监控者及工程咨询者组成，包括总指挥、总经理、总工程师、总设计师、总会计师、工人、技师等。工程主体是工程活动的主导者、规划者、操作者和创新者。

工程主体是人构成的，是社会活动的产物。工程体现着工程主体的价值观念及取向。工程主体的预期目标会引导工程向一个特定的方向转变。工程主体对工程进行营造，改变工程存在，创造工程成果，必须使用自身的体力和心理承受力。这时，工程主体是以自身的自然力同自然界相对抗。但是，工程主体在工程实践中深知自身的自然力是有限的。为了与自然界相对抗，工程主体总是愈来愈多地发展自己的智力，依靠自己的理性，来弥补自身自然力的不足。

重要的是，工程的主体之一是工程师，作为个体和群体，工程师都有特殊的角色和作用。工程师一方面运用科学知识来解决他们的问题，另一方面又把企业的要求和社会的期望带入解决方案中。作为工程实践主体的工程师，既是公司权利的代表，又是其对象；既要有老板，还要有顾客。工程师就处于这样一个特殊的交会点，利用其特殊的张力，来编制无缝之网。正是在这个意义上，J. Law和M. Callon把工程师说成是工程—社会学家，他们不仅坐在绘图室中设计机器，而且还从事社会活动——设计社会或社会制度，使之适用于机器[①]。

---

① 盛晓明，王华平. 我们需要什么样的工程哲学［J］. 浙江大学学报（人文社会科学版），2005（5）：25-33.

当然，工程主体是以与工程的紧密关系和松散关系来划分的，诸多主体未在讨论之列。

21.1.2 项目干系人

（1）项目干系人基本概念

目前，关于项目干系人有多种定义，如美国项目管理协会将其定义为：Stakeholder包括这样的个人和组织，他们或者积极参与项目，或者其利益在项目执行中受到积极或消极影响。而Beman、Wicks、Kotha和Jones则将其定义为：干系人是任何影响组织目标的实现和被组织目标实现所影响的团体或个人。还有一些看法是项目干系人实际上是在契约作用下产生的，一般表现为委托代理关系，通过契约限制来进行项目建设。综合上述定义，可以看出项目干系人不仅可以是个人，也可以是团体组织，是项目管理人员以外的参与者，项目管理人员必须识别项目干系人，确定项目干系人的需求。由此可以对项目干系人进行定义：项目干系人主要是指积极参与项目，或者是受到利益驱使对项目的执行情况以及完成情况进行影响和分析的人或组织①。

根据项目干系人的定义，可以将其看作是项目当事人或者是项目受益人或团体，综合概括为项目利害关系人。另外，项目干系人还可能包括政府的有关部门、社区公众、项目用户等，这些人对项目建设具有不同的期望与需求，且一般都具有权力，能够有效地掌握信息以及资源。只有对干系人的需求以及期望进行了解，才能有效施加影响，充分发挥项目干系人的积极因素，推动项目建设顺利完成。项目干系人分类如表21-1所示。

项目干系人分类表　　表21-1

类别	作用
关键干系人	对项目成功起重要的影响
一般干系人	对项目成功起一般影响
主动型干系人	能够在项目或系统建设中确定、拍板
被动型干系人	易受项目决定或其他项目影响
主要干系人	期望项目利益
次要干系人	充当项目媒介

（2）项目干系人管理策略

在项目建设发展中，加强对项目干系人的优化管理，能够提高相应管理水平，让项目干系人的利益需求在不一致的情况下，做出最好的选择，提出的发展战略适合项目的发展需求，能够主动推动项目的可持续性发展。

1）坚持沟通的原则

沟通的原则应该贯穿于项目生命周期的全过程中，最重要的是编制合理的沟通计划。例

① 袁伟．项目干系人的优化管理策略探讨［J］．经济师，2017（2）：274-275.

如，可以与项目建设的企业领导进行沟通，主要是了解领导在项目建设中扮演的角色，有效地识别到关键领导，避免信息发布出现多个领导的局面；在项目建设中，出现无法解决的问题时，要及时将问题反馈到公司领导处，让领导能够讨论、解决。又如，在与设备供应商的沟通上，要进行技术交流沟通，明确沟通的最终目的，要对签订的合同条款作出明确的要求，尽量选择物优价廉的设备，降低项目建设的成本。另外，还要重视与项目建设公司内部职能部门的沟通、与设计方的沟通、与建造方（实施方）的沟通以及与项目审查部门的沟通。通过沟通，明确项目干系人的责任与义务，按照惯例流程，推动项目的建设。

2）坚持针对性的原则

针对现代建设项目干系人的类型，可以对支持型、非支持型、混合型以及边缘型的项目干系人制定不同的管理策略，提高项目干系人的管理水平，从而确保能够对建设项目的顺利实施产生积极作用。项目干系人分类如表21-2所示。

项目干系人分类管理表　　表21-2

序号	项目干系人类型	管理措施
1	支持型	确定参与型
2	非支持型	防御型
3	混合型	协作型
4	边缘型	控制型

支持型的项目干系人的协作潜力在项目建设中容易被忽视，选择确定参与型的对策，让项目干系人主动参与到建设项目中，充分挖掘项目干系人潜在的合作能力。

非支持型的项目干系人主要是追求项目利益，在项目建设中容易出现较多的利益冲突，应用防御型措施的管理手段，能够及时对项目干系人的利益冲突进行调节，减少相关项目干系人的利益冲突。

混合型的项目干系人在项目建设上存在较大的不确定性，要想改变这种情况，就要通过协作管理来联系项目相关人员之间的关系，由此可以减少行政支出，从而提高资源利用效率，实现项目干系人之间的良好沟通。

边缘型项目干系人的利益需求较小，针对这种情况，可以采用控制管理手段，减少项目资源的支出，提高项目资源的利用效率，推进项目建设。

（3）项目干系人的特点

在现代项目建设中，利益主体存在多元化的现象。在利益追求过程中，能调动利益干系人的积极性，但在项目建设中，同时也会出现一些不可规避的因素。例如，一些项目干系人追求个人利益，忽视社会利益，由此容易造成信息不对称的情况，导致建设项目无法顺利实施。

1）利益多元化

由表21-1可知，项目干系人的类型较多，基本都与项目有或多或少的利益关系，在这种环境下，就会造成项目利益主体存在多元化的现象。利益主体多元化是把双刃剑，在项目建设中，既能够调动利益主体的积极性，但同时在追求利益的同时，不是所有的利益主体都是一致的，如大部分的利益主体在项目参与中都是为了实现利益最大化，获得比较可观的利润；但部分利益主体与社会利益追求不同，在“利己主义”的作用下，片面追求个人利益，忽视长远利益，导致项目建设在规划、实施中，意见等基本信息不能完全一致，出现信息不对称的情况，会直接影响建设项目的顺利实施，从而可能会产生比较严重的后果。

2）层次复杂化

在项目建设中，项目构成主体比较复杂，层次繁多，直接导致项目干系人的层次与构成也比较复杂，这会对项目建设产生复杂的影响。例如在项目建设中，项目干系人的文化程度、知识水平、家庭背景以及利益需求都存在较大的不同，导致对于同一个建设项目，不同的项目干系人具有不同的意见，会增加项目建设的难度。另外，项目干系人的层次复杂化还表现在多个不同的重要性层级上，如图21-2所示。

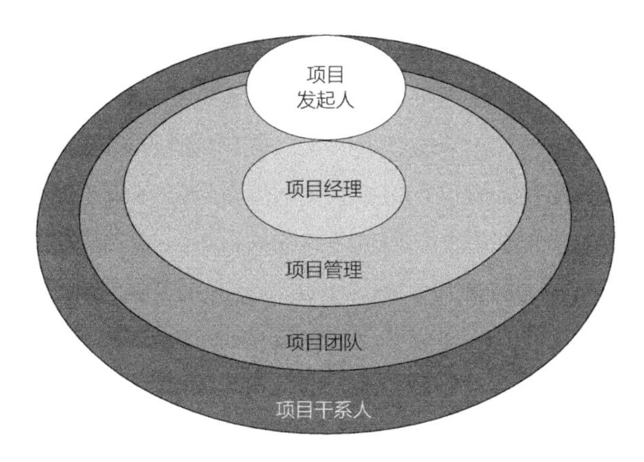

图21-2　项目与关键项目干系人

在项目建设中，除了图21-2中出现的关键项目干系人，还包括很多一般项目干系人，如外部投资商、销售商等，这些项目干系人由个人或者群体担任，导致项目干系人的层次结构更加复杂，由此也会加大项目干系人的管理难度。

对于建设和谐社会的目标来说，公众尤其是新闻媒体、社会大众、其他专业团体，应当更多地关心、参与工程事务，特别应当履行监督、批评的职能，防止工程建设中种种偏差的发生。

21.1.3　工程主体管理

工程主体是指全过程中，影响工程对象的干系人（组织）。工程活动的复杂性之一是工程随阶段不同，主体施加于对象的管控强度相异，体现为责任、义务、权益的不同。对工程主体的管理，渠道和方法也十分不同。

（1）工程主体管理职责

工程活动中每个阶段参与的工程主体都不同，工程决策阶段的工程主体有政府和建设方；工程设计阶段的工程主体主要是设计单位；工程施工阶段的工程主体有施工方、监理方等；工程验收与评估阶段的工程主体有工程师、政府部门和管理者。所有的工程主体都包含于一个整体的工程活动中，在工程运行中要尽职尽责地保证工程的顺利和成功，不同的工程主体应承担不同的管理责任。

关于建设工程中各方当事人的责任，无论是《中华人民共和国建筑法》，还是《建设工程安全生产管理条例》中都有明确的规定，实施建设工程的企业，资质资格管理以及注册建筑师、结构师、岩土师、建造师、项目经理、监理师、造价师等执业资格必须严格按照政策法规、规范标准来执行。

建设单位在项目建设的过程中起到了主导作用，建设单位的所有决策意见，对建设项目的整个过程和最后产品的质量起关键的、举足轻重的作用。勘察、设计单位应当保证勘察设计文件符合法律法规和工程建设强制性标准的要求，对因勘察、设计导致的工程质量事故或质量问题承担责任。施工单位应当按照经审查合格的施工图设计文件和施工技术标准进行施工，对因施工导致的工程质量事故或质量问题承担责任。监理单位应当按照法律法规、有关技术标准、设计文件和工程承包合同进行监理，对施工质量承担监理责任。

总而言之，工程主体在进行工程活动的时候，应积极地履行其各自的职责，不仅要把公众的生命财产安全和利益放在首要位置，还要全面地考虑到自然环境的可持续发展，做到人与自然和谐相处，更好地为工程服务，为人类谋福利。

（2）职称类别

1）专业技术职称

①教授/正高级：教授级高级工程师；②高级：高级工程师；③中级：工程师；④初级：助理工程师。

2）注册执业资格

①注册建造师;②注册岩土工程师;③注册建筑师;④注册造价工程师;⑤注册监理工程师等。

3）建造师级别

①一级建造师；②二级建造师。

4）建筑八大员从业资格

①资料员；②施工员；③质量员；④安全员；⑤材料员；⑥试验员；⑦造价员；⑧劳务员。

5）建筑工程行业主要工种

①土建类：瓦工（泥水工）、抹灰工、钢筋工（铁工）、混凝土工、防水工、油漆工、架子工、木工、石工、打桩工、防腐工。

②安装类：工程安装钳工、管道工、通风工、安装起重工、建筑焊工、工程电气设备安装调试工、水暖工、水电工。

③机械施工类：中小型建筑机械操作工、起重机司机、塔式起重机司机、司索指挥、推土机驾驶员、挖掘机驾驶员、铲运机司机、工程机械修理工、安装拆卸工。

21.2 工程共同体

21.2.1 基本概念探讨

“共同体”一词源于“Community”，柯林斯词典中“Community”有三种意思：其一是同住一地的人所构成的社区；其二是群体、团体；其三是不同人士、团体之间的友谊或伙伴关系。将共同体引申到工程行业，工程共同体是为完成工程建设而聚集在一起的紧密干系人[①]。

工程共同体的构建直接指向了对世界的改造，其目的是为了创造更好的人类生存环境，而工程共同体成员之间构成了相互影响、相互制约、复杂的社会关系。如果离开了工程共同体成员之间的密切配合，工程实践的目标是无法实现的。这与工程本身实践的特点有关，工程活动是人类集体实践的典范，要经历工程决策、工程设计、工程实施、工程评估等环节，每一个环节都是在众多工程共同体成员的共同努力下完成的[②]。

工程共同体的实践方式具有典型的集体意向性特征。工程共同体是工程实践活动的主体，工程共同体具有明显的多元性和异质性，投资者、管理者、工程师、工人和其他利益相关者从功能角度来说具有明显的差异性，从事着不同的工程实践活动。同时，工程共同体成员又都存在于现实的工程情景之中，共同服务于工程实践的总目标。工程共同体成员的工程实践活动具有明显的集体行动性质，这种集体行动是建立在分工与合作基础上的，表现出明显的集体意向性。共同体成员关注的都是工程的实践环节，虽然共同体成员间的实践方式会有差别，但是其价值指向是相近的，都指向了工程活动的顺利开展和工程目标的实现。工程共同体成员一旦进入工程领域，实际上就已经作出了承诺，承诺服务于工程目标，履行其工程责任，为人类的福祉而努力。工程共同体成员的这种共同承诺进一步形成了工程共同体的集体意向，促进了工程共同体的集体行动。由此可以看出，工程共同体的实践具有明显的集体意向性，集体意向性是工程实践活动的基本属性。

21.2.2 存在的价值与基础

工程共同体从集体的整体利益出发，由其内个体成员共同设定工程活动的目的，共同从事某一项工程活动，而其内个体成员也受一定组织形式的约束，遵守一定的工程行为规范，开展一定的分工协作并结成一定的伦理关系。工程共同体关注共同体的整体影响，不仅旨在成就个体，更在于成就集体。工程共同体汇集了大量资金和不同的人才，企业成为共同体的重要形式。工程共同体是从事工程活动的人员依托于一定的组织机构，与他们的同事、同行结成的共同体，因而是有结构、有层次的。工程共同体内部存在着的脑力劳动者与体力劳动者、管理者与被管理者的差别，涉及多项专业知识和技能，由不同层次、不同岗位的人员组合与互补而成。从行动者网络理论的视角来看，工程共同体是工程实践主体（利益相对独立

---

① 李伯聪，等. 工程社会学导论：工程共同体研究［M］. 杭州：浙江大学出版社，2010.

② 万舒全. 整体主义工程伦理研究［D］. 大连：大连理工大学，2019.

的个体、群体或代理人）在实施和开展工程的过程中，通过动态的“选择—转换”机制建构的合作型社会关系网络[①]。

共同体之间的信任是项目成功的基本条件，信任对工程项目的成功完成具有重要作用，具体表现在信任可以减少项目交易费用，减少组织运行费用，减少机会主义行为和改善参与方之间的合作关系。信任的前因分为受信方的特征和施受信双方关系的特征。受信方特征包括受信方的声誉、能力和言行一致性，施受信双方关系的特征包括双方的沟通、相互性以及合同。当前，在建设工程项目中，项目各主体方之间缺乏信任的现象十分普遍，项目成功自然也很难达到，工程项目中双方的纠纷时常出现，并对社会造成恶劣影响（如工程款拖欠问题）。在提倡和谐社会的今天，建立各方间的信任，创建和谐的工作关系，并在工程实践中注意利用这些因素推动信任的建立和发展，来达到项目成功的目的是十分必要的[②]。

工程共同体在生态中共生、在价值中共创、在运营中共生、在体验中共享，人类命运共同体下的工程共同体思想，将照耀工程人的生活常态。

21.2.3 工程共同体内在运作机制

工程共同体的内在运作，是依靠“纪律机制”实现的。《辞海》中的“纪律”是指：社会的各种组织规定其所属人员共同遵守的行为准则，包括履行自己职责、执行命令和决议、遵守制度、保守国家秘密等，以巩固组织，确立工作秩序，完成该组织应该承担的任务。纪律有强制性和约束力，对违反者可实行制裁。

工程中的纪律，有两类，即协定性的和规定性的。协定以契约方式存在，核心是尊重和服从；规定以管理条例等方式存在，核心是约束和制裁。要想工程共同体在运作时能够顺畅，建立各主体之间的对等地位则是基础。契约精神的培养，也还有很长的路要走。

工程共同体从组建之初，就存在明确的目标，即存在相关的需求和利益。从需求和利益来看，任何工程活动都是以一定的社会需要为出发点，并最终满足该需要进而获得相对应的利益。社会需要是工程活动赖以开展的动力源泉。一个建立在充分考虑了社会需要的工程项目才具有价值，也才能有机会组建起完成该工程项目的工程共同体。因此，工程活动共同体一经建立，为了确保其高效运转，就必须将考虑共同体成员本身的需要和利益保障问题放在首要位置，才得以调动各方主体的积极性。

因此，为确保行动的一致性以尽量减少组织不必要的内耗，就需要共同遵守和依循有关的“纪律”。工程活动是由众多共同体成员参与的活动，任何共同体都有自己的组织规范纪律。科学共同体的规范在默顿看来就是“科学的精神气质”，而“科学的精神气质”是指约束科学家的有情感色调的价值和规范的综合体。这些规范以规定、赞许、许可和禁止的方式表达。其借助于制度性价值而合法化[③]。在默顿看来，一旦科学成为一种独立的建制，科学

---

① 陈雯．工程共同体集体行动的伦理研究［D］．南京：东南大学，2017.

② 蒋卫平．建设工程项目中信任的产生机制及其对项目成功的影响［D］．上海：同济大学，2010.

③ 罗伯特·默顿．社会研究与社会政策［M］．林聚任，等，译．北京：生活·读书·新知三联书店，2003：3-14.

便逐渐有了自己的精神气质，进而提出了四种规范原则：普遍主义、公有主义、无私利性和有条理的怀疑主义。技术共同体的规范被认为是工程师的精神气质，其包括普遍主义、私有主义、实用主义和替代主义[①]。工程共同体的规范虽不同于科学共同体和技术共同体的规范，但大体上可表现为工程活动中所共同遵循的纪律原则。

工程活动共同体的规范一般被工程职业共同体的规范所吸纳，而体现在职业共同体的组织样式，如工程师协会、企业家协会、工会等的章程、宣言中所共同信奉的观念行为准则、职业操守和权利与义务的明确规定。这些规范不仅使工程共同体运作稳定，也使共同体成员有职业归属感和社会认同感，便于其在公众中树立职业形象，最终在工程活动共同体中确立自己地位，获得自我实现[②]。

21.2.4 维系工程共同体结构关系

作为以某项工程活动为核心组织起来的"工程共同体"，必须建立起维系该"共同体"结构性关系的纽带，一旦这种结构性关系纽带断裂或损坏，该"工程共同体"，无论是从组织层面，还是从个体层面上说，都将面临解体或不能正常运行的问题。

根据李伯聪教授的主张，维系"工程共同体"结构性关系的纽带有以下四个方面：

①精神——目的纽带：这条纽带关键在于在思想上、精神上形成"工程共同体"全体成员共识的工程目标，即建造什么样的人工物？工程决策行动的首要任务就是制定工程目标。决策者根据对特殊的场景与情境条件的知觉、认知，以及对满足市场或各种社会需求而欲获取利益或促进社会发展形成的意图，从可供选择的多种工程目标方案中进行抉择，由此构成工程行动的目标。工程共同体各成员、各组织之间必须通过交往行为、规范调节行为来进行商谈与沟通，达成目标的价值认同。这样才能真正启动工程活动并确保工程目标的最终完成。

②资本——利益纽带：从本质上讲，"工程共同体"本身就是以经济利益为主导的共同体，从投资者到管理者、从工程师到工人，都是以利益相关者的身份联系在一起的，他们之间的利益如何合理分配？能不能形成大家都能大体接受又相对合理的利益分配协调机制？往往要经过博弈、协商、竞争的过程才能形成。在相对合理的利益机制下，"工程共同体"整体的运行动力才能构成。工程进行过程中的不确定因素，又会不停地引起各种利益冲突与矛盾，利益协调机制必须平息这些冲突与矛盾，才能保证工程的完成。

③制度——交往纽带："工程共同体"内各成员、各组织如何进行分工合作？如何进行管理？如何进行交往、沟通、争执、协商？通过什么样的制度安排来实现和规范这些行为？这些问题都关系着"工程共同体"运行的效率和功能的正常发挥。工程共同体内部除了通过这条纽带带来系统协调之外，还必须与其环境中的其他系统相协调，工程活动要与生态、社会、经济、政治、文化等环境系统相协调。以系统协调的项目管理方式进行工程管理，才能保证工程的成功。

---

① 张勇，等. 技术共同体透视：一个比较的视角［J］. 中国科技论坛，2003（2）：105-113.

② 张秀华. 工程共同体的结构及维系机制［J］. 自然辩证法研究，2009，25（1）：86-90.

④信息——知识纽带：“工程共同体”运行虽然不以知识的创造为目标，但必须根据具体工程的需要，集成地应用和创造各种知识，不仅包括多种自然科学知识和技术知识，还必须集成经济学、管理学、社会学、政治学、哲学、历史学、人类学、心理学、文化学、美学、宗教学、民俗学、考古学等多种人文社会科学的知识，以及集成在当下具体工程现实发生中，依赖特殊场域、情境而产生的境域性知识与经验。在工程共同体中必须形成这些信息——知识流的通道与储存库，才能确保工程活动的正常开展[①]。

21.2.5 工程共同体形成难点

上述维系共同体的四个方面，就是形成共同体的主要要求。除此之外，以下几个方面的分歧是形成共同体的主要障碍。

①利益分歧。追求各自利益是工程主体形成共同体的最大障碍，由于工程活动中不仅包括工程共同体结构成员，如工程师、投资者、决策者、管理者、工人等许多利益相关的人，同时还涉及静态的工程设备、自然、环境等非人的异质体。伦理主体的多元化扩大了工程伦理的调节范围，但并不意味着行为责任主体的消失，而是要求工程伦理观念和行为规范进行重构。工程师个体责任伦理已经向工程共同体责任伦理发展，各责任主体在工程实践活动中可以通过广泛的民主参与和平等对话以求得共识，共同履行集体伦理责任[②]。

②观念分歧。工程系统成为人与非人行动者的异质网络，形成了观念多元伦理主体。伦理主体的多元化扩大了工程伦理的调节范围，不仅对当代的人类负责，还要对后代人负责，而且还从人与人的关系，扩大到人与自然的关系。也就是说，工程伦理的范围由人与社会，向人类之外的自然界和自然客体扩展。

③管理机制差异。设计管理、施工管理、监理管理机制相差甚远，建设单位如何有效地实施设计管理，这是一个摆在所有建设单位管理者面前的课题。设计管理的对象是设计单位，属于知识集约型单位。鉴于此特点，对设计单位的管理，其性质自然不同于对施工单位或监理单位的管理。目前，国内尚未有一套完整且有效的管理方法和经验，各建设单位根据其设计任务的不同，对设计管理的要求和目标也各不相同。例如：谈论“设计管理”的内涵，国内与国际上通用的概念也存在较大的偏差。这种偏差首先体现在管理的主体上，也就是为什么去管、谁来管的问题。

④知能结构差异。从专业划分开始，接受的教育和行业管理就存在长期分割的现象，知能结构处于较大差异的客观状态，工程情景不同，环节不同，工作习惯、审美视角都相差较大，共同语言就会相对较少，这些问题在一定程度上阻碍了共同体的形成。事实上，对于复合型人才培养和项目融合也造成了一定的影响。

---

① 张志云. 工程共同体初探［D］. 西安：西安建筑科技大学，2008.

② 周光娟. 工程共同体伦理责任问题研究［D］. 南京：南京航空航天大学，2009.

第22章
论工程伦理

本章逻辑图

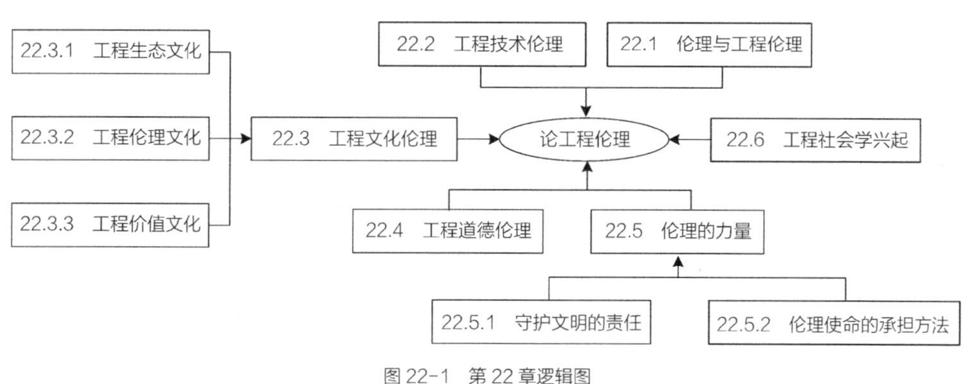

图22-1 第22章逻辑图

当下是一个大工程的时代，更是一个有待重新启蒙的新时代。而启蒙需要唤醒的，就是对生命本身的敬畏以及对人类幸福生活的深切关怀。自由、德性与正义是工程伦理建构的三个基本维度，与这三个基本维度相对应，工程伦理展现为三种形态：首先，工程伦理是内化于人的，可以内化为大工程时代人类追求自由与幸福生活的理想；其次，工程伦理是实践的，可以展开为一种人的本真的生存样式；最后，工程伦理是社会的，可以外化为可操作的社会正义原则，成为工程社会中人的生活行动的指南。从这个意义上讲，工程伦理学就是对身处大工程时代的人的生存本性的领悟以及生存法则的谋划①。

必须指出，伦理的力量在这个时代不能继续保持"温文尔雅"的谦让态度和制约强度，因为工程即将成为毁坏人类文明的罪魁祸首，相对于"局部危机"和"危机个案"而言的具有内在性、倾向性和进行性的"系统性危机"，已轮廓初现，它并不会因为某一个或某一类问题得到解决而消失，恰恰是在一步步解决问题的历史过程中积累起来的②。在这个积累过程中，除了科技发展程度的局限，恐怕与伦理力量的薄弱也不无关系。

① 张铃．自由、德性和正义：工程伦理的三重维度［J］．哲学研究，2013（9）：116-121.

② 王东岳．人类的没落［M］．西安：陕西人民出版社，2010.

22.1 伦理与工程伦理

伦理的本义是指人伦关系及其内蕴的条理、道理和规则。伦理是与物理、事理相区别的情理。发现、认识人伦关系中所蕴含的道理，从古往今来无数个体的情感发用中发现普遍认同的情感[①]。工程伦理指在工程中获得辩护的道德价值。自20世纪70年代起，工程伦理学在美国等一些发达国家开始兴起。经历了20世纪最后的20年，工程伦理学的教学和研究逐渐走入建制化阶段。

工程伦理的定义涉及对工程和伦理这两个概念的理解。在美国的教育和学术界，对工程的理解通常涉及工程师，工程（Engineering）和工程师（Engineer）似乎是一对术语，这对术语总是成对地出现在对这两个术语的定义中。这就好像伦理（Ethics）与道德（Moral）成对地出现在对它们各自的定义中一样，人们总是习惯于用其中的一个来定义另外一个。这在某种程度上是一种循环定义，定义项直接或间接地包含了被定义项。

总体来说，对工程伦理的理解有两个进路：一是从科学和技术的角度看工程，二是从职业和职业活动的角度看工程。第一个视角容易导致还原论，将工程作为技术的一个应用的部分，而不是作为一种有其自身特征的相对独立的社会实践行为。在这种视角下，工程伦理也就被消融为技术伦理，因而也就没有独立存在的必要。例如，在20世纪80年代的美国学术界就曾经流行这种观点。第二种视角又容易将工程伦理与其他职业伦理混为一谈，从而抹杀了科学技术在工程职业中的特殊地位。这种视角容易将工程伦理仅仅归结为工程师的职业伦理，而忽略了工程活动的伦理维度。虽然研究倾向从第二个视角出发来理解工程，但又应将工程职业活动视作一种社会实践活动。

显然，工程伦理还与对伦理的不同理解相关。戴维斯认为，“伦理”至少有三种含义：第一种是通常所说的道德的同义词；第二种指的是一个哲学的领域（道德理论，试图把道德理解成一种理性的事业）；第三种是那些仅适用于组织成员的特殊行为的标准。他认为，当说到工程伦理时，这里的“伦理”是包含第二种和第三种含义的。

在2005年出版的《工程伦理》（第四版）一书中，M.W.Martin和R.Schinzinger区分了工程伦理的两种用法：规范的用法与描述的用法。

在规范用法之下，伦理指称获得辩护的价值和选择，指称悦人心意的（不仅是所希望的）事。规范用法有两种含义：第一，伦理是道德的同义词。它指称合理的道德价值，道德上所必需的（或正当的）或道德上所允许（良好）的行为，所期待的政策和法律。相应地，工程伦理由责任和权力所构成，这些责任和权力被从事工程的人认可，同时工程伦理也由在工程中人们所期待的理想和个体承诺所构成。第二，伦理是对道德的研究，是对第一种含义的伦理的探究。它研究什么样的行为、目标、原则和法律是获得道德辩护的。在这种含义之下，工程伦理是对决策、政策和价值的研究，在工程实践和研究中，这些决策、政策和价值

---

① 焦国成．论伦理——伦理概念与伦理学［J］．江西师范大学学报（哲学社会科学版），2011，44（1）：22-28.

在道德上是人们所期待的。

而在描述用法之下，人们只是描述和解释特殊的个体或群体相信什么和他们如何行为，而不去考察他们的信念或行为是否获得了辩护。M.W.Martin等人认为，描述性研究为舆论调查、描述行为、考察职业社团的文献、揭示构成工程伦理的社会力量提供了可能。

在其规范的含义上，“工程伦理”指称在工程中获得辩护的道德价值，但道德价值是什么？什么是道德？M.W.Martin等人认为，道德涉及对他人和我们自己的尊重。其包括公平与公正，满足义务与尊重权力，不以不诚实和残忍或傲慢的方式造成不必要的伤害。此外，其还包括人格理想，诸如正直、感激、在危难中愿意帮助他人。

早在2000年出版的《工程伦理导论》一书中，M.W.Martin和R.Schinzinger对伦理和工程伦理就作出了含义的区分，这种区分对理解以上规范用法与描述用法的区分或许是有帮助的。首先，作为一个研究的领域，伦理是理解道德价值，解决道德问题，为道德判断做辩护的活动。其也是一个源自于这种活动的学科或研究的领域。相应地，工程伦理是对在工程实践中涉及的道德价值、问题和决策的研究。

伦理的第二种含义涉及特定的信念或态度，这些信念或态度涉及被特定的群体或个体所采纳的道德。在这种含义上，工程伦理是由被具体化到当前所接受的工程伦理章程的条款所构成的。相应地，工程伦理可以指称个体工程师当前所从事的行为。

在第三种含义上，伦理术语和其语法变形是“道德正当”或“正当”的同义词。在这种用法上，工程伦理相当于一组正当的义务、权力和理想的道德原则，这些义务、权力和理想应当被从事工程实践的人采纳，当它们被一般地和特殊地应用于工程中时，澄清这样的原则和将它们应用于具体的情景中就是工程伦理作为一个研究领域的核心目标。

撇开对工程伦理的定义，从研究内容上看，可以从下述两个视域来理解工程伦理：第一，作为一种社会实践活动，工程必然具有其内在的伦理维度。对工程的伦理维度的研究（实践伦理）构成了工程伦理学的主要内容之一，也即M.W.Martin和R.Schinzinger如上所说的“工程伦理是对在工程实践中涉及的道德价值、问题和决策的研究”。第二，作为一种职业，工程师应当具有其自身所独特具有的职业伦理。这种与众不同的职业伦理也应当成为工程伦理学的主要研究内容之一。无论工程伦理是什么，它至少是一种职业伦理。这两个方面又是一致的，这就表现在工程师的职业活动本身就是一种社会实践活动。从研究范围上看，无论作为实践伦理，还是作为职业伦理，工程伦理均有规范性的维度和描述性的维度，如图22-2所示。

工程伦理具有三个维度：工程技术伦理维度、工程文化伦理维度、工程道德责任伦理维度。工程伦理需要与工程目标相衔接，即“三和三简三好”：与自然和谐（减少消耗、降低排放、消除污染、循环再用等），与人类友好（安全可靠、方便耐用、以人为本、工学工效等），与社会融合（符合审美、兼容差异、最大公益、可以持续等）；功能简约、结构简单、流程简化；工程目标实现六好、相关六方满意好、可持续发展三出好（参见图5-4）。工程伦理需要与工程内涵相衔接，即科研、生产、造物、环境；工程伦理需要与工程情景相衔接，即探索—科研情景，设计—结构情景，施工—流程耦合情景，运维—功能情景。

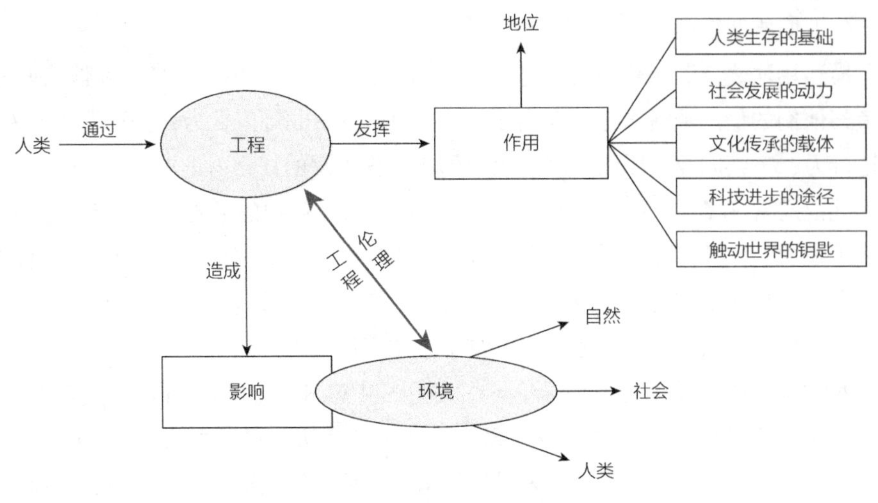

图 22-2 工程伦理内容分析

22.2 工程技术伦理

工程活动首先是一种技术活动，因而技术伦理是工程伦理学必须关注的首要问题。所谓工程技术伦理就是工程技术活动本身所涉及的伦理问题，即在工程技术活动中产生并用以约束和调节工程技术行为及其所涉及的内外关系的伦理精神、道德规范和价值观念。它既是调节工程技术活动内外关系的一种行为规范，又是主体把握工程技术活动的一种实践精神。可见，技术伦理实际上是一种以人类社会实践中某一特殊类型存在的伦理道德问题，即以工程技术活动中的道德问题为主要对象的伦理价值研究①。

长期以来，在工程技术活动是否关涉伦理因素，或者说是否应该进行道德评价和道德干预的问题上一直存有很大争议。例如：技术工具论者认为技术仅是一种手段，它本身并无善恶。一切取决于人从中造出什么，它为什么目的而服务于人，人将其置于什么条件之下。技术自主论者认为技术是自主的，技术的特点在于它拒绝温情的道德判断。技术绝不接受在道德和非道德运用之间的区分。工程技术活动是一种技术、系统与包括伦理因素在内的外界因素相互作用的过程。虽然，工程技术活动作为人类改造自然的一种"造物"活动，必须遵守和服从自然规律，从这个意义上说工程技术活动的确具有一定的自主性，要达到最高度的技术完善，人必须使自己服从其创造物的要求。但是，人是道德主体，人有进行道德选择的自由，技术活动说到底是由人控制的，它反映的是人的价值愿望。在工程技术活动中，基于何种价值目标，选择何种技术方案都是由人根据一定尺度自由选择的结果。人自由地选择技术方案和价值目标本身就意味着选择了责任，技术是人造的，人类必须对它负责。可见，工程技术活动本身具有浓厚的伦理意蕴，技术发展离不开道德的干预和调节，道德标准应该成为

---

① 朱海林. 技术伦理、利益伦理与责任伦理——工程伦理的三个基本维度［J］. 科学技术哲学研究，2010，27（6）：61-64.

工程技术活动的基本评价标准。那种把工程技术活动简单地看作实现外在目的的手段，忽视技术发展对人的价值观念的反作用，或者认为技术完全自主、技术与价值无涉、技术无需道德评价和道德干预的观点是片面的。

在工程技术活动中，工程师的技术设计是一个关键环节。而工程师的技术设计又与决策者、管理者的决策与管理活动密切相关。因此，如何认识和处理工程师与决策者、管理者之间的关系就成为工程技术伦理的核心议题。一般地，工程师在工程技术活动中有两方面的道德要求，一方面是对雇主忠诚，另一方面是坚持工程师的职业操守，对公众和社会负责。工程师这两方面的道德要求，体现在技术伦理上，对雇主忠诚就是要服从决策和管理，用自己的技术为雇主创造最大的工程价值；坚持职业操守，对公众和社会负责，就是要坚持工程活动的技术标准和伦理标准，把好工程质量和安全关。

在一般情况下，雇主的要求与工程本身的技术标准和伦理标准是一致的。但是，工程活动中的工程师和管理者有不同的职业要求和标准：工程师最关注的是工程的质量和安全，而管理者最关注的是企业的经济效益；衡量工程师技术行为最重要的标准是技术标准，而衡量管理者管理活动最重要的标准则是经济标准。工程师和管理者由于两种不同的职业要求和标准在特定情况下非常可能发生冲突。例如，雇主为了降低工程成本提高经济效益，可能希望削减投资，甚至使用廉价的劣质材料，这一做法无疑会危害工程质量和安全，甚至直接危害公众利益或者造成环境污染，从而在管理标准和技术标准、伦理标准之间发生激烈的冲突。在这样的情况下，工程师应该坚持技术标准、伦理标准优先的原则，至少管理标准不应该超过工程标准，尤其是在事关安全和质量的问题上。这就是说，当管理者的管理要求与工程活动的技术伦理要求发生冲突，特别是在事关工程安全和质量、社会公众利益及环境污染等原则问题上，工程师应该秉承自己的职业良心，突破对雇主忠诚这一工程伦理准则，坚持工程的技术标准和伦理标准。这是工程技术伦理的基本要求，同时需要工程师付出巨大勇气甚至重大代价。为此，社会应该采取积极有效措施，包括经济、法律等方面的手段，切实保障工程师的基本权利。

22.3 工程文化伦理

关于文化是什么，还没有一个一致的定义。美国人类学家克鲁伯和克拉克洪在《文化述评：概念与定义》一书中，罗列了1871～1951年间的文化的定义，多达160种；国内学者在《文化论》中提出了近200种文化的定义，郑金洲教授甚至收集了310余种文化定义。因此，要从文化的角度直接理解工程文化，将面临纠缠不清的文化概念问题。有人把工程文化看成是在工程中注重科技与人文的融合，突出人文精神，强调自然科学各专业门类知识必须与环境学、人类学、社会学、文化学、心理学、管理学等人文社会学科交叉，从而构成工程文化体系，但这并不够全面。

综合有关对工程、科技、人文和专门文化的理解，可以从三个维度对工程文化进行界定：一是把工程文化界定为一种专门文化，即由工程学科基础知识、专业技术知识和相应的学术规范、建造标准等构成的一系列知识和技术体系。二是把工程文化界定为工程师职业文化，即工程师在从事工程建设活动中体现的职业道德、伦理价值观念，对工程和环境、社会、经济等关系的态度和处理方式等。三是把工程文化界定为工程建造物的有形文化及其蕴涵的历史、艺术等特质文化，这是工程活动结果在人们生活中体现的物质文化，中国的长城等很多著名建筑就是典型代表①。

22.3.1 工程生态文化

21世纪的工程就是生态化的工程，工程文化越来越具有生态性这一重要特征。

工程生态文化是人类工程活动与自然生态环境协调发展关系的反映，它的基本要求就是工程活动一定要符合自然的生态规律，与生态环境保持协调一致。事实上，由于工程是人类干预自然、改造自然、满足自身需要的一种实践活动，因而任何工程的实施都会对自然生态系统产生一定影响，工程与环境构成了一对矛盾。为此，必须树立科学的工程生态文化观，把工程活动理解为整个自然生态循环过程中的一个环节，是自然生态系统中的一种社会现象，在工程过程中，必须充分考虑到可能引起的环境问题，遵循自然生态规律，努力使工程实践与生态环境相互协调发展。在工程建设中，要牢牢树立环境意识和科学的工程生态文化观，时刻按自然生态规律办事。

生态文化是人与自然和谐发展的文化，是提高人们生态认知文明的知识源泉，生态文化直接决定人们的认识水准。一般而言，生态文化知识较多的人，对生态文明的认识水准就高一些；生态文化知识较少的人，对生态文明的认识水准就低一些，二者存在密切的正相关关系。生态文化直接决定人们的生态意识。

22.3.2 工程伦理文化

工程师作为社会的成员，除了做个好公民以外有没有特殊的伦理责任？工程哲学家Samuel Florman认为工程师的基本职责只是把工程干好；工程师Stephen Unger则主张工程师要致力于公共福利义务，并认为工程师有不断提出争议甚至拒绝承担其不赞成的项目的自由。过去工程伦理学主要关心是否把工作做好了，而今天是考虑我们是否做了好的工作。也就是说，过去更多强调的是对工程企业业主的义务或忠诚，而现在主要强调的是对整个人类福利负责。工程师把自然科学与工程组合起来作为推动社会发展和人类生活的重要力量，他们应该明白自己的特殊责任。当他们面临着冲突的职业责任时，必须要坚持一定的价值取向。

文化是人化自然的过程，文化的基本相互关系是自然和人，是人同世界的积极对话。文化是指一个国家或民族的历史、地理、风土人情、传统习俗、生活方式、文学艺术、行为规范、思维方式、价值观念，甚至是科学的文化等，人以文化为手段认识并评价自然（广义上），使自然服从人的目的和需要。当然，人类与自然环境应该是协同进化的。工程设施要符合人的目的和需要，同时也要适应自然，这就包含物质上的需要和精神上的需要，还包含

---

① 吴宗元. 试析工程文化教育［J］. 教育与职业，2008（6）：180-181.

着多个群体的需要，像一条公路的建设，要符合建造者的目的、质量、使用者和周围居住人群复杂的需要等。在符合这些需要的同时，首先就要吻合这片地方的文化背景。

不同地区和不同国度工程的文化背景都是不同的，工程师应该在不同的文化背景之下对工程的设计和建设有不同的要求。随着越来越多的工程师去其他国家工作，而东道国又有着与本土国不同的实践、传统和价值观，由此便引发了工程与文化之间关系的问题。在不同的文化背景之下，工程是否有相同的伦理规范？或者说，是否应当制定超越不同文化的国际工程伦理规范？这是毫无疑义的，环境不同、生活习惯不同、风俗不同、人文条件等背景不同就要求我们要有不同的伦理规范，例如，中国内地的汽车是靠右行驶的，而在中国香港或英国等地区是靠左行驶的，由于这种文化背景的不同，就要求公路工程的实践和汽车制造业的设计也要跟随着变化[①]。

22.3.3 工程价值文化

当人们创造工程时，自然而然会追问、寻找工程价值问题，要对工程价值作出判断和选择。一项工程首先要追寻的问题就是其价值何在，以及有多大的价值。工程价值就是工程对社会需要的满足关系和满足程度，指工程对社会所具有的意义。工程是有价值的，对工程价值的追求是工程活动的目的和最终动因，是主体对工程态度的根源。随之而来的一个重要问题就是对工程意义的态度问题，即工程价值观问题。工程价值观就是工程主体关于工程意义的信念、信仰的总和及社会对工程价值选择的规范性见解，以及个人和社会选择工程的思想和行为的评价标准、尺度和依据的总观点。

22.4 工程道德伦理

溯源西方传统伦理学，“伦理”在很大程度上与“道德”互用。“伦理”一词起源于希腊语的Ethilos，它指的是一种对待生活的精神气质和目标，这种对待生活的精神气质和目标可以被描述为“善”（Good）；“道德”来自于拉丁语的Moralis，尤其是在西塞罗对亚里士多德著作的翻译和评论中，它更多关注行为是对还是错，更多指的是规则或规范，用以为人的精神气质和人的生活目标提供具体指导。因此，由表达规范和规则构成的道德只是一种有限的伦理目标现实化形式，这成为工程伦理尤其是西方工程伦理的一个基本理论：工程伦理在很大程度上仅关注工程运用中出现的具体的道德困境，这被视为工程伦理的主要实践。一些为职业工程师制定的“行为伦理准则”也倾向于针对工程中出现的具体问题“开药方”。

在现代工程实践中，工程伦理以“行为伦理准则”的方式规范、引导、约束着我们当代工程活动的发展和目标，这也要求工程师必须熟悉自身社会角色的伦理责任，促进负责任的

---

① 王堂源，罗玉云. 工程伦理和文化背景之间的关系探析［J］. 今日南国（理论创新版），2010（3）：200-201.

工程实践。在这个意义上，工程伦理可以被称为“预防性伦理”，通过预见尚未引起注意的不同种类的可能导致伦理危机的问题，要求参与其中的每一个人敏锐反省工程运作的具体环节，从而作出合理的伦理决定，以避免可能产生的更多的严重问题。然而，工程在一次次征服自然的限定的疯狂成功中，一次次地膨胀了人的欲望，而且当我们浑然不知的时候，工程走向了它的反面，伦理之于工程的“预防性”意义支离破碎。基于当代人类道德生活及其世界图景的日趋丰富与复杂所带来的日益增长的张力，必须正视工程实践带给伦理理论的日益复杂、具体乃至日趋技术理性化的挑战，回归伦理学对人之实然存在的价值制约，对人之应然存在方式的价值关切和对人之必然存在的价值激励。伦理学的核心是人存在的意义与行为的合理性。人类工程发展实践中，造就了人的自我孤立和在与宇宙自然的共生共在进程中的自我狂妄与自我蒙昧。道德是人之为人的内在规定，也是人在与世界及其一切存在者自在与互存中为自己规定了主体性、能动性、实践性，从而呈现出一种“向善”的内在规范力量和引导作用。人在工程活动中不断推动技术的发展，技术化生存下的自由蕴含着不断自我超越的创造机制，张扬着一种积极、创新的力量①。

22.5 伦理的力量

22.5.1 守护文明的责任

工程进步不能成为毁坏家园的“推手”。物质文明的标志是生产制造物质的能力提高、物质品类增多及物件质量提升，其手段是通过工程造物途径为工程化能力带来大幅提升。随着物质文明的发展，几个现象与矛盾也日益突出：

①思维极化加快。社会对立，源于思维极化现象在蔓延，导致的对立行为极端化，国家间、宗教间、民族间、党派间，支持与反对，和平与纷争，共存与霸占，日益尖锐，可感可触，困扰国际社会的繁荣发展。工程是承载体，工程伦理的力量则是重要的均衡人类行为与自然、人类自身、社会、既有工程的重要力量。工程应当为和谐、友好、融合作出更大的贡献、更多的保障。

②破坏力大增。穿越群山的长长隧道、踏浪跨海的河海大桥、疾驰而过的高速铁路、纵横交叉的公路网络、高耸入云的摩天大厦、高峡平湖的水库大坝、悬壶济世的医疗准备、免于饥饿的农业工程、令人胆颤的核能核废、入海钻地、“云大物移智区元”，桩桩件件无不昭示着人类改造自然的能力大增，空间尺度、时间延续、宏观延伸、微观探幽达到“巨无外细无内”，破坏能力也以很大的数量级提升。风险也毫无疑问地大大增加。工程是连接思维与行为，体现精神与物质的通道，我造物故我在②。要让造物为人类和谐、恒久存在做贡献。

---

① 何菁. 工程伦理生成的道德哲学分析［J］. 道德与文明，2013（1）：121-125.

② 李伯聪. 工程哲学引论——我造物故我在［M］. 郑州：大象出版社，2002.

工程应当成为建设的力量，而不是破坏的反动力量。

③战争竞争加剧。人类世界，虽然有20世纪的第一次、第二次惨绝人寰的两次世界大战教训，但是人类并没有吸取教训，遗忘似乎更强大。战争导致人员伤亡、财产损失、江河残破、血流成河、枯骨残垣、妻离子散……战争竞争，到了丧心病狂的程度，关心饥饿、疾病、贫困，关切温室效应、环境返璞，远远比不上军备、武器、征伐狂热。工程的进步，不能成为毁坏力量的“推手”！不能成为杀人的武器！人类应当建立系统的、强大的、持久的制衡力量，掣肘、压制与消灭不良竞争的破坏行为。

④资源有限与过度使用。1972年，罗马俱乐部在《增长的极限》中明确指出，人口增长与资源限制之间的矛盾，在50年之后的今天，会日渐激烈。而像我们这样的发展中国家，因为法规和执行的严肃性不足，伦理约束软弱，导致的均用资源低而消耗和浪费巨大的矛盾，极为突出。以“短命工程”为例：沈阳五里河体育场仅投入使用18年就被拆除（于2007年2月拆除，共投资2.5亿元人民币）；海口“千年塔”不满10年沦为“短命塔”（于2010年3月拆除，共耗资3000多万元）；2010年7月交付使用的杭州萧山区鸿达新路，由于该道路被认为影响杭州的整体形象，在同年8月又被彻底重新改造。类似的案例俯拾皆是。

⑤面对人类面临的巨大挑战，应当调整资源聚集度。工程所造之工程物，破坏力增强是科技“选择”的必然，但是人类工程理性，必须在这个关键节点上，保持克制和追求正确的选择。目前，除了面临以下八个挑战外（图22-3），仍然还有更多未知的危险等待着人们。这是非常值得工程师警惕的。环境污染、气候异常、生态破坏、人口爆炸、大规模毁灭性武器的增多，其背后是工业文明的核心手段“工程造物”所致。

工程伦理，包括工程技术伦理、工程道德伦理、工程文化伦理，将可能成为守护地球文明的一支重要力量。

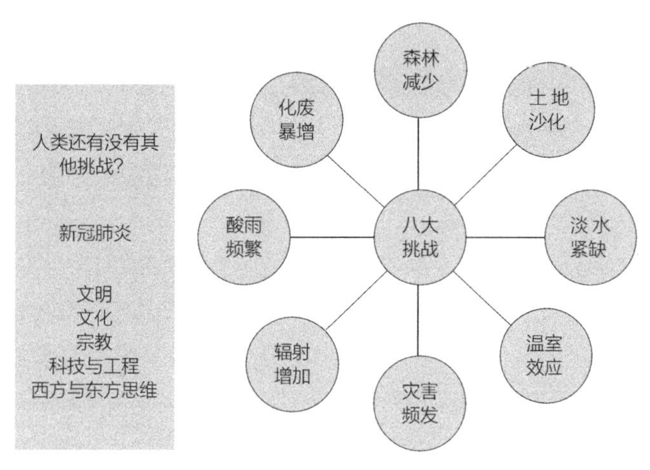

图22-3 人类面临的八大挑战

22.5.2 伦理使命的承担方法

工程是一种以社会为对象的试验，风险是工程的内在属性，所以工程富含深刻的伦理问题[①]。伦理探究不应只局限于搞清楚其“伦”之“理”，更重要的是将其应用到工程这项高度复杂的实践活动中，使其成为文明进步的护法使者。为此，需要探讨伦理使命的承担方法。

①伦理责任承担的角色界定。工程伦理学的理论发展和实践验证，亟需将伦理主体由工程师个体变为工程共同体，从而实现工程伦理责任承担的精准和可行。我国推出质量、安全责任终身制，如果落定到工程师个体，会由于担责能力有限和法人授权程度履责限制，以及雇主忠诚与公共责任矛盾，而无法实施。另外，伦理必然是一种全（群）体的责任与义务，也即广义伦理，这是由工程是一种社会性、集体性活动以及个人的局限和伦理问题的复杂性所决定的，多元异质主体不可能只要求某方或某人遵循伦理准则，这样将演变为“伦理霸权”，以伦理之名行道德霸凌之实。

②工程伦理问题类型分解。笼统地探讨伦理问题，无法指导进行针对性措施的设计和有效力的执行。我国台湾学者的做法值得效仿。在细致划分工程伦理相关问题项方面做了很多工作：王晃三（两类各12项）、冯道伟（三类27项）、江政宪（39项合并为16项）、林铁雄（7大项）等，问题解构的清晰，有助于解析其内在逻辑，为寻求解决方法铺平道路。

③伦理问题违规处理流程。国外不少学者研究了工程伦理问题的解决方法，提出了一些处理流程。流程具有明确指导执行的作用，使得行动处于有秩序状态。图22-4为处理伦理问题的七步决策模式。

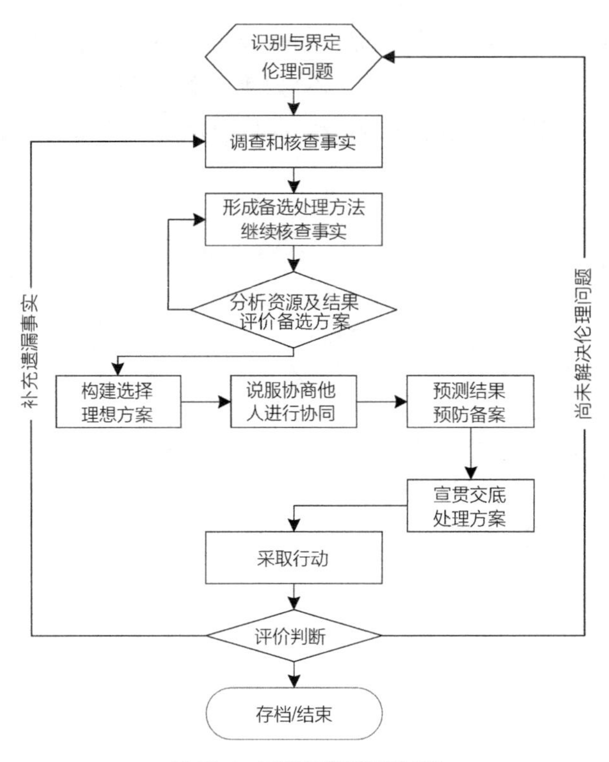

图22-4 工程伦理问题处理流程

① 迈克·W.马丁，罗兰·辛津格．工程伦理学［M］．李世新，译．北京：首都师范大学出版社，2010.

④公共责任与主体责任。无论投资主体是谁，工程都包含公共责任，如公共安全、资源消耗和场所占用。一些只对雇主负责的观点是错误的。因此，工程伦理必然包含公共伦理，也即需要明确在公共伦理之下的主体（雇主）伦理，否则，将无法很好地承担伦理责任，处理好两者的包含与干扰关系，是困扰工程师履行伦理责任的大问题。

22.6 工程社会学兴起

自从奥古斯特·孔德开创社会学学科以来的一百多年的进程中，社会学已经发展成为一门理论内容广博、学术流派纷呈、分支学科众多、研究方法多样、经验研究丰富、社会影响巨大的学科。作为分支学科，工程社会学由工程哲学的开创人李伯聪教授于2010年首先提出，目前建制化发展快速、学术化交流活跃、学术共同体形成迅速。其最大价值在于揭示了工程与社会的关联性、复杂性。

从社会现实基础、理论可能性、需求迫切性和理论发展的内在逻辑方面看，在社会学领域中，工程社会学本来早就应该“应运而生”并成为社会学的重要研究内容和重要分支学科。但它却姗姗来迟，迟迟未能“诞生”。很显然，工程活动不但可以是哲学的研究对象，而且可以是社会学的研究对象。如果说，对工程的哲学研究已经导致了工程哲学这个哲学分支学科的创立，那么，对工程的社会学研究也就势所必然地要导致工程社会学这个社会学分支学科的创立。工程是直接生产力，工程活动是人类最基本的社会活动方式。工程活动不但深刻地影响着人与自然的关系，而且深刻地影响着人与人的关系、人与社会的关系。工程社会学就是一个以工程活动为基本研究对象的社会学分支学科。

①发展脉络。一百多年来，关于应该如何认识和处理“对工程和经济的社会学研究”在社会学中的位置问题，经历了曲折的历史进程。圣西门认为实业家和实业制度是社会科学最重要的主题，孔德认为社会学是唯一性地和整体性地研究人类社会现象的科学，代表着人类知识的最高阶段，表现出了“社会学帝国主义式”的雄心，并因此而贬低和批评经济学是“伪科学”。可是，在19世纪末的经济学和社会学的多重矛盾斗争中，经济学家占了上风。社会学家以退出对经济现象的学术研究为代价换取社会学在大学体系中的教席位置，使社会学成了“剩余科学”[①]。由于经济活动重在通过抽象劳动创造交换价值，而工程活动重在通过具体劳动创造使用价值，这就使得不但需要研究经济社会学问题，而且需要研究工程社会学问题。在中国学者开拓出工程社会学这个新的社会学分支后，工程社会学应该成为社会学领域中国话语的重要表现形式之一。

②主要观点。从马克思关于商品二重性和劳动二重性的观点来看，与经济学和经济分析着重于分析“抽象劳动”和“交换价值”不同，工程活动是通过“具体劳动”而创造“使用价值”的过程——这就形成了经济活动和工程活动在其对象和内容上的重大区别和分野。

---

① 李伯聪. 对工程的社会学研究：曲折历史、现状和未来［J］. 学海，2018（1）：164.

更具体地说，经济活动涉及的是人类的“抽象劳动”方面的问题，而工程活动涉及的是人类的“具体劳动”方面的问题。在经济活动和经济分析中被“抽象掉”的“具体劳动”和“使用价值”，在工程活动和工程社会学研究中不但必须被“还原”，而且对“具体劳动”和“使用价值”的研究还成了工程活动和工程社会学研究的关键和核心内容。在当前的世界上，中国或许还不是一个科学最发达的国家，可是，我们却可以信心十足地说：当前的中国是世界上工程活动最发达的国家！我们应该大力促进和加强工程社会学领域的国际学术合作和学术交流，工程社会学应面向工程且脚踏实地地将“理”与“事”进行结合。可以预期，工程社会学未来的道路必将愈走愈宽广。

③发展意义。作为社会基本活动方式与社会基本细胞的工程活动理所当然并势所必然地应该成为社会学研究的首要对象和基本内容。人类不但通过工程活动改变了自然的面貌，为人类的生存和发展提供了必需的物质生活条件和基础，而且在工程活动中还形成了一定的人与人的关系、人与社会的关系。工程活动和工程发展的过程不但直接体现了人类物质文化前进的步伐，而且有力地促进了非物质文化（包括制度文化、精神文化等）前进的步伐。工程活动是经济维度、技术维度、社会维度、伦理维度、管理维度、心理维度、政治维度等多因素的高度集成。正像工程活动以“高度集成性”为基本特征一样，工程社会学的研究内容也体现了“高度集成”的特征。首先就是经济因素和技术因素的集成，更具体地说，就是技术因素、经济因素、环境因素（既包括自然环境，又包括社会环境）和其他诸多社会因素的相互结合、相互冲突、相互作用、相互影响和协调集成。工程活动在社会生活和社会实践中占据最基础的地位，因而，如果缺少了对工程的社会学研究，社会学这个“学术舞台”就会成为“一个没有孙悟空的《西游记》”，社会学研究的整体状况也就会出现类似于研究“南美洲地理”而“不见巴西”的状况[①]。

放在工程社会学的视野下，工程伦理将具有更深入的领地，更广阔的触角，其不是狭隘、无力的学说，而是一股强大的力量，体现和保护人的生存尊严，以及人作为生态中既已成就的霸主地位的群体，更好地履行守护命运共同体的职责。

---

① 李伯聪．工程社会学的开拓与兴起［J］．山东科技大学学报，2012，14（1）：8.

第23章
论工程智慧

本章逻辑图

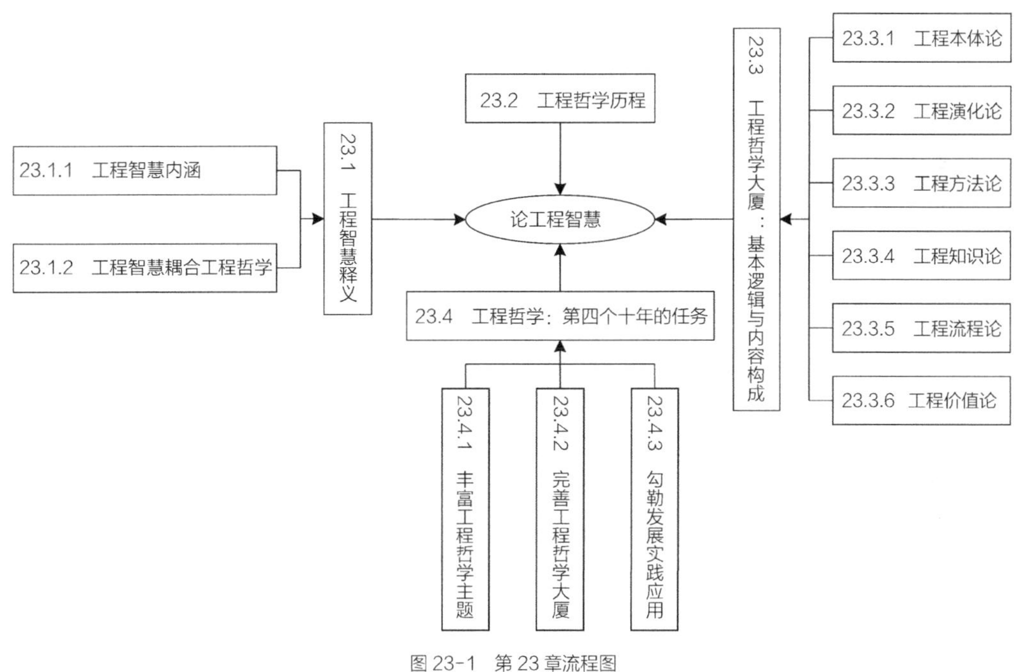

图23-1 第23章流程图

工程产品都凝结了人类的智慧[①]。

“三元六论”构成了工程哲学大厦的骨干框架，是工程智慧的集中表现。

① 何继善，等. 工程管理论［M］. 北京：中国建筑工业出版社，2017.

23.1 工程智慧释义

23.1.1 工程智慧内涵

原始时代就有了原始工程，中国古代神话传说中燧人氏和有巢氏可称为“原始工程师”。古埃及的金字塔，英国的史前巨石阵，中国的都江堰、万里长城和大运河，古罗马的斗兽场，中世纪欧洲的教堂，美洲玛雅人的神庙，公元前2650年古埃及在杰赖维干河上修建的异教徒坝，公元前2300年尼罗河畔人民利用法尤姆绿洲的天然洼地建成的美利斯水库……以上种种，都是古代工程的奇迹。近代的机械工程、采矿工程、纺织工程、公路工程、铁路工程、电力工程等，现代的信息工程、基因工程、航天工程、生命工程、网络工程等都是工程的产物，它们的产生无不体现工程智慧。从工程的谋划、设计、制造、运行、维护、管理、评估活动直到工程实体，作为一种人工造物活动，工程活动往往有理论、方法、知识、工具等渗透和贯穿其中，我们把工程活动中体现创造力、创新成果的聪明才智所集成的理论、方法、知识、工具统称为工程智慧。

23.1.2 工程智慧耦合工程哲学

马克思说：“整个所谓世界历史，不外是人通过人的劳动而诞生的过程。”工程哲学以工程活动为基本研究对象和研究内容。由于工程活动不是“纯自然”的过程，而是有目的的人类活动过程，其中必然渗透着人类的工程智慧。我们甚至可以说，没有工程智慧，就不可能有工程活动。“工程智慧”既是工程哲学的构成部分，也是其研究对象和研究内容。哲学是智慧的代名词，工程智慧集中体现在工程哲学体系思想形成和发展的过程，尤其是包含在《工程哲学》体系内。“三元六论”是指科学、技术、工程构成的“三元”和工程演化论、本体论、知识论、方法论、流程论、价值论构成的“六论”，是工程哲学大厦的基本骨干框架，对工程智慧进行的系统综合的阐述，形成智慧与哲学的耦合关系。

23.2 工程哲学历程

随着工程实践对人类生活日益广泛的深刻影响，目前人们已经强烈地意识到哲学对工程的重要指导意义。这种意识并不是霎时之间形成的，是经过漫长的时间、经验、实践等沉淀累积下来的，工程哲学的发展历程如图23-2所示。

工程哲学的肇始最早可追溯到19世纪的最后10年，俄国工程师Peter K.Engelmeier，在德国杂志上发表包含“技术哲学”一词的论文，要求世界对待工程学的态度应当从哲学角度加以详细阐述，并且应用于社会实践。

我国学者李伯聪在1988年出版了工程哲学的开启之作《人工论提纲》，及至2002年，出版了系统性专著《工程哲学引论——我造物故我在》，此专著的献世得到了高度赞许。中国

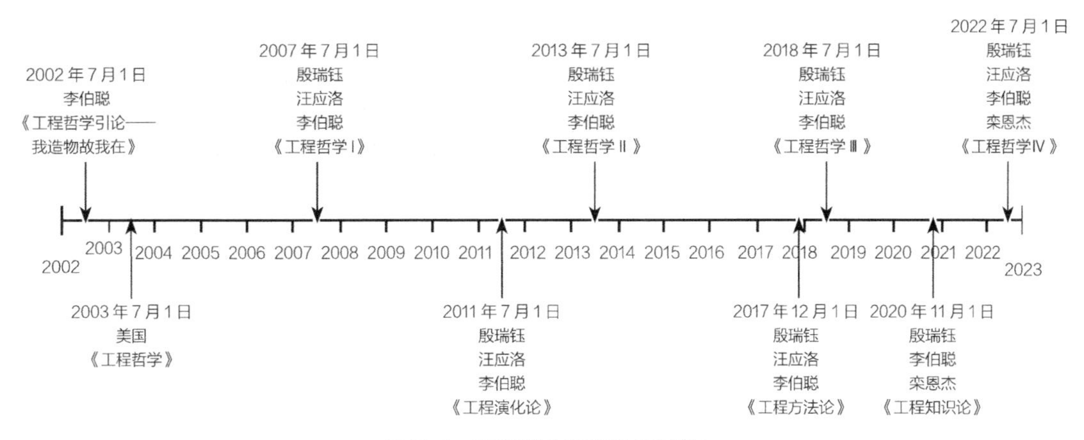

图23-2　工程哲学主要思想和著作发展

科学院原院长路甬祥院士将《工程哲学引论——我造物故我在》称为“具有开创性的崭新著作”；技术哲学专家陈昌曙教授称赞该书为“充满原创性并自成体系的奠基之作”；著名哲学家高清海认为，该书所提出的问题“是具有普遍性，甚至可以说是世界性、历史性的意义的”。紧接着在2003年，中国科学院研究生院成立了“工程与社会研究中心”。同年11月，中国自然辩证法研究会在西安召开了以工程哲学为主题的全国性学术会议[①]。2003年，美国的L.L.Bucciarelli在欧洲出版了《工程哲学》一书。

23.3　工程哲学大厦：基本逻辑与内容构成

工程哲学思想体系，可以简化地概括为“四世、三元、六论、众支”。“四世”是指波普尔三世界基础上拓展而来的世界四部分组成思想；“三元”是指工程作为独立元素，与科学、技术并列作为人类基本活动，成为科学、技术、工程三大活动；“六论”包括本体论、演化论、方法论、知识论、流程论、价值论；“众支”是指在领域、职能、环节等不同维度的分支和细化，是工程哲学内容的深入和丰富。工程哲学“六论”内容构成如图23-3所示。

23.3.1　工程本体论

（1）本体论内涵

斯坦福大学的Gruber在1995年提出了“本体”的定义：本体是对共享的概念化进行明确的规范说明，这一定义在后来被广泛认可。“概念化”指的是将现实世界中的实体概念进行抽象，构造出一系列由概念、定义和关系组成的概念模型，建立起对这一实体事实的约束规则，以显示将所有概念和概念之间的约束关系进行明确定义。“规范”指的是为了让信息更加容易被识别、被处理。本体的共享特质则体现出了本体最大的优势，可以建立公认的领域

① 颜玲．工程哲学体系的建构［D］．南昌：南昌大学，2005.

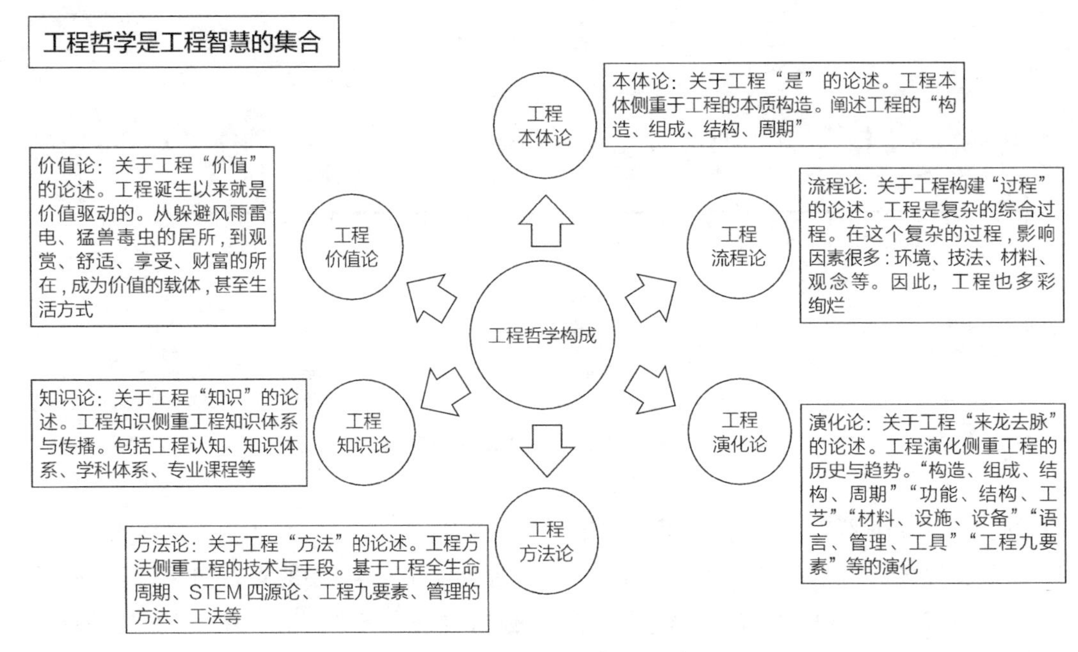

图 23-3　工程哲学"六论"内容构成图

本体库，将对该本体共同认可的知识进行提取和存储，以便于在各领域进行本体研究时有可重用的本体存在。

同时，Gruber通过研究，提出了建立本体应遵循的5个标准：

①客观性：本体在说明被定义的术语含义时，具备明确、可靠的特性。即该定义应该是独立而客观的，且可以形式化，这样将有助于使用逻辑公理来表达该定义，更容易被机器识别和应用。

②一致性：由本体传达出的规则推理产生的推理结果，应与原本体所表达的含义保持一致，不允许存在语义上、逻辑上的冲突。

③完整性：在表达特定术语的含义时，给出的定义描述是完整的，如果有部分缺失，将在很大程度上影响本体在后续的应用效果，在本体自身的一致性检查和本体推理过程中都容易产生较大偏差。

④最大可扩展性：本体可作为概念基础，在不修改已有概念的情况下，可支持在已有概念上进行新术语、新关系的定义，这也是本体的重要特征之一。

⑤最少约束性：尽可能少地对建模对象设置限定条件，使得本体所描述的概念和关系有最高效率的表达方式①。

（2）本体论的形式化表达

本体属于形而上学分支，是对客观世界本质的研究。一般认为最早的本体论项目，其研究目的通常是将客观世界中的事物进行分层、分类，以发现其最基本的组成元素。在自

① 张凡．基于本体论的基站建设工程进度管理研究［D］．北京：中国科学院大学，2018.

然科学领域，该研究方法得到了广泛应用，生物科学、物理学、化学等学科都从不同角度对现实世界进行了最基本的分类，这种分类方式延续至今仍能很好地完成学科分类任务。因此，最接近于现实世界的本体构成，应该是由概念、概念中的规则及其推论三部分组成。为了更便于现代化的信息处理，通常情况下，本体由四种要素组成：概念类（Class）、属性（Property）、公理（Axiom）和实例（Instance）。其中，属性又分为对象属性（Object Property）和数值属性（Data Property）。

而在学者们对本体概念及其应用的研究过程中，出现过很多种形式化表达方式，这些形式化表达方式各具优势，在产生过程中各有差异，但通常是为了便于在各领域中进行应用，以解决现实问题而产生的[①]。

（3）本体论看工程

工程活动是人类为了生存、繁衍、发展而产生、发展和不断演化的，是社会存在和发展的物质基础，没有工程活动，人类就不可能生存。人类不但从事工程活动，而且从事科学、艺术、宗教等其他形式的活动。工程本体论要回答工程活动的最根本性质的问题，而不是从具体内容和细节上回答工程活动和其他若干重要活动类型的相互关系问题。

从工程本体论观点来看，工程活动是一项最基础、最重要的人类活动。工程现实地塑造了自然的面貌、人和自然的关系，现实地塑造了人类的生活世界和人本身，塑造了社会的物质面貌，并且具体体现了人与人之间的社会联系。工程活动是人类生存和发展的基础；作为生产力，工程活动是社会发展的基本推动方式和力量。工程本体论强调的是工程作为现实生产力而具有的本体地位，这种本体论观点由于突出了工程活动是人类有目的改变自然的活动而不同于西方哲学中的自然本体论或物质本体论，由此突出了工程活动是以人为本的活动。认识和分析工程活动的特征，工程活动就是通过选择—集成—建构而实现在一定边界条件下要素—结构—功能—效率优化的人工存在物——工程集成体。正如图23-3所示，工程的本质属性，包括结构、功能、过程、价值，并由此构成了工程本体。工程本体的构成，符合公认本体的规范范畴。

工程是人类有目的、有计划、有组织地运用知识（技术知识、科学知识、工程知识、产业知识、经济知识等），有效地配置各类资源（自然资源、经济资源、社会资源、知识资源等），通过优化选择和动态的、有效的集成，构建并运行一个“人工实在”的物质性实践过程。工程活动是一个实现现实生产力的过程。工程及其过程的内在特征是集成和构建。集成、构建是指对构成工程的要素进行识别和选择，然后经过整合、协同集成为一种有结构的动态体系，并在一定条件下发挥这一工程体系的效率、效力和功能。工程活动集成、构建的目标是为了实现要素、结构、功能、效率的协同和持续的优化，但工程活动的实际过程和效果往往是非常复杂的。在认识和评价工程问题时，不但必须重视目的问题，而且必须高度重视对工程过程及其效果、后果问题的研究[①]。在工程演化的全历程中，工程保有的“结构、功能、过程和价值”始终以抽象的概念内核一以贯之，持有着作为本体的“稳定性、规范

① 殷瑞钰，李伯聪．关于工程本体论的认识［J］．自然辩证法研究，2013，29（7）：43-48.

性、客观性、一致性、完整性、可扩展性、最少约束性”，恰恰这就是本体应有的特性。

23.3.2 工程演化论

（1）工程演化论内涵与特征

对于工程演化的内涵与特征的理解，需要从两个方面去把握：其一，从构词上看，工程演化由“工程”与“演化”两个词结合而成，“工程”限定了“发生域”，工程是人工界的，这指明了人工界是工程演化的“发生域”，从这个意义上来说，工程演化论是人工界的演化论。而“演化”的内涵在历时性意义上揭示了工程演化只是演化的一种特殊形式。从整体而言，工程演化属于“进化认识论”的范畴，是工程哲学的重要领域。其二，从自然—工程—社会三元关系看，工程演化既是自然演化的范畴，又是社会演化的范畴。恩格斯指出，自然界不是存在着，而是生成着并消逝着。人类作为自然界“生成并消逝着”的一部分，所创造的人工界总是依赖于自然并影响着自然的生存与消逝。而人类又是通过工程活动来创造人工界的，从而人工界同样地“生成并消逝着”。值得注意的是，在人工界的演化过程中，自然界既为人工界“生成”资源（材料、能源等）和信息（自然物的物理、化学属性以及其他知识等），也为人工界带来“消逝着”的制约因素（如规律的不可违或地质、气候的变化等）。所以工程演化研究必定要反映和考虑自然界及其演化的因素。另一方面，工程演化又是社会演化的范畴，工程的目的性、价值导向性决定了工程演化更多地彰显了社会性要素的作用。社会性是工程的重要属性，这是工程活动主体的社会性及其对社会经济、政治和文化等直接的、显著的影响和作用的结果。反之，一定社会的经济、政治、文化和军事等因素总是对工程演化产生不可忽略的影响，如直接决定工程的目的或价值导向。因而可以说，工程演化又是一定社会境域中的演化①。

（2）工程演化历史阶段

在人类文明的发展历史上，工程经历了漫长、曲折、复杂的发展，从史前原始人的石器时代直到如今的5G时代，从工程的发展历史进程中，不但可以看出人类社会的物质文明方面的进步，同时可以看出人类社会在精神文明和制度方面的进步与发展。工程发展的四阶段如图23-4所示。

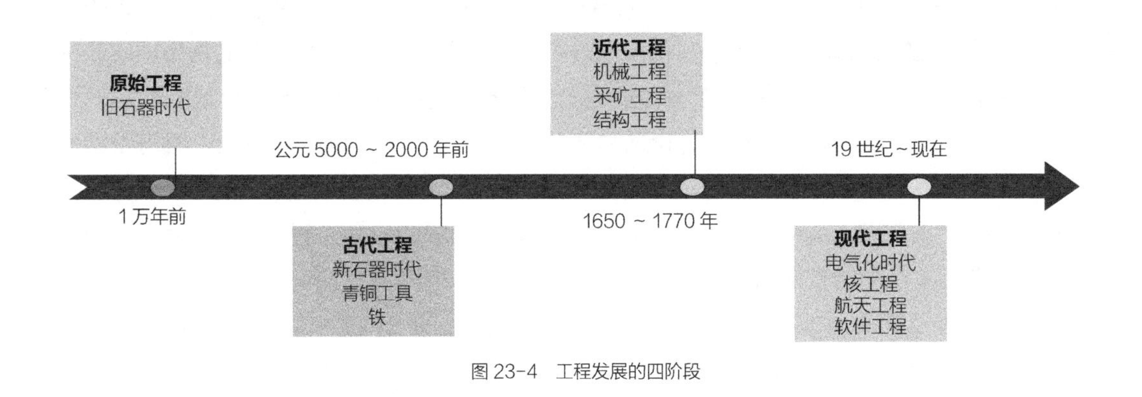

图23-4 工程发展的四阶段

① 蔡乾和. 哲学视野下的工程演化研究［D］. 沈阳：东北大学，2010.

工程的历史发展，还可以从多种视角对其加以梳理，从而显示出不同的工程史。前面指的是一种综合性视角，另一种则是分析性视角[①]。

①工程与科学的关系上所形成的：工程科学史；

②工程与产业的对应上所形成的：工程产业史；

③工程的工具技术手段上所形成的：工程技术史；

④造物水平所形成的：工程造物史；

⑤工程对象的尺度上所形成的：工程对象深入史；

⑥工程所使用的主要材料所形成的：工程材料史；

⑦工程所使用的动力角度所形成的：工程能源动力进步史；

⑧工程所及空间范围所形成的：工程空间扩展史；

⑨对工程的社会属性进行考察而形成的：工程社会史；

⑩根据工程的技术方法与技能演变所形成的：工程方法；

⑪工程思想演变的角度形成的：工程思想。

具体时序如表23-1所示。

工程发展历程表 **表23-1**

工程的历史分期	史前工程	古代工程	近代工程	现代工程
持续时间	人类起源～1万年前	1万年前～15世纪	15世纪～19世纪末	19世纪～现在
工程科学史	经验的		实证的	科学的
工程产业史	渔猎、采集	农业	工业	信息等
工程技术史	手工工程	机械工程	自动工程	智能工程
工程造物史	打磨—建造	制造—构造	重组再造	智能建造
工程对象史	……宏观物体……		分子/原子	原子核/电子
工程精度史	……模糊时代……		毫米时代	微米/纳米时代
工程材料史	石器时代	铜/铁器时代	钢铁/高分子时代	“硅器”时代
工程能源动力进步史	体力	蓄力/水力	蒸汽/电力	核能等
工程空间扩展史	地面工程—地下工程		—海洋工程	—航空航天工程
工程社会史	个体工程	—简单协作工程	—系统工程	—大系统与超大工程
工程方法	个性化、经验化时期		共性化、单一化	智力化、知识化
工程思想	敬畏自然		征服自然	人与自然和谐共存

① 殷瑞钰，汪应洛，李伯聪. 工程哲学（第二版）[M]. 北京：高等教育出版社，2013.

23.3.3　工程方法论

工程方法是指人们在工程认识和实践活动中所采取的方式、规则、路线与程序等。其是人们在长期的工程认识和实践活动中形成的，并随着工程认识和实践活动的深入而不断地发展。工程方法论以工程方法为研究对象，离不开各种各样具体的工程方法，在一定意义上，它是“论”工程方法，但又不能简单地等同于“论”工程方法。这是因为：

首先，工程方法论是论一般工程的方法，而不是论具体的工程方法（不涉及某一具体工程项目的方法），它是在分析、综合、概括、总结形式多样、千变万化的具体工程方法基础上形成的理论概括与思想升华，它是关于工程方法的总体性、概括性、普遍性、共同性及规律性的理论。可以说，它源于具体工程方法，离不开具体工程方法，但又高于具体工程方法，它主要探讨工程造物的一般方法及规律。

其次，工程方法论不是一般地描述、介绍、阐述（论）工程方法，而是以工程方法为对象，经过深入思考和梳理，从中归纳、总结、概括和提炼出具有普遍意义的一般理论与方法，以阐明完成工程活动的一般途径、次序或环节，获得工程建构有效的工作程序和逻辑步骤。

再次，工程方法论不仅研究多种多样、变化万端的工程方法，而且注重研究工程方法的具体类型（形式）、来源、性质、结构、功能、特征、价值、历史演变、意义、步骤、环节、次序、运作程序、适用条件、运用原则以及不同方法之间的层次结构和内在关联性，以及这些工程方法的内外关系等系统性理论。

最后，工程方法是具体的、特殊的、鲜活的、灵活多变的、形式多样的，是以实践形态（主体经验等）存在的，具有可操作性。工程方法论则是笼统的、普遍的认识，是具有一般性、原则性、总体指导性的抽象理论，以理论形态存在，不具有现实操作性。工程方法论是论方法，但不是就事论事，而是对工程方法本质、特征、规律性、共同性与一般性的论述。工程方法论是通过对具体工程方法的研究，从中提炼、概括和升华出的工程方法背后的、深层的、起支撑和支配指导作用的理论、原则、方法、逻辑与规律性知识，即有关工程方法的方法、工程方法的原则、工程方法的理论等深层次认识与精神智慧。

综上所述，工程方法论是在“论”工程方法的基础上，挖掘和升华出的工程实践活动应遵循的基本途径、工作程序和深层逻辑。工程方法论反映的是各种具体工程方法的一般性质，是从科学抽象的高度进一步综合、提炼、概括、抽象和升华出的普遍存在于各种具体工程方法之中的共同本质与规律性的理论。如果说，工程方法是“术”的层面，那么，工程方法论就是“道”的层面，其解决理论指导的问题①。作为工程方法论研究对象的工程方法，具有七个本质特征②，如图23-5所示。

---

① 李永胜．论工程方法论的研究对象、维度与意义［J］．洛阳师范学院学报，2016，35（7）：11-17.

② 王宇．工程方法论初探［D］．西安：西安建筑科技大学，2013.

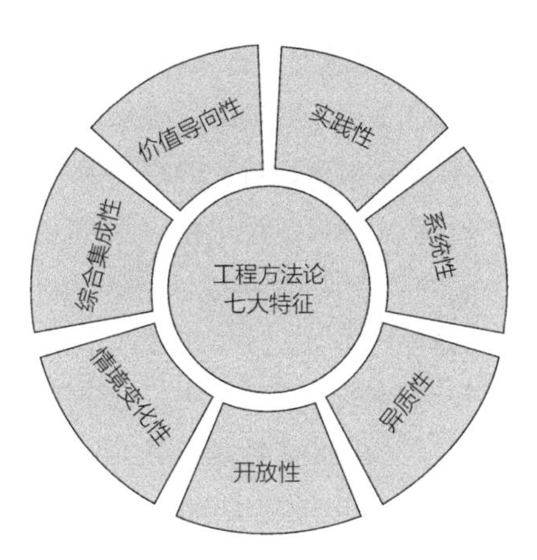

图 23-5　工程方法论七个本质特征

①实践性：工程是一个建造的过程和结果，构建出一个新的人工物是工程活动的主要内容。实践性就应该是工程方法论特征的第一条，因为工程人工物的构建就是通过实实在在的实践活动创建出来的。人们应该把构建人工物的过程放在运动和发展的过程中来把握，不能把其周围的环境看成是“静态”的环境，工程活动就是在这些多重规律交互作用和资源约束的条件下进行的构建性实践活动，所以，工程方法论应该是具有“实践理性”特征的方法论。

②系统性：人们常常说起的“三峡工程”“阿波罗工程”“金字塔工程”“青藏铁路工程”等，都是被当作工程活动的典型工程。纵观这些工程，可以发现典型的工程问题都是与构建一个复杂的人工自然系统有关。因此，相对于复杂的系统问题，就需要有系统的工程方法论作为指导，工程方法论立足于工程活动的结构与过程，从工程决策方法论、工程设计方法论、工程实施方法论和工程评价方法论这四个部分来全面系统地论述工程方法论。因此，工程方法论应该是具有系统性特征的方法论。

③异质性：异质协调性工程主体由投资人、决策者、管理者、经济师、设计师、工程师、监理师、技术员、施工员、工人等异质性利益相关者构成，他们之间必然存在大量的观念、知识与利益的冲突和矛盾，可能需要通过竞争、博弈、沟通、协商、合作等方式来整体协调，才能保证工程的顺利进行。其次，工程活动中存在各种异质性物的要素，工程主体如何将它们协调起来，构成有一定层次结构的系统整体，并与人的因素协调起来，实现“人—机”因素的有机结合，除了工程活动内部的系统协调，还必须与其环境因素相协调，即与生态的、社会的、经济的、政治的、文化的等异质性的、非技术因素相协调，充分体现了异质性。

④开放性：工程活动因为人类的需要而变得有意义，它是一个将技术要素和非技术要素结合起来的社会实践活动，任何的工程项目必须在一定时期和一定的社会环境中存在和展开，其最终构建的工程人工物也是要为人类而服务的。一个工程的建设，特别是大型的工程，其开放性会越来越大，人们往往关注的是这个新建的人工物会对自己的生活带来什么变化、会对环境带来什么影响等。因此，工程方法论中应该具有开放性这一特征。

⑤情境变化性：工程人工物的构建需要工程主体根据当地的实际情况和环境做出规划设计方案，因为随着工程活动的进行，由于当地的环境条件、气候条件等，会随时带来不确定因素的变化，这些不确定的因素就会对工程行动的结构带来改变。因此，工程人工物的构建必须考虑到情境的变化性，并且在工程方法论中更应该关注情境变化性。

⑥综合集成性：一个工程人工物的成功构建，是需要三个方面综合集成的。第一，工程人工物的构建与其所在环境的综合；第二，建造工程人工物的技术因素和非技术因素的综合；第三，为了建造工程人工物，不同的工程活动组织、团体之间的综合。工程构建活动本身就是一个综合集成的过程，所以，综合集成性是工程方法论的特征之一。

⑦价值导向性：工程作为社会化、产业化的经济生产行为，其建造的人工物不是中性的，它必然附和价值，正面的效益是工程活动追求的正面价值，而负面的作用与影响则是工程活动企图避免但又不可能全部消除的负面价值，这便使工程行为往往具有双重价值性。发扬正面价值，克服或避免负面价值。所以工程方法论应该具备价值导向性。

工程方法论是关于工程方法的理论，它以工程方法为研究对象，是工程方法的理论分析、抽象概括和思想升华。工程方法具有知识性、实践性、综合性、创新性、多样性等特点。工程方法论是跨学科研究领域，可以从工程哲学、系统科学和工程科学等多个维度进行跨学科、跨领域的交叉研究。工程方法论研究具有明确的目的性，有着重要的理论价值与现实意义。

23.3.4　工程知识论

《工程知识论》的出版[①]，标志着对工程知识的研究已经取得了阶段性的成果。新视野中，工程知识既不是纯粹的科学知识，也不是纯粹的社会知识[②]。工程知识具有无比丰富的内涵，发挥着巨大的作用。

（1）工程知识论内涵

自从人类社会诞生以来，工程作为一种实践（造物）活动，一直存在和发展着，这始终离不开工程知识的发掘、运用和创新。追溯工程史，无论是古代工程，还是现代、当代工程，任何一项工程活动，从工程决策、工程建造（包括设计、施工），到工程运行及拆除，实质上是工程的知识化过程，都反映和蕴涵了大量的工程知识内容。在当前工程哲学的研究中，哲学家和工程师们已开始关注工程知识的哲学问题。关于工程知识的定义，美国技术哲学家Pim J. 在其所著《技术思考——技术哲学的基础》一书中写道："工程知识是以操纵人类环境为目的，而进行的工艺设计、构建以及操作。"工程通过要素整合与集成建构新的存在物这一造物活动，有属于其自身的知识体系，包含了理性、逻辑和事实三重属性，本质上讲，工程知识是一类建构性知识，泛义地讲，工程知识包罗丰富的内容。

① 殷瑞钰，李伯聪，栾恩杰. 工程知识论［M］. 北京：高等教育出版社，2020.

② 盛晓明，王华平. 我们需要什么样的工程哲学［J］. 浙江大学学报（人文社会科学版），2005（5）：25-33.

（2）工程知识论特征

工程知识的类型及特征是工程认知研究的一个重要内容。工程知识的类型按照作用机制可以分为陈述性知识与程序性知识；根据表现方式划分，有显性知识与隐性知识。当然，还有其他一些划分方式，如价值知识与事实知识、理性知识与经验知识等。作为工程认知研究的重要内容，具有如下四个本质特征（图23-6）[①]：

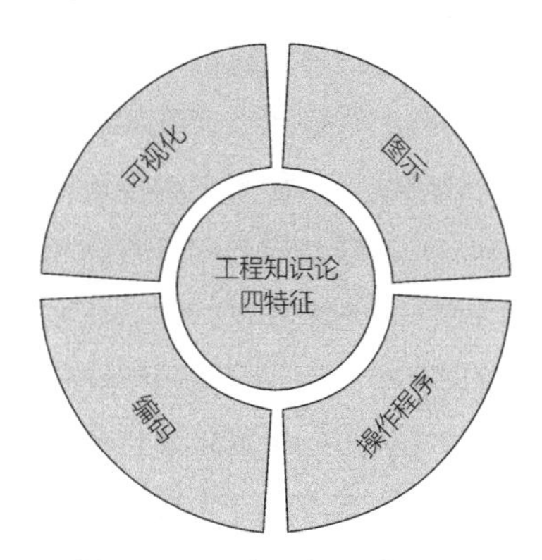

图 23-6　工程知识论四个本质特征

①图示：工程知识不像一般语境的科学知识，通过概念、公式、定理、公理等来表征，工程知识除了概念、公式等作为载体外，其大量的语言形式则是图示的方法，如工程的草图，设计图纸（图集），构造做法，施工平面布置图，工期网络图，专项施工方案涉及的各种施工图（包括详图、大样图）、电路图、流程图等。相比文字而言，借助于图形、图示等符号语言往往更能准确、清晰地表达比例、结构与功能关系。以土木建筑工程为例，施工图设计是对建（构）筑物、设备、管线、道路等工程对象的几何尺寸、选用材料、强度等级、构造、布置、相互关系和施工及安装质量要求的详细图纸，是指导施工及安装的直接依据。图示是工程知识的显著特征，工程领域中，离开了制图、图示等工程知识的语言形式，工程是很难实施的。美国著名技术哲学家Carl Mitcham说："工程绘图有着独特的语言和用于抽象表达作用的体系，它不仅仅意味着通过内部行为交流而得到的结果；它们还是过程的一部分，也是通过这一过程而达到结果的途径。"工程的建造，其主要依据表现为设计图纸、工程规范标准等。图示方法的运用为工程的实施提供了方便、简洁、精准的知识形式。图形表达形成了完整的体系，成为工程必不可少的部分，是工程知识的构成内容。

②操作程序：工程是人与自然、人与社会之间进行物质、能量和信息变换的载体，其核心是将二维变成三维、方案（图纸）变为实体的造物活动，工程的目的必须通过操作（作业）才能变成现实，没有实际的、程序化的操作，工程就只能停留在工程思维阶段或工程设计阶段。可见，工程思维通过操作程序化，转化为工程知识；工程设计只有通过操作（作业），才能形成工程实体。所以，操作行为是工程造物活动的基本内容。荷兰工程哲学家Busia Riley强调："工程知识的目的在于操作，在于制造，在于生产新的产品。"工程知识作为操作程序性的一种知识类型，从工程的初始状态经过中间状态再到目标状态的操作过程，它遵循工程学原理和运作程序（步骤），其认识和操作过程呈现程序化、流程化特征。操作程序化意味着按照工艺逻辑和事实关系，对工作内容、操作方法进行衔接、递进并固化下来，形成规范的工程技术管理流程和工作标准。标准自身是工程规范的关键所在，它构成了工程知识的重要组成部分。

---

① 黄正荣. 工程参数控制与工程知识的增长模型［J］. 工程研究-跨学科视野中的工程，2017，9（3）：243-250.

③编码：编码是符号学和计算机科学中的重要术语。编码是指信息（知识、数据、文字）从一种形式或格式转换为另一种形式的过程，人们在使用符号的时候，往往要对符号进行编码，将符号组合成代码，来表达事物（语言）的意义。在工程规则（譬如规范、标准）、工程图纸等工程知识的表述中，大量使用代码、叙述、数值、信息等编码的形式，使得其清晰，有条理。通过对工程学结构逻辑与功能条件进行编码，产生出标准化信息代码，应用代码联系各知识要素的方法建立起技术性要素与非技术性要素之间的联系。技术代码在工程领域用技术上连贯的方式解决一般因果关系、逻辑类型和控制形式等问题，这种解决方式为工程活动提供一个范式或样本。代码设计的原则包括标准化、通用性、唯一性、稳定性、便于识别与格式统一。无疑，编码在工程知识中具有重要的意义和作用，通过编码将程序性的知识按照一定的逻辑和事实属性进行编排、选择和组合，从而形成规范化、定制化、导向化的工程知识，用以指导工程设计和施工作业。

④可视化：可视化技术最早运用于计算机科学中，并形成了可视化技术的重要分支，即科学计算可视化。近年来，可视化技术已开始运用于工程设计和施工中，正在引发工程界的革命性变革，可视化已逐渐成为工程知识的重要特征。工程可视化利用现代计算机科学和技术，能够把工程数据，包括所获得的数值、图像或是工程设计、施工计算中涉及和产生的工程信息变为直观的、以图形图像信息表示的、随时间和空间变化的工程具象或工程量呈现在工程人面前，使之能够模拟和计算。从哲学上看，工程的可视化是工程现象的一种本质还原，把工程具象还原为一般本质，即把可能在现实中存在的事物还原为意向的本质，寻求虚拟世界与现实世界的关联性、一致性。从普遍意义上讲，工程的可视化知识是可通约的，能够跨越各个工程领域传播与使用。其中，可视化技术在土木建筑工程得到最广泛应用的就是建筑信息模型（BIM），它可优化设计与施工，确保设计的可施工性和施工资源优化配置。可视化提供了工程思维与工程知识相互转化的现实可能性，使工程知识在人脑与计算机的互动中达到最有效的应用，是工程发展的管理现代化标志之一。

工程知识是工程认知的一个核心范畴。如果说工程是造物活动，那么工程知识就是与造物活动（操作、建造和使用）相关联的知识，包括规则系统、理论分析与技术装置涉及的技术性和非技术性要素的知识。正像文森蒂[①]所称："工程知识不可能而且也不会同工程实践相分离。工程知识产生的过程，以及知识所服务的工程活动，这三者的性质，构成一个不可分离的整体。"

工程知识构织成完整的知识链，使知识更具有穿透力、关联性和对生产力的指导能力。

（3）工程管理知识概貌

工程管理就是促使工程目标实现的过程总和。工程管理知识的概括[②]，如图23-7所示。

---

① 沃尔特·G. 文森蒂. 工程师知道什么以及他们是如何知道的——基于航空史的分析研究［M］. 周燕，闫坤如，彭纪南，译. 杭州：浙江大学出版社，2015.

② 殷瑞钰，李伯聪，栾恩杰. 工程知识论［M］. 北京：高等教育出版社，2020.

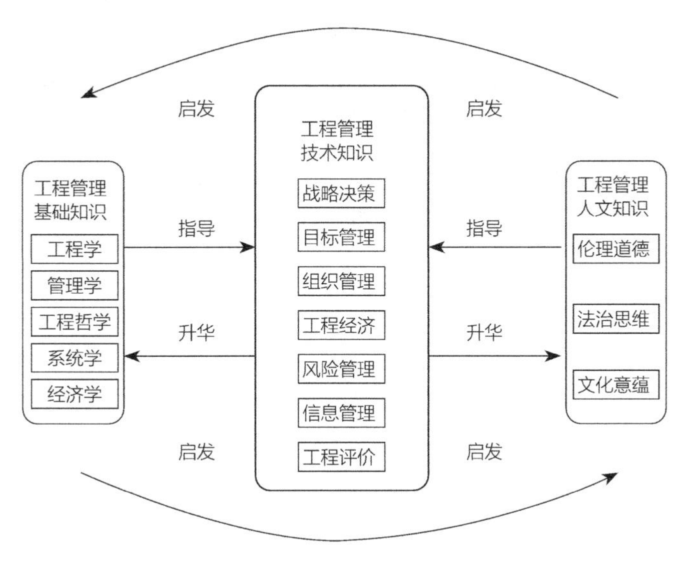

图 23-7　工程管理知识概貌图

23.3.5　工程流程论

工程哲学思想体系，应当包括本体论、演化论、方法论、知识论、流程论、价值论。借鉴于科学哲学、技术哲学的思想体系，认同本体、方法、演化，甚至知识论，争议不大。但是为何说工程还要有“工程流程论”，则是相对新的课题。流程是对泛义“过程内涵”的一个收敛性范畴。

①工程的过程不可或缺。工程是构建、集成和创新的过程，最重要的成果是“造物”“用物”结果，贯穿工程实体的全生命周期，直到工程物体的解体拆散和重复利用。在这个复杂的过程中，实现结构的建造（制造）；产生符合质量（功能）要求的实体；核算工程成本；确保过程安全；满足用物者要求；维护和保证使用状态的正常性等。所有这些特点，是科学研究和技术开发所不具备的，这是工程特有的特点。不可否认，对工程过程的研究具有独特价值和地位，其构成工程智慧的重要组成部分，没有过程就没有工程。

②流程是结构与功能的耦合机制。其是表述工程过程的专门学问，是工程基本属性之一。

③殷瑞钰的《冶金流程工程学》[①]《冶金流程集成理论与方法》[②]所载述的研究成果，表明工程流程组成的内容非常丰富，且具有深刻影响。

综观西方哲学史可以发现，过程思想源远流长，从赫拉克利特的流变说到怀特海的过程哲学彰显了过程思维方式，期间柏拉图、亚里士多德、布鲁诺、卢梭、狄德罗、康德、费希

---

① 殷瑞钰．冶金流程工程学（第二版）[M]．北京：冶金工业出版社，2008.

② 殷瑞钰．冶金流程集成理论与方法[M]．北京：冶金工业出版社，2013.

特、黑格尔、柏格森等人都曾把人类社会、自然和宇宙描绘为一个过程[①]。

工程不仅是一种活动，而且也是一个持续的、有时序逻辑衔接的过程。工程过程就是工程主体从一种工程事件的运动状态转化为另一工程事件运动状态的过程。工程既是工程事件的集合体，也是工程过程的集合体。从过程的意义上说，工程是一个复杂的、动态发展的过程，是对工程不断改善、完善的过程，是工程主体创造生活环境、提升生活质量、开拓生活空间、创造生活价值、提升自我的行为过程，是物质流、能量流、信息流等的过程，是预测、决策、计划、组织、控制、创新的过程，是设计、营造、运行的过程。

工程过程首先是工程设计过程。这个过程要解决的核心问题是：自然界本来没有实现的工程，“我”怎样“思”出来，以及怎样实现一个所渴求功能的物理客体的描绘蓝图。“思”就是头脑设计、头脑思维。这个“思”的过程始于工程问题，问题走在工程的最前方：为什么要开始这个工程？工程问题确立后，就要围绕着问题，收集解决这一工程问题的相关材料；在收集材料的基础上，设计过程要进行工程预测：对工程活动及工程未来发展变化的趋势作出预先的超前的反映、概率性判断；然后，设计者进行工程描述蓝图的设计：一个工程整体由哪些部分构成，各部分如何相互关联而具有结构和性能，各部分又如何组合到实现其目的的整体运作中来履行其性能，工程是如何运作的，工程目标实现的人力、物力、财力的筹划，实施工程目标的步骤、方法、政策及策略。工程设计要解决的问题是如何将“我思”变成工程描述性蓝图。

继而，按工程蓝图进行模拟仿真实验。工程设计后，要解决的核心问题是：如何将思想上的描述蓝图模型物化变成工程现实或变成物理客体。这就开始了一个工程营造的过程。这个过程首先是工程组织；进行组织结构和组织工作设计、资源配置和权力授予；然后是工程营造，把仿真模型变成现实工程；最后是工程检验。工程营造出来后，目的是使用工程、消费工程、享用工程。因而工程过程是要从营造过程转向享用过程。享用过程是一个市场化的过程。这个过程始于推介，把工程推介到市场，让市场接受。推介成功，工程主体发生转换，从设计、营造主体变成享用主体。推介之后，是享用过程[②]。

流程是连接结构与功能的节点，流程是结构与功能的耦合机制[③]。关于结构—过程—功能之间的关系已在第8章中进行了阐述，这里不再赘述。

23.3.6 工程价值论

工程诞生以来就是价值驱动的，或者说工程就是在价值驱使下启动的。从躲避风雨雷电、猛兽毒虫的居所，到观赏、舒适、享受、财富的所在，工程成为价值本身和价值的载

① 李秀红．以过程为切入点理解马克思哲学革命——评《马克思哲学过程论：一种实践过程思维方式》[J]．辽宁省社会主义学院学报，2014（3）：115-118.

② 颜玲．工程哲学体系的建构[D]．南昌：南昌大学，2005.

③ 卢锡雷．流程牵引目标实现的理论与方法：探究管理的底层技术[M]．北京：中国建筑工业出版社，2020：47.

体。当人们创造工程时，自然而然会追问、寻找工程价值问题，要对工程价值作出判断和选择。一项工程首先要追寻的问题就是它的价值何在，有多大的价值。工程价值就是工程对社会需要的满足关系和满足程度，指工程对社会所具有的意义关系。这也是工程建造者和大众所关注的一个重要问题。例如，青藏铁路工程的修建，首先应弄清的事实就是：它的修建究竟会给西部的人民带来多大的利益或者实惠，能够带动西部地区怎样的经济发展。

现代工程不是工具理性膨胀，而是负载工程价值，致力于实现工程价值理性与工具理性的统一，这将成为工程存在合理性的内在要求和工程发展的必然趋势。工程活动不仅限于追求经济价值，还要寻求科学价值、生态价值、美学价值、文化价值和伦理价值，更趋于消解纯技术传统和功利主义，摆脱一些消极影响和负面效应。工程价值可从以下角度进行论述：

（1）工程的经济价值

经济价值，也就是工程作为物质生产活动形成的产值，即GDP。GDP可以从产品形态、价值形态和收入形态三个方面分析。

从产品形态来看，GDP表现为一个国家或地区所有常驻单位在一定时期内生产的全部最终产品的价值。产品分为有形的和无形的两种。工程建造的最终产品，有些不再被用于生产过程，如居民住宅、展览馆、影剧院、体育馆等，这些工程产品交付使用后就开始了消费过程；有些最终的工程产品则被再次用于生产过程，但不会被一次性消耗或一次性转移到新产品中。例如：一座钢铁厂建造好后，又开始冶炼的生产；一座发电厂建造好后，又开始发电的生产；一座煤矿建造好后，又开始煤炭的生产等。这些工程产品都要经过逐次的、长期的磨损才可以消耗掉。

从价值形态来看，GDP表现为一个国家或地区所有常驻单位在一定时期内生产的全部产品价值与同期投入的中间产品价值的差额，即增加值之和。任何工程产品都有投入和产出的问题，通过投入人力、物力和财力而生产出的工程集成物，会形成二者价值的差额的增加值。工程建造活动不能不计成本地进行，投入与产出应该有恰当的比例，即应该有盈利，并且应该以较少的投入获得较大的产出，那样，建造活动生产出来的产品才是更有价值的。

从收入形态来看，GDP表现为一个国家或地区的所有常驻单位在一定时期内的生产活动所形成的原始收入之和。工程单位生产活动所形成的收入，包括对劳动要素的支付、对政府的支付、对固定资产的价值补偿，以及获得的盈余。收入是衡量工程建造效益的尺度。因此，工程建造活动一定要处理好投入与产出的关系，讲究建造活动的产量、质量和效益，使生产价值最大化。

（2）工程的消费价值

许多工程集成物建造完成后，都要进入消费环节。消费是产品价值的最终实现。马克思说："一条铁路，如果没有通车、不被磨损、不被消费，它只是可能性的铁路，不是现实的铁路。因为产品只有在消费中才能成为现实的产品。"越是高质量的工程产品，其消费的价值越高，如高速铁路或提速铁路上的动车组就是优质优价，比一般的列车票价高。

（3）工程的政治价值

工程活动是经济活动，但也与政治有关。政治是经济的集中表现，经济中有政治。其实，许多工程都带有明显的政治色彩。例如，"两弹一星"工程，是在全国人民节衣缩食和科技人员艰苦奋斗下完成的。又如，青藏铁路的建设通车，不仅使西藏和内地的经济更加紧密地联系起来，有了一条物质和人员流动的大通道，对西藏和内地都有显著的经济意义；而且还有重要的政治意义和军事意义，青藏铁路的建成会进一步增进民族团结，进一步巩固国防。修建青藏铁路，不仅着眼于它的经济意义，也是着眼于它的政治意义。

（4）工程的文化价值

工程的文化价值可以从两个方面来说：一方面，从工程活动的文化支撑力来看工程的文化价值。工程活动中蕴涵了科学、技术的诸多元素，越是现代化的工程活动越要靠科技来支撑；同时工程活动中还有国家核心价值体系的根本指导，以及企业文化、企业精神、企业伦理、经营哲学的有力支撑。工程活动的文化价值有高低之分，其高低取决于文化支撑力的大小与强弱，而文化支撑力的大小与强弱又关乎工程活动的成败与得失。

另一方面，凡是已经建造出来的好的工程产品，一定是有丰富文化内涵的产品。没有文化内涵的产品就不会是好的工程产品。工程产品的文化内涵，包括审美的观赏价值以及哲学理念，内涵的人文尺度，科学技术的元素集成，民族的文化风格等。

（5）工程的社会价值

改变社会的价值，即改变人类的生产方式、生活方式和思维方式。工程改变或提升着生产方式。现代化、自动化工厂的建立，取代了手工操作或低机械化水平的工厂，这样的工程更替提升了原来的生产方式。工程在改变生产方式的同时，也就在改变着人类的生活方式和思维方式。现代化、自动化工厂的建成，大大提高了生产效率，使人们的劳动时间缩短。我国普遍实行5天工作制以及春节、国庆两个"黄金周"假期。这就使人们有了更多的闲暇时间学习、旅游、度假、社会交往等。高速铁路、高速公路和机场等现代化交通工程的建成，使人们的出行更加便捷，在较短的时间内就可以到达国内的任何一个地方甚至世界的各个角落，于是，假日经济空前火爆，并出现了"休闲文化"的新概念。我国城市在改革开放以来的40多年里发展之迅速，变化之大，令世界瞩目，其中包括生产方式、生活方式和思维方式等各种变化①。

（6）工程的潜在价值

有些工程在一定时期内，甚至相当长的时期内，并不能给人们带来直接的经济利益，但由于这些工程具有潜在价值，因而从长远看还是有巨大经济价值的。例如，自从20世纪50年代苏联月球1号探测器掠月而过，全世界虽已进行了123次月球探测活动，但直到今天，这个离地球最近的星球上的任何资源都尚未在人类生活中得到直接应用；但科学家从不怀疑这一天的到来，尽管月球资源的利用遥远到无法预期。

对工程价值的追求是工程活动的目的和最终动因，是工程主体对工程态度的根源。工程

① 徐长山．工程十论［M］．成都：西南交通大学出版社，2010.

哲学研究的目光始终聚焦于工程人文精神的核心，即工程的真、善、美，它是工程追求的最高的理想境界和价值。

工程要求真，具有真理的价值性；工程要求善，工程行为有道德；工程要求美，塑造和表现工程。在工程的这种追求中，真、善、美的追求是一个和谐的整体，也是追求价值的最高境界。

23.4 工程哲学：第四个十年的任务

工程哲学从1988年的《人工论提纲》破土，到2002年的《工程哲学引论——我造物故我在》创立奠基，再到如今已经取得了堪称辉煌的成果，自2021年起，工程哲学的发展已进入第四个十年，展望未来，工程哲学仍然面临更创新景的重要任务：完善工程哲学大厦。任务包括三大方面：第一是立论——创设“价值论”“本体论”和“过程论”（流程论），梳理“三元六论”间的统合逻辑与承接关系；第二是注题——丰富工程哲学内涵的32个“工程论题”，以塑形而上耦合形而下的“道器合一”路径；第三是沉底——将工程哲学之根扎入“人类生存方式”之底，展现爱智之学的宏大视野和悯世心怀，并以深厚的工程基础阐发工程（哲学）语言。此外，应当就工程哲学创发群体尤其是开拓者的历史地位予以确认，这是超越私域思绪，驻留思想史上的重大史实。工程哲学大厦构成如图23-8所示。

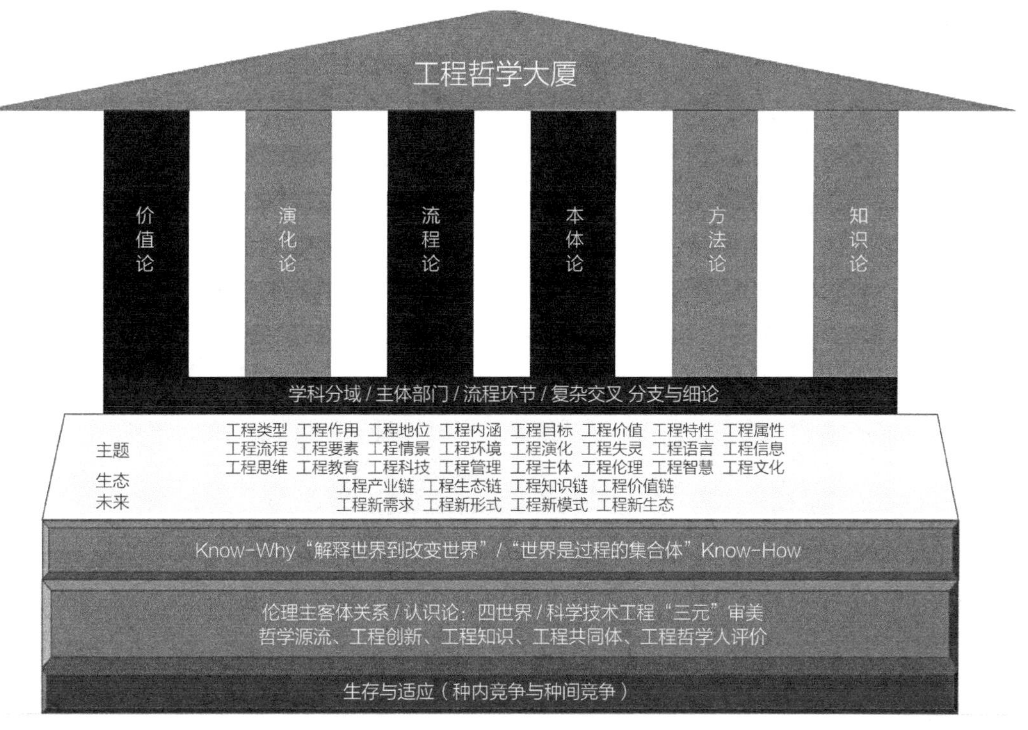

图 23-8 工程哲学大厦构成

23.4.1 丰富工程哲学主题

目前，国内外对工程哲学的研究尚处于起步阶段，各位学者都从不同的角度提出了工程哲学应研究的问题，并初步交流各自的看法，需要进一步深入地研究。工程哲学不是象牙塔中的游戏，它的灵魂是理论联系实际。我国之所以在工程哲学的开拓上能够走在欧美学者的前面，是有其深刻的社会基础和社会原因的，同时也希望今后在此领域中能有更多、更丰硕的成果产出。

工程哲学自创生后，经历了较快发展，工程的多样性预示着工程哲学的丰富性。论题、范畴和分支是建立框架与内容、系统与要素之间良性互动的通道，因此，有必要充分、全面地对工程各论题进行深入探究。其目的在于充分解构工程的高度复杂性、深入关联性和极大影响性，对接当下的工程新变化，或将为构建工程哲学的智慧大厦添砖加瓦。

23.4.2 完善工程哲学大厦

工程哲学大厦的奠基为科学、技术、工程的三元独立活动，在此基础上构建的六论。有关工程本源的研究，主流方法有两种：进路之一是模仿目前较为成熟的科技哲学，映射发展出相应的本源，通过这种方法，目前研究较为成熟的有工程演化论、工程方法论、工程知识论。进路之二则是通过对工程本体进行深入研究，寻找适合工程本体内生发展的论述，笔者通过对工程数十年的分析与探究，大胆预测，工程哲学欲想充实，至少还需要创立、研究、完善工程价值论、工程流程论、工程本体论三大论述，形成工程六论，如图23-9所示，具体阐述如下。

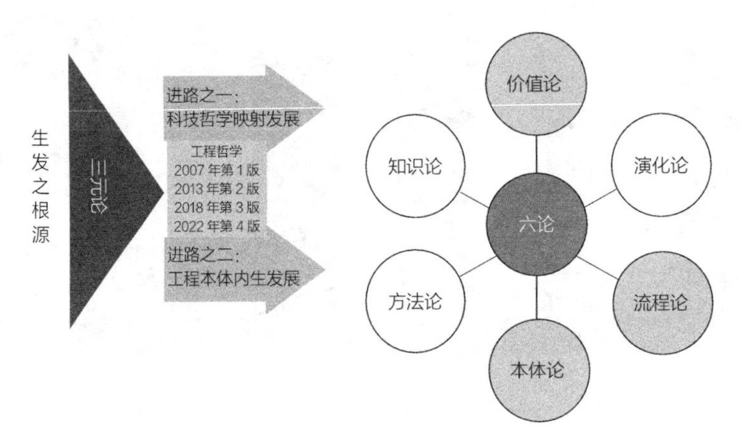

图 23-9 工程“三元六论”发展进路图

（1）工程价值论

殷瑞钰、李伯聪[①]指出：“工程知识都是价值导向的。”李开孟则指出：“没有工程价值论，

① 殷瑞钰，李伯聪，栾恩杰．工程知识论［M］．北京：高等教育出版社，2020：51.

工程哲学体系就是不完整的。”

如果说建器造物是人类独特活动的根本，是工程本体之根，那么价值就是工程本体之种芽，过程则是工程本体之枝干，工程物则是工程之果实。

价值是工程的导向。无论哲学的价值还是社会经济价值，工程肇始于价值，陨灭于价值。工程的价值判断，已经成为重要的论题。价值中充满着博弈与均衡。价值是建立工程共同体的基础。价值中归聚了判断、风险、决策、评价。工程活动围绕价值开展。因此，工程价值论的研究是重中之重。

（2）工程本体论

本体论，又称存在论、存有论，是研究诸如生存、存在、成为和现实之类的概念的哲学分支。本体论研究的现象背后的本体性的成因，让现象之所以如此生成出来的那些基础性的本体，和这些本体之间的关系。工程作为一种实践活动，对人类的生存和发展都起到了巨大作用，有必要对其存在内涵进行深入研究。

（3）工程过程论（流程论）

工程的内涵是：探索活动；生产过程；造物结果；综合影响。工程是人类的生存基础与发展条件。而过程实现了“物”的建造——工程物。自然科学的对象是“既在”，技术是追寻存在的路径，工程在过程中创造“未来之存在”。过程包括时间和空间，过程依赖逻辑和资源，过程包含决策和执行，过程实现与环境耦合，过程呈现力量与关系，过程涌现矛盾推动发展，过程构建集成而造物。

23.4.3 勾勒发展实践应用

工程哲学的研究不能浮于云端，成为一些虚无缥缈的空洞理论，而是要不断沉底。

人类命运共同体是一种价值观，包含相互依存的国际权力观、共同利益观、可持续发展观和全球治理观，已经被多次写入联合国决议文件中。工程作为人类发展中的一大部分，对人类命运共同体的发展起到了至关重要的作用。人类通过工程（活动、方式、成果）极大地创造了新的“人新世”环境，造就了自然世界和人工世界的两类物质混合世界。人类通过工程活动验证了自身的创造力和生产力。因此，对工程哲学的研究，应引入生存与适应的深刻思考，展现智慧之学的究竟之问。

另一方面，在工程的形成过程中，也伴随地生成了丰富的工程语言，工程语言是工程哲学的基本载体，对工程语言的规制化有助于工程哲学的健康发展。要善于将工程语言和哲学语言进行转换，架起工程师与建筑师之间的桥梁。

第 24 章

论工程文化

本章逻辑图

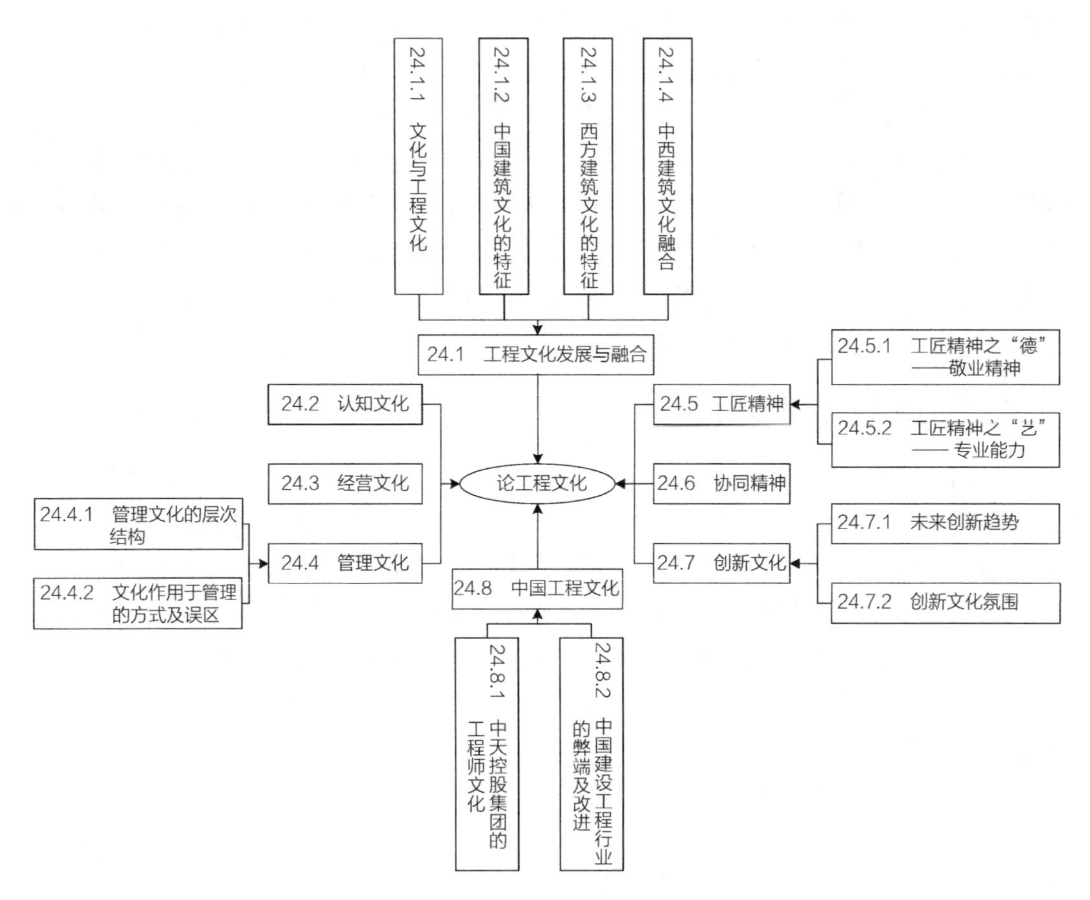

图 24-1 第 24 章逻辑图

学者盛晓明[①]认为："我们选择了一项工程时，我们也就选择了一种生活方式，因此，工程实践始终是我们文化活动的一部分，它虽然缓慢却在不断地改变着我们的文化。"在剖析荷兰社会发展与三角洲工程关系之后，他的结论是："荷兰社会塑造了三角洲工程，而后者也同样塑造了荷兰社会的未来。"工程实践实质上就是文化活动的核心路径，既是载体也是方式，是文化无法分割的部分。直接地说，文化依靠工程得以表现和承载。文化就是人类创设的空气，浸润与弥漫在工程活动之中，工程本身就是文化。

泰勒[②]的文化定义具有奠基意义："文化或者文明，就其广泛的民族学意义来说，是包括全部的知识、信仰、艺术、道德、法律、风俗以及作为社会成员的人所掌握和接受的任何其他才能和习惯的复合体。"然而，我们仍然觉得不满意。文化似乎太软了，除了组织制度和理念体系，人类文明史同时伴随着"硬件"，至少文化的内容在这些硬件（都是工程造物）不仅有所反映，而且没有硬件，就根本无法追溯文化的痕迹。由历史渊源、分布广泛性而起，后续有关工程文化的论述，只有借助于工程物，主要是建筑工程物来展开。建筑工程文化是精神、物质和社会活动的复合体。

① 盛晓明，王华平. 我们需要什么样的工程哲学［J］. 浙江大学学报（人文社会科学版），2005（5）：25-33.

② 爱德华·泰勒. 原始文化：神话、哲学、宗教、语言、艺术和习俗发展之研究［M］. 桂林：广西师范大学出版社，2005.

24.1 工程文化发展与融合

无论是中方还是西方，工程文化都具有时代、地域和社会的特性。工程既可能代表当时代的先进科技也包含其局限，既呈现地域差异的绚烂又适应当地的物候、气候，既是人文思潮审美观念的反映又具有其成就条件的限制。

24.1.1 文化与工程文化

（1）中国学者对文化的理解

20世纪的中国经历了最深刻的社会变革，近代一批开眼看世界的学者在中国学术界对文化进行了广泛深入的研究，形成了一些代表性的关于文化的观点。梁启超认为，文化者，人类心能所开释出来之有价值的共业也。蔡元培认为，文化是人生发展的状况。胡适认为，文化是一种文明所形成的生活的方式。梁漱溟认为，文化乃是人类生活的样法，并且认为人类生活可以分为物质生活、精神生活和社会生活。牟宗三认为，文化是生命人格之精神表现的形式。张岱年认为，狭义的文化指文学艺术；广义的文化包括哲学、宗教、科学、技术、文学、艺术、社会心理、风俗习惯等。

20世纪80年代，中国开启改革开放，再次兴起“文化”研究的热潮。学者司马云杰[①]认为，文化乃是人类创造的不同形态的特质所构成的复合体。衣俊卿[②]认为，文化是历史地凝结成的稳定的生存方式，是一种活生生的有机体，是人类文明的总称，是人的第二自然，是人的生存样法或生存方式。这些论述与我们一再声称的“工程是人类的生存方式”“工程是与科学技术相独立的社会活动”“工程具有复杂的社会性”等，是不谋而合的。

（2）西方学者对文化的定义

随着人类学、文化学、社会学等学科的不断发展，关于文化的研究在西方得到长足发展，广泛深入文化诸多问题，文化逐渐成为一个内涵丰富、外延宽广的多维概念。学科背景不同的研究者从各自角度，对文化概念展开了界定和释义。德国哲学家Kant认为，文化就是一个理性的实体为达到最高目的而进行的能力创造。法国启蒙思想家Voltaire认为，文化是永续发展的，并使人得到物质和精神要素的统一，文化具有物质性和精神性，并凝聚在人的社会生活中。英国文化人类学家Edward Teller更是提出了经典的文化定义，他认为：“文化或文明……是复杂整体。”美国人类学家Giersz认为，所谓文化是一种通过符号在人类历史上代代相传的意义模式，它将传承的观念表现于象征形式之中。通过文化的符号体系，人与人得以相互沟通、绵延传续，并发展出对人生的知识及生命的态度。

综合来看，文化的定义经历了由简单到复杂，由狭义到广义，由模糊到清晰的漫长过程，是人类社会总体的宝贵财富和智慧结晶。鉴于文学、艺术、历史、宗教、哲学不同视角

---

① 司马云杰. 文化社会学［M］. 太原：山西教育出版社，2007.

② 衣俊卿. 回归生活世界与构建文化哲学——论世纪之交哲学理性的位移和发展趋向［J］. 求是学刊，2000（1）：5-12.

而得出的定义有所差别，为文化研究打下坚实的基础理论，同时也存在内涵过于纷繁而使人深陷于文化定义的迷宫，晕眩畏怯，无所适从。据不完全统计，目前学术界有关文化的定义多达四百多种，几乎各个学科、各个国家的学者都对此有各自的阐释。文化内涵的宽泛性说明其复杂、普遍联系和共识缺乏，也有研究成熟空间，以及各领域的独特开拓疆域。

在文化研究领域，无论从哪一个视角出发进行研究最终总会在解释的框架和内容上不自觉地归入由器物、组织制度、精神理念这三部分的适合人类社会的完整体系之中。文化是个有机体，是具有完善系统的结构体系。

（3）工程文化内涵

工程文化是指人们在自然界环境中通过认识和应用客观存在的规律，并且在实践认识中对这一规律进行具体化或者物化的分析，应用到工程训练来实现和满足社会物质精神需要的一种根本性社会理念，是人类从事工程活动的重要思想记录，也是历史发展的重要沉淀[①]。工程文化是人类文化的一个重要支脉。为了拓展人文素养，工程类高校开设了综合性很强的工程文化课程。其涉及文化学、工程学、建筑学、历史学、文学、哲学、人类学、心理学、经济学、制造学、环境学、法学等多学科，跨越政治、经济、文化、科技等多领域，交融生产、流通、消费等多环节。工程与文化本来是两个很大的领域，长期以来，人们多是对工程、文化分别加以研究。而工程文化是客观存在的普遍深刻的社会现象，有必要把它们作为一个整体来学习研究，文化是基础，工程是平台，而在这个平台上，不同的产业现象又不断演绎着文化的发展与变迁。

建筑工程与文化早就联系在一起了。“建筑是石头的史书”（法国作家，雨果），“建筑是凝固的音乐”（德国作家，歌德），世界各地的墓葬（陵寝、规制、遗物）建筑文化几乎就是复原历史的考古铁证。既然“建筑的问题必须从文化的角度去考虑”（中国著名建筑学家，吴良镛），那么我们谈论文化的问题，根植于建筑也就顺理成章了。

24.1.2 中国建筑文化的特征

建筑是时代的一面镜子，反映出一个时代、一方地域人们的审美追求和技术水平。每个国家都有各自历史发展过程中所产生的不同的建筑种类和形式，东西方建筑受自然物候、材质原料、社会条件、技术水平、思想观念、宗教文化、审美情趣等诸多方面的影响，形成了形态迥异、个性差别极大的建筑形态，也形成了不同风格的建筑文化。因为建筑是人类创造的物质文明和精神文明的集合，建筑以自己独有的形式既能够反映出时代特征又具有浓厚的民族烙印，也可以说建筑是一种物质化的民族精神和民族哲学。

在中国古代，建筑包括的范围很广，有城市、宫殿、坛庙、衙署、祠堂、陵墓、文庙（孔庙）、民居、佛寺（还包括石窟寺和塔）、道观、清真寺、仓廪、桥梁、堰坝、城垣等。由于它们结构和艺术上的特点，又自成一体。此外，还有生产用的工场、作坊等。中国古建筑空间规

---

① 臧能义，胡兵，马生俊，等. 关于工程训练中渗透工程文化理念的研究与实践［J］. 文化创新比较研究，2021，5（23）：20–23.

划、结构体系、平面布局、彩画雕饰、门窗布置等工程及美学上的措施常表现着中国古人的智慧和审美趣味。一城一市，一宅一园都是中国人生活和思想观念的反映。各种类型的建筑物有各自的用途、形式与结构，以满足它们各自功能的需要。延续数千年的中国古建筑体系，是中国灿烂文化的见证，本身也是重要的物质文化遗产，它们折射出以下建筑文化特征：

（1）中国传统建筑中的儒家思想

中国传统建筑作为传统文化的物质载体，映射出儒道的美学精神与伦理规范，以及对人生的终极关怀，这些都蕴藏在了高超的土木结构科技成就与迷人的艺术风韵之中，铸就了高雅的理性品格和深邃的文化内核。中国传统建筑犹如语言，外显的是其实际的功用，内含的却是中国传统文化的底蕴。儒家的“礼制精神”及“中和”等思想在中国传统建筑文化中都有比较全面的体现。

1）建筑是礼制的载体

“礼”的思想与“礼”的制度是儒家思想的核心，而且“礼”也同样体现于建筑之中，使中国传统建筑拥有丰富的“礼”的内涵。中国先秦典籍《考工记·匠人营国》和西汉编纂的《礼记》就从礼制方面对城郭、宫室和祭祀建筑提出了要求，明文规定在建筑位置、建筑型制、居住方式等方面，都必须体现居住者的社会等级与身份。主要体现在两个方面：第一，中国的古代建筑无论大小都必须遵循礼制要求，封建政权的核心（包括皇帝宫城和各级衙署）都位于城市中轴线上，城市的其他部分都对称均衡地分布（图24–2）。第二，中国传统建筑集中体现着中国政治文化体系中的君臣、尊卑、长幼秩序，有稳定、中庸、内敛、保守与和谐的内在特质。中国传统建筑中这些“礼”的形象存在，加强了“礼”在社会的全面渗透。可以说，传统建筑承担着一定的“文治”与“教化”功能。

2）建筑的“中和”美

在中国古代建筑的规划设计中，明显存在着“中轴”意识，这是儒家“中正”思想的表现，所以中国古代建筑崇尚中央，以中为尊。组群建筑常沿中轴线纵深发展，重要建筑居于中轴线

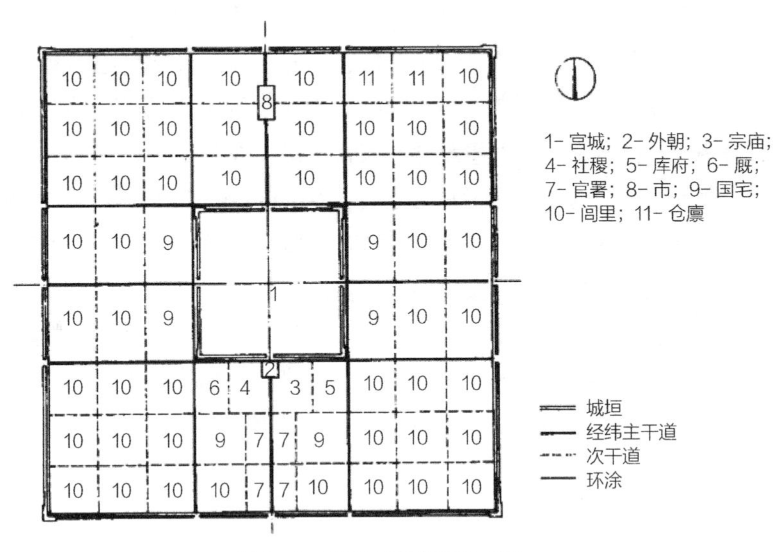

图 24-2　西周王城规划结构示意图

上，其他建筑左右对称布局。正如梁思成[①]所说："一正两厢，前朝后寝，缀以廊屋为其基本的配置方式。左右交轴线之于前后中轴线，完全处于附属地位，是中国建筑特征之一。"周朝在选择土地建造国都时，奉行择中理念，择国土之中建立都城，择都城之中建王宫。具体做法也叫"立中"，即先测定一个坐标点，然后围绕这个中心点修筑宫殿城池。古代都城规划中，如元大都与明清北京城的规划布局都以主宫殿位于中轴线上，以宫室为主体，次要建筑位于两侧，左右对称布局，前朝后市、左祖右社。中轴线上的宫室巍峨宏伟，且有多层级纵深，两旁有附属性建筑左右对称摆放。客观上也有交通对称和地位公平的"文化"理念，避免偏安一隅。

（2）中国传统建筑中的道家思想

与儒家一样，道家的"清静无为""天人合一"等思想对中国传统建筑影响很大，并在中国传统建筑文化中也得到了较充分的体现。

1）道家思想"暗化"于建筑

道家文化的精髓在中国传统建筑文化中得到了很好的体现，可以说道家的"天人合一"等思想观念不是通过典籍强制性规定的，而是"暗化"在中国的古代建筑特别是庭院设计中。道家学者认为："用赏者贵诚，用刑者贵必，刑赏信必于耳目之所见，则其所不见，莫不暗化矣"，所以道家思想不断"暗化"于中国传统建筑。

2）"天人合一"的建筑环境观念

"天人合一"的思想来源于《周易》。《周易》指出："人是自然的产物，人事法天，人心通天。"《老子》直接承接《周易》提出："人法地，地法天，天法道，道法自然"，强调"人道效法天道"。而道家的"天人合一"思想成为中国传统建筑的环境观念，有专家指出：基于《周易》的"天人合一"观念，形成了一种似乎是"天生的"宇宙意识或称大环境意识。大至于都城选址、宫城规划，小及于建筑高度、面阔、进深，以至门窗尺寸的确定。其重点不在于一般外在或直接的道理推求，例如使用的方便、材料和人力的节约使用、建筑结构的合理以及艺术构图的完美等技术性层面，而在于古人在进行建筑创作时，所着意重视的传统哲学思想和传统礼制这些根本，涉及中国古代建筑设计理论的非技术性的隐形的因素。

（3）兼容并蓄的整体文化特色

不仅儒道文化是中国传统建筑文化的内核，佛教文化也是中国传统建筑文化的重要组成部分之一。我国自宋代起，儒、道、佛就开始"三教合流"，并盛行"以佛修心，以道养身，以儒治世"的一体化文化观念，究其实质就是中国文化"大一统"的基本精神，而这一切又都在统一的建筑形态中得到形象化表述。所以中国儒、道、佛的思想差别虽大却互相补充，构成了中国文化积极入世与顺应自然的矛盾统一；而三者的相互融合共同影响中国传统建筑文化的发展，体现了多元互补的特色。

作为中国文化主流的儒家思想崇尚自身修养，志在治国平天下的积极进取的历史使命和社会责任心，追求"仁义"和"礼乐"，重义轻利；道家则强调宁静和谐与超越世俗的"穷则独善其身"的观念，同时认为"天地有大美而不言"，提倡"道法自然"，追求虚静；而佛

---

① 梁思成. 中国建筑史［M］. 天津：百花文艺出版社，1998.

教追求“息心去欲”“清静无为”等境界。上述儒、道、佛互补的思想文化观念同时体现在了中国传统建筑之中，例如，其他民族主要的建筑多半是供奉神的庙堂，包括希腊神庙、伊斯兰清真寺、哥特式教堂等；而中国的主要建筑是活在世上的君主们居住的场所，同时祭拜神灵，是在与现实生活紧密联系的世间居住的中心，而不是在脱离世俗生活的特别场所，所以是人世的、与凡尘生活融为一体的宫殿宗庙建筑，这也成为中国古代建筑的代表。

（4）“围合”的地域文化

中国传统建筑文化形成的原因，可以说有传统文化的深远影响，也有地域环境的影响。《华夏意匠》的前言指出：“中国古建筑是古今都在东亚地区，由东亚人民产生的。它是一种赏心悦目的视觉艺术和清静环境，是古代养目、养心、养身、遂生的具体表现。它既具有几何构成又有模式表达和逻辑组成。这是出乎今西方人意料之外的。这可能由于古代中原地区是得天独厚的温带地区，即所谓华夏地区。同时有热带、亚热带地区，北有寒带地区，西北有戈壁、沙漠，东南有黄海、东海、太平洋、南海，西南有崇山峻岭，东北有白山黑水，所谓人杰地灵物华天宝之地。这里有地震，有台风，有风沙，有寒流，有大风雪，有洪水水患。这些地理气候等因素可能是使中国古建筑长期少变的主要原因。”中国的东面是浩瀚的太平洋，西北部是荒漠，而西面、南面是珠穆朗玛峰和云贵高原，这样的地理位置遏阻了中国人的活动范围，造成了狭隘的地理观念，使中国的传统建筑与外界交流不多，所以日益自我封闭与自我完善。另外，以血缘和地域相统一的定居生活方式的发展带来了农业的高度发达，中国古代人民的生活依赖于农业，依赖于土地，这种生活方式使中国人重于安分知足，崇尚和平，也导致中国传统建筑注重自身的安全，注重生活环境的安全感。可以说，地理环境对中国传统建筑的形成和发展产生了深刻的影响。在气候地理与环境的影响下创造的赖以生活生存的中国传统建筑空间，明显地显现出强烈的“围合”文化，即住宅以院墙或房间本身围合起来，城市一般有内外两层城墙，甚至大到一个国家也有城墙——万里长城所围合。

对围合空间的偏爱也是“院落”中国传统建筑的显著特点之一。“院落”的形成可以追溯到先秦时期，如陕西岐山凤雏西周建筑遗址、北京四合院，所以说，“院落”体现了地域文化造成的“围合感”建筑文化。

另外，值得一提的是，“院落”虽然都体现了强烈的“围合感”文化，但是中国不同地域的院落是不一样的，北方的典型院落是四合院、三合院，而云南的院落是“三厢一照壁”，客家的院落是土屋，这也体现了不同地域形成的院落的个性差异。可以说，就是在同一个国家，也会因地区和民族的不同而产生不同的建筑文化特点。中国地域辽阔，地理环境、自然条件的差异很大，加上多民族的文化因素，因而形成的建筑风格也各不相同，如华北地区的四合院，南方各省的干栏式建筑，西藏的碉房，广西、湖南的侗寨、苗寨，黄土高原的窑洞，内蒙古草原的蒙古包等，不仅建筑结构与建筑形式，而且建筑文化都大相径庭，各具地域文化的特点。

24.1.3 西方建筑文化的特征

法国著名文学家雨果说过，艺术有两种渊源：一为理念，从中产生了欧洲艺术；一为幻想，从中产生了东方艺术。他认为，西方建筑在造型方面具有几何数理化的特征，注重单座建筑的体量、造型和透视效果；重视建筑整体与局部，以及局部之间的比例、均衡、韵律等形式美原则，而这些特征都与西方传统文化密切相关。

西方的基督教神学是欧洲封建社会总的理论，是其包罗万象的纲领，因此教会成了社会的中心，从而导致西方文明对神灵的崇拜、对宗教的敬畏，这些文化传统反映在建筑之中，使得西方传统建筑中的主要建筑多半是希腊神殿、哥特式教堂等宗教建筑。另外，西方崇尚的科学技术与理性精神也是西方传统建筑文化的主要组成部分。

（1）西方建筑是石头的史书

西方传统建筑文化是以古希腊和古罗马文化为源头而形成的。希腊人对神极其信仰，希腊人几乎把每一种自然现象都解释为神的作用，多神教的信仰左右着希腊人的社会生活，神庙就是城邦的象征。古希腊在建筑上创立了多立克、爱奥尼、科林斯三种石柱式风格。这三种形式在古代西方建筑中起了重要的作用。古希腊建筑以神庙为主，而古罗马建筑以教堂和竞技场为标志。欧洲到中世纪更被基督教为代表的神学所笼罩，这个时期的欧洲新建了很多以石头为主要建材的教堂，这些教堂工程都十分巨大，经常要经历十几年或上百年的时间才能建成，而教堂也日益成为城市的标志与繁荣和力量的象征。这一时期的人民都是狂热的宗教信徒，甚至统治者都不例外，唯一的知识就是背诵禁欲主义信条和圣经词句。这时期的艺术具有浓厚的宗教色彩，充当上帝与教会代育人的角色。所以反映神权的以石头为主要建筑材料的宗教建筑在欧洲建筑史中占据着主流地位。

（2）几何建筑文化

西方人较为重视科学，重视形式逻辑，讲求逼真，注重体现几何分析性，在建筑的艺术构思与总体布局上较为强调对称、具象及模拟几何图案美。强调建筑数据的严格与精确，较为重视建筑理论的突破与创新，积极探索新的建筑形式，倡导并积极形成不同的建筑风格与流派，建筑教育则采取系统的、理性化的方式等。因此，西方建筑技术是建筑之父，美学是建筑之母，文化思想则是建筑的灵魂。给整个西方文明的结构带来决定性影响的是古代希腊的毕达哥拉斯、欧几里得首创的几何美学和数学逻辑，以及亚里士多德奠基的“整一”和“秩序”的理性主义，这些科学与理性精神同样带给西方建筑文化决定性的影响。从西方的建筑史记载中不难发现，西方建筑的构形意识其实就是几何形体，例如巴黎凯旋门、雅典帕特农神庙。

（3）开放外向的地域文化

从整体上来看，西方传统建筑的特点之一是开放、轩敞、一览无余。西方建筑的主体印象可以直接从正面获得。中国宫室建筑的整体轮廓要在空中俯瞰才可获取。西方的草坪与花园都是简约与开敞的，几乎没有围墙；中国古典园林则表现得回环与曲折。东西方的这种建筑文化差异与地理环境有很大关系。西方文明起源于希腊，富有冒险精神和对外扩张性。古希腊的奥德修斯和伊阿宋就是典型的冒险家。另外，中世纪的骑士在欧洲各地游动，骁勇的骑士精神也深刻地影响了西方文明。而中国文明是典型的农业文明，汉族主要生活在中原，一般都是“父母在，不远游”或者“落叶归根”，所以中国的黄土文明富有内向的聚敛性。而西方人眼中的世界是可以游戏探险的、开放的花园，海洋文明与黄土（农业）文明的这种差异在建筑上也得到了明显的反映。所以西方传统建筑的立体空间序列，通常采用向高空垂直发展，突兀向上的形式。

同时，西方传统建筑突出建筑个体张扬的特性，横空出世的尖塔式楼宇、孤傲耸立的纪念柱等随处可见，每一座建筑，都想方设法地表现自己的风格魅力，很少雷同。这也是西方建筑文化中重视主体意识、强调个体观念思想的反映。因此，欧洲古典建筑突出建筑本体、风格多样变化和直指苍穹的艺术造型等个性特征，也可以看成是开放外向的地域文化的表现。

24.1.4 中西建筑文化融合

中国与西方远隔重洋，彼此之间虽曾有傲慢与偏见，但更多的是对对方的好奇与向往。中国的建筑文化主要通过别具特色的中国园林与传统亭台楼阁向西方展现神秘的东方美，而西方则用征服自然的对抗之美与截然不同的建造技术让中国人大开眼界。中西方通过交流而互相了解，在了解的基础上开始了两种建筑文化合作与交融的尝试，最后这种尝试又融入世界建筑潮流中，多种建筑元素的综合运用已成为当今建筑文化多元格局的重要体现。现代建筑是工业社会的产物，其结构体系或技术体系是运用人造建筑材料建造的钢筋混凝土或钢结构体系，其功能体系能适应现代社会的生产和生活，其建筑思想体系自由、开放，有适应工业社会发展方向的思想方法，有适应工业社会条件下包括设计、施工、管理和市场的建筑制度体系等①。

（1）被动输入主动发展（初期）

西方列强侵入中国，打头的是炮舰，炮舰之后是经济，经济当中就混有建筑，建筑是为列强政治和经济服务的工具。西方建筑的被动输入，对国人而言是一个痛楚的历程，但这也是一种建筑文化交流，尽管苦涩，却给中国建筑带来了许多新的因素，特别是西方现代建筑涵含的新材料、新技术和新思想，刺激了中国建筑的革新。

从主动发展的初期，建筑以现代功能和体形为主，或吸取传统石头建筑手法，或简化体量、细部，以及在西洋古典建筑的框架内探索中国新建筑的思路。这些都带有先驱性质。沿着这条道路的后续探索，现代建筑的性质越来越明显，逐渐向国际现代建筑运动靠近、融合。这种融合依然带着中国建筑的种种印迹，并没有走向全盘西化之路，出现了以南京国民政府外交部大楼为代表的一大批建筑。新生代建筑师的成长和中国建筑师向现代建筑思想的转变，共同标志着抗日战争时期及之后中国现代建筑已经占据了主导地位。

中国建筑师早期登上设计舞台，由于他们大多数受西方建筑教育，因而西方的建筑风格影响是先天的。在他们执业的过程中，一方面受到国际潮流的影响，另一方面与国内的外国建筑师的工作相对照，中西方建筑师之间形成一种既对立又促进的关系。西方建筑的被动引进，促动许多中国建筑师自发地探索中国的建筑方向，主动把中国建筑推向现代化。

（2）现代建筑始终隔而不绝（中期）

虽然自20世纪50～70年代，中国建筑与现代建筑运动主流隔绝达30年之久，但中国建筑追求现代性的努力一直不断，在这段时间里，中国建筑师与西方国家的现代建筑思潮基本隔绝，现代建筑运动的理论和实践成果受到长期的禁锢。可在现实中，人们不但运用着大量现

---

① 杨成德．中国近代中西建筑文化交融史［M］．武汉：湖北教育出版社，2003.

代建筑成果，而且对于建筑现代性的追求从未中断。20世纪50年代初期，已经熟悉现代建筑原则的多数建筑师们，自发地延续了现代建筑的思想和实践，出现了一批比较优秀的、适应外交和外贸需要的建筑，均反映出现代建筑的技术和艺术特征，特殊地域如广州等地区的地域性建筑，同时也反映出对现代西方建筑结构和新功能的追求。

（3）全球化的建筑（改革开放后）

改革开放使建筑文化从封闭走向开放，从单一转向多元。在宽松的创作环境下，挑战与机遇并存。不断改善的物质条件、不断提高的生活水平，客观上奠定了中国当代建筑创作走向繁荣与发展的基础。20世纪80年代以后，出现了有中国特色和现代意义的建筑作品。1999年，国际建筑师协会（UIA，以下简称“国际建协”）第20次大会在北京召开，是中国现代建筑重新融入多元国际建筑的象征。

随着我国改革开放的深入，在短暂的时间里经历了现代建筑的再认识，后现代建筑、解构建筑，以及多种风格流派的引入，出现了多元建筑文化下的新建筑探寻过程。西方各种文化观念传入中国，开始打破文化的封闭性，建立开放的建筑文化结构体系。中国建筑师的视野移向国外，看到了当时世界建筑理论及其现象，大规模引进西方建筑理论，这次引进表现出强烈的积极性和主动性。从1978年建筑学会代表团赴墨西哥参加国际建协第13次大会到1999年在北京成功举办国际建协第20次大会，也标志着中国建筑正在走向世界。西方国家已经走过的城市建设与建筑创作的探索之路，值得我们学习和借鉴。

随着全球化的发展，世界范围内进行着越来越广泛的经济、科技、文化、艺术、建筑等方面的交流，许多大都市都成为各国优秀建筑师展示创意的舞台。众多国际优秀建筑师的交流成为建筑界的盛会，在他们各种创作思想的交会下激发了崭新的设计理念和理论思想。随着中西方文化交流的日益频繁，中西建筑艺术的相互渗透、相互影响也势所必然。展望未来，我们会充满信心地看到，中西建筑艺术之花会越开越艳丽①。

24.2 认知文化

认知决定行为。对工程的认知不同，工程行为和效果就会不同。在多达400余种文化的定义中，取得统一并非易事。概括地说，文化作为一种社会现象，是由人们长期创造、积淀形成的产物。同时其作为一种历史现象，又可以称为社会历史的积淀物。具体来说，文化应包括一个国家或民族的历史风土人情、传统习俗、生活方式、文学艺术、行为规范、思维方式、价值观念等。

由于文化、知识水平及周围环境背景的差异，人们对问题往往有不同的理解和认知。所谓认知一般是指认识活动或认识过程，包括信念和信念体系、思维和想象。具体来说，认知是指一个人对一件事或某对象的认知和看法，对自己的看法，对人的想法，对环境的认识和对事的见解等。

① 徐工芳. 中西建筑文化［M］. 北京：科学出版社，2014.

以中西方的审美认知文化的差异性为例进行分析。西方人的社会文化崇尚“自由”“开放”“写实”，东方的文化氛围强调“传统”“继承”“写意”。在绘画方面，西方的油画多强调写实，注意微小细节的表现，力图将作品表现到滴水不漏。而中国的国画则强调意境，注意整体的气魄，讲究神似而形不似，力求将作品的神韵发挥到极致。从严格意义上来说，这种审美认知文化的差异性所带来的设计表现方式的不同和对设计作品认知的不同是完全可以容忍的。这种差异双方不存在谁高谁低，谁优谁劣，谁先进谁落后。双方都有各自的优点，双方都有可以相互吸收、相互融合的因素。从东西方的绘画发展史来看，双方的绘画之所以能够发展，很大的程度是受益于双方审美文化的相互渗透①。

针对每个人的认知水平的不同，所形成的建筑风格也有所不同，同时导致每个人的审美也各有差异。2018年建筑畅言网评选出了中国十大丑陋建筑榜单，分别是：上海国际设计中心、湖北武汉新能源研究院大楼、甘肃兰州音乐厅、湖北潜江曹禺大剧院、山东滨州国际会展中心等。这些属于“奇奇怪怪”的建筑，是不同文化认知的结果。丰子恺曾对现代合理主义的建筑总结道：“凡徒事外观美而不适实用的建筑，都没有美术的价值，在现代人看来都是丑恶的。”丑陋建筑不仅是外观造型的恶劣，更致命的是其建造内涵折射出来的“丑”：罔顾城市建筑该有的功能性，罔顾与周边环境的协调性，罔顾当地的经济实力的匹配性，为城市景观和民众生活带来长期污染。

因为每个人对审美文化的认知不同，所以会出现“丑建”这一说辞，若每个人对审美文化的认知都处于同一水平，那也就不存所谓的“丑建”。正是因为每个人对同一事物认识的文化水平不一样，才出现多功能、多风格、多结构的建筑物，构成绚丽多彩的世界。

24.3 经营文化

工程实现的全过程各个环节中，交换的方式和内容异常繁杂和多样。经营文化是指经商者在经营活动中形成的思想、观念、心理、情绪等，是企业在一定的社会经济条件下，经过长期的经营实践所形成的相当稳定的经营理念、经商道德以及由此决定的经营方式、商品特色、经营环境特色等文化现象的总和。经营文化包括相互联系的三个方面内容：一是经营理念，反映企业的经营目的、经营目标和经营方向，是企业在经营过程中持续坚持的最基本的价值取向；二是经商道德，反映企业家在企业经营过程中与相关方交往过程中所采取的态度和行为方式，即企业在处理与顾客、供应厂商及其他社会经济组织的关系时所遵从的行为规范与行为准则，一般认为对相关方负责任的企业是有经商道德的企业；三是经营风格，主要是通过经营和服务方式的升级，以及由生产的技巧及生产后的商品等体现出来的经营特点和作风。这三个方面在经营文化体系中是相互影响的，并且是依次递进的。

以2021年在ENR国际工程设计企业排名第一的中国电力建设集团有限公司（以下简称“中

① 石旭．审美文化的差异对设计作品认知的影响［J］．艺术与设计（理论），2011，2（1）：16-17.

国电建”）为例进行分析，其企业文化中的经营理念是：诚实守诺、变革创新、科技领先、合作共赢。其中诚实守诺是企业处理内外部关系的道德要求。中国电建对国家、对社会、对客户、对员工信守承诺，言行一致，表里如一。变革创新是企业科学发展的动力源泉。中国电建努力转变发展方式，持续创新商业模式、服务模式、管控模式和激励模式，不断激发企业创造活力。科技领先是企业核心竞争力的本质内涵。中国电建坚持科技强企，追求技术进步，用领先技术引领发展、服务客户、创造效益、赢得市场。合作共赢是企业经营管理的价值标准。中国电建重视相关方利益，在战略协同与合作中创造价值，在互惠互利中追求共同发展与进步。

24.4 管理文化

美国管理学家Peter F.Drucker认为：“管理不只是一门学科，还应是一种文化，有它自己的价值观、信仰、工具和语言。”管理既是科学又是艺术。现代工业化是建立在科学管理发展的基础上的，没有科学管理，可以说不会有真正意义上的现代工业化。管理文化孕育于管理实践，抽象于管理实践以及管理实践的系统化体系。管理文化作为经济社会发展的时代产物，具有一定的区域历史性。管理领域的文化意蕴作为社会发展的一个重要课题，需要管理实践者和管理学者从哲学的角度加以审视，并思考管理中的文化问题。

24.4.1 管理文化的层次结构

文化是一种社会现象，存在于社会各领域之中，由此也产生了各种文化形态。管理文化作为文化的一种形态，是文化在管理领域中的展现。孔茨认为：“管理就是设计并保持一种良好环境，使人在群体里高效率地完成既定目标的过程。”从这一定义可以看出，管理作为一种人类活动，具有极强的目的性。而管理文化产生于管理实践活动领域，管理活动具有较强的目标指向，因此，管理文化在特征上就具有了特定目标指向，是一种有目的性的价值追求。任何文化都有其必然的物质载体，管理文化的载体就是人的管理活动，它产生并伴随着人们管理实践活动的整个过程。管理文化是社会大文化体系的一个子系统，具有文化的基本结构特征，因此，按照文化的基本结构层次模式，管理文化也分为精神、制度、模式三个层次结构。在管理活动中，人总是体现着一定的精神理念、政策制度、行为模式、管理方法手段等特征，这些特征深深地根植在整个管理活动的过程中。

（1）管理精神文化

哲学大师黑格尔曾指出：“凡生活中真实的、伟大的、神圣的事物，其之所以真实、伟大、神圣，均由于精神。”[①]精神是人和动物的主要区别，使人不单纯地为了生理需求而生存，更为了精神层面的追求，这种精神层面的追求使人的生存更有价值和意义。任何一种精神都具备时代性或历史性特征，而人类只有经历精神的不断更迭，才能使向善意识和求真意

① 李庆元. 构建“知识对接心灵”的教学文化［J］. 北京教育：普教版，2014（4）：2.

识继续保持，才能让生活、世界更有意义。精神文化是人类最深层次的文化，是指价值观念、道德规范、心理素质、精神面貌、行为准则、经营哲学、审美观念等。在管理体系中，管理精神文化凝结着深层次的管理价值观，虽然隐藏在管理文化中，但在整个管理文化系统中处于核心地位。管理精神文化在内容上指向管理体系的管理价值观、管理道德、管理伦理等内容，受到其组织一定文化背景影响和管理实践抽象，在组织管理过程中受到一定的社会文化背景、意识形态影响而形成的一种具有长期性的形而上的价值观念。管理的行为和管理成果是管理的物质基础，那么管理的精神文化就是管理的上层建筑①。

（2）管理制度文化

管理制度文化是在一定的社会文化背景和管理活动实践中运用制度进行管理活动时形成的一些共识，它其实是制度与物质形态的一种综合，其内容包括管理制度设计理念、管理制度基本原则、管理制度执行方式等。作为管理文化的一部分，管理制度文化具有管理文化的基本特征，同时又具有自身独有的特点。管理制度文化源自于实践中的管理，是管理文化系统结构中重要的组成部分。制度具有规范性、强制性、时效性、工具性等特征。规范性是制度文化的首要特征，在保证科学性的前提下设计制度的形式和内容，求其制度的公正性。制度也只有在科学性下才能更好地在实践中得以执行，才能对管理的根本性问题进行维护，对资源的合理分配起到有效作用。强制性更多地体现在制度的执行过程中，管理制度文化是精神文化的重要保证，因此，组织应贯彻执行科学规范的制度，并设定奖惩机制，对执行不力者予以处罚；另外，强制性还体现在要求执行制度的自觉性，当制度内化于心并不需要反复惩戒来维护制度的有效性时，管理制度文化就趋向于成熟。时效性呈现的是制度自我完善和创新，管理活动是在具体的时空下发生的，随着环境的变化制度将无法体现其科学性，因此，要对其进行变革创新。管理中应实现一种氛围，即为了组织的发展，每个成员都可以提议有关部门对已有管理制度进行修改。制度能根据内外部环境变化而进行自我调整变革，这是管理制度文化不断成长的体现。工具性主要表现在管理制度文化的奖惩过程中。适合组织发展的管理制度文化能调动人的积极性和能动性，并对人在管理体系中的发展目标具有导向作用。

（3）管理模式文化

管理模式文化是管理文化系统的表层系统，是形成管理制度文化、精神文化的基础。作为表层文化既要受精神文化、制度文化的制约，具有从属性、被动性，同时又要能够具象化管理精神理念、制度文化指向及管理的审美意识。具体的管理模式文化是管理组织外在呈现出的关系形态，既是具体的又是复杂的，管理文化体系结构的最外层是管理行为模式层，也是我们日常可观测、可触摸、可感知的，其已经成为管理主体和客体之间最为直接的桥梁。管理模式的建立要以一定的管理思想价值观作导引，基于具体的管理思想的发展而发展。模式则是人在管理体系中角色活动的外在显示和相对固化。通过管理者和被管理者形成一种管理精神的外化，成为一种管理模式，管理最终都要通过一种具体的管理模式来实现其管理目的。管理模式是在管理的核心伦理价值理念的指导下建构起来的体系结构。它要受制于各种管理精神、

---

① 柴勇．中西管理文化比较研究［D］．哈尔滨：黑龙江大学，2018.

管理制度，是一种超生理的行为外在系统性表现。管理模式通过具体的管理行为不断地向人的意识转化，并影响管理理念精神文化的形成，最终转化为一种稳定的管理系统结构[①]。

管理文化是文化的一个子系统，因此，管理文化的结构也符合文化体系的一般结构。具体表现为：管理的精神文化处于管理的核心位置，最外层是管理的行为模式文化，中间层是管理制度文化。管理精神文化是管理文化的核心，指引着管理制度文化和管理行为模式文化的具体管理行为模式文化方向。管理制度文化源于管理精神文化，反过来又受其规范和约束。

24.4.2 文化作用于管理的方式及误区

刘文瑞[①]指出，文化通过"价值定位、优先选择、惯习支配和思维方式"作用于管理，在管理发展过程中形成文化，文化反过来作用于管理，是一种鱼水关系。

两者的关系，还存在复杂性甚至还有一些误区。这些误区主要包括以下四个方面：①多学科介入往往滑向整体论管理观，使得管理学独立发展的基础被模糊和混淆。②简单比附的经验总结方式，降低了"学"的严整，故事化。③东西方融合过程中，沿用模糊、不精准的、需要"悟"的思想，替代管理学，或许效果不会很好。④管理学不是均衡的、必须全面实施的，地域、时期不同，侧重将有所不同。理论和实践被接受的程度，也必然不一致，不应强求面面俱到。

24.5 工匠精神

"精神"一词指的是人的意识、人的思维活动和一般心理状态，以及宗旨或者要义等。而个体的某种精神则是在那些个体身上表现出来的品格和思想风貌的提炼。"工匠"的技术劳动受到儒家思想的影响，但是技术是其谋生的一种手段，为了提高谋生的技术能力，他们需要不断地提高自身能力制作出高质量的产品，提供出优质的服务来吸引更多的顾客，获得更多的经济收入。作为工匠，必须不断地钻研开发不同的业务，提高自身的技术能力，树立自身的标准。这也是"工匠精神"产生和形成的一种能量，是"工匠精神"内在的一种朴素的精髓。从中国传统的工匠父子传承的模式和师徒制的培养能力来看，师父的言传身教不单单是指技术能力本身，同时也包含了一些价值观念，如敬业态度、为人处世的能力，包括德与艺（图24-3）。

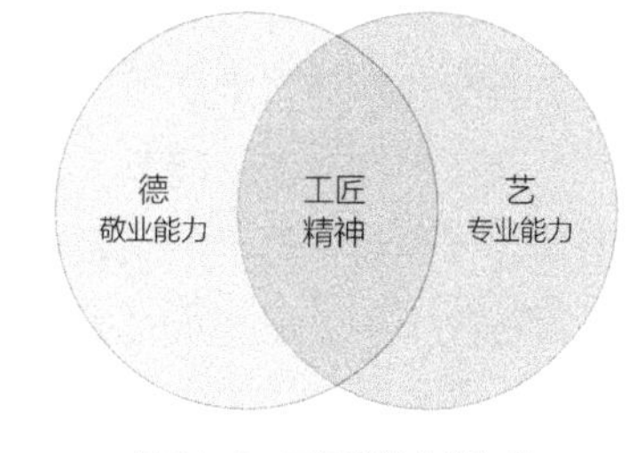

图 24-3 工匠精神之德与艺

24.5.1 工匠精神之"德"——敬业精神

爱岗敬业是成就工匠精神的根本性因素。工匠精神的"德"主要体现在敬业的精神，敬业主要是指职业人在工作过程中首先要有认真负责的职业态度，同时也包括其在自己的工作

① 刘文瑞. 管理学在中国［M］. 北京：中国书籍出版社，2018.

岗位中树立职业理想、对自己从事的职业怀有职业信念、在工作岗位上勤恳踏实的职业态度以及在工作过程中能够感受到幸福感、荣誉感的职业理想。工匠精神包含的敬业内涵，要求职业者必须要做到：在工作过程中有专注的思想，对自己的职业具有忠实度，对于本职工作具有奉献精神；对于工作有担当意识，具有责任心和责任感，尽心尽力地做工作；在工作过程中积极向上，不断探寻，精益求精；脚踏实地地在自身的工作岗位上工作。

"谓艺业长者而敬之"，称之为匠人的首要条件是能够在自己的行业里从一而终，能够干一行并且爱一行，大部分匠人们的一生都是这样度过的。从古至今，凡是能够称之为匠人的，都在自己的岗位上工作十几年甚至几十年的时间，他们在自己的工作岗位上精益求精地提高技术水平，日复一日地进行现场实践。所谓严谨，是指拥有细微谨慎，力求完美的工作态度。所谓严谨的专业态度是指在工作过程中以追求完美、精益求精、细微细致为主要目标。工匠鲁班的技艺让中国的土木艺术熠熠生辉，他制作的木械甚至能在战争中发挥作用；被称为"样式雷"的雷姓世家，把持了200多年皇家建筑的设计，不少作品至今仍是世界级的历史遗产。当代的敬业精神也有不少典型的代表，如中国商飞上海飞机制造有限公司的钳工胡双钱，他在数控机加工车间中加工飞机零件三十多年，经手的零件上千万个，没有出现过一次质量差错。

24.5.2　工匠精神之"艺"——专业能力

真正的匠人是需要有一技之长的，没有一技之长是无法成为匠人的，匠人需要在自己的专业岗位上有专业的技能和技术。如中国传统武术中要想成为一代宗师的基础条件是要掌握童子功。当今时代的一技之长是在所从事的工作岗位中拥有优秀的专业能力，是正确运用工匠精神的基础。华为消费者业务CEO余承东在接受记者采访时表示："对华为来说，质量就如同企业的自尊和生命，自华为成立以来，就是以工匠精神来衡量产品的，追求真正的零缺陷。"这种对质量的追求正是工匠精神的一种"艺"。工匠精神是工作者的一种职业价值取向和行为表现，是其在工作过程中的人生观和价值观的体现，是工作者在工作的过程中展现出来的职业的态度和精神理念的总和，是一种基本的职业态度和职业操守，属于职业精神的范畴。工匠精神体现在匠人们专注的劳动精神、在工作过程中积极追求技艺，专注于技术，拥有自身独特的技术能力，并将技术转化为自身的能力，不断进取。

众所周知，清洁能源、智能电网、大型飞机等新兴领域要想健康、平稳、高速发展，就必须要依靠精密的仪器仪表来提供各种保障，如果没有精密的仪器仪表，这些领域连安全问题都解决不了，更别说是成功了。专业技术是工匠精神的绝佳体现，任何匠人要想传承工匠精神，其根基是拥有一项在其领域的专业的技术能力①。

24.6　协同精神

从词源上看，"协同"（Synergy）一词最早源于古希腊，或称协和、同步、和谐、协调、

① 邓玉菲．中国传统工匠精神及其当代继承［D］．曲阜：曲阜师范大学，2019.

协作、合作，是协同学（Synergetics）的基本范畴。Hermann Haken认为协同是指系统的各子系统之间相互协作，形成微观个体所不存在的系统整体的新质和特征。Ansoff指出，协同就是各独立组成部分总和的效应小于公司的整体效应。在不同领域对协同的概念理解不同。从协同的产生、表现形式以及协同效应等方面限定协同的概念，从不同的维度划分协同效应。因而，目前对于协同的定义并未统一。已有研究成果认为：协同是以资源共享为前提，在追求系统整体最优为目标或统一的作用下，技术、行为、信息、知识、组织、制度、文化等要素之间相互协调配合，从而产生引导系统发展的序参量，在非线性作用下放大对系统有益的涨落，支配系统向有序、稳定的方向发展，实现协同效应，即“1+1>2”。协同效应是一种能力或价值的增加，需要识别协同产生的可能，综合协调现有的资源，最后通过自组织功能实现协同，产生协同效应①。

现代科学日新月异，其发展的深度、广度和复杂程度前所未有，各个学科间不断交叉融合是必然要求。例如，材料科学已经与化学、物理、生物等学科深度融合；如火如荼的人工智能，正在探索进一步与脑科学“牵手”。从各种“前沿交叉学科研究院”到多学科交叉的“未来实验室”，打破学科壁垒已逐渐成为国内科技工作者的自觉。与此同时，科学数据资源的“孤岛”现象、“宁愿单打独斗、不愿开门合作”的问题，从一定程度上来看仍然存在。弘扬协同精神，让不同领域互补成为常态，让携手攻关成为风尚，科技创新方能形成集智攻关的强大合力。

24.7 创新文化

创新不仅是个永恒不变的大话题，还是近当代人类文明前行的基本手段。文明进程就是不断创新、转化生产、沉淀异化、再创新的进程。创新的内涵、内容、方式、机制、作用和地位、局限、对人才的要求等，都是需要澄清的焦点，卷帙浩繁。限于篇幅，下文重点对创新的未来趋势和文化氛围进行论述。

24.7.1 未来创新趋势

未来创新在动力、方式和主体上，将呈现与既往有所不同的特点。

竞争需要的创新动力：人类文明的主题无非就是生存和发展，作为整体与其他种群的竞争，人类已经取得了压倒性优势。在生存意义上，对自然界的规律探索、对人自身的认识和对社会经验的累计，以当前的人种规模、多样性、均衡度，已经足够应付，以保持人类的繁衍、延续。在发展意义上，人类如果能够发挥理性的力量，控制奢靡、霸权、享乐主义和残酷歼灭政策，就能够继续向着文明的良性方向发展：取得“天人合一”，资源合理利用、继续扩展对自然规律的掌握、加深对人类自身的认知以及完善社会建构都能再往前进步。科学技术和工程，为生存与发展服务，绰绰有余。

---

① 杜培雪．基于协同理论的高校安全管理协同机制研究［D］．北京：中国地质大学，2018.

整合创新的创新方式：随着ICT、AI的高速、强力发展，整合创新将从基础创新、应用创新等方式中脱颖而出，成为一股新的动力和取向。以精细分工为特点的学科知识体系的建立和完善，分科深度不断加深，知识细度不断加大。而工程的交叉、复合、复杂、整合特征，要求能够将细分学科的创新成果，融联于产业链、生态链、知识链和价值链中，融嵌于一个、一批、一系列整体的工程产品中。苹果公司的智能手机iPhone、SpaceX的回收式运载火箭等现象级创新，就是采用了整合创新的方式。整合创新要求有系统工程思想的领导者，各细分领域的专家级领袖，要有高超沟通协同能力的管理者和高度数字化的协同信息平台。在“三和、三简、三好”工程目标下，采用可靠度高的工艺、高强韧性柔性轻质无害的材料、先进快捷的计算工具、自动化的智能制造生产管理，实现结构简单、功能简约、过程简化，内嵌自动化智能化运作控制装置，实现人类“美好追求”的愿望。以规模论、普及度、贴近生活、生产效益论，整合创新，将是蓬勃发展的创新战场。

企业创新的创新主体：信息化时代正在加速打破传统的“创新链”，从创意、研发、试制、产品化和商业化、兑现返本其周期大为缩短来看，其根本原因是创新正脱离纯实验室模式，是紧密耦合需求、边设计边生产检验甚至与商业模式直接对接的模式，内在推动力是创新主体已经由“研究院/研究员”转为“企业/产品研发人员”。

高校作为创新主体，在大批量基础知识传授、基本技能培养，系统性、基础性人才队伍建设等方面，起到了巨大作用。同时在前沿性、综合性的难关攻克上，也作出了贡献。但是，鉴于知识积累规模、工程技术发育程度和创新方式的变革，特别是工程的实践性，以及长期工程教育远离实践、高校创新机制适应性，决定了高校可能将无法承担创新主体的重任。代之以接续重担的是企业。值得关切的“企业知识创新已经走在高校前面”的“狼来了”呼声，已经不绝于耳。在创新动因、效率、成果转化速度、整合社会资源的灵活性、高新技术高新企业激励政策、创新研发投入额度、资金利用率等方面，企业都有明显优势。以华为为例，虽然同样面临困难，但是在创新上的投入，2019 ~ 2021年，分别为1316.59亿元、1418.93亿元、1427亿元。高校如果不进行重大的创新变革，大概率将退出创新主体的角色。

24.7.2 创新文化氛围

创新的建制化，采用激励政策，需要引导，保持容错的开放态度，创新主体在多元基础上的聚焦，资本融入等，是工程创新不可缺少的“氛围”，久久为功，以至凝聚为创新文化。

党的十八大报告指出，要实施创新驱动发展战略。坚持自主创新、加快国家创新体系建设、促进创新资源高效配置和综合集成……创新，必将成为我国转变发展方式的动力之源。“十四五”规划建议提出，坚持创新在我国现代化建设全局中的核心地位，不断推进科技创新，除了要求创新主体必须具备一定创新素质，还要求形成鼓励创新的文化氛围。鼓励创新的文化氛围有利于激发创新主体的创新活力。而当今企业，正面临着一个变化越来越快、竞争日趋激烈而又充满不确定性的经济环境。建立以企业为主体的技术创新体系，要进一步完善创新的机制体制，建立“政、产、学、研、用、资、创”的创新生态链，凝聚多方合力，实现创新突破。因此，要从建立包括激励机制的容错氛围、运作机制和创新成果等创新文化入手，推进创新培养体系，持续不断地营造鼓励探索、宽容失败、敢为人先的创新氛围，努力破除体制性障碍，大力提升自主创新主体的社会地位和经济地位，如图24-4所示。

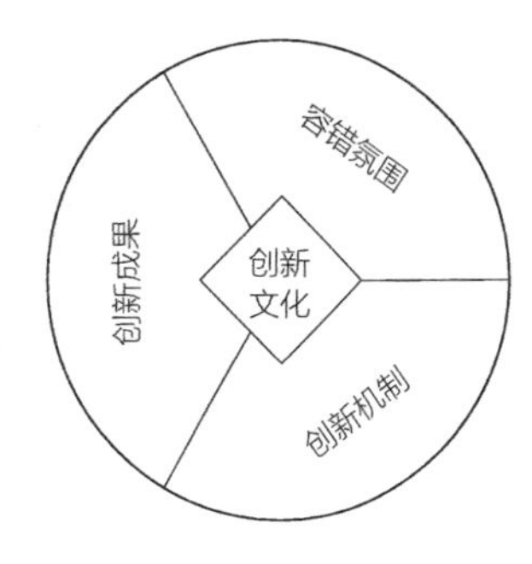

图 24-4 创新文化氛围培养示意图

容错氛围：对失败的宽容。创新意味着探索，也伴随着失败。工程是在失败中取得较大、较快进步的，这是历史的经验总结。嘲笑失败，等于灭杀了创新积极性，是非理性的。

创新机制：资本参与和风险投资机制，是创新成功的强大内动力。资本参与度的基本规律是：越是创新型的国家、企业，其参与度越高。风险投资机制的设计，则畅通了进入、退出的机会，使得获得高额报偿与失去资金资源更加合理，保护了对创新追求的积极性。同时，创新成果评价机制，也需要极大程度地保持相当的“失败率”，那种凡是立项必定有成功的可验收成果的机制，实质上违背了创新规律。并且在现阶段，像我国这样的追赶型发展中国家，创新应当“以应用为主，兼顾基础奖励尖端”，围绕这个原则，在建立机制上花大力气，才能保证创新的活力持久绵长。

创新成果：在创新成果的表达上，应当杜绝“论文、专利、著作”占主的“虚”形式，规定多样性的合法合规化，产品样本、研发报告、工艺流程、管理仿真创新，在工程领域实际上是更为普遍的成果。

建设创新文化，必须立足长远，从基础抓起，从源头抓起，把其建成创新者的精神家园，使创新逐步转化为人的行为自觉。创新创业活动在开展过程中，要想使其发挥出应有的作用，需要社会各界认真做好反思和研究，在深入研究的基础上借助规范的制度和领导的积极参与，促进创新创业宣传和实践活动的开展，同时也要将创新创业与企业、教育等不同文化场景环境有机结合起来，在社会中形成创新创业良性循环。

24.8 中国工程文化

24.8.1 中天控股集团的工程师文化

工程文化是一个具有工程普适性的工程发展原则和倡导践行的导向。工程师文化则偏重于作为工程的主要承担者，个体或者群体遵守和遵循的原则和导向。工程文化由工程师文化具体化。中天控股集团的工程师文化是一个很好的案例。

①有精湛的专业技能。工有所长，唯精唯一。既有扎实稳固的专业知识，又有丰富的实践技能和实操经验，是所在领域的专家。

②对质量一丝不苟。刻苦钻研，精益求精，对产品质量、服务质量追求极致，以完美质量作为自己的终生使命。

③以解决问题为目标。以结果为导向，善于发现问题、分析问题，并能运用管理和技术工具形成解决方案，达成目标。

④有良好的职业道德。自洁自律，廉洁奉公，能正确处理集体利益与个人利益的关系，同时热爱工作，善于团结协助他人，充满阳光般的正能量。

⑤对知识永不满足。虚怀若谷，渴望提升和进步，自我充实、不断充电，对新工具、新方法充满好奇，主动学习，求精求专。

⑥崇尚创新与超越。有独立思考的精神和拓展创新的思维模式，以创业创新为乐，渴望创造新的可能，远离舒适区。

⑦注重分享与传承。善于分享，乐于授业，不藏私，“传帮带”意愿强烈，答疑解惑不辍，并愿意持续优化自身、优化团队，提高运转效率，与他人共成长。

⑧有强烈的使命感和责任感。有崇高的价值追求，敢于自我变革、自我重塑，以不断提升创造岗位价值的能力和自身的技术水平为人生最大的幸福。

中天控股集团是中国建筑工程民营企业的翘楚，其管理具有鲜明的特色，形成了特有的“中天文化”。工程师文化覆盖了业务能力、工作方法、道德约束、团队精神、精神追求等内容，既有工程师务实的要求，又有品德践行的目标，具有求实向上的可行性。

24.8.2 中国建设工程行业的弊端及改进

文化与工程文化，反映在工程行业的运作中，成为具体的各种现象。当前，建设行业存在如下现象：

①拖欠款项。工程款、材料款、工资款等互相拖欠，并且难以良好处置。

②质量通病普遍存在。

③串标围标。普遍存在法律风险，通过串标围标谋取中标，存在背景深厚、力量巨大的“工程黄牛”。

④监工不力。

⑤浪费严重。精准管控思想薄弱，管理水平欠佳，各种资源浪费严重。

⑥临时性投入过多。工程存在很多临时性辅助设施，为了好看、宣传、参观，过度投入博得眼球，甚至不计成本搞标杆、观摩，影响实体投入比例。

⑦虚报虚结。

⑧协作困难。

凡此种种，其背后映射的文化根底，就是契约精神不强、法制观念薄弱、管理方法欠当、虚假浮夸仍存、各自为政等狭隘心理和疑惑基因。因此，加强法制、加大违法成本，以及提升管理水平、改变存在的弊端，能够在一定程度上克服改进工程文化缓慢且漫长的弊病。相信在“高大易快低”（经济高增长、大规模、易承接项目、快速赚钱、低风险）的发展阶段结束后，以及国家强调规范管理的强力政策压力下，上述“坏毛病”能够得到较好解决。

第2篇

工程链态

第 25 章

工程产业链

本章逻辑图

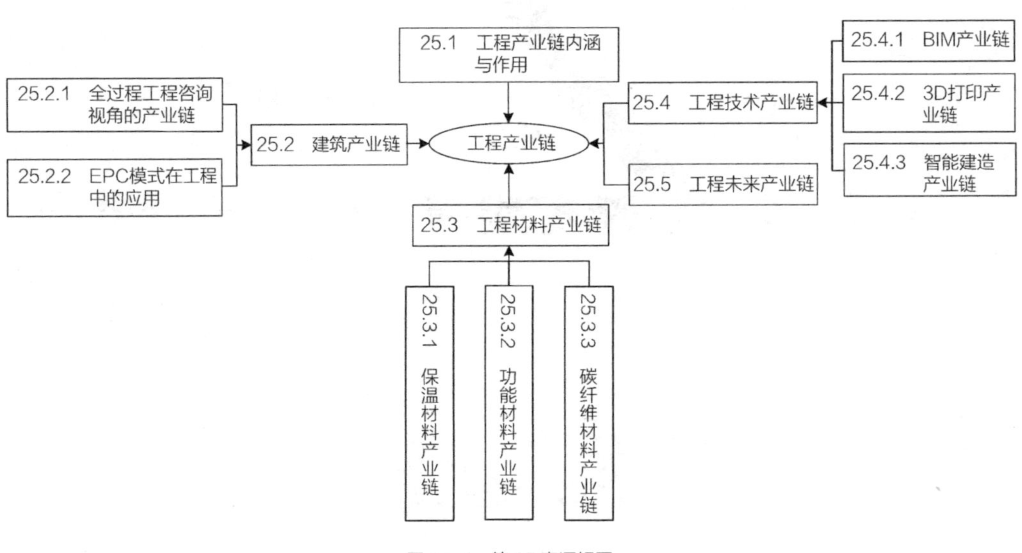

图 25-1 第 25 章逻辑图

工程链态旨在建立链、网式思维，打破点、线的散乱碎片知识体系，获得整体的工程系统的完整图谱。当前十分缺乏。借助资料，罗列建筑业的具体产业链，以增加感性认知。

25.1 工程产业链内涵与作用

产业链是产业经济学的概念，是各个产业部门之间基于一定的技术经济关联，并依据特定的逻辑关系和时空布局关系客观形成的链条式关联关系形态。产业链的本质是用于描述一个具有某种内在联系的企业群结构，产业链存在结构和价值两个维度的属性。工程产业链则是指各个工程产业部门之间基于一定的工程技术经济关联，并依据特定的工程活动过程逻辑关系和时空布局关系客观形成的链条式关联关系形态。建设工程产业链主要包括工程咨询、工程规划、工程勘察、工程设计、工程建筑施工、工程监理、工程检测、工程材料、工程技术、工程教育、工程机械等和工程紧密相关的企业群构成的全过程产业链。

工程要素关联广泛，产业链极其复杂。通过产业链，企业群内形成工程共同体，构成利益集团以获得超额利润；分享产业知识；形成竞争对手，互相促进，推动技术进步与管理变革；进行生产要素供需交换；实现上下游一体化，扩展业务版图。

25.2 建筑产业链

建筑业发展起起伏伏，政策和模式的不同反映在产业链构成上大相径庭。计划经济和市场经济区别很大。自2014年以后，中国建设行业变革的实践在不断展开，行业热点正逐渐形成。其中，以全过程工程咨询为线索的服务模式变革，以EPC（工程总承包）为线索的产品建造组织整合、生产方式变革，以及以信息化为手段的管理变革极具代表性。

25.2.1 全过程工程咨询视角的产业链

（1）咨询价值

全过程工程咨询是指从事工程项目管理咨询服务的企业，受建设单位委托，运用系统工程理论，在建设单位授权范围内对工程建设进行全方位的管理咨询，从业主产生投资想法开始，到项目的策划、立项审批、招标代理、勘察设计、施工、运营、审计、拆除等阶段，进行的专业化管理咨询服务活动。工程咨询的最大价值，在于提供“预见、预判和预案”。“谋定而动”“预则立”都是在阐述“预”的价值，工程咨询就是要“预见项目管理环境、预判项目管理风险、预备各项应对方案”。全过程工程咨询，就是首先要发挥“预”的最大价值，其次是为“实施与操作”提供方案，再次是为“例外处理”出谋划策。特别是在国际国内建设形势“风云变幻”的时势下，“预见、预判和预案”尤为重要。

（2）工程咨询思想模型

全过程工程咨询思想模型，是基于流程牵引理论建构的，如图25-2所示。

（3）产业链“九阶十二段”结构

将建筑产品按照形成的全生命周期，划分为“九阶十二段”（简称“九阶十二段方案”），从建筑产品、开发商和咨询者角度，虽然理解有所不同，但阶段划分方案仍是制定工作标准、确定取费额度等的基础。方案如图25-3所示。

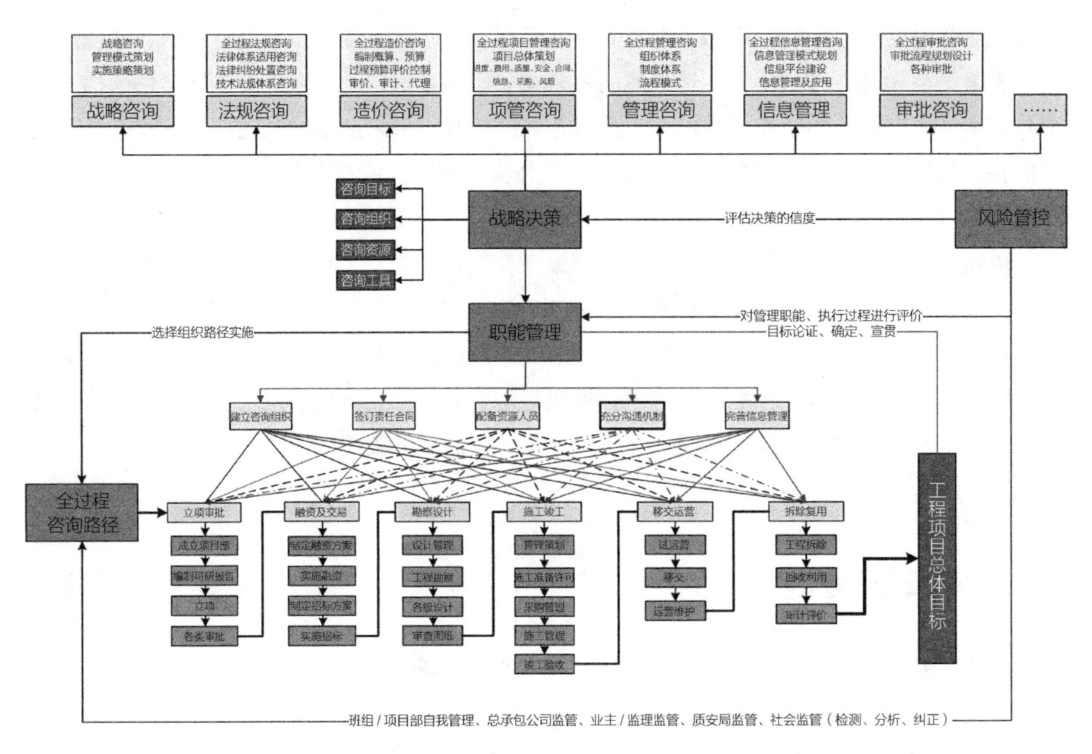

图 25-2　全过程工程咨询思想模型

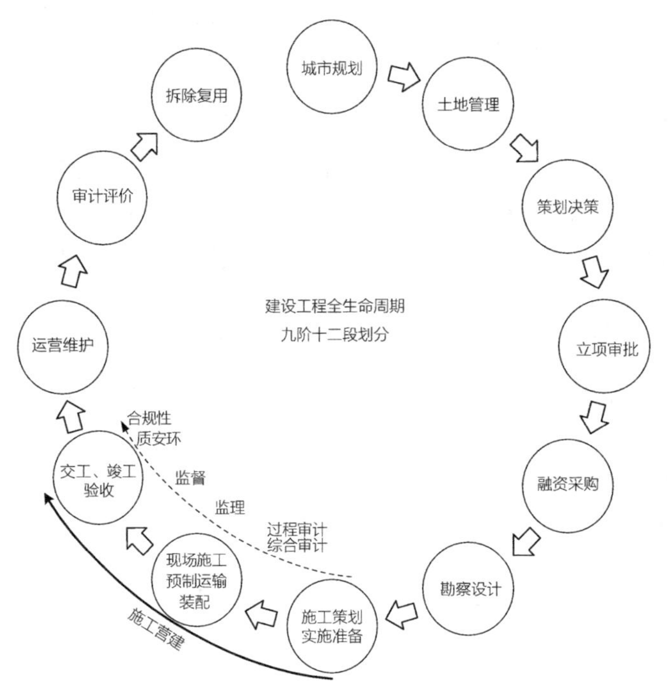

图 25-3　工程产品产业链结构环形图

参照图25-3，“九阶十二段”是一个集“城市规划；土地管理；策划决策、立项审批；融资采购；勘察设计；营建监管（包括策划与准备、现场施工+预制运输装配、竣工验收，及监督、监理、过程及结算审计同时进行）；运营维护；审计评价；拆除复用”为一体的建筑产业链。该方案将碎片的、封闭的“子产业”，整合成完整的链条，有助于系统规划、实施、管理工程，也有利于知识的系统化、运营的体系化。

各大阶段工作细化为：

城市规划包括：总规、区规、详规、控规；

土地管理包括：储备、获取、整理、交易；

策划决策包括：投资意向与决策；

项目立项包括：建议书、可研、立项；

立项审批包括：各项审批；

融资采购包括：融资、采购交易、招标投标；

勘察设计包括：勘察、方案、技术、施工设计；

营建监管包括：营建施工（策划与准备、现场施工、预制运输装配、交工、竣工、验收、备案、结算），监管（监督、监理、过程及结算审计）；

运营维护包括：运营、维护；

审计评价包括：审计、项目各阶段评价；

拆除复用包括：工程改造、工程拆除，土地、材料、设备、场所恢复利用、绿色建筑。

将城市规划与土地管理归为工程管理的阶段，尽管由于长期的分阶段管理导致认知上的不同，就项目建设而言，很多人认为不必管它，不应归到全过程工程咨询中，因为城市规划承袭国家经济社会发展的战略政策，又由独立的规划设计部门开展工作，土地管理则不仅如此，分管的部门已经调整到自然资源部，相当独立。但是就工程项目的核心“功能、指标”而言，后续的所有工作，来源于城市规划，建造管控要素尤其是价格因素受土地政策制约最大，建造环境也很大程度上取决于这两个阶段的因素。立项审批的重要考量就在于此。作为完整的从建设项目考量的全过程，应当包含这两个阶段，何况管理归属也在行业内，交叉内容有很多，以避免“全过程”依然是一个不完整的过程。

工程都是有寿命的。在建设项目全生命周期中，“拆除复用”是重要的一个阶段，包括工程拆除、恢复利用和绿色建筑三项内容。随着城市化的高速发展，我国建筑规模日益庞大，而建筑的寿命是有限的，从改革开放建立的第一批商品房和大量达不到使用功能要求的建筑，都面临拆除的问题，随之而来的是更多建筑物被拆除，建筑拆除的规模越来越大。而拆除工程作为特殊的一类工程具有：①事故频发；②拆除技术落后，不成体系；③政策法规零散；④从业单位个人管理混乱；⑤知识体系不完整；⑥污染严重等问题，使得工程拆除的管理刻不容缓。世界建筑界最高奖项“普利兹克奖”获得者王澍[①]，在总结我国传统理念时说：“中国房子的材料一向是循环利用的，用过就扔不是我们的传统。”根据建筑垃圾管理与资源化工作

---

① 王澍．造房子［M］．长沙：湖南美术出版社，2016.

委员会数据测算，截止到2021年，我国每年产生建筑垃圾35亿t以上。而且中国的建筑垃圾存量已经超过200亿t。同时，我国建筑垃圾的资源化率不到5%，建筑垃圾处理以简单填埋或堆放为主，占用大量土地的同时也污染了地下水和土壤。一些地方长期地将建筑垃圾简单堆放，很容易形成垮塌或滑坡等灾害，造成严重的安全事故和财产损失。所以要加强建筑垃圾的循环利用。循环利用包括建筑材料重复或改进后的利用、建设设备修复或重复利用等方面的内容。绿色建筑的内涵应包括：①尽可能利用天然资源，如被动式节能建筑；②尽可能降低对自然的影响，如低影响开发（LID）技术；③尽可能降低运营能耗；④尽可能地可以循环利用。包含在循环利用中，只是强调其绿色的理念，绿色建筑实际上运用在全阶段中。

咨询应当具有可选择性，也就是并非项目进程的必须性，可以有咨询，也可以没有咨询。设计分为两部分：方案创意、内容表达及过程协同。方案创意具有咨询性质，创意成分更浓的部分更贴近咨询本身的内涵，分布在投资意向、规划方案、初步设计阶段；内容表达（说明书、图纸、计算书、模型等）及过程协同（设计交底、基础验证、修正、变更、签批等，以及对工程量的统计、过程价格预算、验收等）有不可选择的工作必需性，属于产品形成过程的必不可少环节，归属为职能工作，而不是较纯粹的咨询。确定设计单位后，很难有别的设计人员进行全程的设计完善和验证，咨询方也不可能推翻设计基本流程和设计成果。因此，也有讨论认为，设计是否属于咨询的内容和范围还是可以讨论的。在“九阶十二段”的划分中，仍然采用被普遍接受的将设计划分为工程咨询的一个阶段的方案。

监督和监理是我国建设项目管理机制的重要部分。但是其工作性质决定了其属于旁线，不是主干阶段，如图25-4所示，其是与施工营建共生伴随的，并不独立存在。

设计阶段的审图内容未予标明。审图工作是公共监管的核心内容，体现政府和公众对企业法人（设计院）服务质量的一个法定监督，是一个不可或缺的环节。

25.2.2 EPC模式在工程中的应用

政策鼓励将工程建造过程由设计、施工、采购分别承担逐渐向EPC总承包模式转变，促使产业链整合，将工程建设的全过程联结为完整的一体化产业链，即由流程变革转向组织变革，也就是产业链发生变革。

EPC（Engineering Procurement Construction）工程总承包是国际上通用的一种建设项目组织实施方式，在装配式建筑项目上，大力推行工程总承包，既是政策措施的明确要求，也是行业发展的必然方向。装配式建筑项目具有设计标准化、生产工厂化、施工装配化、主体机电装修一体化、全过程管理信息化的特征，唯有推行EPC模式，才能将工程建设的全过程联结为完整的一体化产业链，全面发挥装配式建筑的建造优势。EPC推动装配式建筑的建造优势有很多，阐述如下。

（1）有利于实现工程建造产业链组织化

EPC模式是推进装配式建筑一体化、全过程、系统性管理的重要途径和手段。有别于以往的传统管理模式，EPC模式可以整合产业链上下游的分工，将工程建设的全过程联结为一体化的完整产业链，实现生产关系与生产力相适应，技术体系与管理模式相适应，全产业链

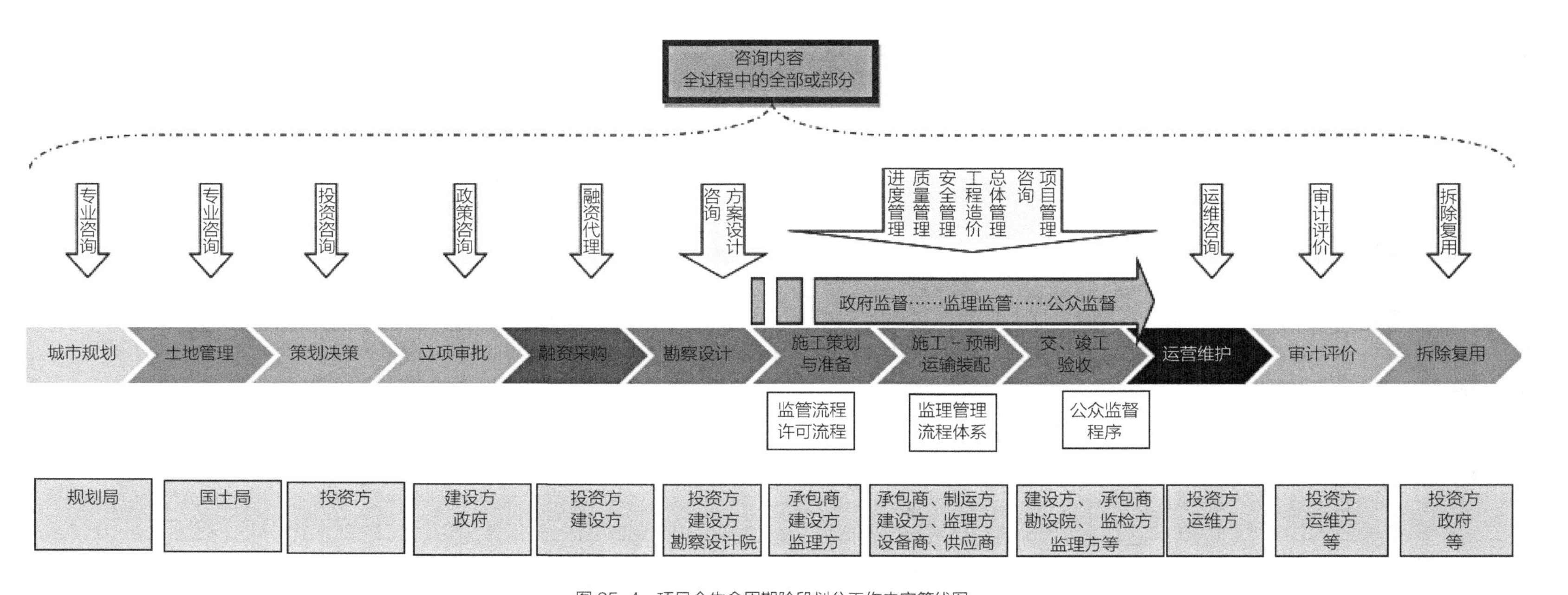

图 25-4　项目全生命周期阶段划分工作内容箭线图

上资源优化配置、整体成本最低化，进而解决工程建设切块分割、碎片化管理的问题。

（2）有利于实现工程建造产业链系统化

EPC模式通过全过程多专业的技术策划与优化，结合装配式建筑的工业化生产方式，以标准化设计为准则，实现产品标准化、制造工艺标准化、装配工艺标准化、配套工装系统标准化、管理流程标准化，系统化集成设计、加工和装配技术，一体化制定设计、加工和装配方案，实现设计、加工、装配一体化，加强了工程建造产业链的系统性。

（3）有利于实现工程建造产业链精益化

EPC模式下，工程总承包方对工程质量、安全、进度、效益负总责，在管理机制上保障了质量、安全管理体系的全覆盖和各方主体质量、安全责任的严格落实。EPC工程总承包管理的组织化、系统化特征，保证了建筑、结构、机电、装修的一体化和设计、制造、装配的一体化，一体化的质量和安全控制体系，保证了制定体系的严谨性和质量安全责任的可追溯性，方便了产业链溯源工作。一体化的技术体系和管理体系也避免了工程建设过程中的"碰缺"，有助于实现产业链精益化、精细化作业。

（4）有利于降低工程建造产业链成本

工程材料成本在项目的成本构成中占有很大的比例，因此，项目采购环节的成本降低具有十分重要的意义。EPC模式中的"Procurement"不仅是为项目投入建造所需的系列材料、部品采购、分包商采购等，还包括社会化大生产下的社会资源整合，系统性地分析工程项目建造资源需求。在设计阶段，就确定工程项目建造全过程中的物料、部品件和分包供应商。随着深化设计的不断推进和技术策划的深入，可以更加精准地确定不同阶段的采购内容和采购数量等。由分批、分次、临时性、无序性的采购转变为精准化、规模化的集中采购，从而实现整条产业链合理化、规模化的有序生产，减少应急性集中生产成本、物料库存成本以及相关的间接成本，从而降低全产业链物料资源的采购成本。

（5）有利于缩短工程建造产业链工期

EPC模式下，设计、制造、装配、采购的不同环节形成合理穿插、深度融合，实现由原来设计方案确定后才启动采购方案，开始制定制造方案、装配方案的线性的工作顺序转变为叠加型、融合性作业，经过总体策划，在设计阶段就开始制定采购方案、生产方案、装配方案等，使得后续工作前置交融，进而大幅节约工期。原来传统的现场施工分为工厂制造和现场装配两个板块，可以实现由原来同一现场空间的交叉性流水作业，转变成工厂和现场两个空间的部分同步作业和流水性装配作业，缩短了整体建造时间。同时，通过精细化的策划，以及工厂机械化、自动化的作业，现场的高效化装配，可以大大提高生产和装配的效率，进而大大节省整体工期。产业链各工作均在统一的管控体系内开展，信息集中共享，规避了过往产业链沟通不流畅的问题，减少了沟通协调工作量和时间，从而节约工期[①]。

（6）有利于实现全产业链技术集成应用和创新

EPC模式有利于建筑、结构、机电、装修一体化，设计、制造、装配一体化，从而实现

① 叶浩文，周冲，王兵．以EPC模式推进装配式建筑发展的思考［J］．工程管理学报，2017，31（2）：17-22.

装配式建筑的技术集成，可以以整体项目的效益为目标需求，明确集成技术研发方向。避免只从局部某一环节研究单一技术，从而出现难以落地、难以发挥优势的问题。要创新全体系化的技术集成，更加便于技术体系落地，形成生产力，发挥技术体系优势。并在EPC工程总承包管理实践过程中不断优化提升技术体系的先进性、系统性和科学性，实现技术与管理创新相辅相成的协同发展，从而提高建造效益。

25.3 工程材料产业链

工程材料包括保温材料、功能材料、碳纤维材料等，保温材料有门窗、玻璃等，建筑全产业链之建材链如图25-5所示。

图 25-5 建筑产业链之建材链
（图片来源：新材料在线）

25.3.1 保温材料产业链

保温材料行业是指从事保温材料相关性质的生产、服务的单位或个体的组织结构体系的总称。

保温材料产业链是指各类保温材料形成的系列产业链，通过对保温材料产业链的分析，研究产业链上下游用户、产品以及服务，如各类的板和砂浆有很多种类，包括无机质高分子板、挤塑聚苯板、真金板等，如图25-6所示。

保温材料行业市场规模，主要包括行业单位、人员、资产、市场、市场容量等方面的行情分析。保温材料行业产销情况，主要包括保温材料的生产、销售等各个环节的详细情况分析；保温材料行业的财务能力分析，主要包括相关企业在保温材料行业的盈利能力、偿债能力、运营能力等方面的分析；保温材料行业的现状，主要从保温材料行业存在的问题、痛点下手，提出解决方案和行业应用前景分析。

当前中国保温材料行业在商业模式方面，一部分呈现“保温材料电商化”的特点，把互联网作为营销渠道的补充手段，提供低价化的产品，智能解决浅层次的行业痛点。互联网加

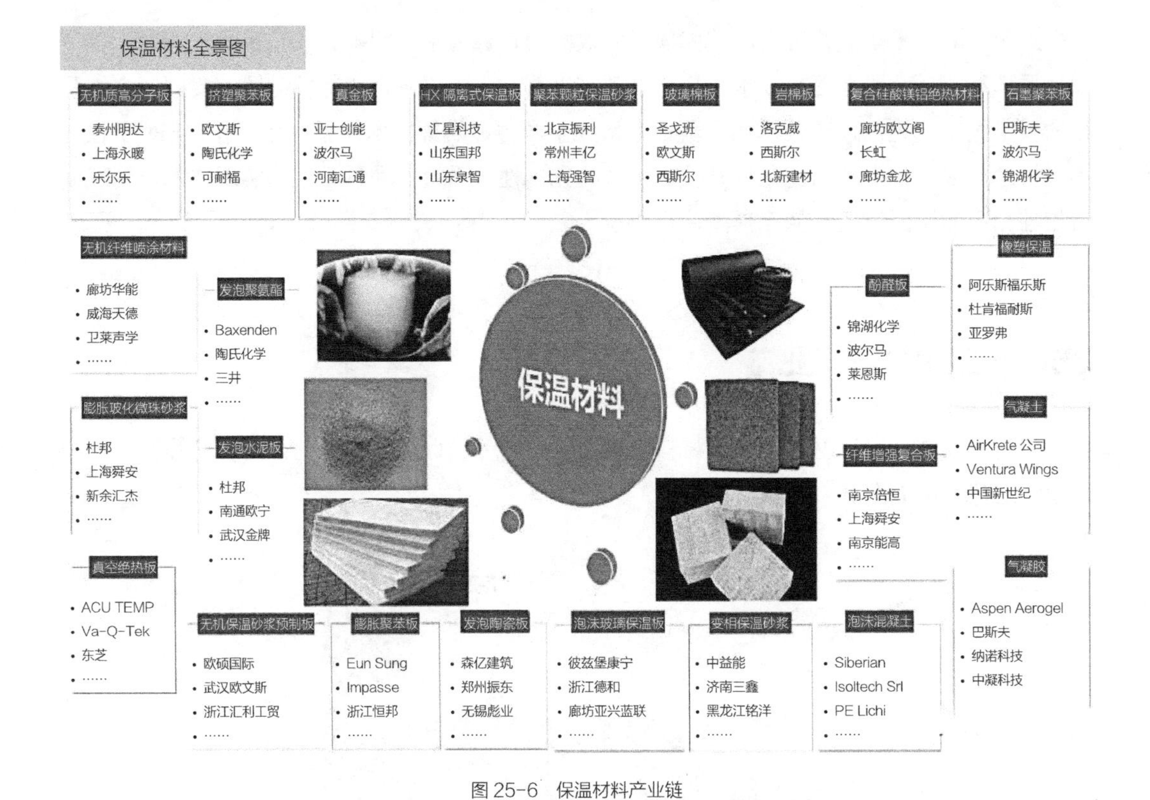

图 25-6 保温材料产业链
（图片来源：新材料在线）

保温材料的上下游资源整合，以“低价套餐+服务承诺+过程监控”的方式，为消费者提供省钱、省时、省力的服务。未来保温材料产业链的盈利能力主要建立在其对各方资源的整合能力和创造力的交易流量上，如图25-7所示。

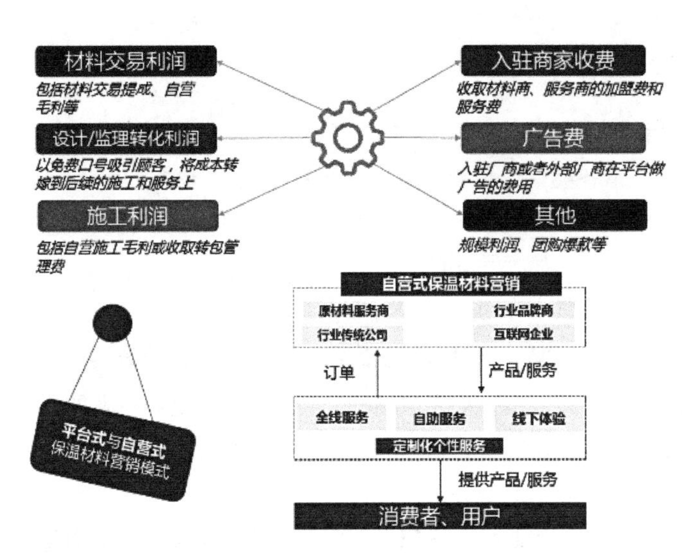

图 25-7 保温材料未来产业链
（图片来源：新材料在线）

25.3.2　功能材料产业链

新材料按材料的使用性能分为结构材料与功能材料。结构材料主要就是利用材料的力学与理化性能，以满足高强度、高刚度、高硬度、耐高温、耐磨、耐蚀、抗辐照等性能要求；功能材料主要就是利用材料具有的电、磁、声、光热等效应，以实现某种功能，如磁性涂料、防水涂料、阻燃涂料、导电涂料、隔声涂料、抗菌涂料、半导体材料、磁性材料、光敏材料、热敏材料、隐身材料与制造原子弹、氢弹的核材料等，如图25-8所示。

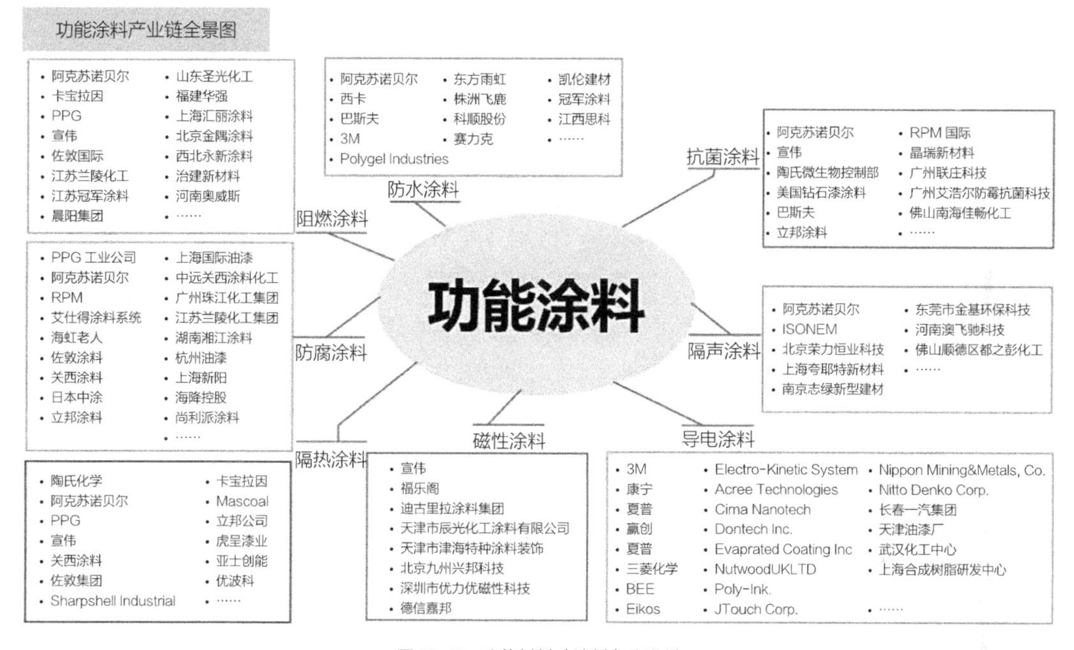

图 25-8　功能材料（涂料）产业链
（图片来源：新材料在线）

超导材料：有些材料当温度下降至某一临界温度时，其电阻完全消失，这种现象称为超导电性，具有这种现象的材料称为超导材料。超导材料主要分为合金材料（如铝合金、铜合金、铁合金、镁合金与高温合金等）与化合物材料（如超导陶瓷）两种。超导材料最主要的应用包括：发电、输电与储能，超导磁悬浮列车，超导计算机等。

智能材料：主要应用于航空航天高科技新材料的发展，包括形状记忆合金压电材料、磁致伸缩材料、导电高分子材料、电流变液与磁流变液等智能材料，以及驱动组件材料等功能材料。

磁性材料：磁性材料可分为软磁材料与硬磁材料两类。软磁材料在电子技术中广泛应用于高频技术，如磁芯、磁头等；在强电技术中可用于制作变压器、开关继电器等。目前常用的软磁体有铁硅合金、铁镍合金、非晶金属。硬磁材料（永磁材料）主要应用于指南针、仪表、微电机、电动机、录音机、电话及医疗等方面，硬磁材料包括铁氧体与金属永磁材料两类。

25.3.3 碳纤维材料产业链

碳纤维材料的产业链分别是原丝、碳纤维、中间材料、复合材料、下游应用等。其中原丝包括沥青纤维、粘胶纤维以及聚丙烯腈纤维，产业链中有BP、西班牙爱沙尼亚、Cemex等公司；碳纤维包括聚丙烯腈基碳纤维、沥青基碳纤维、粘胶基碳纤维，产业链中有日本东丽、日本东邦、日本帝人、美国赫氏以及天顺华东等公司；中间材料包括碳纤维预浸料、碳纤维编织布、碳纤维短纤，产业链中有日本东丽、江苏恒神、沈阳中恒新材料、江苏天鸟高新技术等公司；复合材料包括碳纤维复合材料和碳纤维部件，产业链中有江苏奥盛、山东江山纤维等公司；下游应用包括航空航天、汽车、建筑交通以及体育休闲等，主营这些业务的公司有宝马、陶氏、波音、拓普、联想、华为、华硕和李宁等，如图25-9所示。

对于下游应用和复合材料：

航空航天领域，由于复合材料热稳定性好，比强度、比刚度高，可用于制造飞机机翼与前机身、卫星天线及其支撑结构、太阳能电池翼与外壳、大型运载火箭的壳体、发动机壳体、航天飞机结构件等。

汽车工业，由于复合材料具有特殊的振动阻尼特性，可减振与降低噪声、抗疲劳性能好，损伤后易修理，便于整体成形，故可用于制造汽车车身、受力构件、传动轴、发动机架

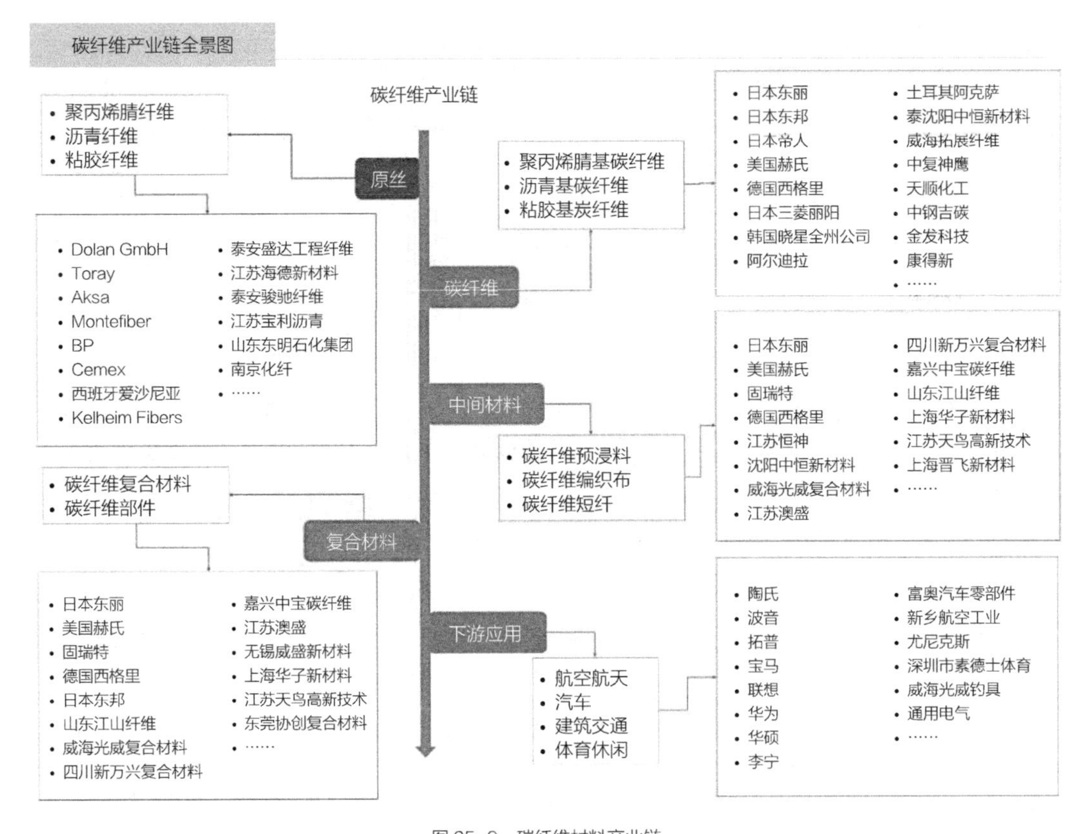

图 25-9　碳纤维材料产业链
（图片来源：新材料在线）

及其内部构件。

化工、纺织与机械制造领域，有良好耐蚀性的碳纤维与树脂基体复合而成的材料，可用于制造化工设备、纺织机、造纸机、复印机、高速机床、精密仪器等。

医学领域，碳纤维复合材料具有优异的力学性能与不吸收X射线特性，可用于制造医用X光机与矫3形支架等。碳纤维复合材料还具有生物组织相容性与血液相容性，生物环境下稳定性好，也用作生物医学材料。此外，复合材料还用于制造体育运动器件与用作建筑材料等。

25.4 工程技术产业链

工程技术也即工程项目进行过程中所应用的工程技术手段，以建设工程为例，目前应用较先进的工程技术以BIM技术、3D打印技术、智能建造技术等极具代表性。

25.4.1 BIM产业链

BIM（Building Information Modeling），如今已有越来越多关于BIM的推进政策，BIM在世界各国广泛应用，我国作为世界大型经济体，需求与发展日新月异，从中央到地方的政策支持，加大了BIM的推广与发展速度，BIM技术将逐步向全国各城市推广开来，真正实现在全国范围内的普及与应用。BIM技术从提出以来，也形成了一条集地铁、高铁、城市综合管廊、矿业、公路等建设发展成熟的产业链。BIM技术发展的优势有很多，例如稳步推进装配式建筑发展、推进行业大数据的普及与应用、强化建筑业技术创新等。

如图25-10所示，从BIM产业链来看，上、中、下游分别为：

上游——分为硬件和软件。硬件包括IT设备、电子元器件、监控设备等，软件包括基础软件、中间件、协同应用软件等。例如，IT设备厂商联想、浪潮、戴尔、华为等，基础软件服务商微软、威睿、IBM等，监控设备厂商海康、大华等。上游供给和竞争较为充分。

中游——建筑信息化服务厂商，全球龙头包括美国Autodesk、Bentley，德国Nemetschek，法国达索系统等。国内厂商包括广联达、鲁班软件、品茗股份、鸿业科技、斯维尔等。

下游——应用领域主要集中在建筑行业（住宅、商业地产、桥梁、水利、交通等）。

通过运用BIM技术，可在设计阶段规避各专业冲突，优化设计方案，提高建造的施工效率，从而缩短建造工期。工期的缩短将大幅提高业主资金的周转效率，降低建造成本，从而实现业主投资的利益最大化，应用BIM技术辅助工程建造的优势从以下五个方面进行分析。

①提升项目质量，降低建造成本。在建筑物的施工阶段，因为建筑行业技术门槛高，各专业之间协同效率低，常导致返工重做的现象发生，造成了人力、物力、时间的大量损失，运用BIM技术，各专业提前在BIM模型上将建筑物模拟建造了一遍，通过不断优化建造方案，将可能出现的问题提前解决，可视化交底，提升项目质量，降低成本。

②有效控制工程造价和投资。建设是个大工程，也是投资的无底洞，我们经常看到的烂尾楼，大多都是因为投资人不堪重负而毁约撤资。基于BIM的造价管理，可精确计算工程

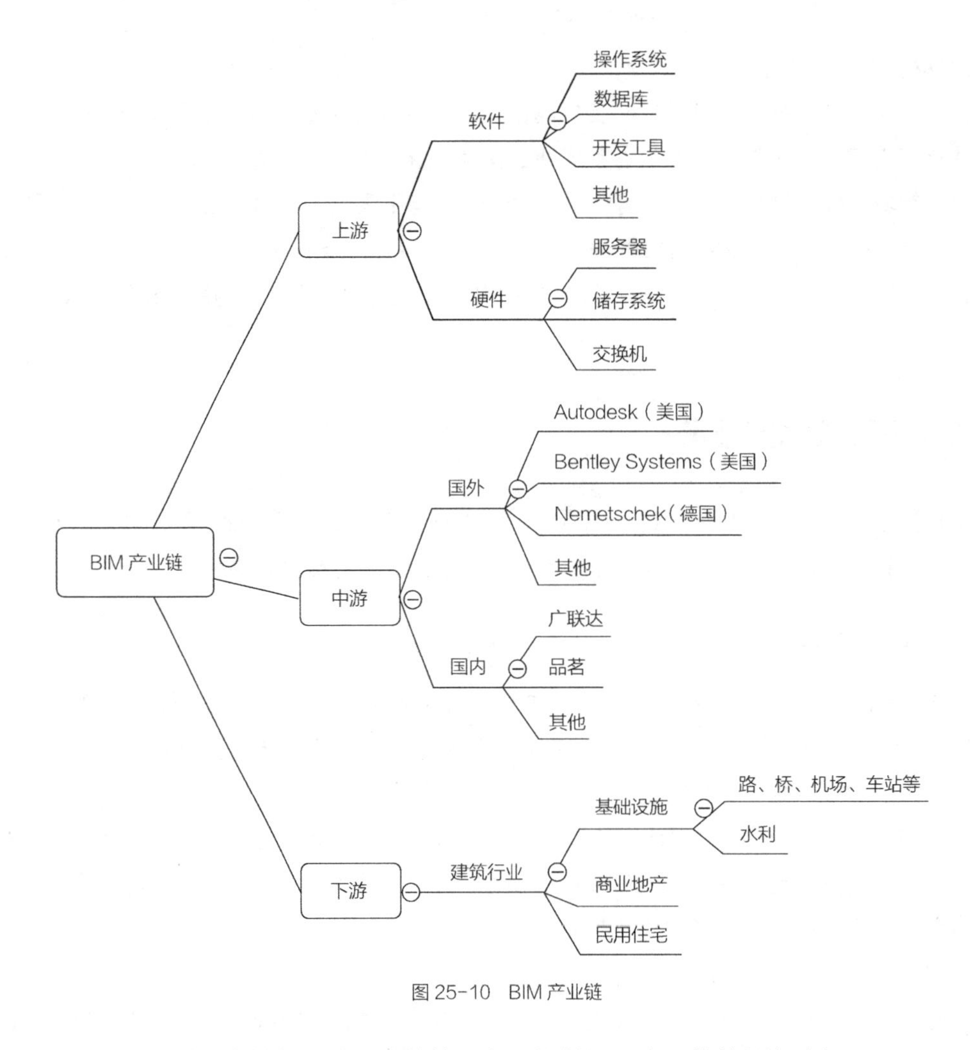

图 25-10　BIM 产业链

量，快速准确提供投资数据，减少造价管理方面的漏洞，合理推算投资总额。

③多方协同，提升效率。当前建造的项目难度越来越大，很多实操步骤需要多方同时间段的协同管理，而基于BIM协同云管理平台软件，能随时随地将各专业连接在一起，通过实时模型查看、施工进度查看等来监管工程进度，大大提升协同效率。

④建筑大数据的收集和管理。目前各行各业的大数据产业发展如火如荼，建筑行业的大数据产业因其专业门槛高和应用不广泛而被搁置，但基于BIM模型的数据存储和分析能力，能将建筑二维图纸和三维模型的大数据转化、流转和利用，为建筑物的全生命周期创造应用价值。

⑤建筑大数据的管理和应用。建筑物全生命周期长达百年，在全生命周期内的使用过程中，建筑物的运维成本也长期居高不下，而且需要随时应对可能发生的各项问题。现在，运用BIM模型的大数据分析和管理能力，能随时随地调取建筑物的结构数据，大幅提高运维效率，降低物业运维成本。随着基于BIM的运维平台和应用的成熟，这方面的价值潜力也是巨大的①。

---

① 李瑜. BIM席卷建筑全产业链［J］. 砖瓦，2018（6）：98-99.

25.4.2 3D打印产业链

3D打印技术被称作第三次工业革命的标志之一，是制造业向“智造”转变的关键技术，3D打印技术从发明以来，经过些许时间形成了系列的产业链，如图25-11所示。

（1）3D打印技术及其应用

3D打印技术（3D Printing）由快速成型技术发展而来，其原理是通过计算机辅助设计构建产品的三维数字化模型，再借助计算机数控机床技术、激光技术等，根据模型“分区”成的切面利用特殊材料进行逐层打印实现产品制造。主要实现技术包括光固化成型（SLA）技术、选择性激光烧结成型（SLS）技术、熔融沉积制造成型（FDM）技术、材料喷射、粘结剂喷射等。3D打印技术的主要衡量指标包括打印速度、成本、精度、分辨率、适用材料性能与能打印的颜色等，根据能打印的颜色分为一种与多种色彩打印，并由于技术上的突破，多种色彩打印越来越普遍。

3D打印技术可用于基于定制化生产的诸多行业，目前已应用到航天航空、汽车制造、生物医疗、文艺作品等领域。在航空航天、汽车制造等领域主要用于模具设计、零部件生产、定制化制造。生物医疗上用于制药、器官制造与教学等，已经实现了血管组织、心脏、细胞组织等的打印，并结合纳米技术进行药品研制。文艺作品方面，满足个性化需求，能最大程度实现社会化生产。

（2）完整3D打印产业链的基本结构

3D打印产业链是集大学与研究院、3D打印企业、电子商务平台、服务商网络、消费市场等于一体的庞大系统，在发展过程中与政府部门、行业协会、金融机构等相关联。政府部门对大学及研究院、3D打印企业产生直接影响，在辅助产业、机构的支持下研究成果通过3D打印企

图25-11 3D打印技术产业链

业直接或间接进入消费市场，市场情况又反过来影响技术进步，完整产业链如图25-12所示。

1）产业链上游相关企业、机构

产业链上游企业与机构的作用是推进技术研发、技术进步、3D打印设备制造、3D打印材料研发。这部分主要包括大学、研究院及3D打印企业。

①大学、研究院在产业链中实现3D打印设备精度、稳定性等的提高，以及目前3D打印材料种类少和所面临技术难题的突破，通过3D打印企业实现技术成果商业化。

②3D打印企业，实现高新技术的研发与化解产业化面临的高风险与极大的不确定性，这些问题的解决需要3D打印企业专业的运营激励机制、融资能力、市场反应能力和商业化渠道等各种能力的融合，这也是大学、研究院所缺少的。3D打印企业在产业链中与多方联系密切，能提供专业的运营机制，以市场为导向做产品的定向研发。

2）产业链中游服务系统、网络及第三方平台建设

产业链中游第三方服务平台连接上游企业与下游市场，为3D打印产品、设备、材料等提供商业化的经销网络、信息交互、产品意见反馈、市场动态信息等服务，主要包括数字化平台及服务商网络。

3D打印机、打印材料及数字化模型要实现有效的市场营销需要服务商网络的加入和高可信度电子商务平台的搭建。对于以研发为主的3D打印企业，专业服务商队伍的加入可以弥补自身核心能力的不足。在经济体系中，有些服务商网络和电子商务平台已经存在，并且运营模式也趋于成熟。其中以3D Systems为代表的3D打印制造商就入驻了京东、淘宝等第三方电子商城，降低了成本，节省了产品推广时间。

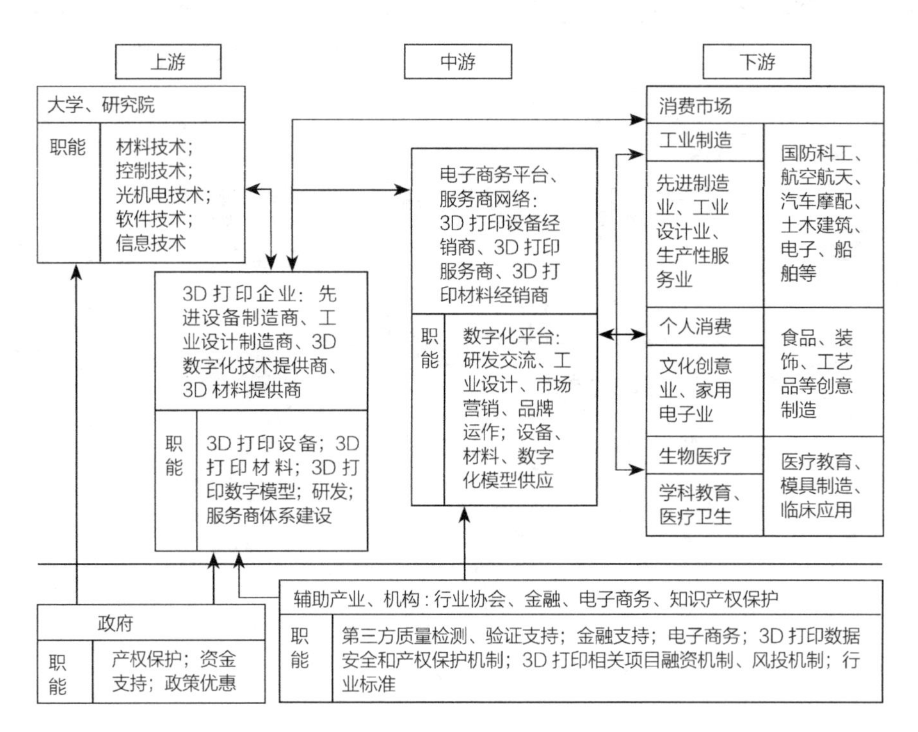

图25-12　3D打印完整产业链

3）产业链下游应用导向市场

消费市场处于产业链的下游，3D打印产业的消费市场主要细分为工业制造、个人消费与生物医疗三个极具显著特征的市场，应用范围跨越多个领域。3D打印应用领域经历了不断拓展的过程，这归功于设备技术、材料技术的进步，同时，这也是产业发展过程中面临的挑战与难题。

4）3D打印产业相关部门、产业支持

任何产业都不能独立存在，必须与相关产业、部门及时有效地交互。

①政府相关机构。主要包括财政、科技、发展改革、教育等部门，为企业提供资金支持或运营、融资便利条件，推进3D打印技术的学校教育，实现3D打印技术人才培育的同时推动3D打印成果的应用，此外，肩负建立完善的3D打印数据安全和产权保护机制的责任。

②辅助产业、机构。3D打印产业的发展有赖于各方相关机构的建立与完善，特别是要实现打印设备及特定产品的技术质量检测、金融支持、行业标准及3D打印数据安全等第三方辅助支持，主要包括3D打印行业协会与产业联盟等①。

25.4.3 智能建造产业链

智能建造是工程建造的重要方式，或者说是进化方向。新技术催生新产业，这是经济发展所期待的。智能建造技术，正在逐步形成新的建造产业。智能建造以装配式建筑为代表，以其流程说明产业链的相关组织方式。装配式建筑机械、磨具、混凝土生产、工程运输业、工程施工管理、咨询服务、装配式设计、建筑机电配套、自动化控制等均在该产业链的形成过程中占有一席之地。

智能建造包含“智能”和“建造”两个方面的内涵，智能建造产业链是信息技术产业链和建造产业链“双链融合”产生的产业生态系统②，如图25-13所示。

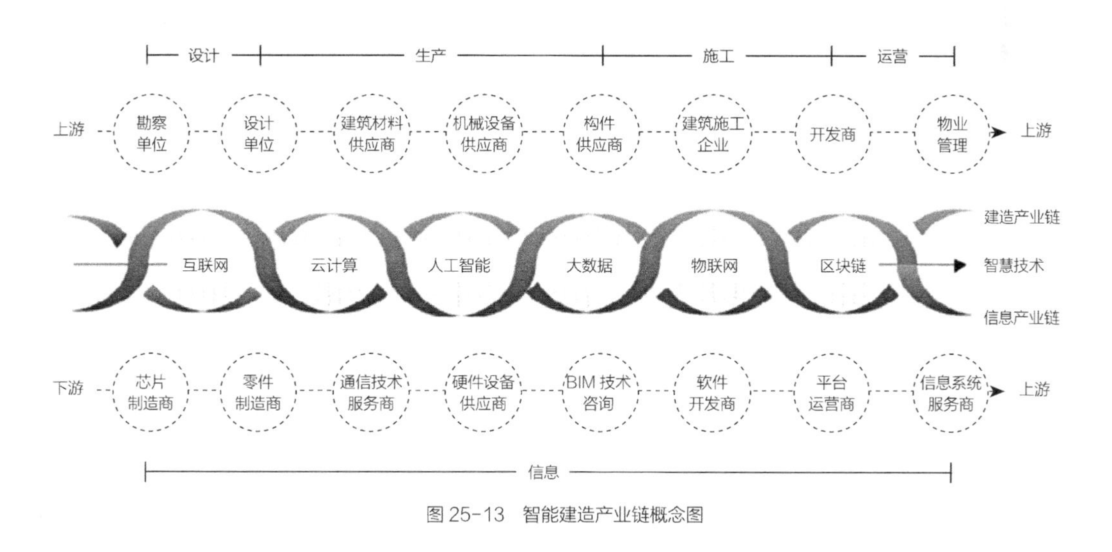

图25-13　智能建造产业链概念图

① 吴瑶．3D打印产业链的协同创新模式研究［J］．当代经济，2016（16）：43-45．

② 毛超，张路鸣．智能建造产业链的核心产业筛选［J］．工程管理学报，2021，35（1）：19-24．

图25-13中，建造产业链以装配式建造产业为核心，带动上游建筑材料、部品部件、新型机械设备及建筑机器人等制造业的发展，并向下游装饰装修、房地产销售运营等产业延伸。信息技术产业链以建筑信息模型（BIM）为核心，结合物联网、云计算、区块链等新兴信息技术，形成覆盖前期决策、设计、采购、施工、运维各阶段的信息化咨询服务，带动上游面向数据采集、信息通信等硬件制造产业的发展，并向下游数据服务、平台运营等产业延伸。

25.5 工程未来产业链

产业链变革的意义大于单个企业的变革，产业链的转型难度大于企业升级的难度。西部的重庆和成都在一定程度上，因其在构建新型产业链上迈步稳健，发展势头良好。

工程未来产业链将转向新型产业链，以支持产业内的申报单位围绕产业链关键环节提升，以创新集聚优势资源和提升产业层级为战略任务，以重点领域服务和模式创新、重大战略布局、规模化示范应用推广、关键技术提升为目标，实施对经济或社会经济效益显著、产业发展起到支撑引领作用的项目。

（1）新能源产业

新能源技术已成为国家重点发展的高科技产业之一，蕴涵着巨大的商机。目前新能源已初步形成产业，但规模仍小。在新能源和可再生能源中，水电的开发利用最为充分，已完成商业化。垃圾发电作为兼顾社会、环保、经济三者效益的社会公益事业项目，系燃用废弃垃圾，属于节能利废、变废为宝的环保项目，在我国也是国家能源政策支持发展的方向，并享有国家各种优惠政策的扶持。新能源行业具有广阔的发展空间，将形成持续的投资热点。在未来，工程中对于新能源产业将重点支持太阳能、核能、风能、生物质能、智能电网等领域的技术创新、产品提升、应用示范，形成产业链核心竞争力。

（2）新材料产业

新材料是国防工业、航天航空工业、电子信息产业、新能源等高技术产业发展的基础，是高技术中的核心高技术，具有广阔的发展前景。能源、信息、材料被认为是现代国民经济的三大支柱，其中材料更是各行业的基础，可以说谁掌握了新材料，谁就掌握了21世纪高新技术发展的主动权。正因为如此，目前世界各国政府都把新材料的研制、开发和运用放在优先发展的战略地位。从最新发展趋势看，新材料将向功能化、复合化、智能化方向发展，最活跃的将是信息功能材料、纳米材料、高性能陶瓷、生物材料、高分子材料、智能材料、复合聚合物材料等。今后材料研究发展的方向应该是充分利用和发挥现有材料的潜力，继续开发新材料，以及研制材料的再循环（回收）工艺[①]。在未来，工程中对于新材料产业将重点支持电子信息材料、新能源材料、生物材料、新型功能材料、结构功能一体化材料、新兴环

① 赵淑萍. 我国未来产业结构的发展趋势及热点行业［J］. 经济问题探索，2001（7）：27-29.

保节能材料、新型工程塑料、稀土功能材料、高性能纤维及其复合材料。

（3）节能环保产业

在未来，工程中对于节能环保产业将重点支持节能技术和装备、节能产品、环境治理技术和装备、环保材料和药剂、资源循环利用产业等领域的技术创新、产品提升、应用示范，形成产业链核心竞争力，具体内容将于本书第26章进行介绍。

（4）航空航天产业

在未来，工程中对于航空航天产业将重点支持航空电子、无人机、卫星导航、航空航天材料、精密制造技术及装备、微小卫星、航天生态控制与健康监测和通用航空现代服务等领域的技术创新、产品提升、应用示范，形成产业链核心竞争力。

（5）生命健康产业

生物技术将是21世纪产生重大影响的7个高科技领域之一，我国医药行业重点发展两类产品，即中药和生物工程药物，加快由医药大国向医药强国的目标迈进。其中某些单靠流通出效益的企业经营压力加大，有产品、有技术、有新药开发能力以及得到GMP认证的企业则可从容面对，其行业地位将会得到进一步的巩固。基因芯片是生物芯片研究中最先实现商品化的产品。基因技术所带来的商业价值无可估量，从事该类技术研究和开发的企业的发展前景将十分广阔。在未来，工程中对于生命健康产业将重点支持生命信息、高端医疗、健康管理、照护康复、养生保健和健身休闲领域内的技术创新、产品提升、应用示范，形成产业链核心竞争力。

（6）机器人、可穿戴设备和智能设备产业

在未来，工程中对于机器人、可穿戴设备和智能设备产业将推进关键环节示范应用推广，例如重点支持工业机器人、服务机器人、可穿戴设备、智能检测仪器、元器件和关键部件、智能制造成套装备等领域的技术创新、产品提升、应用示范，形成产业链核心竞争力。

智能制造示范：①数字化工厂。支持企业在关键生产环节实现生产自动化和智能化，创新融合新一代信息技术与制造技术，运用自动加工、自动检测、自动装卸、自动导引运输车等先进设备，实现生产过程的装备智能化升级、工艺流程改造和基础数据共享。②服务创新。支持提供智能制造综合解决方案、系统集成等第三方高端服务。支持运用云计算、物联网、大数据、移动互联网等信息技术提供个性化定制、网络协同开发、在线监测、远程诊断、推送服务和云服务等生产领域的应用。支持运用云平台、云存储、大数据分析等智能化技术提供智能家居、智能物流、智能交通、智能医疗等民生领域的应用。

第 26 章
工程生态链

本章逻辑图

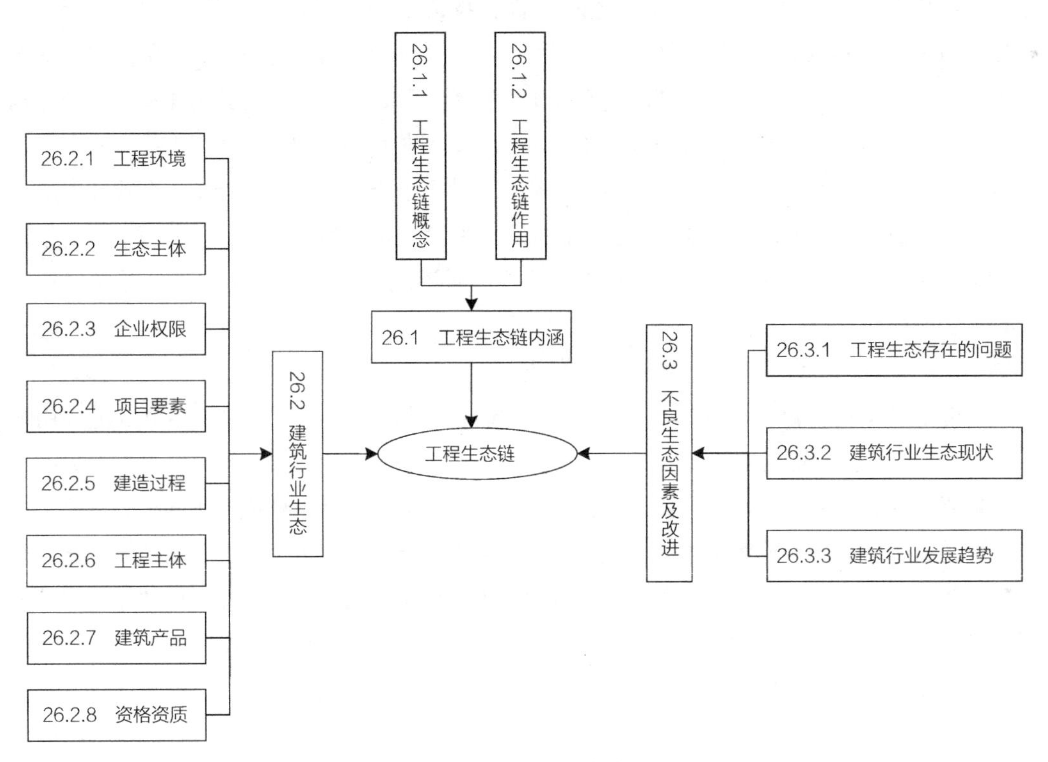

图 26-1 第 26 章逻辑图

借鉴自然生态概念到经济系统内所谓的生态和生态链，内涵既有联系也有区别。自然界“物竞天择，适者生存”，经济生态中，竞争、合作（即竞合）、分工、协同，除了竞争的残酷之外还含有人文情怀。工程生态既有工程演化导致的“自然成分”，也有政策和各主体干预的“人工生态”，其是工程行业生存的全部业态之和。以大工程观来看，工程生态是人类社会生存发展生态的子生态。建设工程生态则是更低一级的生态，是建设工程主体创设、生存、发展、消亡的全部工程环境和动态演化之和，有其自身的规律性。

26.1 工程生态链内涵

26.1.1 工程生态链概念

生态学中的生态是指生物在自然界的生存状态，其中，自然界是指野外，即人类居住环境以外的地域除却城镇和村落；生存状态包括适应进化的历史和协调存在的现状格局[①]。在自然界，生物的生存与周围环境有着密切的关系。生物在其生活过程中依据环境信息从环境中取得所需的能量和物质以建造自身，同时也不断排出某些物质归还环境，并对环境起改造作用。生物与生物、生物与环境通过能量、物质、信息相互联结构成一个整体，这种特殊的整体就是生态系统。生态系统中的能量流动是借助于食物链和食物网来实现的。食物链是指在生态系统中，生物之间通过吃与被吃关系联结起来的链索结构。生态学中的生态链与食物链基本上是同义词。

1941年，美国生态学家林德曼提出了食物链的概念，后来发展成为生态链理论。20世纪80年代以来，生态链的基本思想被广泛地应用到农业、林业、工业、环保、文化、教育、经济等领域[②]。

借鉴生态链基本思想，本书首次将其引入工程领域，即“工程生态链”。在其中存在着资源、企业与环境之间的相互依存、相互作用关系，同时伴有资金、信息、政策、人才和价值的流动，形成了类似自然生态链的工程生态链。在工程生态链中，资源部门相当于生态系统中的生产者，其利用基本环境因素（空气、水、土壤、岩石、矿物质等自然资源）生产出产品，如采矿厂、冶炼厂、热电厂、钢铁、水泥等，为工程建造提供初级原料和能源。加工生产部门相当于生态链中的消费者，其不直接生产“物质化”产品，但利用生产者提供的产品供自身运行发展，将初级资源加工转化为满足人类生产、生活需要的工程，如设计院、施工、监理等。还原生产部门相当于生态系统中的分解者，其把企业产生的副产品和“废物”进行资源化或无害化处置，使其转化为新的产品，如废物回收公司、资源再生公司等。工程生态链和自然生态链由生产者、消费者和分解者构成，通过持续地进行能量流动、物质循环和信息传递维持自身的动态平衡，遵循“适者生存”法则。自然生态链几乎没有人的参与，靠其自身进行物质循环和能量交换，只受自然规律约束。而工程生态链是由人设计建造的，其受人的影响较大，以及会受到市场规律等因素的制约，故其比自然生态链要复杂得多[③]。

---

① 周道玮，盛连喜，孙刚，等. 生态学的几个基本问题［J］. 东北师大学报（自然科学版），1999（2）：74–79.

② 娄策群，周承聪. 信息生态链：概念、本质和类型［J］. 图书情报工作，2007（9）：29–32.

③ 姜连馥，孙改涛. 基于工业生态学的建筑业生态链构建及代谢分析研究［J］. 科技进步与对策，2009，26（21）：53–55.

26.1.2 工程生态链作用

自然生态链中各节点生物相互制约、相互依存，是物质循环、能量流动的纽带，是生态平衡的关键所在。工程生态链在工程领域同样也有如此意义，因工程对于人类的特殊“存在”意义，工程生态链的作用尤其不可或缺。

工程生态链集合各工程共同体、各建设阶段，从上游到下游，具有整体性、系统性的特点，加之工程全过程信息在链条上流动、转化、筛选、反馈……此外，工程生态链的构建、延伸、优化，新观念、新技术、新知识的出现与扩散，生态链的作用日趋明朗，将工程生态链的作用归纳如下。

①系统整体地看问题。从过往一个项目、一个企业、一个小区域看待工程问题变为从整个生态链的角度看问题，能够更系统、更全面地看待生态链过程中发生的许多问题，从而提出更具有全局意识、大局眼光的解决方案，及时有效地防范、规避工程生态链风险。

②对开发、发展起到导向作用。通过对生态链发展演化过程的分析，推测出生态链中某一环节的缺陷与问题，对资源、人才的配置进行均衡，减少恶性循环、资源浪费，避免重复投资，确保产业的全面、整体、健康可持续的发展与进步。

③对工程评价结果更加具有指导性。在工程评价过程中，考虑到的因素更加完整、全面、规范，从而制定更加合理科学的淘汰机制，有利于规范工程行业。

④对整个生态链技术的提高与优化，提高产业竞争力。通过对生态链整体技术集成应用和创新，以整体生态链的效益为目标需求，明确基础性技术研发方向，实现整条生态链的整体改善提高，避免只从局部某一环节研究单一技术导致无法落地等问题的产生。

26.2 建筑行业生态

为避免广义工程造成论述散乱，选取具有代表性的建筑行业，阐述其生态。

据国家统计局数据（图26–2），近年来，我国建筑业企业生产和经营规模不断扩大，建筑业总产值持续增长。2021年建筑业总产值达到293079.31亿元，比2020年增长了11.04%，增速比2020年提高了4.80%，连续两年上升。建筑业在推动经济发展方面依然发挥重要作用，建筑业仍保持支柱产业地位。

本书将建筑行业生态凝练为8部分：环境、生态、企业、项目、过程、主体、产品、资格/资质，构成建筑行业生态圈，如图26–3所示。

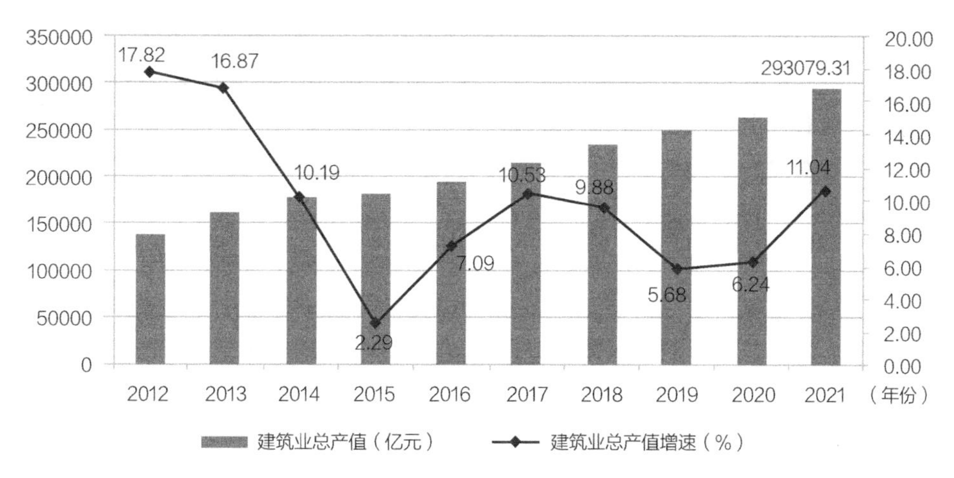

图 26-2　2012 ~ 2021 年全国建筑业总产值及增速统计图

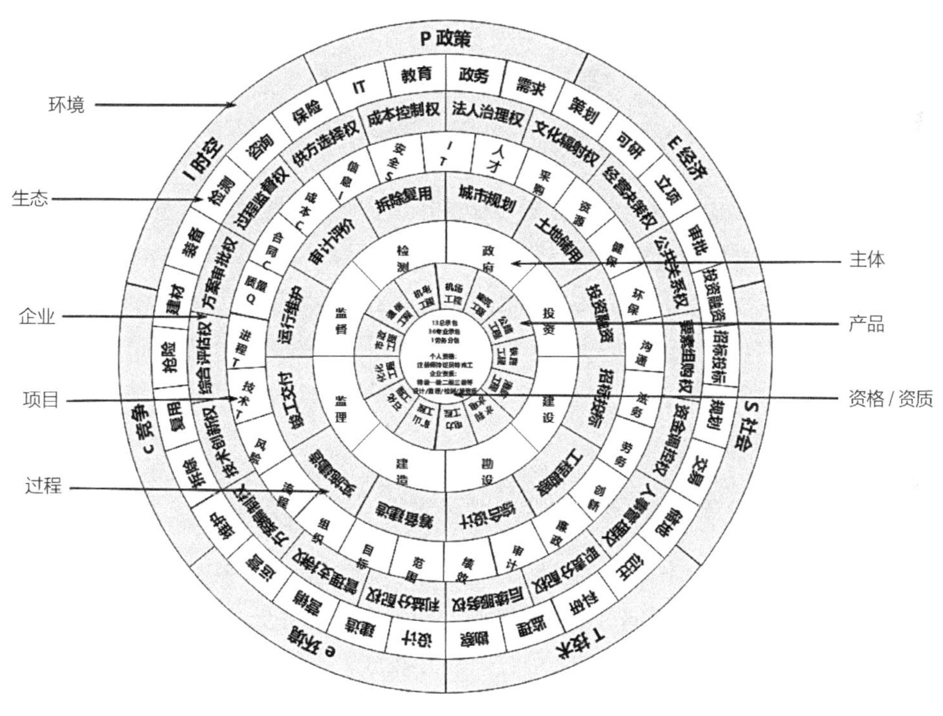

图 26-3　建筑行业生态圈

26.2.1　工程环境

环境由政策、经济、社会、技术、环境、竞争、时空组成，本书第12章已对环境进行了详细阐述。

26.2.2　生态主体

生态由勘察、设计、建造、营销、运营、维护、拆除、复用、抢险、建材、装备、检测、咨询、保险、IT、教育、政务、需求、策划、可研、立项、审批、投资融资、招标投标、规划、交易、储地、征迁、科研、监理组成，共30项。政务包含管理架构部委局办的工程政策制定、审批、监督、秩序管理等职能。

有的直接发育成行业，有的成为某种职能，30个行业/职能中蕴含着的种种关系、步步流程都有其特殊的含义。

26.2.3 企业权限

据国家统计局数据（截至2020年），中国建筑业法人主体为1901819家。最为复杂的建筑工程主体，其管理核心是权责的均衡，也是内部生态维系的重点内容。

企业运行管理是一个整体，建筑企业以项目为经营单位，企业与项目之间的权限均衡成为最重要的工作。权限包括：成本控制权、供方选择权、过程监督权、方案审批权、综合评估权、技术创新权、方案编制权、监理支持权、利益分配权、后续服务权、职责分配权、人事管理权、资金管控权、要素组构权、公共关系权、经营决策权、文化辅助权、法人治理权。这18个权限相辅相成，协同一致，方能构成完整的企业。

26.2.4 项目要素

工程生态以项目形式/模式运作，是通行做法。项目要素关乎工程生态健康。

工程项目管理最鲜明的特征是复杂性，工程项目涉及的单位多，各单位之间关系协调的难度和工作量大；工程技术的复杂性不断提高，出现了许多新技术、新材料和新工艺；大中型项目的建设规模大；社会、政治和经济环境对工程项目的影响，特别是对一些跨地区、跨行业的大型工程项目的影响，越来越复杂。项目要素共包括25项，具体内容于本书第20.2节进行了详细阐述。

26.2.5 建造过程

建造过程划分是制定工作标准的基础，也是确定取费额度的基础，从建筑产品、开发商和咨询者角度，全过程也有不同理解。从客观的角度来看，将全过程划分为9阶12段，提出笔者团队一家之言，供大家讨论。具体内容于本书第25章进行了详细阐述。

26.2.6 工程主体

将工程主体归纳为八方，分别为政府方、投资方、建设方、勘察方、建造方、监理方、监督方、检测方，本书第21章已对主体进行了详细阐述。

26.2.7 建筑产品

《建筑业企业资质标准》中将建筑产品分为13类：建筑工程产品、公路工程产品、铁路工程产品、港口与航道工程产品、水利水电工程产品、电力工程产品、矿山工程产品、冶金工程产品、石油化工工程产品、市政公用工程产品、通信工程产品、机电工程产品、民航机场工程产品。

26.2.8 资格资质

个人职业（执业）资格和法人资质是中国建筑业特殊的管理方式。资质资格指建筑行业从业人员以及承接建筑工程企业所必须具备的资质。例如：13类总承包资质、18类专业承包资质、10类总承包特级资质。个人从业资格需要经过培训、考核、注册、继续教育等程序，授予建造师、造价师、监理工程师等资格证书，方能从事专业的工程活动。

26.3 不良生态因素及改进

工程生态，以大建设为对象，可以将房地产、建筑业综合在一起分析。

26.3.1 工程生态存在的问题

复杂的工程生态活动，存在诸多问题，以中国建筑生态为例。

宏观上：

①恶性竞争问题：当前市场建筑单位过多，为承揽工程项目，不少企业选择低于成本的低价中标策略，严重影响工程质量，且背后滋生腐败问题，权色交易，危害社会。

②新技术问题：科技发展如此之迅速，各行各业都在不断追求新技术的推广和使用，但当前建筑行业新技术推广缓慢，创新能力不足，严重阻碍了建筑行业向高质量转型发展的道路。

③环境污染问题：目前我国建筑行业还没有对绿色建筑的设计和建造达成普遍共识，由于我国对于绿色建筑经济的概念的形成较晚，并未形成一套完整的绿色施工体系，同时我国绿色建筑材料的成本过高，导致我国绿色建筑经济停滞不前，还缺乏相应的技术指导和可行的技术交流平台。

④人才培养问题：在传统的教育观念影响下，建筑人员专业口径窄，界限明显，造成人才的知识能力结构从基础上就出现了“分离”现象，这与未来建筑行业现代化建设需要复合型人才的要求很不适应[①]。

微观上：

有工程质量问题、施工方面的问题，以及在材料选用、设计、楼地面做法和工程造价等方面都存在一些问题，在此举例说明这几个问题。

①质量方面：工程施工所用的材料达不到国家规定的标准，进场时无材质证明或伪造假材质证明，以次充好，以劣充优，更有甚者，故意采购一些不法厂家、不法商家提供的再

---

① 徐慧. 大数据经济背景下建筑行业人才培养模式的转型分析［J］. 建材发展导向（上），2021，19（5）：17-18.

生材料、不合格材料，并且进场后也不做试验就直接使用，抽样送检的材料与施工所用材料不一致，以达到验收的目的，这样的工程交付使用后不久便成危房。

②施工方面：工程施工队伍整体素质过低，各建筑施工企业施工人员流动快，技术培训跟不上，技术工人技术水平较低，施工员工作交底不充分，工人不按施工工序和施工规范要求进行操作。甚至还有建筑施工企业缺乏相应的专业技术人员，一味地追求进度，粗制滥造工程。

③设计方面：当前建筑施工，存在过度看重效益不够重视质量的问题，图一时的便利，甚至出现不跟设计师沟通私自修改图纸，不重视设计成果，以所谓的施工经验左右施工现场作业等问题，令管理者十分头疼。

④工程造价方面：建设单位标底造价压得过低，增加施工企业成本管控压力，为避免亏损，又导致质量、安全管理松懈。

⑤现场监督方面：个别监理单位为了寻求经济效益，超越资质、借资质承接监理业务，项目监理机构的人员资格、配备不符合要求，存在监理人员无证上岗的现象，现场监理质量控制体系不健全，监理人员对材料、构配件、设备投入使用或安装前未进行严格审查，未严格执行见证取样制度[①]。

26.3.2 建筑行业生态现状

作为国民经济的支柱性产业，建筑业在我国经济发展中一直发挥着巨大作用。在其不断深化发展的过程中，我国建筑行业取得了举世瞩目的成绩，同时也面临着不容忽视的问题。

其中多头管理现象十分突出。主要表现在部门职责不清，存在交叉重复监管、行业市场垄断、政策差异标准多、市场主体负担大等问题。例如建筑业的主管部门是住房和城乡建设部、建设厅、建管局或建委等一条线，然而建筑施工投资大、周期长、使用民工多、对环境影响广等行业特性，使得与许多部门有不可分割的联系，如人力资源和社会保障部门等，导致职能交叉现象普遍。施工企业为了生存和拓展业务，不得不对照各类标准办理各类证书，缴纳各类费用，滋生商业贿赂腐败等严重问题。建设行业也成为贪污犯罪事件的高发领域。

国家产业结构的调整，基本建设投资方向的变化等，都深深影响着建筑行业生态的发展。在挑战与机遇并存的时代，我国建筑业要加强竞争力，抓住行业发展前景，保持稳健发展步伐。当前，科技发展和产业变革，深刻影响着建筑业的升级和转型，数字化、智慧管理技术正在快速融入行业，生态重构正加速进行中。

作为工程重点的制造业，有类似的生态影响因素。

---

① 唐文波. 探讨建筑工程中存在的质量问题及防治措施［J］. 科学与财富，2014（4）：436-436.

26.3.3 建筑行业发展趋势

随着现代信息技术的蓬勃发展，人类社会生产和生活方式有了很深刻的改变。尤其是近年来兴起的人工智能、物联网、区块链等新一代信息技术与行业融合逐渐深入，推动各行业朝着数字化、网络化和智能化方向改革。数字化时代下的工程行业，更注重绿色化、工业化、标准化、信息化、集成化。当前各个产业交叉演进，在数字化时代，智能建筑将是未来发展的大趋势。随着高新科技的不断发展和渗透，新技术工艺也在侵蚀着建筑行业。为给用户提供便利、高效、舒适的建筑环境，将建筑物的结构、设备、服务、管理合理布置与组合是未来建筑必须考虑的问题。我国智能建筑行业正面临着重要的机遇与挑战，在新冠肺炎疫情常态化的背景下，如何运用智能建筑技术创建绿色、健康、和谐、高效的建筑备受社会各界的关注。特别是近年来大数据、云计算、5G 等新技术手段在智能建筑技术中的融入和融合，更是对智能建筑技术的发展提出了新的要求。如何将“智慧赋能建筑”推向新的高度，是未来我国整个建筑行业需要面临和应对的重要课题。由此可见，在国家数字经济建设浪潮下，智能建筑行业及智能建筑技术将会再次迎来重要的变革与重塑的机会，相关企业和从业者应紧扣“新时代智能建筑”的历史性机遇，积极推进信息基础设施建设，前瞻布局 5G、云计算、人工智能等新型网络与智能设施，为“数字中国”建设提供强大的基础支撑。

智能建筑中的智能化和人性化的实现对智能建筑的使用具有重大意义，不仅能够合理利用资源，更能保护周围的环境，给人们一个安全、舒适、高效的工作和生活环境，向着“绿色建筑”的方向发展，实现智能建筑的可持续发展。绿色建筑不是一般情况下指称的植物绿化和屋顶花园，而是指建筑体在设计、建造和拆除回收的全过程中，最大限度节省资源、保护环境、减少污染，与自然环境和谐共生的建筑过程。为了实现绿色建筑，建筑行业尽可能使用天然无污染材料，经过合理检验处理，确保对人体不会产生有害影响；为了节约能源和节约资源，在设计和建造过程中尽可能选择可再生资源，从节约用水到利用可再生的风能和太阳能；为了实现人与自然的和谐共处，建筑行业尽可能减少对自然环境的过度使用和破坏，保护自然环境水土流失，让建筑与自然处于均衡的动态平衡中。绿色建筑会从经济发达的地区走向全国范围，绿色建筑会从新建筑逐渐覆盖原有建筑，绿色建筑会向商业建筑推进，绿色建筑会应用在人们的日常生活中。

第 27 章

工程知识链

本章逻辑图

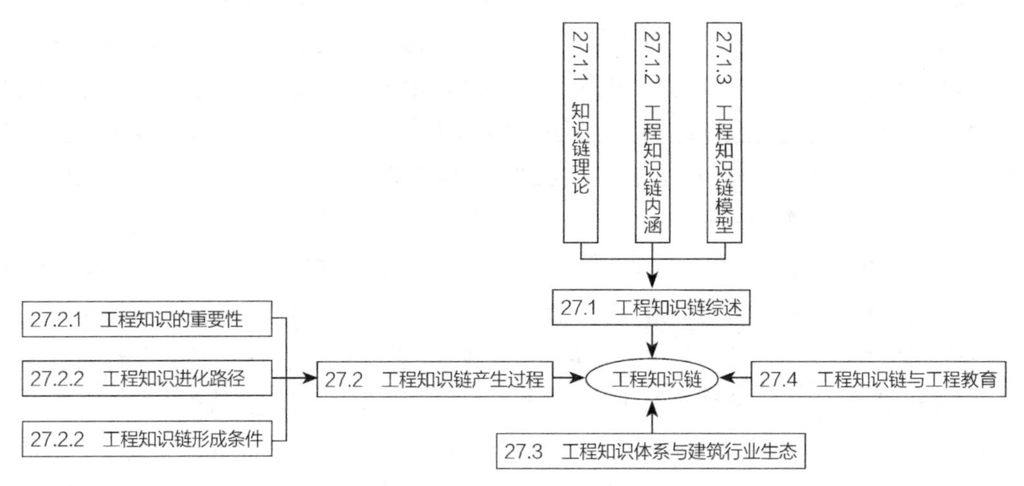

图 27-1 第 27 章逻辑图

27.1 工程知识链综述

处于知识经济时代的今天，知识已经成为企业核心竞争力的重要资源，企业的竞争转化为知识与知识的竞争。由于知识的更新速度不断加快，企业自身所拥有的知识存量和知识容量有限，为了获取和保持持续的竞争优势，为了实现战略发展目标，必须对知识进行管理，由于组织自身能够拥有和开发的知识是有限的，所以必须整合组织外部的知识，知识链也就应运而生。

27.1.1 知识链理论

诸如波特的价值链（Value Chain）理论，供应链管理，以及供应链的高级发展阶段——需求链，这些关于“链”的理论和观点都强调“系统优化”的思想，通过资源整合和协调发挥整体优势，实现链上各节点尤其是全链的价值和利润最大化。“知识链”的观点最早出现在ERP的实施中，ERP实施者的眼光从企业的有形资源扩大到所有资源，包括企业所拥有的知识和知识资本，认为企业是由用来满足用户需求的知识流程构成的，以知识为核心，进行知识识别、获取、存储、传递、共享和创新；同时基于此流程，将企业与外部环境、企业各部门之间、企业员工之间联系起来。这个以知识为核心，以人为主体，以知识共享和创新为目的的知识流程即知识链。试图通过对企业知识链的有效管理来促进资金流和物流的顺畅，并最终实现企业价值的提升[①]。

美国学者C.W.Holsapple和M.Singh[②]参照波特的价值链模型提出了知识链模型，如图27-2所示。该知识链模型中，知识链的基本活动流程包括的要素主要是知识的获取，在获取了知识后需要进行知识的选择，并且生成知识，并将生成的知识予以内化与外化，形成具有企业本身特色的知识能力，再以领导、合作、控制与测量为知识链辅助活动，从而提升企业的竞争力。

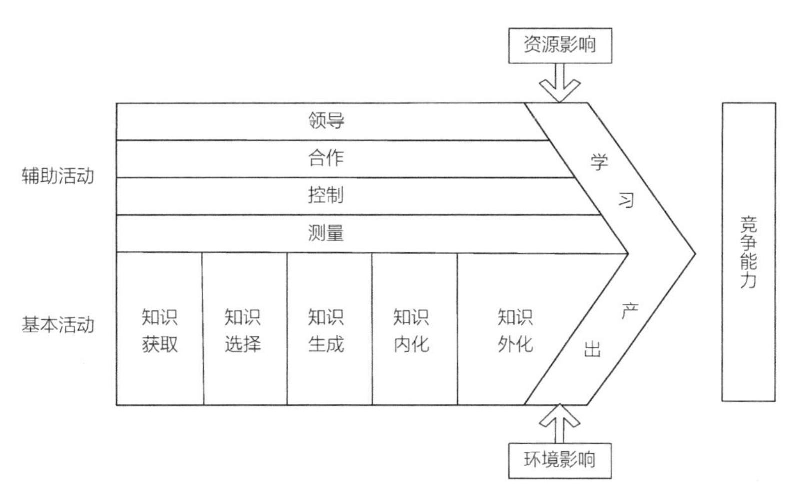

图 27-2　C.W.Holsapple 和 M.Singh 提出的知识链模型

① 王平．基于知识链的企业战略知识管理框架构建［D］．郑州：郑州大学，2005.

② C W Holsapple，M Singh.The Knowledge Chain：Activities for Competitiveness［J］．Expert System with Applications，2001（20）：77–98.

27.1.2 工程知识链内涵

（1）宏观角度

从知识的全过程角度看知识链，知识链是将获取的知识进行有效的输出，是基于知识的企业对所处市场与科学技术发展水平的洞察力，是存在于企业内部无限循环的链条，是企业内部知识从获取到创新的过程[①]。

因此，从宏观角度，工程知识链是在探索活动、生产过程、造物结果和综合影响的内涵下，逐渐累积工程知识形成，同时工程知识蕴含于各个领域、环节，如图27-3所示。

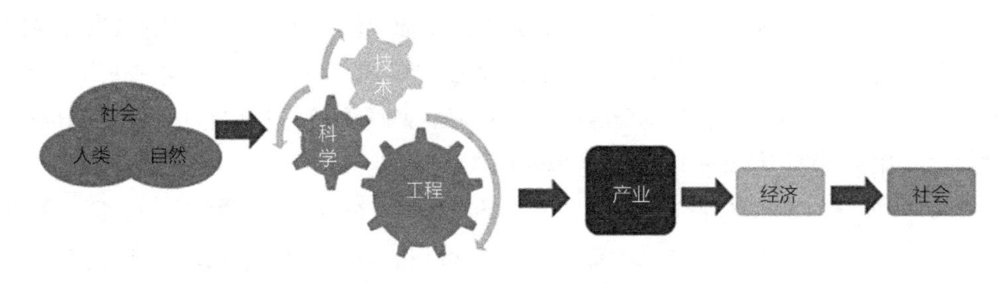

图 27-3 宏观工程知识链

科技水平虽然代表一个国家民族的知识原创能力（综合能力），但是工程化能力，可能是决定一个国家经济社会发展的最终标志。因为工程是科技的承载体，其决定了产业化能力，而产业化能力就是经济的直接推动力，同时也是社会变革发展的驱动力。由书面的研究成果（著作、专利、公式）到实体的制造和运行，不仅要检验科技知识的成熟，还要进行构建、集成和创新，这不是简单的应用，而是新领域的转化创新与科技完善再创新。工程化能力建设，将是未来国家竞争的重要形式。从这个意义上说，“双创”（创新、创业）具有非常大的积极意义，只不过其主体和对象（特指产业对象），需要进一步验证。

但是，工程知识链绝不仅仅是科学认知与技术知识，还必须包括管理知识。在本书第10章的讨论中，介绍了工程成功需要具有的九个要素，即“自然：规律、原料、场所”“人类：劳动、工具、管理”“社会：规则、审美、条件”。由于工程认知水平的不足，很多人还持有工程仅仅是技术的一种形式这种看法，这是极端错误的。在这九个要素中，可以非常清晰地认识到，工程包含了科技与人文，自然规律和社会规则，审美与管理，天然的自然资源和场所环境与经济的稳定等社会条件，也需要劳工的技术水平、劳动质量等因素。这些因素的交互作用促进工程发展，显而易见。

（2）微观角度

从知识管理的理论上看，知识链管理是知识管理的一大组成部分，是工程项目知识管理系统的重要体现。现代工程项目工程量规模大、建设主体多、功能集约、技术复杂度增加、

① 蒲菁. 基于知识链方法的H工程咨询公司知识管理流程优化研究［D］. 绵阳：西南科技大学，2019.

建设周期长、风险大，在建设管理过程中积累的无形知识量大增，信息庞杂无序。而工程知识链就是工程项目对内外知识、信息进行获取、整理、转化以及创新，形成无限循环流程的过程①，这一过程逐渐连接，并形成无形的知识链条。

因此，从微观角度，工程知识链是由工程多方主体参与的，在项目间进行知识流动而实现知识的集成、整合与创新的具有价值增值功能的链式结构。

工程知识链，也是用结构化的方法，显化隐性知识的重要手段。

27.1.3 工程知识链模型

我们认为工程知识链应该是确定内涵边界的、基于知识流程的，包括知识的识别、获取、整理、存储、更新、应用、创新、共享等的一条动态增值链。

基于C.W.Holsapple和M.Singh的知识链模型，结合工程多阶段、多主体与工程知识管理多流程的特点，提出改进后的知识链模型如图27-4所示。

知识的流动存在于项目内部，也存在于项目外部环境之中，因此，完整的知识应该是内、外部双循环的，正是工程知识链中知识的这种无限双循环，才促进了工程项目核心能力的新陈代谢和螺旋上升。否则，只有内部循环的工程知识，终究会因为知识熵增，而变得陈旧、过时，甚至错误。工程知识链通过知识流存在于不同项目主体及不同阶段中，通过外部

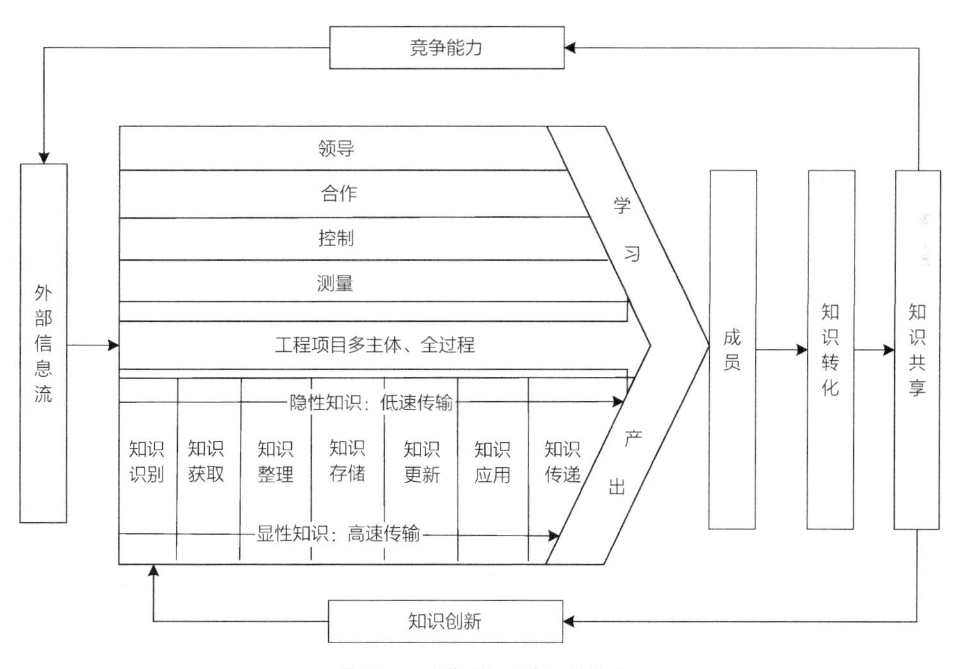

图 27-4 改进后的工程知识链模型

① Shahid Razzaq，Muhammad Shujahat，Saddam Hussain，et al. Knowledge Management，Organizational Commitment and Knowledge-worker Performance［J］. Business Process Management Journal，2019，25（5）.

环境的知识的吸纳和外溢，以及内部的转移与扩散而实现知识的识别、获取、更新和共享等具有价值增值功能的网链结构模式。

工程知识链与外部环境的关系体现为对外部知识的吸纳和向外部进行知识扩散，工程知识链的主体是人，人决定知识链各节点的活动；工程知识链的客体是知识流程，通过节点上的各项活动，知识最终以创新的形式运用到生产和经营中，获得收益（图27–5）。

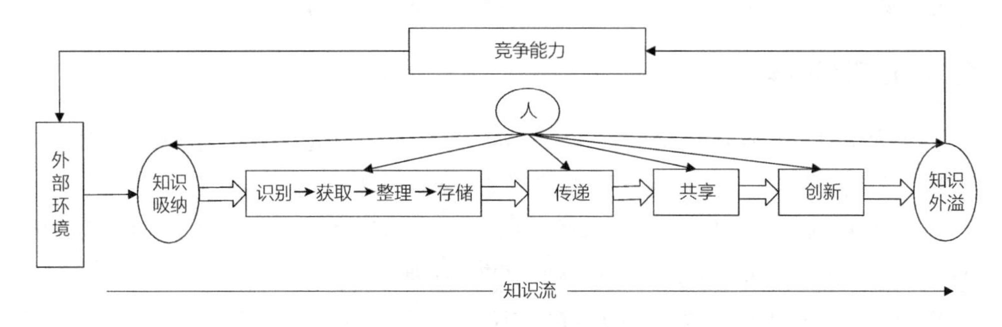

图 27–5　知识链功能模型

工程知识链上的各个环节是工程项目知识管理的具体任务，须采取各种方法和技术来保障其有效运行。对于整个工程知识链而言，知识创新的基础是充分而有效的知识共享，成员借助知识共享增加自身知识，改变知识结构，在此基础上进行知识创新；而知识共享也必须以知识的获取、编码、转化、整合为基础；有效的知识传递为知识共享提供了通畅的途径。因此，可以根据工程知识链上各环节的功能和作用大小设计工程知识链功能模型①。

知识共享是一个复杂过程，在这个过程中，成员个人的知识经验通过各种知识传递方式（如电话、口头交谈、会议、网络及非正式活动等）为项目中其他成员所共同分享，从而转变成项目的知识财富。它意味着一个工程内部的信息和知识要尽可能公开，使每个成员都能接触和使用项目的知识和信息。

27.2　工程知识链产生过程

工程知识链产生的基础是工程知识，工程知识是工程师在工程实践中所使用的知识，但这不仅仅是工程技术上所规定的知识，还包括在解决实际问题时所使用到的知识，例如在工程实践中所使用或产生的经验性知识。

工程知识为工程实践活动得以合理有序进行起了重大的引导作用，作为建造目标人工物的基础性、情境性的整体知识，它始终贯穿于工程活动的全过程，是工程活动中一系列知识的集成体。工程的设计、建造、组织、运营等过程，都离不开工程知识，也无处不体现着工

① 王平. 基于知识链的企业战略知识管理框架构建［D］. 郑州：郑州大学，2005.

程知识。这都是工程知识在工程活动过程当中凝结着的最好体现。工程知识不像科学知识那样，其是独立、规范的知识，是一种灵活渗透、随机应用的知识。

27.2.1 工程知识的重要性

工程知识是将自然物转变为实际生产力的知识，是涉及设计、生产、运营和更新人工物世界的核心知识集群。工程知识也是支撑工程师从事工程实践活动的必备条件之一[①]。

诺贝尔奖自1901年至今已有100多年的历史，具有长期性以及全球性特征，是反映近现代自然科学的全球时空发展规律的良好表征。诺贝尔奖获得者的统计如表27-1所示。

由于诺贝尔奖人才中存在双重国籍，因而在国籍统计时，其所属的国家皆按1人次计算，即双重国籍的按两次计算。按获奖者的国籍来看，截至2022年10月，共有645人获得诺贝尔三大自然科学奖，分属31个国家。其中美国284人，占总数的比重达到44.0%，处于绝对领先地位，其次为英国92人（14.3%）、德国71人（11.0%）、法国36人（5.6%）和日本22人（3.4%）。美国、英国和德国这三个国家的得奖人数占全球诺贝尔奖获得者的人数的比重达到69.3%。

按获奖者国籍划分的诺贝尔三大自然科学奖人才国家分布情况　　表27-1

国家	人数	比例	排名	国家	人数	比例	排名
美国	284	44.0%	1	以色列	4	0.6%	17
英国	92	14.3%	2	中国	3	0.5%	18
德国（西德10）	71	11.0%	3	爱尔兰	2	0.3%	19
法国	36	5.6%	4	匈牙利	2	0.3%	20
日本	22	3.4%	5	阿根廷	2	0.3%	21
瑞士	18	2.8%	6	印度	1	0.2%	22
瑞典	17	2.6%	7	巴基斯坦	1	0.2%	23
荷兰	16	2.5%	8	波兰	1	0.2%	24
俄罗斯（苏联8）	13	2.0%	9	芬兰	1	0.2%	25
加拿大	11	1.7%	10	捷克	1	0.2%	26
奥地利	10	1.6%	11	埃及	1	0.2%	27
丹麦	9	1.4%	12	土耳其	1	0.2%	28
澳大利亚	7	1.1%	13	西班牙	1	0.2%	29
意大利	7	1.1%	14	葡萄牙	1	0.2%	30
比利时	5	0.8%	15	南非	1	0.2%	31
挪威	4	0.6%	16				

数据来源：诺贝尔奖委员会官方网站（https://www.nobelprize.org/）统计得出。

---

① 马肖．知识经济时代工程知识的特征研究［D］．太原：山西大学，2021.

表27-2是从《管理思想百年脉络：影响世界管理进程的百名大师（第三版）》[①]中梳理出来的管理学百人百年统计表。按国籍来看，共梳理了129位在管理学界有突出贡献的人物，分属11个国家。其中美国100人，占总数的比重达到77.5%，处于绝对领先地位。

管理学百人百年统计表　　表27-2

国家	人数	比例	排名
美国	100	77.5%	1
英国	10	7.8%	2
日本	5	3.9%	3
加拿大	3	2.3%	4
荷兰	3	2.3%	5
德国	2	1.6%	6
印度	2	1.6%	7
挪威	1	0.8%	8
法国	1	0.8%	9
澳大利亚	1	0.8%	10
韩国	1	0.8%	11

美国模式，是创新驱动工程化，进而产业化带动经济发展的模式。原创知识数量最大，产业化最快，带动经济发展最迅速的一种模式。美国模式的优势在诺贝尔奖、三大科学奖、管理理论中都有所体现。

27.2.2　工程知识进化路径

工程是一定边界条件下的有计划、有组织的造物活动，其目的是建造一个自然界不存在而又可带来一定经济效益或社会效益的人工物。在工程造物过程中伴随着工程知识的生成。工程知识产生，始于经验积累，盛于科学探索，成于工程实践，与科学技术发展同步，互相交互渗透，越来越丰富、可靠。

（1）以色列历史学家尤瓦尔·赫拉利[②]给出了如下的知识进化路径：

1）中世纪时期，人类获取的知识公式：

知识 = 经文 × 逻辑　　（公式1）

通过阅读相关经文，再用逻辑来理解经文的确切含义以获得某个重要问题的答案。

① 方振邦，徐东华. 管理思想百年脉络：影响世界管理进程的百名大师（第三版）[M]. 北京：中国人民大学出版社，2012.

② 尤瓦尔·赫拉利. 未来简史 [M]. 北京：中信出版社，2017.

2）科学革命之后，人类获取知识的公式：

知识＝实证数据 × 数学　　（公式2）

通过收集相关的实证数据，再用数学工具加以分析以获得某个重要问题的答案。

3）人文主义时期，人类获取知识的公式：

知识＝经验 × 敏感性　　（公式3）

通过连接到自己内心的体验，并以敏感性来观察它们以获得某个重要问题的答案。

现实的世界里，这几种方式是交错存在的。对于我们这样一个古老而又具有强烈自我文明意识的民族，知识获取的方式，不仅存在检省的必要，甚至还有相当大的提升空间。对于在通过工程化以及工程能力来展现国家间、民族间竞争的时代，尤其如此。

（2）工程知识产生的主要过程有以下几个阶段（图27-6）：

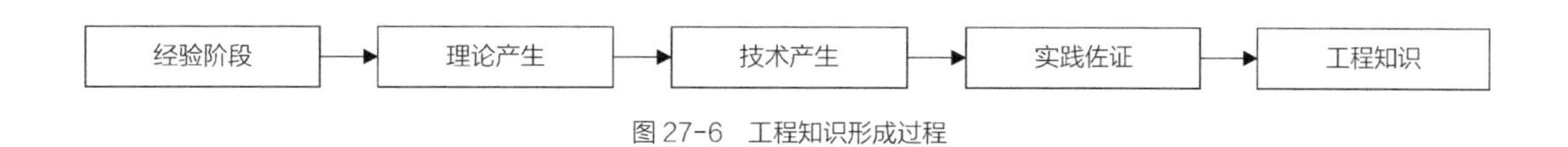

图27-6　工程知识形成过程

1）经验阶段

《桥殇》[①]记录了在人类工程经历中，惨痛的教训和经验积累的过程。"从失败中学习"是工程的一个重要特点。每一个理论成熟之前，都有着长期的经验积累过程。

2）理论产生

理论上的成熟和进步，是现代土木工程的一大特征。一些新的理论与分析方法，如计算力学、结构动力学、动态规划、网络、随机过程和波动理论等已深入土木工程的各个领域[②]。主要工程理论的发展有：浮力理论（公元前250年）、梁理论（1638年）、牛顿定律（1687年）、柱稳定（1744年）、容许应力分析（1825年）、桁架理论（1847年）、极限平衡（19世纪90年代）、有限元分析（1950年）、可靠度分析（20世纪60年代）、地震危险分析（20世纪60年代）。

在未来，软科学知识的引入，如工程决策、多目标全局和全寿命优化、信息不确定性下的科学处理、智能专家系统、反馈理论以及结构性态控制等理论和知识，将大大促使土木工程知识体系的丰富。

3）技术产生

在基础理论发展到一定程度后，便产生了一项项工程技术。对工程的发展有较大影响的关键技术有：瓦特蒸汽机、电力、计算机、互联网及通信技术。瓦特蒸汽机、电力的发展推动了第一次与第二次工业革命的发展，促进了生产技术的大幅度飞跃，大大提高了工程效率。现在，随着计算机技术的不断发展，毫无疑问，计算机带给工程领域不仅仅是便利和高效，更进一步的是知识的体系化、高度集成、知识管理的快捷化和系统分析、各种场景模拟

① 艾国柱，张自荣．桥殇——环球桥难启示录［M］．成都：西南交通大学出版社，2013.

② 崔京浩．简明土木工程系列专辑：伟大的土木工程［M］．北京：中国水利水电出版社，2006.

知识的产生。计算机辅助设计、辅助制图、现场管理、网络分析、结构优化乃至人工智能，将土木工程专家个体的知识和经验加以集中和系统化，从而构成了专家系统[②]。

4）实践佐证

实践是检验真理的唯一标准，在理论和技术产生以后必定是需要实践来佐证其正确性的，只有在实践过程中突显出其优越性的理论和技术最终才能变成工程知识中的一部分，这是最后一个也是必不可少的环节。

27.2.3 工程知识链形成条件

在工程知识进化形成的基础上，工程知识链的形成还需要营造有利于工程知识链管理内部环境、设定有助于工程知识链管理的目标、建立工程知识链沟通机制与监控系统。

（1）营造有利于工程知识链管理的内部环境

良好的内部环境是工程知识链主体认识和对待风险的基础。在营造内部环境中，要综合考虑各主体的历史和文化，承认各主体知识管理理念、知识认知以及风险的防范方式等方面的差异，在差异中找出管理理念、认知和防范的交集，在交集中形成工程知识链管理的内部环境，遵循各方差异下的工程知识链管理能够得到各方主体的认同和遵循，促进工程知识链管理理念在各主体之间的均衡接受，从而促进工程知识链各主体对知识的一致识别和管理。

（2）设定有助于工程知识链管理的目标

确定目标是有效知识管理的前提，在目标设定过程中，一定要考虑工程知识链各主体的能力和风险容量，要做到目标与主体能力和工程知识链风险容量相协调。目标和能力不协调会导致面对风险知识链无法控制以及知识链承受更多的风险，进一步阻碍目标的实现，工程知识链知识转化难以进行。工程知识链的目标是战略制定的指南，战略是目标实现的保证，因此，工程知识链在制定知识转化战略时，要充分考虑到战略制定、实施和评价过程中的风险，分析这些风险的影响和破坏程度，以及对风险进行处理和防范。制定目标和战略后，工程知识链各主体便会围绕知识转化战略和目标武装自己，优化配置资源，促进知识流动、交互学习和知识共享。

（3）建立工程知识链沟通机制

工程知识链信息的沟通是工程知识链知识转化管理的重要环节，是工程知识链知识转化风险管理实施有效性的重要保证。沟通一旦出现障碍，各方的利益和意见将得不到有效的表达，对工程知识链风险的认识、评估和应对策略的制定就会出现偏差，不仅增加工程知识链管理实施成本，且实施结果不一定理想，将会严重阻碍工程知识链知识转化的顺利进行。为促进工程知识链信息的良好沟通，工程知识链各主体应公开自己的信息，或者及时地传递和发布有利于工程知识链管理的有效信息。

（4）建立工程知识链监控系统

对工程知识链管理过程进行监控是一个持续性的过程，贯穿于工程知识链知识转化全过程中，以维持工程知识链知识转化的正常进行为目的。工程知识链管理的监控主要有两种方式：持续监控或者个别评价。持续监控是对工程知识链知识转化过程的反复审视，发现工程知识链在知识转化实施中的漏洞，并及时进行弥补和完善。持续监控越频繁，监控有效性越高，知识转化管理越完善。个别评价是持续监控的补充和辅助，有时个别评价的新思路会使得工程知识链管理更加有效，或者更加节约成本。持续监控和个别评价的结合确保工程项目知识管理在一定时期内保持其高效性。

27.3 工程知识体系与建筑行业生态

建筑工程属于一门综合交叉学科，横跨自然科学与社会科学，是以社会科学的性质和研究方法为主要特征的专业门类。依据中国证券监督管理委员会《上市公司行业分类指引》（证监会公告〔2012〕31号），建筑行业主要可分为房屋建筑业、土木工程建筑业、建筑安装业、建筑装饰和其他建筑业。其知识体系包含土木工程概论、土木工程施工、混凝土与砌体结构、经济学等17个类别，如图27–7所示。同时，知识体系与工程项目管理、建筑企业运营管理、中国建筑生态共同构成工程知识链，一方面为在工程项目中实现知识集成与传递提供有效途径，另一方面为解决实际工程问题提供夯实的理论基础，使得工程得以合理有序地进行。

在产业革命、科技变革的新时代背景下，建筑业由高速发展转向高质量发展，其国民经济支柱产业的地位众目共睹。建筑业涉及领域含教育、立项、投资融资、招标投标、监理、

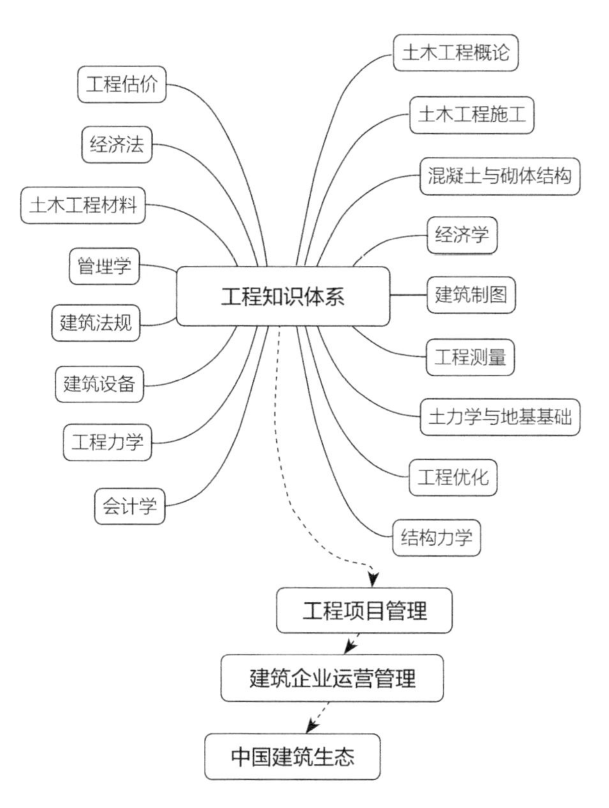

图27-7 工程知识体系与建筑行业生态关系图

勘察、设计、运营、维护、复用、检测、咨询、保险、IT等30个方面，共同构成建筑行业生态。保持高效、低耗、无废、无污的平衡建筑生态环境对工程项目标准化建设有直接指导作用。

27.4 工程知识链与工程教育

工程知识的内涵、类型、赋存、更新与工程教育密切相关。樊代明认为“碎片化知识，它是知识，但是它对全局无关”，以工程知识链为工具，能够更好地破除工程知识的碎片化，也能够更好地明确工程知识发挥作用的路径和方式，有利于培养工程能力，更进一步，有利于工程生态中知识的迁移和融合应用，造就复合型、交叉型、具有宏观视野的高端工程人才。

工程知识具有“显性、隐性（默会）、物化”的形态，对于隐性（默会）知识链，通过逐步挖掘、显化表达，是一项十分重要的工作，例如对工程过程进行描述的工艺流程知识、管理流程知识，显化为流程图，使得过程可以量化、显化、可视化，这将成为工程教育的重要途径和方法。

在第四次工业革命背景下，产业结构变化催生新的学科组织方式，知识更新的高频节奏催生新的培养模式，市场对新技术的高度敏感性催生科研方式的转变。基于此，高等教育发展与社会发展阶段不适应的矛盾逐步显露。一方面，颠覆性技术和新产业形态、新经济模式不断涌现；另一方面，大学的知识供给却远不能满足社会需求，甚至社会在一些领域已经走在了大学前面。大学与社会深度融合的需求越来越强烈。大学与社会之间的反向交流突破了行业与行业之间的界限，突破了大学与社会之间的界限。进一步认识把握社会历史发展规律与脉络，大学才有可能实现高质量发展。未来工程教育高质量发展的关键是科教一体，产业融合。这是21世纪第四次工业革命背景下大学的深刻变革和必由之路，“融合”也成为建构21世纪大学新形态的关键要素（王树国于中国经济大讲堂发表的演讲）。

第 28 章
工程价值链

本章逻辑图

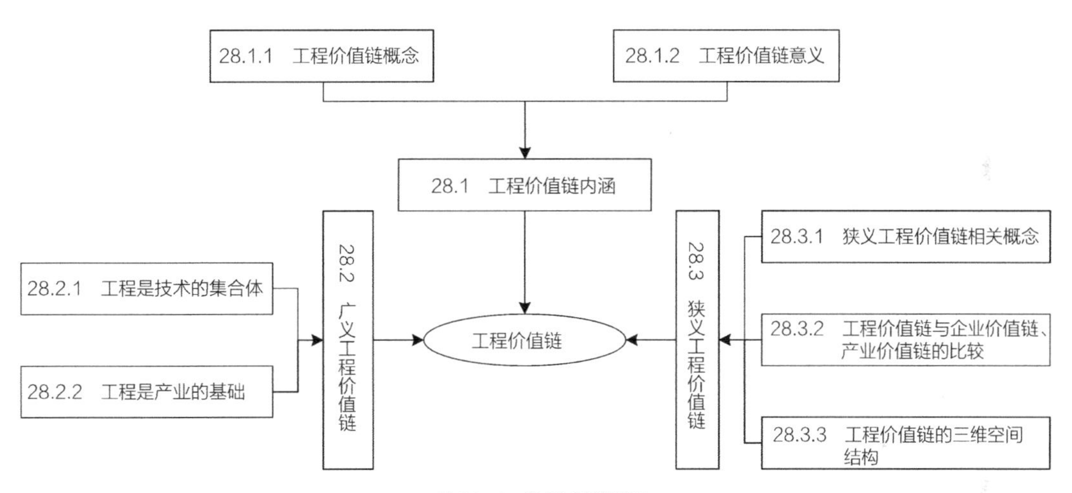

图 28-1 第 28 章逻辑图

28.1 工程价值链内涵

28.1.1 工程价值链概念

价值链由哈佛商学院的迈克尔·波特于1985年首次提出，他认为："每一个企业都是在设计、生产、销售、发送和辅助其产品的过程中进行种种活动的集合体。所有这些活动可以用一个价值链来表明。"企业的价值创造是通过一系列活动构成的，这些活动可分为基本活动和辅助活动两类，基本活动包括内部后勤、生产作业、外部后勤、市场和销售、服务等；而辅助活动则包括采购、技术开发、人力资源管理和企业基础设施等。这些互不相同但又相互关联的生产经营活动，构成了一个创造价值的动态过程，即价值链。

工程，同样也是各种活动的集合体，同样存在着工程价值链。识别工程价值链，是为了区别主、次工程活动，更好地构建增值活动的链网，减少资源消耗，提高运行效率。从广义来看，工程处于科学、技术、工程、产业、经济、社会的核心节点，是将认知（规律、技艺）转化为生产力和现实生活的活动，从而构成了宏观的广义工程价值链。从狭义来看，工程则是指工程产品形成的增值流程，如建筑工程价值链、设计价值链、飞机制造价值链等狭义价值链。

28.1.2 工程价值链意义

价值链在工程中无处不在，工程上下游关联的企业与企业之间存在行业价值链，工程企业内部各职能单元的联系构成了企业的价值链，企业内部各业务单元之间也存在着价值链联结。工程价值链上的每一项价值活动都会对工程最终能够实现多大的价值造成影响。

从建筑生态和广义的建设项目全生命周期出发，在大建筑业框架内寻找建筑业经济增长点，拓展新事业组合，扩大附加值增值空间；尤其是对于大中型项目，一旦进入，就要进行全生命周期服务规划，以期寻找最大附加值；自始至终，建筑业在由工程本体价值增值、工程功能发挥价值增值和建筑业附加值增值所组成的工程价值链三维空间中，都要注意到三者是动态平衡关系，明确工程本体价值增值是客观载体，工程功能发挥价值增值是投资目标，要使之成为建筑业实现自身附加值增值的导向，而不能只追求本业附加值增长。"为增长而增长，乃癌细胞生长之道"这一警告理所当然地适用于建筑业致力于其附加值增长的活动。

28.2 广义工程价值链

广义价值链中的工程，在内涵、成果性质和类型、主体、任务、对象、思维方式等方面与科学和技术都不同，工程是直接和现实的生产力，有效地将技术进行集成，对自然事物进行改造，从而制造出多样的人工物，凝聚成一项项产业。因此，在广义价值链中（图28-2），工程处于核心地位，起到承上启下的关键作用。

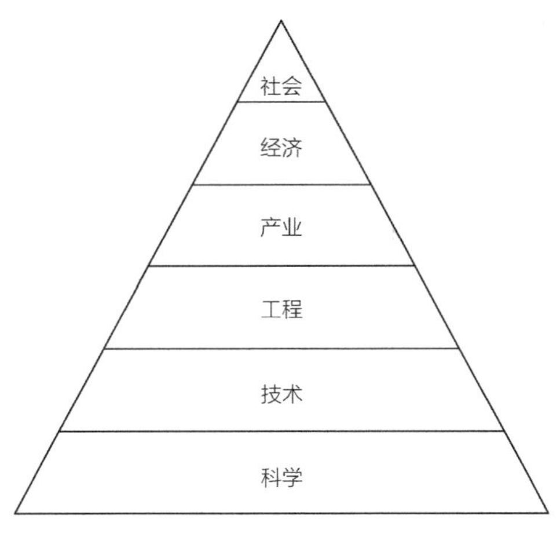

图 28-2　广义价值链

28.2.1　工程是技术的集合体

本书第19章详细论述了工程与技术的关系，工程活动的主体，根据工程活动的目标对已有的各种技术进行选择和集成，通过技术的融通与组合，实现不同功能，从而将自然事物转化成符合需求的人工物。

从技术的角度来说，无论是图28-3所示的科学技术，还是管理技术，技术被研发出来，注定需要通过工程实践实现其价值，否则只是纸上谈兵，无法产生实际的作用。同样，也只有对工程结果进行对比，才能比较出技术之间的好坏，不断促进技术的改进与优化。

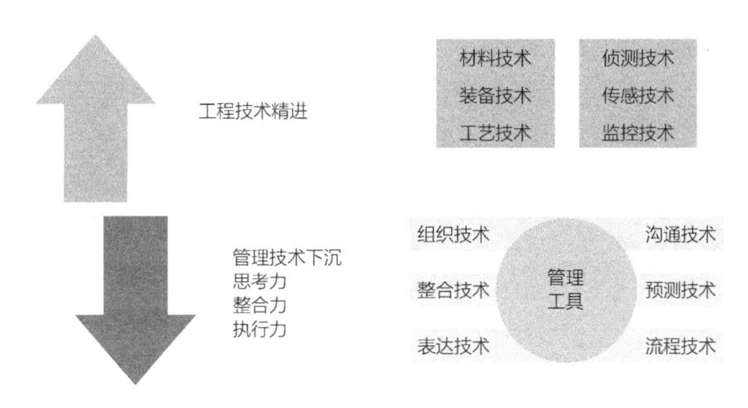

图 28-3　常见的工程技术

28.2.2　工程是产业的基础

产业是指由利益相互联系、具有不同分工、由各个相关行业所组成的业态总称，尽管它们的经营方式、经营形态、企业模式和流通环节有所不同，但是，它们的经营对象和经营范围都是围绕着共同产品而展开，并且可以在构成业态的各个行业内部完成各自的循环。而其中的产品正是由工程活动产生，因此可以说，工程是形成产业的基础。

随着工程的不断演化发展，分工逐渐明细，功能各具不同，最终形成不同的工种体系，并演化出服务等相关行业，最终汇成了目前的各类产业。在中国，产业的划分有：第一产业为农业，包括农、林、牧、渔各业；第二产业为工业，也就是工程主要相关专业，包括采掘、制造、自来水、电力、蒸汽、热水、煤气和建筑各业；第三产业分为流通和服务两部分。三大产业相互依赖，相互制约，其中第一产业为第二、三产业奠定基础；第二产业是三大产业的核心，对第一产业有带动作用；第一、二产业为第三产业创造条件，第三产业发展促进第一、二产业的进步。

工程的发展不会止步于此，因此可以肯定，产业的种类也会更加丰富，未来的工程也定将继续发挥其至关重要的核心作用。

28.3 狭义工程价值链

从狭义来看，工程价值链则是指工程产品形成的增值流程，下文重点以建筑价值链为主体进行介绍，建筑价值链如图28–4所示。

图 28-4 建筑价值链

28.3.1 狭义工程价值链相关概念

一个达成计划建设目标的建设项目，其工程价值变化周期与建设项目生命周期相一致。

在工程价值变化周期的每一个阶段里，都存在着物质、能量和信息的输入，形成物质流、资金流和信息流。将工程价值的变化区分为工程本体价值变化、工程功能发挥的价值变化、建筑业附加值的变化，可以看出工程价值从价值规划到价值消失是一个不断增值的过程，并以此形成价值流[①]。价值链隐藏在业务流程背后，是工程项目流程对价值目标的影响程度的抽象表示。因此，工程价值链是在工程项目生命周期中，创造工程项目价值的活动和连接它们的各种“纽带”的集合，工程项目价值链不是简单的价值活动的组合，而是有机组成的一个系统过程，建筑价值链就包含在工程价值链之中。

因此，工程狭义价值链可以定义为：在工程建设项目生命周期中具有增值特性的各个生命阶段，它们相互衔接、相互依存地构成了一条能够实现工程不断增值的价值链条（图28–5）。

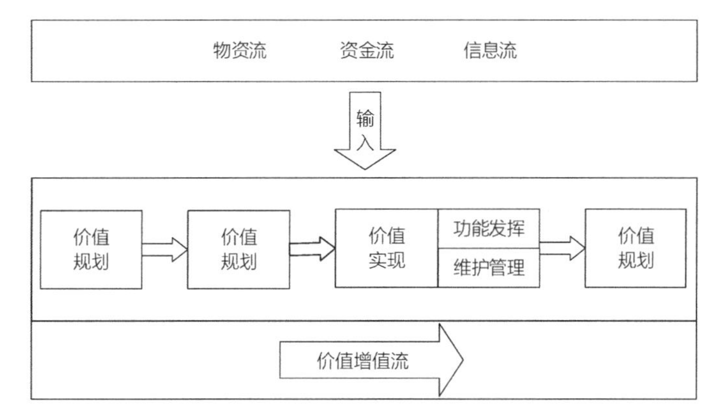

图 28-5　工程价值链

对于工程价值链，可以从以下几个角度进行分析：

①从工程建设项目生命进程上看，工程价值链是一条环环相扣的线型链条。资金流、物资流、信息流作为外部资源，被输入工程建设项目的价值创造过程；价值规划、价值形成、价值实现、价值消失四个价值创造过程相互依存，形成价值增值流。链上的每一个节点，例如价值形成，又由一系列构成系统的具体增值活动组成。

②从建筑业企业的视角上看，首先在工程价值链上一个节点内部的系列增值活动中寻求与本业一致或接近、进入成本最低、带来附加值最大的事业组合；然后在节点之间寻求进入成本最低、带来附加值最大的事业组合，这是企业开拓其新事业组合的基本途径。显然，进入成本决定了一些企业能够进入的范围大于或远远大于另一些企业。一些企业逐渐具备在全链条上开展业务的能力，而另一些企业则始终在一个节点内的一个活动过程范围内创造价值、实现增值。建筑业内部的精细分工体系由此形成。

③从工程建设项目生命周期的角度分析，工程本体价值的增值轨迹是一个从无到有，最后又复归于无的起止过程，勾勒出了工程价值链的环状形态；由于工程价值从价值规划到价值消失是一个不断增值的过程，并且在价值消失阶段，现存项目的工程价值的消失又会带

① 王芳. 工程价值链及建筑业企业结构研究［D］. 西安：西安建筑科技大学，2005.

来新项目的价值规划，实现新一轮的价值增值，这条工程价值链环则又包含着一个循环的价值流（图28-6）。

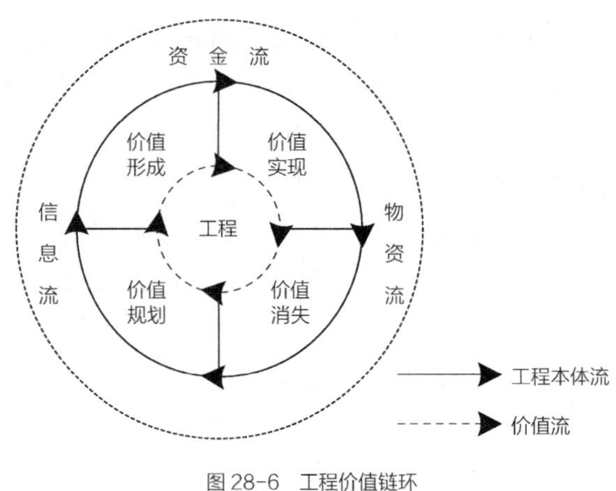

图 28-6　工程价值链环

④从持续增值的视角上看，在现存项目上已取得增值的基础上，开展由原项目的结束而带来的新项目，将会实现新一轮的增值过程。这犹如量变带来质变，推动工程价值链上升到一个新的层级。在一个工程建设项目生命周期的增值过程中，建筑业通过知识积累和学习效应，创造附加值的能力增强，这意味着即使在其他条件完全相同时，其从事新项目获得附加值的能力也是逐步提高的。

28.3.2　工程价值链与企业价值链、产业价值链的比较

工程价值链与企业价值链、产业价值链具有本质的共同点，即着眼于价值增值活动。但是，它们之间也存在着明显的区别。

产业价值链描述了行业内各类企业的职能定位及其相互关系，说明产业市场的结构形态；企业价值链是从企业内部分解创造价值的过程，其链上的节点是一系列相关的经济活动；工程价值链从工程建设项目生命周期出发，按工程价值变化周期将一系列创造价值的活动分为四个生命阶段，即价值规划、价值形成、价值实现、价值消失，这四个阶段相互衔接、相互依存。

另外，企业价值链、产业价值链、工程价值链的确定基础不同。企业价值链着眼于企业内部，将企业创造价值的过程分解为基本价值活动和辅助价值活动；产业价值链则立足于某项核心技术或工艺，把能满足于消费者某种需要的效用系统地整合起来；而工程价值链是根据工程价值变化周期来划分的增值阶段。

尽管企业价值链、产业价值链、工程价值链的目的都是为了寻求增值，但它们寻求价值增值的角度不同，这是三者比较中最为重要的区别。产业价值链和企业价值链主要是通过对价值链的分析寻找链上不增值的环节，消除一切不增值的因素，来降低成本，提高竞争力；而工程价值链不仅要做到这一点，更重要的是寻找新的增值环节，即寻求增加建筑业在建设

项目上的附加价值，以提高建筑业产业效率和效益。

工程价值链从工程价值变化的周期看，其价值增值活动和相应的流程则形成一个封闭的链环，这个链环可以表示工程建设项目从本体价值为零，经过一个完整的生命周期后又复归于零的生命过程，说明在一个工程建设项目生命周期的结束，可能意味着新的工程建设项目生命周期的开始。从持续增值的角度看，现有项目的结束而开始新项目的增值过程就像爬楼梯一样，是逐步上升的。

28.3.3 工程价值链的三维空间结构

工程价值链上的价值创造活动，可以分解为构成工程本体价值的价值创造活动、不构成工程本体的价值应核销的价值创造活动、使投资人或使用者获得回报的工程功能发挥的价值创造活动，其中的研究重点是建筑业所从事的构成工程本体价值的价值创造活动。

工程价值链上的价值，包括了工程建设项目生命周期中项目干系人所创造、所获得的全部价值。其中，形成固定资产的工程本体价值、工程项目运营阶段的工程功能发挥价值是主要组成部分。图28-7示意了工程价值链上价值创造活动所创造的价值类型。

考虑到工程功能发挥价值的大小主要取决于工程本体价值规划与形成阶段价值创造活动的质量以及工程本体价值，而工程本体价值规划与形成阶段价值创造活动的主要参与人是建筑业，因此，在保持工程本体价值、工程功能发挥价值的含义与内容不变的前提下，将建筑业附加价值再独立地加以考察。

工程本体价值是工程价值链得以存在的基础载体。没有工程本体价值的存在，工程建设项目生命周期中的价值规划阶段所创造的附加值就成为投资人的“沉没投资”，而价值形成、价值实现阶段也不复存在。

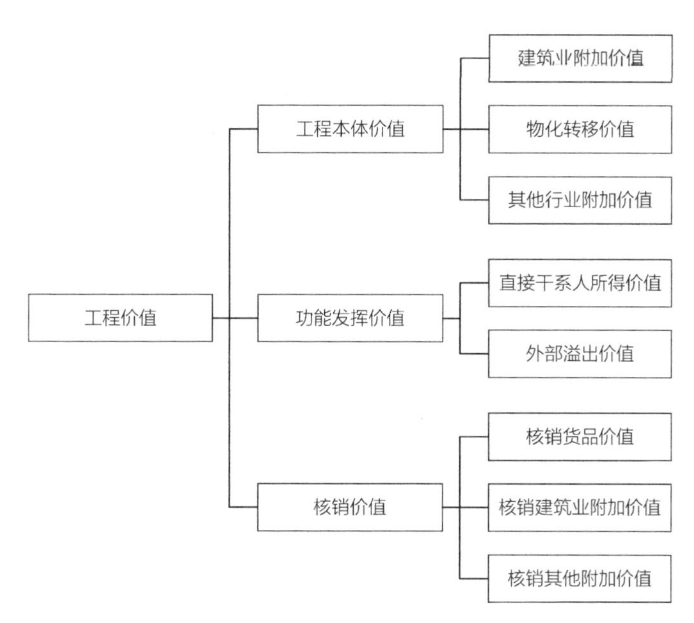

图 28-7 工程价值链上的价值类型

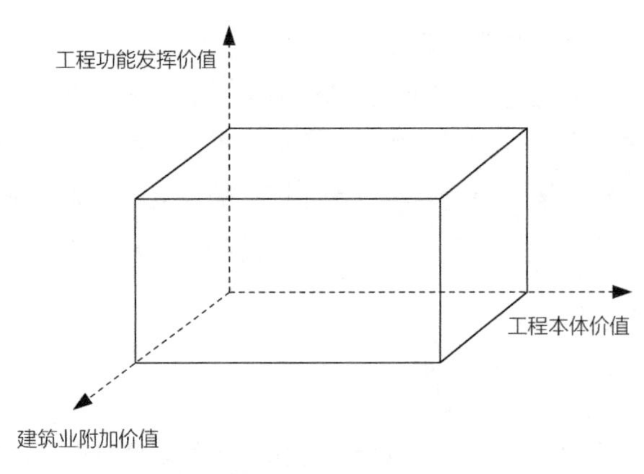

图 28-8　工程价值链的空间结构

图28-8描述了由工程功能发挥价值、建筑业附加值和工程本体价值共同构成的三维空间。坐标原点代表价值规划开始，采用矩形空间，意味着三个参数两两之间均为平面曲线关系；并且，矩形空间的任意一点，包括矩形体表面上的点即空间端点，都代表着三个参数之间的一种平衡状态。

显然，工程功能发挥价值、工程本体价值和建筑业附加值在这个空间内的平衡，是一种动态平衡。在其中寻找不到一点，使得建筑业附加值从这个点出发移动时，另外两个价值不发生变化；同样的道理也适用于建筑业附加值作为因变量的情形。建筑业不能介入价值规划和价值实现，则其对于工程功能发挥价值和工程本体价值的影响即使有，也是被动的，或者是损害工程建设项目其他干系人利益的。此时，可以认为工程功能发挥价值和工程本体价值是常量，因此，建筑业附加值也成为常量，即不存在建筑业附加值增值的可能性；或者说，在建筑业通过降低施工过程成本以实现增值的水平一定时，通过以施工过程（价值形成阶段）为中心的向前和向后拓展，介入工程价值链中的价值规划、价值实现和价值消失，是建筑业提高其在工程建设项目上的附加值。

第3篇

工程未来

第 29 章

工程新需求

本章逻辑图

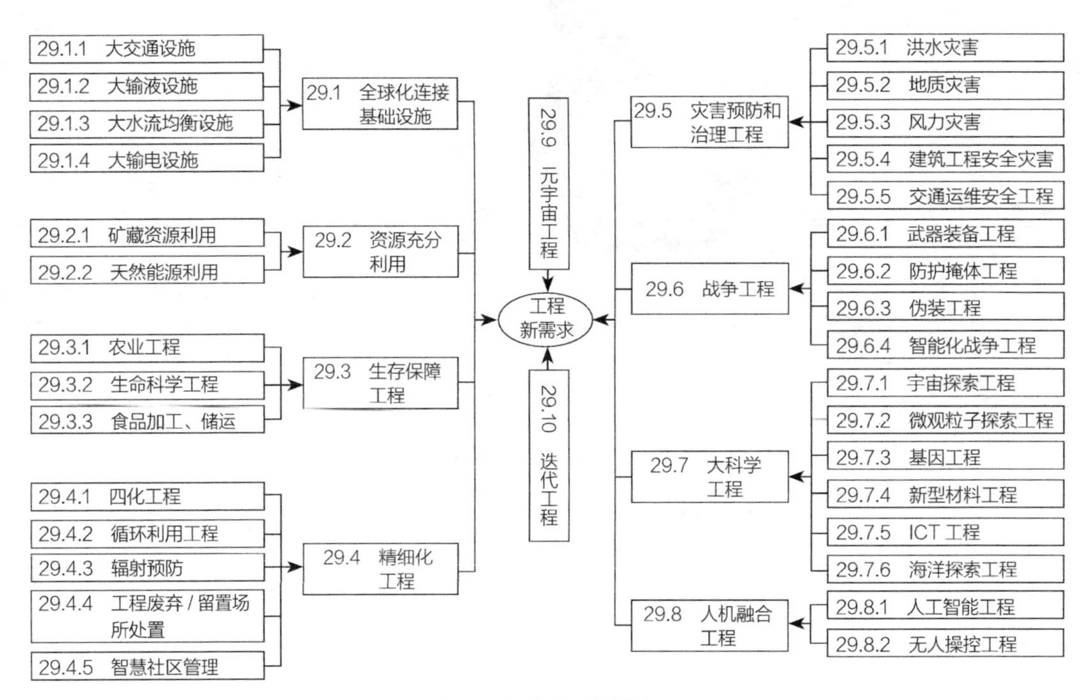

图 29-1　第 29 章逻辑图

工程需求多种多样，来自各个领域，无所不在、无时不有。观察未来工程新需求，预研工程新技术、预备知能、预先整合新资源，有充分的必要性。对工程结构新形式的探索和管理新模式的设计，以至形成新的工程生态，对培植国际国内竞争力，均具重要意义。本章多数以最具表现力和可接触性的建筑工程举例。

29.1 全球化连接基础设施

连接的本质是加强沟通、均衡资源。“水电气煤矿路网空地”都将成为工程新需求。南水北调、西气东输、东数西算等都是国内的典型工程。

29.1.1 大交通设施

亚当·斯密指出，水路运输比陆路运输开拓了更广阔的市场，因此，各个行业分工的改善自然从沿海和河流开始。交通是振兴国家的关键，是巩固国家的基础。建设交通强国是交通运输业的宏伟目标和伟大事业。建设人民满意、保障有力、世界领先的交通强国，必须首先创造一流设施、一流技术、一流管理、一流服务，谱写新时期交通强国建设的新篇章。在全球连接越发紧密的今天，省与省，甚至国与国之间的交通设施显得迫切重要，这也是工程发展的新方向。

大交通工程加密、加宽、加等级，便利、舒适、快捷，是促成全球化连接的基础条件。

29.1.2 大输液设施

管道运输不仅规模大、连续、快速、经济、安全、可靠、稳定，而且投资少、占地少、成本低，可实现自动控制。除了广泛用于石油和天然气的长途运输外，它还可以运输矿石、煤炭、建材、化学品和粮食。管道运输可以节约水陆运输的不良转运段，缩短运输周期，降低运输成本，提高运输效率。目前，管道运输的发展趋势是：管径不断增大，输送能力大大提高；管道输送距离迅速增加；运输材料逐渐从石油、天然气和化工产品等流体扩展到煤炭和矿石等非流体。中俄输油管道将成为俄罗斯“东西伯利亚—太平洋”输油管道的一个分支。管道总长4770km（中国境内支线965km，由中国投资建设），一期工程总长2400km。

全长1222km的“北溪二号”天然气输送管道项目，总投资约95亿欧元，涉及俄罗斯、德国、荷兰、法国、奥地利等国家。建成后将对地缘气源供应产生重要影响。

29.1.3 大水流均衡设施

我国特殊的气候条件和地貌特征决定了降水时空分布不均，进而导致水资源时空分布不均，特别是水资源分布与人口、生产力布局、土地等其他资源不匹配。总体而言，南方的水资源较多，北方的水资源较少，山区较多，平原较少。中国近一半人口、耕地和有组织的城市，以及煤炭、石油和天然气等70%以上的重要能源，都分布在资源型缺水地区。由于生产力分配与水资源分配的矛盾，随着经济社会的快速发展，我国许多地区的水资源开发利用已经超过了允许的发展限度，水资源短缺的“新水问题”不断出现，水生态破坏和水环境污染问题日益突出。由于特殊的地理位置和资源特点，未来中国人口和经济仍将集聚在一些资源型缺水地区，这将进一步加剧这些地区的水资源供需矛盾。为了满足人们对美好江河湖泊和美好生活的向往，这些地区有限的水资源承载力不仅支撑着城市化、工业化和农业现代化的发展，而且承担着改善水环境、修复水生态的艰巨任务。由此可见，水资源将是影响我国经济社会高质量发展和生态文明建设的重要因素。特别是目前北方地区用水已超过或接近水资源开发利用的极限，必须在更大的空间内寻求水资源的合理配置①。

目前除了比较著名的南水北调、引黄入京、引滦入津等解决北方用水问题的大型工程，还有如藏水入疆工程，通过红旗河6188km的距离将西藏河水引入新疆，这将大大改变荒漠缺水现状，未来这也必然会成为工程发展的一大方向。

苏伊士运河、巴拿马运河等国际重要水运通道发挥着资源输运的重要作用。未来应当会有更多人工运河贯通。

29.1.4 大输电设施

作为世界能源消费大国，我国的发电能源分布和经济发展极不均衡，水能、煤炭和风能等主要分布在西部和北部，能源和电力负荷需求主要集中在东部和中部经济发达地区，能源产地与能源消费地区之间的能源输送距离远，主要能源基地距离负荷中心为800～3000km，同时经济高速发展对能源的需求也越来越大。

具有送电距离远、输送功率大、输电损耗低、走廊占地少、联网能力强等优点的特高压交流输电技术可连接煤炭主产区和中东部负荷中心，使得西北部大型煤电基地及风电、太阳能发电的集约开发成为可能，实现能源供给和运输方式多元化，既可满足中东部的用电需求、缓解土地和环保压力，又可推动能源结构调整和布局优化、促进东西部协调发展。通过建设以特高压电网为核心的国家电网，有力促进了煤电就地转化和水电大规模开发，实现了跨地区、跨流域水火互济，将清洁的电能从西部和北部大规模输送到中、东部地区，满足了中国经济快速发展对电力增长的巨大需求，实现了能源资源在全国范围内的优化配置，成为保障能源安全的战略途径②。

29.2 资源充分利用

29.2.1 矿藏资源利用

国际上，深海采矿技术从1972年开始研制，经过30年的开发研究，技术日趋成熟。迄今美国、日本、加拿大、德国、法国等已提出了多种开采方案，诸如液压提升式、气压提升式、链斗提升式、深潜器开采等，作业深度为5000～6000m。液压提升式采矿原理如同水泵，把海底矿物吸扬上来。这种方法被认为是一种较好的开采方法，目前已经研制出若干样

① 郦建强，杨益，何君，等．科学调水的内涵及实现途径初探［J］．水利规划与设计，2020（5）：1-4.

② 韩先才，孙昕，陈海波，等．中国特高压交流输电工程技术发展综述［J］．中国电机工程学报，2020，40（14）：4371-4386，4719.

机，如日本1989年开发的一种样机，其作业水深达5000m，具有日产矿10000t的能力。

许多国家都进行了大量的研究工作，提出的专利和设计有几十种，有代表性的属20世纪70年代末80年代初包括美、日、德、法等国在内的跨国财团研制出的工作原理和土豆收获机相似的链板式机械集矿机。同期日本人还研制出了抽吸式水力集矿机，德国人也研制出了将水力和机械复合在一起的复合式集矿机，对钴结壳的采掘机也进行过原理研究。

我国的矿产开发利用装备水平也不断提高，节能、环保，采选工艺智能化控制、采选设备大型化将成为矿业技术发展的趋势。煤矿综采液压支架、300t级重型卡车、大型电铲、节能型液压钻机、半固定移动式破碎机、大型轮斗挖掘机、高压辊磨、尼尔森选矿机、浮选柱、立环脉动高梯度磁选机等一大批先进采、选装备的引进和研发，极大地提高了矿产资源利用技术水平。

矿产资源采选综合利用技术不断突破，以充填法采矿技术、露天开采可视化调度管理系统、远程遥控采矿技术为代表的采矿技术，在煤矿、金属矿采矿中得到了广泛应用。厚煤层智能化综采技术及薄煤层综采技术取得重大突破。铁矿矿浆远程输送技术、铁矿破碎预选技术、反浮选技术被多家矿山采用。铝土矿选技术实现工业化并开始推广。电位调控浮选法在有色金属选矿中取得良好分选效果。堆浸、原地浸出、生物浸出技术等在低品位铜、金、银矿和离子型稀土矿开发中广泛应用，一大批低品位、共伴生、复杂难选冶等矿产得到开发利用。

矿业固体废弃物循环利用率不断提高，废石、尾矿、煤矸石及粉煤灰等固体废弃物利用率不断提高，有效缓解了我国资源和环境压力，保障了国家经济和资源安全，促进我国矿业健康和可持续发展[①]。

29.2.2 天然能源利用

全国人大代表、阳光电源董事长曹仁贤在《关于大幅度提高“十四五”期间可再生能源占比的建议》中提出了“四个革命、一个合作”的国家能源发展新战略，坚持清洁低碳、安全高效的发展理念，中国清洁能源产业持续增长，能源结构明显改善，“十三五”期间我国可再生能源新增投资总计约2.5万亿元，在过去10年中国成为全球可再生能源领域的最大投资国，可再生能源装机规模也持续扩大，目前我国风电、光伏发电装机“双双”突破2亿kW，均为世界第一。我国可再生能源技术装备水平显著提升，关键零部件基本实现国产化，相关新增专利数量居国际前列，并构建了具有国际先进水平的完整产业链；可再生能源的清洁能源替代作用日益突显，极大优化了我国的能源结构，对实现能源安全、大气污染防治以及温室气体排放控制等多重目标均作出突出贡献。目前我国能源结构仍存在着诸多问题，煤炭等化石能源占比还非常高，污染物排放和二氧化碳排放强度过大，给生态环境带来了前所未有的压力。可再生能源技术创新和迭代的加速，光伏、风电等可再生能源发电成本已经和煤电接近，“十四五”期间，大幅度增加我国可再生能源投资，是进一步加快清洁

---

① 我国矿产资源节约高效利用概览［N］. 中国国土资源报，2018-02-13（005）.

图 29-2　国内光伏发电站

能源替代、实现生态文明的根本途径，也是构建清洁低碳、安全高效的能源体系的必然选择①。我国的光伏发电站如图29-2所示。

29.3　生存保障工程

29.3.1　农业工程

农业工程是为农业生产、农民生活服务的基本建设与工程设施的总称。农田水利建设，水土保持设施，农业动力和农业机械工程，农业环境保护工程，农副产品的加工、储藏、运输工程等，都属于其范围。工程技术新成就的广泛应用，其结果是农业工程向大型化、密集化、自动化和电子化方向发展。如功率达147 ~ 221kW的拖拉机用于田间作业，自动控制技术用于工厂化饲养设备、大型温室和农田排灌设施，电子计算机、遥感技术和系统工程应用于各项农业作业的管理和对产量的预测、病虫害的预报及防治、土地的开发利用等。工程科学与农业生物科学紧密结合、相互渗透。如拖拉机或自走式农业机械的行走装置对土壤结构和作物生长的影响的研究，已成为设计拖拉机行走装置时的重要参数。这种有关工程技术与生物生长发育的相互关系和规律，实质上是现代农业工程的基础理论。各种工程技术的综合利用，促使农业生产的全面发展。动植物生产的环境以及饲养、栽培、采收、加工、贮藏、运输、销售和管理等工艺都要综合应用建筑、机械、水利、电气、电子、化工等科学技术。

---

① 陈向国．两会代表、委员建言可再生能源发展［J］．节能与环保，2020（6）：24–25.

29.3.2 生命科学工程

人类生活的环境与生活的形态正在极速改变，人类平均寿命不断提高，老龄化也愈发明显。这些变化造成许多新的问题、需求与挑战。在这重大趋势里，结合各种工程技术、生物医学知识与生物技术是必然的对策。生命科学与工程是生命科学与化工、环境、能源、医学、材料、电子、机械等多门工程学科密切结合和应用的综合交叉领域，它指的是在现代科技及生命科学大发展的时代，各类工程学科将其专门的知识和技术手段与生命科学的基本原理及技术紧密结合、综合应用，为满足人类社会众多需要和利益而创造物质产品、改造现状或提供服务的过程[①]。

2020年肆虐全球的新冠肺炎，对于病毒的检测、体径源控制、治疗和防护保障工程，成为人类自我保护的重要途径和屏障。在西方医学的主流思维下，新病种将层出不穷，新的应对工程也将有所增加。

29.3.3 食品加工、储运

食品科学与工程，是以食品科学和工程科学为基础，研究食品的营养健康、工艺设计与社会生产，食品的加工贮藏与食品安全卫生的学科，是生命科学与工程科学的重要组成部分，是连接食品科学与工业工程的重要桥梁。随着世界人口膨胀带来的粮食危机不断加剧，以及食品领域大工业化时代的到来和人们对食品营养与卫生的关注加深，食品科学与工程专业在食品行业内的工程设计领域、营养健康领域、安全检测领域、监督管理领域发挥着越来越重要的职责与作用。

粮食精细种植、保鲜储运、深度加工等涉粮工程，成为保障性刚需工程。

29.4 精细化工程

29.4.1 四化工程

四化工程指的是绿化工程、亮化工程、美化工程和舒化工程。

绿化工程指的是栽植防护林、路旁树木、农作物以及居民区和公园内的各种植物等。绿化包括国土绿化、城市绿化、四旁绿化、楼顶绿化和道路绿化等。绿化可改善环境卫生并在维持生态平衡方面起多种作用。

亮化工程又叫城市光彩工程，是指为了美化城市环境，提高城市的整体形象，而对标志性建筑、商场、旅游景区、街道等人流量多的地方进行灯光亮化。

美化工程不仅要求工程自身的造型具有艺术性，更重要的是工程周边的景观美化。景观

---

① 吴庆余. 生命科学与工程［M］. 北京：高等教育出版社，2010.

的美化仍然要以自然准则为基础，保证工程及其施工的自然化是生态水利设计理念的基本环节，只有在坚持自然法则基础上的美化才是生态的美化、和谐的美化，更加具有效益的美化。

舒化工程指的是设计与建造时考虑更多人体美学，从而提高用户舒适度。现在常用的方法有利用传感器、GPS等物联网技术以及数据挖掘、多维分析等数据分析方法让多终端设备（包括计算机、平板、手机等）能够感知到当前建筑的环境。情境以人、位置、物或用户、应用之间交互关联的实体描述方式来表达相关信息，具体可包括物理情境以及用户情境。温度、湿度、空气净化度、风速等属性属于物理情境；用户偏好、社会关系等属性属于用户情境。

四化工程是美好生活的标志，将会在基本功能满足之后，逐渐增加。

29.4.2 循环利用工程

中国正在走大规模扩张、大规模改造、大规模拆迁和大规模建设的城市化道路。与此同时，城市垃圾的产生和排出量也在飞快地增长，其中建筑垃圾占垃圾总量的30%~40%。2014年国家发展改革委发布的《中国资源综合利用年度报告》指出，中国在2013年中产生的建筑垃圾总量达到约10亿t，并且这个数字逐年递增，转化为可再生资源的利用率仅为5%。2013年3月，发布了《住房城乡建设部关于印发“十二五”绿色建筑和绿色生态城区发展规划的通知》（建科〔2013〕53号），其中一项重要任务是加快绿色建筑产业的发展。经过一系列处理措施后，建筑垃圾可应用于路基填筑、路面底基层、临时设施等道路施工过程，能够产生良好的环境和社会效益。

我国地虽大，但人均物并不博，与之对应的问题是各城市产生的建筑垃圾化学组成和矿物组成差异较大，很难制定统一的标准规范，要想建筑垃圾得到有效回收利用就需做好原料的均化。建筑垃圾再生骨料具有很大的离散性，导致生产的再生混凝土强度及其他性能偏低，主要运用于基层、垫层和土基中，在路面结构中的应用还需要进行大量的、更深层次的实验研究。目前我国对于建筑垃圾的处理主要集中于末端治理，效率低、进展缓慢，应当借鉴发达国家的经验实行建筑垃圾的全过程治理。图29-3是建筑垃圾破碎流程。坚持节约资源和保护环境是中国的基本国策，随着国家对环境问题的高度重视，逐渐形成一套对建筑垃圾的全过程循环处理再利用模式——减量化、资源化、无害化，这将是未来行业的发展趋势[①]。

循环往复，周而复始。循环理念是我们祖先的宝贵传承，“用了就扔不是我们的传统”[②]。再生再用工程利国利民。

---

① 魏英烁，姬国强，胡力群．建筑垃圾回收再利用研究综述［J］．硅酸盐通报，2019，38（9）：2842-2846.

② 王澍．造房子［M］．长沙：湖南美术出版社，2016.

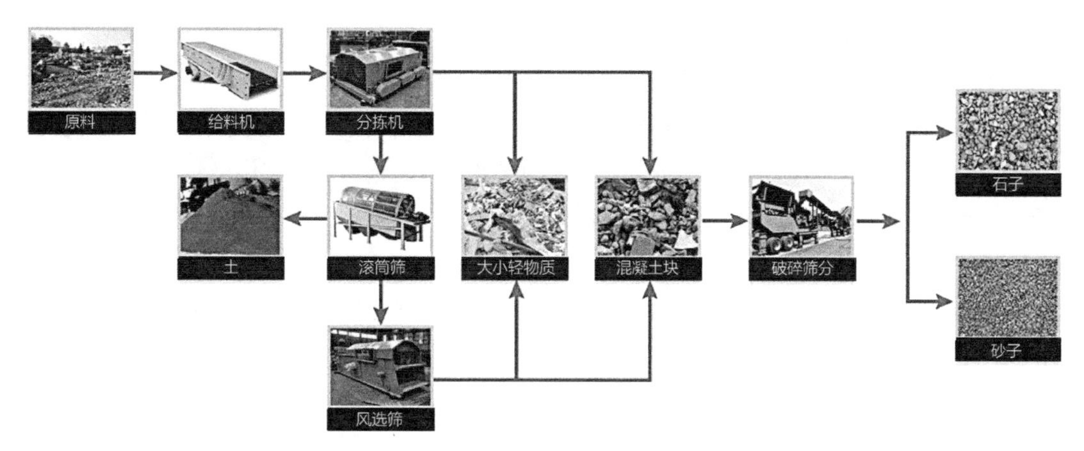

图 29-3　建筑垃圾破碎流程图

29.4.3　辐射预防

辐射防护工程是一种高能电磁波技术。辐射防护分为电离辐射和电磁辐射。电离辐射主要是射线辐射。屏蔽主要是抑制外来的或向外的电磁波干扰或电场和磁场的干扰。屏蔽室即为隔绝（或减弱）室内或室外电磁场和电磁波干扰的房间，使通信—电子设备、系统和子系统在特定的工作环境中正常工作。屏蔽室是电磁兼容（EMC）技术和电磁干扰（EMI）控制技术的综合应用。屏蔽方式一般可有以下几种：

①静电屏蔽：主要抑制干扰源产生的电荷和静电荷电场，静电屏蔽是把屏蔽空间用导电金属几何封闭，遮挡电力线通过，不要求无缝连接，对金属外壳进行电连接，且必须接地。

②磁屏蔽：用以抑制磁场的影响，采用高导磁率的铁磁物质封包屏蔽室和设备。建筑上常用的铁磁材料为镀锌铁皮。对磁场的有效屏蔽较困难，根据低频磁场辐射不远的原理，使磁干扰源远离实验区域是一种简便和有效的措施。

③电磁屏蔽：利用电磁波穿过金属屏蔽层的反射损耗和二次反射损耗将干扰场削弱，屏蔽层应是电磁封闭的。任何孔洞、缝隙和进出管道、电源线、信号线都需采取相应措施。一般采用一点接地。

④电磁波吸收室、半暗室或无回波场地：为了抑制屏蔽室电磁波乱发射，发射场地的反射干扰，采用尖楔形吸波材料构成无回波电磁波暗室或半暗室，或采用定向反射造成区域性无回波场地。

随着人工电磁器物的大量生产使用，辐射环境越来越恶劣，亟需加强研究和开发新型高效低耗低投入的防辐射产品。

29.4.4　工程废弃/留置场所处置

人类历史的现代化进程离不开工业的快速发展，大量工程开展，一定程度上满足了人们对生活和生产上的相关需求。但工程完工后遗留下来的相关留置场所的处置以及工程废弃物的留置处理，却给人们带来了一定的麻烦。

煤矿资源是工业发展中重要的自然资源，但在开采竭尽后，遗留下大片的废弃矿区，却是一个难以避免的问题。若不对废弃矿区及时整治处理，由于采矿、选矿活动，会导致地表水或地下水含酸性、含重金属和有毒元素，从而导致地区的地下水受到污染，危及矿区周围河道、土壤，甚至破坏整个水系，影响生活用水、工农业用水。露天采矿及地下开采工作面遗留下的钻孔，若不加以处理，会产生大量的粉尘，而废石（特别是煤矸石）的氧化会释放出大量有害气体，废石风化形成的细粒物质和粉尘，以及尾矿风化物等，在干燥气候与大风作用下会产生尘暴等，这些都会造成区域环境的空气污染。矿山的开采，一定程度上还会影响周边的地面及边坡山体的稳定，导致岩（土）体变形诱发崩塌和滑坡等地质灾害。矿山排放的废石（渣）常堆积于山坡或沟谷，在暴雨发生时极易引起泥石流。

因此，如何处理留置的矿区，对于生态环境的保护和避免相关自然灾害具有重要的意义。从20世纪70年代以后，欧洲很多国家都开始致力于工业矿区的生态修复工作，对一些小规模的采石场进行生态修复并在生态修复的基础上进行景观设计，如西雅图的煤气厂公园开创了景观艺术手法治理废弃矿区的先例。到了20世纪80年代，国外对废弃矿区的景观生态修复已经进入快速发展的阶段，大量的废弃矿区情况得到改善。20世纪90年代，发展已经进入成熟阶段，1992年英国的工业废弃地被改造成园艺博览会，是工业景观设计成功的一次尝试，在这之后，工业废弃地与景观设计的融合更加注重人文、休闲与生态的多元化模式。国内的研究起步较晚，从20世纪90年代开始逐步对采矿区进行修复，我国矿山公园的建设也开始如火如荼地进行着[①]。

唐山南湖公园就是我国废弃矿地景观生态修复的优秀案例，它合理利用城市废弃资源，结合土地实际情况进行生态景观设计，使矿业废弃地变成了城市公园。到2005年9月，我国首批28家国家矿山公园建设启动，这标志着我国的废弃矿区的景观生态治理开始蓬勃发展。

至今，我国仍有许多开发结束的工程留置场所，如何将这些废弃场所加以利用、变废为宝是当下工程领域研究的一大重点。图29-4为黄石矿山公园。

图 29-4　黄石矿山公园

（李军，胡晶．矿业遗迹的保护与利用——以黄石国家矿山公园大冶铁矿主园区规划设计为例［J］．规划师，2007（11）：45-48）

还有一类被占用的场所，就是处置工程物的废弃场，如退役的飞机、火车、汽车、轮船、电脑、手机等，先行国家已经“堆置如山”，其中导致的二次污染，对地下水、空气、土壤都造成了严重影响。而核废料处置则是一个需要更加严肃对待的工程问题。

① 范学唯．安源废弃矿区生态修复与旅游景观设计研究［D］．景德镇：景德镇陶瓷大学，2018.

29.4.5 智慧社区管理

社区是城市文明建设的主要载体，随着社会经济的增长，社区智慧化需求不断突出。智慧社区成为城市发展中，社区升级的主要目标。而在智慧社区的建设项目中，5G技术的实践优势更为明显，可在通信网络建设中，夯实智慧社区运营管理中的数据基础，提升智慧社区管理效率[①]。

智慧社区建设中，社区功能是5G技术应用的主要场景。根据物业、住户、房产企业等社区服务主体的需求，智慧社区功能模块设计，通常集中在安全、绿色节能、通信、服务配套等方面。

①安全功能模块。5G技术应用中，视频监控、出入口控制、电子巡更等都属于智慧社区建设所需的功能板块。在5G通信技术的作用下，社区出入口都可设有监控终端，智能识别进入人员，检测非法入侵，提供访客预约服务，以此增强社区安全，维护居民核心利益，降低非法入侵、偷盗风险。

②服务配套模块。智慧社区建设中，该模块可为住户提供家政服务、商业服务以及上门医疗服务。住户在智慧社区APP上，可按照自身需求，使用对应的服务，保证社区运营中日常生活的便捷性[②]。

③通信功能模块。5G技术的本质为通信技术，信息发布、各楼层信息对接等均属于社区建设中的通信板块。在5G技术支撑下，设计人员可将传感器、通信终端分别布设在社区各个区域内，便于物业基于传感设备的通信数据，落实对应的社区运营、管理工作。

除此之外，为进一步完善各项功能板块，在应用5G技术时，相关数据还应接入云端平台，实现智能检测，以此改进社区内视频监控、环境监测、停车场监控、智能家居设备的整体设计，建设智慧楼宇、智慧家居、智慧车库等服务场景。同时，智慧社区还可通过5G技术应用，构建“一脸通”智慧管理系统，居民可在录入个人信息后，自由访问车库、社区出入口，而物业可根据用户信息，远程管理出入口人员进出。此外，“5G+”技术还可被广泛应用在日常安防、智慧消防、社区政务、物业管理等场景内，相关人员在设计社区功能模块时，可结合该技术的应用场景，制定具体化、智能化的社区建设方案。

29.5 灾害预防和治理工程

灾害种类很多，分布很广，危害很大，研究灾害发生规律、防护机制，研发救灾准备设施，是工程灾害治理的重要内容和发展方向。高效、迅速、低耗是防灾救灾工程的追求。

---

① 陈芳，李娟. 5G+在智慧社区的应用［J］. 中国宽带，2021（10）.

② 张永平. 5G智慧社区建设的研究与实践［J］. 中国建设信息化，2020（5）：80–82.

29.5.1 洪水灾害

水利万物。人类是在适应、利用和对抗水的过程中发展、演变而来的。洪灾是指超过人们防洪能力或未采取有效预防措施的大洪水对人类生命和财产所造成的损害。洪灾的发生必须具备三个条件：一是存在诱发洪灾的主因即灾害性洪水；二是存在洪水危害的对象，即洪水淹没区内有人居住或分布有社会财产，并因被洪水淹没受到了损害；三是人们在洪灾威胁面前，采取回避、适应或防御洪水的对策。由此可见，影响洪水灾害的因素可归结为自然和社会两大因素。我国幅员辽阔，大约3/4的国土面积存在着不同类型和不同程度的洪水灾害。

洪水灾害是可持续发展的重要制约因素，严重影响国家或地区的自然生态、经济和社会的持续发展。频繁的洪灾破坏了原有的自然生态系统，影响了农业生产的发展，也造成了动植物的死亡或生存威胁，同时也破坏原有的水利和饮水系统，使水质恶化，影响人类生存环境。洪灾还直接威胁洪泛区人民的生命、财产安全，造成农田减产或绝收、房屋倒塌、工厂停产或破坏、交通中断，给当地的经济带来巨大的损失。洪灾往往还导致人民生活环境的重大改变，引起诸多社会问题，进而影响国家经济收入乃至国民经济政策和国家重要方针的调整，因此，洪灾的灾害防治工程是一项重点发展工程①。

29.5.2 地质灾害

自然变异和人为作用都可能导致地质环境或地质体发生变化，当这种变化达到一定程度时，所产生的后果给人类和社会造成的危害，称为地质灾害。如滑坡、崩塌、泥石流、地面沉降、地面塌陷、岩土膨胀、砂土液化、土地冻融、沙漠化、沼泽化、土壤盐碱化以及地震、火山等。其中滑坡、崩塌、泥石流、地面沉降和地面塌陷等为主要地质灾害。

地质灾害造成的损失是巨大的，它不仅造成建筑物受到破坏，而且会破坏生态环境，造成巨大的经济损失和人员伤亡。我国处于一个特殊的地理位置，是受地质灾害影响严重的国家之一，需要重点防控①。

29.5.3 风力灾害

风力灾害是一种由风引起的常见自然灾害，对人类社会经济、农牧业生产和日常生活产生严重影响。

风力灾害包括台风、飓风、龙卷风、暴风、雷暴、黑风暴、沙尘暴、城市楼群风等，风灾的直接危害是侵蚀土壤和环境、损坏农作物、导致干旱、毁坏建筑物或构筑物、沉没船只等，造成财产损失和人员伤亡；风灾的间接危害是传播病虫害、扩散污染，也会伴随或导致暴雨、巨浪、洪水等形成更大灾害。

风力灾害中危害性最大的是台（飓）风，地球上遭受台（飓）风灾害最严重的是加勒比

---

① 周云. 土木工程防灾减灾概论［M］. 北京：高等教育出版社，2005.

海、孟加拉湾、东南亚等地区，其次是中美洲、美国、日本，印度、南大西洋所受的影响最小。台（飓）风常常行进数千公里，横扫多个国家和地区。据统计资料，全球每年至少产生80个风力达8级以上的热带气旋，历史上造成死亡人数达10万以上的风力灾害就有8次。例如，2008年5月3日，强热带风暴“纳尔吉斯”以190km/h的速度袭击了缅甸的仰光市、伊洛瓦底省勃固省、孟邦和克伦邦地区，缅甸政府宣布上述五地为灾区。据缅甸官方媒体报道，截至2008年5月11日，该热带风暴已造成2.8万人死亡，3万人失踪，150万人受灾。而美国驻缅外交官估计死亡人数超过10万人，英国媒体则报道有50万人死亡[①]。

风灾不仅会破坏建筑物、构筑物，严重时还会危及人类的生命安全，造成巨大的经济损失和人员伤亡。我国位于太平洋的西海岸，常年受到台风等极端风力灾害的影响，此外，内陆地区如新疆、内蒙古部分区域由于沙漠面积宽广，大风和沙尘暴天气频发，因此还需对其重点防控。

总之，城市是所有灾害的巨大承载体。从城市规划学科角度来说，城市防灾手段有三种：工程防灾、规划防灾和管理防灾。规划防灾是强调与城市空间布局和设计相关的防灾措施，所谓城市综合防灾应该是这三种手段的综合利用。对于风灾和地震，人们在理论和技术手段上还没有消除的办法，只能尽量降低灾害带来的损失。因此，对风灾的防治工作一方面应进一步在技术方面进行研究，寻求可行方法；另一方面应在工程、规划和管理方面做好城市综合防灾[②]。

29.5.4 建筑工程安全灾害

在建筑业为我国经济发展强力赋能的同时，频繁发生的建筑施工安全事故也引起社会与学术界的广泛关注。建筑业一直重视建筑安全管理，住房和城乡建设部发布的《建筑施工安全检查标准》JGJ 59-2011已于2012年开始正式实施，但由于建筑施工现场施工人员素质普遍不高、环境复杂、施工工序难度大等特点，建筑安全事故仍时有发生，在我国是仅次于煤矿业的第二危险行业。根据近几年住房和城乡建设部的安全事故统计资料，我国建筑业安全事故无论是发生次数还是造成的人员伤亡数一直居高不下，限制我国建筑业健康、持续发展。图29-5为2009～2018 年全国房屋建筑及市政工程安全事故统计。

图29-5显示在2009～2015年，建筑业每年发生的安全事故次数与安全事故造成的死亡人数均有下降趋势，但距离我国建筑业零伤亡的目标仍有较大差距。从2016年至今，在将每年安全事故发生的次数及安全事故造成的死亡人数与2015年进行纵向对比后发现，无论是安全事故发生的次数还是事故造成的死亡人数都在逐年增加，反映出我国的建筑业仍处于安全事故频发阶段。在建筑业已有大量预警机制与预警系统投入使用的前提下，仍有大量的安全事故发生并造成巨大的人员伤亡，这就说明我国建筑业迫切需要新型的安全管理方法与技术来扭转当前建筑业低效的安全管理模式，因此，这将是我国未来工程注重的一大方向。

---

① 程仕标．关于风力灾害-财产保险学习笔记［J］．上海保险，2013（4）．

② 白丽萍．风灾及其防治［J］．城市，2008（2）：76-78，2．

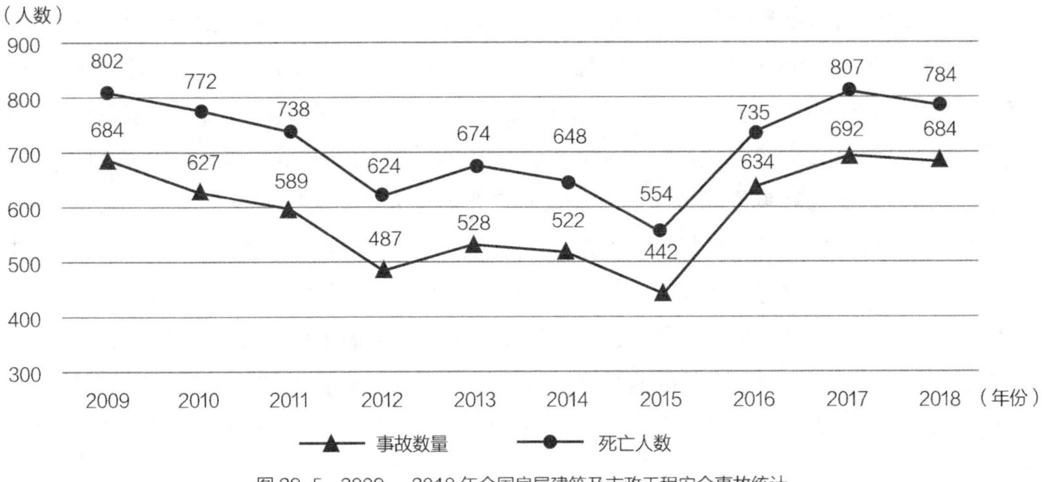

图 29-5　2009 ~ 2018 年全国房屋建筑及市政工程安全事故统计

29.5.5　交通运维安全工程

交通运输业是社会经济发展的坚实基础和关键产业，对我国国民经济与社会的持续发展具有至关重要的作用和战略意义。其中，高速公路以其运量大、覆盖面广、成本低、效益高、灵活性强的优势和特点，在我国交通运输领域中一直处于先行的重要战略地位，高速公路的发展水平现已逐渐成为世界各国道路交通发展水平和经济实力的重要标志之一。

目前，随着我国区域化产业的发展和城市化进程的推进，我国高速公路产业迅猛发展，截至2018年12月，随着广东省龙怀和仁博两条高速公路通车，我国高速公路通车总里程数已突破14万km，高居世界首位，高速公路网也已覆盖全国92%的20万以上人口的城镇。但另一方面，我国高速公路交通事故问题却日益严重，交通事故数量、伤亡人数和财产损失明显增加，仅2016年全国发生高速公路交通事故共8934起，死亡5947人，受伤11956人，造成经济损失380283446元，且我国高速公路交通事故死亡率已经连续十年居世界首位，道路交通安全保障面临巨大压力与挑战。为应对当前我国高速公路道路交通安全的严峻形势，必须深入研究分析我国高速公路交通事故的规律与特点，积极解决事故分析、预防对策和管理措施等方面存在着的理论与实践问题，不断提升高速公路交通安全管理水平与技术，优化现有道路和管理体系，不断增强事故预防与现场处置能力。

为何我国高速公路交通事故死亡率已经连续十年居世界首位，一方面我国是人口大国，人民的素质参差不齐，国民的驾驶素质还有待提高；另一方面，我国飞速增长的居民收入使我国家庭平均车辆的占有量也大幅度提升。因此，这使得我国高速公路交通事故率常年居于世界前列。为此，未来自动驾驶技术的开发和智能识别技术的运用对于减少交通事故有着巨大的发展前景。

29.6 战争工程

29.6.1 武器装备工程

诉诸武力是人类解决矛盾的重要方法和途径，造成的伤害历久不愈，损失异常巨大。

军事工程是系统性强、前沿性强、高度集成、复杂的工程。现代武器装备工程研制、生产，是世界上组织最严密、创新迭代最快、知识最密集保密最严、技术最先进、学科最综合、花费最多、竞争最激烈的领域。观察工程，从古到今，尤其近现代，必须从武器装备着手。人类过分耽于，甚至依赖于军事工程领域，这将违背工程伦理、危害全球生存。

武器装备是军队现代化的重要标志，是军事斗争准备的重要基础，是国家安全和民族复兴的重要支撑，是国际战略博弈的重要砝码。恩格斯曾深刻指出："暴力的胜利是以武器的生产为基础的。"而世界著名科学家、"两弹一星"功勋奖章获得者钱学森也曾说过："手里没剑和有剑不用是两码事"，可见，武器装备是一个国家立足于世界的强力支撑。

原子弹是核武器之一，是利用核反应的光热辐射、冲击波和感生放射性造成杀伤和破坏作用，以及造成大面积放射性污染，阻止对方军事行动以达到战略目的的大杀伤力武器。主要包括裂变武器（第一代核武器，通常称为原子弹）和聚变武器（亦称为氢弹，分为两级式及三级式）。亦有些还在武器内部放入具有感生放射的氢元素，以增大辐射强度扩大污染，或加强中子放射以杀伤人员。

中子弹是一种以高能中子辐射为主要杀伤力的低当量小型氢弹。更正式的名称是强辐射武器。中子弹是特种战术核武器，爆炸波效应减弱，辐射增强。只杀伤敌方人员，对建筑物和设施破坏很小，也不会带来长期放射性污染，尽管现在世界处于"和平"与"发展"两大阶段，使其未曾在实战中使用过，但军事家仍将之称为战场上的"战神"，是一种具有核武器威力而又可靠的战术武器[①]。

航空母舰，简称"航母"，是一种以舰载机为主要作战武器的大型水面舰艇，可以提供舰载机的起飞和降落。航空母舰大致可分为攻击型航空母舰和多用途航空母舰，航空母舰舰体通常拥有巨大的甲板和舰岛，舰岛大多坐落于右舷。航空母舰一般总是一支航空母舰战斗群的核心舰船。舰队中的其他船只提供其保护和供给，而航母则提供空中掩护和远程打击能力。航空母舰已是现代海军不可或缺的利器，是现代海军能远洋作战的前提，是一个国家综合国力的象征。各国航空母舰的数量分布如表29-1所示。

各国航空母舰数量分布表（截至2022年8月）　　表29-1

国家	数量（艘）	航母介绍
美国	11	①10艘是"尼米兹级"核动力航空母舰（舷号CVN-68～CVN-77），该级别航空母舰的满载排水量约合10万t；②美国还拥有1艘最新型"福特级"航空母舰，该航空母舰的满载排水量达到11万t，采用电磁弹射的方式

① 郑绍唐. 中子弹与中子弹中的物理学［J］. 物理，2001（8）.

续表

国家	数量（艘）	航母介绍
英国	2	2艘“伊丽莎白女王级”航空母舰，该级航空母舰的满载排水量约为6.5万t，采用2台MT-30燃气轮机作为动力，每艘可以搭载30～40架F-35B垂直起降舰载机
中国	3	①改造的“辽宁舰”；②自主建造的“山东舰”；③刚下水的“福建舰”。前两艘都属于6万t级的常规动力航空母舰，采用滑跃起飞的方式，每艘航空母舰可以携带24～36架歼-15舰载战斗机以及12艘舰载直升机
俄罗斯	1	“库兹涅佐夫号”航空母舰，这艘航空母舰也有着6.5万t的满载排水量
法国	1	“戴高乐”号核动力航空母舰用的却是2座核潜艇上的K-15核反应堆，单台热功率只有150MW
印度	1	4.5万t的“维克拉玛蒂亚号”航空母舰，已经几近退役
意大利	2	①2.7万t的“加富尔号”；②1艘1.3万t的“加里波底号”航空母舰
泰国	1	“差克里·纳吕贝特号”航空母舰只有1.1万t

我国当前面对着复杂艰巨的军事斗争环境，不但要保证国家的主权与领土的统一，还要加强和巩固大国、强国地位，这就迫切需要建设一支强大的现代化军事力量。武器装备是军队现代化的主要标志，是打赢高技术战争的重要物质技术基础，因此，解决了武器装备的发展就等于解决了当前的主要矛盾。加强对武器装备发展的系统研究，从整体上找到一条适合于当前中国国情的武器装备发展之路，解决当前面对的问题成为刻不容缓的重大任务①。

29.6.2 防护掩体工程

防护掩体工程是通过综合应用土木工程及其他学科的科学理论与技术，以提高工程结构和工程系统抵御人为战争能力的学科。防护掩体既有用于防御也可用于掩藏进攻性武器。

防护掩体分很多种，一般分为军事和民用，军事掩体的作用是降低火力对人员装备的杀伤力破坏，提高人员的战斗效能，主要为人员、火炮、坦克和步兵战车等掩护；民用掩体主要用于个体或其他工程项目的开展或预防地质或工程伤害的避险掩护场所。

以我国为例，北京几乎所有的住宅小区都配套建设了人防掩体，人们身边的很多地下室、地铁，都安装有厚重的防爆门。一旦战争爆发，整个城市就可以变成一个巨大的兵营。而美国，作为超级大国，在核武器出来之后，就已经着手研究防范核战争的措施了。在其境内甚至秘密建造了可抵挡上千万吨当量TNT的“夏延山军事基地”。这座基地位于美国的科罗拉多州，海拔2500m，它内部的构造全部建在一座花岗岩的山中，依靠这点组建成强大的防御体系，当时为了建造这个基地，耗费了上百亿美元，历时5年时间完成，在核战争爆发的时候，关上厚实的大门，可抵御战争波及，十分安全。苏联的斯大林地堡防御建筑在萨马拉，建于1942年，斯大林地堡深度是38m，相当于12层楼高，同样具有强大的防御体系，安全性能极高。此外，所有建造了地铁的国家其地铁设计都带有战时容纳国民防核避战的功能设计，以朝鲜为例，其地铁就建造在地下约200m处，一般的核弹无法对其造成破坏。

① 杨先德，孙一杰，朱亚红. 对我国武器装备发展战略的思考［J］. 四川兵工学报，2009，30（12）：128-130.

近年，我国在军事防护工程的研究、实践方面取得了巨大的成就。

29.6.3 伪装工程

伪装的目的就是在现代高技术战争中，隐蔽自己、欺骗或迷惑敌人，这对战争的成败有着很重要的影响，所以伪装一直是国内外军队研究创新的重要领域。现有军事伪装研究主要集中在伪装材料与器材，伪装理论、伪装技术、伪装工程化应用等方面。各科研机构以“着眼一体化伪装目标，提升工程伪装在信息化作战条件下的综合能力”为宗旨，努力探索军队工程伪装发展需求与对策、技术与方法。伪装工程包括应用遮蔽、融合、示假、规避等技术进行的相应工程研究、创新、开发和规划、设计、建造（构造）和使用的全部过程。

现有伪装方式主要是利用现有地形地物地貌，如森林、居民点、道路、沟谷来遮挡观察者的光学视线。采集利用生长着的、进行变色处理的植物来隐蔽目标、降低目标的显著性。利用伪装网的方式，进行水平、垂直或全方位变形的遮障，以此来改变目标的外型和投影。最常用的迷彩伪装，用涂料、燃料及其他伪装材料改变目标、遮障、地表背景颜色或光谱反射、微薄反射和热红外辐射特性。使用假目标，仿造模拟各种目标，小型的如兵器、车辆、人员、植物，大型的如工事、障碍物、房屋、桥梁、道路等来密切配合部队的伪装活动，造成假象来吸引敌人注意力和分散敌人火力。大型的伪装，主要是人工释放烟幕，遮蔽目标以此来欺骗迷惑敌人。未来，研究人员应大力加强对伪装作用机理和方法的创新研究①。

29.6.4 智能化战争工程

习近平总书记指出：“加快军事智能化发展，提高基于网络信息体系的联合作战能力、全域作战能力。”智能化战争是信息化战争发展的更高阶段，人工智能将在态势感知、信息处理、目标识别、作战规划、行动控制、无人自主攻击、打击效果评估等领域产生颠覆性影响，对防护工程侦察→识别→攻击→毁伤→评估（OODA 循环）的制胜机理将呈现新的特点。

随着智能化技术的持续发展，作战系统的自我学习、自我感知、自主分析、沟通反馈、决策指挥和作战协同等能力已取得明显提升。未来战争中，以无人智能化作战平台为代表的作战系统因受自然条件限制少、续航能力强、作战速度快等优势，将逐步像人类一样成为战争的主体，并成为未来常规战争中的主战武器。未来智能化战争将开启全新的“智能主导、自主对抗”作战模式，智能化战争将呈现出作战范围全域多维、智能化程度高低成为制胜关键、攻防一体作战行动时效性高等新特点。智能化技术的持续发展带动了侦察技术的革新与进步，对防护工程构成极大威胁。在新的作战模式下，如何降低、消除或改变防护工程的可探测性，是提高防护工程生存能力，提升防护工程作战效益的前提，也是我国未来战争工程研究的一大方向②。

---

① 蒲欢，陈善静，康青. 基于视错觉的军事工程伪装研究与应用［J］. 自动化与仪器表，2016（12）：229-232.

② 李锐，朱万红，李诗华. 智能化战争条件下防护工程伪装探析［J］. 工程技术研究，2019，4（18）：251-252，254.

29.7 大科学工程

29.7.1 宇宙探索工程

2018年有个重要标志，中国全年航天发射次数39次，首次位居全球首位，这是中国航天发展62年来首次超越美、俄。2019年初，又迎来了一个重要标志，长征系列火箭第300次发射成功将中星6C送入太空。长征火箭从第一次发射到第100次发射用了37年，第二个100次发射用了7年，第三个100次发射仅用了4年3个月的时间。2019年我国的航天发射次数再次位居全球首位。2020年6月23日，北斗三号最后一颗全球组网卫星在西昌卫星发射中心点火升空。2020年7月23日，中国在海南岛东北海岸中国文昌航天发射场，用长征五号遥四运载火箭将我国首次火星探测任务"天问一号"探测器发射升空，飞行约2000s后，成功将探测器送入预定轨道，开启火星探测之旅，迈出了中国自主开展行星探测的第一步。2021年5月15日，据国家航天局消息，科研团队根据"祝融号"火星车发回遥测信号确认，"天问一号"着陆巡视器成功着陆于火星乌托邦平原南部预选着陆区，我国首次火星探测任务着陆火星取得圆满成功。

浩瀚宇宙引人无限遐思，人类离开地球的梦想从未停止，发展航天技术是实现这一梦想的途径。近年来航天技术的发展取得了很多进步，人类的步伐已经走得越来越远，随着新发现的积累，对宇宙的认识正在加速更新，也引发了新一轮的航天热。中国航天是世界航天的重要成员，致力于服务国民经济建设，致力于人类和平发展，一直坚持开放合作与独立自主相结合的发展原则，走出了一条颇具特色的发展之路，取得了世人瞩目的成绩。随着我国综合国力的进一步提升，对航天的发展需求越来越迫切，我国的航天事业正在走上加速航天强国建设的道路①。

29.7.2 微观粒子探索工程

大型强子对撞器，英文名称为"Large Hadron Collider"（LHC），是一座位于瑞士日内瓦近郊欧洲核子研究组织CERN的粒子加速器与对撞机，作为国际高能物理学研究之用。

大型强子对撞机是世界上最大、能量最高的粒子加速器，吸引了来自大约80个国家的7000名科学家和工程师。由40个国家合作建造，是一种将质子加速对撞的高能物理设备。2008年LHC建成启用后，发现了希格斯玻色子的存在；对撞机升级后发现了夸克奇异重子和五种"味变"集合体的存在；进一步改造升级能量的加大，还将探索超对称粒子和希格斯耦合粒子与粒子额外维相是否存在。LHC在微观粒子探索中具有里程碑意义。

我国在微观粒子探索工程中也进行了相应的探索，如四川稻城海子山，平均海拔4410m，过去人迹罕至的地方，一个1.36km^{2}的探测阵列正在加紧安装，近万个探测器将一探世纪之谜——高能宇宙线起源。2019年6月19日，国家重大科技基础设施高海拔宇宙线观

① 张忠阳. 探索浩瀚宇宙是我们不懈追求的梦想［N］. 人民政协报，2020-01-17（012）.

测站（LHAASO），进入集中安装阶段。我国自主研制的2270只高时间分辨率的光电倍增管将在该系统中发挥关键作用。与此同时，千里之外的江门中微子测试基地也迎来了10000只国产20英寸[①]微通道板型光电倍增管，其探测效率均值达到30%以上，成功超越国外同类产品水平。光电倍增管是高能物理实验的关键通用部件，被称作中微子实验中技术含量最高、最关键的器件之一。目前，我国已打破国际同行的垄断，成功研制出世界一流的高性能20英寸[①]微通道板型光电倍增管，解决了我国大科学工程的“卡脖子”问题，推动真空光电探测器件产业的自主可控高质量发展。在未来，想要更进一步研究物质的组成情况及其性能，微观粒子探索工程也必将是工程领域发展的一大需求。

“锦屏大设施”是中国锦屏地下实验室的概称，是“世界埋深最深、空间最大、辐射本底最低、宇宙线通量最小”的深地实验室，2016年完成第二期建设后，成为粒子物理、核天体物理、宇宙学、深地医学、岩石力学等多学科交叉的世界级开放共享实验平台，目前已经取得了举世瞩目的科研成果。

29.7.3 基因工程

狭义上仅指基因工程，其是指将一种生物体（供体）的基因与载体在体外进行拼接重组，然后转入另一种生物体（受体）内，使之按照人们的意愿稳定遗传，表达出新产物或新性状。广义上包括传统遗传操作中的杂交技术、现代遗传操作中的基因工程和细胞工程，其是指DNA重组技术的产业化设计与应用，包括上游技术和下游技术两大组成部分。上游技术：基因重组、克隆和表达的设计与构建（即DNA重组技术）；下游技术：基因工程菌（细胞）的大规模培养、外源基因表达产物的分离纯化过程。

我国自20世纪70年代末即开始了基因工程研究工作。近年来，我国的基因工程取得了很好的成绩，利用DNA重组技术表达了乙型肝炎表面抗原、胰岛素、干扰素、青霉素酰化酶、猪牛生长激素、促红细胞生长素等。其中基因工程乙肝疫苗、基因工程α1型干扰素已投放市场，还有其他多几种基因工程医药也已进入了中试阶段，转基因植物和生物农药的基因工程工作，也将进入中试、野外试验阶段。但是基因工程技术在生产上的作用还发挥得不够，经济效益还不大，还有待于提高水平以及培养人才。

29.7.4 新型材料工程

社会经济高速发展，建筑数量也明显呈上升趋势。在林林总总的工程物中，新型工程材料占有绝对主导地位。新型建筑材料能够节省资源，保护耕地资源，节能减排，而且还可以提高人们的生活环境和生活质量，发展新型建筑材料是我国必须长期坚持的一项工作。就目前现状来看，新型建筑材料拥有良好的机遇和广阔的发展平台。

传统的建筑材料包括水泥、木材、玻璃、沥青等，在科学技术如此发达的今天，传统的建筑材料已经不能被时代需要，不能被人们认可。因此，科研人员经过不断努力，发明了新

---

① 20英寸≈0.51m。

型材料，并运用到建筑中，典型的有防水密封材料、高分子化学建材、保温隔热材料、复合材料等。新型建筑材料是在传统的建筑材料基础上发展起来的，主要包括新型墙体材料、保温隔热材料、防水密封材料和装饰装修材料。发展新型建筑材料大大减少资源的浪费，减少环境的压力，所以新型建筑材料在中国市场有广阔的发展空间①。

生物医用新材料行业是近年来兴起的高新技术行业，在过去几十年，聚醚醚酮、PEEK生物材料以及PES多孔生物材料是生物医用材料的三个主要研究方向，但从材料的力学性能、生物相容性、抗感染性、隔热性，以及X射线穿透性、生物活性、匹配性和制作成本等方面综合考虑，PEEK/HA生物材料是一种非常好的生物材料，相关研究团队已经研发出与人类骨骼分子结构非常相似的材料，日后可用于救治和医美修复等。

同样，在机械设计行业，新材料也开始逐步占据重要地位，如复合材料、高分子材料以及复合金属等新型材料。与传统材料相比，新型材料在经济性、环保性、可持续性以及延展性等方面都有着明显的优势。

工程对新型材料的需求是多方面的、持久的。对新型材料和新型材料研究的工程，将是新需求中的持续需要。

29.7.5 ICT工程

信息与通信技术（ICT，Information and Communication Technology）是一个涵盖性术语，覆盖了所有通信设备或应用软件，如收音机、电视、移动电话、计算机、网络硬件和软件、卫星系统等；以及与之相关的各种服务和应用软件，如视频会议和远程教学。此术语常常用在某个特定领域里，如教育领域的信息通信技术、健康保健领域的信息通信技术、图书馆里的信息通信技术等。此术语在美国之外的地方使用更普遍。

欧盟认为信息与通信技术（ICT）除了技术上的重要性，更重要的是让经济落后的国家有了更多的机会接触到先进的信息和通信技术。世界上许多国家都建立了推广信息通信技术的组织机构，因为人们害怕信息技术落后国家如果不抓紧机会追赶，随着信息技术的日益发展，拥有信息技术的发达国家和没有信息技术的不发达国家之间的经济差距会越来越大。联合国正在全球范围内推广信息通信技术发展计划，以弥补国家之间的信息鸿沟。

29.7.6 海洋探索工程

和充满神秘的宇宙相比，浩瀚的海洋同样充满了未知，探索海洋可以帮助我们更好地保护海洋、利用海洋。美国作为世界强大的国家之一，有相关的深海实验室，但美国的深海实验室没有自己的动力，必须依靠大型水面舰艇提供保障。这样一来，美国的深海实验室的作业区域就受到了很大的限制。

中国的深海空间站则拥有自己的动力，可以根据实际需要前往目的地。据了解，中国是继美、法、俄、日后第五个掌握大深度载人、深潜技术的国家。深海空间站代表了海洋领域

① 谢春燕. 新型材料在建筑工程中应用与发展［J］. 黑龙江科技信息，2013（25）：202.

的前沿核心技术，是国家科技水平、生产力水平的重要标志。

中国成功研制出了“蛟龙一号”深潜器，做到了真正的“下五洋捉鳖”。“蛟龙一号”是中国自主研发的深海载人潜水器，可以下潜至水下7000m深度，打破了世界上同类潜水器最大下潜深度的记录。可以说“蛟龙一号”向全世界证明了中国的科技实力。但“蛟龙一号”也存在些许不足，如只能搭载3人进行水下作业，以及水下持续作业时间短且难以进行更多的水下科研活动。

为此，建设深海空间站很大程度上可以满足我国对海洋探索的需要。我国的深海空间站堪称超级工程。在这一技术领域，中国已经成功超越美、日等海洋强国。深海空间站吨位达到2600t，可以容纳33名科研人员在水下作业，续航时间长达十几天，有着“龙宫”的绰号。

29.8 人机融合工程

29.8.1 人工智能工程

人工智能是计算机科学的一个分支，它试图了解智能的实质，并生产出一种新的能以人类智能相似的方式作出反应的智能机器，该领域的研究包括机器人、语言识别、图像识别、自然语言处理和专家系统等。人工智能从诞生以来，理论和技术日益成熟，应用领域也不断扩大，可以设想，未来人工智能带来的科技产品，将会是人类智慧的“容器”。人工智能可以对人的意识、思维的信息过程进行模拟。人工智能不是人的智能，但能像人那样思考，也可能超过人的智能。

人工智能是一门极富挑战性的科学，从事这项工作的人必须懂得计算机知识、心理学和哲学。人工智能是包括十分广泛的科学，它由不同的领域组成，如机器学习、计算机视觉等。总的来说，人工智能研究的一个主要目标是使机器能够胜任一些通常需要人类智能才能完成的复杂工作。但不同的时代、不同的人对这种“复杂工作”的理解是不同的。

人工智能技术无论是在核心技术，还是典型应用上都已出现爆发式的进展。随着平台、算法、交互方式的不断更新和突破，人工智能技术的发展将主要以“AI+”（为某一具体产业或行业）的形态得以呈现。所有这些智能系统的出现，并不意味着对应行业或职业的消亡，而仅仅意味着职业模式的部分改变，未来的工程领域也必将发生翻天覆地的变化。

29.8.2 无人操控工程

无人操控技术是指机器设备、系统或过程（生产、管理过程）在没有人或较少人的直接参与下，按照人的要求，经过自动检测、信息处理、分析判断、操纵控制，实现预期目标的过程。无人操控技术广泛用于工业、农业、军事、科学研究、交通运输、商业、医疗、服务和家庭等方面。采用无人操控技术不仅可以把人从繁重的体力劳动、部分脑力劳动以及恶劣、危险的工作环境中解放出来，而且能扩展人的器官功能，极大地提高劳动生产率，增强人类认识世界和改造世界的能力。因此，无人操控是工业、农业、国防和科学技术现代化的重要条件和显著标志（图29-6）。

图 29-6　无人操控机械臂

20世纪70年代以后至今，自动化开始向复杂的系统控制和高级的智能控制发展，并广泛地应用到国防、科学研究和经济等各个领域，实现更大规模的自动化。同时，无人操控的应用正从工程领域向非工程领域扩展，如医疗自动化、人口控制、经济管理自动化等。无人操控将在更大程度上模仿人的智能，机器人已在工业生产、海洋开发和宇宙探测等领域得到应用，专家系统在医疗诊断、地质勘探等方面取得显著效果。工厂自动化、办公自动化、家庭自动化和农业自动化将成为新技术革命的重要内容，并得到迅速发展。未来的工程领域中，无人操控技术仍将发挥着它浓墨重彩的一笔。

29.9　元宇宙工程

元宇宙工程是指连接真实世界与虚拟世界的工程，其相关内容可见本书第16章。元宇宙的讨论，具有简化纷繁类型、纯化思维的作用①。以下从感知真实和虚拟描绘世界的角度进行讨论。

元宇宙定义1：元宇宙是一个平行世界，有独立于现实世界的虚拟空间，是映射现实世界的在线虚拟世界，是越来越真实的数字虚拟世界。

元宇宙定义2：通过虚拟增强的物理现实，呈现收敛性和物理持久性特征的，基于未来互联网的，具有连续感知和共享特征的3D虚拟空间。

简要归纳“元宇宙”涉及的多维度内容：①技术集群五个板块，包括网络和算力技术、人工智能、电子游戏技术、显示技术、区块链技术。②八个基本特征，身份、朋友、沉浸感、低延迟、多元化、随地、经济系统、文明。③构造的七个层面，体验、发现、创作者经济、空间计算、去中心化、人机互动、基础设施。④内涵，创造+娱乐+展示+社交+交易。

进一步，从工程未来的角度，对元宇宙内涵简化为：真实世界、虚拟世界，以及转换、进出两个“世界”的基础设施、软件、方法（算法）。未来工程，也就包括了元宇宙功能的土木工程（包括土建、能源等所有配套）、ICT工程、软件工程等。新基建工程的部分工程就

① 赵国栋，易欢欢，徐远重．元宇宙［M］．北京：中译出版社，2021.

属于元宇宙工程。如果说交通设施等全球化连接工程属于“硬连接”，这里的工程大多属于“软连接”工程。

29.10 迭代工程

升级迭代是工程物不可忽视的新需求。

（1）工业革命4.0

回溯近代以来的三次工业革命，人类社会相继迈入蒸汽时代、电气时代、信息时代。每一次工业革命都深刻改变了未来世界发展面貌和基本格局，并带来了世界经济的飞跃发展以及国际格局和全球秩序的重塑。当今世界，新一轮工业革命（简称“工业革命4.0”）浪潮来势汹汹，以人工智能、大数据、物联网、太空技术、生物技术、量子科技等为代表，重大颠覆性技术创新正在创造新产业、新业态、新模式，从而带来人们生产方式、生活方式、思维方式的显著变化。如果说前三次工业革命是单一领域率先突破，进而推动经济社会全面发展，是由量变到质变循序渐进的过程；那么第四次工业革命就是涉及所有学科、所有领域、所有行业的全方位的爆发，是一场席卷世界的社会大变革，完全是质的飞跃，其来势之猛、范围之广、影响之深，前所未有。

（2）建筑物全寿命周期

建筑物有“寿命”限制，“拆除”在所难免。合理开展建筑工程项目的管理工作，可以实现在保证建筑施工节约能源消耗的同时延长建筑寿命与有效使用年限。全寿命周期是指在设计阶段就考虑产品寿命历程的所有环节，将所有相关因素在产品设计分阶段得到综合规划和优化的一种设计理论。全寿命周期设计意味着，设计产品不仅是设计产品的功能和结构，而且要设计产品的规划、设计、生产、经销、运行、使用、维修保养、直到回收再用处置的全寿命周期过程。拆除和重复利用是工程物（包括建筑物）最后环节，未来将在数量、规模和难度上不断加码。

（3）未来社区

未来社区作为共同富裕目标的现代化基本单元，已经上升为共同富裕示范区建设的战略高度。人本化、生态化、数字化作为未来社区建设的核心理念，突出了数字化的重要地位[①]。近三年的实践总结证明，数字化在提高社区治理水平、促进公共服务均等方面发挥着重要作用，形成了统一的数字化建设框架及相关理论制度成果。同时未来社区邻里场景也充分彰显了对社区居民在人文精神层面的关怀，以文化传承为脉络，以空间形态为载体，以智慧治理、单元管控为维护保障机制，营造睦邻友好的社区氛围、建设绿色生态的社区景观。在物质空间营造方面，关注空间作为文化、精神载体的形态表达，同时关注人在其中的空间

① 庞超飞．乡村未来社区打造共同富裕现代化基本单元路径研究——以余村未来社区项目为例［J］．山西农经，2022（2）：106-108.

行为活动，由此培育出具有地域性的社区社会文化。传承历史文脉，滋养社区文化底蕴，建设“有礼、有情、有文化”的社区。在社区活动策划方面，从居民日常需求出发，策划具有一定群体效应，能够切实服务到居民“衣、食、住、行”的有效活动，同时需充分考虑活动的盈利模式，以实现活动的长效可持续。另外，在数字化架构的基础上，通过智慧平台的手段实现高效、安全的社区治理。随着未来社区的全域推进，数字化将朝着平台更加集约高效、服务和治理更加精细化、部署方式逐步形成云边协同模式等趋势发展，真正走出可持续的发展之路。

（4）城市改造

城市改造是指利用来自公、私财源的资金，以不同的方法，对旧城进行改造，尤其是在实体方面，包括建造新的建筑物，将旧建筑修复再利用或改作它用，邻里保护，历史性保护及改进基础设施等。城市改造要消耗大量人力、物力、财力资源，因此，为了实现资源配置的合理化，首先要设置好城市改造的指标，帮助城市改造工程宏观调控的实现。首先，在设置城市改造指标时要以国家的经济宏观调控政策为基础，根据国家要求预估城市改造工程的上限，在上限内进行指标的确定。其次，要明确当前的城市土地使用情况，根据不同区域土地基础设施、建筑的数量等条件判断城市改造的难度，将改造指标制定在合理的区间范围内。最后，要做好各类用地指标的分别设计，保证指标要求符合该类用地的发展特点，例如，在进行城市工业用地改造时，就要考虑城市的工业化程度，对于工业程度较强的工业用地则要对其实施长期的、循序渐进的改造，避免过快改造影响城市工业的发展进程。

在进行城市改造时，要始终把环境保护放在第一位，要保证环保理念在各个具体的工作项目中都能得到体现。首先，要做好土地划分，在规划过程中明确区别有害土地和无害土地；尤其对城市改造用地要重点进行检查，避免土地问题影响居民的正常生活。其次，要做到节约资源，在进行国土空间规划时考虑到城市各个区域建设所需要的资源，在保证城市改造水平的基础上尽可能设计出所需资源较少的空间规划方案，进而保证城市的可持续发展。城市改造也要重视生态地区的规划，在进行城市改造空间规划时要尽可能在城市中设计更多的生态绿化空间，以完善城市的生态网络，打造全新的生态布局。当前生态环境保护是我国城市建设中一个比较重要的命题，也是城市改造工程无法避免的问题，对此要在国土空间规划的过程中坚持环境保护优先的理念，提高城市的清洁度，为居民提供更加良好的城市环境。

第 30 章

工程新形式

本章逻辑图

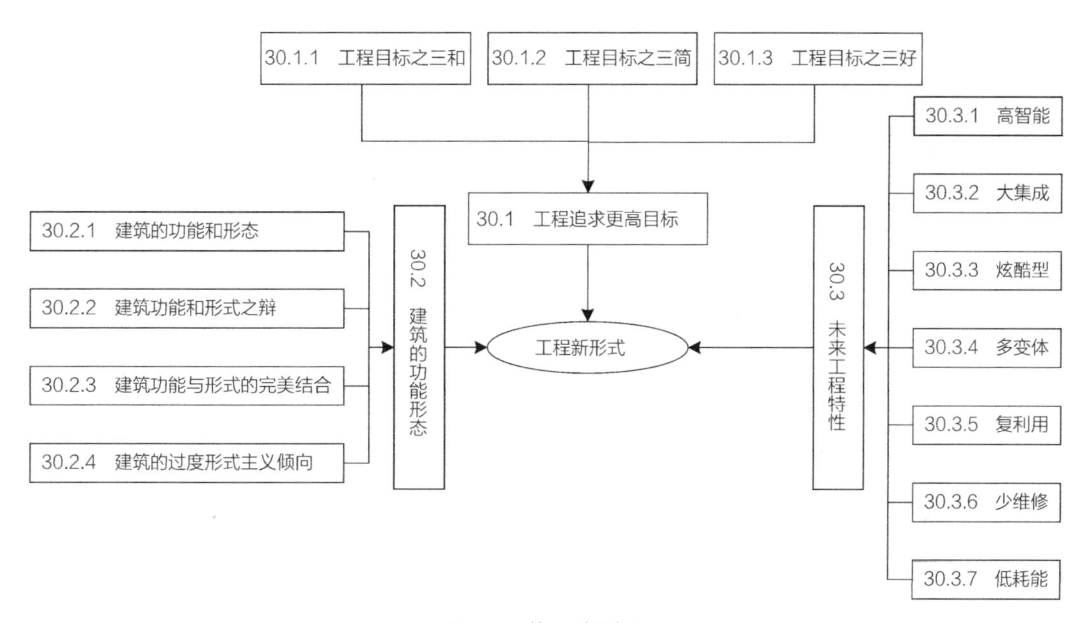

图 30-1 第 30 章逻辑图

未来工程将有什么新形式，是一个很值得探究的论题。对于工程追求的目标必然是更高标准的“和简好”体系，也必然遵循工程发展演化逻辑，有继承更有创新发展，从而复杂、集成、多元、多样，在功能上也必然将“三和、三简、三好”具体化，并努力追求功能与形式的高度和谐统一。本章主要以建筑工程为例，阐述工程形式的发展趋势，希望能引起读者的思考，带来关于未来工程的启发，并及早制定相应措施。

30.1 工程追求更高目标

30.1.1 工程目标之三和

（1）与自然和谐

科学发展观的根本要求就是实现可持续的发展，与自然和谐相处是可持续发展观中的重要内容，在行业里实现自然和谐就是指在进行建筑施工的过程中应该保持与自然生态环境和谐相处，尽量减少对资源与环境的污染和破坏，使人、建筑物、自然统一起来共同发展。只有实现自然和谐，才可以统筹兼顾经济、社会、环境效益共同前进和发展，实现国民经济、人类社会和自然环境的可持续发展①。

在过去，人们对住房的最初理解是：有一个可以遮风挡雨的庇护所。从茅草屋到多功能住宅，再到混凝土庇护所。住房的演变改善了人们的生活条件，但同时也伴随着一系列环境保护问题和弊端。随着社会的发展，人类不再停留在“窑洞或巢居”的意义上，而是追求新的设计理念，追求绿色构建，倡导绿色住宅和价值观，共同关注人与自然的和谐发展。

因此，未来工程必定是朝着低碳、绿色、可循环的方向发展的。人们通过选择合适的建筑体积、建筑材料、空间组合、建筑朝向、表面颜色等来满足人类的舒适感。任何建筑最重要的是与自然的协调，如形式、布局、室内外空间组合、自然采光、自然通风、温（湿）度的自然控制、风向、太阳辐射、降雨等气候变化规律。人们越来越渴望绿色、环保和节能，以及与自然的直接接触②。

（2）与人类友好

与人类友好是工程的主要目标，在工程设计过程中，如日常工作和休息、储存和分拣、空间活动、交通和旅行，一切都应该让人们感到方便、安全和舒适。以人为本的建筑中，在美观、安全的前提下，更加注重的是舒适性，花更少的时间和精力来实现日常生活目标，同时也提高生活的舒适度。从与人类友好的角度来说，工程新形式包括③：①居住建筑要以人们的行为规律为出发点；②居住建筑周围交通要便捷；③居住建筑要能节约能源。因此，未来工程必定是朝着安全、便利、可信赖的方向发展的。

（3）与社会包容

不同的地区有不同的自然氛围和历史渊源，不同的文化背景和风格。随着社会的发展，新建筑已成为城市新的人造景观，对地域有着深刻的影响。建筑能反映一个城市的美丽形象，环境在建筑的装饰、点缀和对比中起着重要作用。世界著名建筑师安藤忠雄认为，建筑与环境的融合、自然与人的和谐共处是建筑设计的最高境界。只有优美的环境或独特的建筑是不够的，只有将美丽的自然景观和良好的生活氛围结合起来，才能创造一个理想的家居

---

① 高铁昆．谈绿色建筑及其发展现状［J］．科技创新与应用，2012（20）：253.

② 范先明．论人与自然和谐生存下的城市建筑［J］．科技情报开发与经济，2010（4）：206-207.

③ 吴彬．居住建筑中如何体现以人为本［J］．丝路视野，2017（13）：127-127.

环境。

因此，未来工程必定是朝着包容、融合、可持续的方向发展的。建筑师在设计时，应实现建筑造型、色彩、立面、风格等建筑元素与环境的相互呼应。为了避免过于整洁（僵硬）和凌乱，应该与周围的自然、文化和社会环境相结合，创新创造出形式优美、文化内涵丰富、充满活力的建筑。

30.1.2 工程目标之三简

（1）功能简约

在快节奏、高频率、满负荷的生活状态下，人们很难享受到建筑带来的生活中的快乐，在提高工作效率的同时也应提高生活的品质效率，功能简约并不是功能随意，而是在包括基本功能的前提下，用最小的组合数实现其功能并满足最大的需求，使其更具有快捷性，更有效率。例如，当下的多功能客厅包括家庭影院、开放式阅览室、开放式办公区，既能相互交流、娱乐、工作，又能享受生活。未来工程必定朝着简约、高速又舒适的功能方向发展。

（2）结构简单

追求结构简单，不论是建筑工程还是道路、桥梁等工程，都注重不过度装饰。从功能出发，注重造型比例适当，空间结构图清晰美观，强调外观明快简洁，符合当下快节奏的生活。简单实用，充满生命力。用几何线条装饰，色彩明亮跳跃，立面简洁流畅，用简单的结构在节约成本的基础上又体现工程师的审美，完美诠释了“少即是多，多既是少”的观点。同时，也达到了以少胜多，以简胜繁的效果。未来工程必定朝着结构简单，以及在满足功能的前提下又能节约成本的方向发展。

（3）流程简化

工程中流程不仅包括操作流程、实施流程，还包括组织流程、策划流程等。工程流程的简化，不仅建立在工程工艺逻辑和管理逻辑的优化基础之上，还需要组织的简化，将工程活动中的内容、方式、责任、技术、成本等以流程为牵引安排妥当，去除繁琐且不必要的步骤，同时在流程执行的过程中，采纳相关人员的经验建议，进行循环完善。流程简化有利于提高项目的工作效率，相关人员的执行力，缩短工期、降低成本，提高企业竞争力，也可以提高项目成功的概率。在新技术快速发展的同时，工程工艺流程的简化，也依赖技术创新和装备的进步，以及针对性的工艺开发，这在大型复杂项目实施中尤为重要。未来工程必定朝着流程简化，与新兴技术结合提高效率的方向发展。

30.1.3 工程目标之三好

“三好”是指项目目标实现、持续发展、共同体满意。工程目标之“术”的追求，应当是体系性的，尤其是中国式管理，以建设工程为例，其“好”远远不只六个方面，工程管理实践证明，系统性的内容包括25项要素，实际上追求的“好”，就相当于25项指标。“六满意”则提示了“工程共同体”在协同、博弈和妥协中，取得的一种均衡的感受，并且其同样不只六个相关方面。

30.2 建筑的功能形态

30.2.1 建筑的功能和形态

建筑功能是指建筑使用价值的本质内容。其包括建筑应提供的各种使用要求，以及人们在使用建筑过程中产生的艺术、审美、精神要求，这是建筑设计最直接的目的。不同类型的建筑因其不同的目标群体和使用性质而具有不同的功能目标和要求。在建筑设计过程中，必须充分考虑不同功能的要求，以保证这些功能需求的实现。

一切都有形式。形式是与内容相对的概念，是内容各个部分的组合。美学中的形式是指审美对象的整体感官实体，即视觉、听觉或触觉的实体，是内容美存在的方式。其具有相对的独立性，而且内容并不是只有一种形式。同一内容通常有多种形式，例如具有不同用途的灯具①。

30.2.2 建筑功能和形式之辩

（1）建筑功能决定形式

希腊哲学家苏格拉底的“金盾与粪篮”的隐喻可以说是创造“形式与内容”二分法的审美体系的源头。“金盾与粪篮”指的是任何无用的东西，即使是金盾，也是丑陋的，而现实生活中任何有用的东西，即使是粪篮，也是美丽的。此后，各种理论纷纷效仿。早在2000年前，罗马建筑师Marcus Pollio在《建筑十书》中就提出了“坚固、适用、美观”的建筑方针。建筑形式应真实反映其功能、结构和材料的观点，已成为西方传统建筑美学最基本的评价模式，并一直延续至今②。“功能主义”一直被认为是现代主义建筑的一个重要特征。意大利建筑师Bruno Severino将其功能视为现代主义的起源，反对现代建筑语言中的古典建筑语言，他认为：“甚至在功能原则成为实践原则之前，它就是一种道德规范。”“坚固、实用、美观”的建筑方针被视为评判优秀建筑的标准，并被刻在建筑行业最高奖项普利策奖的奖章上③。

（2）形式产生功能

自18世纪德国哲学家Alexander Baumgarten正式倡导美学以来，西方古典美学开始向现代美学转变。最突出的表现是审美研究对象由“作者”转向“文本”，审美评价标准抛弃了“形式与内容统一”的教条，热衷于寻找“纯形式脱离内容”的规律。英国艺术评论家贝尔声称艺术的本质是一种“有意义的形式”。俄罗斯文学领域的形式主义者也高呼“艺术与主题无关，完全由艺术本身的形式结构决定”，并坚持“以科学的方法”来研究文本。一些当代前卫建筑师提出“形式追随文化”，而另一些则提出“形式追随小说”。

---

① 凌继尧. 美学十五讲（典藏版）[M]. 北京：北京大学出版社，2021.

② 维特鲁威. 建筑十书 [M]. 高履泰，译. 北京：知识产权出版社，2001.

③ 布鲁诺·塞维. 现代建筑语言 [M]. 席云平，王虹，译. 北京：中国建筑工业出版社，2005.

30.2.3 建筑功能与形式的完美结合

形式和功能之间的关系非常复杂。如果仅仅是这些思辨似乎缺乏辩证精神。事实上，一些经验丰富的建筑师在考虑其功能和布局时已经充分考虑了建筑的形状；反之亦然，当我们研究建筑物的形状时，大脑中已经存在大功能之间的关系，它们相互作用。因此，在设计过程中，不能只注重功能而忽视形式或只注重形式而忽视功能。

图 30-2 流水别墅
（佚名．与大自然的浪漫之约——“流水别墅”［J］．设计，2017（14）：94-95）

在现代建筑中，有许多功能和形式相结合的成功例子。例如，赖特设计的流水别墅，如图30-2所示，两层巨大的平台错开，平台之间插入了几堵高耸的石墙。整个建筑似乎是从地面上长出来的，但它更像是在地球上盘旋，这是非常强大和具有高度雕塑性的。溪水在平台下欢快地流出，建筑与岩石、溪流、树木自然地结合在一起。别墅的室内空间处理也被视为典范。室内空间自由延伸，相互穿插；内部和外部空间相互融合，变得自然。在这里，它的形式和功能是相互协调的，人和自然是自然形成的。它实现了形式美和功能美的完美统一，成为世界上最著名的现代建筑。

30.2.4 建筑的过度形式主义倾向

当今世界的建筑呈现出建筑史上从未有过的多元化、多样化的局面。随着人们审美意识的提高和信息革命的推进，建筑流派纷繁复杂，风格多样。当代建筑最突出的趋势是过分关注内部和外部因素。一些建筑作品开始弱化甚至放弃以功能和结构的合理性为基本原则，转而更注重在建筑词汇中追求抽象建筑语法之间的关系，或在建筑的结构和外观中追求一种自成一体的形式逻辑。正如沈祖彦所说：“建筑以造型为基础，强调视觉冲击。归根结底，它是一种纯粹的形式主义，雕塑家就是这样做的。”

以颇具争议的中国中央广播电视总台新总部大楼为例：为了追求夸张的建筑造型，大楼的设计师甚至敢于挑战传统的机械结构。整个建筑看起来像两个巨大的三维英文字母“Z”交织在一起，以及一个三维扭曲的英文字母“A”，如图30-3所示。该大楼以其独特的倾斜造型和鲜明的个性给人以强烈的视觉冲击力。这一设计展示了建筑师惊人的创造力和想象力，但由于结构体系违反了力学原理，它遭到了广泛而强烈的反对和质疑①。

① 钟翠莲．浅析建筑的形式和功能［J］．城市建设理论研究（电子版），2013（18）．

总而言之，未来工程设计师在设计工程时，应该更多地去探寻工程形式与功能之间的辩证关系，在实现其实用功能的前提下，应契合人们不断发展的审美需要和时代特征，同时结合本地的环境、气候、风土人情等条件，创造出更多体现时代特点和地域文化的新建筑。

图 30-3　中央电视台总部大楼
（潘盈希. 从海牙歌舞剧院到央视大楼——雷姆·库哈斯设计思想的演变［J］. 城市建筑，2020，17（24）：86-87，94）

30.3　未来工程特性

将未来工程特性归结为“柔性”，其英文表达为“Flexible”，也可以解释为“灵活”。它是一种相对刚性的物体特性，指物体在受到力后变形，失去力后无法恢复其原始形状的物理特性。本书中将其引申为：高智能、大集成、炫酷型、多变体、复利用、少维修、低耗能。简而言之，未来工程不像当下工程这般刚性、一成不变。尤其不能将“人性”“趣味”“沉淀”减少。

30.3.1　高智能

科技的提升意味着工程还拥有另一个更加有吸引力的发展方向——智能化设计。

在“漫威系列”电影中，马里布的钢铁侠别墅吸引了粉丝。事实上，除了超现实主义的外观，悬崖上建筑最迷人的部分是建筑的全方位智能设备——人工智能助理贾维斯。它的许多智能套装正在现代智能空间中逐渐实现。智能建筑是对建筑空间结构、系统和管理的内部关系进行优化和重组，从而建立一个更高效、更便捷的生活空间。它探测和调节环境的能力是实现可持续发展的一个重要因素。加热、通风和照明可由人工智能控制；能够根据数据分析人员的习惯，利用网络实现自动通信、办公和监控；借助摄像头监控，为人们提供安全可靠的人性化智能住宅，不仅提高了人们的生活效率，也增强了建筑的实用性，这将是未来工程发展具有的重要特性①。

30.3.2　大集成

集成一词，最早出自清朝蒋廷锡的《告竣恭进表》：“惟图书之钜册，为圣祖所集成。”集成是指孤立的事物或元素通过某种方式改变原有的分散状态集中在一起，并产生联系，进而构成一个有机整体的过程②。随着时代的发展，当今也指集成度很高的生产工艺、生产设

① 胡书灵. 基于虚拟影视构建的未来建筑设计探究［J］. 美术大观，2020（2）：106-107.

② 宗德新，冯帆，陈俊. 集成建筑探析［J］. 新建筑，2017（2）：4-8.

备及产品。例如手机、数码视听等便携电子产品广泛使用的就是高度集成的贴片工艺和集成电路芯片。一块CPU芯片，可以集成上千万个甚至上亿个半导体零件；我国的神舟飞船则集成了约20万个配套的系统。

改革开放以来，我国建筑产业取得了蓬勃的发展，但由于施工技术的限制和设计理念的影响，其空间设计结构往往只考虑了单一的使用功能，同时还存在资源消耗高、劳动生产率低、技术创新不强、建筑品质不高等问题；现在中国已经开始进入老龄化社会，传统劳动密集型的生产方式难以持续，亟需大力推动建造方式的重大变革。建筑工业化是解决上述问题的良好途径。建筑工业化是以现代化的制造、运输、安装和科学管理的大工业的生产方式，代替传统建筑业中分散的、低水平的、低效率的手工业生产方式，并采用现代科学技术的新成果提高劳动生产率，加快建设速度，降低工程成本，从而提高工程质量①。

集成建筑与传统建筑相比，主要有以下特点：设计集成化、生产工厂化、施工装配化、结构轻量化、空间集约化、装修一体化、管理信息化、整体绿色化等。同时，集成建筑相比于传统建筑具有极大降低碳排放量、降低PM2.5浓度的优势，体量大的集成建筑将成为未来工程发展的一个新亮点②。

传统建筑大多数是用于服务人们的生产、生活的，随着时代的发展，人们生活水平日益提高，对于建筑需求的功能也在不断增加。现代大型建筑不仅造型新颖、内部结构复杂，而且作为人、财、物流集中且具有特殊功能的公共场所，对安全、防护方面的要求都高于早期的建筑，同时，更需具备一些适应于这些特殊功能的系统和设备，如专业灯光、音响系统或者医疗信息化系统等。同时，其还具有在建筑集成的基础上，根据业务需求开发相应的应用软件，真正实现建筑"大集成"的目标。在未来建筑的发展路程上，运用大集成思维修建建（构）筑物或许是一股不可缺少的理念。由于工程系统的大集成，系统分级也呈现多级子系统等特点。

工程新需求中所指出的各类工程和工程物，都将实现大集成。

30.3.3 炫酷型

自20世纪初的近百年来，伴随着经济发展与科学进步、城市扩张与人口膨胀、能源危机和资源匮乏，高密度建筑铺天盖地而来。

"高楼群起"和"巨型综合体"是当代城市里高密度建筑最普遍和广泛的存在形式，这种存在形态正印证了柯布西耶在20世纪20年代提出的"光辉城市"的伟大构想——采用高层建筑在有限土地上创造尽可能多的空间。此单一的高密度建筑存在形态导致了一系列的城市问题，如图30-4所示。城市形态单一，丧失地域性和文化内涵，造成国际性泛滥；人居环境下降，缺乏自然生态和人文生态③。

---

① 刘东卫，薛磊. 建国六十年以来我国住宅工业化与技术发展［J］. 住宅产业，2009（11）：31-34.

② 王泽明，沈永全. 集成建筑——城市发展的新亮点［J］. 建筑技术开发，2016，43（1）：4-5.

③ 丁朔. 浅谈高密度建筑形态多样化［J］. 科技信息，2013（21）：315-316.

图 30-4　光辉城市

高密度建筑单一形态亟需改善，建筑形态多样化必然是未来走向，既不影响城市具体地段固有的高人口稠密度、高建筑容量和高效生活，同时又具有个体性、差异性、人性化、充满活力的特点。

30.3.4　多变体

多变指的是未来工程建筑空间组合变化，不再像传统建筑那样单一不变。

随着我国经济的快速发展，社会也在不断地向前发展，尤其是知识经济时代的到来，更是促进了各个行业的进步与发展。建筑行业也不例外，尤其随着人们需求的提高，对于建筑设计工作提出了更高的要求。做好建筑设计工作，能够使得建筑物呈现出自身的特点，不仅仅能够满足人们的居住以及工作需求，同时也能给人们带来美的感受①。空间设计的合理性、功能性、适用性等成为人们的基本要求，特别是商业建筑内部空间，人们的购物需求从目的式消费转变为体验式消费、一站式综合消费模式，促使商业建筑朝着业态国际化、规模集约化、形式多样化以及空间人性化的商业综合体模式转变。

建筑内部主要空间设计中，平面布置占据着核心地位，应统筹安排、科学规划、主次分明，确保商业建筑业态功能互补、商业价值均衡、平面布置科学。首先，主力店的选址直接影响着商业运营效果，如电影院的规模较大、空间较高，平面布置的时候，柱网跨度较大，因此，多位于商业建筑的顶层；再如，大型生活超市，需要大开间、大进深，功能要求相对独立，柱网布置规则、整齐，因此，平面布置的时候，一般是临近停车库或者是地下室，对地下空间进行合理应用，提高土地资源的利用效率。空间尺度主要包括建筑结构柱网、层高，这是建筑内部主要空间的基本要素。根据基本的业态功能使用要求，像宴会厅、电影院等主力店，竖向跨两层10.2m，空间净高8.6m，而IMAX观众厅，为得到良好的音响、视觉效

---

① 孙道利．关于建筑空间组合设计分析［J］．科学与财富，2019（23）：241.

果，一般需要跨三层，空间净高14m左右。同时，从内部空间形式方面来看，出现了很多非常规结构形式，如减柱、移柱、大悬挑等，因此可以适当提高层高，以实现空间的优化[①]。

30.3.5 复利用

作为未来工程形式，复利用的立足点是设计和制造/建造时，就充分考虑其可拆解性和可重复利用性以及少负面影响性，也就是在重复利用的循环思想下，开展工程活动。

随着我国经济持续高速发展，大规模的城市建设在全国各地如火如荼地进行着，大片的新建筑逐渐成为地球这片土地上的主角。改革开放以来，伴随着经济增长带来的经济效率本位风潮及地价的飙升，大多数近代建筑因其低效率和老朽化等原因面临着生存危机。近代建筑的特性决定了除少数被评定为文物保护单位的近代建筑外，大多数近代建筑必须依靠更灵活的保护机制实施保护与利用[②]。我国是一个发展中大国，资源的浪费和低效率利用的现象很普遍。如何对旧建筑进行合理有效的复利用对缓解资源紧张，以及建设节约型社会具有深远意义。

复利用有利于旧建筑主动式保存，在西方的一些书刊中，提到历史性旧建筑，过去多用保护、保存、修复等词，着眼于被动式的保护；而现在多用再循环、适应性使用、建筑再生等词，着眼于主动式的再利用，观念的转变与发展可见一斑。即使文物建筑最好的保护方式也是继续它的使用功能。只要仍在使用，建筑就会得到关心和维修，就会避免因闲置而加速毁坏。无论中外，保护得最好的、存留数目最多的建筑类型往往是仍在使用的宗教建筑，这也说明了这一点。

复利用有利于历史的延续和追溯。2005年10月，国际古迹遗址理事会第15届大会在西安召开，通过并发表了《西安宣言》。宣言将针对当前世界发展与遗产保护所面临的普遍问题，尤其是针对中国和亚太地区高速发展所带来的城镇和自然景观的变化，提出更合理可行的保护理念和解决措施，以保护人类共同的文化遗产。文化遗产的保护经历了由保护可供人们欣赏的艺术品到保护各种作为社会、文化发展的历史建筑与环境，进而保护与人们当前生活休戚相关的历史地区乃至整个地区的发展过程；保护内容由物质实体发展到非物质形态的城市传统文化，保护的领域越来越深广、复杂。遗产保护从先前的保护建筑单体和纪念物，转变到一般历史建筑、乡土建筑、工业建筑、城市肌理、人居环境，范围和内容更加广泛。

复利用的经济效益可观[③]。就经济效益而言，过去人们关注较多的是建造成本，很少关注社会成本。当在自然资源有限且不可再生的情况下，对于自然资源的有效利用而言，“复利用”无疑显出更大的效益。从建筑的生产和解体两个环节上看，成本主要体现在资源消耗、环境污染等方面。新建工程必然较“复利用”工程消耗更多的自然资源，同时生产新的建筑材料及解体旧建筑所产生的垃圾又会造成环境的污染。环境学科的发展，过去无法用货币衡量的环境指标逐渐量化，促成了人们思想观念的转变。另外，现在的一些房地产商也意识到了旧

---

① 陈欣欣．商业建筑内部空间设计分析［J］．中国房地产业，2019（2）：227.

② 杨一帆．中国近代的建筑保护与再利用［J］．建筑学报，2012（10）：83-87.

③ 张雁秋．建筑物的再利用在城市建设中的意义［J］．科技信息（科学·教研），2008（4）：104，113.

建筑的年代、个性和品质所具有的无法衡量的价值，这种价值是新建筑无法取代的。

土耳其诗人Nachom Shekme说："人的一生中有两样东西是永远不会忘记的，这就是母亲的面庞和城市的面貌。"中国经济发展迅速，许多人离家几年回到家乡，却已找不到回家的路。任何人都不想看到这样陌生的家乡[①]。复利用无疑是工程发展的必由之路。

30.3.6 少维修

维修作为一个过程，常常被定义为能产生一定效果、有逻辑关系的系列任务。随着维修实践的发展，对维修的认识已突破了传统的定义，其概念、内涵不断扩展。机械设备维修思想及策略等不断从事后维修（BM）发展到预防维修（PM）、预测维修（PDM），乃至改善维修（CM）和风险维修等，移植了并行工程等理论，深化了以可靠性为中心的维修理论。基于信息、网络等技术的发展，发达国家还提出适用于满足分散性和机动性越来越强的"精确保障""敏捷保障"等维修保障新理论。这些理论创新以维修技术进步为基础，有效地引导了维修技术的发展[②]。

当前我国正在走可持续发展道路，建设节约型社会。发展先进的维修技术除了能保障工程的正常运行之外，还能延长其使用寿命，充分利用工程的剩余价值，其产生的节资、节材、节能、环保的效益是不言而喻的，工程少维修将对现代化进程产生深远影响。

30.3.7 低耗能

目前，建筑耗能占到世界总耗能的39%，在世界总人口达80亿、不可再生资源能源日益紧缺的今天，降低建筑能耗已是迫在眉睫的任务。建筑节能是工程行业实现可持续发展战略的关键环节，同时也是工程技术进步的重要标志，工程行业作为耗能大户，在当前我国大力提倡节能减排的新形势下，其发展也必将实行区域低耗能化[③]。

结构形式充分与时空环境进行融合，运用太阳能、水能、电能、动能、风能等资源，以及建筑物都是环境的一部分，环境作用在建筑物上，达到最大程度的能量利用。低耗能绿色建筑最初在20世纪80年代由欧洲发达国家及美国、日本等国家提出，随后于20世纪90年代引入我国，并于2005年前后在我国迅速发展，诞生了超低能耗绿色建筑。但总体上看，因受经济发展水平、地域差异、技术水平、人员素养、观念理念等的影响，我国超低能耗绿色建筑在政策、标准、技术、推广等方面与发达国家仍有相当差距。目前，我国超低能耗绿色建筑正处于由技术学习向技术实际应用的发展阶段，厘清超低能耗绿色建筑的发展演化对我国建筑节能理念的继承、节能技术的普及、建筑的再生利用等方面有重要意义[④]。

---

① 朱瑞萱. 小城镇闲置古民居建筑的再利用研究［J］. 美与时代·城市，2016（1）：16–18.

② 马世宁，夏玉堂，冯海军. 未来维修技术发展的特点及趋势［J］. 工程机械与维修，2006（4）：143–144.

③ 韩震. 我国建筑节能现状及未来发展趋势分析［J］. 科技创新与应用，2020（13）：63–64.

④ 申喆. 超低能耗绿色建筑技术解析与发展趋势——评《超低能耗绿色建筑技术》［J］. 混凝土与水泥制品，2020（7）：96–97.

第 31 章

工程新模式

本章逻辑图

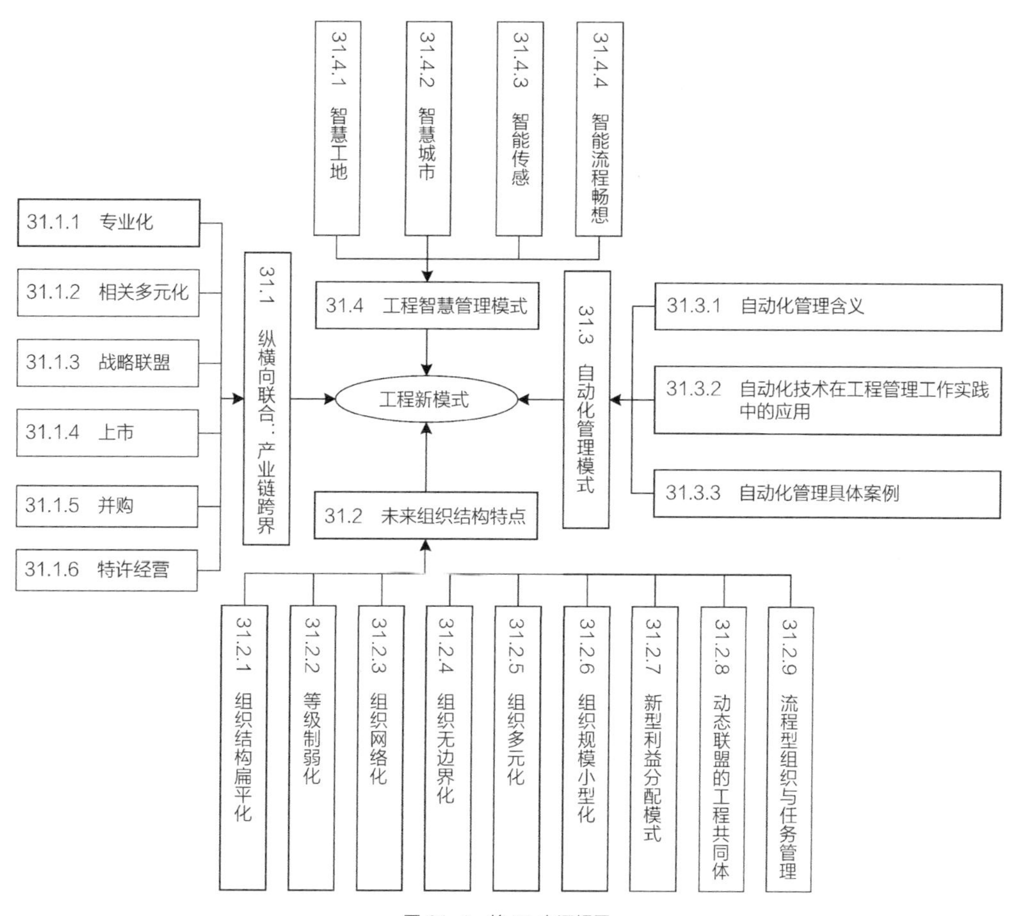

图 31-1 第 31 章逻辑图

工程组织模式与工程新形式创新相得益彰，互相促进。组织模式包含投资融资方式、工程治理组织架构及新技术融合等广泛含义的内容。工程行业管理不再像传统一样局限在单一领域、局部环节，开始跨环节、跨领域经营，纵横向联合，产业链跨界，翻天覆地的变化正在蓬勃开展。信息化、智能化、计算机化等新技术的不断出现，不断地在工程中得以应用，自动化管理、智慧管理等新模式不断涌现。

31.1 纵横向联合：产业链跨界

跨界，主要是指个人、组织或事件，在横向上是对于不同元素、学科、专业、组织、行业、领域、界别和文化的交叉、跨越、重组与合作，如跨界音乐是组合了不同形式和风格的音乐；在纵向上是对一系列的环节、阶段的超越和整合，或者是对自身所处境界的提升和超越，以及社会发展历史阶段上的转型或跨越等，如跨界设计是从产品概念设计到品牌包装策划等一条完整的设计产业链。所以，跨界是不同元素之间的相互联系、交叉、渗透、融合和再造，由此产生出一系列创新性成果，或者是事物的不断产生、发展及新事物产生过程中必然发生的跨越式现象[①]。

近几年我们深刻感受到中国产业和投资自身的、内在的剧烈板块运动，这种力量挤压着市场以往的形状，未来或是一番全新的版图，一个特别显著而有趣的跨界现象是：线上跨向线下，线下跨向线上。

随着互联网不断向各行各业渗透，不同行业的边界日渐模糊化，行业跨界融合发展成为新时代一大重要趋势和主要特点。在这一时代背景下，"互联网+""智能+""数字+"等成为工程行业跨界融合的主要特征，BIM技术集成、机器人制造等是工程行业跨界融合的有益尝试[②]。纵横向联合、产业链跨界也使得市场竞争白热化/专业化、相关多元化，战略联盟、上市，并购、特许经营等竞争模式不断涌现。

31.1.1 专业化

这里的专业化是指业务专业化，即集中所有资源和能力于核心业务，追求主营利润最大化。专业化的内容有：技术、服务的技术水平；技术、服务的技术独特性；产品、服务的市场认同度。专业化的优势有三个：差异化、快速反应、高效率。

面对成熟的国际市场和日益饱和的国内市场，要想获得市场订单或真正满足客户需求，没有一定的专业能力、专业水平是做不到的。我们要牢牢抓住第一类核心业务（即只有自己可以做，或者必须自己做，并且通过它们使公司区别于竞争对手的业务，如英特尔的芯片研发），加强核心业务领域的竞争力；认真管理好第二类业务活动（即必须公司自己做，别人无法替代，但难以和竞争对手拉开差距的业务，如美国西南航空的快捷服务），使其充分发挥对核心业务的支持作用，或直接转化为组织的竞争优势；对于第三类（即可以形成公司的竞争力，同时别人做比自己做更有优势的业务，如富士康组装苹果手机）、第四类（即专业公司更有优势，同时对公司核心业务及竞争优势无关痛痒的业务，如员工上下班的班车服务）活动则要积极主动地外包给合格的供应商，所不同的是对于第三类业务的外部供应商或服务商更应加强管理与协作。

---

① 奚洁人．跨界、跨界思维和跨界领导力——跨界领导力研究的时代意义和社会价值［J］．领导科学，2014（20）：17-20.

② 刘剑平．建筑行业跨界融合发展的模式及对策探究［J］．湖南科技学院学报，2019，40（10）：56-59.

31.1.2 相关多元化

相关多元化是指组织增加或生产与现有产品或服务相类似的产品或服务，而这些新增加的产品或服务能够利用组织在技术、产品线、销售渠道、客户资源等方面所具有的特殊知识和经验，这种战略一般适用于有一定规模和实力的专业化组织。

相关多元化其实体现了一种“不要把鸡蛋放在同一个篮子里”的思想。相关多元化有助于组织降低风险，根据投资组合理论，通过将不同生命周期、产业景气周期不尽同步的产品合理组合，避免单一产品市场波动、萎缩或者替代品出现带来的经营风险，在一定程度上可以实现风险互补，以抵御风险，从而使组织的总体盈利保持稳定；相关多元化有助于推动组织的资源共享并强化协同效应，通过技术、人力、知识和管理等资源共享的协同，形成一定的规模效益，使每个企业的成本都低于其单独运作时的成本，使组合中的组织比作为一个独立运作的组织有更高的盈利能力，表现出“1+1>2”的效果①。

31.1.3 战略联盟

战略联盟（Strategic Alliance）是一种长期的、组织之间的联合，它基于信任和对成员商业需求的相互尊重，服务于成员的共同利益。战略联盟可形成于同级组织之间（横向联盟），例如不同承包商之间；也可以形成于上下游不同的组织间（纵向联盟），例如业主和承包商之间。

任何一个组织都不可能将所有的业务都做到最上流，想要获得更多的竞争优势，就需要和其他组织合作，结成战略联盟。建筑施工企业可以根据自身的不同情况，选择组建不同类型的战略联盟，如咨询企业、设计企业、施工企业、建材企业、劳务企业、金融企业等都可以形成战略联盟，通过战略联盟，组织间可以长期分享资源、技术、项目机会和利润，达到优势互补。总的来讲，战略联盟可以使组织间优势互补，提高竞争力；实现风险分担，降低经营成本；通过合作博弈实现协同效应，使整体收益最大化②。通过结成战略联盟的举措，可以帮助市场进入者降低投资风险、分享技术、提高效率、增强全球流动性并增强全球竞争力③。

31.1.4 上市

上市是一个证券市场的术语，即首次公开募股（Initial Public Offerings，简称“IPO”），指企业通过证券交易所首次公开向投资者增发股票，以期募集用于企业发展资金的过程。公司上市虽然有一定的弊端，但其优点也是不言而喻的。

---

① 王莹，王晶．新常态下企业多元化经营战略探析［J］．建筑工程技术与设计，2016（23）：2739-2740.

② 李擘．建筑企业战略联盟管理研究［D］．北京：北京交通大学，2015.

③ 周建亮，吴跃星，孙鹏璐，等．国际工程承包公司的成长模式探析［J］．国际经济合作，2014（3）：12-17.

（1）改善财政状况

一方面，通过股票上市得到的资金是不必在一定限期内偿还的，另一方面，这些资金能够立即改善公司的资本结构，使得公司可以借利息较低的贷款。此外，如果新股上市获得较大的成功，则以后在市场上的走势也将非常强，那么公司就有可能更上一层楼，今后能以更好的价格增发股票。

（2）利用股票来收购其他公司

①上市公司通常通过股票的形式来购买其他公司。如果买方公司在股市上公开交易且势头较好，那么其他公司的股东在出售股份时会乐意接受股票代替现金的形式进行交易。股票市场上频繁的买进卖出为交易提供了灵活性。需要时，股东可以很容易地卖出股票，或用股票作抵押来借贷。

②股票市场也会为估计股份价格提供便利。如果你的公司是非上市公司，那么你必须自己估价，并且希望买方同意你的估算；如果他们不同意，你就必须讨价还价来确定一个双方都能接受的“公平”价钱，这样的价钱很有可能低于公司的实际价值。然而，如果股票公开交易，公司的价值则由股票的市场价格来决定。

（3）利用股票激励员工

公司常常会通过认股权或股本性质的得利来吸引高质量的员工。这些安排往往会使员工对企业有一种主人翁的责任感，因为他们能够从公司的发展中得利。上市公司股票对于员工有更大的吸引力，因为股票市场能够独立地确定股票价格从而保证了员工利益的兑现。

（4）提高公司声望

①公开上市可以提高公司在社会上的知名度。通过新闻发布会和其他公众渠道以及公司股票在股票市场上的每日表现，商业界、投资者、新闻界甚至一般大众都会注意到。

②投资者会根据收集到的好坏两方面的消息作出决定。如果一个上市公司经营完善，充满希望，那么这个公司就会有第一流的声誉，这会给公司带来各种各样不可估量的好处。如果一个公司的商标和产品名声在外，不仅仅投资者能够注意到，消费者和其他企业也会乐意和这样的公司做生意。

31.1.5 并购

并购指的是两家或者更多的独立企业，合并组成一家企业，通常由一家占优势的公司吸收一家或者多家公司，是兼并和收购的统称。

并购有横向并购、纵向并购、混合并购三种。横向并购的并购各方来自同一行业，目的是产业融合和提高市场能力；纵向并购的并购各方来自供应链的上下游，一方是另一方的供应方或者客户方；混合并购中并购各方的经济活动基本上不相关，但是通过并购可以形成财务协同效应并分散风险，混合并购可以降低公司对变动很大的收入来源的依赖性。并购有助于扩大生产经营规模，降低成本费用；提高市场份额，提升行业战略地位；取得足够廉价的生产原料和劳动力，增强企业的竞争力；实施品牌经营战略，提高企业的知名度，以获取超额利润；为实现公司发展的战略，通过并购取得先进的生产技术、管理经验、经营网络、专业人才等各类资源；通过收购跨入新的行业，实施多元化战略，分散投资风险。

31.1.6 特许经营

特许经营是指授权人将其商号、商标、服务标志、商业秘密等在一定条件下许可给经营者，允许其在一定范围内从事与授权人相同的经营业务。在不同的行业都有着特许经营的现象，如银行业特许经营权、保险业特许经营权、对外贸易特许经营权、建筑业特许经营权、医疗器械特许经营权等。

建筑业的特许经营权通过竞争招标授予，它可以应用于新设施的建设，也可以应用于已有设施的更新、升级和扩建等。特许经营权的合同期限一般长达几十年，在此期间私人部门负责投资、建设、经营和维护公共设施，但整个过程中，包括已有设施和私人部门新建设施在内的全部资产归公共部门拥有。

国家发展改革委发布的《传统基础设施领域实施政府和社会资本合作项目工作导则》将PPP模式分为特许经营和政府购买服务两大类；《国家发展改革委关于开展政府和社会资本合作的指导意见》（发改投资〔2014〕2724号）中也提及，PPP模式是指政府为增强公共产品和服务供给能力、提高供给效率，通过特许经营、购买服务、股权合作等方式，与社会资本建立利益共享、风险分担及长期合作关系。特许者和被特许者在特许经营内都能有所收获，特许者可以获取以下优势：①降低经营成本，提高经营管理水平；②在资金有限的情况下迅速扩张规模；③对经营更加关心，有利于整体事业的发展的积极作用。被特许者则可以获得相对的优势：①可以直接使用著名的商标或服务，节省创建企业和品牌的成本；②可以得到特许者的经营指导，提高创业成功的概率；③可以获得特许总部的经销区保护和更广泛的信息来源。

31.2 未来组织结构特点

未来组织结构是完成未来工程新模式的承载体，必然呈现出新的样貌和功能。

组织结构是指一个组织内各构成要素以及它们之间的相互关系，是支撑组织的框架体系。组织结构体系主要包括四部分内容：

①职能结构，即完成组织目标所需的各项业务工作关系。

②层次结构，即各管理层次的构成，又称组织的纵向结构。

③部门结构，即各管理部门的构成，又称组织的横向结构。

④职权结构，即各层次、各部门在权力和责任方面的分工及相互关系。

组织的基本结构形式有U形组织结构（直线制结构、职能制结构、直线—职能制结构）、H形组织结构、M形组织结构、矩阵型组织、网络型组织结构等。

传统的组织结构大多自上而下地统一划分管理层次和管理幅度，是等级分明的金字塔式的内部结构。但是随着知识经济、信息技术的深入发展和全球化趋势的加剧，使得传统组织面临巨大的挑战。现代社会的发展要求组织结构应多样化，从集权走向分权，以确保组织正常有效地运行。因此，未来组织的形态将以网络组织开放的、复杂的、多维度的形态为主。

31.2.1 组织结构扁平化

扁平化概念的核心意义是：去除冗余、厚重和繁杂的装饰效果。组织扁平化管理是指通过减少管理层次、压缩职能部门和机构、裁减人员，使企业决策层和操作层之间的中间管理层级尽可能减少，以便使企业快速地将决策权延至企业生产、营销的最前线，为提高企业效率而建立富有弹性的新型管理模式。其摒弃了传统金字塔状企业管理模式的诸多难以解决的问题和矛盾。

组织结构扁平化的一个重要手段在于尽量减少组织结构的中间层次，使指令下达、信息传递的速度加快，从而保证决策与管理的有效执行，使组织变得更灵活、敏捷，提高组织效率和效能。信息技术的迅猛发展使社会各层面的活动显著增加，知识流大大加速。时间的压力要求组织作出快速反应和决策以保持组织的竞争力。

传统的等级制严重地阻碍了这种反应和决策，而网络组织通过计算机技术及互联网技术的应用，使组织内外信息的传递更方便、快捷，从而减少了传统组织的一些中间环节，管理层次的减少有助于节省管理成本，加快组织对市场和竞争动态变化的反应，使组织能变得柔性化，反应更加灵敏，更好地为顾客服务。同时，组织结构的扁平化，为组织成员的工作提供了最大限度的空间，激励了士气并提高了效率。

31.2.2 等级制弱化

传统组织的一个基本特征就是官僚层级制度，具体表现为一种等级分明的组织结构形式。在未来社会中，网络技术的发展将迫使组织在互联网上生存和发展。而网络的优点在于信息共享和数据通信，组织利用其内部网络，把组织内各部门所有信息连接起来，这就使组织成员可以充分获得组织内的任何信息。内部网络的运用打破了公司内部信息和行政壁垒，使组织成员在平等的基础上进行对话和交流。网络组织不能完全取代传统组织中的等级制度，但会在一定程度上弱化这种等级制。

31.2.3 组织网络化

市场的竞争日趋激烈，越来越多的公司认识到，庞大的规模和臃肿的结构越来越不利于竞争。因此，这些企业对组织结构进行整合，组建了网络化组织。组织网络化的重要特征是在网络化的基础上形成了强大的虚拟功能，网络化组织的中心是利用关键人物组成小规模内核，他们为组织提供持久的核心能力。通过互联网的开发，将企业所面临的众多分散的信息资源加以整合利用，通过一个界面观察很多不同的系统，从而实现迅速而准确的决策。

31.2.4 组织无边界化

组织的边界更多的不是表现为一种有形的障碍，其界限越来越趋向于无形。企业再也不会用许多界限将人员、任务、工艺及地点分开，而是将精力集中于如何影响这些界限，以尽快地将信息、人才、奖励及行动落实到最需要的地方。“无边界化”并不是说企业就不需要边界，而是不需要僵硬的边界，是使企业具有可渗透性和灵活性的边界，以柔性组织结构模式代替刚性模式。传统组织具有纪律严明、队伍精干、重点突出、控制有效等优点，但通常缺乏自主创新意识，难以适应当今环境。而在知识经济时代，由于科技的飞速发展，产品寿命相应缩短，组织必须对这种快速变化作出反应。因此，柔性化已成必然结果。柔性组织能够灵活地根据外部环境的变化，适时对组织结构、人员配置作出调整。

31.2.5 组织多元化

企业不再局限于一种合适的组织结构，企业内部不同部门、不同地域的组织结构可以不是统一的模式，而是根据具体环境及组织目标来构建不同的组织结构，组织多元化程度不断提高。目标决定战略，而战略决定结构。管理者要学会利用每一种组织工具，并且有能力根据某项任务的业绩要求，选择合适的组织工具，使组织从一种组织结构转向另一种组织结构。

31.2.6 组织规模小型化

小型化意味着组织的精良化发展趋势，是去掉一切多余无用的东西，凡是不能为组织增加利益的部分就去掉，只留下最精干的部分。由于计算机等设备的运用，使中层监督和控制部门的工作重要性降低，从而使组织管理的层次和机构明显减少，而组织管理层次减少造成的管理幅度增大的困难可以用网络解决。再加之组织成员不再是专门化和专业化的单一人才，而是具有综合知识和综合能力的人，所以组织的人员规模也就不会很大。由于网络的使用，每个人所控制的领域都比传统的组织大，这样必然导致组织规模的小型化。

小型化组织的出现，有利于组织在面对激烈竞争的知识经济时代，发挥小型化组织“船小好掉头”的灵活快捷的优势。

31.2.7 新型利益分配模式

模拟股份制、合伙人制都是建设工程行业探索新型利益分配的模式，试图从雇佣制、分包制、联营制改进到利润分享、分配的新模式，因为行业的高门槛、管理难度和潜在高风险，试验阻力重重，十多年来，真正得以推广应用的程度远远达不到一定的规模，相比高新技术企业、商贸企业更是坐地望山，远之不及。

然而，不能够从利益分享的视角进行组织变革，恐怕无法从根源彻底激发新环境下的积极性、创造性。共创、共享、共管，已然成为趋势，工程行业也不例外。

31.2.8 动态联盟的工程共同体

上述讨论局限于企业组织的内部管控，在企业组织之间，未来各个企业为了适应新技术、快变化环境，将以动态联盟体方式，以获得“生态链”中的“链接”能力，以理念、利益、关系、合作经历、业务互补、情感依赖及美好体验为纽带，结成联盟，应对竞争，获取良好的生存资源，促进发展。

31.2.9 流程型组织与任务管理

关于未来的管理模式，有人甚至提出“只有任务，没有岗位”（尹贻林），这是彻底的流程型组织的直接表达。完成任务，实现目标，达成企业使命。而任务的有序组合，有序组合任务的进程，构成了流程，以流程思想进行企业工程行为的“组织”，便是流程型组织的基本思想。互联网、移动办公、虚拟仿真、协同设计等技术手段，对于实体的办公设置，机器人智能自动化等对于现场的操控，已经初露新型任务管理端倪。

31.3 自动化管理模式

追求管理的自动化，是一个应当比追求工艺、生产自动化更为迫切的任务。限于当前管理热情被技术热潮隐没，需要特别唤醒对管理认知的重拾和提升，并研究和推动管理自动化的积极发展。以技术解决管理问题，以管理牵引全面进步，以管理促进技术完善，形成新型自动循环。

31.3.1 自动化管理含义

自动化管理是指由人与计算机、互联网等技术与设备和管理控制对象组成的人机系统，核心是管理信息系统。自动化管理采用多台计算机和智能终端构成计算机局部网络，运用系统工程的方法，实现最优控制与最优管理的目标。大量信息的快速处理和重复性的脑力劳动由计算机来完成，处理结果的分析、判断、决策等由人来完成，形成人、机结合的科学管理系统。云计算的新近发展，算据、算力、算法的提升为自动化管理提供了更大的想象空间。

31.3.2 自动化技术在工程管理工作实践中的应用

（1）自动化专业技术在交通运输设备中的应用

在航道管理工作中应用成熟的自动化设备，可以应用网络技术建立数据库，通过神经网络深度学习相关的知识，完善工程管理机制，同时有效补充各种预案。航道管理中应用自动化专业技术，可以大大降低企业的生产成本，使相关工作得到有效的控制。利用自动化专业技术建立运输设备的远程监控模式，发挥远程控制操作的作用。装置安全稳定，一旦出现故障，能及时发现，并及时采取措施解决。

例如，利用互联网技术促进内河船舶安全高效通行已经受到了广泛关注。新的“一站式闸穿越”系统推出，江苏省泰州河引水项目管理工作全面展开，其中网络技术发挥着重要的作用，台州导流通道是第一个在该省打开在线闸穿越的工程。船舶的通行采用了“一站式”锁系统，通过电子收费系统进行收费，类似于公路收费系统，基于微信公众平台提供全自动功能，利用AIS、网银的手机微信付款，也可以使用电子发票和其他数字信息技术，真正意义地实现自动化缴费。自2012年12月台州港闸开通以来，江苏省内河船舶便捷过闸等取得了明显的社会效益。

（2）自动化技术在企业生产管理中的应用

将自动化技术运用于企业生产管理，可降低人工成本，之前需要统计人员手动操作MES系统和ERP系统完成生产提报数据的获取，并手工填报完成统计工作，现在只需调用RPA（机器人流程自动化）机器人完成整个业务的操作流程，RPA的核心原理是以机器人作为虚拟劳动力，通过预先设定的执行程序来处理大量重复性、标准化的业务流程。RPA 机器人仅需要5min便可完成人工操作的1h工作量，并可以通过程序调用实现7×24h的不间断工作，实现生产数据的高效利用，极大地提高了业务的响应速度，避免了人工统计造成的响应速度慢和人为错误，大大提升了统计人员的工作效率和质量，以RPA机器人代替人工，节省了人力成本，降低了企业管理的运营成本①。

（3）自动化技术在电力电子设备中的应用

该技术的应用，可避免因停电造成设备运行中断，避免因线路故障和接地故障导致电机设备温度超过规定标准。当发现问题时，可以切断电路，避免严重后果。在具体应用中，对接地设备进行保护，确保系统处于安全稳定运行状态，避免产生故障电流，使电力、电子设备处于安全稳定运行状态。计算机系统在电力设备控制中的应用，主要是发挥计算机后台监控的作用，保证电机设备的安全稳定运行，从自动化发展到智能化。

（4）自动化技术在工业中的应用

德国已开启“工业4.0”，我国也提出了“中国制造2025”正迎头追赶。信息技术的深入发展为工业自动化仪表与控制技术的发展搭建了更高的平台。我国是全世界唯一工业种类齐全的国家，工业自动化仪表与自动化控制技术参差不齐，信息技术与工业自动化相结合作为新技术，需要不断经过磨合探索。工业自动化在工业生产活动中完成智能化检测、展示、控制、执行等多种功能。以工业仪表为例，工业自动化仪表种类众多，根据不同的划分标准可以分为不同类型。例如：根据测量参数类型可以分为温度仪表、测量压力表、测量物位移表及测量流量仪表等；根据功能还可以划分为检测类仪表、调节类仪表、计算类仪表等。在工业生产活动中根据仪表的功能进行合理设置安排，能实现无人化操作、自主检测、自主管控等自动化设置。

在各个行业中，自动化技术已经广泛应用。在工程管理中应用自动化技术对促进工业的快速发展起到了主导作用。自动化技术的不断进步为工程管理工作创造了良好的条件。

---

① 赵静，周超，朱炜，等. RPA技术在企业信息化管理中的应用［J］. 中国新通信，2022，24（2）：81-82.

31.3.3 自动化管理具体案例

科学技术不断创新，在一定程度上推动了自动化的发展，其已经成为高新技术产业的重要组成部分，广泛应用于工业、物流等领域，在国民经济中发挥着越来越重要的作用。下面列举几个关于自动化的具体案例，一起感受自动化管理的魅力。

（1）上海通用金桥工厂：386台机器人

图31-2展示的是上海通用金桥工厂自动化生产车间。这里号称是中国最先进的制造业工厂、中国智造的典范。即使从全球来看，这个水平的工厂也不超过5家。偌大的车间内，真正领工资的工人只有10多位。他们管理着386台机器人，每天与机器人合作生产80台凯迪拉克汽车。在每一台机器人的“手”中，繁重的焊接工作如同舞蹈，充满了力量和机械的美感。

图 31-2 上海通用金桥工厂自动化生产车间

（2）京东“亚洲一号”无人仓

2018年6月，京东已经有27个不同层级的无人仓投用，使京东的日订单处理能力同比增幅达1415%。同年的“双十一”期间，由于发货量的急剧增加，京东将无人仓投入数量增加到50个，分布在北京、上海、武汉、深圳、广州等全国多地，而上海“亚洲一号”已经成为京东物流在华东区业务发展的中流砥柱（图31-3）。无论是订单处理能力，还是自动化设备的综合匹配能力，“亚洲一号”无人仓都处于行业领先水平。

图 31-3 京东“亚洲一号”无人仓

（3）德国颠覆性发明：Celluveyor

德国作为“工业4.0”的发起者和开拓者，BIBA这种顶尖的工业技术研究所自然要承担重任，因此开发出了适用于工业4.0时代的物流技术和系统Celluveyor。它由一个个六边形的“细胞模块”组成，每个模块都包含了三个万向轮，而每个轮子又可以独立活动。颠覆了沿用200多年的传送带，取而代之的是图31-4中这个新奇的家伙——Celluveyor，它是实现“精准运输”的好利器，利用输入的数据改变各轮毂速度的线性组合，控制运动系统中心合速度的大小和方向，可以循规蹈矩地统一直行，也可以按部就班地错位前进，更复杂一点，兵分多路、各奔东西，使货物可以在传送平台上360°全方位自由移动。

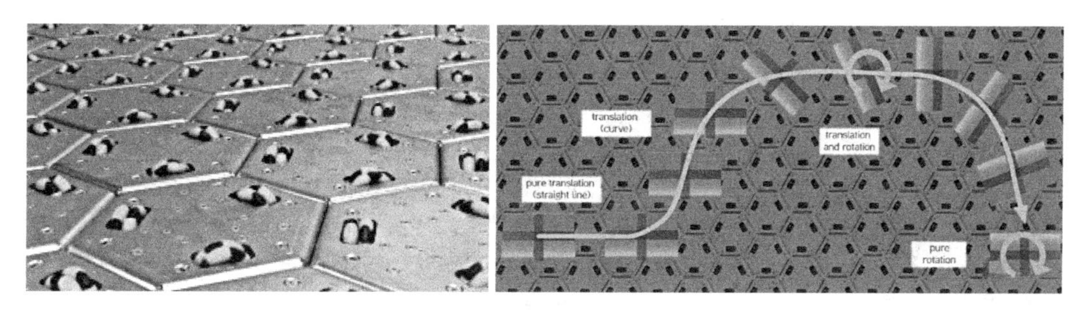

图31-4　智能输送 Celluveyor

31.4　工程智慧管理模式

智慧管理是人工智能与管理科学、知识工程与系统工程、计算技术与通信技术、软件工程与信息工程等多学科、多技术相互结合、相互渗透而产生的一门新技术、新学科。它研究如何提高计算机管理系统的智能水平，以及智能管理系统的设计理论、方法与实现技术。智慧管理是现代管理科学技术发展的新动向。智慧管理系统是在管理信息系统（Management Information System，简称“MIS”）、办公自动化系统（Office Automation System，简称“OAS”）、决策支持系统（Decision Support System，简称“DSS”）的功能集成和技术集成的基础上，应用人工智能专家系统、知识工程、模式识别、人工神经网络等方法和技术，进行智能化、集成化、协调化设计并实现的新一代计算机管理系统。本节以智慧建造中的智慧工地、智慧城市为例对其关键技术、关键要素等进行分析，并以高德红外公司的智能传感全自动红外热成像测温为例进行论证。

31.4.1　智慧工地

随着智慧城市的提出及实施，智慧化管理已经悄然走进人们的生产、生活中。在建筑业中，有许多信息技术与智能技术应用于工程建设的管理工程中，在建筑工地管控难度不断增大、劳动力紧缺以及国家政策要求建筑业信息化、智能化水平不断提升的背景下，智慧工地理念应运而生。

目前，针对建筑业生产效率较低、管理形式粗放等问题，不少专业人士都将“智慧工地”作为一种系统化的创新解决方案加以研究和探索。《2016—2020年建筑业信息化发展纲要》中提出，“十三五”时期，全面提高建筑业信息化水平，着力增强BIM、大数据、智能化、移动通信、云计算、物联网等信息技术集成应用能力。2020年7月3日，住房和城乡建设部联合国家发展和改革委员会、科学技术部、工业和信息化部、人力资源和社会保障部、交通运输部、水利部等十三个部门联合印发的《关于推动智能建造与建筑工业化协同发展的指导意见》提出，大力推进先进制造设备、智能设备及智慧工地相关装备的研发、制造和推广应用，提升各类施工机具的性能和效率，提高机械化施工程度。

所谓“智慧工地”，就是利用先进的科技手段，对工地中的软件与硬件应用进行集成管理，转变传统的管理工作内容，为项目的各参与方提供全新的信息交互方式，实现工地管理的信息化、智能化和可视化，从而彻底改变工地的管理模式。智慧工地的建设依托于物联网、互联网、移动网络、BIM、云计算、大数据、人工智能等技术，让工地现场具备“感知”功能，及时准确地进行数据采集，智能地对数据进行分析并进行预测，辅助管理者进行决策，让工地管理变得“智慧化”。智慧工地的建设可为建筑业的全参与方提供完整的工地管理方案，使工地办公业务流程在线化，通过对工地各类信息数据的收集整理，形成施工企业的信息资源财富，智慧工地的建设将达到提升工地管理效率、实现绿色施工、提高工地安全与环保管理、保证工程质量等各项目标的目的①。

一些专注于建筑信息化的软件厂商也以计算机软件为平台，大力推进以工程管理信息化为核心的智慧工地系统。在多方共同努力下，智慧工地已初现雏形，并逐渐被业界所接纳②。

（1）智慧工地建设的关键技术

“智慧工地”即综合利用“大、智、云、移、物、区、元”等信息化技术来解决建设过程中的管理问题。工程项目管理过程常分为事前策划、过程实时控制和事后归纳总结三方面。在事前策划方面，以BIM技术为主导，对设计、建造等方案进行智慧预测、模拟、分析，以达到优化设计与方案、节约工期、减少浪费、降低造价的目的。在过程控制方面，通过传感器、射频识别RFID、二维码、植入芯片等物联网技术和移动APP，实现实时采集数据、实时获取信息和现场全面感知、实时预警反馈及自动控制。同时，通过移动互联网或云平台实现数据信息安全传送、实时交互与共享。在归纳总结方面，通过数据集成和大数据分析技术，进行数据信息关联性分析，反馈、归纳和总结改善，并进行相应知识积累。

1）大数据技术

大数据，即巨量数据结合，麦肯锡全球研究所给出的定义是：一种规模大到在获取、存储、管理、分析方面大大超出了传统数据库软件工具能力范围的数据集合，具有海量的数据规模、快速的数据流转、多样的数据类型和价值密度低四大特征。提高对数据的“加工能力”，通过“加工”实现数据的“增值”是大数据技术的意义。

① 鹿焕然．建筑工程智慧工地构建研究［D］．北京：北京交通大学，2019.

② 韩豫，孙昊，李宇宏，等．智慧工地系统架构与实现［J］．科技进步与对策，2018，35（24）：107-111.

2）智能化技术

智能化技术主要包括计算机技术、精密传感技术、自动控制技术、GPS定位技术、无线网络传输技术等。其在工程建设中综合应用于工艺工法和机械设备等各施工技术与生产工具中，涉及的相关技术有智能化测量技术、自动全站仪、GPS测量仪、智慧测量技术、智能化机械设备等，相关技术的应用大大提高了工程建设的自动化程度和智能化水平。

3）云计算技术

云计算是网络计算、分布式计算、并行计算、效用计算、网络存储、虚拟化和负载均衡等计算机技术与网络技术发展融合的产物。它主要有三个特征：①把计算能力遍布到终端用户，通过网络把计算实体整合成一个具有强大计算能力的系统；②依赖互联网，建立于互联网的相关服务、使用和交付；③标志着计算能力作为商品在互联网的正式流通，是交付和使用模式的服务。

4）移动互联技术

移动互联是一种依靠智能移动终端，采用移动无线方式获取业务和服务的新型技术，其包含终端（手机、平板电脑等）、软件（操作系统、中间件、数据库等）和应用层（应用、服务）三个层面。移动应用对建造施工现场管理有巨大的应用价值，能有效帮助现场一线管理人员整合利用碎片化时间。目前，移动APP在实现现场沟通协同、质量安全巡检、材料验收等实时管理方面的应用颇有成效。同时，手机上的应用可集成BIM技术、物联网技术、云计算等数据应用，实现移动监控、跟踪、检查、图档协同等高效管理。

5）物联网技术

物联网是通过在工地现场装备种RFID、红外感应、GPS全球定位等信息传感设备，把工程建设相关的人员和物品连接起来，进行通信与信息交换，实现智能识别、定位跟踪、监控等管理，对工地现场进行全方位的实时感知。物联网具备三大特征：全面感知，随时随地获取现场人员、机械、材料信息；实时的数据获取、交互、共享；智能处理信息，智能控制。

6）BIM（建筑信息模型）技术

BIM技术已经被广泛应用到工程建设管理中。BIM技术以三维为载体集成各种建筑信息，形成数字化的建筑信息模型，然后围绕模型实现碰撞检测、施工模拟、算量分析等数字化应用。利用BIM技术，能在计算机中实现设计协同，虚拟化建造、运维，探讨最优化方案，指导实际作业，极大地提高设计质量，减少设计方案变更带来的浪费。

（2）智慧工地的应用框架

智慧工地建设所构筑的应用框架如图31-5所示，主要由技术层、应用层、数据层和智慧层组成，应用层基于技术层催生，应用层产生数据并通过数据层实现数据管理，智慧层通过数据层的衍生实现决策的智能分析。

技术层包含感知与传输，其运用信息捕捉技术，如RFID、GPS、红外感应、图像、移动终端等技术为建筑实体、管理过程和施工现场捕捉信息，并通过局域网、互联网、物联网、通信网等实现信息的高效传递与归集。应用层聚焦施工生产一线具体工作，通过不同专业的应用软件、系统以解决不同业务问题，如解决质量问题、安全问题的安全巡检系统，实现进

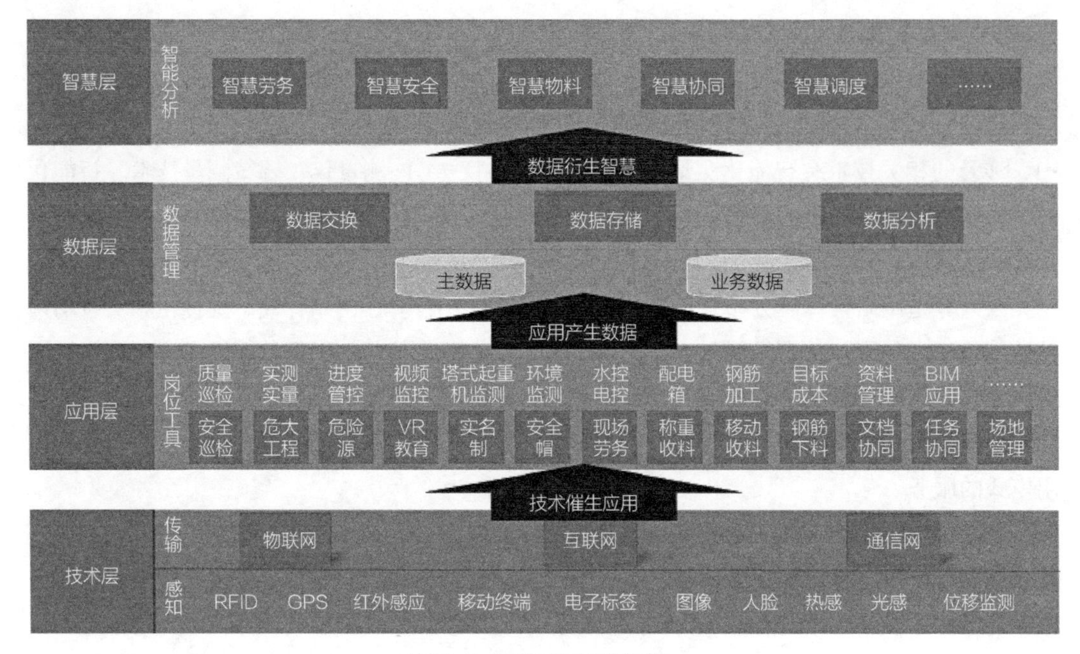

图 31-5　智慧工地建设构筑框架

度管理的进度管控系统，进行塔式起重机作业监控的检测系统等。应用层追求数据的真实性、准确性、实时性和有效性。数据层的功能是数据管理，包括数据的交换、数据的存储和数据的分析。智慧层通过数据挖掘技术，挖掘不同业务之间的关联，实现智能分析和预测，并通过各种可视化方式展示，辅助项目管理者决策或实现事前控制①。

31.4.2　智慧城市

国内外学者对智慧城市的概念内涵进行了广泛探讨，由于智慧城市的深化发展，人们对智慧城市的认识也越发清晰，由单纯注重技术层面拓展到了城市的全面可持续发展。

以IBM公司提出的智慧城市方案为典型代表，很多学者较为重视智慧城市的技术内涵。最早提出智慧城市建设方案的IBM公司指出，智慧城市是运用信息技术来改造城市的核心系统，优化有限资源利用的城市，即通过创造一个互联、互通、智能化的城市系统，政策制定者和市民从大量数据中洞悉城市活动及其新趋势，从而作出更加明智的决策②。

随着物联网、大数据、人工智能等计算机技术的迅猛发展，城市管理与社会服务水平也更趋于智能化、精细化、科学化，智慧城市成为未来城市发展的方向和必然趋势。拥有一个健全与完善的智慧管控平台，对我国城市健康发展具有非常重要的作用和意义，以一体化、一站式、网络化立体化平台为例，阐述智慧管控平台对智慧城市起到支撑作用，以及实现智慧城市管理后的便捷之处。

---

① 丘涛．智慧工地建设的数据信息协同管理研究［D］．广州：华南理工大学，2019.

② 张小娟．智慧城市系统的要素、结构及模型研究［D］．广州：华南理工大学，2015.

（1）一体化平台

智慧城市管理体现的是“为民”宗旨，其目的在于社会资源的优化整合以及城市服务的优质高效。新型城市智慧管理平台的构建，应当从打造一体化服务体系入手，实现医疗、教育、饮食、交通以及消费和行政服务等一体化，在此基础上打造高标准的服务平台。以城市信息模型为基础，将其作为打造城市智慧管理平台的重要举措，实现现代信息技术与城市服务、建设之间的协同发展。以便捷化的生活方式为重点，发展高端化智慧经济，实现城市管理智慧化。基于CIM技术的应用，以网络安全作为支点，积极构建智慧城市发展体系框架，构建以智敏化以及融合化为新特征的新型智慧城市。例如，智慧城市管理平台建设过程中，可以将城市公共管理、社保服务、小额支付以及公用事业服务和身份识别等功能集中在居民市民卡中，通过多功能卡片的使用，来提高城市建设和服务的智能化水平。通过在手机端安装APP软件，居民可利用市民卡享受医保、公共交通以及电子钱包等高效服务。

（2）一站式平台

智慧城市一站式平台是惠民政策的突出体现，同时也是智慧城市建设的重要举措之一，是对信息化以及网络化的升级改造，有利于传统办理模式的全面升级。城市审批服务中心应当进一步优化审批流程，进一步扩展服务平台功能，将更多高效便民的服务纳入管理平台之中，从而构建全方位、一站式服务平台。市政服务管理部门应当立足于本职，在多项服务功能优化的基础上实现层次再升级，完善和健全网络管理系统，使居民足不出户就可办理相关事务。例如，在服务内容扩展的基础上，优化整合部门服务资源，将缴费、办卡以及安全和保障等社会公共服务纳入体系之中，从而打造联合管理体系，为居民提供一站式服务。

（3）网络化立体化平台

网络化以及立体化城市智慧管理平台的构建，以城市建设为基础，着力于城市精细化服务和管理。城市智慧管理将智慧城建作为发展目标，对海量的信息数据进行收集以及优化整合，积极构建大型的计算服务器，从而为网络化平台的运行提供数据保障。在城市智慧管理平台下进行统筹发展，帮助广大居民享受优质的网上服务，以此来全面提高办事效率。城市基础设施的建设是智慧城市管理平台建设的基础，首先需要建设立体化多层次的管理平台，例如智慧家居、学校以及医疗等，并且将原本较为复杂的工作流程进行简化。这种立体化以及网络化的智慧管理平台建设，囊括了居民在日常生活以及工作和学习过程中的各种潜在需求。在智慧城市管理平台和体系下，广大居民可以利用智能手机以及多媒体互动触屏等，点击城市智慧软件，从而实时获取相关信息资料。例如，去医院就诊，可在家直接预约挂号，省去了排队环节；再如，通过智慧交通APP，即可自助处理违章事宜，也可以及时缴纳罚款等。整体而言，城市信息管理模型的构建为其提供了基础和保障。基于CIM技术做好信息数据的收集以及分析工作，实现资源最优配置，从根本上打破以往信息传播闭塞或信息孤岛效应的藩篱，使智慧管理拓展到所需的每个角落，实现服务的针对性以及精细化。通过城市信息管理模型和相关技术的创新应用，可以将窗口、热线以及网络和手机等服务平台统一起来，并且将和群众生活密切相关的业务子系统有机整合在一起，打造智慧城市管理平台，助力城市建设转型升级[①]。

31.4.3 智能传感

疫情给人们带来了极大的不便，传统的体温计、测温枪的测温方式远不能满足人流量较大的日常公共场所的需求。例如人流密集的火车站，日客流量为10万人次，如用测温枪对所有人进行体温筛查，按照一个人平均3s计算，测完10万人次需要83h（约3.5天），显然不合理。若设置红外热智能传感设备，通过智能感应将所收集的温度点反馈给计算机，计算机将自动、准确、快速地计算出行人的体温，判断出该行人是否存在风险，且无需人与人之间近距离接触。可以看出智能传感技术在此次疫情中尤为重要。

智能传感器是具有信息处理功能的传感器。智能传感器带有微处理机，具有采集、处理、交换信息的能力，是传感器集成化与微处理机相结合的产物。与一般传感器相比，智能传感器更具优势，如通过软件技术可实现高精度的信息采集且成本低、具有一定的编程自动化能力、功能多样化等。而且，智能传感器应用范围广泛，包括航天、航空、国防、科技和工农业生产等领域。下文以高德IR236全自动红外热成像测温告警系统为例进行阐述。

高德IR236全自动红外热成像测温告警系统可在人流密集的公共场所进行大面积监测，可同时测温，人员无须停留，测温效率极高，每分钟可实现超过500人的测温，通过系统非接触式对人员体温进行初筛，如图31-6、图31-7所示，快速找出并追踪体温超温人员，帮助排查人体发热症状。

同时高德IR236结合了红外人体测温算法和AI智能人脸识别技术，基于神经网络深度学习算法，同时根据近20年的实战应用大数据等先进技术，测量精度为±0.5℃/±0.3℃（具体取决于有无黑体），且操作简单方便。多目标跟踪可确保不遗漏目标，自定义报警温区和屏蔽高温设置可避免其他高温物体的干扰，发现超温人员自动报警并拍照存储，支持录像，方便用户查询与分类管理，广泛应用于火车站、汽车站、地铁站、飞机场、医院、学校、政府大楼、企（事）业单位、商场、菜市场、园区等公共场所人体体温异常排查。

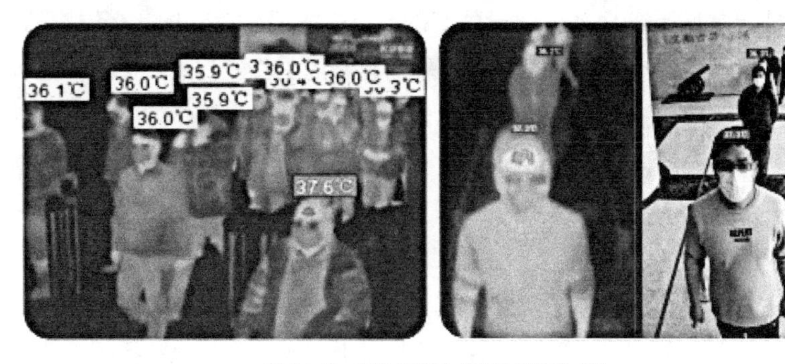

图31-6 高德IR236全自动红外热成像

① 魏巍．基于城市信息模型的新型智慧城市管理平台［J］．智能城市，2020，6（7）：116-117.

适用于机场、火车站、大型工厂、商超、学校等人流量较大的场景，建议通道宽度3～5m，可测距离为2～10m，测温效率为500人/min

图31-7　高德IR236全自动红外热成像应用实例图

在中国，传感器是一个朝阳产业，不管是德国“工业4.0”，还是“中国制造2025”，传感器的需求巨大，市场广阔，应用广泛。展望未来，传感器产业仍然保持高速的增长态势，传感器技术也将在智能生产过程中发挥更加关键的作用。

智能传感技术是智能制造和物联网的先行技术，作为前端感知工具，具有非常重要的意义，智能传感器技术在发展经济、推动社会进步方面的作用是十分明显的。智能传感器作为广泛的系统前端感知器件，既可以助推传统产业的升级，如传统工业的升级、传统家电的智能化升级；又可以对创新应用进行推动，比如机器人、VR/AR（虚拟现实/增强现实）、无人机、智慧家庭、智慧医疗和养老等领域。

世界各国都十分重视智能领域的发展，而中国也在积极推动智能传感器的发展。2015年，中国已经将推动智能传感器产业上升为国家战略，它已经成为推动我国发展的重要引擎技术，是实现大国崛起的必备元素。

31.4.4　智能流程畅想

工程技术和工程管理行为是基于内在管理逻辑的，其表达则为工艺流程和管理流程。技术知识和管理知识则成为工艺流程和管理流程的战略支撑资源。未来的工程智慧管理模式将是标准化、自动化、高效化构成的智能管理体系。体现为：基于流程思想的新型知识组织技术，知识自组织和快速转化（现场问题—知识寻迹—培训教育）、流程执行的自动化、辅助智能管理。

第 32 章
工程新生态

本章逻辑图

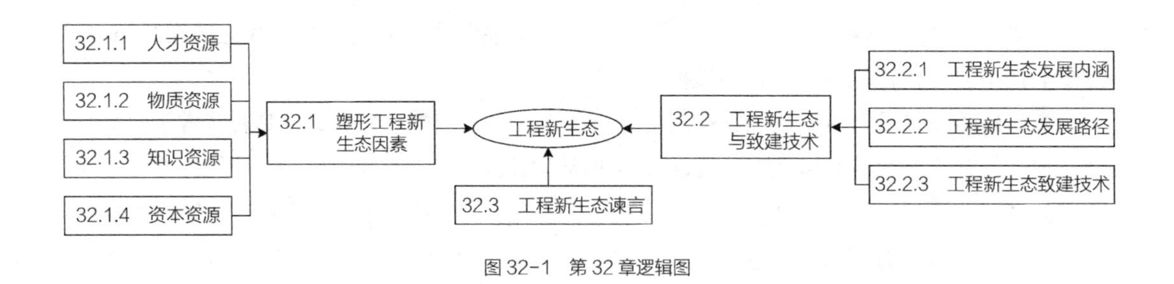

图 32-1 第 32 章逻辑图

链式思维将创造出丰富的思想资源，与人力、物质、知识和资本资源一道，塑形新的工程生态内涵和发展路径。

32.1 塑形工程新生态因素

塑造全球未来工程新生态的内生动力包括国际竞争、工程演化、地球环境恶化、资源短缺和社会技术发展等因素。关键因素则包括人才资源、创新能力、知识资源、物质资源、资本资源，外在呈现为先进技术、高效管理和赋能强度。所有因素错综复杂地塑造出新世纪的工程新生态。

32.1.1 人才资源

工程活动的核心是人，对任何国家和企业，以人力资源强化、人力资源开发与人力资源优化配置的方式，来实现人力资源管理效能的最大化，已成为提高现代市场竞争力的关键。

在全球化的竞争中，人力资源管理面临着经济全球化、信息网络化、社会知识化、人才国际化，以及工程管理广泛变革的挑战，工程越来越需要借助全球化人才的力量适应新时代的竞争，这对人力资源从业者的能力提出了新的要求。

在新经济全球化背景下，人力资源管理面临的挑战主要来自两方面：一方面是经济社会环境的变化；另一方面是人力资源管理本身。从经济全球化的角度来讲，一个成功的全球化组织需要具备独特的技能和视野，以及可以融合各种不同的文化并且能在全球范围内共享信息的能力，企业要建立一个全球范围内的人才网络。从人力资源管理的角度来讲，全球化对组织在国际经验成熟度、管理承诺成熟度、管理流程成熟度以及全球化组织结构成熟度等方面都提出了更高的要求。

32.1.2 物质资源

物质是标志客观实在的哲学范畴，这种客观实在是人感觉到的，其不依赖于我们的感觉而存在，为我们的感觉所复写、摄影、反映。物质资源是组织所能运用的各种有形的物质要素的总和，全球的物质资源包括土地资源、矿产资源、水利资源、生物资源、气候资源、环境资源等。微观工程上的物质资源包括原材料、装备设备、仪表器具等。

物质资源与人力资源一样，呈现全球化整合的趋势，物质资源开采、生产加工、运输、存储、检验、交易形成第一产业的产业链、供应链和子生态，其加工成的零配（部）件、中间件，也构成对工程总装产品的供应，形成生态链中的环节。

C919飞机零部件的供应商来自全国各地，机鼻段机身由成都飞机工业集团供应，前后段机身由中航工业洪都集团提供，机尾段机身由中航工业沈阳飞机工业集团供应，中段机身（含机翼副翼等）由中航工业西安飞机工业集团供应，发电和配电系统由美国Hamiltion Sundstrand公司提供，还有一些系统的组件由法国或者美法合资企业提供，在此不一一介绍。

除材料外，C919飞机从2008年7月研制以来，走上了一条“中国设计、系统集成、全球招标，逐步提升国产化”的发展道路，坚持“自主研制、国际合作、国际标准”的技术路线，集结多学科、多方面的人才，攻克包括飞机发动机一体化设计、主动控制技术、全机精细化有限元模型分析等在内的100多项核心技术。以中国商飞公司为平台，提升了设计研发、总装制造、客户服务、适航取证、供应商管理、市场营销等民用飞机研制核心能力，形成了以上海为龙头，陕西、四川、江西、辽宁、江苏等22个省市、200多家企业、近20万人参与的民用飞机产业链，提升了我国航空产业配套能级，是物质资源全球化集成应用的典型代表。

32.1.3　知识资源

知识资源是通过智力劳动发现和创造的，进入经济系统的人类知识。知识经物化可为人类带来巨大财富，可促进物质生产，从而产生市场价值，也可直接作为精神消费对象。在知识经济时代，企业的竞争优势不再来源于规模经济以及以此为基础的成本降低，知识资源已成为企业的核心战略资源，成为提高核心竞争能力的关键。知识的集成应用，即企业通过结成知识链来获取知识优势成为关键，只有懂得如何获取知识、运用知识、创造知识的企业，才能在激烈的竞争中取胜。以企业知识资源为例，企业的知识资源是指企业拥有的可以反复利用的，建立在知识和信息技术基础上的，能给企业带来财富增长的资源。包括三个方面：

①企业创造和拥有的无形资产。如企业文化、品牌、信誉、渠道等市场方面的无形资产，专利、版权、技术诀窍、商业秘密等知识产权，技术流程、管理流程、管理模式与方法、信息网络等组织管理资产。

②信息资源。通过信息网络可以收集到的与企业生产经营有关的各种信息。

③智力资源。企业可以利用的，存在于企业人力资源中的各种知识，以及创造性地运用知识的能力。

现今，知识已经成为社会变革的轴心，每个人的发展、组织结构和形态的变化、社会生活方式，甚至包括人们的价值观念，都需要从工业时代物的、机械的方式向有利于知识潜力的开发方式转变。如果仅仅将知识视为可以盈利的另一种资源，就低估了知识的意义。同样地，知识必将成为企业的核心，企业要掌握竞争优势必须先管理好知识，企业的竞争实力主要体现为知识实力。

知识资源是企业最重要的战略资源，知识是企业竞争优势的根本。之所以如此，是因为企业内部的知识积累是解释企业获得超额收益和竞争活力的关键，而且企业的知识存量决定了企业配置资源和创新的能力，从而最终在企业产品及市场力量中体现出竞争优势。企业作为学习性系统所拥有的知识存量与知识结构，尤其是关于如何协调不同的生产技能和有机结合多种技术流的学识和积累性知识，以及所拥有的难以被竞争对手所模仿的，包括组织资本和社会资本在内的隐性知识，已经成为企业绩效与长期竞争优势最深层的决定性因素。其决定了企业识别、发现、把握、发挥乃至创造未来机会的能力，决定了企业利用、配置、整合、优化、开发与保护资源的能力，从而决定了企业有序、协调、有质量、可持续发展的能力。

32.1.4　资本资源

资本是用于投资得到利润的本金或财产，是人类创造物质和精神财富的各种社会经济资源的总称。资本资源是作为企业经营的一部分，而在生产商品或服务的过程中使用的资产。

资本是工程输入的核心“条件”，资本推动工程成为现实，实现工程目标，满足工程预设。没有资本，就不会有工程，资本运作为工程筹集启动资金。而随着时代的发展，资本全球化成为大势所趋，资本全球化指资本活动越出国家的界限，在国际范围不断运动的过程。资本无限增值的本性是资本全球化的根本动因，而现代交通运输和通信技术的发展为资本全球化创造了便利条件。

资本全球化主要表现为以下几个方面：①资本流动的规模迅速扩大，速度快速提升；②更多的国家和地区以更有利的条件进入国际资本市场；③国际资本市场的价格呈现趋同趋势；④资本流动的载体——金融业务与机构跨境发展；⑤以资本为纽带的国与国之间的相互依赖大大增强。

资本全球化促进了贸易自由化、生产国际化和金融全球化，但资本的强势，使得政策被绑架，腐败丛生，这就要求资本在运用的过程中不仅仅要有伦理约束，还应当有工程法律、法规、工程道德观的践行，但以道德站位轻视资本和跪拜放任资本作祟的做法，都不值得提倡。提高资本的使用效率是金融机制设计和管理制度构建的责任，也是国家更快更好发展的前提。

资本与创新耦合机制的研究和试验，是当前重要的焦点。多轮风险投资、退出机制的路径和方式，管理体系的建立，将影响到我国创新的长远发展。

32.2 工程新生态与致建技术

32.2.1 工程新生态发展内涵

在未来一个有限的阶段内，工程所有要素的总和构成了工程新生态。未来将是全球化整合资源、个性化功能、工业化生产、协同设计、智能施工、人工智能发展与工程相结合，以及大数据、物联网等新技术深度融入的阶段，所有的工程造物活动也将嵌入智能智慧，以实现智慧运维状态，最后达成工程追求的最高目标：“和・简・好”。

“阶梯式上升，螺旋式发展”是新生态中的主旋律，应用先进技术作为工具精准匹配需要，构建一个更加直接高效的网络，打破过去企业和企业之间、个人和个人之间、人和物之间的平面连接，保持系统的持续活力，击穿信息壁垒，建立起立体的、折叠的、交互式的架构，使整个生态中各元素融会贯通，相互借鉴。

32.2.2 工程新生态发展路径

工程新生态的发展路径依赖于高度数字化技术、高度互联网技术、高度移动通信技术、网络安全技术、高效精准管控技术等。利用以上技术帮助企业搭建管理驾驶舱，获取企业的核心数据，构建企业的动态数据模型，形成真实有效、不可窜改的经营数据链，并结合行业大数据的高效环比，洞察经营短板，及时预警异常数据，降低企业发展风险，减少企业经营不确定性，帮助企业提质增效，建立核心竞争力，夯实企业发展的根基，实现高度协同，全球化整合资源，核心知识创新、共享，敏捷设计、制造、自动生产和精准管控。

工程新生态开局于赋能促管控项目，用户进入新生态的第一步是接触数字化，依赖数字化应用，数字化产生数据，通过数据收集、提取、分析、比较，可得到业务进展、部门协作任务、企业风险提醒等信息，通过大数据分析还可提供项目风险预警和防控措施等增值服务，形成“应用自下而上，管控自上而下”的正向循环[①]。行动于精益迭代的进化路线，技术革新和智能装备的迅速发展促使工程采用精益迭代的进化路线，用新技术解决老问题，如传统人员行为劝服式、惩戒式管理收效甚微，AI行为识别则能现场提醒并全时监管，又如传统复杂节点施工难以表达，BIM技术则能可视化生动交底。着眼于可闭环可复制的场景，在新时代背景下，企业是否要全面数字化，进入新生态？轻重缓急应如何划分？这些问题需要结合场景能否可闭环可复制、业务标准化程度、技术成熟度、价值工程大小、管理协调难度、使用交互复杂性等因素综合确定。可闭环、可复制指的是管理的底层技术——流程，流程无论在传统中还是在新生态中都可以保持大框架不变（即做事前的程序依然没有变），利用新生态中的新技术进行辅助，以达到传统模式达不到的效果。成长于积累数据资产的方法，“数据是重要的资产”已是一般共识，企业需要持续不断地统筹治理数据，打造数据能力，形成高效、便捷、智能的数字经营和数字管理新模式，构建企业核心竞争力。

32.2.3 工程新生态致建技术

（1）数字化时代

随着移动互联网、物联网、3D打印、云计算、智能技术等蓬勃发展，当前工程生态环境正在发生剧烈变化。互联网数据中心（IDC）预测全球数据量的总和，将从2018年的33ZB增长到2025年的175ZB[②]，人类社会正在进入一个以数字化为表征的新时代。各种新技术的应用产生了大量数据，在给工程生产带来机遇的同时，也带来了挑战。大数据浪潮最终将引领人类社会迈进一个新的形态——智能型社会，当下智慧城市的建设正是这一转型的要求和表现[③]。

数字化环境的新特征给工程活动带来了变化与机遇，既包括经营环境的变化，也包括各个活动主体尤其是消费者行为的变化。在对这些变化进行深入分析的基础上，探析数字化如何赋能工程运营管理，在需求预测、产品设计、定价与库存管理、供应链管理等运营管理的关键环节提升效率；进一步探究企业如何创新管理模式，通过需求创造、业务设计、价值共创、供应链重构、生态圈构建等不同模式更好地服务于消费者的需求，创造更高的工程价值。

身处全新的经营环境，受到数字化相关技术的影响，企业商务活动主体的行为特征、产品属性以及产品的创造过程等都发生了巨大的变化，如图32-2所示。从工程管理的角度分

---

① 品茗股份研究院. 数字建造发展报告［M］. 北京：中国建筑工业出版社，2021.

② 说明：ZB为信息量单位。

③ 涂子沛. 数据之巅——大数据革命，历史、现实与未来［M］. 北京：中信出版集团，2019.

析这些变化，借助数字化技术提升效率，创造价值，将成为工程管理创新、参与未来竞争和企业发展的基础，如图32-3所示。

1）数字化背景下工程环境/情境的变化

传统上建筑工程是在完全实体环境中进行的，其中的时间、空间、连接等要素都相对稳定，企业通常只能在特定的时间点，为特定范围内的某些消费者提供服务，正因如此，类似选址、布局这样的问题在运营管理中就显得特别重要。随着数字化程度的提升，环境发生了巨大的变化，建立在数字化基础上的虚拟部分在环境中所占比例越来越大。实体与虚拟的不断融合，丰富了商业实践，带来了更多创新机遇。

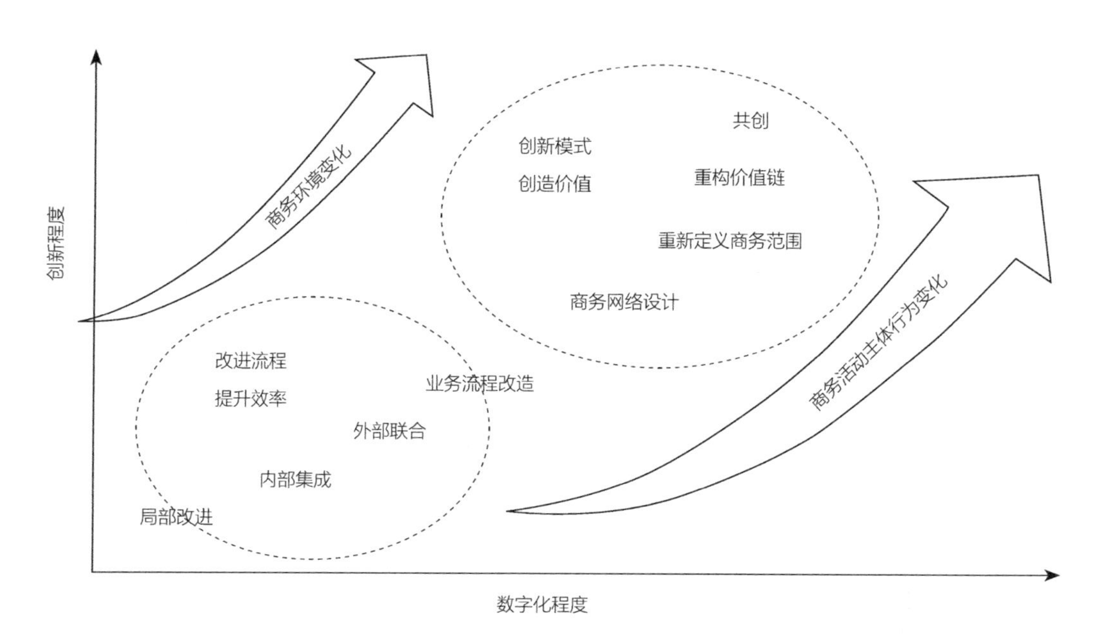

图 32-2　数字化环境下的运营管理：从提升效率到创造价值

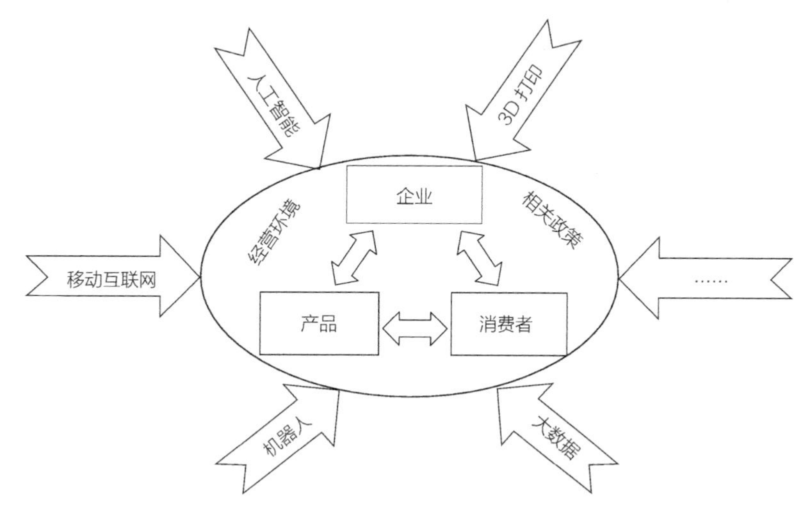

图 32-3　数字化环境下建筑企业的工程管理面临的变化

2）数字化环境中工程主体的行为变化

数字化改变了工程环境的时间、空间和连接要素，也改变了工程主体的行为，下面分别从工程和消费者角度出发，探讨其行为变化。

首先看建筑工程的行为变化。如表32-1和表32-2所示，过去工程聚焦于自身的竞争优势，以实现自身利润最大化为目标。在数字化时代，它们则需要以创造消费者价值为最终目标，将竞争关系转变为合作共生关系。在这个过程中，工程的目标变得更为多元化，为消费者提供综合的数据—服务—产品包。企业创造价值越来越多地依托于其所处的生态系统。

实体、虚拟环境比较　　表32-1

要素	实体环境	虚拟环境
时间	流程相对稳定；在特定时间窗口提供产品/服务；竞争速度较慢	产品生命周期缩短；随时满足消费者需求；竞争速度加快
空间	存在实体店面；提供有限产品；服务有限对象	无需实体店面；服务全球消费者；提供更多产品选择
连接	供应链成员相对稳定；产品以相对孤立状态存在，与消费者连接程度有限	与不同成员连接形成生态圈；产品/消费者之间以多种方式互联

数字化环境中企业行为的变化　　表32-2

要素	传统企业	数字化环境下的企业
目标	明确，直接且相对单一：实现利润最大化	多元，不单纯以部分业务单元盈利为目标，而是整体生态系统健康发展
向市场提供	产品→产品—服务包	产品—服务包→数据—服务—产品包
竞争与合作	以竞争为主，聚焦自身的竞争优势	以合作为主，选择合作企业，共同为消费者创造价值

消费者的行为变化对工程管理的影响更为显著。深入剖析数字化环境下消费者的行为变化，有助于建筑企业更好地了解其面临的市场环境，这是建筑企业正确制定运营管理决策的基础。数字化环境下消费者的行为变化可以归纳为移动化、社会化和个性化，如图32-4所示。

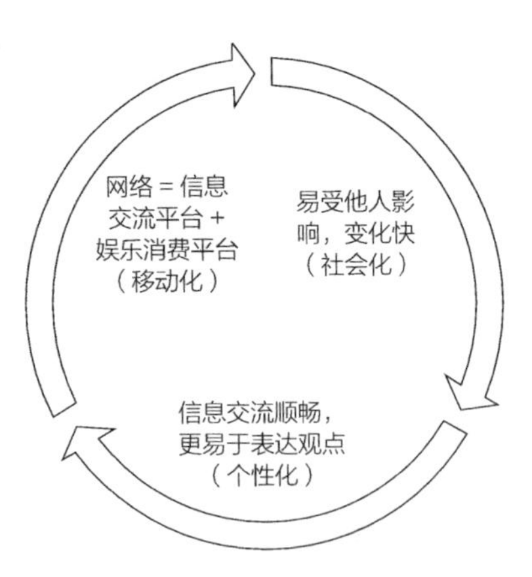

图32-4　数字化环境下消费者的行为变化

3）数字化环境中产品的变化

无论身处什么样的时代，企业总是通过为消费者提供产品来创造价值。因此，管理围绕着企业所提供的产品展开。数字化在改变了经营环境以及参与者行为的同时，相应地也改变了产品这一商务管理核心要素。

在以数字化为标志的新时代，产品的一个重要特征是智能化。通过大量的传感器、处理器、存储器等电子元器件，智能产品实现了对使用数据的实时获取，这些数据被企业用于分析消费者的使用行为，或者用于智能产品的自主学习，以便为消费者提供更好的使用体验；而配套的操作系统和应用软件，使得消费者能够在购买到产品后，自行完成最后的定制环节，从而可以按照个性化需求控制和使用智能化产品。

4）数字化环境下产品创造过程的变化

产品的创造过程也受到数字化进程的影响。越来越多的消费者参与到产品的设计中；3D打印等技术使得产品的创造过程虚拟化；新兴的信息技术企业依托其对数据的处理能力，在许多行业的现有供应链中占据了一席之地，甚至是作为领导者创造出新的商业模式和供应链结构；由于数据成为企业的核心资产，现有供应链中企业之间的关系被重新定义，如图32-5所示，数字化技术为企业创新产品带来更多机遇，供应链结构也变得日益复杂。

（2）IoT时代

物联网，即Internet of Things（IoT），也称为Web of Things。其是指通过各种信息传感设备，如传感器、射频识别（RFID）技术、全球定位系统、红外感应器、激光扫描器、气体感应器等各种装置与技术，实时采集任何需要监控、连接、互动的物体，或其过程的声、光、热、电、力学、化学、生物、位置等各种需要的信息，与互联网结合形成的一个巨大网络。其目的是实现物与物、物与人，所有的物品与网络的连接，方便识别、管理和控制。

物联网概念于1999年被提出，随着信息化与智能化的发展，物联网逐渐应用于工业、农业、物流、交通、电力、环保、安防、医疗等人类生活的方方面面。其中，作为社会发展基

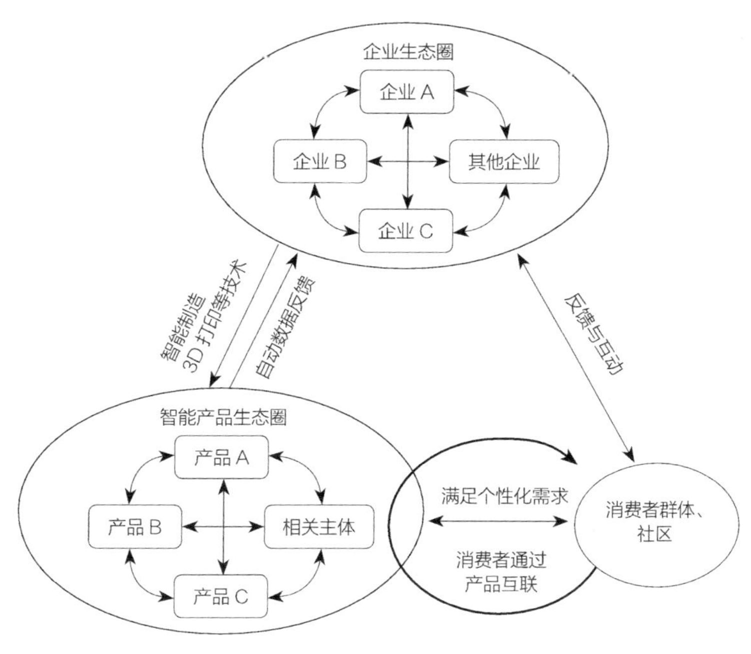

图 32-5　数字化环境下产品创造过程的变化

础行业的建筑业，“建筑业+物联网”的概念也在逐步展开。《国务院办公厅关于促进建筑业持续健康发展的意见》（国办发〔2017〕19号）中明确提出“推进建筑产业现代化”，其中推广智能和装配式建筑就是重要的一方面，作为一种新兴的重要智能化信息技术，物联网技术将广泛应用于建筑物的建造与使用。

在装配式建筑施工管理中，通过无线射频技术将各构件属性以电子标签形式进行标注，包括每个构件的编号、类型、大小、状态和生产日期等系列信息。通过无线射频识别，直接导入管理系统，减少人为操作复杂性，降低施工误差，提高效率。同时，通过物联网技术对各个构件进行定位查找，便于运输管理。

物联网技术除应用于物料构建管理方面外，还应用在安全管理方面。运用实时感知技术以及无线射频技术，通过对人员、设备的识别芯片进行识别，可以对“人材机”的状态和位置进行实时感知，规范人员行为方式，实现人员管理、资产管理、疲劳施工防范、轨迹跟踪等。在临边洞口等安全隐患位置，通过增加红外、超声感知设备，实现对危险事件的提前预警，防止出现碰撞、跌落等安全事件发生。

物联网技术在建设行业的推广应用将有助于建造信息化、智能化和自动化的推动与发展。

（3）5G技术

2019年5月17日（世界电信日），中国三大电信运营商向公众展示了60多项5G应用，包括：5G+AR全景直播、远程手术、远程签名、自动驾驶、互动游戏、无人机等，这些应用的展示引发了公众对5G的强烈关注和期待，5G时代浪潮即将来袭，不禁思考：5G时代的到来会对工程产生什么样的影响？

近几十年来，通信网络的发展从单一的模拟/数字时代到逐步多功能化的IP时代，再到网络融合化、终端多源化和业务多样化的5G时代。通信网络的不断变革，改变了人们的生活，但大家也应该看到网络成长背后的另一面：数据和控制信令流量剧增，网络越来越复杂，故障范围越来越广，故障修复越来越难，运维人才越来越缺乏。

面向越来越复杂的网络，日益增加的运维成本，越来越高的服务保障要求，运营维护和网络优化应该怎么办？我们没有选择，5G时代的运营维护必须要有所改变，需要把控关键流程节点，需要变被动为主动，需要先于用户投诉提前修复网络故障、消除隐患，还要通过多维关联分析精准定位故障发生原因，提升故障处理效率。

随着云计算、大数据、人工智能等技术卷席而来，日趋复杂的网络迫使电信业从“被动运维”向可预测的“主动运维”转型，乃至向实现自动、自优、自愈和自治的“自动驾驶”网络转型，以提升运维和运营效率。

华为已先行一步推出SoftCOM AI自动驾驶网络理念，在这个理念的牵引下，华为在能效倍增、性能倍增、运维运营、用户体验四大领域发力。SoftCOM AI旨在推动网络从自动化业务部署和动作执行，走向智能化的故障自愈、自我优化和自我管理，提升网络运维效率、能源效率和资源效率。

5G时代的到来正在加快数据的增长，5G技术在运行过程中，除了需要进行运维管理之外，还需要应用大数据分析进行网络优化，以确保时效性、能效性和安全性等方面有所保障。5G时代的到来像一股浪潮奔涌而至，给工程带来新挑战的同时也孕育着新的机遇。因此，我们需要做好运营管理及网络优化阶段的准备工作。工程的流程管理不会过时，相反，5G时代更加需要通过流程管理来迎接新挑战。

（4）个性化功能与工业化生产

1）机器的个性化功能与工业化生产

随着我国经济技术的快速发展，机器生产也越来越趋向工业化，统一的流水线将生产出一样的产品，工匠精神，在工业化、自动化的时代，也会有个性化的需求。当人类社会进入工业化时代后，自动化、智能化和科学管理方式的推广应用，还有必要强调匠人技艺上的精湛娴熟吗？在创新驱动的发展阶段，需要更多强调原创性、突破性、颠覆性的创新能力，应该塑造个性化、差异化、多元化的创新文化，强调旧有分工秩序下的工匠精神。这不是阻碍创新，两者之间本就不应分先后顺序，而是应运而生，相辅相成，相互补充。

当前，我国整体上正处于工业化的加速期。工业化时代的工匠精神以及与工业流程创新相适应的累积性创新能力、工匠型熟练技能，都是不可或缺的。与此同时，我们在网络信息、生命科学等高新技术产业领域之中，也已部分取得发达国家未能实现的飞跃性发展，凸显了较大的后发性优势。可以说，实现更多的工艺流程创新，是加快推进我国工业化水平提升的关键因素；实现更多“破坏性”创新，则是我国追赶发达国家的不二法门。

这也就是说，在工业化、创新驱动并存发展的时代，对一丝不苟、精益求精、不断加以改良的工匠精神以及具有“破坏性”特征的创新活动，不应在观念、理论和政策上相互排斥，而要兼而有之[①]。

2）建筑工程的个性化功能与工业化生产

建筑业走技术进步的发展道路已成为国家战略，要突破其发展瓶颈，建筑行业需改变依靠体力的传统作业模式，转向依靠智力，提升科技含量，走工业化、数字化的发展道路（图32-6）。

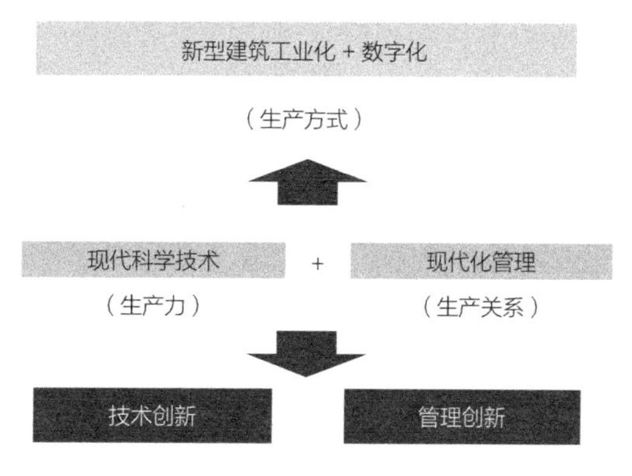

图 32-6　建筑行业亟需发展升级

① 刘志彪，王建国．工匠精神与“破坏性”创新如何兼而有之［N］．解放日报，2017-06-13（010）．

传统建筑业存在的问题：劳动力红利消失、现场湿作业多、施工安全隐患多、质量问题突出、建设效率低、施工周期长、资源消耗高、固体垃圾多。

新型建筑工业化带来的改变：节约水资源40% ~ 50%、减少垃圾排放90%、能耗降低20% ~ 30%、材料节约20%、木材节约90%、劳动力节约30% ~ 40%、工期节约10% ~ 20%、现场90%为干作业环境、质量精准控制达98%。

建筑工业化、数字化实现的不只是“新瓶装旧酒”，其将提供一个全新的技术平台，制造崭新的产品，例如：结构技术应用方面，制造减震结构和避难间等；节能减排技术应用方面，制造零碳建筑等；材料使用的变化更加环保、绿色、轻质、高强；生产模式的变化，批量生产、工程制造等。

（5）万物互联技术

数字化环境下产品的另一重要特征是不断增强的连接性。事实上这种连接不但发生在产品之间，而且发生在所有事物之间，即所谓的万物互联。万物互联能将我们生活中几乎所有的物品，如手机、电脑、家用电器，甚至包括内置身体的传感器联系起来，实现人机互动，最终实现万物互联。万物互联将给传统行业注入全新活力，有潜力重塑经济并驱动主要行业的转型升级。现今超过99%的物品还没有与互联网连接，无线网络使万物互联成为可能。智能交通、智慧城市、智能消防等也都以物联网为基础，在未来，人、花草、机器、手机、交通工具、家居用品等，几乎所有的物品基本都会被连接在一起，超越空间和时间的限制。从技术上讲，万物互联和物联网有很大的区别。物联网是由互联互通的普通物理对象组成的，而构成万物互联的网络则必须支持这些物理对象所产生和传输的数据，也就是将一切还未连接起来的人、数据、流程都连接起来，使各种终端跟人的身体之间产生更紧密的关系。同时，万物互联在各类智能产品之间进行数据的交互，共同为消费者提供一个无缝的使用场景。通过智能产品之间的连接，将看似不相关的活动主体连接起来，能够创造出更多的机会。例如智能化可穿戴设备的一项基本功能，是帮助消费者了解身体的各项指标。因此，医院、医保、药企、健康顾问等医疗机构都可以通过可穿戴设备，与消费者构建直接的连接，为其提供定制化的服务；运动、餐饮领域的企业也可以利用这种连接为消费者提供运动和饮食方面的建议；进一步地，相关平台企业还可以利用消费者之间的连接，构建基于可穿戴设备的社交网络，为这些平台提供终端移动入口的新机遇。这些创造出来的新服务都源于智能产品的连接性（图32-7）。

智能互联产品的出现，使得企业由过去提供“产品—服务包”发展为向消费者提供“数据—服务—产品包”，即企业通过分析相关数据，发现甚至创造需求；随后设计相应的服务满足需求；最后以智能互联产品为工具，向消费者提供创新服务，创造价值。

（6）管理与教育技术

1）流程管理技术

对于一个组织而言，在经营运作过程中需要合理的流程，将各个有机工作单元融为一体，使之合理有序地循环于组织之中。新生态下流程管理技术呈现从隐性向显性发展，由单一流程技术向综合技术发展，电子化与网络化结合，模块化、标准化与平台化的发展趋势。

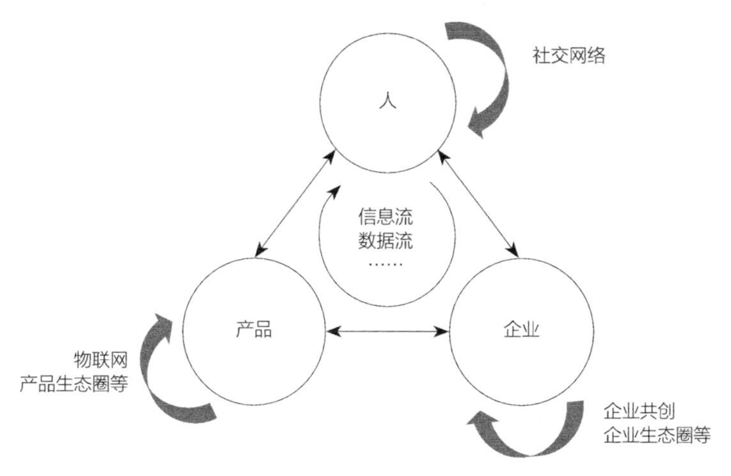

图 32-7　数字化环境下丰富的连接示意图

流程管理也正集成化进步，向不同业务领域深入。

2）精准管控技术

没有成体系的信息不构成知识，没有系统总结的理论不能很好地指导实践。精准管控是新生态下工程建设的必然追求，其包含精确计算、精细策划、精益建造、精准管控和精到评价，以管控为题，覆盖全过程全生命周期。新技术呈几何级数增长，对精准管控技术的要求也越来越高。智能建造和数字化技术快速发展，工程建设行业与企业亟需管理升级。

3）敏捷教育技术

教育关系着一个国家的兴亡沉浮，新时代下对于教育提出了更高的要求：敏捷教育。充分利用先进ICT手段，遵循知识供应链产生、传播规律，通过调配教育技术、教务管理等资源和调动师资、学生各方积极性，以有效和协调的方式快速响应复杂需求，建设工程教育的敏捷性，以实现目标并获得预计价值。

新生态下，达成工程追求的最高目标“和·简·好”离不开管理与教育技术，通过管理和教育对人才进行培养，才能积攒创新发展的后备军，为后续的工作打好基础。

32.3　工程新生态谏言

①工程、技术、科学，从浑然一体到功能不同只是细化分工发展引起的，工程起源、演化都比技术、科学出现的要早得多，之后进行了融合，互相促进也互相牵扯。人类生存方式和生活方式转变，工程是更为本质的需要和基础。

②工程生态极其复杂，覆盖全社会各个领域、各种知识门类、各阶层主体，工程就是直接的、现实的生产力。

③整个生态，就像一张无形的多维立体琴弦，波动、起伏、涨落、扩张、坍缩，工程是有生命的无机体。

④工程发展不会有片刻停顿，只会不断演进，不会湮灭。

⑤在工程生态中，细部构件搭建出了摩天大楼，不要忽视每一个细节，也不要满足于每一次建造的成功，应小心谨慎，因为失败往往蕴含在成功中。

结束语

当工程几乎就是人类的生活方式，工程无孔不入，无所不在，工程所造成的影响不仅规模巨大而且破坏力也越来越大的时候，对工程观察的全面性、系统性、深刻性就显得迫切而意义巨大了。强化理性、自律行为、预见预防，将成为工程反思的核心内容。

核工程成果的威胁：用于战争威慑的武器、产生核事故以及核废料处置，就像悬在全人类头顶的利剑，使人们不得安宁。

漂流在太平洋上的数百万吨垃圾，直接污染水体、占有空间、湮灭动物，就像一座移动坟场，埋葬了健康生态里的动植物。

未经过长周期检验的生物医学工程成果，完全可能在未来的某些时刻引发灭顶之灾，因为我们“只是以试验的小尺度猜度世界的大规律”。科学技术的成果一旦工程化，形成物质形态，人类对之的可控性将大大降低，生存风险大大增加，而对此的认知失去水准，甚至良知被利益蒙蔽，灾难来临时刻就不远了。

2020年发端的全球疫情、洪水灾害、极地冰消雪化、各种未知病毒，也一再提醒人们掌握自然规律的重要性，更为重要的是顺应自然，摸透规律基础之上的人类自身行为的控制和长远持续的理性，才是人类躲避生存危机的途径。

恶化的地球环境，迫使人们不仅需要加紧应对，更应当从长计议，提升工程认知，制定措施。这里首先重要的就是对工程的观望和审察。

观察包含“如何看工程”“如何做工程”“如何用工程”“如何评工程”四大方面。“如何看工程”反映了人类理解自然、人类和社会的高度；“如何做工程”标志着人类调动资源、应用管理的能力；“如何用工程”昭示着人类具有理性、审美和繁荣的水平；“如何评工程”揭示了人类持续反思、自我改进的智慧。相比做工程，看、用、评均相对缺乏，值得深入观察。

工程构建时能够考虑回收，建造时需要设计拆除，形成低影响度破坏、高循环使用、最简化流程实现的工程全生命周期管理，是工程活动本身的最大愿望和应然状态。既包含着人文情怀和理想，也包含着科学与技术追求的目标。

跨视野多角度的工程观察，需要从全空域、全时域、全要素、全事务进行，需要从哲学管理技术教育且必须包括产业界进行。这是极其困难的，尤其是在知识划分越来越细，产业清单割裂发展，教育几乎碎片化的成长背景下。因此，我们的研究，可能流于浅表未能充分学术化，但是我们认识到这件事的必要性，也必须尽早着手做，勉为其难，克服困难，开始行动。

我们将思考的结论，恭奉书中了，有创见有借鉴，有粗陋有精细，谨祈读者批评指正。

感谢

本书在我心目中的地位尤其突出。其是最接近哲学思考的论著，而哲学在商品经济发达的时下，似乎是“用处不大”的学科。笔者因为有16年的工程一线技术员、11年的工程行业企业高层管理经历，之后才转道高校，从事教学、研究、辅导研究生的工作，对物质易于满足和思考的热衷，加上不高的标准生活无忧，因而能够“牢记初心”，静心地做一些“无用”的事情。

但是，恰恰这些“无用”，给了我很大的乐趣也解除了我很大的焦虑：思想所能够揭示和释怀的现实困境难题，带给我不仅仅是些许短暂的安慰，且是觉得这些“无用的思考成果”必将对工程界带去巨大的启示。

我们在创作过程中并没有因自卑于缺乏哲学素养而或有放弃的打算，也没有因为持续时间漫长而成果粗陋而难以启齿，因为得到了种种的鼓励和由此产生的更盛于初衷的决心及信心，可以说我们就是在这样的“盲目的自信”中度过那些漫长的很多人认为枯燥的日子的。

特别要感谢的是李伯聪教授，自2003年5月17日欣喜地读到他的《工程哲学引论》，到江苏常州、苏州，广东珠海，北京，广东广州，陕西西安的数次工程哲学会议，得到了他的巨大鼓励，在数次促膝谈心中体会到他的殷切期望，还十分荣幸地在2021年初为他80寿诞送上了晚辈的祝福。丘亮辉丘老的乐观开朗，耄耋之年的学术热忱，娓娓道来的工程哲学之所以诞生在中国的一段段不凡“轶事”，给了我们深刻的启示。殷瑞钰院士和李伯聪教授等合编了《工程哲学》《工程方法论》《工程演化论》《工程知识论》以及他关于“冶金流程”的专著，成为我学习工程哲学的核心素材。不仅如此，每每耳提面命向他讨教，殷院士精神矍铄，谆谆教导，每次都是令我心潮澎湃，备受鼓舞。还有一大批老前辈，长期从事工程研究、设计、施工、管理工作，也深耕于跨界的哲学领域，感到有前辈引领，作为晚辈理当亦步亦趋，紧随其后。这种感受，是无比温暖和真挚诚意的。

中国科学院大学王大洲教授、王楠副教授，清华大学鲍鸥副教授，西安交通大学梁军教授，北京航空航天大学张恒力教授，同济大学贾广社教授，合肥工业大学王章豹教授等，多有很好的交流，从他们那里得到很多有益启发，深表感谢。

遇到中国建筑工业出版社朱晓瑜，正是深刻的缘分，干练利落，她还出版了一系列行业精英的专著，使我们有机会扩大了解面。即使催促进度，也是温婉，不让人觉得局促。

另外，还要感谢我的诸多朋友、网友、博友，常常从他们那里得到忽闪一过的灵感，以接续不断中止的关于工程的探讨。

感恩这一切。